普通高等学校智能建造类"新工科新形态"系列教材

总主编 陈湘生 中国工程院院士

U0747873

Intelligent Construction

土木工程智能施工

庄培芝　江力强　肖同亮　王银辉　唐　葭　蒋红光
李　辉　刘洪亮　龙　昊　谢　金　崔炜奇　编著

中南大学出版社
www.csupress.com.cn
·长沙·

图书在版编目（CIP）数据

土木工程智能施工 / 庄培芝等编著. --长沙：中南大学出版社，2025.7. --（普通高等学校智能建造类"新工科新形态"系列教材 / 陈湘生总主编）. --ISBN 978-7-5487-6269-0

Ⅰ. TU7-39

中国国家版本馆 CIP 数据核字第 2025FJ3423 号

土木工程智能施工
TUMU GONGCHENG ZHINENG SHIGONG

庄培芝　汪力强　肖同亮　王银辉　唐　葭　蒋红光

李　辉　刘洪亮　龙　昊　谢　金　崔炜奇　　编著

□出 版 人	林绵优
□策划编辑	刘颖维　刘锦伟
□责任编辑	刘颖维
□责任印制	唐　曦
□出版发行	中南大学出版社
	社址：长沙市麓山南路　　　邮编：410083
	发行科电话：0731-88876770　　传真：0731-88710482
□印　　装	长沙雅鑫印务有限公司

□开　　本　787 mm×1092 mm　1/16　□印张 26　□字数 664 千字
□互联网+图书　二维码内容　视频 2 小时 19 分钟　字数 94 千字
□版　　次　2025 年 7 月第 1 版　　□印次 2025 年 7 月第 1 次印刷
□书　　号　ISBN 978-7-5487-6269-0
□定　　价　88.00 元

出版说明

PUBLICATION NOTE

在国家大力推动人工智能发展的大背景下，土木工程领域正经历着深刻的变革，将通过数字化、人工智能、各类感知、物联网、区块链以及相关学科交叉融合，打造数智大土木工程学科。智能建造作为土木工程与新兴技术深度融合的产物，正逐渐成为行业发展的新趋势。它不仅为土木工程的设计、施工、运维等各个环节带来了创新的理念和方法，也为解决传统土木工程面临的诸多挑战提供了新的思路和途径。智能建造作为建筑业数字化、智能化、绿色化发展的核心驱动力，深度融合了土木工程、计算机科学、机械工程等多学科知识，是推动建筑业高质量发展、助力国家"新工科"战略实施的关键领域。高校开设智能建造专业，不仅顺应了行业发展趋势，更为国家"新工科"战略提供了强有力的人才支撑，是培养高素质复合型人才、推动建筑业转型升级的重要举措。

随着全国开设智能建造专业高校数量的增加，智能建造专业学生规模持续扩大。为满足专业发展和高质量人才培养的需求，优质教材的编写与出版成为当务之急。为此，陈湘生院士与中南大学出版社携手，联合全国近30所高校(中南大学、西南交通大学、湖南大学、东南大学、山东大学、同济大学、深圳大学、济南大学、中国矿业大学、香港理工大学、沈阳建筑大学、福建农林大学、长沙理工大学、华南理工大学、湖南城市学院、湖南工业大学、湖南科技大学、湖北工业大学、浙江工业大学、浙大宁波理工学院、苏州科技大学、安徽理工大学、江西理工大学、南京工程学院、新疆工程学院、宿迁学院、苏州城市学院、常州工学院等)和3家国家经济战略层面的特大型综合性建筑产业集团(中国中铁股份有限公司、中国交通建设股份有限公司、中国建筑集团有限公司)，依托国家"新工科"战略导向，以全国教育大会精神为根本遵循，紧扣新时代教育"政治属性、人民属性、战略属性"核心要义，落实《教育强国建设规划纲要(2024—2035年)》关于教材建设的要求，组建了以院士、杰青、长江学者、优青、高被引学者、一线骨干教师为核心的高水平师资队伍，制定了服务"科技强国"战略需求的专业教材体系，创建了符合中国式现代化人才培养规律的教学资源生态新形态教材特色模块，全面反映了智能建造专业基础理论、工程应用技术和科技发展前沿，旨在为智能建造领域提供一批引领专业发展、创新人才培养模式的精品教育资源，助力新时代智能建造人才的培养与行业进步。

根据土木工程专业升级需求，关注智能建造核心内容，重点围绕理论建模与智能算法、感知融合与数字平台、工具平台与系统开发与土木工程专业课程的智能化升级四大知识集群编著本套教材。本套教材第一期共 14 种：《土木工程与智能建造导论》《智能建造基础理论》《智能感知与数字孪生》《深度学习算法与应用》《智能控制与工程机器人技术》《智能建造工程材料》《Python 程序设计与智能建造实例》《传感器与物联网概论》《BIM 技术基础及应用》《工程测量与智能勘测》《土木工程智能施工》《基础设施智能检测监测与评价》《3D 打印混凝土建造技术》《智能建造专业英语》。

本套教材将教学改革、教学研究的成果与教材建设相结合。遵循"重基础、宽口径、强能力、强应用"的原则，全套教材统一规划，各系列教材之间紧密配合、有机联系，突出教材的科学性、系统性、适应性、时代性、创新性。同时，体现智能建造领域新知识、新技术、新工艺、新方法、新成果，使智能建造教学跟上科技发展的步伐。

本套教材的组织出版，以自愿、热爱和能力为基础，汇聚志同道合者，共同致力于编写高质量的教材，编写时力求做到概念准确、叙述精练、案例典型、深入浅出、篇幅恰当、辞章规范，采用最新的国家标准及技术规范。

本套教材适用于高等院校智能建造、土木工程、建筑工程、工程管理等专业的本科生、专科生，也可作为其他专业学生、教师、科研工作者、工程技术人员的参考书，还可用作创新竞赛和训练计划项目等大学生创新实践活动的指导用书。对于对智能建造感兴趣的跨领域学习者，本套教材也可作为入门参考，帮助其了解智能建造的基本概念、技术框架及其与其他学科的交叉应用实例。

中南大学出版社

2025 年 4 月

编委会

序

PREFACE

随着新一轮科技革命与产业变革的深入演进，以人工智能、大数据、物联网为代表的新一代信息技术与传统土木工程行业的深度融合，正深刻重构土木工程行业的生态格局。智能建造作为推动专业转型升级的核心引擎，如何培养兼具工程实践能力与数字创新思维的高素质人才，已成为我国高等教育亟待破解的课题。

在此时代使命的召唤下，由全国近30所高校和3家代表性企业组成的跨区域教研联盟，历时三年协同攻坚，共同编撰完成"普通高等学校智能建造类'新工科新形态'系列教材"。本套教材注重服务国家战略、对接产业发展需求，适应国家高等教育教学改革要求，符合教情学情，以学生为中心，注重培养学生综合素质和实践能力；强化教材的育人功能，将课程逻辑、人类命运共同体逻辑融为一体，并将课程思政内容有机融入工程实际的每个过程，注重潜移默化地引导学生树立科技报国、工程造福社会的职业使命感。

新形态教材体系贯彻落实《中国教育现代化2035》提出的"发展中国特色世界先进水平的优质教育"战略目标，响应《教育信息化2.0行动计划》关于"构建智慧学习支持环境"的要求，对接《关于深化高等学校创新创业教育改革的实施意见》中"强化实践"的指导意见，通过四大模块形成完整学习闭环：首先借助思维导图建立知识网络框架，将碎片化的信息转化为可视化的逻辑体系；继而通过AI数字人微课对核心知识点进行深度解析，以智能化方式激活学生高阶思维；认知拓展模块通过学生参与教材内容建设，激励学生参与知识补充与创新表达；实践创新模块以真实项目为载体，既强化问题解决能力，又通过代际知识传承机制使教材成为动态生长的智慧载体。四个维度环环相扣，既融合先进技术赋能思维可视化与深度学习，又通过参与式创作和项目实践培育创新素养，最终形成框架建构、思维深化、认知迭代、实践创新的立体化学习生态，使教材从静态知识载体转型为连接师生智慧、贯通理论实践、促进代际对话的动态教育平台。

本套教材的编撰，汇聚了全国多所高校的学科优势，以及院校在地方特色方面的实践经验。智能建造的发展浪潮方兴未艾，教材的出版并非终点，而是深化教育教学改革的起点。期待本系列教材能成为高校智能建造专业的"基石之作"，未来通过持续迭代升级，逐步拓展至建筑产业互联网、低碳智慧城市等新兴领域。数字化、智能化（包括人工智能）属于青年人，尤其是 35 岁以下的青年学子。希望青年学子以此为舟楫，在掌握 Python 编程、深度学习、智能装备操控以及人工智能技术等"硬技能"的同时，涵养"以技术赋能未来人居文明"的"软情怀"，成为引领中国建造迈向"中国智造"的时代开拓者！

当建筑被赋予感知与思考的能力，当钢筋混凝土的肌理流淌着数据的脉搏，智能建造正以颠覆性的力量重塑人类构筑文明的范式。从深埋地下的城市综合管廊到高耸入云的摩天大楼，从装配式构件的毫米级拼装到数字孪生城市的全域推演，这场变革不仅需要硬核技术的突破，更需要教育链与产业链的同频共振。让我们共同期待，这套凝聚着中国工程教育界集体智慧的教材，能为智能建造人才培养注入强劲动能，为中国建造的数字化未来书写崭新篇章！

陈湘生　中国工程院院士

2025 年 5 月 20 日

前 言

FOREWORD

本教材立足"新工科"建设背景，以培养创新型、复合型智能建造人才为目标，致力于为专业教材建设提供科学依据与实践指导。本教材编写将秉持以下原则：①充分体现"新工科"建设要求，突出专业特色；②注重理论知识与实践应用的有机融合；③强化创新思维与前沿技术的渗透；④构建系统化、模块化的知识体系。通过打造具有创新性、实用性和前瞻性的高质量教材体系，切实提升智能建造专业人才培养质量，助力建筑业智能化转型升级。

本教材内容设计具有整体性和逻辑性，框架清晰、循序渐进、层次分明、模块设置合理；文字、图片、音视频等内容系统设计，有机结合；适应教育数字化要求，结构开放，内容可选择，配套资源丰富，满足弹性教学、分层教学等需要，充分应用数字技术，做到教材内容可更新。

本教材在"土木工程施工"课程基础上，融入数字化、信息化和智能化新成果。本教材结构分为三大部分：第一部分为绪论，系统梳理智能建造的背景、发展趋势及核心技术支撑（人工智能、大数据、云计算）。第二部分按照工程类别展开论述：①土方工程，涵盖场地平整至爆破工程全流程，解析传统技术与智能监测应用；②地基基础，涵盖地基处理、浅基础与桩基础施工的智能化创新；③混凝土结构，重点解析房建案例中的智能模板、钢筋车间及 3D 打印技术；④装配式结构，展示混凝土、钢结构从智能焊接至吊装的全链条智造；⑤路桥隧工程，突出 3D 打印路面、桥梁智慧监测及盾构智能化技术；⑥施工组织，整合流水施工、网络计划等传统方法优化与智慧工地管理方案。第三部分聚焦施工组织设计

1

优化与数字化交付体系,通过典型案例诠释智慧工地全周期管理。

本教材的核心特点:

(1)全流程智能化施工技术贯穿工程各环节。涵盖土方工程(智能调配、压实装备)、基础工程(智能地基处理机械)、混凝土工程(3D 打印、智能车间)、钢结构(数控加工机器人)等全领域。强调智慧监测技术在基坑、桥梁、隧道施工中的动态管控作用。

(2)突出新兴建造技术融合。展示水泥基材料打印,基层、路面打印,爆破机器人,钢筋加工机器人,盾构智能装备,非开挖施工智能化与装配式预制车间等前沿方向。

(3)数字化管理深度集成。涵盖智慧工地管理体系与数字化交付、网络计划优化与智能施工组织设计等前沿内容介绍,结合典型案例实证分析,强化理论落实。

(4)工程类型全覆盖的智能解决方案。细分桥梁(智慧监测贯穿基础、下部、上部结构)、隧道(矿山法、盾构法双路径智能施工)、路面(沥青、水泥双材料智能压实)等专业领域,展示特殊工艺智能化预应力技术、爆破工程等传统工艺升级。

(5)施工组织科学化与智能化并重。保留流水施工、网络计划等经典方法论,创新融入智能工期控制、机械协同调度等现代管理思维。

作 者

2025 年 5 月

目 录

CONTENTS

绪　论

本章思维导图

AI微课

```
                          ┌─ 土木工程施工范畴 ──── 定义与范围
                          │
                          │                      ┌─ 推动因素
                          ├─ 智能建造发展历程 ───┤
          ┌─ 土木工程智能 ─┤                      └─ 关键里程碑
          │   施工概况     │
          │                │                      ┌─ 核心定义
          │                ├─ 智能建造概念与意义 ─┤
          │                │                      └─ 重要意义
          │                │
          │                │                      ┌─ 定义与要求
          │                └─ 智能施工内涵与发展 ─┤
          │                                       └─ 核心趋势
          │
          │                                       ┌─ 特点
          │                         ┌─ 大数据技术 ┼─ 发展历程
          │                         │             └─ 工程应用
          │              ┌─ "数据层" ┤
          │              │          │             ┌─ 分类及特点
绪　论 ───┤              │          └─ 云计算技术 ┼─ 发展及关键技术
          │              │                        └─ 工程应用
          │              │
          │              │                        ┌─ 概述及特点
          │              │          ┌─ 物联网技术 ┴─ 架构及关键技术
          └─ 智能施工共性 ┼─ "感知层" ┤
              关键技术     │          └─ BIM技术 ──┬─ 概述及特点
                         │                        └─ 工程应用
                         │
                         │                        ┌─ 概述及发展
                         │          ┌─ 人工智能技术 ┴─ 核心技术基础
                         └─ "执行层" ┤
                                    └─ 智能建造 ──┬─ 概述及关键技术
                                       机器人技术  └─ 应用及优势
```

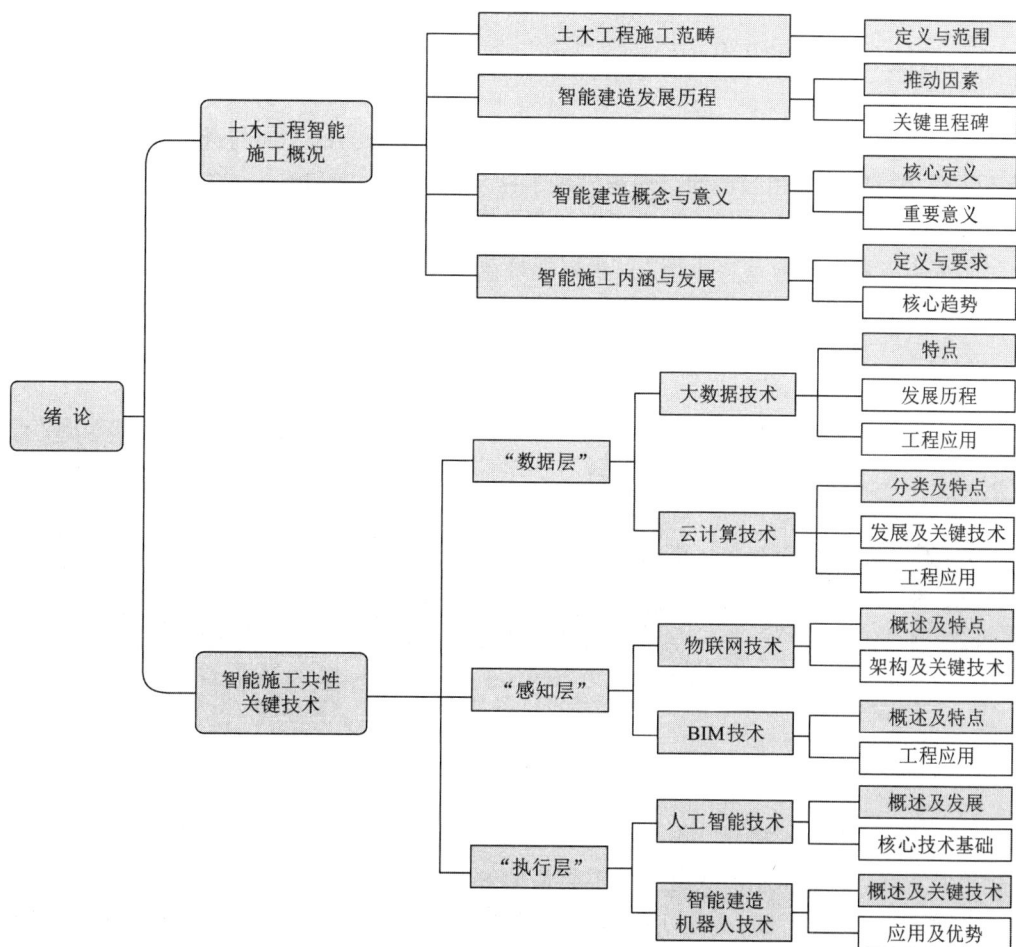

� 建议掌握　　□ 建议了解

土木工程是一门涉及多个学科领域的综合性工程学科，包括建筑工程、桥梁工程、隧道工程、道路工程等。土木工程施工是指将工程设计图纸转化为实体建筑或基础设施的一系列建设活动。它涵盖了从施工准备、基础工程、主体结构施工到装饰装修等多个环节，涉及土方工程、混凝土工程、钢结构工程等多种专业施工技术，以及施工组织设计、进度控制、质量控制、安全管理等一系列组织管理工作。

1.1 土木工程智能施工概况

>>>

近年来，互联网、物联网、大数据、云计算、人工智能等新一代信息技术的飞速发展，正快速推动着各行各业的深刻变革。在传统工程建造与现代信息技术的融合发展过程中，逐渐形成了一种新型的工程建造模式，即智能建造（intelligent construction）。智能施工（intelligent construction operation）是智能建造的关键环节之一。

1.1.1 智能建造的发展历程

>>>

土木工程作为一门古老的学科，长期以来支撑着人类社会的发展与进步（图 1-1）。传统的土木工程建造模式在相当长的时期内满足了社会对基础设施和建筑的需求，但随着时代的发展，其局限性也日益凸显。传统建造模式劳动密集程度高，依赖大量人工操作，不仅效率低下，而且质量受人为因素影响较大，难以保证高度的一致性。同时，施工现场的管理难度大，资源浪费现象普遍，对环境的影响也较为严重。在这样的背景下，智能建造应运而生，它被视为推动土木工程行业转型升级，实现高质量、可持续发展的关键路径。

古代土木工程建造
（新石器时代至17世纪中叶）

近代土木工程建造
（17世纪中叶至20世纪中叶）

现代土木工程建造
（17世纪中叶至今）

图 1-1　土木工程建造过程

工业制造历经了机械化、电气化、自动化，正在智能化的路上蓬勃发展，即从工业1.0 到工业 4.0。工程建造领域也经历了类似的逐步革新过程，这一过程与信息技术的飞速发展紧密相连。20 世纪 80 年代初期，智能建筑概念的出现可被视为智能建造发展历程中的一个重要萌芽。1984 年 1 月，美国康涅狄格州哈特福德市建成了世界上第一座公认的智能建筑"城市广场"（city place building）。其首次将通信系统、办公自动化系统（OAS）、建筑设备管理系统（BMS）等整合为一体，实现全楼自动化综合管理，被视为建筑从传统功能向信息化、智能化转型的开端和智能建筑跨时代的里程碑。此后，日本、法国、德国等国家也纷纷跟进，在智能建筑领域展开探索与实践。例如，1985年8月在东京建成了日本第一座智能大厦"本田青山大厦"，它与美国"城市广场"、英国环保智能公寓（1988年）并列为早期智能建筑的典范，促进了亚太地区（如新加坡、中国香港）智能建筑的兴起。

进入21世纪，随着互联网、物联网、大数据、云计算、人工智能等新一代信息技术的迅猛发展，智能建造迎来了快速发展的机遇期。这些新兴技术为土木工程的智能化转型提供了强大的技术支撑，使得智能建造从理念逐步走向实际应用。在这一时期，建筑信息模型（BIM）技术的发展与应用成为智能建造发展的一个重要里程碑。BIM技术以数字化三维模型为载体，整合了建筑工程项目全生命周期中的各种信息，包括几何信息、物理信息、进度信息、成本信息等，实现了工程项目信息的集成与共享。通过BIM技术，项目各参与方可以在一个协同的平台上进行设计、施工、管理等工作，大大提高了工作效率和决策的科学性，有效减少了设计变更和施工冲突，提升了工程质量。自此，"智能建筑"一词开始被广泛提及，通过运用物联网（IoT）传感器、人工智能（AI）、增强现实（AR）等技术，智能建筑实现了建筑运营的自动化和智能化，提高了建筑的能源效率、安全性和舒适度。

在国际上，许多国家纷纷出台相关政策，推动智能建造的发展。美国在2007年规定，所有重要工程项目都要使用BIM技术，通过使用信息技术实现绿色低碳发展；2017年又发布了重点关注建造过程的《美国基础设施重建战略规划》。2010年，新加坡公共工程全面要求设计施工应导入BIM，2015年进一步要求以BIM进行所有的公私建筑工程建设。英国于2013年推出了《英国建造2025》战略，其发展目标是降低成本、提高效率、减少排放、增加出口。该战略强调通过提高BIM在建筑业中的应用程度，增大装配式建筑的比例和建筑构件异地制造的比例，以及促进使用新一代智能技术，来实现建筑行业的转型升级。2016年，日本制定了"i-Construction"战略，为建筑企业和建筑行业制定了明确的发展目标，着力提升建筑产品的品质、安全性和效益，具体目标包括到2025年将建筑工地的生产率提高20%，到2040年节省30%的劳动力；后续在2024年升级为"i-Construction 2.0"行动计划，进一步强化了施工智能化、数据协同和远程管理的深化应用。德国于2015年发布了《数字化设计与建造发展路线图》，提出了工程建造领域的数字化设计、施工和运营的变革路径，其核心内容是通过推广BIM技术，不断提高设计精度和优化成本控制，同时在工业4.0的背景下大力推进建筑业数字化升级，促进工业化与信息化的深度融合。

在中国，智能建造的发展同样受到了高度重视。2011年，我国将BIM技术应用纳入第十二个五年计划，《2011—2015年建筑业信息化发展纲要》中提出了总体目标："十二五"期间，基本实现建筑企业信息系统的普及应用，加快建筑信息模型（BIM）、基于网络的协同工作等新技术在工程中的应用，推动信息化标准建设，促进具有自主知识产权软件的产业化，形成一批信息技术应用达到国际先进水平的建筑企业。2015年6月，住建部发布了《关于推进建筑信息模型应用的指导意见》，明确了BIM技术应用的深化方向与量化目标。2017年5月，住建部网站印发《建筑业发展"十三五"规划》，将智能建造相关内容纳入其中。2020年7月，住建部等13部门联合印发了《关于推动智能建造与建筑工业化协同发展的指导意见》，明确提出了推动智能建造与建筑工业化协同发展的指导思想、基本原则、发展目标、重点任务和保障措施，旨在"围绕建筑业高质量发展总体目标，以大力发展建筑工业化为载体，以数字化、智能化升级为动力，创新突破相关核心技术，加大智能建造在工程建设各环节的应用，形成涵盖科研、设计、生产加工、施工装配、运营等全产业链融合一体的智能建造产业体系，提升工程质量安全、效益和品质"。2022年1月，住建部发布的《"十四五"建筑业发展规划》明确提出，到2025年，初步形成建筑业高质量发展体系框架，建筑工业化、数字化、智能化水平大幅提升，建造方式绿色转型成效显著，加速建筑业由大向强转变。据统计，2024年我国智能建造市场规模已突破1.2万亿元，年增长率达28%，其中，智慧施工占比40%，BIM软件与服务占比30%，建筑机器人占比15%。

近年来，随着政策的推动和技术的不断成熟，智能建造在我国取得了显著的进展。越来越多的建筑企业开始积极探索智能建造技术的应用，一些大型工程项目纷纷采用智能建造技术，取得了良好的效果。例如，在一些超高层建筑项目中，利用无人机进行施工现场的监测与测绘，通过自动化设备进行建筑材料的运输与吊运，运用智能控制系统对施工进度和质量进行实时监控与管理，大大提高了施工效率和质量，降低了施工风险。同时，智能建造技术在桥梁工程、隧道工程、道路工程等领域也得到了广泛应用。在桥梁工程中，通过传感器实时监测桥梁结构的健康状况，利用BIM技术进行桥梁的设计与施工模拟，实现了桥梁建设的精细化管理；在隧道工程中，采用智能化的盾构机，实现了隧道施工的自动化和智能化，提高了施工速度和安全性；在道路工程中，利用物联网感知、大数据和人工智能技术对交通流量进行分析和预测，优化道路的设计和规划，提高了道路的使用效率。

为更好地服务国家战略需求，推动学科交叉融合，2017年2月，教育部高等教育司启动了新工科建设，审批设置了智能制造工程、智能建造、大数据管理与应用等新工科专业。2018年3月，《教育部关于公布2017年度普通高等学校本科专业备案和审批结果的通知》公告，首次将智能建造纳入我国普通高等学校本科专业，明确其是为适应以"信息化"和"智能化"为特色的建筑业转型升级国家战略需求而设置的专业。截至2024年6月，全国已有超过100所院校开设了智能建造专业，且呈逐年增长趋势。这些院校通过整合土木工程、数据信息技术、人工智能、机械控制、物联网和大数据等多专业资源，培养了一批适应智能建造发展需求的复合型人才。同时，大批高校和科研机构在智能建造关键技术的研发方面也取得了一系列成果，如建筑机器人技术革新、智能化施工装备研发、建筑产业互联网平台建设等，为智能建造技术的广泛应用奠定了坚实的基础。

总体而言，智能建造作为土木工程领域的新兴发展方向，正处于快速发展阶段。从其发展历程来看，它是信息技术与土木工程深度融合的产物，经历了从理念提出到技术逐步应用，从局部探索到全面推广的过程。在未来，随着技术的不断创新和完善，以及政策的持续支持，智能建造有望在土木工程领域发挥更为重要的作用，推动土木工程行业实现更高质量、更高效、更可持续的发展。

1.1.2 智能建造的概念与意义

随着相关理论和技术体系的不断完善，智能建造的定义和内涵日趋清晰、统一。住房城乡建设部于2025年发布的《智能建造技术导则（试行）》中明确给出了房屋建筑工程智能建造的定义，即新一代信息技术与工业化建造技术深度融合形成的人机协同建造方式。同时，该导则要求以"提品质、降成本"为目标，因地制宜集成应用数字勘察、数字设计、智能生产、智能施工、智慧运维等各阶段的关键技术产品，实现高效益、高质量、低消耗、低排放的建造过程，提升建筑业的工业化、数字化、绿色化水平。

智能建造不仅是技术革新，更是行业系统性变革的引擎。智能建造的应用场景更加多元化，未来智能建造技术将应用于工程建造的各个阶段，协同为人类创造更安全、绿色、智慧的居住、通行及生存空间。采用人工智能技术进行智能规划，能节省大量的人力、物力、财力；应用现代信息技术，采用计算机模拟人类的思维活动，能提高计算机的智能水平，让计算机更好地辅助设计人员工作；施工阶段应用大量的智能化设备以及虚拟仿真建造模拟，实现精细化的全要素管理，使得传统施工向智能施工转变；基于物联网、信息通信等新技术的发展，依托智能建筑的平台与框架，能实现"数字化运维"，即智能运维。随着《智能建造技术导则（试行）》（2025）等政策法规的深化实施以及经验的推广和技术标准的完善，智能建造将全面重塑全球土木建筑产业格局，其意义已超越行业范畴，可成为推动经济高质量发展、实现"双碳"目标、提升城市治理能力的关键支撑。智能建造的重要意义主要体现在以下几个方面。

（1）实现工程品质与效率的提升

智能建造通过数智化赋能培育新质生产力，进而打破传统生产模式瓶颈，实现"提质增效"的核心目标。例如，通过数字勘察、数字设计等技术，能够更精准地进行项目规划和设计，提前发现并解决潜在问题；在智能生产和智能施工环节，借助先进技术实现施工过程的自动检测、监测以及精确控制，进而减少人为因素造成的质量缺陷，提高建筑的整体质量和性能；通过数字化的协同工作平台，使各参与方信息共享、协同作业，进而优化施工流程，避免信息不畅导致的工期延误，从而提高施工效率，缩短项目整体建设周期；利用智能监控系统和传感器，可以实时监测施工现场的安全隐患，及时预警，减少事故发生，保障工人安全。

（2）降低建造成本和减少资源消耗

一方面，智能建造通过优化设计和施工流程，提高资源利用效率，减少材料浪费和返工。另一方面，利用数字化技术进行项目管理和资源调度，能有效降低管理成本。同时，智能设备和机器人的应用可提高劳动生产效率，降低人工成本。例如，应用BIM等先进技术，在施工前进行精确的三维建模和模拟，发现并解决设计中的问题，减少设计变更和返工，并与施工进度计划相结合，实现四维（4D）和五维（5D）的施工模拟，为施工资源的合理分配和成本控制提供了数据支持；利用智能调度系统对施工人员、材料和设备（如智能挖掘机、智能压路机等智能设备）进行实时调度和动态分析，预测施工需求，合理安排资源，节约人力、物力、财力，避免不必要的能源消耗。

（3）推动技术创新和行业转型升级

智能建造通过新一代信息技术与工业化建造技术的深度融合，重构传统建筑业的生产方式，促使建筑业从传统的劳动密集型、粗放式建造模式向技术密集型、精细化的现代化建造模式转变。这将带动整个行业的技术创新和管理创新，提升行业的整体竞争力和发展水平。例如，以建筑机器人替代高危、重复性劳动（如高空焊接、混凝土浇筑），降低人工依赖（如砌墙机器人效率提升数倍），缓解劳动力短缺问题；催生建筑产业互联网平台、智能装备租赁服务等，形成万亿级新兴产业集群。

随着技术的不断进步和市场的不断成熟，智能建造行业的竞争将越来越激烈，市场对智能建造专业技术人才的需求将日益增长。智能建造师等新型职业陆续出现，要求从业人员不仅要掌握传统的工程建造技术和项目管理知识，还要了解BIM技术、装配式建筑技术、绿色建筑技术、建筑大数据等新型建筑技术。因此，高校及科研机构应从教学内容、师资力量、科研创新等方面有力地推动智能建造人才培养。

1.1.3 智能施工的内涵与发展

《智能建造技术导则(试行)》(2025)将智能施工定义为利用数字技术对工程施工技术和装备进行升级改造，辅助开展各工序环节施工作业，并对施工现场作业人员、机械设备、材料物资、施工工艺和场地环境进行智能化组织管理的施工活动。对其的总体要求包括：

①编制智能施工专项实施方案，明确主要工序环节中对智能建造技术和装备的应用计划，依据方案对施工过程进行跟踪指导，并在施工完成后对方案实施效果进行评估。

②运用 BIM、大数据、云计算、物联网、移动通信、AI、区块链等新技术，开展施工模拟分析、施工组织设计等工作，加强施工过程管理，提高施工数字化和智能化水平。

③在"危、繁、脏、重"施工环节推行人机协同施工作业，大力推广应用技术成熟度高、实施效益明显的智能建造装备及建筑机器人，提高施工质量和效率，保障建筑工人的人身安全和职业健康。

智能施工正从"局部试点"迈向"全面渗透"，其关键是以工业化为载体，以数字化、智能化升级为动力，突破技术瓶颈，加大智能化技术在工程建设施工环节的应用，形成涵盖科研、设计、生产加工、施工装配、运营等全产业链融合一体的智能建造产业体系，其核心趋势主要体现在装备智能化、管理数字化、施工协同化、产业一体化等方面，具体包括：

①施工装备智能化：越来越多的智能施工设备将投入使用，如智能起重机、无人驾驶运输车辆、自动化焊接机器人、3D 打印建筑设备等。借助人工智能等技术实现自动化施工和机器人作业。这些设备能够提高施工精度、效率和安全性，降低人工劳动强度，减少人为失误，如建筑机器人(如砌砖机器人、喷涂机器人)通过 AI 算法实现自主路径规划与避障。

②施工管理数字化：基于数字化平台的智能项目管理系统将得到广泛应用，实现施工进度、质量、安全、成本等方面的实时监控和动态管理。通过大数据分析和智能计算，进行资源优化配置、风险预警和决策支持，提高项目管理的效率和科学性。

③施工人机协同化：物联网、大数据、人工智能、BIM、5G 等技术将更深入地融入智能施工中，推动从单机智能到系统协同、智能决策和人机协作，如施工操作员通过 AR 眼镜实时获取设备状态和施工指导，远程专家可同步指导全球项目，降低技术门槛；工人佩戴的传感器实时监测体征数据，AI 预警疲劳作业风险，减少安全事故。

④建造产业一体化：智能施工将促进设计、施工、监理、供应商等各方的协同工作更加紧密。各方可以在同一数字化平台上进行信息共享和交互，实时沟通和协调，减少信息不对称和沟通障碍，提高项目整体的协同效率和质量。例如，从单一技术(如 BIM)向"设计—施工—运维"全链条集成，形成覆盖全生命周期的智能平台；建立施工数据安全的全产业链共享机制，打破企业、部门、建造环节间的数据孤岛，推动全产业链协同创新。

AI 微课
土木工程智能施工的
内涵与发展趋势

解锁视频
智能施工技术
应用场景介绍

1.2 智能施工共性关键技术

>>>

人工智能(AI)、大数据、云计算、物联网(IoT)、建筑信息模型(BIM)、机器人、地理信息系统(GIS)、数字孪生、虚拟现实(VR)、增强现实(AR)、生成式 AI 等是常用的智能建造共性关键技术,将其与工程施工各要素深度融合,可实现施工过程的自动化、数智化与决策优化。下面按"数据(大数据、云计算)→感知(物联网、BIM)→执行(AI、机器人)"的体系逻辑对部分关键技术进行介绍。

AI微课
智能施工在土木工程领域的应用场景有哪些?

1.2.1 大数据技术

>>>

1.大数据技术概述

大数据(big data)是指数据量巨大、种类多样、增长快速且需快速处理以提取有价值信息的海量数据集合,通常无法在一定时间内用常规软件工具对其内容进行抓取、管理和处理。大数据技术是围绕大数据的采集、存储、管理、分析和可视化等一系列相关技术的总称,旨在帮助人们从海量数据中挖掘出有价值的信息,为决策提供支持。大数据技术不仅涉及数据存储、管理和计算能力的提升,更包含数据清洗、数据挖掘、数据可视化等一系列技术。

(1)大数据技术的特点

①数据规模大(volume):大数据的数据量通常非常庞大,达到 PB 级别甚至更高。例如,大型互联网公司每天会产生海量的用户行为数据、日志数据等,这些数据的规模远远超出了传统数据库的处理能力。

②数据类型多样(variety):大数据包含了各种类型的数据,如结构化数据(如数据库中的表格数据)、半结构化数据(如 XML、JSON 格式的数据)和非结构化数据(如文本、图像、音频、视频等)。不同类型的数据需要不同的处理和分析方法,这增加了数据处理的复杂性。

③数据增长快速(velocity):数据产生的速度非常快,呈指数级增长。例如,物联网设备不断产生实时数据,社交媒体上用户的动态更新频繁,企业需要及时处理这些快速增长的数据,以获取有价值的信息。

④数据价值密度低(value):虽然大数据中蕴含着巨大的价值,但价值密度相对较低。在海量的数据中,有价值的信息可能只占一小部分,需要通过先进的技术和算法进行挖掘和分析,才能提取出有用的信息。例如,在监控视频中,可能只有少数几个瞬间包含关键事件信息,其余大部分数据都是无关紧要的。

⑤处理速度快(speed):大数据技术需要具备快速处理和分析数据的能力,以满足实时性需求。例如,在金融交易监控、实时推荐系统等应用场景中,需要在短时间内对大量数据进行处理和分析,以便及时做出决策。

⑥数据真实性(veracity):大数据中的数据来源广泛,可能存在噪声、错误或不一致性。因此,确保数据的真实性和可靠性是大数据技术面临的一个重要挑战,需要采用数据清洗、验证等技术来提高数据质量。

第1章

（2）大数据技术的关键技术环节

①数据采集与预处理：这是大数据处理的第一步，涉及如何从各种数据源中获取数据，并对采集到的数据进行清洗、去重、格式化等操作，以保证数据的准确性和可靠性。

②数据存储与管理：由于大数据的规模庞大，传统的数据存储方式无法满足需求，因此需要采用分布式存储系统等技术来高效、安全地存储和管理大数据。

③数据处理与分析：这是大数据技术的核心，涉及对大数据进行各种处理和分析操作，如数据挖掘、机器学习、深度学习等，以发现数据中的规律和有价值的信息。

④数据可视化与交互：通过更加直观和友好的可视化界面和交互方式，帮助用户更好地理解和分析数据，提高数据的应用价值和增强用户体验。

（3）大数据技术的发展历程

1）萌芽期（20世纪60—90年代）

数据库管理系统在这一时期得到发展，如层次数据库、网状数据库和关系数据库，为数据的存储和管理提供了基础。当时的数据处理主要集中在结构化数据上，以支持企业的日常运营和事务处理。1968年，IBM公司推出了IMS（information management system），这是一种层次数据库管理系统，被广泛应用于大型企业的信息管理。

2）形成期（20世纪90年代—2005年）

随着互联网的普及和企业信息化程度的提高，数据量开始快速增长，传统的数据库技术在处理大规模数据时面临挑战。数据仓库的概念应运而生，它将企业内不同来源的数据集成到一起，用于支持决策分析。1990年，Bill Inmon提出了数据仓库的概念，并定义数据仓库是面向主题的、集成的、稳定的、随时间变化的数据集合，用于支持管理决策。此后，出现了许多数据仓库解决方案，如IBM的DB2数据仓库、Oracle的数据仓库等。

3）发展期（2005—2010年）

Hadoop项目的诞生是大数据技术发展的重要里程碑。Hadoop基于谷歌的MapReduce和GFS论文构建了分布式文件系统（HDFS）和MapReduce计算框架，能够在廉价的硬件上处理大规模数据，为大数据处理提供了一种低成本、可扩展的解决方案。2006年，Hadoop成为Apache的顶级项目。同年，亚马逊推出了弹性计算云（EC2）和简单存储服务（S3），为大数据的存储和处理提供了云计算基础设施。

4）成熟期（2010—2015年）

大数据技术得到了广泛的应用和推广，越来越多的企业开始重视大数据的价值，并投入大量资源进行大数据项目的建设。除了Hadoop生态系统不断完善外，还出现了许多其他大数据相关技术和工具，如HBase、Cassandra等NoSQL数据库，以及Spark、Flink等新一代计算框架，它们在数据处理速度和实时性方面有了很大的提升。2011年，Cloudera、Hortonworks和MapR等公司成为Hadoop领域的主要供应商，提供了商业化的Hadoop发行版和相关服务。同年，Gartner提出了"大数据"的定义，强调了大数据的Volume（大量）、Velocity（高速）、Variety（多样）和Value（价值）四个特点。

5）深化应用期（2015年至今）

大数据技术与人工智能、物联网等技术深度融合，推动了各个领域的智能化发展。同时，大数据在医疗、金融、交通、能源等行业的应用也不断深化，为行业的转型升级提供了强大的动力。此外，随着数据安全和隐私问题日益受到关注，大数据技术在数据治理、数据安全保护等方面也取得了重要进展。2017 年，Apache Hudi、Delta Lake 等数据湖解决方案出现，旨在解决大数据存储和处理中的数据一致性、ACID 事务支持等问题。2019 年，数据隐私法规如欧盟的《通用数据保护条例》(GDPR)和中国的《网络安全法》等对大数据的合规使用提出了更高的要求，促使企业加强数据治理和安全管理。

2. 大数据技术在工程建设领域的应用

工程建设管理是一个复杂的领域，它涉及项目计划、成本控制、质量管理、风险分析等多个关键方面。传统的管理方法在应对庞大的工程数据时往往显得捉襟见肘。随着大数据分析技术的发展，我们现在能够更全面地解析工程数据，从这些海量信息中提取出有价值的洞见，为管理决策提供了全新的角度和支持(图 1-2)。这一技术已经开始在工程建设领域带来革命性的变革，使得管理者能够更加精确、高效地应对挑战，取得更卓越的成果。

① 基于大数据的项目规划与设计。在工程初期阶段，大数据分析可以帮助工程师进行更准确的项目规划和设计。通过分析历史数据和市场资料，可以预测市场需求，优化设计方案，降低建设风险。

② 基于大数据的施工现场管理。利用传感器和监测设备实时采集施工现场的数据，如钢筋混凝土梁的受力情况、空气中有毒气体浓度、环境温度等，实现对施工现场资源的精细化管理。利用监控设备实时采集作业人员的各种参数信息，如工作效率、作业质量等，实现对作业进度的监督和施工成本的节约。

③ 基于大数据的安全管理。通过对安全隐患数据的收集和分析，预判每个节点处可能出现的安全隐患，提前采取措施进行防范。利用监控设备对工地人员的安全状态进行在线监控，如高空作业人员的安全带使用情况、位置信息等，确保施工安全。

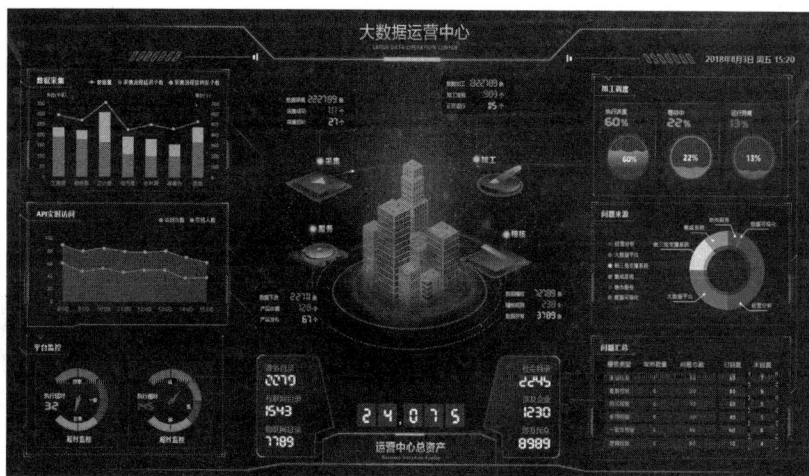

图 1-2 大数据运营中心示意图

1.2.2 云计算技术

>>>

1. 云计算技术概述

云计算(cloud computing)是一种基于互联网的计算新方式,通过互联网上异构、自治的服务为个人和企业用户提供按需即取的计算资源和服务。云计算的核心理念是将计算资源、存储资源和软件资源封装成一个独立的虚拟环境,以服务的形式提供给用户,用户可以通过网络以按需、易扩展的方式获得这些资源。

(1)云计算分类

根据服务模式区分,云计算可以分为三种(图1-3):

①基础设施即服务(IaaS):能通过互联网并以即用即付的方式提供针对基本计算资源(物理与虚拟服务器、网络和存储)的按需访问,提供虚拟化的计算资源等,如虚拟机、存储空间和网络资源,用户可以通过互联网租用这些资源。IaaS允许最终用户按需扩展和缩减资源,从而降低对高额前期资本支出或非必要本地部署或"自有"基础设施的需求,并可降低为适应周期性使用高峰而过度购买资源的需求。

②平台即服务(PaaS):为软件开发人员提供一个按需服务平台(硬件、完整的软件堆栈、基础设施和开发工具),以便运行、开发和管理应用程序,且不存在在本地维护该平台所带来的成本、复杂性和不便性问题。借助PaaS,云供应商可将所有内容托管在其数据中心内。这些内容包括服务器、网络、存储、操作系统软件、中间件和数据库等。开发人员只需从菜单中进行选择,即可"启动"运行、构建、测试、部署、维护、更新和扩展应用程序所需的服务器和环境。

③软件即服务(SaaS):也被称为基于云的软件或云应用程序,它是一种托管在云端的应用程序软件。用户可通过Web浏览器、专用桌面客户端及与桌面或移动操作系统相集成的API来访问SaaS。云服务提供商会以收取月度或年度订阅费的形式提供SaaS。此外,他们还可通过按用量付费的定价模式来提供这些服务。

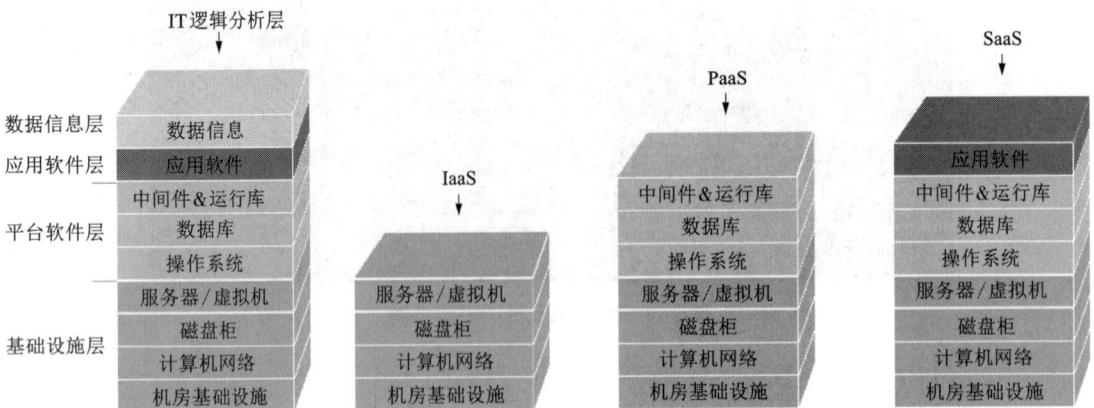

图1-3 云计算的三种服务模式

根据部署模型,云计算可分为五种类型:

①公有云：服务面向公众或大型行业群体，由第三方提供商拥有和运营。

②私有云：为单一组织提供服务，可以由组织自己或第三方管理。

③社区云：由几个组织共享，支持共同的利益。

④混合云：结合了私有云和公有云的特点，允许数据和应用程序在两者之间移动。

⑤边缘云：在数据源附近提供云计算能力，以减少延迟。

（2）云计算的特点

①按需自助服务：云计算是一个庞大的资源池，用户可以根据需要自助获取计算资源，而无须人工干预或与服务提供商进行交互。

②广泛的网络访问：云服务通过互联网提供，用户可以从任何地方，通过各种设备（如计算机、手机、平板）访问。

③资源池化：云服务提供商通过资源共享，将计算、存储和网络资源集中管理，动态分配给多个用户。

④快速弹性：用户可以根据需求迅速扩展或缩减资源，支持业务的快速增长或变化。

⑤可计量服务：云服务的使用情况可以被监控和报告，用户按实际使用量付费，云服务提供商提供透明的费用结构。

⑥高可用性和可靠性：云服务通常由多个数据中心支持，提供冗余和备份，确保数据和应用的高可用性。

⑦安全性：云服务提供商通常会实施严格的安全措施，包括数据加密、身份验证和访问控制等，以保护用户的数据安全。

（3）云计算的发展历程

1）技术萌芽与概念探索阶段（1960—1990 年）

云计算的基本思想可以追溯到计算机科学的早期，尤其是分布式计算和网络计算概念的出现。1960 年，计算机科学家 John McCarthy 提出"计算可能会像公共事业（如电力）一样按需提供"这一设想，这是云计算的早期理念。他的构想是将计算资源按需交付给用户，而不是让每个用户都拥有一台专门的机器。1969 年，J. C. R. Licklider 提出的 ARPANET 是互联网的早期形态，奠定了现代计算机网络的基础。其理念是不同的计算机可以互相链接，资源共享，这是日后云计算的重要基础。

虚拟化技术的发展为云计算的普及奠定了技术基础。虚拟化允许在同一台物理服务器上运行多个虚拟机，使得计算资源的利用更加灵活和高效。1970 年，IBM 推出了 VM 操作系统，使得一台物理计算机可以运行多个独立的虚拟机。这是云计算实现资源隔离和按需分配的最早的技术之一。1990 年，虚拟化技术进一步成熟，VMware 等虚拟化平台的出现，极大地推动了服务器整合和提高了资源利用效率。

2）互联网赋能与云计算的兴起（1990—2010 年）

随着互联网的快速发展和 Web 服务的普及，基于网络的计算资源按需提供变得越来越现实。20 世纪 90 年代中期，互联网的快速普及为云计算的应用提供了基础设施。通过互联网，用户可以远程访问计算资源和服务。1999 年，Salesforce 作为最早的 SaaS（software as a service）公司之一，通过互联网提供基于订阅的 CRM 服务，标志着云计算商业化应用的开始。

2006 年 8 月 9 日，Google 首席执行官 Eric Emerson Schmidt 在搜索引擎大会（SESSanJose 2006）上首次提出"云计算"（cloud computing）的概念。同年，亚马逊推出 AWS（Amazon Web

Services)，其中最著名的服务是 EC2（Elastic Compute Cloud）和 S3（Simple Storage Service），EC2 提供按需计算能力，S3 则是基于云的存储服务，这些标志着现代云计算的诞生。2008 年，微软推出了 Windows Azure（现为 Microsoft Azure），这是其云计算平台的早期版本。Azure 的发展使得云计算生态系统更加丰富，为企业提供了多样化的云计算服务。2009 年 1 月，阿里软件在江苏南京建立首个"电子商务云计算中心"。同年 11 月，中国移动云计算平台"大云"计划启动。

3）多云与混合云的兴起（2010 年至今）

2013 年，Docker 推出了容器技术，使得应用程序的部署和管理变得更加高效。容器和微服务架构的结合，促进了云计算环境下的敏捷开发和自动化部署。Kubernetes 成为容器编排的重要平台，推动了云原生应用的发展。随着企业对云服务依赖度的提升，单一云供应商的局限性逐渐显现，多云和混合云架构成为主流趋势。伴随物联网（IoT）和边缘计算等技术的兴起和应用，混合云（如 Azure Stack）能够满足企业多样化需求，边缘计算将从终端采集到的数据，直接在靠近数据产生的本地设备或网络中进行分析，无须再将数据传输至云端数据处理中心，以减少延迟并提高实时处理能力。

云计算历经"技术奠基—商业突破—生态繁荣"等阶段，从虚拟化、资源池化到云原生，逐步成为数字化转型的核心基础设施。在这个过程中，中国云计算虽然起步较晚，但发展至今，国内云厂商已基本实现自有产品研发，在大规模并发处理、海量数据存储等关键核心技术上，以及容器、微服务等新兴领域不断取得突破，部分指标达到国际先进甚至领先水平。

2. 云平台关键技术

云平台也称为云计算平台，是指基于硬件资源和软件资源的服务，提供计算、网络和存储能力的平台。

（1）云平台的支撑技术

虚拟化技术是云计算的核心技术之一，是指将物理硬件资源虚拟化成多个虚拟资源，实现资源的共享、隔离和灵活调度。虚拟化技术包括服务器虚拟化、网络虚拟化、存储虚拟化等方面。

服务器虚拟化是将一台物理服务器虚拟化为多个虚拟服务器，每个虚拟服务器都可以运行独立的操作系统和应用程序，实现计算资源的共享和高效利用。

网络虚拟化是将多个物理网络资源虚拟化为一个统一的逻辑网络，实现网络资源的共享和灵活调度。

存储虚拟化是将多个物理存储设备虚拟化为一个统一的逻辑存储空间，实现数据存储的共享和高效利用。

（2）分布式计算技术

分布式计算技术是指将多个计算节点通过网络连接，形成一个统一的计算资源池，实现计算资源的共享和灵活调度。分布式计算技术包括分布式文件系统、分布式数据库、分布式计算框架等方面。

分布式文件系统是指将多个文件系统节点通过网络连接，形成一个统一的文件系统，实现文件数据的共享和高效访问。

分布式数据库是指将多个数据库节点通过网络连接，形成一个统一的数据库系统，实现数据的高可用性和可扩展性。

分布式计算框架是指将多个计算节点通过网络连接，形成一个统一的计算平台，实现计算任务的调度和管理。例如，Hadoop、Spark 等都是分布式计算框架的代表。

（3）数据存储技术

数据存储技术是指将数据存储在云端，实现数据的可扩展性、可靠性和安全性。数据存储技术包括分布式文件系统、NoSQL 数据库等。

NoSQL 数据库是指非关系型数据库，是对不同于传统的关系型数据库的数据库管理系统的统称。其具有可扩展性、灵活性和高性能等特点，适用于大规模数据的存储和管理，是一项全新的数据库革命性运动。

（4）数据管理技术

数据管理技术是指对云端数据进行管理和维护，包括数据备份、数据恢复、数据加密等方面的技术。云原生数据管理（容器化、微服务架构）、AI 驱动智能运维（故障预测、自动化调度）、联邦学习数据协作（跨域安全共享）、自动分层存储（冷热数据智能分级）及区块链存证（防篡改溯源）等前沿技术得到了快速的发展和应用。

（5）网络传输技术

网络传输技术是指通过网络将数据传输到云端，实现数据共享和访问。网络传输技术包括云计算、网络协议、网络安全技术等方面。云计算平台使用高速数据网络、虚拟专用网络（VPN）等网络技术，确保数据传输的高效和安全。

3. 智能建造云平台

智能建造云平台是一种基于云计算、物联网、大数据、BIM 等技术，为建筑行业提供数字化、智能化解决方案的平台，其主要功能特点如下。

数据集成与共享：能集成建筑项目全生命周期中不同阶段、不同参与方的数据，包括设计图纸、施工进度、质量检测报告、设备运行数据等，实现数据在各部门和专业间的共享，减少信息孤岛。如腾讯云的智慧建筑解决方案，基于自研的 BIM 数字平台，深度融合工程建造领域的业务数据、IoT 数据和空间数据，为工程建造提供数据共建共用等服务。

项目管理与协同：支持项目各参与方在线协同工作，对项目进度、质量、安全、成本等进行有效管理。例如，"筑享云"建筑产业互联网平台包含项目管理、深化设计管理等 5 个核心模块，支持平台策划、定制化设计等，实现建筑产业链的互联互通。

可视化与模拟分析：借助 BIM 模型和虚拟现实（VR）、增强现实（AR）技术，实现建筑项目的可视化展示和施工过程的模拟分析，帮助工程师和管理人员更好地理解设计方案和施工流程，提前发现问题并解决。

智能监控与预警：通过物联网技术连接施工现场的设备、传感器等，实时监控施工环境、设备状态和人员安全等情况，当出现异常时及时发出预警，以便采取措施避免事故发生。如荆州李埠长江公铁大桥的智能建造云平台，运用北斗定位、远程传感等技术，全方位掌握施工状态，实现远程操控。

数据分析与决策支持：利用大数据分析技术，对平台上积累的大量数据进行挖掘和分析，为项目决策提供数据支持，如预测项目进度、优化资源配置、评估风险等。例如，山东高速建设管理集团打造了"数字化建设管理云平台"（图 1-4），借助微服务、区块链、大数据及 IoT 等前沿信息化技术，构建了数据驱动的线上采集、智能汇集与决策支持体系。

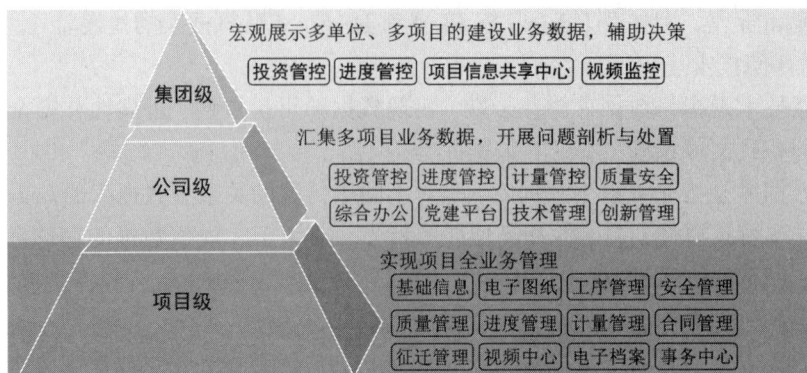

图1-4　山东高速"数字化建设管理云平台"架构示例

1.2.3 物联网技术

1. 物联网技术概述

(1) 物联网的定义

物联网(internet of things，IoT)是现代科学技术发展趋势中最炙手可热的技术之一。1999年美国麻省理工学院自动识别技术中心在成功完成产品电子代码(EPC)研究的基础上，提出了利用射频识别(radio frequency identification，RFID)技术、无线网络与互联网，构建物与物互联的物联网技术概念雏形，联合国信息通信技术事务机构"国际电信联盟"(International Telecommunication Union，ITU)在2005年信息社会世界峰会(WSIS)上首次正式提出物联网的概念。物联网技术深度集成并综合应用了新一代网络信息技术，是新一轮世界产业革命发展与产业格局重构的重要方向和强劲推动力。

物联网技术是通过各类传感器、射频识别、通信模块、全球定位等设备与技术，将物理实体、系统或过程与互联网连接，实现物与物、物与人之间的信息传递与交互，从而对物体进行智能化识别、定位、监控和管理。其核心是打破物理世界与数字世界的界限，构建万物互联的智能生态。

(2) 物联网的特征

1) 全面感知

通过传感器、摄像头、RFID(射频识别)、GNSS、雷达等技术，物联网可以实时感知和采集物理世界中的各种信息，如温度、湿度、位移、速度、光线、压力等。感知层设备是物联网数据获取的基础。

2) 广泛互联

物联网中的设备通过网络相互连接，形成一个大规模的通信网络。设备之间可以通过互联网、无线网络、近场通信(NFC)等方式进行数据交换，实现互联互通。不同设备和系统可以无缝通信，形成一个有机的整体。

3) 智能处理

物联网不仅是设备的连接，还通过数据分析和处理实现智能化。通过人工智能、大数

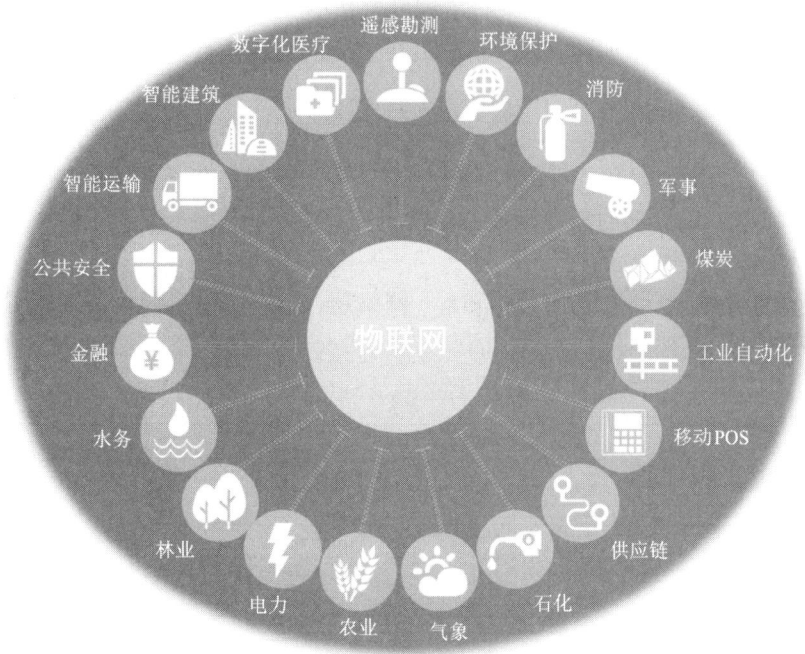

图1-5 物联网示意图

据、云计算等技术，物联网能够分析感知层获取的数据，做出自动化决策，并根据环境变化进行动态调整，从而实现智能化控制和管理。

4）远程控制

物联网通过互联网和智能终端实现对设备的远程控制和管理。无论设备处于何处，用户或系统都可以实时监控和操控设备的状态和行为，提供便捷的管理手段。

5）自动化与自主性

物联网能够实现设备之间的自动化互动，设备可以根据预设的规则自主进行操作和响应。例如智能家居系统可以在无人控制的情况下，根据传感器信息自动调节温度、照明等。

6）多样化应用

物联网技术涵盖了各个领域的应用，具有极高的灵活性和广泛性。它可以应用于智能家居、智能城市、工业制造、农业、交通、医疗等多个场景，满足不同领域的需求。

7）海量数据

物联网设备数量庞大，且每个设备不断产生和传输数据，导致物联网生成的海量数据需要被存储、处理和分析。这些数据不仅推动了大数据技术的发展，也为人工智能的训练提供了丰富的数据来源。

8）安全性与隐私

由于物联网涉及大量设备、数据和网络通信，因此如何保障信息的安全性和用户隐私是物联网的关键挑战之一。包括数据加密、访问控制、身份验证等安全技术需要结合应用，确保物联网的安全性。

9）异构性

物联网中的设备形态各异，可能来自不同的制造商，使用不同的协议和技术标准。物联网需要通过标准化的协议和平台，解决不同设备之间的互操作性问题，确保不同设备和系统能够无缝地协同工作。

10）实时性

物联网应用对数据传输和处理的实时性要求较高，特别是在某些关键应用场景（如自动驾驶、工业控制等），需要实时监测环境并做出迅速反应。

2.物联网架构和关键技术

物联网最核心的技术可以概括为感知层、网络层、应用层三个层面的关键技术，图1-6为物联网的关键技术框架示例。

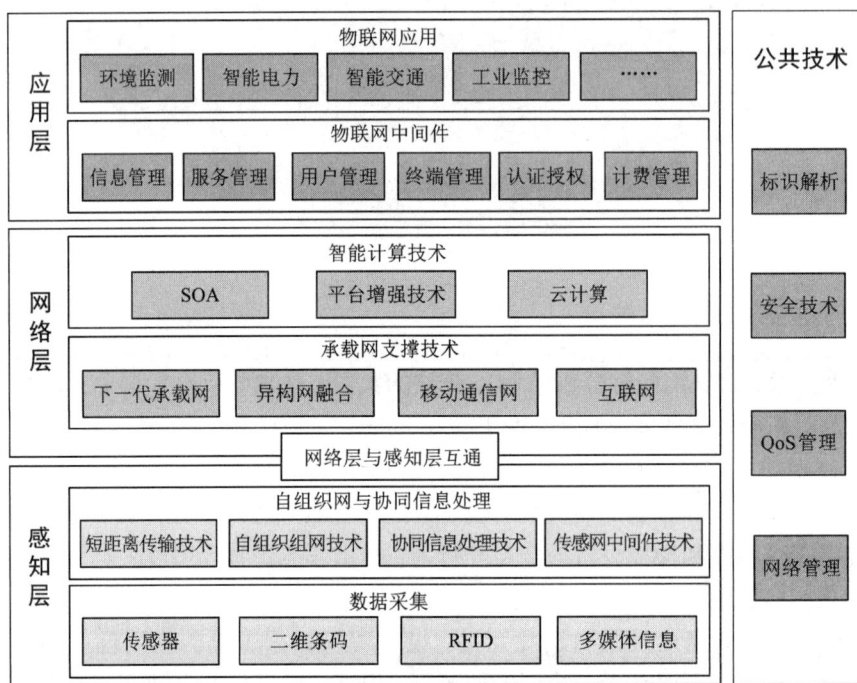

图1-6　物联网的三层架构

①感知层是物联网体系结构中的基础层，负责采集、感知物理世界中的各种信息和数据。它是物联网系统中与外部环境直接交互的部分，主要由各种传感设备、识别设备和数据采集设备组成，通过这些设备实时感知、采集并传输数据。感知层的主要功能包括物理信息的采集、识别、初步处理（如信号转换、降噪）。

②网络层是物联网体系结构中的关键部分，负责将感知层采集到的数据通过各种通信网络传输到上层（通常是处理和应用层）进行处理和存储。网络层的主要任务是数据传输和设备之间的互联互通，确保物理设备之间能够顺畅地进行通信，并保证数据的实时性、完整性和安全性。网络层的主要功能有数据传输与路由、设备互联、数据聚合、网络管理与优化、安全与隐私保护。

③应用层是物联网体系结构中面向用户和具体应用的部分，负责处理、分析和展示从感知层和网络层获取的数据，并提供具体的智能化应用服务。应用层直接与用户交互，将物联网的数据和功能转化为实际的应用场景，满足不同行业的需求。应用层的主要功能有数据处理与分析、应用服务提供、可视化、应用集成以及智能决策与控制。

1.2.4　BIM 技术

1. BIM 技术概述

（1）BIM 的定义

建筑信息模型（building information model，BIM）是一种基于数字化的建筑设计和施工过程管理工具，它以三维模型为核心，以真实、精确的数据为基础，通过建筑元素之间的关联和交互来实现全过程的数字化管理。BIM 包括建筑、结构、给排水、电气、机械及其他专业的模型，提供了对建筑物各个方面的全面掌控，BIM 示例如图 1-7 所示。

BIM 的发展历史可以追溯到 20 世纪 70 年代，其概念的萌芽最早与图形学和三维建模技术的开发相关，尽管当时还没有明确的 BIM 概念，但建筑行业已经在探索

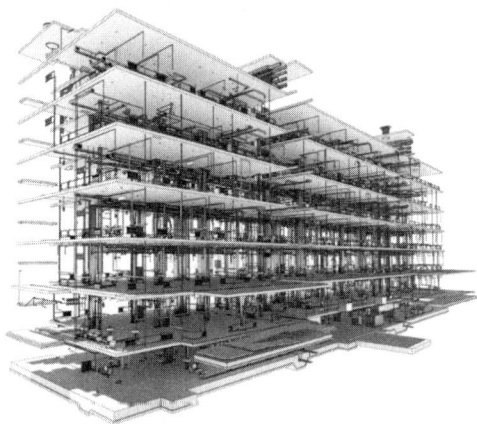

图 1-7　BIM 示意图

如何通过计算机辅助设计（CAD）系统生成更为智能化的建筑设计模型。1974 年，Charles East man 发表了一篇开创性的论文，提出了"建筑描述系统"（building description system）的概念，因此他被认为是 BIM 概念的奠基者之一，建筑描述系统是 BIM 的早期形式。

（2）BIM 技术的特点

1）可视化

BIM 通过三维模型为项目参与者提供可视化的设计方案，直观地展示建筑物的各个部分、系统的运作和空间的布局。这种可视化帮助利益相关者更好地理解设计意图，识别潜在问题并进行决策。BIM 可视化可分为以下三个层次：

①工程物理信息的可视化，如建筑物的几何信息、位置信息、空间信息、材料信息的可视化等。

②工程状态信息的可视化，如成本信息、安全信息、质量信息、进度信息的可视化等。

③工程全生命周期流程信息的可视化，如规划设计阶段、施工建设阶段、运营维护阶段全过程信息的可视化。

2）一体化

一体化体现在 BIM 技术可应用于设计、施工到运营，贯穿工程项目全生命周期，进行一体化管理。它能够实现项目信息在不同阶段的连续传递和共享，确保各阶段之间的无缝衔接，从而避免信息孤岛和重复劳动。同时，BIM 模型为建筑、结构、机电、装修等各专业提供

了一个统一的协作平台。在设计阶段，各专业可以在同一个模型上进行工作，实时查看和调整设计方案，有效避免设计冲突和错漏。同时，BIM 模型还能自动检测设计中的不合理之处，并提供优化建议，提高设计效率和质量。

3）参数化

BIM 区别于其他三维建模的关键在于 BIM 具有参数化的特点。BIM 通过参数而不是数字建立和分析模型，通过改变模型中的参数值就能建立和分析新的模型。BIM 模型是将整个工程项目作为一个整体来考虑的，其中的各个参数之间并不是孤立存在的，而是具有一定的相关性。例如，在平面图中修改一扇窗的尺寸，这个改变会在立面图中就立刻反映出来。

建筑工程项目是一个系统性的工程，它本身含有丰富的数据，而 BIM 模型建立的过程实际就是录入其中参数的过程，BIM 模型中的每一个构件都含有描述其对应的物理属性（如材质、导热系数等）和社会属性（如价格、产地等）的参数，而 BIM 的最大价值就在于后期根据不同的需求对相应的参数进行提取及整理。

4）仿真模拟

BIM 在模拟应用领域具有突出的优势，因为 BIM 是一个多维的信息模型，BIM 仿真不仅能模拟出建筑物的外表模型，还可以对建筑物的物理性能进行模拟，实现对现实世界中建筑模型一些难以实施的操作和行为的模拟。BIM 的建筑性能仿真在建筑设计中具有重要作用。与传统信息单一的建筑模型相比，BIM 建筑模型包含多种信息，为 BIM 在建筑性能方面的模拟提供了可能。在建筑的全生命周期中，BIM 建筑性能模拟已经在建筑设计、施工、运营、管理等方面得到了很好的应用（表 1-1）。

表 1-1　BIM 建筑性能仿真应用与技术

应用阶段	具体应用	相关技术
建筑设计	物理性能仿真	GBS、EcoDesigner、Ecotect
	人流模拟	MassMotion
施工管理	施工模拟	BIM 5D、Navisworks
运维管理	物业运维	ArchiBUS

5）协同性

协同性是 BIM 技术的主要特点之一。在项目建设过程中，无论是施工单位，还是业主或设计单位，都需要协调及配合。比如在设计时，往往会由于各专业设计沟通不到位，出现管道与结构冲突、各房间冷热不均、预留洞口尺寸不对等情况。这些矛盾冲突只有在问题出现后再进行解决，不但影响施工进度，还会影响施工质量。BIM 技术可以在建造前期对各专业的布置问题进行协调、综合，减少不合理的变更方案，并提出合理有效的解决对策。

2.BIM 在土木工程中的应用

（1）规划与设计阶段

在建筑项目的规划与设计阶段，BIM 通过三维建模、仿真和数据集成，帮助设计团队优化建筑方案，提高设计质量和效率。

①建筑设计优化：BIM 允许设计师通过三维模型更直观地展示建筑物的空间布局、外观

和功能,设计过程中可以进行多方案比较、调整和优化,避免在施工中出现设计错误。

②碰撞检测:通过将建筑、结构、机电等各专业的模型整合在 BIM 平台上,可以进行碰撞检测,提前识别设计冲突,如管道和结构梁相互干扰的问题,从而在施工前解决,避免返工。

③可视化设计与沟通:BIM 的可视化功能允许项目各方更好地理解设计意图,尤其对非专业人员(如业主或客户)有帮助。通过虚拟现实(VR)或增强现实(AR)技术,BIM 模型还可以让用户沉浸式体验建筑空间,提升设计沟通的效率。

(2)施工阶段

在施工阶段,BIM 的应用极大地提高了施工过程的效率和精确度,帮助施工团队优化资源配置、监控进度和控制成本。

①施工过程模拟(BIM 4D):通过将时间维度加入 BIM 模型,施工管理者可以模拟和计划整个施工过程,实时跟踪进度,预测潜在问题,并调整施工顺序,确保按期完成。

②施工场地管理:BIM 在施工现场的应用包括设备的摆放、材料的运输路径规划等。例如,BIM 可以模拟施工起重机的移动轨迹,避免施工现场的碰撞或其他安全隐患。

③精确施工与成本控制(BIM 5D):将成本信息(如材料、劳动力等)集成到 BIM 模型中,施工团队能够实时追踪费用支出与预算执行情况,提前预见超支风险,并通过精确的材料和劳动力管理来降低成本。基于 BIM 技术的成本控制具有快速、准确、分析能力强等多个优势。

④模块化与预制化施工:BIM 支持建筑模块的设计和制造,通过预制化施工,可以缩短现场施工时间,提高精度,减少浪费。

(3)设施管理与运营维护阶段

BIM 模型在建筑物投入使用后的运营维护阶段继续发挥重要作用,帮助设施管理者高效管理建筑设备和系统。

①资产管理:BIM 可以存储建筑物的所有信息,包括设备的安装位置、维护记录、材料属性等,帮助设施管理人员轻松查阅建筑资产信息,规划维护和更新工作。

②设备维护:通过将物联网(IoT)传感器集成到 BIM 中,设施管理者可以实时监控建筑设备的运行状况(如暖通空调系统、电气设备等),根据实际使用情况进行预防性维护,减少设备故障和停机时间。

③空间管理:BIM 可以帮助设施管理者优化建筑物的空间使用,进行空间的分配、调整和规划,提升空间的使用效率。

(4)绿色建筑与可持续发展

BIM 在绿色建筑和可持续发展中起到了关键作用,通过能效分析和环境评估,帮助设计师和工程师优化建筑的生态性能。

①能效分析:BIM 可以集成建筑能耗数据(如照明、采暖、通风等),进行能效仿真和分析,帮助设计团队选择最佳的设计方案,最大限度地降低能耗,提高建筑的能源利用效率。将专业建筑性能分析软件导入 BIM 模型中,可以实现能耗、热工等分析,基于结果调整参数,提高节能效果。

②环境评估:通过 BIM 模型,设计团队可以评估不同建筑材料的环境影响,选择对环境影响较小、生命周期更长的材料。BIM 还支持对建筑物的全生命周期进行分析,帮助制定更可持续的维护和更新计划。

1.2.5 人工智能技术

1. 人工智能技术概述

人工智能(artificial intelligence，AI)作为一门新兴学科，至今尚未形成一个被广泛认可的统一定义。但目前最常见的人工智能定义有两个：一个是明斯基提出的，"人工智能是一门科学，是使机器做那些人需要通过智能来做的事情"；另一个是尼尔森提出的，"人工智能是关于知识的科学"。一般来说，人工智能旨在创建能够执行通常需要人类智能才能完成的任务的智能系统，即由计算机或计算系统实现的模拟人类智能的技术与能力。它的核心目的是使机器能够执行通常需要人类智能才能完成的任务，包括学习、推理、问题解决、感知、语言理解以及自主决策。广义上来说，人工智能是计算机科学的一个分支，涉及创建可以"思考"、理解、学习和自主决策的系统，模仿或增强人类的认知功能。狭义上来说，人工智能是指那些能够通过数据和经验进行学习(机器学习)、理解语言(自然语言处理)、识别图像和声音(计算机视觉)以及在复杂环境中自主决策的计算机程序和算法。

(1)人工智能的类型

根据技术能力与智能水平，人工智能可以分为三类：弱人工智能(Narrow AI/Weak AI)、强人工智能(General AI/Strong AI)、超人工智能(Superintelligence/Hyper AI)。

①弱人工智能，这是目前普遍应用的 AI 形式，是指专注于完成特定任务或在特定领域内表现出智能行为的人工智能系统。它不具备人类那样的通用智能，只能在其设计和训练的特定范围内发挥作用，执行单一或有限的任务。

②强人工智能，是指能够达到人类水平的人工智能，它具有广泛的智能能力，能够理解、学习、推理、解决问题，并在各种不同的领域和任务中表现出与人类相当的智能水平，而不仅仅是在特定的、狭窄的领域内表现出色。

③超人工智能，是指在几乎所有领域都比最聪明的人类大脑还要聪明很多倍的人工智能。它不仅能够在学习、理解和处理信息的速度上远超人类，而且在创造力、情感感知、抽象思维等方面也能达到甚至超越人类水平。

(2)人工智能的发展历程

1)诞生与初步发展(20 世纪 40—60 年代)

1943 年，Warren McCulloch 和 Walter Pitts 发表了关于神经网络的早期论文，提出了一个简化的神经元模型，为神经网络的研究奠定了基础。1950 年，英国数学家 Alan Turing(艾伦·图灵)发表了《计算机器与智能》论文，提出了著名的"图灵测试"，为判断机器是否具有智能提供了一种方法，被广泛认为是人工智能的开端。

1956 年，John McCarthy 在达特茅斯会议上首次提出了"人工智能"(artificial intelligence，AI)这一术语，标志着 AI 作为独立学科的诞生。这一时期的研究主要集中在符号主义方法上，通过编写规则来让计算机模拟人类的逻辑推理能力，取得了一些初步成果，如能够证明数学定理的程序。

2)早期应用与挑战(20 世纪 70—80 年代)

20 世纪 70 年代，人工智能在专家系统领域取得了突破，专家系统如 MYCIN、DENDRAL等能够在特定领域(如医学诊断、化学分析)进行知识推理和决策。由于过高的期望和实际成果间的差距,AI 的发展遇到了瓶颈。70 年代末期,由于资金减少,人工智能进入了第一次低谷期,研究人员开始重新审视和调整研究方向。

3)神经网络与复兴(20 世纪 80—90 年代)

1986 年,Geoffrey Hinton 等人提出了"反向传播算法",使得人工神经网络在多层网络训练中变得可行,推动了 AI 的复兴。尽管神经网络取得了一定的进展,但由于计算资源和数据不足,神经网络无法充分发挥其潜力,AI 在 90 年代再度进入低谷。

4)稳步发展(21 世纪 00—10 年代)

2006 年,Geoffrey Hinton 等人提出了深度学习的新方法,通过构建深层神经网络,能够自动从大量数据中学习到高度抽象的特征表示,在图像、语音、自然语言处理等多个领域取得了突破性的成果,掀起了 AI 发展的新高潮。

5)现代人工智能快速发展(21 世纪 10 年代至今)

自 21 世纪 10 年代至今,人工智能经历了快速发展和显著变革。随着大数据时代的到来和计算能力的显著提升,深度学习算法取得了突破性的进展。以深度神经网络为代表的人工智能技术在图像识别、语音识别、知识问答、人机对弈、自动驾驶等多个领域取得了显著的成果。近年来,随着大模型与生成式 AI 的爆发,人工智能正以前所未有的速度赋能各行各业。

人工智能的关键转折点与启示如表 1-2 所示。

表 1-2　人工智能的关键转折点与启示

代表性阶段	技术特征	标志性事件	教训与启示
符号主义 (20 世纪 50 年代)	规则驱动、逻辑推理	ELIZA 聊天机器人、 逻辑理论家程序	过度依赖人工规则, 忽视数据与算力
专家系统 (20 世纪 80 年代)	知识工程、领域专用	MYCIN 医疗诊断系统、 XCON 商业应用	知识获取成本高, 难以适应动态环境
深度学习 (21 世纪 10 年代)	数据驱动、端到端学习	AlexNet、AlphaGo、GPT 系列	算力与数据是核心, 需平衡创新与伦理
生成式 AI (21 世纪 20 年代)	多模态、自主创作	ChatGPT、Stable Diffusion	需解决版权、 虚假信息等治理问题

2.人工智能核心技术基础

人工智能的核心技术主要涉及以下几个方面:机器学习、自然语言处理技术、图像识别技术、人机交互技术、计算机视觉技术及知识图谱等。

(1)机器学习(machine learning)

机器学习是人工智能的一个重要分支,致力于让计算机通过数据学习模式、预测结果和自动改进性能,而无须明确的编程规则。机器学习利用算法和统计模型从数据中进行训练,进而做出决策和预测。机器学习算法主要分为三大类,分别为监督学习、无监督学习、强化学习。机器学习通过数据驱动的方式解决复杂问题,广泛应用于各个行业。它的核心在于让计算机通过训练数据自动学习模式并进行预测,帮助解决分类、回归、聚类等不同类型的问题。随着数据的增加和计算能力的增长，机器学习的能力也在不断提升，在人工智能领域中占据重要地位。

（2）自然语言处理（natural language processing，NLP）技术

自然语言处理技术旨在帮助计算机理解、解释和生成人类自然语言。自然语言处理技术结合了计算机科学、人工智能和语言学，包括多个子领域，如自然语言理解（NLU）和自然语言生成（NLG），并涵盖了词法分析、句法分析、语义分析、信息抽取等技术。这些技术在信息检索、机器翻译、舆情监测、自动摘要、观点提取、文本分类、问题回答、文本语义对比、语音识别、中文 OCR（中文光学字符识别）等领域都有广泛应用。

自然语言处理技术通常有两个核心任务，分别是自然语言理解和自然语言生成。自然语言理解就是希望机器像人一样，具备正常人的语言理解能力，但由于自然语言在理解上有很多难点，所以当前技术至今还远不如人类的表现，主要难点有语言的多样性、语言的歧义性、语言的鲁棒性、语言的知识依赖和语言的上下文。自然语言生成是为了跨越人类和机器之间的沟通鸿沟，将非语言格式的数据转换成人类可以理解的语言格式，如文章、报告等（图1-8），主要包含内容确定、文本结构、句子聚合、语法化、参考表达式生成和语言实现 6 个步骤。

NLG-将非语言格式的数据转换成人类可理解的语言

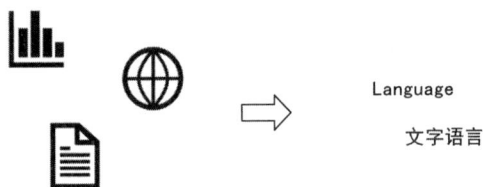

Language

文字语言

图1-8 自然语言生成示意图

（3）图像识别（image recognition）技术

图像识别技术使计算机能够通过分析图像来识别和理解图像内容。图像识别技术使计算机拥有视觉，可以处理、分析图片或多维数据，使计算机可以识别任何图像中的物体、人物、地点和文本。随着技术的不断进步，图像识别技术正朝着高精度、高效率和低成本的方向发展，预计将在更多领域带来创新和变革。图像处理主要包括图像预处理、图像变换、图像分割、特征提取、图像复原、图像压缩、图像识别与分类等步骤。

（4）人机交互（human-computer interaction）技术

人机交互是指人与计算机系统之间进行交互的过程，包括人类用户通过各种输入设备（如键盘、鼠标、触摸屏、语音识别器等）与计算机系统交互，以及计算机系统通过各种输出设备（如显示器、扬声器、振动器等）向用户提供反馈信息，如图1-9所示，从而实现双方的信息交流和互动，涵盖硬件、软件和用户界面的设计与实现。其目的是使人类能够以自然、高效的方式与计算设备进行沟通和操作。人机交互技术结合了计算机科学、心理学、设计、工程等多学科知识，广泛应用于智能设备、虚拟现实、增强现实、智能语音助手等领域。它与认知学、人机工程学、心理学等学科领域有密切的联系，并且随着人工智能（AI）、物联网

（IoT）、大数据、5G 等科技的迅猛发展，在智能家居、工业生产、社会服务、医疗健康等领域的应用越来越广泛。

图 1-9　人机交互示意图

（5）计算机视觉（computer vision）技术

计算机视觉是指让计算机和系统能够从图像、视频和其他视觉输入中获取有意义的信息，并根据该信息采取行动或提供建议。计算机视觉的工作原理与人类视觉类似，只不过人类起步更早。人类视觉系统的优势是终生可以在适当的环境下训练分辨物体，判断物体距离、物体动静与否以及图像是否存在问题等能力。计算机视觉训练机器来执行这些功能，但它们依靠摄像头、数据和算法在更短的时间内完成工作，而不像人类是依靠视网膜、视神经和视皮质。经过训练，用于检验产品或监控生产资产的系统每分钟能够分析数千个产品或流程，并且能发现极其细微的缺陷或问题，因此计算机视觉的能力迅速超越人类。

计算机视觉需要大量数据。它一遍又一遍地运行数据分析，直到能够辨别差异并最终识别图像。例如，要训练一台计算机识别道路病害，计算机视觉需要为其输入大量的道路病害相关数据，供其学习道路病害的类别。

（6）知识图谱（knowledge graph）

知识图谱是由 Google 公司在 2012 年提出来的一个新的概念，是一种用于表示事实和信息的结构化知识库，通常以图的形式表示，其中节点代表实体（如人、物体、地点等），边表示实体之间的关系。知识图谱不仅记录了知识本身，还提供了语义关联，使机器能够理解实体之间的复杂关系和上下文。如果说以往的智能分析专注在每一个个体上，那么在移动互联网时代，则除了个体，这种个体之间的关系也必然成为需要我们深入分析的很重要的一部分，如图 1-10 所示。在一项任务中，只要有关系分析的需求，知识图谱就有可能派上用场。

3. 人工智能技术在工程建设领域的应用

目前，机器学习、自然语言处理、计算机视觉等人工智能的核心技术已被应用于建筑设计、施工、运维等阶段，提升了项目的效率、准确性和安全性。

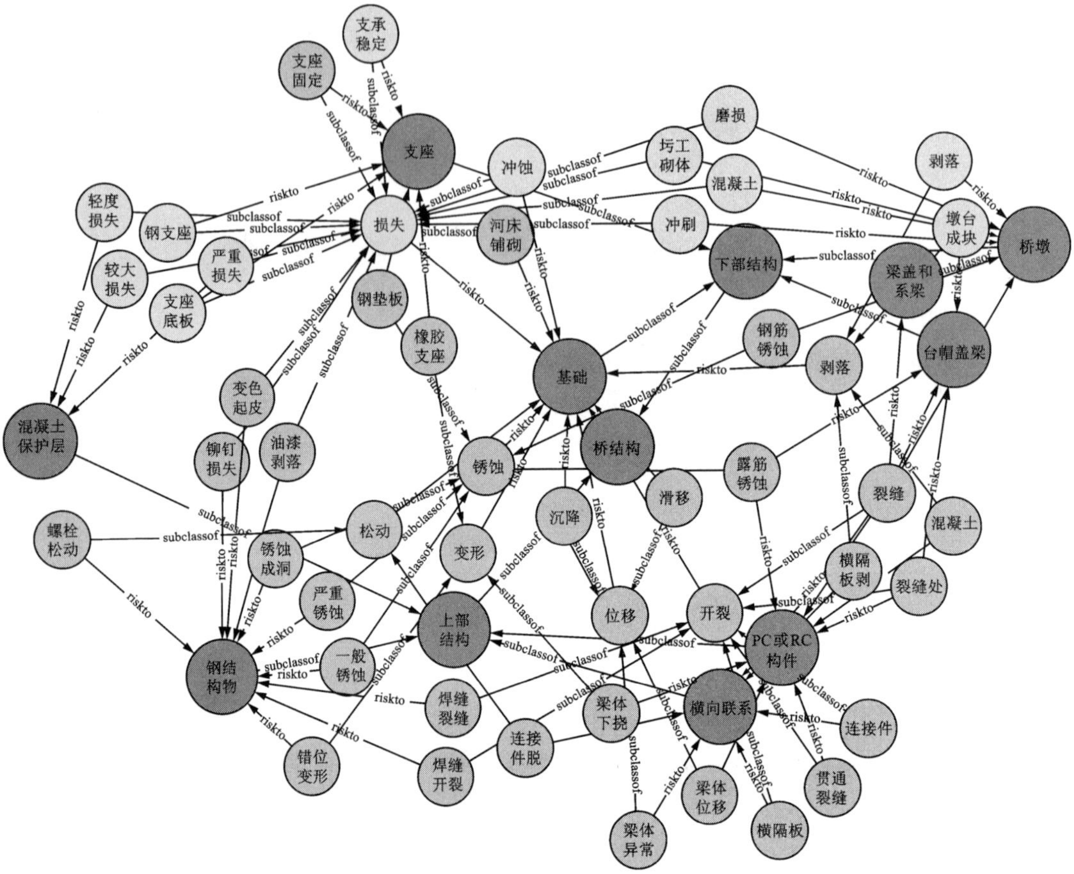

图1-10 知识图谱示例(桥梁结构及其病害领域)

①机器学习在工程建设领域的应用。机器学习能够从数据或样本出发,寻找规律并利用规律,基于反复试验来学习或模仿人类行为。在工程建设领域,机器学习可以基于对现有数据的学习,列举海量的组合和替代方案,通过优化和自我纠偏,选出最佳方案,辅助项目决策。

②自然语言处理在工程建设领域的应用。自然语言处理技术可以将非结构化的文本信息转化为结构化信息,通过理解设计文档和规范,自然语言处理技术有助于设计流程自动化,提供优化建议,甚至生成设计概念。因此,针对大量的施工日志、设计规范和工程报告,自然语言处理技术可以将这些数据转化为结构化信息,从而便于检索和分析。

③计算机视觉在工程建设领域的应用。利用计算机视觉技术可以实时监控施工现场,自动监测潜在的安全隐患和监控施工进度。无人机搭载 AI 摄像头定期巡检工地,拍摄图像并生成 3D 模型,自动更新施工进度。通过无人机或安装在现场的摄像头,可以分析结构或建筑部件,检测裂缝、腐蚀等问题,避免返工。

1.2.6　智能建造机器人技术

1. 智能建造机器人概述

智能建造机器人是一种融合了人工智能、机器人、传感器、自动化控制等多种先进技术的设备，能够在建筑施工现场自主或半自主地完成各种建造任务。它旨在提高建筑施工的效率、质量、安全性，同时降低人力成本和减少对环境的影响。随着人工智能、机械工程和自动化技术的进步，建筑机器人在提高效率、降低成本、提升安全性方面发挥了越来越重要的作用。

根据使用场景，智能建造机器人可以分为施工场地外机器人设备（预制件加工设备等）和施工场地内机器人设备（搬运机器人等），其中现场施工建筑机器人需要具备移动能力、对外界的感知能力、分析能力以进行现场的建造与运维等工作；场外预制建筑机器人则具有一般编程和操作能力，适用于装配式建筑预制构件工厂，主要在工厂进行定制化建筑构件的制造。根据功能和应用领域，可以分为测绘机器人、装修机器人、混凝土施工机器人、打磨机器人、抹灰机器人、喷涂机器人、安装机器人、搬运机器人、焊接机器人、清洁机器人、巡检机器人、破拆机器人等。根据智能程度，智能建造机器人可以分为远程遥控机器人设备、可编程式机器人设备和智能机器人设备，其中远程遥控机器人设备可以通过有线或无线遥控器实现对机器的远程控制，机器的运行基本还是受控于人；可编程式机器人设备可以通过选定预先编程的功能或设定新功能，在一定的限制条件下改变要完成的任务；智能机器人设备可以在无须人为干预的情况下完成施工任务，具有感知环境、制定规划、自动运行和故障报警等功能。

2017 年，中国信息通信研究院、国际数据公司（IDC）共同发布了《人工智能时代的机器人 3.0 新生态》白皮书，其中把机器人的发展历程划分为三个时代，分别称之为机器人 1.0、机器人 2.0、机器人 3.0。2019 年，英特尔联合达闼科技、新松机器人、科沃斯商用机器人共同发布了《机器人 4.0 白皮书》，认为机器人 4.0 时代已经到来。概括如下：

机器人 1.0（1960—2000 年），机器人对外界环境没有感知，只能单纯复现人类的示教动作，在制造业领域替代工人进行机械性的重复体力劳动。

机器人 2.0（2000—2015 年），通过传感器和数字技术的应用构建起机器人的感觉能力，并模拟部分人类功能，不但促进了机器人在工业领域的成熟应用，也逐步开始向商业领域拓展。

机器人 3.0（2015—2020 年），伴随着感知、计算、控制等技术的迭代升级和图像识别、自然语音处理、深度认知学习等新型数字技术在机器人领域的深入应用，机器人领域的服务化趋势日益明显，逐渐渗透到社会生产生活的每一个角落。在机器人 2.0 的基础上，机器人 3.0 实现从感知到认知、推理、决策的智能化进阶。

机器人 4.0（2020 年至今），机器人进入 4.0 时代，把云端大脑分布在从云到端的各个地方，充分利用边缘计算提供更高性价比的服务，把要完成任务的记忆场景的知识和常识很好地组合起来，实现规模化部署。机器人除了具有感知能力实现智能协作，还具有理解和决策的能力，达到自主服务。在某些不确定的情况下，它需要叫远程的人进行增强，或者做一些决策辅助，但是它在 90%，甚至 95% 的情况下可以自主完成任务。

2.关键技术与典型应用

（1）关键技术

人工智能技术：包括机器学习、深度学习等，使机器人能够通过对大量数据的学习和分析，实现环境感知、任务规划和自主决策。例如，通过图像识别技术识别建筑构件的位置和状态，利用语音识别和自然语言处理技术与操作人员进行交互。

机器人技术：涉及机器人的机械结构设计、运动控制和动力学分析等。其确保机器人具有灵活的关节运动、高精度的定位能力和足够的负载能力，以适应不同的施工任务和工作环境。

传感器技术：多种传感器（如激光雷达、摄像头、超声波传感器等）为机器人提供关于周围环境的信息。其帮助机器人实时感知障碍物，检测施工质量，测量距离和空间位置等，从而实现安全导航和精确操作。

自动化控制技术：基于预设的程序和算法，对机器人的动作和行为进行精确控制。它实现任务的自动化执行，同时具备反馈机制，能够根据实际情况及时调整控制策略，保证施工过程的稳定性和准确性。

（2）典型工程应用

混凝土施工机器人：例如混凝土浇筑机器人，可根据预设的浇筑路径和参数，精确地将混凝土浇筑到指定位置，提高浇筑效率和质量，降低人工劳动强度；还有混凝土表面处理机器人，能对混凝土表面进行抹平、压光等作业，保证表面平整度和光洁度。

砌砖机器人：能够自动抓取砖块，按照设计要求进行砌墙作业。它通过精确的定位和操作，确保砖块的摆放位置准确，灰缝均匀一致，提高砌墙的速度和质量，同时降低人工成本。

焊接机器人：在钢结构建筑施工中，焊接机器人可实现高精度的焊接作业。它能够根据预先设定的焊接路径和参数，自动完成焊缝的焊接，保证焊接质量的稳定性和一致性，提高焊接效率，降低人工焊接的安全风险。

高空作业机器人：用于建筑外立面的装修、清洗、维护等高空作业任务。它搭载各种工具和设备，如吊篮机器人可承载施工人员和工具，在高层建筑物外进行作业，通过自动化控制实现升降和移动，提高高空作业的安全性和效率。

物料搬运机器人：能够自动识别和搬运建筑材料，如砖块、钢材、木材等。它根据施工进度和需求，将物料准确地运输到指定位置，实现物料搬运的自动化，减少人力搬运的工作量和降低错误率。

土木工程施工机器人示例如图1-11所示。

3.智能建造机器人的优势与发展趋势

（1）主要优势

①提高施工效率：能够24 h不间断工作，快速完成各种施工任务，缩短项目工期。例如，一些自动化的混凝土浇筑机器人和砌砖机器人的工作效率远高于人工操作。

②保证施工质量：通过精确的控制和操作，机器人能够达到更高的施工精度和质量标准。例如，焊接机器人可以保证焊缝的均匀性和强度，减少质量缺陷。

③增强施工安全性：将工人从危险、恶劣的施工环境中解放出来，降低高空作业、重物搬运等危险作业带来的安全风险。例如，高空作业机器人可以避免工人在高空作业时发生坠落事故。

(a) 智能砌筑机器人　　　　　(b) 钢筋绑扎机器人　　　　　(c) 喷涂机器人

图 1-11　土木工程施工机器人示例

④降低人力成本：减少对大量人工劳动力的依赖，特别是在一些技术含量较高或劳动强度较大的施工环节，使用机器人可以降低人力成本，提高企业的经济效益。

（2）发展趋势

①多任务集成化：未来的智能建造机器人将具备更强的多功能性，能够集成多种施工任务，如一个机器人可以同时完成砌砖、抹灰、布线等多项工作，减少施工现场机器人数量，提高施工效率。

②人机协作更加紧密：机器人将与人类工人更好地协同工作，通过智能交互技术，实现人机之间的无缝配合。例如，机器人可以根据工人的语音指令或手势动作进行操作，同时向工人提供施工信息和建议。

③智能化水平不断提升：随着人工智能技术的不断发展，智能建造机器人将具备更强的学习能力和自主决策能力，能够根据施工现场的实际情况，自动调整施工策略和方法，适应复杂多变的施工环境。

④绿色环保化：注重采用环保材料和节能技术，减少机器人在施工过程中的能源消耗和环境污染。例如，使用电动驱动系统代替燃油驱动系统，减少碳排放。同时，机器人的设计也将更加注重可回收性和资源循环利用。

智慧启思

智能建造赋能基建强国——践行科技报国使命

认知拓展

实践创新

思考题

1. 结合任一桥梁工程案例，分析智能建造与传统建造的核心差异有哪些？

2. 结合智能建造的发展历程，分析推动其发展的关键因素有哪些？

3. 结合土木工程施工特点，分析智能建造机器人面临的挑战和限制是什么？随着智能建造机器人的发展，未来土木工程施工人员的角色和技能需求将发生怎样的变化？

4. 在土木工程施工中，如何综合运用 BIM 技术和大数据技术提高施工管理水平？请举例说明。

5. 从物联网技术的特征出发，探讨如何利用其实现土木工程施工现场设备的智能化管理和协同作业？请举例说明具体的应用场景和实现方式。

参考答案

第 2 章

土方工程施工与智能化

AI微课

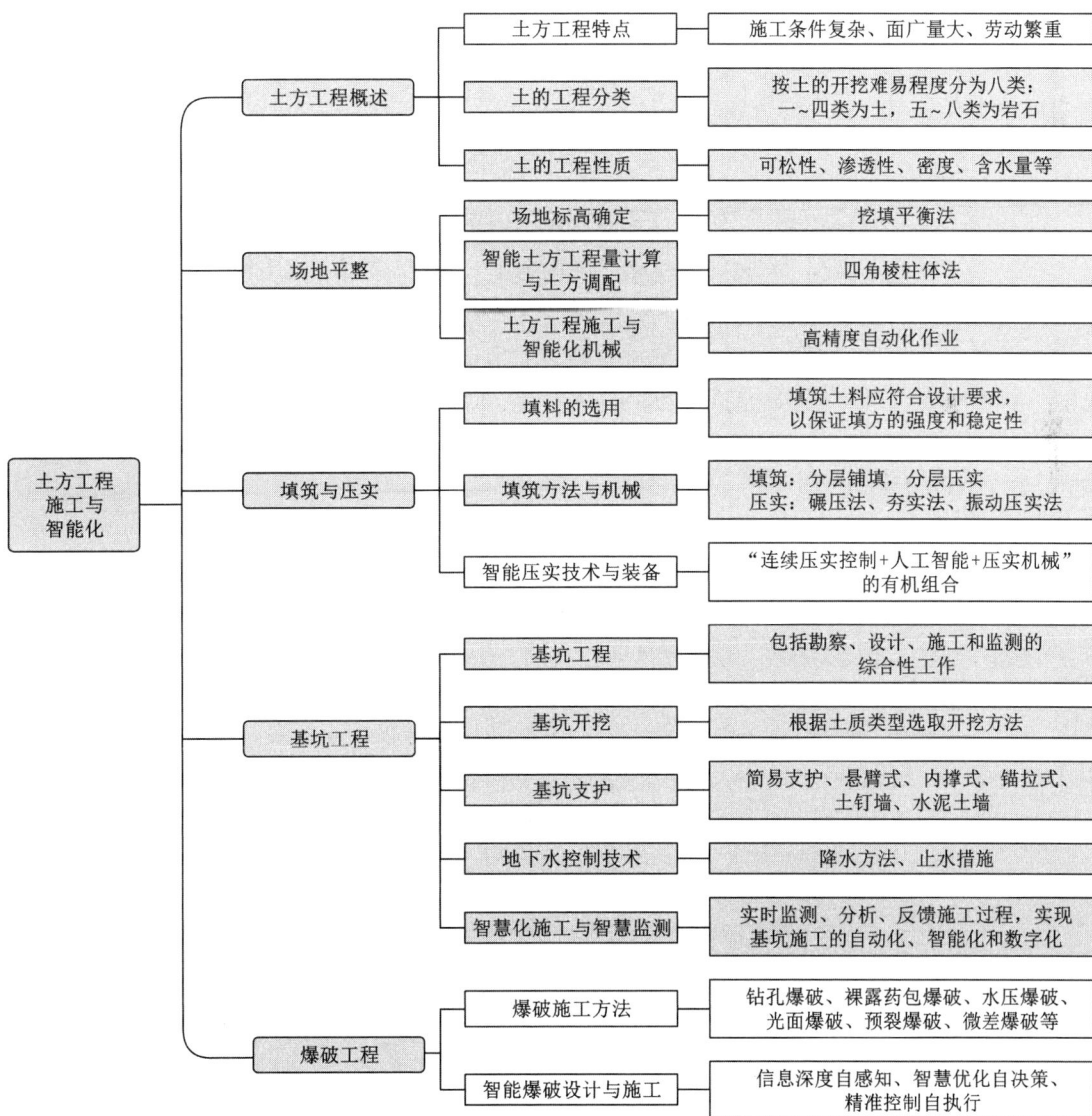

土方工程通常是土木工程最先施工的工种工程，其包括土的开挖、运输、回填与压实等主要施工过程以及场地平整、排水与降水、土壁边坡与基坑支护等辅助施工过程。

2.1 土方工程概述

土是一种天然物质，是由固体颗粒（固相）、水（液相）和气（气相）所组成的三相体系。不同土的颗粒大小、矿物成分、三相比例各不相同，且土体颗粒又与周围环境发生了复杂的物理化学反应，所以土的性质千差万别。土方工程施工具有以下特点：

①施工条件复杂。土体材料种类繁多、成分复杂，性能变化大；工程地质及水文地质条件复杂；土方工程多为露天作业，施工受当地的气候条件影响大；在城市施工时，地下常有不明障碍物妨碍施工；基坑土方开挖时，周边环境保护要求高。

②面广量大。有些大型工矿企业或机场的场地平整可达数十平方千米，大型基坑开挖土方量可达数百万立方米，且面积大、挖掘深，路基、堤坝及地下工程施工土方量更大。

③劳动繁重。一般土的密度为 $1.5\sim2.5$ t/m³，挖掘及运输强度大；石方或冻土坚硬，开挖难度大；土方工程施工由于条件限制，很难完全实现机械化作业，需要大量的人力。

土方工程的施工要求：

①尽可能采用机械化施工，以降低劳动强度，缩短工期。

②合理安排施工计划，尽量避开冬季、雨期施工，否则应做好相应的准备工作。

③统筹安排，合理调配土方，降低施工费用，减少运输量和占用农田。

④在施工前要做好调查研究，了解施工地区的地形、地质、水文、气象资料及工程性质、工期和质量要求，拟定合理的施工方案和技术措施，以保证工程质量和安全，加快施工进度。

2.1.1 土的工程分类

土的成分复杂，种类繁多，分类方法也很多。在土力学中，为研究土的力学及变形性能，根据土的颗粒级配或塑性指数，把土分为岩石、碎石土（漂石、块石、卵石、碎石、圆砾、角砾）、砂土（砾砂、粗砂、中砂、细砂和粉砂）、粉土、黏性土（黏土、粉质黏土）和人工填土等。在土方工程施工中，土方开挖的难易程度直接影响土方工程施工方法的选择、劳动量的消耗和工程的施工费用，故在土方工程施工中，根据土方开挖的难易程度进行分类，称为土的工程分类。土的工程分类将土分为松软土、普通土、坚土、砂砾坚土、软石、次坚石、坚石、特坚石共八类，如表 2-1 所示。

表 2-1 土的工程分类表

土的分类	土的名称	开挖方法及工具	可松性系数	
			K_s	K'_s
一类土（松软土）	砂，粉土，冲积砂土层，疏松的种植土，泥炭（淤泥）	用锹、锄头挖掘	$1.08\sim1.17$	$1.01\sim1.03$

续表 2-1

土的分类	土的名称	开挖方法及工具	可松性系数	
			K_s	K'_s
二类土 （普通土）	粉质黏土，潮湿的黄土，夹有碎石、卵石的砂，种植土，填筑土及粉土	用锹、锄头挖掘，少许用镐翻松	1.14~1.28	1.02~1.05
三类土 （坚土）	软黏土及中等密实黏土，重粉质黏土，粗砾石，干黄土及含碎石、卵石的黄土，粉质黏土，压实的填筑土	主要用镐，少许用锹、锄头挖掘，部分用撬棍	1.24~1.30	1.04~1.07
四类土 （砂砾坚土）	重黏土及含碎石、卵石的黏土，粗卵石，密实的黄土，天然级配砂石，软泥灰岩及蛋白石	先用镐、撬棍，然后用锹挖掘，部分用楔子及大锤	1.26~1.32	1.06~1.09
五类土 （软石）	硬石炭纪黏土，中等密实的页岩，泥灰岩白垩土，胶结不紧的砾岩，软的石灰石	用镐或撬棍、大锤挖掘，部分使用爆破方法	1.30~1.45	1.10~1.20
六类土 （次坚石）	泥岩，砂岩，砾岩，坚实的页岩，泥灰岩，密实的石灰岩，风化花岗岩，片麻岩	用爆破方法开挖，部分用风镐	1.30~1.45	1.10~1.20
七类土 （坚石）	大理岩，辉绿岩，玢岩，粗、中粒花岗岩，坚实的白云石、砂岩、砾岩、片麻岩、石灰岩，有风化痕迹的安山岩、玄武岩	用爆破方法开挖	1.30~1.45	1.10~1.20
八类土 （特坚石）	安山岩，玄武岩，花岗片麻岩，坚实的细粒花岗岩、闪长岩、石英岩、辉长岩、辉绿岩、玢岩	用爆破方法开挖	1.45~1.50	1.20~1.30

注：K_s 为土的最初可松性系数，K'_s 为土的最终可松性系数。

2.1.2　土的工程性质

>>>

土的工程性质对土方工程施工有直接影响，也是进行土方工程施工设计必须掌握的基本数据。其中对施工影响较大的是可松性、渗透性、密度、含水量等。

1. 土的可松性

自然状态的土，经过开挖后，其体积因松散而增加，以后虽经回填压实，仍不能恢复到原来的体积，这种性质称为土的可松性。

土的可松性程度用可松性系数来表示。自然状态土经开挖后的松散体积与原自然状态下的体积之比，称为土的最初可松性系数，用 K_s 表示；土经回填压实以后的体积与原自然状态下土的体积之比，称为土的最终可松性系数，用 K'_s 表示。即

$$K_s = \frac{V_2}{V_1},\ K'_s = \frac{V_3}{V_1} \tag{2-1}$$

式中：V_1 为土在自然状态下的体积，m^3；V_2 为土经开挖后的松散体积，m^3；V_3 为土经回填压实后的体积，m^3。

由于土方工程量是以自然状态下土的体积计算，所以用 K_s 计算开挖后松散的土方体积，即土方运输的工程量；用 K'_s 计算土方的调配及回填用土量。

2. 土的渗透性

土体孔隙中的自由水在重力作用下会透过土体而运动，这种土体被水透过的性质称为土的渗透性，用渗透系数 K 表示。地下水在渗流过程中受到土颗粒的阻力，其大小与土的渗透性、水头差及渗流路径的长度有关。当基坑开挖至地下水位以下时，地下水会渗入基坑，需采取排水或降水措施以保证土方工程施工条件。

渗透系数 K 反映土的透水性大小，对土方工程施工中施工降水与排水的影响较大。含水层渗透系数可通过现场抽水试验测得，粉土和黏性土的渗透系数也可通过原状土样的室内渗透试验测得。表2-2为岩土层渗透系数的经验值。

表 2-2　岩土层的渗透系数 K 的经验值

土的种类	渗透系数 $K/(\mathrm{m \cdot d^{-1}})$	土的种类	渗透系数 $K/(\mathrm{m \cdot d^{-1}})$
黏土	<0.005	中砂	10~20
粉质黏土	0.005~0.1	均质中砂	35~50
黏质粉土	0.1~0.5	粗砂	20~50
黄土	0.25~10	均质粗砂	60~75
粉土	0.5~1.0	圆砾	50~100
粉砂	1.0~5	卵石	100~500
细砂	5~10	无填充物卵石	500~1000

3. 土的密度和干密度

土在天然状态下单位体积的质量称为土的密度，用 ρ 表示。

$$\rho = \frac{m}{V} \tag{2-2}$$

式中：ρ 为土的密度，kg/m^3；m 为土的总质量，kg；V 为土的总体积，m^3。

土的干密度 ρ_d 指土在干燥状态下单位体积土体中固体颗粒的质量，可按式（2-3）计算：

$$\rho_d = \frac{m_s}{V} \tag{2-3}$$

式中：ρ_d 为土的干密度，kg/m^3；m_s 为土中固体颗粒的质量，kg，即烘干后土的质量。

土的干密度在一定程度上反映了土颗粒排列的紧密程度，可作为填土压实质量的控制指标。

4. 土的含水量

土的含水量是指土中水的质量与固体颗粒的质量之比的百分率，用 ω 表示。

$$\omega = \frac{m_w}{m_s} \times 100\% \tag{2-4}$$

式中：ω 为土的含水量，%；m_w 为土中水的质量，kg；m_s 为土中固体颗粒的质量，kg。

土的含水量反映了土的干湿程度，受外界雨、雪、地下水的影响而变化。当土的含水量增加时，土体越潮湿，机械施工的难度就越大；含水量超过 20% 时，运土的车轮就会打滑或陷轮；回填土时若含水量过大，就会产生橡皮土而无法压实；同时，土的含水量对土方边坡稳定性也有直接的影响。

2.2 场地平整

在丘陵和山区地带，建筑场地往往处在凹凸不平的自然地貌上，开工之前必须挖高填低，将场地平整。在场地平整前，先要确定场地设计标高，计算挖、填土方工程量，确定土方平衡调配方案，然后根据工程规模、施工期限、土的性质及现有机械设备条件，选择土方工程施工机械，拟定施工方案。

2.2.1 场地标高确定

场地设计标高是进行场地平整和土方量计算的依据，也是总体规划和竖向设计的依据。合理确定场地的设计标高，对减少土方量、节约土方运输费用、加快施工进度等都有重要意义。选择场地设计标高时应考虑以下因素：

①满足生产工艺和运输的要求。

②尽量利用地形，使场内挖填平衡，以减少土方运输费用。

③有一定泄水坡度（≥2‰），满足排水要求。

④考虑最高洪水位的影响。

场地平整土方量的计算方法，通常有方格网法和断面法两种。当场地地形较为平坦时，宜采用方格网法；当场地地形起伏较大、断面不规则时，宜采用断面法。

采用方格网法计算时，方格边长一般取 10 m、20 m、30 m、40 m 等。根据每个方格角点的自然地面标高和设计标高，算出相应的角点挖填高度，然后计算出每一个方格的土方量，并算出场地边坡的土方量，这样即可求得整个场地的填、挖土方量。其具体步骤如下。

1. 初步确定场地设计标高

首先将场地的地形图根据要求的精度划分成边长为 10~40 m 的方格网，如图 2-1 所示。在各方格左上角逐一标出其角点的编号，然后求出各方格角点的地面标高，标于各方格的左下角。地形平坦时，可根据地形图上相邻两等高线的标高，用插入法求得；地形起伏较大或无地形图时，可在地面用木桩打好方格网，然后用仪器直接测出。

按照场地内土方在平整前及平整后相等的原则，场地设计标高 H_0 可按下式计算：

$$H_0 = \frac{\sum H_1 + 2\sum H_2 + 3\sum H_3 + 4\sum H_4}{4n} \quad (2-5)$$

式中：H_1 为一个方格仅有的角点标高；H_2 为两个方格共有的角点标高；H_3 为三个方格共有的角点标高；H_4 为四个方格共有的角点标高；n 为方格的个数。

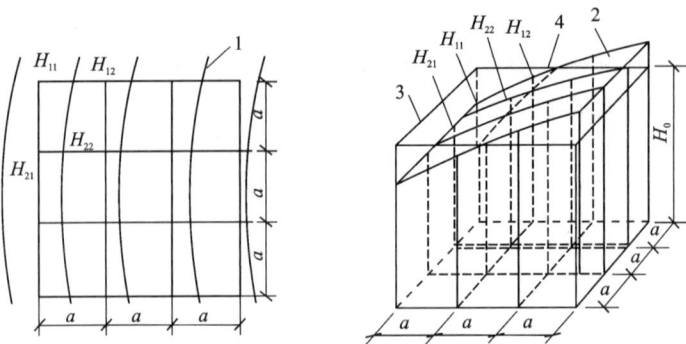

1—等高线；2—自然地面；3—设计标高平面；4—自然地面与设计标高平面的交线(零线)。

图 2-1　场地设计标高计算示意图

2. 场地设计标高的调整

按式(2-5)所计算的设计标高 H_0 为理论值，实际上还需要考虑以下因素进行调整：

① 由于土的可松性，需相应提高设计标高，以达到土方量的实际平衡。场地设计标高应调整为

$$H_0' = H_0 + \Delta h \tag{2-6}$$

② 设计标高以上的各种填方工程(如场区上填筑路堤)会影响设计标高的降低，设计标高以下的各种挖方工程会影响设计标高的提高(如开挖河道、水池、基坑等)。

③ 根据经济比较的结果，将部分挖方就近弃于场外，或部分填方就近取于场外而引起挖、填土方量的变化后，需增、减设计标高。

④ 泄水坡度的影响。按式(2-5)计算的标高进行场地平整时，场地将是一个水平面。但实际上场地均需有一定的泄水坡度。因此，应根据排水要求，确定各方格角点实际设计标高。

场地采用单向泄水时，以计算的初步设计标高 H_0 作为场地中心线(与排水方向垂直的中心线)的标高，如图 2-2(a)所示。场地内方格任意一角点的设计标高计算如下。

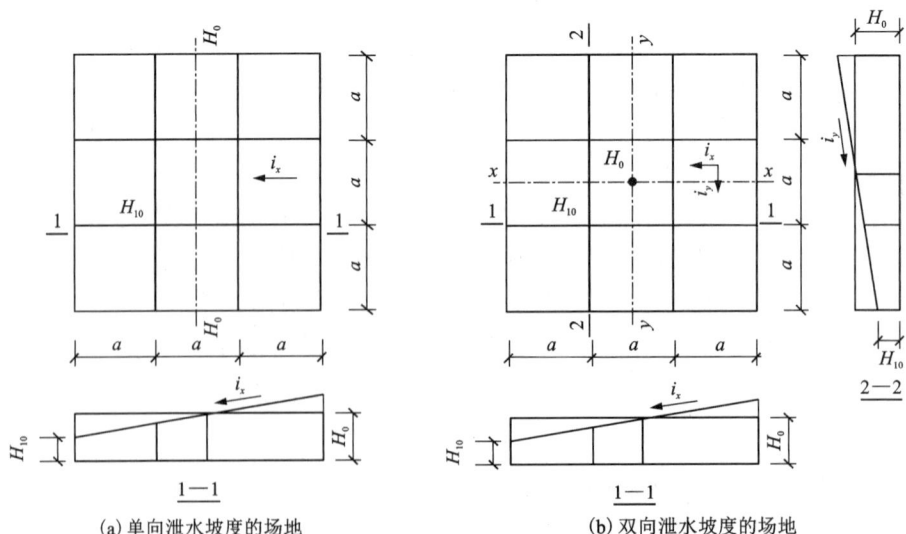

(a) 单向泄水坡度的场地　　(b) 双向泄水坡度的场地

图 2-2　场地泄水坡度示意图

$$H_n = H_0 + l_x i_x \tag{2-7}$$

式中：l_x 为该点至设计标高 H_0 的距离；i_x 为场地泄水坡度（不小于 2‰）；H_n 为场地内各方格任意角点的设计标高。

场地采用双向泄水时，以计算的初步设计标高 H_0 作为场地中心点的标高，如图 2-2（b）所示。场地内方格任意一角点的设计标高计算如下。

$$H_n = H_0 \pm l_x i_x \pm l_y i_y \tag{2-8}$$

式中：l_x、l_y 分别为该点沿 $X-X$、$Y-Y$ 方向与场地中心线的距离；i_x、i_y 分别为场地沿 $X-X$、$Y-Y$ 方向的泄水坡度。

2.2.2　智能土方工程量计算与土方调配

1. 计算场地各方格角点的施工高度

各方格角点的施工高度，即挖、填方高度：

$$h_n = H_n - H_n' \tag{2-9}$$

式中：h_n 为该角点的挖、填方高度，m，以"+"为填方高度，以"-"为挖方高度；H_n 为该角点的设计标高，m；H_n' 为该角点的自然地面标高，m。

2. 绘出零线

零线是场地平整时，施工高度为"0"的线，是挖、填方的分界线。确定零线时，要先找到方格线上的零点。零点在相邻两角点施工高度分别为"+""-"的方格线上，是两角点之间挖、填方的分界点。方格线上的零点位置如图 2-3 所示，可按下式计算：

$$x = \frac{ah_1}{h_1 + h_2}$$

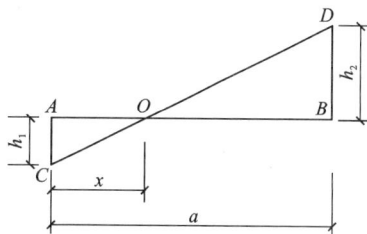

图 2-3　零点位置计算

式中：h_1、h_2 为相邻两角点挖、填施工高度，m，以绝对值代入；a 为方格边长，m；x 为零点至角点 A 的距离，m。

参考实际地形，将方格网中各相邻零点连接起来，即成为零线。零线绘出后，也就划分出场地的挖方区和填方区。

3. 方格土方工程量计算

场地各方格土方量的计算，一般有下述四种类型，可采用四角棱柱体的体积计算方法。

（1）全挖全填方格

方格四个角点全部为填方（或挖方），如图 2-4 所示，其土方量为

$$V = \frac{a^2}{4}(h_1 + h_2 + h_3 + h_4) \tag{2-10}$$

式中：V 为挖方或填方的体积，m³；a 为方格的边长，m；h_1、h_2、h_3、h_4 为方格角点的挖、填方高度，m。

（2）两挖两填方格

方格的相邻两角点为挖方，另两角点为填方时，如图 2-5 所示，其挖方部分的土方量为

$$V_{1,2} = \frac{a^2}{4}\left(\frac{h_1^2}{h_1+h_4} + \frac{h_2^2}{h_2+h_3}\right) \tag{2-11}$$

填方部分的土方量为

$$V_{3,4} = \frac{a^2}{4}\left(\frac{h_4^2}{h_1+h_4} + \frac{h_3^2}{h_2+h_3}\right) \tag{2-12}$$

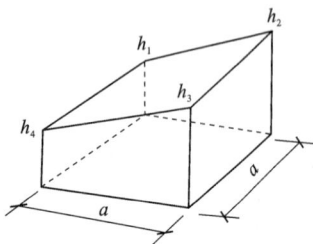

图 2-4　全挖全填方格

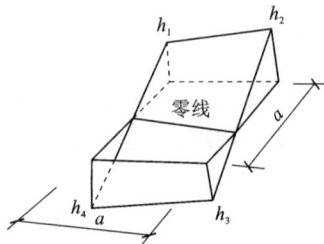

图 2-5　两挖两填方格

（3）三挖一填（三填一挖）方格

方格的三个角点为挖方，另一个角点为填方，或者相反时，如图 2-6 所示，其填方部分土方量为

$$V_4 = \frac{a^2}{6}\frac{h_4^3}{(h_1+h_4)(h_3+h_4)} \tag{2-13}$$

挖方部分土方量为

$$V_{1,2,3} = \frac{a^2}{6}(2h_1+h_2+2h_3-h_4)+V_4 \tag{2-14}$$

（4）一挖一填方格

方格的一个角点为挖方，相对的角点为填方，另两个角点为零点时，如图 2-7 所示，其挖（填）方土方量为

$$V = \frac{a^2}{6}h \tag{2-15}$$

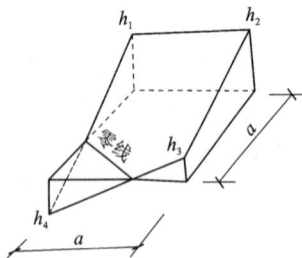

图 2-6　三挖一填（三填一挖）方格

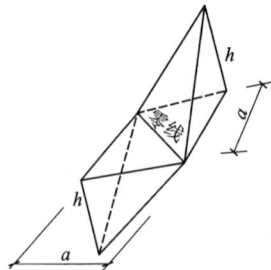

图 2-7　一挖一填方格

必须指出，以上计算公式是根据平均中断面的近似公式推导而得，当方格中地形不平时，误差较大。但此法计算简单，目前人工计算土方量时多用此法。为提高计算精度，也可

将方格网按等高线走向再画成三角棱柱体进行计算，此法计算工作量太大，一般适宜用电子计算机计算土方量。

4.智能土方量计算

目前，倾斜摄影测量技术已经应用于土方量的计算中，适用于各种地形和工程项目。其基本计算原理与三角网法计算方法相同，计算精度高，计算结果受测量方法和计算方法影响小。

用无人机进行倾斜摄影测量时，通过多台传感器从不同的角度对施工场地地形进行数据采集，能得到高精度、高分辨率的地形数字表面模型(DSM)，并同时输出具有空间位置信息的正射影像数据，支持影像数据的空间测量。

(1)无人机倾斜摄影测量技术

倾斜摄影测量技术通常包括影像预处理、区域网联合平差、多视影像匹配、DSM生成、真正射纠正、三维建模等关键内容。其关键技术包括：

①多视影像联合平差。多视影像不仅包含垂直摄影数据，还包括倾斜摄影数据，结合POS系统提供的多视影像外方位元素，在影像上进行同名点自动匹配和自由网光束法平差，可以得到较好的同名点匹配结果。

②多视影像密集匹配。在影像匹配过程中快速准确地获取多视影像上的同名点坐标，进而获取地形地物的三维信息。

③数字表面模型(DSM)生成和真正射影像纠正。多视影像密集匹配能得到高精度、高分辨率的数字表面模型，充分表达地形地物起伏特征。

然而，使用无人机正射影像方式进行建筑物、地物的测量，拍摄出来的影像会存在不同程度的畸变和失真现象，即影像图上的建筑物、高层设施等具有投影差，具体表现为建筑物特别是高层建筑物有时会向道路方向倾斜，遮挡或压盖其他地物要素，严重影响影像图的准确判读。因此需要利用数字微分纠正技术对正射影像进行纠正，改正原始影像的几何变形，形成数字真正射影像。

倾斜摄影测量的数据本质上就是网格面模型，它是由点云通过一些算法构成的。而点云是在同一空间参考系下用来表示目标空间分布和目标表面特性的海量点集合。内业软件基于几何校正、联合平差等处理流程，可计算出基于影像的超高密度点云。

(2)无人机倾斜摄影测量作业流程

①数据获取。数据的获取可采用旋翼或固定翼无人机飞行平台，无人机搭载5镜头倾斜相机，从5个不同的视角(1个垂直方向和4个倾斜方向)同步采集地表影像，或者搭载单镜头相机，根据重叠度以及拍摄航高进行航线设计，获取地表固定物体顶面及侧视的高分辨率影像数据及纹理信息并对影像质量进行检查。

②数据处理。对经过影像质量检查的照片进行多视几何影像匹配获得稀疏点云，通过相应的算法对稀疏点云加密得到密集点云，再对密集点云进行网格化和纹理映射得到三维模型。

③成果输出。由得到的三维模型获取4D产品。数据处理软件可选用PhotoScan软件，进行全自动化处理，通过给予的控制点生成测量坐标系统下的真实坐标的三维模型，并以该高精度实景三维模型为基础，获取DSM、DOM(数字正射影像图)、DLG(数字线划图)等测量成果。

（3）根据数字高程模型（DEM）计算土方量

土方计算的关键在于原始地形地貌和开挖后地貌的准确表达。可通过地理信息系统（GIS）软件计算土方量，以 DEM 作为基础，通过空间分析和叠加分析功能对开挖前后地形模型进行分析，并用软件所带的统计分析模块计算填挖区域的体积，得到最终的填挖土方量。

计算软件一般采用栅格数据方法计算土方量。栅格数据结构简单，非常利于计算机操作和处理，是 GIS 常用的空间数据格式。基于栅格数据的空间分析是 GIS 空间分析的基础。通过倾斜摄影测量的方法获得前期地表数据和后期地表数据，将数据网格化，对两个格网数据进行差值计算，其差值就是该格网点的填（挖）高度。

5. 土方调配

（1）土方调配的步骤

1）划分调配区

调配区的划分应力求遵循挖填平衡、运距最短、费用最省的原则，同时考虑土方的利用，以减少土方的重复挖填和运输。划分调配区应注意：

①调配区的划分应与房屋或构筑物的位置相协调，满足工程施工顺序和分期施工的要求，使近期施工和后期利用相结合。

②调配区的大小，应考虑土方及运输机械的技术性能，使其功能得到充分发挥。例如，调配区的长度应大于或等于机械的铲土长度；调配区的面积最好与施工段的大小相适应。

③调配区的范围应与计算土方量用的方格网相协调，通常可由若干个方格网组成一个调配区。

④从经济效益出发考虑，就近借土或就近弃土区均可作为一个独立的调配区。

⑤调配区划分还应尽可能与大型地下建筑物的施工相结合，避免土方重复开挖。

2）确定平均运距

挖方区土方重心至填方区重心的距离，叫平均运距。取场地或方格网中的纵横两边为坐标轴，分别求出各区土方的重心位置，即

$$X_0 = \frac{\sum V_i \cdot x_i}{\sum V_i}, \quad Y_0 = \frac{\sum V_i \cdot y_i}{\sum V_i} \tag{2-16}$$

式中：X_0、Y_0 为挖或填方调配区的重心坐标；V_i 为每个方格的土方量；x_i、y_i 为每个方格的重心坐标。

重心求出后，则标于相应的调配图上，用比例尺量出每对调配区之间的平均运距，或按下式计算：

$$L = \sqrt{(X_{OT} - X_{OW})^2 + (Y_{OT} - Y_{OW})^2} \tag{2-17}$$

式中：L 为挖、填方区之间的平均运距；X_{OT}、Y_{OT} 为填方区的重心坐标；X_{OW}、Y_{OW} 为挖方区的重心坐标。

3）确定土方施工单价

当采用汽车或专用运土工具运土时，调配区之间的运土单价，可根据预算定额确定；当采用多种机械施工时，确定土方的施工单价较为复杂，不仅是单机核算问题，还要考虑运填配套机械的施工单价，从而确定一个综合单价。

（2）确定最优调配方案

根据每对调配区的平均运距，绘制多个调配方案，比较不同方案的总运输量，以总量最小者为最优调配方案。

（3）绘制土方调配图

在土方调配图上要注明挖填调配区、调配方向、土方数量和每对调配区之间的平均运距。如图 2-8 所示，箭线上方为土方量（m^3），箭线下方为运距（m）；W 为挖方，T 为填方。图中的土方调配，仅考虑场内挖方、填方平衡。

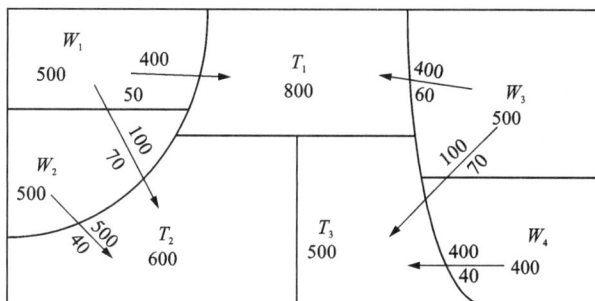

图 2-8　土方调配图

【例题 2-1】

2.2.3　土方工程施工与智能化机械

1. 场地平整施工准备

土方开挖前需做好以下主要准备工作。

（1）场地清理

场地清理包括拆除房屋、古墓，拆迁或改建通信/电力线路、上下水道以及其他建筑物，迁移树木，去除耕植土及河塘淤泥等工作。

（2）排除地面水

地面水的排除一般采用排水沟、截水沟、挡水土坝等措施。

应尽量利用自然地形来设置排水沟，将水直接排至场外，或流向低洼处再用水泵抽走。主排水沟最好设置在施工区域的边缘或道路的两旁，其横断面和纵向坡度应根据最大流量确定。一般排水沟的横断面不小于 0.5 m×0.5 m，纵向坡度一般不小于 3‰。平坦地区如排水困难，其纵向坡度不应小于 2‰，沼泽地区可减至 1‰。在场地平整过程中，要注意保持排水沟畅通。

（3）测量放线

边线、方格网线及零线的水平位置由经纬仪确定，用木桩（钢桩、混凝土桩等）固定，然后用白石灰撒出控制线；各角点的施工标高由水准仪确定并标定在木桩(钢桩、混凝土桩等)上，由标定位置向上、向下引测；长度尺寸用钢尺量取。通常采用回测或闭合回路来消除测量误差。场地平整时，若要确定实际网格边长，应将边长尺寸换算成坡面斜长。

(4)修筑临时设施

修筑道路、供水、供电设施，临时住宿及办公房屋、加工棚等。

2.智能化施工机械

(1)智能挖掘机

智能挖掘机配备多种传感器，包括角度传感器、压力传感器和位移传感器等，以实现精确控制和安全作业。角度传感器安装于挖掘机的动臂、斗杆及铲斗上，实时监测各部件的角度变化，为操作人员提供精准的动作控制。压力传感器嵌入液压系统，能够监测挖掘力的变化，当挖掘力接近额定负荷时，系统自动发出警报以避免过载作业，从而保护设备安全。位移传感器则用于监测挖掘机的行驶位置和挖掘深度，确保作业精度达到预期标准。

通过安装三维激光扫描系统或集成 BIM-GIS 模型，智能挖掘机能够实现自动挖掘。三维激光扫描系统能够实时扫描施工现场的地形和土方情况，生成三维模型，并与预设挖掘参数(如深度、宽度和坡度)进行比对分析，挖掘机据此自动调整动作以完成精准作业。当与 BIM-GIS 模型集成时，挖掘机可接收建筑物基础轮廓、场地标高等信息，从而更加准确地执行复杂任务。

智能挖掘机具备远程监控功能，通过通信模块实现设备与远程控制中心的实时数据交互，管理人员可获取设备运行状态、工作位置、挖掘进度等信息(图 2-9)。同时，系统自动收集和分析作业数据，如挖掘力变化曲线及不同工况下的工作效率。这些数据为施工计划调整、设备维护以及后续工程提供决策依据。通过分析挖掘力数据，施工方还可评估土质变化并提前制定应对策略。

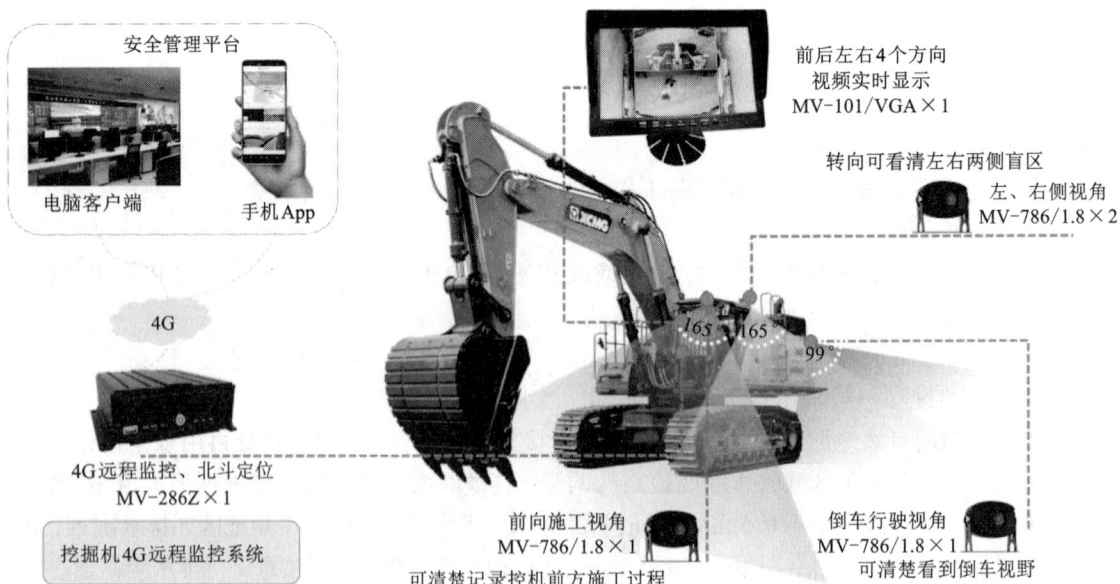

图 2-9　智能挖掘机

（2）智能推土机

智能推土机（图 2-10）利用全球定位系统（GPS）、惯性导航系统（INS）以及车载传感器实现高精度的自动推土作业。在作业前，操作人员将设计的场地标高和坡度要求等参数输入推土机的控制系统中。推土机在工作时，通过 GPS 和 INS 实时确定自身位置和姿态，自动调整推土刀片的高度和角度，从而实现精确的场地平整。这种智能导航功能使得推土机可以按照预设的路线和参数自动行驶和作业，大大提高了推土的精度和效率。在大型场地平整工程中，如机场跑道建设，智能推土机可以快速且准确地完成场地的初步平整工作。

智能推土机配备了多种环境感知传感器，如雷达、激光雷达和摄像头等。这些传感器可以实时监测推土机周围的环境，包括障碍物、人员和其他施工设备等。当监测到潜在的碰撞危险时，推土机的控制系统会自动采取制动或避让措施，保障施工安全。例如，在复杂的施工现场，当有工人或其他小型设备进入推土机的作业半径内时，系统会及时发出警报并停止推土动作。

通过对推土机作业数据的实时分析，智能系统可以优化推土机的工作参数，以提高工作效率。例如，根据不同土质条件自动调整推土速度和刀片切入深度，使推土机始终保持最佳工作状态。同时，系统可以根据土方量和施工进度要求，合理规划推土路线和作业顺序，减少不必要的重复作业和空驶时间。

图 2-10　智能推土机

（3）智能压实设备

智能压路机等压实设备集成了压实度检测传感器，如加速度传感器、振动传感器和压力传感器等。这些传感器安装在压路机的振动轮或碾压轮上。在压实过程中，它们可以实时测量土层的压实度。加速度传感器通过监测振动轮的振动加速度变化来反映土层的密实程度，振动传感器则可以获取振动频率和振幅等信息，压力传感器可以测量压路机对地面的压力。通过对这些传感器数据的分析和处理，控制系统可以实时计算出土层的压实度，并在驾驶室内的显示屏上直观地显示给操作人员。

基于压实度的实时监测数据，智能压实设备（图 2-11）的控制系统可以自动调整压路机的行驶速度、振动频率、振幅等参数。当压实度未达到设计要求时，系统会自动增加振动能量或调整行驶速度，以提高压实效果；当压实度达到要求时，系统会保持当前参数或进行适当调整以确保整个压实区域的质量均匀。此外，压实设备还可以与BIM或GIS模型集成，根据场地的不同区域要求(如不同的建筑物基础、道路等)自动调整压实参数，实现智能化的压实作业。

　　智能压实设备在作业过程中会自动记录压实轨迹、压实度数据、工作参数等信息。这些数据可以存储在设备的本地存储器或上传至云端服务器，方便施工管理人员随时查看和分析。在施工质量检查和验收阶段，这些记录可以作为压实质量的依据，实现对压实质量的追溯。如果发现某个区域的压实质量存在问题，可以通过查看记录快速定位问题原因，如是否存在压实遍数不足、参数设置不当等情况。同时，这些数据还可以为后续的维护和改造工程提供参考。

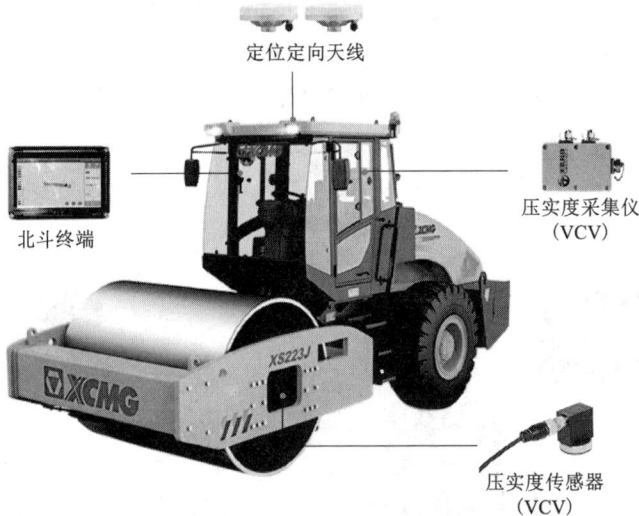

图 2-11　智能压实设备

　　(4)智能运输车辆

　　智能运输车辆在土方工程施工中用于土方的运输，其具有自动装卸功能(图2-12)。在与挖掘机或装载机配合时，车辆可以通过无线通信技术与装载设备进行信息交互。当装载设备准备卸载土方时，运输车辆可以自动调整车身位置和姿态，确保土方准确地装入车厢。同时，车辆上安装有物料重量传感器和体积传感器，可以实时监测车厢内的土方装载量，避免超载或装载不足的情况。这些传感器数据还可以与施工管理系统集成，实现对土方运输量的精确统计和管理。

　　智能运输车辆通过与施工场地的智能调度系统连接，实现智能调度和路径规划。调度系统根据土方开挖和填方的进度、运输车辆的位置和状态等信息，合理安排车辆的运输任务，使车辆能够在最短的时间内完成土方的运输，减少车辆的等待时间和空驶里程。路径规划功能利用GPS和GIS技术，为运输车辆规划最优的行驶路线，避开施工现场的拥堵区域和障碍物。此外，车辆还可以实时接收路况信息和施工场地的变化信息，自动调整行驶路线，提高运输效率。

　　为了确保运输过程的安全，智能运输车辆配备了多种安全监控系统，具有车辆行驶速度监测、防碰撞预警、轮胎压力监测等功能。当车辆行驶速度超过安全限制或接近其他车辆、障碍物时，系统会发出警报并采取制动或避让措施。轮胎压力监测系统可以实时监测轮胎的压力情况，当轮胎压力异常时，及时提醒驾驶员进行检查和处理。同时，车辆的智能控制系统还具备故障预警功能，可以对发动机、传动系统、制动系统等关键部件的运行状态进行实时监测，当监测到潜在故障时，提前通知维修人员进行维护，减少设备故障导致的施工延误。

图 2-12　智能运输车辆

2.3　填筑与压实

　　在建筑工程中，场地的平整，基坑（槽）、管沟、室内外地坪的回填。枯井、古墓、暗塘的处理及填土地基等都需要进行填土，而这些填土多是有压实要求的。压实的目的就在于迅速提高填土的强度和稳定性。

2.3.1　填料的选用

　　填筑土料应符合设计要求，以保证填方的强度和稳定性。如设计无要求，应符合下列规定：

　　①碎石类土、砂土和爆破石碴，可用作表层以下的填料。

　　②含水率符合压实要求的黏性土，可用作各层填料。

　　③碎块草皮和有机质含量大于8%的土，仅用于无压实要求的填方。

　　④淤泥质土，一般不能用作填料，但在软土或沼泽地区，经过处理含水率符合压实要求后，可用于填方中的次要部位。

　　⑤碎石类土或爆破石碴用作填料时，其最大粒径不得超过每层铺填厚度的2/3，铺填时大块料不应集中，且不得填在分段接头处。填土料含水率的大小直接影响压实质量，应先试

验，以得到符合密实度要求的最优含水率和最小压实遍数。

2.3.2 填筑方法与机械

1. 土料选择与填筑施工要求

回填土料应符合设计要求，淤泥和淤泥质土、过盐渍土、强膨胀性土、有机质含量大于等于 8% 的土不得用作填料；碎石类土或爆破石碴的粒径不得超过每层铺填厚度的 2/3，且不得用作表层填料；土料的含水率应满足压实要求。

填方前，应根据工程特点、填料种类、设计压实系数、施工条件等合理选择压实机具，并确定填料含水率控制范围、铺土厚度和压实遍数等参数。对于重要的填方工程或采用新型压实机具时，上述参数应通过填土压实试验确定。

填土时应先清除基底的树根、积水、淤泥和有机杂物，并分层回填、压实。

填土应尽量采用同类土填筑。如采用不同类填料分层填筑，上层宜填筑透水性较小的填料，下层宜填筑透水性较大的填料。

填方基土表面应做适当的排水坡度，边坡不得用透水性较小的填料封闭。

填方施工应采用接近水平的分层填筑方式。当填方位于倾斜的地面时，应先将斜坡挖成阶梯状，然后分层填筑以防填土横向移动。分段填筑时，每层接缝处应做成斜坡形，碾迹重叠 0.5~1.0 m。上、下层错缝距离不应小于 1 m。

2. 填筑压实方法

土方填筑应从最低处开始，分层回填，分层压实。分层厚度应根据土的种类及压实机械来确定。基坑土方回填宜对称、均衡地进行。填方尽量采用同类土填筑，当采用不同类土填筑时，应将透水性大的土层置于透水性小的土层之下，不能混杂使用。

填土的压实方法有碾压法、夯实法和振动压实法。压实方法必须根据工程特点、填料种类、设计要求的压实系数和施工条件合理选择。场地平整、大型基坑回填等大面积的回填工程用碾压法，较小面积的填土工程采用夯实法和振动压实法。

(1) 碾压法

碾压法是利用机械滚轮的压力压实土壤，使之达到所需的密实度，此法多用于大面积填土工程。碾压机械有光面碾(压路机)、羊足碾和气胎碾等(图 2-13)。光面碾对砂土、黏性土均可压实；羊足碾需要较大的牵引力，且只宜压实黏性土，因为在砂土中使用羊足碾会使土颗粒受到"羊足"较大的单位压力而向四周移动，从而使土的结构遭到破坏；气胎在工作时

(a) 振动压路机    (b) 双钢轮压路机    (c) 轮胎压路机    (d) 羊足碾

图 2-13 常用压路机

是弹性体，其压力均匀，填土质量较好。还可利用运土机械进行碾压，这也是较经济合理的压实方案，施工时使运土机械行驶路线大体均匀地覆盖整个填土区域，并达到一定的重复行驶遍数，使其满足填土压实质量的要求。

碾压填方时，机械的行驶速度不宜过快；一般平碾控制为 2 km/h，羊足碾控制为 3 km/h，否则会影响压实效果。

（2）夯实法

夯实法是利用夯锤自由下落的冲击力来夯实土壤。夯实法分人工夯实和机械夯实两种。

夯实机械有夯锤、内燃夯土机和蛙式打夯机，适用于基槽或面积小于 1000 m² 的基坑回填，如图 2-14 所示。人工夯土用的工具有木夯、石夯、飞碰等，主要用于碾压机无法到达的坑边坑角的夯实。夯锤是借助起重机悬挂一重锤进行夯土的夯实机械，适用于夯实砂性土、湿陷性黄土、杂填土以及含有石块的填土。一台打夯机必须由两人同时使用，一人扶把掌控前进速度和方向，另一人牵提电缆，以防发生触电事故。

（3）振动压实法

振动压实法是在松土层表面，振动压实机产生振动力，使土颗粒在振动的状态下发生相对位移并在振动压实机（图 2-15）的重压下达到紧密状态。这种方法用于振实非黏性土时效果较好。如使用振动碾进行碾压，可使土受振动和碾压两种作用。振动压实法碾压效率高，适用于大面积填方工程。

（a）蛙式打夯机　　　（b）电动跳夯

图 2-14　常用夯实机械　　　　　图 2-15　振动压实机

无论哪一种压实方法，都要求每一行碾压夯实的幅宽要有至少 100 mm 的搭接，若采用分层夯实方法且气候较干燥，应在上一层虚土铺摊之前将下层填土表面适当喷水湿润，保证层间结合良好。

3.影响填土压实质量的因素

填土压实的影响因素较多，主要有压实功、土的含水率以及每层铺土厚度。

（1）压实功的影响

填土压实后的密度与压实机械在其上所施加的功有一定的关系。土的密度与所耗的功的关系如图 2-16 所示。当土的含水率一定时，在开始压实时，土的密度急剧增加；待到接近土的最大密度时，压实功虽然增加许多，但土的密度变化很小。实际施工中，对于砂土只需碾压并夯击 2~3 遍，对粉土只需 3~4 遍，对粉质黏土只需 5~6 遍。此外，松土不宜用重型碾压机械直接滚压，否则土层有强烈起伏现象，效率不高。如果先用轻碾压实，再用重碾压实，就会取得较好的效果。

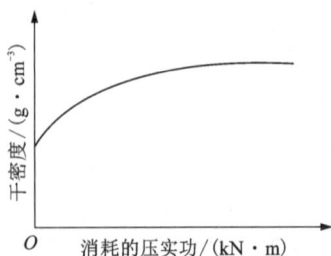

图 2-16　土的密度与压实功的关系示意图

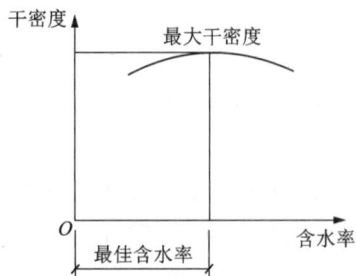

图 2-17　含水率与干密度的关系

（2）含水率的影响

在同一压实功条件下，填土的含水率对压实质量有直接影响。较为干燥的土颗粒之间的摩阻力较大，不易压实。当含水率超过一定限度时，土颗粒之间孔隙被水填充而呈饱和状态，也不能压实。当土的含水率适当时，水起了润滑作用，土颗粒之间的摩阻力减小，压实效果好。所以，在使用同样的压实功进行压实时，所得到的土的密度最大时的含水率叫作最佳含水率。此时土的干密度达到峰值，而压实度作为干密度与最大干密度的比值，也相应达到最优状态，如图 2-17 所示。

各种土的最佳含水率可参考表 2-3。土壤水分的测定方法很多，实验室一般采用酒精烘烤法、酒精烧失法和烘干法。烘干法通过 105~110 ℃加热蒸发土样水分测定含水率，精度高但耗时长，适用于实验室标准检测；酒精烧失法利用酒精燃烧快速蒸发水分，速度快但精度较低，适用于施工现场砂土、粉土等的快速测定。工地简单检验黏性土含水率，一般以手握成团落地开花为宜。为了保证填土在压实过程中处于最佳含水率状态，当土过湿时，应予翻松晾干，也可掺入同类干土或吸水性材料；当土过干时，则应预先洒水润湿。

表 2-3　土的最佳含水率和最大干密度参考值

土的种类	最佳含水率/%	最大干密度/(g·cm⁻³)
砂土	8~12	1.80~1.88
粉土	16~22	1.61~1.80
粉质黏土	12~15	1.85~1.95
黏土	19~23	1.58~1.70

（3）铺土厚度的影响

土层表面受到较大的夯压作用，由于土层的应力扩散，压实应力随深度的增加而快速减小，因此，只有在一定深度内土体才能被有效压实，该有效压实深度与压实机械、土的性质和含水率等有关。铺土厚度应小于压实机械的作用深度，但其中还有最优土层厚度问题，铺得过厚，要压很多遍才能达到规定的密实度；铺得过薄，则容易起皮且影响施工进度，费工费时。最优的铺土厚度应能使土方压实机的功耗最少，可按照表 2-4 选用。在表中规定的压实遍数范围内，轻型压实机械取大值，重型压实机械取小值。

表 2-4　填方每层的铺土厚度和压实遍数

压实机具	分层厚度/mm	每层压实遍数
平碾	250~300	6~8
振动压实机	250~350	3~4
柴油打夯机	200~250	3~4
人工打夯	<200	3~4

上述三方面因素之间是互相影响的。为了保证压实质量，提高压实机械的生产率，重要工程应根据土质和所选用的压实机械在施工现场进行压实试验，以确定达到规定密实度所需的压实遍数、铺土厚度及最佳含水率。

4.填土压实的质量检验

填方施工完成后，应根据该填方位置及用途按照《建筑地基基础工程施工质量验收标准》（GB 50202—2018）第 9.5.4 条的规定分别验收，如表 2-5、表 2-6 所示。

表 2-5　柱基、基坑、基槽、管沟、地（路）面基础填方工程质量检验标准

项目		允许值或允许偏差		检查方法
		单位	数值	
主控项目	标高	mm	0~50	水准测量
	分层压实系数	不小于设计值		环刀法、灌水法、灌砂法
一般项目	回填土料	设计要求		取样检查或直接鉴别
	分层厚度	设计值		水准测量及抽样检查
	含水量	最优含水量±2%		烘干法
	表面平整度	mm	±20	用 2 m 靠尺
	有机质含量	≤5%		灼烧减量法
	辗迹重叠长度	mm	500~1000	用钢尺量

表 2-6　场地平整填方工程质量检验标准

项目		允许值或允许偏差			检查方法
		单位	数值		
主控项目	标高	mm	人工	±30	水准测量
			机械	±50	
	分层压实系数	不小于设计值			环刀法、灌水法、灌砂法

续表 2-6

项目		允许值或允许偏差		检查方法
		单位	数值	
一般项目	回填土料	设计要求		取样检查或直接鉴别
	分层厚度	设计值		水准测量及抽样检查
	含水量	最优含水量±4%		烘干法
	表面平整度	mm	人工 ±30	用 2 m 靠尺
			机械 ±30	
	有机质含量	≤5%		灼烧减量法
	辗迹重叠长度	mm	500~1000	用钢尺量

　　填土压实后必须达到要求的密实度，其控制标准以压实系数 λ_c 为准。压实系数 λ_c 为土的控制干密度与最大干密度之比（即 $\lambda_c = \rho_d / \rho_{max}$）。压实系数一般根据工程性质、使用要求以及土的性质确定，例如，作为承重结构的地基，在持力层范围内 λ_c 应为 0.96~0.97；在持力层范围以下，应为 0.94~0.95；一般场地平整应为 0.9 左右。

　　土的干密度测定方法需依据土体特性选择：环刀法通过切割压实土层直接测定干密度，适用于细粒土；灌砂法采用标准砂置换试坑体积来计算密度，适用于粗粒土；灌水法通过注水测量试坑体积来确定密度，适用于粗粒土和巨粒土；蜡封法通过蜡封防水处理测量不规则试样的体积，适用于坚硬易碎裂、难以切削和形态不规则的坚硬土。其取样组数：基坑回填每 30~50 m² 取样一组；基槽、管沟回填每层按长度 20~50 m 取样一组；室内填土每层按 100~500 m² 取样一组；场地平整填土每层按 400~900 m² 取样一组，取样部位应在每层压实后的下半部分。试样取出后称出土的天然密度并测出含水率，然后用下式计算土的实际干密度 ρ_d。

$$\rho_d = \frac{\rho}{1+0.01\omega} \tag{2-18}$$

式中：ρ 为土的天然密度，g/cm^3；ω 为土的天然含水率，%。

　　如用上式算得的土的实际干密度 $\rho_d \geq \rho_{cd}$（设计干密度），则压实合格；若 $\rho_d < \rho_{cd}$，则压实不够，应采取相应措施，提高压实质量。

2.3.3　智能压实技术与装备

1. 概要

　　智能压实技术是在连续压实控制技术基础上发展的，是多学科、多领域的融合，很多方面目前仍在探讨中，但至少应该包括几个方面。其一是填料物理力学特性表征理论，其核心在于建立填筑体本构关系及状态方程。受填料颗粒级配、含水率变异及接触力学特性的复杂性与非均质性影响，其精准表征是关键挑战。其二是压实机械-填筑体耦合动力学理论，该理论通过构建土体-机械动态相互作用模型，解析振动波传播机理与能量传递效率，是压实机械效能发挥的核心要素。其三是压实机械系统理论，重点研究激振系统、行走机构与动力装置等关键组件的参数优化匹配机制，为工艺参数的实时调控提供硬件基础。其四是智能决策控制系统，该系统集成多源传感数据融合、机器学习算法与专家知识库，通过构建压实质量-工艺参数映射模型实现施工参数的自适应优化，形成整个压实系统的中枢决策单元（图 2-18）。简单地讲，智能压实技术应该是"连续压实控制+人工智能+压实机械"的有机组合，服务对象是各种填筑体。

图 2-18　智能压实系统

2. 智能压实关键技术

智能压实就是人工智能与连续压实控制的结合，一般是通过装载在振动压路机上的智能压实控制系统实现其功能。现有的智能压实是通过一台带有控制系统的振动压路机来实现的。该控制系统通过采集到的、能够反映压实质量的信息来持续调节压路机性能参数，如振动轮的振幅、频率、激振力和压路机的行走速度等，以优化压实并满足所需条件。其中与填筑体压实质量直接相关的输出参数，如模量、刚度、抗力等，是根据监测的压路机振动轮振动响应等来识别得到的连续分布的物理力学量。其实质就是根据压路机振动响应来连续识别填筑体力学参数，再根据该参数大小和分布自动调节压路机工艺参数进行优化压实作业，以便得到更好的压实效果。其关键技术包括填筑体压实质量智能识别、智能压实机械与机器学习、控制器与压实工艺调节，具体如下。

（1）填筑体压实质量智能识别

智能压实控制的核心技术挑战在于如何基于振动压路机的动态响应信号实现对填筑体压实状态的精准感知。这是由于压路机的移动性和连续测量的要求，导致传感器不能放置在填筑体上而只能安装在压路机的振动轮上，实际测量的是振动轮的响应信号（位移、速度、加速度等）。受限于压路机移动施工特性和连续测量需求，传感装置无法直接布设于填筑体内部，仅能通过振动轮采集位移、速度及加速度等动态响应信号，如图 2-19 所示。为解决这一难题，需构建基于土-机耦合动力学原理的压实状态反演模型：通过建立振动轮-填筑体系统的能量传递方程与非线性接触模型，结合时频域联合分析方法对振动响应信号进行解析，最终提取出表征填筑体刚度模量、阻尼比等力学特性的关键参数。这些参数作为压实质量评估的本征指标，为后续的智能识别与闭环控制算法提供必要的输入变量。

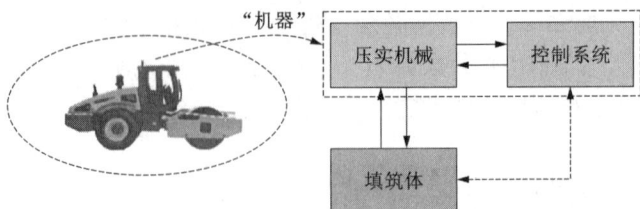

图 2-19　填筑体-压实机械-控制系统相关关系示意

　　智能压实控制的第二个难点是如何界定填料类型问题。这是由于填筑工程中材料粒径级配范围广、物理特性差异显著，加之振动压路机型号规格与工艺参数缺乏标准化关联，导致压实质量评价体系呈现多参数耦合的复杂性。针对该问题，有研究者提出了一个初步的解决方案，不管填料如何，只要在一定吨位压路机的作用下，所形成的填筑体结构的力学性能达到一定要求，且具有很好的稳定性，那么这种填料就是满足需求的，如图 2-20 所示。

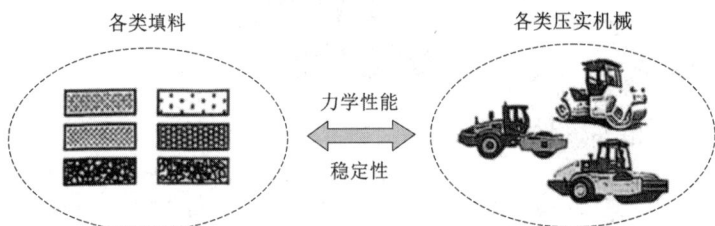

图 2-20　填筑体-压实机械-控制系统相互关系示意

　　首先，压路机激振力需与填料级配形成动态匹配机制。试验数据表明，设备吨位与材料粒径存在显著非线性关系，如细粒料体系(如黏性土)在 14~16 t 级振动压路机作用下即可实现有效密实；而粗粒料(如碎石混合料)需 18 t 级以上设备才能突破粒间阻力形成稳定骨架；对于超大粒径填筑体，则需配置具有非线性振动特性的重型设备，这种能量级配机制确保了振动波在填料介质中的有效传播。其次，填筑体需同步通过即时力学响应检测与时变稳定性验证。力学参数(如动态模量、阻尼系数等)需依据工程荷载谱进行逆向推导，但需特别强调的是，瞬态力学指标的达标并不能完全表征工程适用性。工程实践揭示，部分填料在初始碾压阶段虽呈现合格的力学参数，却存在显著的蠕变变形风险。因此，智能压实系统需构建双模量评价体系，通过实时解析碾压过程中填料流变特性的演化规律，动态评估其长期稳定潜力。这种复合判据不仅为填料筛选提供量化标准，更可通过反馈调节机制优化压实工艺。对于稳定性阈值波动的填料，系统可自适应调整振动频率与碾压遍数，从而规避结构性缺陷的累积。

　　智能识别填筑体压实质量，采用正确的控制指标(力学性能与稳定性)是关键的第一步。主要的控制指标可基于 4 类方法进行表征：压实度计法、模量方法、动力学方法和能量方法。

　　(2)智能压实机械与机器学习

　　让压实机械具有学习能力，能够根据填料情况自动选择合适的压实工艺完成压实作业是业内追求的一个目标，并且需要通过与人工智能的有效结合才能实现。智能压实机械组成如图 2-21 所示。

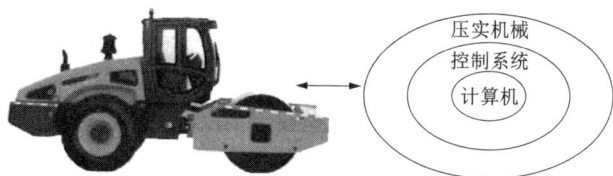

图 2-21　智能压实机械组成

机器学习的核心思想就是让计算机程序随着数据样本的积累，自动获得精确归纳和判断的能力(图 2-22)。对于智能压实来讲，数据样本就是施工过程中的工程数据，包括填料方面、施工机械方面和压实工艺方面等，智能压实控制系统根据填料情况，在碾压过程中自动组合和优化压实工艺，达到最佳的压实效果。

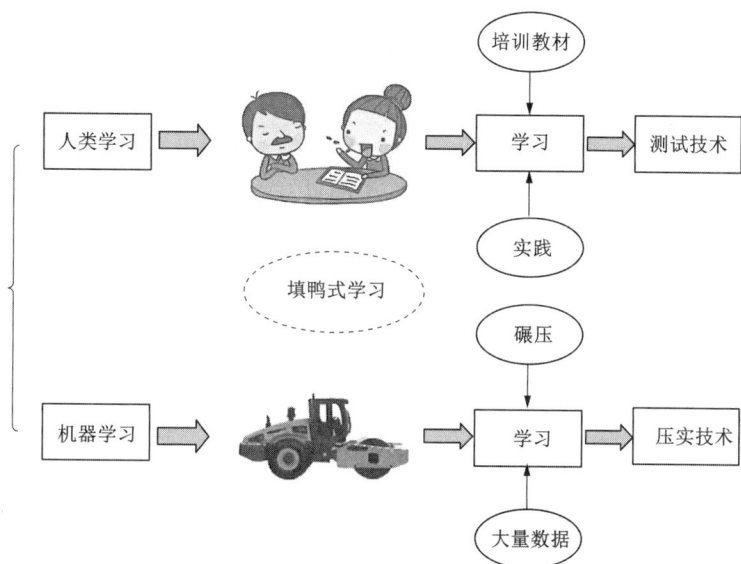

图 2-22　人类学习与机器学习对比

（3）控制器与压实工艺调节

智能压实的核心部件是压实控制系统中的控制器。这种智能压实控制器是以自动控制技术和计算机技术为核心，集成微电子技术、信息传感技术、显示与界面技术、通信技术等诸多技术而形成的高科技装备，一般与测量装置融为一体。作为工程机械的核心和关键部件，智能压实控制器一般内置于压路机之中，扮演"神经中枢"和"大脑"的角色，可以形象地称之为"施工脑"，如图 2-23 所示。

以控制器为核心的压实控制系统担负着测量和处理碾压过程中来自压路机振动轮的响应信号以及相关信号的使命，更重要的是要有正确识别压实质量参数的功能。对于智能压实，

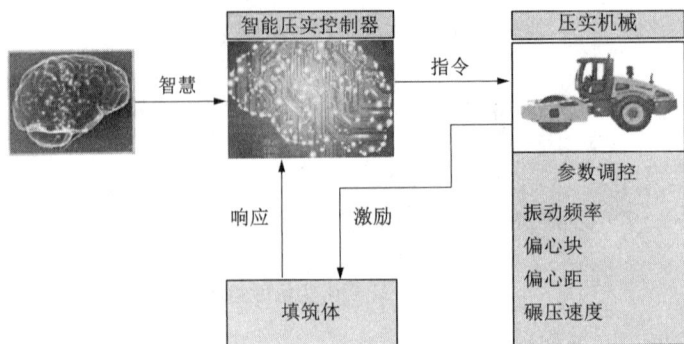

图 2-23　智能压实控制器

控制器需要根据压实反馈信息对压路机振动参数发出调控指令,压路机根据指令自动调节相关参数,以适应压实状态的变化。其关键技术包括:

①数字孪生技术。智能压实控制器的数字孪生技术创新体现在物理实体与虚拟模型的深度交互与动态映射上,通过耦合离散元法和有限元法构建填料颗粒与机械系统的多尺度相互作用模型,精准模拟振动激励下填筑体密实度的非线性演变规律,显著提升仿真置信度。基于长短期记忆神经网络框架,结合振动信号频域特征与空间轨迹数据的多模态融合分析,建立压实质量动态预测模型,有效减少质量评估误差。进一步引入多目标优化算法,在虚拟环境中实现碾压参数组合的全局寻优,为降低施工能耗、抑制工后沉降提供理论支撑。

②智能控制技术。通过融合模型预测控制与强化学习框架,开发混合驱动自适应算法,实现激振参数对填料含水率波动、层厚变异等复杂工况的动态响应与补偿控制。基于高性能通信协议构建多机协同网络架构,突破传统单机作业模式,实现碾压轨迹的自主规划与多设备避碰协同,显著提升集群施工效率。同时,集成小波包能量谱分析与模式识别技术,构建故障特征提取与分类模型,可精准判别机械系统典型异常状态,为设备健康管理提供智能决策依据。

③可视化技术。聚焦于施工场景的全要素数字化表达与交互式分析,采用同步定位与建图技术构建高精度三维实景模型,结合轻量化图形引擎开发多维度数据融合平台,实现振动频谱、空间轨迹与工艺参数的全息关联分析。通过增强现实技术将虚拟碾压路径与物理场景空间叠加,形成虚实融合的施工指导界面,支持操作人员实时修正碾压偏差。该技术体系不仅强化了施工过程中的可视化监管能力,更为质量追溯与工艺优化提供了空间化数据基底。

2.4　基坑工程

基坑工程是为了保障基坑周围土体的稳定性,防止可能的坍塌风险,以及有效地保护周边建筑结构而实施的重要工程措施。基坑开挖是土建施工中非常重要的一环,它涉及地基的稳定性、地下水的控制、周围环境的保护等问题。

2.4.1 基坑工程

基坑是指为进行建(构)筑物基础与地下室的施工所开挖的地面以下空间。

基坑工程是对建筑场地及基坑(包括开挖和降水)所进行的一系列勘察、设计、施工和监测等综合性工作的统称。

基坑工程是一项综合性很强的岩土工程,具有以下要求:

①支护结构通常都是临时性的,一般情况下,安全储备相对较小,因此风险较大。

②根据场地的水文地质、工程地质条件进行设计,因地制宜。

③是一项系统性很强的系统工程。

④具有较强的时空效应。

⑤对周边环境会产生较大影响。

2.4.2 基坑开挖

基坑开挖是指为建造地下结构(如基础、地下室等)或安装设施(如管线、支柱等),按设计标高和平面尺寸对土体或岩石进行松动、破碎、挖掘及运输的工程作业。

基坑开挖方法因基坑土质的不同而不同。按土质类型,基坑开挖方法有以下几种。

硬土类包括土夹石、硬土、砂岩、风化石等,这类土体密实度高(干密度>1.8 g/cm³),自稳性强,非雨季施工时可采用分层放坡开挖。人工开挖时,使用十字镐、钢楔等工具破碎岩土,按1 m层厚逐层下挖,坡面坡度控制在1:0.5以内;若采用机械施工,优先选用液压破碎锤(冲击能≥1200 J)预破碎,配合反铲挖掘机(斗容1.2~1.6 m³)装运土方。施工中需在坑顶设置截水沟(断面300 mm×300 mm),防止地表水侵蚀坡面,坑边2 m范围内禁止堆载。对此类土质,在无降水干扰时可不设支护,但砂岩层需注意岩体裂隙发育情况,必要时采用喷射混凝土封闭裂隙。

碎石类包括石夹土、碎石、填方土等,这类土体因颗粒级配不均,易发生局部塌落,需采用"分阶开挖+动态支护"工艺。每阶开挖高度不超过2 m,台阶宽度≥1 m,坡面按(1:1)~(1:1.25)放坡,边挖边插入50 mm厚木板或20型槽钢临时挡土(间距0.8~1.2 m)。对于不稳定区段,加设φ150 mm钢管对角支撑(倾角45°~60°),预加10~20 kN轴力增强稳定性。基底设置盲沟排水系统,沟内填充级配碎石(粒径20~40 mm),纵坡≥2‰以引导渗透水排出。开挖过程中需实时监测坡面位移,单日位移量超过3 mm时应暂停施工并加固。

针对流沙层或地下水位高于基底的情况,首选钢筋混凝土防护圈沉井工法。预制井筒内径需比基础尺寸大1.2 m,壁厚≥300 mm,采用C30抗渗混凝土(抗渗等级P6)分节浇筑。开挖时遵循"对称取土、均衡下沉"原则,每下挖0.5 m即下沉井筒,通过激光测斜仪控制垂直度偏差≤0.5%H(H为井深)。同步实施管井降水(井深超过基底5 m,间距15~20 m),将水位降至作业面以下1 m。若突发流沙,立即回填砂袋(装填率≥90%)并注入水玻璃-水泥双液浆(水灰比0.8:1,浆液扩散半径0.5 m)进行快速封堵。

坚石、次坚石类采用控制爆破法。此类岩层需采用控制爆破与静态破碎结合的工艺。钻孔参数按孔径40~50 mm、孔距0.8~1.2 m布设,采用多段微差爆破(延期间隔25~50 ms)降低振动,装药量按 $Q=0.35qabH$ 计算(q 为单位耗药量, q 取 $0.4\sim0.6$ kg/m³; a 为孔距; b 为排距; H 为钻孔深度)。爆破后采用液压破碎锤修整岩面,超挖部位用 C20 细石混凝土回填。对敏感区域(如近建筑物)改用静态破碎法:钻孔注入 SCA 膨胀剂(反应膨胀压力≥50 MPa),经 $24\sim36$ h 胀裂岩体后机械清渣。全程需设置三重防护(钢丝网+沙袋+移动式防爆棚),控制飞石距离≤50 m。

根据开挖方式,可以分为人工开挖和机械开挖。人工开挖适用于狭小空间(作业面<5 m²)或文物保护区,采用"中心岛法"先挖周边后清核心土,出土通道铺设防滑钢板(厚度≥10 mm)。机械开挖则按土质匹配设备:硬土采用带松土器的推土机(如 CAT D6);流砂层使用长臂挖掘机(臂长≥18 m)远程作业;深基坑岩石开挖配置多台阶钻孔台车(台阶高 $6\sim8$ m)。无论何种方式,基底均应预留 200 mm 人工清底层,超挖处回填级配砂石并夯实(压实度≥0.97),确保基底承力力达标。

通过精准匹配土质特性与工艺参数,结合动态监测与应急预案,可系统化解决复杂地质条件下的基坑开挖难题。实际施工需严格遵循《建筑基坑工程监测技术标准》(GB 50497—2019),实现安全、经济、高效的目标。

2.4.3 基坑支护

基坑支护:为保护基础和地下室施工以及基坑周围环境的安全,对基坑采取的临时性支挡、加固、保护与地下水控制的措施称为基坑支护。

基坑支护结构是指支挡和加固基坑侧壁的结构。基坑支护结构的基本类型及其适用条件如下。

1.简易支护

简易支护(图 2-24)适用于土质稳定、开挖深度较浅(通常≤3 m)的基坑工程,通过坡脚加固提升边坡稳定性。土袋/块石堆砌支护采用层叠交错法施工,底层堆砌粒径≥200 mm 的块石或装填率≥90%的土袋,顶部设置防滑木挡板(厚 50 mm),坡面铺设反滤层(土工布+级配碎石)防止渗水侵蚀;短桩支护选用直径 $100\sim150$ mm 木桩或钢管,以 $0.8\sim1.2$ m 间距垂直打入土层,入土深度≥1.5 m,桩间插入竹笆或波纹板挡土。施工时需同步设置坡顶截水沟(断面 300 mm×300 mm)和坡面泄水孔(间距 2 m),严禁在流砂或高水位地层使用。

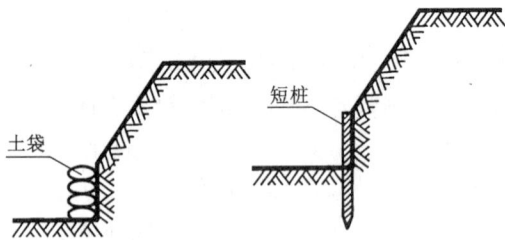

图 2-24 基坑简易支护

2.悬臂式支护结构

悬臂式支护结构通常指未设内支撑或拉锚的板状墙、排桩墙和地下连续墙(图 2-25)。悬臂式支护通过桩墙自身抗弯刚度维持稳定,适用于开挖深度≤8 m 的中等强度土层。钻孔灌注桩施工时,桩径常取 $800\sim1200$ mm,间距 $1.5\sim2$ 倍桩径,桩顶浇筑冠梁(截面≥800 mm×600 mm)形成整体;地下连续墙采用液压抓斗成槽,槽段长度 $4\sim6$ m,泥浆护壁比重控制为 $1.05\sim1.25$ g/cm³,混凝土浇筑导管埋深≥2 m。关键技术在于嵌固深度设计:砂土层取

1.2~1.5 倍开挖深度，黏性土层取 1.0~1.2 倍，桩间挂网喷射 80 mm 厚 C20 混凝土防止土体流失。

3. 内撑式支护结构

内撑式支护结构由支护桩或墙和内支撑组成（图 2-26）。支护桩常采用钢筋混凝土桩或钢桩，支护墙常采用地下连续墙。内支撑常采用木方、钢筋混凝土梁或钢管（型钢）做成。内撑式支护通过水平支撑体系控制变形，适用于狭长形深基坑（深度>8 m）。钢支撑采用 φ609×16 mm 钢管，水平间距 3~5 m，安装时施加设计轴力 50%~70% 的预应力（常用 200~400 kN），端部设置活络接头补偿变形；混凝土支撑截面尺寸为 600 mm×800 mm，分段浇筑并预留后浇带，养护 7 d 后加载。施工遵循"分层开挖、先撑后挖"原则，每层开挖后 48 h 内完成支撑安装。拆除时采用分段切割法，同步换撑并监测轴力变化，避免应力突变引发坍塌。

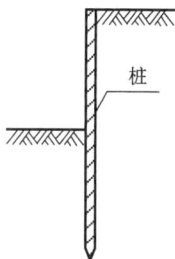

图 2-25　悬臂式支护结构

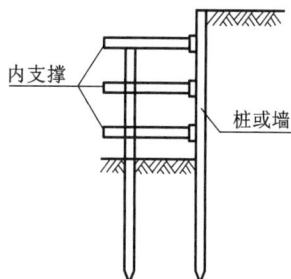

图 2-26　内撑式支护结构

4. 锚拉式支护结构

锚拉式支护结构由支护桩或墙和锚杆组成。

锚杆通常有地面拉锚[图 2-27（a）]和土层锚杆[图 2-27（b）]两种。地面拉锚需要有足够的场地设置锚桩或其他锚固装置。土层锚杆需要土层提供较大的锚固力。锚拉式支护利用锚杆提供拉力平衡土压力，适用于周边无重要建筑的宽大基坑。土层锚杆钻孔直径 150~200 mm，锚固段长度≥4 m，采用二次高压注浆（首次 0.5 MPa，二次 2.5 MPa）形成扩大头，水泥浆水灰比为 0.45~0.55；地面拉锚需设置锚桩或地梁，锚桩间距 2~3 m，入土深度≥5 m。张拉锁定在注浆体强度达 15 MPa 后进行，分级加载至设计值的 1.1 倍，锁定后对自由段进行防腐处理（涂黄油+PE 套管包裹），锚头用 C30 混凝土封闭保护。

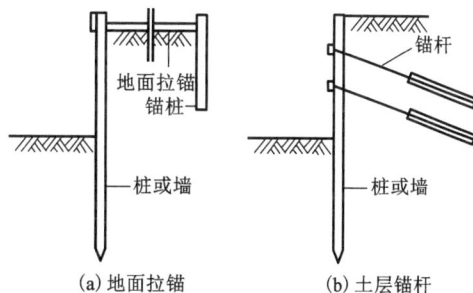

（a）地面拉锚　　（b）土层锚杆

图 2-27　锚拉式支护结构

5. 土钉墙

土钉墙由被加固的原位土体、布置较密的土钉和喷射于坡面上的混凝土面板组成（图 2-28）。土钉一般是通过钻孔、插筋、注浆来设置的。土钉墙适用于地下水位以上的黏性土、砂土、碎石土等地层，不适合淤泥质软土。土钉墙通过土体自稳与面层协同作用支护边坡，适用于地下水位以上的黏性土或砂土。土钉采用 $\phi20\sim28$ mm 钢筋，水平间距 $1.0\sim1.5$ m，倾角 $5°\sim10°$，钻孔直径 $100\sim130$ mm，注浆压力 $0.4\sim0.6$ MPa，注浆体强度 ≥20 MPa。面层分两次喷射混凝土：初喷 50 mm 厚 C20 混凝土后铺设 $\phi6@200$ mm×200 mm 钢筋网，复喷至总厚度 $80\sim100$ mm，坡面间隔 2 m 设置 $\phi50$PVC 泄水孔。施工须遵循"分层分段、随挖随支"原则，每层开挖高度 ≤1.5 m，24 h 内完成土钉安装。

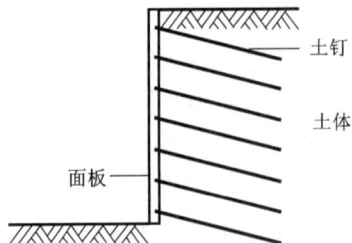

图 2-28 土钉墙

6. 水泥土墙

特制的深层搅拌机械在地层深部将水泥和软土强制拌合，让水泥和软土产生一系列的物理-化学反应，硬结成具有整体性和一定强度的水泥土墙。水泥土墙桩柱之间多为网格式排列(图 2-29)。水泥土墙适用于淤泥等软土地区的基坑支护。水泥土墙通过搅拌桩固化软土形成重力式挡墙，适用于淤泥质土层。采用三轴搅拌桩机(桩径 850 mm)施工，水泥掺量 $18\%\sim25\%$，水灰比 $1.5\sim2.0$，喷浆提升速度 ≤0.5 m/min，桩间搭接 ≥200 mm。墙体按格栅式布置，桩体形成封闭网格后，顶部浇筑 500 mm 厚 C25 钢筋混凝土压顶梁增强整体性。成桩 28 d 后进行强度检测，无侧限抗压强度 ≥1.0 MPa 方可开挖，开挖期间实时监测墙体位移(预警值 $\leq0.3\%H$，H 为基坑的设计开挖深度)，发现渗漏立即采用双液注浆(水泥-水玻璃)封堵。

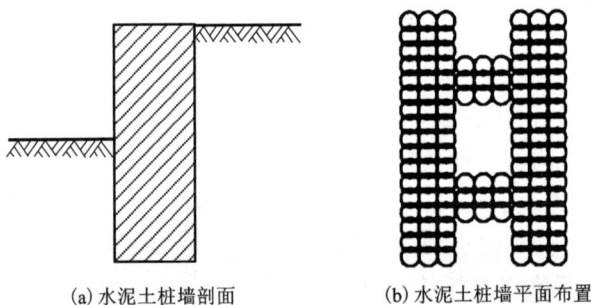

(a) 水泥土桩墙剖面　　　　(b) 水泥土桩墙平面布置

图 2-29 水泥土墙

通过精细化施工工艺与动态调控，各类支护结构可有效平衡安全性与经济性。实际工程需结合《建筑基坑支护技术规程》(JGJ 120—2012)要求，同步实施变形、水位及应力监测，确保基坑全周期稳定可控。

2.4.4 地下水控制技术 >>>

基坑开挖地下水控制技术是指在基坑工程施工过程中，为保障基坑稳定性和施工安全，采取的一系列用于管理、降低或阻断地下水影响的工程技术措施的总称。该技术体系通过对地下水位的科学调控，防止地下水渗流引发的工程问题，确保基坑工程顺利实施。

1.降水方法

(1)轻型井点降水

利用真空泵(0.06~0.08 MPa)、井点管(带滤管)和集水总管组成的群井系统,通过真空负压抽吸地下水,在基坑周边形成降水漏斗,实现地下水位下降的降水方法。

(2)管井降水

通过钻孔(ϕ300~600 mm)埋设滤井管(ϕ200~400 mm),内置潜水泵(扬程20~100 m)持续抽排地下水的降水方法,较轻型井点具有更大的降水效果。

(3)喷射井点降水

通过井点管向喷射器输入高压水或压缩空气(压力0.4~0.8 MPa),形成射流产生负压,将地下水从管间缝隙抽出的降水方法。

(4)电渗降水

在土体中插入电极(间距0.5~1.5 m),施加30~100 V直流电压,利用电渗效应(Zeta电位)驱动孔隙水定向迁移的强化降水方法。

(5)真空深井降水

结合管井结构与真空抽气技术(井口密封,真空度0.03~0.06 MPa)抽气形成负压,加速地下水向井内渗透,再配合潜水泵进行降水的方法。

(6)明沟排水(open drainage)

在基坑周边设置排水沟(底宽≥0.3 m)和集水井(间距20~30 m),采用离心泵(流量10~30 m³/h)排除地表水的简易降水方法。

基坑开挖降水方法技术经济对比如表2-7所示。

表2-7　基坑开挖降水方法技术经济对比表

降水方法	适用k值/(m·d^{-1})	降水深度/m	单井影响半径/m	能耗指数	沉降控制
轻型井点降水	0.1~20	3~6	5~15	1.0	较好
管井降水	1~200	10~50	20~100	1.5	一般
喷射井点降水	0.1~5	8~20	10~30	2.0	优良
电渗降水	<0.1	5~10	3~8	3.5	优秀
真空深井降水	0.01~1	15~30	15~40	2.2	良好
明沟排水	>1	<3	—	0.3	差

注:①选择降水方法时应进行现场抽水试验确定水文地质参数;②城区工程需控制沉降速率≤3 mm/d;③组合式降水(如"管井+真空")可提升降水效果;④所有降水方案均应设置水位观测井和沉降监测点;⑤k为渗透系统。

2.止水措施

(1)地下连续墙

通过采用液压抓斗或铣槽机等专用设备,沿基坑周边分段开挖槽孔(单幅宽度通常为4~6 m),同时注入膨润土泥浆护壁;成槽后现场浇筑钢筋混凝土形成厚度为0.6~1.2 m,深度达80 m的连续刚性挡水结构。

（2）高压旋喷桩

通过钻杆端部特殊喷嘴（直径1.5~2.5 mm）喷射20~40 MPa高压水泥浆，同时以10~20 r/min转速旋转提升，使土体与浆液强制混合凝固形成圆柱状固结体。按工艺可分为单管法、双管法和三管法，形成桩径0.6~2.0 m的竖向止水帷幕。

（3）SMW工法桩

采用三轴搅拌钻机（钻杆直径650/850 mm）将土体与水泥浆原位搅拌，形成等厚度水泥土连续墙（强度0.5~1.5 MPa），必要时插入H型钢（规格488 mm×300 mm×11 mm×18 mm）增强刚度。

（4）冻结法

通过埋设冻结管（间距0.8~1.2 m），循环-25~-35 ℃低温盐水（氯化钙溶液），使土层孔隙水结冰形成冻土帷幕（厚度1.5~3.0 m）。

（5）钢板桩（steel sheet pile）

采用振动锤或静压设备将带锁口的U形/Z形钢板桩（常用拉森Ⅲ-Ⅳ型，宽400~500 mm）打入土中形成连续挡水墙。

（6）注浆帷幕（grouting curtain）

按0.8~1.5 m间距布设注浆孔，采用袖阀管分段注浆工艺，注入水泥、水玻璃（C:S=1:0.8~1.2）等浆液，形成厚1.0~2.0 m的垂直防渗体。

基坑开挖止水措施技术经济对比如表2-8所示。

表2-8　基坑开挖止水措施技术经济对比表

止水方法	最大深度/m	抗渗性/(cm·s^{-1})	工期系数	造价指数	适用地层
地下连续墙	80	10^{-7}	1.5	1.8	各类地层
高压旋喷桩	30	10^{-6}	1.0	1.2	砂性土
SMW工法桩	30	10^{-7}	0.8	1.0	软黏土
冻结法	50	10^{-9}	2.0	2.5	高透水层
钢板桩	24	10^{-5}	0.5	0.7	松散土层

注：①工期系数和造价指数均以SMW工法为基准（1.0）进行对比分析；②实际工程中常采用组合工艺，如"SMW工法+旋喷桩"处理接头、"连续墙+注浆"补强接缝等；③方案选择应依据水文地质勘察报告开展专项设计，必要时应先进行施工工艺试验。

2.4.5　智慧化施工与智慧监测　　　　　　　　　　　　　　　>>>

1.智慧化施工

基坑智能施工技术是依托物联网（IoT）、建筑信息模型（BIM）、人工智能（AI）等现代信息技术，实现基坑工程自动化、精细化与高效化作业的新型施工方法。其核心在于通过智能装备与数据驱动的决策系统，优化传统施工流程。例如，基于BIM的三维地质建模技术可精准模拟基坑周边地质条件，结合实时监测数据动态调整开挖方案；智能机械装备如无人挖掘机、自动化支护结构安装设备，可通过预设程序或远程控制完成高精度作业，显著提升施工效率与安全性。此外，AI 算法可分析历史施工数据，预测潜在风险并生成应急预案。例如，在软土地区基坑施工中，智能沉降补偿系统可根据实时监测数据动态调整支护参数，避免土体失稳。该技术已在北京某深基坑工程中成功应用，工期缩短 20%，安全事故率降低 35%。未来发展方向包括施工机器人集群协同作业、5G 远程操控等，推动基坑工程向全流程智能化迈进。

2. 基坑施工智能监控系统

软土地基基坑施工智能监控系统是智能化监测与控制技术在软土地基基坑施工中的核心应用，其利用计算机技术、云存储技术、统计分析方法、人工智能算法等对软土地基基坑智能监测数据如三维点位数据、坑外地下水位、地下管线位移、支撑轴力、围护结构顶部位移等进行统计、分析与深度应用。例如，施工单位将前端智能化监测采集的软土地基基坑结构参数等数据自动备份在存储芯片中，利用无线通信网络等传输介质将数据上传至数据中心。数据中心将前端传输的数据根据原始数据与分析需要分别存储在不同的表结构中。同时，施工单位可在数据中心设置不同数据的预警阈值。通过阈值的设置与数据的动态采集，对围护结构顶部位移、围护墙深层水平位移等进行预警，以便施工单位提前发现深基坑施工安全隐患，并调整施工方案。此外，数据中心可对前端下位机的各传感器设备进行运行参数与运行状态控制，如软土地基坑工程施工过程中，施工单位利用数据中心对施工现场各类传感器的数据采集进行设置，控制传感器每 5 min 采集一次数据，确保软土地基基坑施工中土体与围护结构变形等数据采集的连续性。

3. 智能施工与监控系统的支撑关系

智能施工技术与监控系统通过数据共享与闭环反馈机制形成协同支撑体系。具体表现为：①数据双向驱动：监控系统实时采集的应力、变形数据反馈至施工设备控制系统，动态调整挖掘速度与支护时机。例如，当监测到土压力超限时，智能挖掘机自动暂停作业并触发加固指令。②模型耦合优化：BIM 施工模型与监测数据的融合，可实现 4D 施工模拟与风险预演。例如，杭州某超深基坑工程中，该系统将地下水位变化数据实时导入模型，优化了降水井布置方案。③决策闭环管理：AI 算法基于施工进度、监测数据与环境因素生成多目标优化方案，形成"监测—分析—调控"的闭环链条。这种支撑关系打破了传统施工中监测与执行的割裂状态，使工程容错率提升 40%，资源浪费减少 25%。未来需进一步突破异构数据融合、边缘智能计算等技术瓶颈，构建更高效的"感知—决策—执行"一体化平台。

2.5　爆破工程

土石方爆破指的是在道路、桥梁、矿山、隧道、水利水电、场平、基坑、孔桩、管道沟等工程施工中，使用炸药、雷管等爆破材料对土石方进行爆破，以达到开挖目的的一种应用广泛的施工方法。

2.5.1　爆破施工方法

爆破施工有多种方法，每种方法都有其特定的定义和适用范围。以下是几种常见的爆破施工方法及其定义和适用范围：

①钻孔爆破：适用于岩石爆破和矿山开采等场景。通过在岩石上钻孔并填入炸药进行爆破，能够有效破碎岩石。

②裸露药包爆破：将药包放置于岩石裂缝或表面进行爆破，通常用于地表大块岩石的破碎。

③水压爆破：利用水的冲击力进行爆破，适用于水下爆破等特殊环境。

④光面爆破：在开挖限界的周边适当排列炮孔，利用控制抵抗线和药量的方法形成光滑平整的边坡。

⑤预裂爆破：在开挖界限处预先炸出一条裂缝，作为隔震减震带，保护开挖界限以外的山体或建筑物。

⑥微差爆破：两相邻药包或前后排药包以毫秒时间间隔依次起爆，提高爆破效果和安全性。

⑦定向爆破：用于公路工程中，特别是在深挖高填相间的地区，通过爆破将土石方按照预定方向挪移。

⑧洞室爆破：适用于大量抛掷岩体的场合，能减少清方工作量，保证路基稳定性。其包括抛掷爆破、定向爆破和松动爆破等方法。

⑨深孔爆破：适用于石方量大且集中的场合，炮眼孔径大于 75 mm，深度超过 5 m，通常使用大型凿岩机或穿孔机钻孔。

⑩药壶炮：适用于深 2.5 m 以上的炮眼，在炮眼底部用少量炸药进行烘膛后集中装药爆破，适用于结构均匀致密的硬土和岩石。

⑪猫洞炮：适用于岩石等级为 V—Ⅶ级的场合，炮眼直径为 0.2~0.5 m，深度 2~6 m，适用于自然地面坡度约 70°的条件。

2.5.2　智能爆破设计与施工

智能爆破是采用 5G、人工智能、大数据、云计算等新一代信息技术，将爆破的设计、施工、管理、服务等各环节生产活动相联结与融合，建立具有信息深度自感知、智慧优化自决策、精准控制自执行等功能特性的综合集成爆破技术，解决以往需要人类专家才能处理的爆破问题，达到安全、绿色、智能、高效的工程目的。

1. 智能爆破设计

随着人工智能技术的进步，特别是机器学习、算法的不断迭代，将人工智能程序引入爆破设计系统是非常有必要的研究工作。利用采集到的相关爆破数据，结合爆破设计参数，进行不断的机器学习，实现爆破参数的智能设置，爆破效果的预测也会越来越准确。爆破智能设计系统涉及软件工程、人工智能、计算机图形学和爆破技术等多学科。

基于新一代信息技术的智能爆破设计的过程为：首先通过感知层的各种传感器、RFID 标签和各种仪器仪表等智能终端，获取爆破环境的三维数据信息；再利用传输层的 5G、ZigBee、Wi-Fi、Mesh 等无线网络，将感知层获取的爆破环境信息数据传输到支撑层；支撑层利用爆破云服务平台，对海量数据进行分类、整理、挖掘分析，建立各种算法，实现爆破设计方案的可视化与图表化，并形成各种指令传输到应用层；应用层主要包含钻机控制系统、装药车控制系统、智能起爆终端设备、爆破器材管理终端设备，执行爆破设计的相关指令。

相对于传统爆破设计过程，基于新一代信息技术的智能爆破设计系统通过数据的相互融合、相互调用，形成数据闭环，可实现爆破参数选取智能化、爆破设计成图自动化、设计图表规范化、数据管理系统化，提高生产爆破的设计质量、设计效率与智能化水平。

2. 智能爆破施工设备与技术

爆破是一门技术科学，它既需要理论的指导，也需要爆破施工设备与技术实施。高度智能化的爆破施工设备与技术是实现智能爆破设计意图的重要支撑。例如在凿岩穿孔方面，传统的气腿式凿岩机定位误差较大，人工作业效率低，无法有效满足智能爆破的高精度要求。先进的智能化钻机可以将爆破设计方案输入车载计算机，由计算机快速定位钻孔位置、自动打孔，并能将钻孔深度、角度等信息传输到计算机中，大大提高了施工的精度、效率和信息化程度。在炸药装填技术方面，国内已研制成功基于炮孔图像识别、无线通信、定位导航等技术的地下智能乳化炸药混装车，实现了乳化炸药装填作业过程的智能化和无人化（图 2-32）。

图 2-32　地下智能乳化炸药混装车

爆破施工设备与技术今后发展的方向应是在智能爆破思想指导下，对传统爆破所涉及的凿岩、装药等设备和技术进行智能化改造，或者研发更好的替代设备和技术，使智能爆破贯穿爆破的全过程，实现凿岩、装药、起爆以及爆破效果监测、分析等工序与相关设备、系统的协同和无缝衔接。

3. 爆破信息的传输、交互与处理技术

由于信息获取的技术手段有限且信息传输的滞后性等因素，传统爆破信息的孤岛效应十分突出。爆破信息不能实现交互，使得爆破信息利用率不高，爆破的设计、分析、决策等环节可以参考的信息较少，往往造成误判。例如，在地下爆破过程中，爆破作业面距离主巷道往往达到数百米，由于现有技术的限制，爆破作业面通常不会布设通信设施，钻孔、装药、连线、起爆等爆破信息无法及时传输到调度中心，使得爆破作业效果分析无法及时开展。5G、可见光通信等技术将为爆破信息的传输提供高速率、低延时的支撑条件（图 2-33）。

可见光通信技术是利用可见光波段的光，以其为信息载体，无须光纤等有线信道的传输介质，在空气中直接传输光信号的通信方式。它具有高速率、无电磁辐射、密度高、成本低、频谱丰富、高保密性等优势。随着 5G 网络、可见光通信技术的逐渐成熟，今后在地下开展爆破作业时利用新的通信技术，实时传输爆破信息，将爆破相关的信息节点打通，实现信息的实时交互与处理，是实现智能爆破的重要前提条件，爆破信息的交互与处理技术也是重要的研究方向。由于爆破信息计算的实时性需求以及大数据量运算的复杂性，需要云计算、雾计算、边缘计算技术，以解决智能爆破数据的快速计算与反馈问题，提高爆破作业的智能化程度。

图 2-33　5G 网络在地下矿山实现工业应用

智慧启思

都江堰水利工程的千年智慧——土方平衡的生态哲学

认知拓展

实践创新

思考题

1. 试分析土方工程施工相较于其他分项工程的显著特点，并阐述土方工程施工的特点及组织施工的要求。

2. 结合土方工程实践，阐述土的可松性对施工的影响，并说明可松性系数在工程量计算与运输方案设计中的实际意义。

3. 在确定场地设计标高时，需综合考虑哪些关键因素？场地标高调整过程中应包含哪些技术环节？

4. 如何科学规划土方调配方案？试论述土方调配应遵循的核心原则及其对工程成本与工期控制的优化作用。

5. 填方工程中土料选择应依据哪些技术标准？试从力学性能和环境影响两方面分析土料选型要点。

6. 如何界定基坑工程的技术范畴？其施工过程中需满足哪些基本安全与质量要求？

7. 基坑支护体系由哪些关键结构组成？针对地下水控制问题，列举三种常用技术措施并说明其适用条件。

8. 以某深基坑工程为例，说明智慧化施工与监测系统的协同工作流程，并分析其技术优势。

9. 对比分析钻孔爆破、预裂爆破、光面爆破三种技术的工艺特点及适用场景。

10. 从数字化建模与参数优化角度，论述智能爆破设计与施工的技术路径(AI算法应用、实时监测反馈)及实施要点。

参考答案

第 3 章

地基处理与基础工程施工

本章思维导图

AI 微课

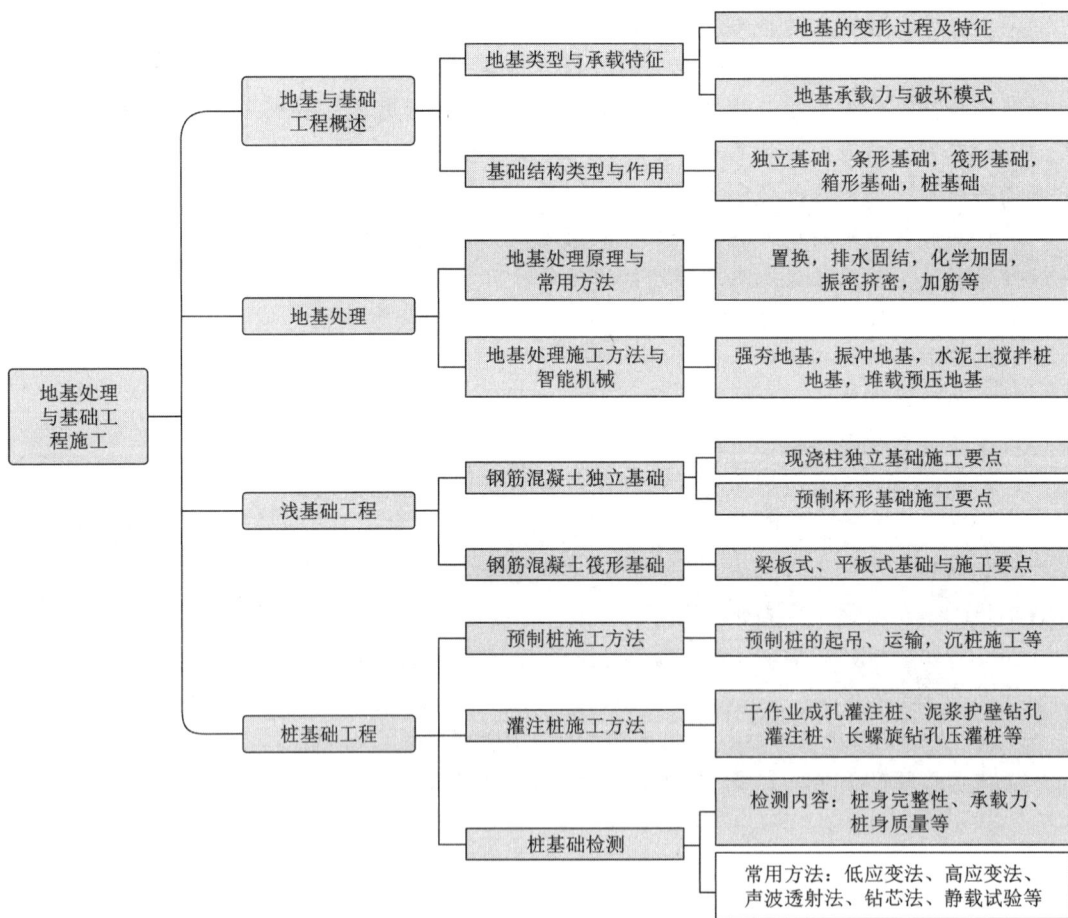

3.1　地基与基础工程概述

>>>

地基与基础是建筑物中相互依存的两个核心组成部分,前者提供底层承载力,后者负责传递和分散荷载,二者共同保障建筑物的稳定性与安全性。建筑物或构筑物由地基或基础问题引起破坏,一般有两种情形:一是建筑物荷载过大,超过了地基或基础所能承受的荷载能力而使地基破坏失稳,即强度和稳定性问题;二是在荷载作用下地基和基础产生了过大的沉降和沉降差,使建筑物产生结构性损坏或丧失使用功能,即变形问题。

3.1.1　地基类型与承载特征

>>>

地基是建筑物下方直接承受荷载的土体或岩体,分为天然地基(未经人工处理即可满足承载要求)和人工地基(需通过技术手段加固以满足工程需求)。

1.地基的变形过程及特征

地基的变形过程是一个复杂的力学过程,一般可分为三个阶段,每个阶段具有不同的变形特征(图 3-1),具体如下。

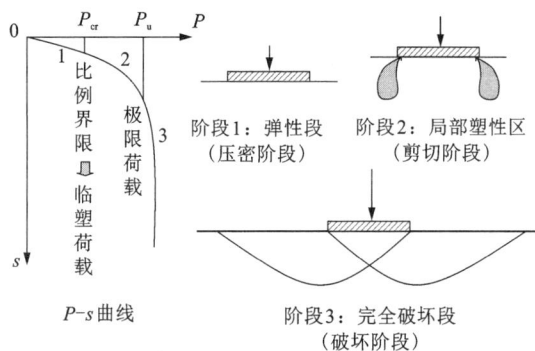

图 3-1　地基的变形过程

(1)压密阶段(线性变形阶段)

过程:在荷载作用初期(荷载小于临塑荷载 P_{cr}),地基土中的孔隙水逐渐被挤出,土颗粒发生重新排列,孔隙体积减小,地基土被逐渐压密。

特征:此阶段地基的变形主要是弹性变形,荷载与变形基本呈线性关系,地基土处于弹性平衡状态。地基表面的沉降量随荷载的增加而均匀增加,沉降速率相对较小且较为稳定。例如,在对新填土地基进行预压处理时,初期阶段随着预压荷载的施加,地基土会迅速发生压密变形,这个阶段的沉降量与荷载大小基本成正比。

(2)剪切阶段(塑性变形阶段)

过程:随着荷载的继续增加(荷载超过临塑荷载 P_{cr}),地基土中的剪应力逐渐增大,当剪应力达到土的抗剪强度时,地基土开始出现塑性变形,局部区域会产生剪切破坏,并逐渐形成塑性区。

特征：荷载与变形不再呈线性关系，沉降速率逐渐增大，地基表面的沉降量增加速度加快。同时，地基土的变形中既有弹性变形，也有塑性变形。在这个阶段，地基土的变形开始不均匀，可能会出现局部隆起或凹陷。例如，在软土地基上建造建筑物时，如果基础荷载过大，地基土会在基础边缘等部位首先出现剪切破坏，形成塑性区，导致基础周边地面隆起，建筑物的沉降量也会迅速增加。

（3）破坏阶段（整体剪切破坏阶段）

过程：当荷载增加到一定程度时（荷载超过极限荷载 P_u），地基土中的塑性区不断扩大，最终形成连续的滑动面，地基土发生整体剪切破坏，基础急剧下沉并可能向一侧倾斜。

特征：地基变形急剧增大，沉降速率急剧加快，地基表面出现明显的裂缝和隆起，建筑物可能会出现严重的倾斜、开裂甚至倒塌。此时，地基土已失去承载能力，无法继续承担建筑物的荷载。例如，在一些地质条件较差的地区，如淤泥质软土地区，如果建筑物的基础设计不合理，在建筑物施工或使用过程中，可能会出现地基整体剪切破坏的情况，导致建筑物发生严重的破坏。

2. 地基承载力与破坏模式

地基承载力是指地基承受荷载的能力。具体来说，是指在保证地基稳定性和变形允许的前提下，地基单位面积所能承受的最大压力。确定地基承载力的方法有多种，常见的有原位测试法（如荷载试验、标准贯入试验、静力触探试验等）、室内试验法（通过测定土的物理力学性质指标，依据经验公式计算地基承载力）以及经验法（根据地区经验和已有的工程实例来确定地基承载力）等。在实际应用中常用到以下几个概念：

地基容许承载力：在满足稳定性和变形要求时，地基单位面积的最大允许荷载值。

地基承载力特征值（f_{ak}）：通过荷载试验或原位测试确定的压力–变形曲线上线性段对应的压力值，通常不超过比例界限值。

地基极限承载力：地基即将完全丧失稳定性时的最大荷载，通常通过理论公式（如普朗特公式、太沙基公式）或原位测试（如深层荷载试验）确定。

修正后的承载力特征值（f_a）：考虑基础宽度、埋深及土质特性修正后的设计值，常用于实际工程计算。

地基的破坏模式是指地基土在荷载作用下由剪切、渗透或变形导致失稳的形态与机制，其分类与特征取决于土体性质、基础类型与尺寸、荷载条件、施工质量及环境因素等。竖向荷载作用下，地基的典型破坏模式包括整体剪切破坏、局部剪切破坏和刺入剪切破坏（图3-2、表3-1），相应特征如下：

①整体剪切破坏：地基在竖向荷载作用下，因承载力不足而发生的连续剪切滑动面贯穿土体，导致地基失稳的破坏形式。其核心特征是土体内部形成贯穿性滑动面，基础两侧土体隆起，荷载–沉降曲线呈现明显转折点（极限荷载 P_u）。这种破坏形式常见于浅埋基础下的密实砂土或硬黏土等坚实地基中。

②局部剪切破坏：地基在荷载作用下，基底附近土体发生剪切破坏，但滑动面未延伸至地表的破坏形式。这种破坏模式常见于压缩性较大的松砂、软黏土或埋深较大的基础中，其塑性区仅在地基内部有限范围内扩展，破坏过程伴随渐进性变形，而非整体失稳。

③刺入剪切破坏：又称冲剪破坏，是指地基在荷载作用下，基础下方土体发生竖向剪切

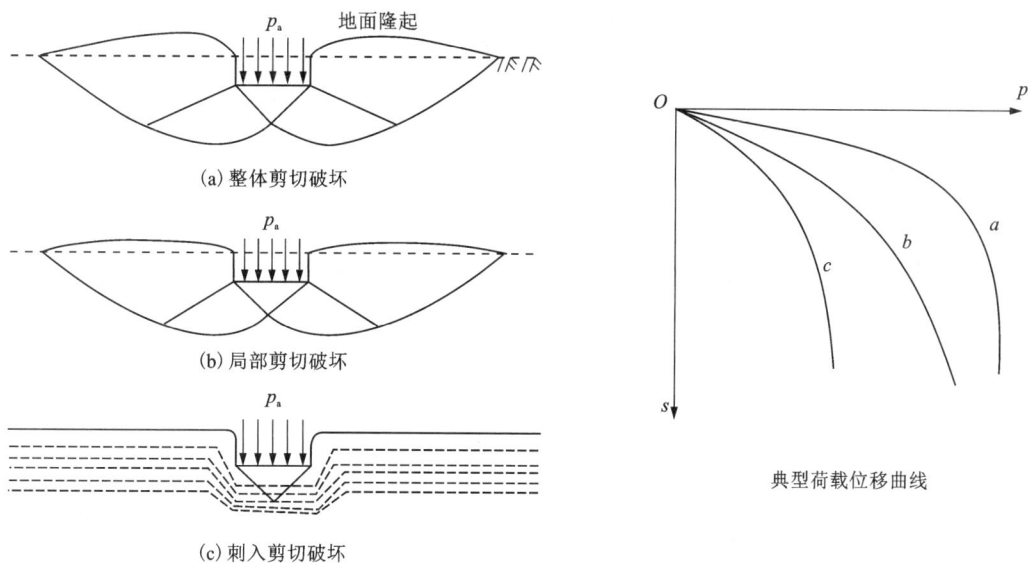

(a) 整体剪切破坏

(b) 局部剪切破坏

(c) 刺入剪切破坏

典型荷载位移曲线

图 3-2　地基典型破坏模式

变形，导致基础持续下沉并"刺入"土中，但周围土体无明显滑动或隆起的破坏形式。其核心特征是无连续滑动面，土体以压缩变形为主，破坏过程表现为渐进性沉降，而非整体失稳，常见于松砂、软黏土等极低强度、高压缩性土体中。

表 3-1　地基破坏模式及特征

特征	整体剪切破坏	局部剪切破坏	刺入剪切破坏
滑动面	连续贯穿地表	局部未贯穿	无连续滑动面
沉降曲线	明显转折点(P_u)	转折点模糊	无显著转折点
地面隆起	显著	轻微或无	无隆起
典型土质	密砂、硬黏土	中等密实砂土、软黏土	松砂、极软黏土

3.1.2　基础结构类型与作用

基础是建筑物与地基之间的连接部分，是将建筑物承受的各种荷载传递到地基上的下部结构。基础的设计和施工必须考虑地基的承载力和稳定性，以确保整个结构的安全。基础按其埋置深度可分为浅基础、深基础。若基础埋置深度小于基础宽度且设计时不考虑基础侧边土体各种抗力作用，此基础为浅基础；反之，若浅层土质不良，或建筑物(构筑物)上部荷载较大，而且对沉降有严格要求，需将基础埋置于较深的良好土层，并需借助特殊施工方法建造的称为深基础。基础按结构形式可分为扩展基础、杯形基础、筏形基础、箱形基础和桩基础；按基础材料的受力特点和变形特点分为刚性基础(如砖基础、混凝土基础)和柔性基础(钢筋混凝土基础)等。以下是一些常见的基础结构类型及其作用：

独立基础：通常用于柱下基础，每个柱子都有一个单独的基础，呈方形或矩形。其适用于地质条件较好、荷载分布较均匀的多层框架结构或单层工业厂房。

条形基础：是指连续的长条状基础，有墙下条形基础和柱下条形基础之分。墙下条形基础通常沿墙体长度方向布置，柱下条形基础则是将若干个柱子的基础连接在一起。条形基础适用于多层砖混结构建筑，当柱距较小且荷载较大时，也可用于框架结构。

筏形基础：也称为筏板基础，是一块整体的钢筋混凝土板，将建筑物的所有柱子和墙体都支承在上面，形似筏子。筏形基础具有较大的整体刚度，能有效地调整地基的不均匀沉降，适用于地基承载力较低、建筑物荷载较大且对沉降要求较严格的情况，如高层建筑、大型商场等。

箱形基础：由钢筋混凝土顶板、底板和纵横隔墙组成，形成一个空心的箱体结构。箱形基础的空间刚度大，整体性强，能抵抗较大的弯矩和剪力，常用于高层建筑，尤其是对沉降控制要求很高的建筑，以及在软弱地基上建造的重型建筑物。

桩基础：由桩和承台组成。桩是打入或沉入地基土中的柱状构件，可将荷载传递到深层的坚实土层或岩层上；承台则是将桩顶连接在一起的钢筋混凝土结构，用于支承上部结构的荷载。桩基础适用于地基上部土层软弱、下部有坚实土层的情况，或对建筑物的沉降和稳定性要求较高的工程，如高层建筑、桥梁等。

3.2 地基处理

地基处理是指提高地基土的承载力，改善其变形性质或渗透性质的工程措施。随着土木工程建设的快速发展，现代土木工程建设对地基提出了更高要求，主要包含以下五个方面。

（1）地基的强度和稳定性问题

地基稳定性是指地基岩土体在承受建筑荷载条件下，其沉降变形、深层滑动等对工程建设安全稳定的影响程度。地基稳定性问题有时也称为承载力问题。若地基稳定性不能满足要求，地基在建（构）筑物荷载作用下将会产生局部或整体剪切破坏，进而影响建（构）筑物的安全与正常使用，亦会引起建（构）筑物的破坏。地基处理的首要目的是通过改善土壤的密实度和稳定性，增强土壤的承载能力，从而确保地基能够支撑建（构）筑物和其他工程设施的重量。这对于土壤质量较差、土质较松散的地区尤为重要，可以有效避免建（构）筑物的失稳破坏问题，保障建（构）筑物的使用寿命和稳定性。

（2）地基变形问题

地基变形问题是指在建（构）筑物的荷载（包括静、动荷载的各种组合）作用下，地基土体产生的变形（包括沉降或水平位移）是否超过相应的允许值。若地基变形超过允许值，将会影响建（构）筑物的安全与正常使用，严重时会引起建（构）筑物破坏。地基变形主要与荷载大小和地基土体的变形特性有关，也与基础形式、基础尺寸大小有关。在土地沉降严重的地区，地基处理可以通过加固土地结构、改善土壤的排水性能等方式，减缓土地沉降的速度和减小差异沉降，确保建（构）筑物的整体稳定性。

（3）地基渗透问题

地基渗透问题主要与地基中水力比降大小和土体的渗透性有关。地基渗透问题主要有两类：一类是蓄水构筑物地基渗流量是否超过其允许值，如水库坝基渗流量超过其允许值的后果是造成较大水量损失，甚至导致蓄水失败；另一类是地基中水力比降是否超过其允许值，地基中水力比降超过其允许值时，地基土会因潜蚀和管涌产生稳定性破坏，进而导致建(构)物破坏。

（4）地基的液化问题

地基的液化指的是地基在地震等动力作用下，原本固态的饱和粉土或细砂土体因孔隙水压力急剧上升而强度丧失，表现出液化特征。这种现象会导致地基部分或全部丧失承载力，严重时会引起地面沉降、喷水冒砂、建(构)筑物倾斜或倒塌等灾害。

（5）特殊土地基问题

常见特殊土包括湿陷性黄土、膨胀土、冻土、软土、盐渍土、红黏土等。因其特殊的物理力学性质，易导致相应地基的稳定性、变形或耐久性等出现不能满足工程安全或使用要求的问题。以软土地基为例：软土具有承载力低、压缩性高、透水性差等特性；在荷载作用下，软土地基易发生过量沉降或整体剪切破坏等工程问题。

当天然地基不能满足上述要求时，需要对天然地基进行处理，形成人工地基，从而满足建(构)筑物对地基的各种要求。

3.2.1　地基处理原理与常用方法

地基处理的原理是通过各种技术手段改善地基土的工程性质，包括提高地基土的强度、降低其压缩性、改善其透水性和抗液化性等，以满足建(构)筑物对地基的承载能力、稳定性和变形控制等要求。地基处理要做到确保工程质量、经济合理和技术先进。我国地域辽阔，工程地质条件变化很大，在选用地基处理方法的时候，一定要因地制宜，根据具体工程情况分析，充分发挥地方优势，利用地方资源。地基处理的方法很多，各方法均有其特点和作用机理，对不同的土也有不同的加固效果和局限性。

在选择地基处理方案前，应完成下列工作：

①收集详细的岩土工程勘察资料、上部结构及基础设计资料等。

②结合工程情况，了解当地地基处理经验和施工条件，对于有特殊要求的工程，还应了解其他地区相似场地上同类工程的地基处理经验和使用情况等。

③根据工程的要求和采用天然地基存在的主要问题，确定地基处理的目的和处理后要求达到的各项技术经济指标等。

④调查邻近建筑、地下工程、周边道路及有关管线等情况。

⑤了解施工场地周边环境情况。

在选择地基处理方案时，应考虑上部结构、基础和地基的共同作用，进行多种方案的技术经济比较，选用地基处理或加强上部结构与地基处理相结合的方案。

地基处理方法的确定宜按下列步骤进行：

①根据结构类型、荷载大小及使用要求，结合地形地貌、地层结构、土质条件、地下水特征、环境情况和对邻近建筑的影响等因素进行综合分析，初步选出几种可供考虑的地基处理方案，包括选择由两种或多种地基处理措施组成的综合处理方案。

②对初步选出的各种地基处理方案，分别从加固原理、适用范围、预期处理效果、耗用材料、施工机械、工期要求和对环境的影响等方面进行技术经济分析和对比，选择最佳的地基处理方法。

③对已选定的地基处理方法，应按建(构)筑物地基基础设计等级和场地复杂程度以及该

种地基处理方法在本地区使用的成熟程度，在场地有代表性的区域进行相应的现场试验或试验性施工，并进行必要的测试，以检验设计参数和处理效果。如达不到设计要求，应查明原因，修改设计参数或调整地基处理方案。

随着新技术、新工艺、新设备、新材料的不断出现，地基处理方法也不断发展，地基处理方法可分为很多类，主要有置换法、排水固结法、化学加固法、振密挤密法和加筋法等。各类地基处理方法的简要原理和适用范围见表3-2。

（1）置换法

置换法是以物理性质较好的岩土材料(如砂、碎石、石灰等)置换天然地基中部分或全部软土体，以形成新持力层，从而提高地基的承载力、减小沉降，并改善地基的整体稳定性的一种地基处理方法。

（2）排水固结法

排水固结法通过在地基中设置排水体(如砂井、塑料排水板等)，并施加预压荷载，使地基土中的孔隙水逐渐排出，孔隙体积减小，土体发生固结，从而提高地基土的强度和压缩模量，减小地基的后期沉降。

（3）化学加固法

化学加固法是指在软土地基中掺入水泥、石灰等，采用喷射、搅拌等方法使其与原土体充分混合，产生固化作用；或把一些具有固化作用的化学浆液(如水泥浆、水玻璃、氯化钙溶液等)灌入地基土体中，以改善地基的物理力学性质，达到加固目的。

（4）振密挤密法

振密挤密法是指采用爆破、夯击、挤压和振动等方法，使土体密实、土体抗剪强度提高、压缩性减小的一类地基处理方法。

（5）加筋法

加筋法是指在地基中铺设土工合成材料、钢筋混凝土桩或其他加筋材料，通过加筋材料与地基土之间的摩擦力和黏结力，将地基土中的应力传递到加筋材料上，从而提高地基的承载能力和稳定性，减少地基的变形，常被用于处理软弱地基、填土路基以及边坡稳定等工程问题。

表3-2　常用地基处理方法的简要原理及其适用范围

类别	方法	简要原理	适用范围
置换	换土垫层法	将软弱土或不良土开挖至一定深度，回填抗剪强度较高、压缩性较小的材料，如砂、砾、石碴等，并分层夯实，形成双层地基。垫层能有效扩散基底压力，提高地基承载力、减小沉降	各种软弱土地基
	挤淤置换法	通过抛石或夯击回填碎石置换淤泥达到加固地基的目的，也可采用爆破挤淤置换	淤泥或淤泥质黏土地基
	褥垫法	当建(构)筑物的地基一部分压缩性较小，而另一部分压缩性较大时，为了避免不均匀沉降，在压缩性较小的区域，通过换填法铺设一定厚度可压缩的土料形成褥垫，以减小沉降差	建(构)筑物部分坐落在基岩上，部分坐落在土上，以及类似情况

续表 3-2

类别	方法	简要原理	适用范围
置换	强夯置换法	采用边填碎石边强夯的方法在地基中形成碎石墩体，由碎石墩、墩间土以及碎石垫层形成复合地基，以提高承载力，减小沉降	粉砂土和软黏土地基等
	石灰桩法	通过机械或人工成孔，在软弱地基中填入生石灰块或生石灰块加其他掺合料，通过石灰的吸水膨胀、放热以及离子交换作用来改善桩与土的物理力学性质，并形成石灰桩复合地基，可提高地基承载力，减小沉降	杂填土、软黏土地基
	气泡混合轻质料填土法	气泡混合轻质料的重度为 5~12 kN/m³，具有较好的强度和压缩性能，用作路堤填料可有效减小作用在地基上的荷载，也可减小作用在挡土结构上的侧压力	软弱地基上的填方工程
	EPS 超轻质料填土法	发泡聚苯乙烯(EPS)重度只有土的 1/50~1/100，并具有较高的强度和压缩性能，用作填料可有效减小作用在地基上的荷载和作用在挡土结构上的侧压力，需要时也可置换部分地基土，以达到更好的效果	软弱地基上的填方工程
排水固结	堆载预压法	在地基中设置排水通道-砂垫层和竖向排水系统(竖向排水系统通常有普通砂井、袋装砂井、塑料排水带等)，以缩小土体固结排水距离，地基在堆载荷载(欠载/等载/超载)作用下排水固结，从而实现地基承载力提高和工后沉降减小的目的	软黏土、杂填土、泥炭土地基等
	真空预压法	在软黏土地基中设置排水体系(同堆载预压法)，然后在上面形成一个不透气层(覆盖不透气密封膜，或采取其他措施)，通过对排水体系进行长时间不断抽气抽水，在地基中形成负压区，而使软黏土地基产生排水固结，达到提高地基承载力、减小工后沉降的目的	软黏土地基
	真空联合堆载预压法	真空预压法达不到设计要求时，与堆载预压联合使用	软黏土地基
	降低地下水位法	通过降低地下水位，改变地基土受力状态，其效果如加载预压，使地基土产生排水固结，达到加固目的	砂性土或透水性较好的软黏土层

续表 3-2

类别	方法	简要原理	适用范围
化学加固	深层搅拌法	利用深层搅拌机将水泥浆或水泥粉和地基土原位搅拌形成圆柱状、格栅状或连续墙式的水泥土增强体，形成复合地基以提高地基承载力，减小沉降。也常用此法形成水泥土防渗帷幕	淤泥、淤泥质土、黏性土和粉土等软土地基，有机质含量较高时应通过试验确定适用性
	高压喷射注浆法	利用高压喷射专用机械，在地基中通过高压喷射流冲切土体，用浆液置换部分土体，形成水泥土增强体。按喷射流组成形式，高压喷射注浆法有单管法、二重管法、三重管法。高压喷射注浆法可形成复合地基，以提高承载力，减小沉降	淤泥、淤泥质土、黏性土、粉土、黄土、砂土、人工填土和碎石土等地基，当含有较多的大块石，或地下水流速较快，或有机质含量较高时应通过试验确定适用性
	渗入灌浆法	在较小灌浆压力作用下，将浆液灌入地基中以填充原有孔隙，改善土体的物理力学性质	中砂、粗砂、砾石地基
	劈裂灌浆法	在灌浆压力作用下，浆液克服地基土中初始应力和土的抗拉强度，使地基土中原有的孔隙或裂隙扩张，用浆液填充新形成的裂缝和孔隙，改善土体的物理力学性质	基岩或砂、砂砾石、黏性土地基
	挤密灌浆法	在灌浆压力作用下，向土层中压入浓浆液，在地基土中形成浆泡，挤压周围土体。通过压密和置换改善地基性能。在灌浆过程中因浆液的挤压作用可产生辐射状上抬力，引起地面隆起	可压缩性地基、排水条件较好的黏性土地基
	有机大分子溶液改良法	往土中掺加高价金属盐类物质或有机阳离子化合物等溶液，通过包裹阻隔、化学吸附、交联固化和调控水合作用，抑制膨胀土的亲水胀缩特性，达到地基改良的工程目的	膨胀土地基
振密挤密	表层原位压实法	采用人工或机械夯实、碾压或振动，使土体密实。压实范围较浅，常用于分层填筑	杂填土、疏松无黏性土、非饱和黏性土、湿陷性黄土等地基的浅层处理
	强夯法	将质量为 $10\sim40$ t 的夯锤从高处自由落下，地基土体在强夯的冲击力和振动力作用下密实，可提高地基承载力，减小沉降	碎石土、砂土、低饱和度的粉土与黏性土、湿陷性黄土、杂填土和素填土等地基

续表 3-2

类别	方法	简要原理	适用范围
振密挤密	振冲密实法	一方面依靠振冲器的振动使饱和砂层发生液化，砂颗粒重新排列，孔隙减小；另一方面依靠振冲器的水平振动力，加回填料使砂层挤密，从而提高地基承载力、减小沉降，并提高地基土体抗液化能力。振冲密实法可加回填料也可不加回填料。加回填料，又称为振冲挤密碎石桩法	黏粒含量小于 10% 的疏松砂性土地基
	挤密砂石桩法	采用振动沉管法等在地基中设置碎石桩，在制桩过程中对周围土体产生挤密作用。被挤密的桩间土和密实的砂石桩形成砂石桩复合地基，达到提高地基承载力、减小沉降的目的	砂土地基、非饱和黏性土地基
	爆破挤密法	利用爆破在地基中产生的挤压力和振动力使地基土密实以提高土体的抗剪强度，提高地基承载力和减小沉降	饱和净砂、非饱和但经灌水饱和的砂、粉土、湿陷性黄土地基
加筋	加筋土垫层法	在地基中铺设加筋材料(如土工织物、土工格栅、金属板条等)形成加筋土垫层，以增大压力扩散角，提高地基稳定性	筋条间用无黏性土，加筋土垫层可适用于各种软弱地基
	隔水封闭法	隔水封闭法是采用土工膜或其他隔水材料进行隔水封闭，达到割断地下水的流通或阻止气候干湿循环对地基或坡面土体的影响，稳定路基或边坡的目的	膨胀土地基和盐渍土地基
	钢筋混凝土桩复合地基法	在地基中设置钢筋混凝土桩，与桩间土形成复合地基，提高地基承载力，减小沉降	各类深厚软弱地基
	长短桩复合地基	由长桩和短桩与桩间土形成复合地基，提高地基承载力和减小沉降。长桩和短桩可采用同一桩型，也可采用不同桩型。通常长桩采用刚度较大的刚性桩，短桩采用柔性桩或散体材料桩	深厚软弱地基
	桩网复合地基	通过竖向增强体和水平向增强体共同承担荷载，组成加筋体系	适用于要求快速施工，对总沉降及不均匀沉降要求严格，硬土层或基岩上有软土以及新填土厚度较大等地基

3.2.2 地基处理施工方法与智能机械

以下对常用的几类地基处理施工方法进行介绍。

1. 强夯地基施工

强夯地基是一种常用的地基处理方法,通过使重锤从高处自由落下,对地基土施加强大的冲击力,从而提高地基的承载力和稳定性,减小地基的沉降(图 3-3)。

以下是强夯地基的一般施工方法。

(1)施工准备

场地平整:清除场地内的障碍物、杂草和垃圾等,平整场地,使场地平整度满足施工要求,并做好排水设施,保证场地在施工期间不积水。

测量放线:根据设计图纸,准确测量出强夯区域的边界和夯点位置,并用木桩或石灰线进行标记。同时,在场地周围设置水准点,以便控制夯击深度和场地标高。

材料准备:准备好施工所需的材料,如用于垫层的碎石、砂等材料,确保材料的质量和数量满足施工要求。

图 3-3 强夯加固机理

机械设备:选用合适的强夯设备,包括起重机、夯锤等。夯锤一般由铸钢或铸铁制成,重量根据设计要求确定,通常为 10~40 t,底面形式可为圆形或方形,锤底面积一般为 3~6 m²。起重机的起重能力应满足夯锤提升高度和重量的要求。

试验性施工:在正式施工前,应选取有代表性的场地进行试验性强夯,以确定最佳的施工参数,如夯击能、夯击次数、夯点间距、夯击遍数等。

如图 3-4 所示,通过在强夯机的卷扬机、夯锤等部位安装位置传感器、张力传感器等设备,可实时采集卷扬机钢丝绳的上升或下降位置、受力大小等参数,进而计算出每个夯点的夯击次数、每次夯击的夯击能、提升高度、夯沉量等数据,并将这些数据传输至智能数据采集主机;对采集和计算后的数据进行实时分析,结合大数据分析和人工智能等技术,可快速准确地判断土壤的强夯压实度;同时,依据预设的施工工艺标准以及实际监测到的数据,对夯击过程进行智能控制和调整,如自动调节夯锤高度、确定夯击次数等,以达到最佳施工效果。

(2)施工工艺

铺设垫层:当场地土的含水量较高或表层土为软土时,需先铺设一层厚度为 0.5~2.0 m 的碎石或砂垫层,以增加地表的强度,便于机械设备行走和防止夯击时出现橡皮土现象。

第一遍夯击:按照设计确定的夯点布置图,将夯锤对准夯点位置,由起重机提升夯锤至设计高度后让夯锤自由落下,进行夯击。夯击时应记录每次夯击的夯沉量,当夯沉量达到设计要求或满足规定的收锤标准时,停止该夯点的夯击。然后移动起重机至下一个夯点进行夯击,完成第一遍所有夯点的夯击。

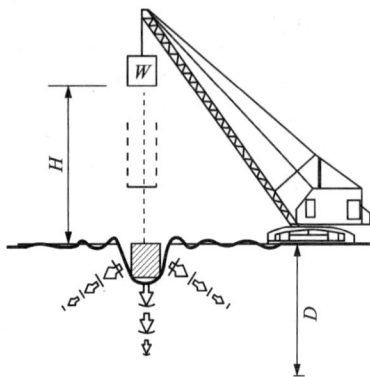

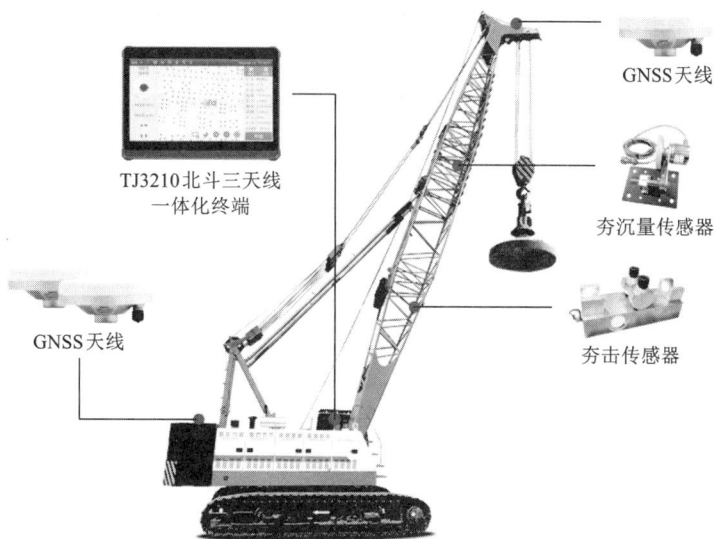

图 3-4　智能强夯系统

间歇期：第一遍夯击完成后，应根据地基土的性质和含水量等因素，确定合适的间歇时间，一般为 1~4 周。让地基土在这段时间内进行排水固结，以恢复和提高地基土的强度。

第二遍夯击及后续遍数：间歇期过后，进行第二遍夯击，夯点一般位于第一遍夯点的中间，采用梅花形布置。重复第一遍夯击的操作过程，完成第二遍及设计要求的后续遍数的夯击。随着夯击遍数的增加，夯击能可适当降低。

满夯：在完成设计要求的主夯遍数后，进行满夯。满夯采用较小的夯击能，夯锤搭接面积一般为 1/4~1/3 锤底面积，将场地表层土夯实，使地基土的表层强度均匀一致。

(3) 质量检测

夯沉量检测：在施工过程中，应及时测量每个夯点的夯沉量，并做好记录。通过分析夯沉量的变化情况，可判断地基土的加固效果和施工参数是否合理。

地基承载力检测：强夯施工完成后，应根据设计要求进行地基承载力检测。常用的检测方法有荷载试验、标准贯入试验、静力触探试验等。检测点的数量和位置应根据场地的地质条件和工程规模等因素确定，一般每单位工程不应少于 3 点。

压实系数检测：采用环刀法、灌砂法等方法检测地基土的压实质量，以评估地基土的密实程度。检测点应均匀分布在强夯区域内，每 100~200 m² 不应少于 1 个检测点。

孔隙比和含水量检测：在必要时，可对地基土的孔隙比和含水量进行检测，以了解地基土在强夯前后的物理性质变化。

(4) 施工注意事项

安全管理：强夯施工过程中，应设置明显的安全警示标志，严禁非施工人员进入施工现场。起重机作业时，应确保其稳定性，防止发生倾翻事故。夯锤起吊后，起重臂下严禁站人。

环境保护：强夯施工会产生较大的噪声和振动，可能对周围环境和建筑物造成影响。因此，应合理安排施工时间，避免在居民休息时间进行强夯作业。同时，可采取一些减振措施，如在夯点周围设置减振沟等。

施工监测：在强夯施工过程中，应对周围建筑物、地下管线等进行监测，观察其是否受到施工影响。如发现异常情况，应立即停止施工，采取相应的措施进行处理。

特殊地质条件处理：对于特殊地质条件，如湿陷性黄土、膨胀土、软土等，在强夯施工前应制定专门的处理方案，并采取相应的技术措施，以确保地基处理效果。

2. 振冲地基施工

振冲法是一种通过振动和水冲联合作用加固地基的深层处理技术（图3-5），适用于砂土、黏性土、杂填土等软弱地基的密实或置换处理。其核心原理是通过振冲器的水平振动和高压水流冲击形成桩体，与原地基构成复合地基，从而提高承载力、减小沉降并增强抗液化能力。以下是其一般施工方法。

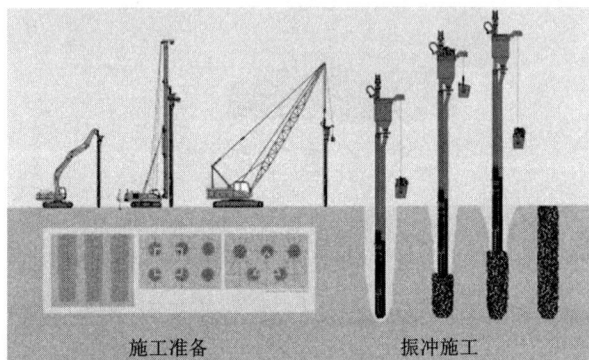

施工准备　　　　　　　振冲施工

图3-5　振冲地基施工

（1）施工准备

场地平整：清除场地内的障碍物，平整场地，确保施工设备能够顺利进场和作业，地下水位高时铺设砂石垫层或采取降水措施。

测量放线：根据设计图纸，准确测放出振冲桩的桩位，并做好标记。

材料准备：准备好符合设计要求的碎石、卵石等填料，粒径一般为 20~50 mm，含泥量不超过5%，材料粒径应根据振冲器功率选择。

设备调试：检查振冲器、起重机、水泵等施工设备的性能，确保其正常运行并进行调试。

（2）振冲施工

定位：将振冲器对准桩位，启动振冲器和水泵，使振冲器以 1~2 m/min 的速度缓慢下沉。

造孔：在下沉过程中，通过高压水射流和振冲器的振动作用，将土体冲散，形成直径为 0.8~1.2 m 的孔。当振冲器下沉到设计深度后，停留 1~2 min，然后以 0.5~1.0 m/min 的速度提升振冲器，同时继续喷水，进行清孔。

记录：在成孔过程中，记录振冲器的下沉速度、电流值、水压等参数，以便了解土层情况和判断成孔质量。

加料：将振冲器提出孔口，向孔内填入一定量的碎石填料，每次填料量一般为 0.1~0.3 m^3。

振密：将振冲器沉入孔内，对填料进行振密。在振密过程中，通过控制振冲器的留振时间和电流值来保证桩体的密实度。一般留振时间为 10~20 s，电流值达到规定的密实电流。

重复：按照上述加料和振密的步骤，反复进行填料和振密操作，直至桩体达到设计高度。

（3）施工质量控制

桩位偏差：桩位偏差应控制在允许范围内，一般不超过 50 mm。

桩径偏差：桩径偏差不超过设计桩径的±5%。

桩长偏差：桩长应满足设计要求，偏差不超过±100 mm。

密实电流：密实电流是控制桩体密实度的重要参数，应根据设计要求和现场试桩情况确定，并在施工过程中严格控制。密实电流与成孔进度、填料量、留振时间密切相关，施工中需严格控制这些因素，以确保桩体充分密实，保证施工质量。如果密实电流长期达不到要求，通常采取的措施有减小水压、适当增加每次的填料量、反复振冲几次等。

填料量：填料量应符合设计要求，一般通过计算每米桩长的填料量来控制。

（4）施工注意事项

防止塌孔：在成孔过程中，如遇塌孔，应及时向孔内填入适量的碎石或黏土，然后重新成孔。

避免偏斜：振冲器在下沉和提升过程中，应保持垂直，避免桩身偏斜。

控制水压：高压水的压力和流量应根据土层情况和施工要求进行调整，避免因水压过大或过小影响施工质量。

保护周边环境：施工过程中产生的泥水应及时排放和处理，避免对周边环境造成污染。

3. 水泥土搅拌桩地基施工

水泥土搅拌桩地基施工方法是通过深层搅拌机将水泥浆与软土强制搅拌，使软土硬结形成具有一定强度的桩体，从而提高地基承载力和稳定性（图 3-6）。根据固化材料状态不同，水泥土搅拌桩的干法（水泥粉体作为固化剂）和湿法（水泥浆等浆液作为固化剂）是两种不同的施工工艺。以下以湿法施工为例，介绍其施工方法。

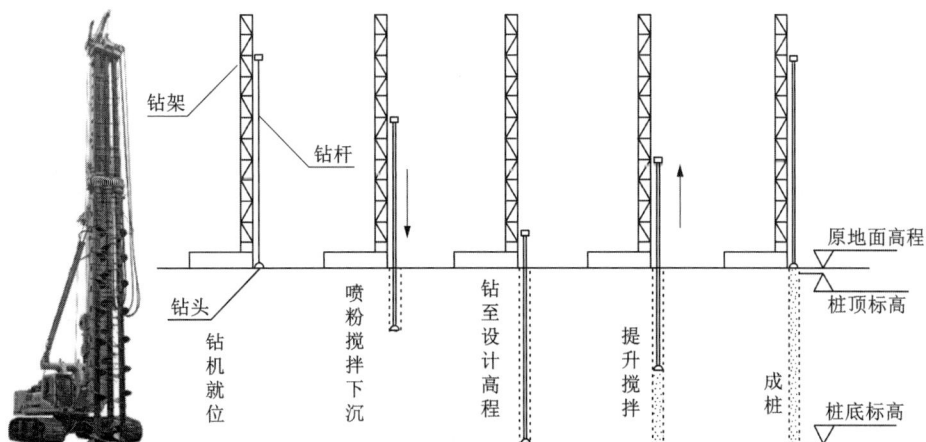

AI

AI微课
水泥土搅拌桩复合
地基施工工艺

图 3-6 水泥土搅拌桩地基施工

（1）施工准备

场地平整：清除场地内的障碍物，确保施工场地平整，且具备良好的排水条件。

测量放线：根据设计图纸，准确测放出桩位，桩位偏差不得大于 50 mm，并设置明显的标志。

材料检验：对水泥等原材料进行检验，确保其质量符合设计要求。水泥一般采用强度等级为 32.5 级及以上的普通硅酸盐水泥，其性能和质量应符合现行国家标准。

机械设备调试：检查深层搅拌机、灰浆搅拌机、灰浆泵等设备的性能，确保其正常运行。同时，对计量设备进行校准，保证水泥浆配制的准确性。

（2）试桩

正式施工前，应进行试桩，一般不少于 2 根。通过试桩确定以下参数：

①搅拌机的钻进速度、提升速度、搅拌次数等施工工艺参数。

②水泥浆的配合比、水灰比，一般水灰比宜控制在 0.45~0.55。

③确定每米桩长的水泥用量，一般水泥用量为 50~70 kg/m。

④检验桩身的均匀性、强度等质量指标，为后续施工提供依据。

（3）施工工艺

定位：将深层搅拌机移至桩位，对中并调整机身垂直度，垂直度偏差不得超过 1.0%。

预搅下沉：启动搅拌机电机，放松起重机钢丝绳，使搅拌机沿导向架搅拌下沉。下沉速度可通过电机的电流监测表控制，一般不宜大于 1.0 m/min。同时，开启灰浆泵，向孔内注入适量的清水，以利于钻进。

制备水泥浆：在搅拌机下沉的同时，按照设计配合比在灰浆搅拌机中制备水泥浆。制备好的水泥浆应通过筛网过滤，防止水泥块等杂质进入灰浆泵。

喷浆搅拌提升：当搅拌机下沉到设计深度后，开启灰浆泵，将水泥浆压入地基土中。然后，按设计要求的提升速度搅拌提升搅拌机，一般提升速度为 0.3~0.5 m/min。在提升过程中，应保持连续喷浆，使水泥浆与软土充分搅拌混合。

重复搅拌下沉与提升：为了使桩体搅拌更加均匀，提高桩身质量，可根据设计要求进行重复搅拌下沉与提升操作。即搅拌机提升到桩顶设计标高后，再次下沉搅拌至设计深度，然后再搅拌提升至桩顶。一般重复搅拌 1~2 次。

桩顶处理：当搅拌桩施工到桩顶设计标高时，应停止喷浆，继续搅拌数秒，以保证桩顶水泥土的均匀性和密实性。然后将搅拌头提出地面，清理桩头周围的杂物和溢出的水泥浆。

清洗：成桩完毕后，应及时清洗深层搅拌机、灰浆泵、输浆管道等设备，防止水泥浆凝固堵塞管道。

（4）施工质量控制

桩位偏差：桩位偏差一般不得大于 50 mm，可通过定期检查桩位标志和使用测量仪器进行复核。

桩身垂直度：桩身垂直度偏差不得超过 1.0%，施工过程中应经常检查搅拌机的垂直度，发现偏差及时调整。

桩长：桩长应满足设计要求，误差不超过 ±100 mm。可在搅拌机上设置深度标志，或通过测量钻杆的入土深度来控制桩长。

水泥用量：严格控制水泥用量，每根桩的水泥用量偏差不得超过设计用量的±5%。应定期检查水泥浆的配制情况和灰浆泵的输浆量，确保水泥用量符合设计要求。

桩身强度：桩身强度应满足设计要求，一般在施工过程中按规定制作试块，进行室内抗压强度试验。同时，可采用钻芯法等对桩身强度进行抽检。

（5）施工注意事项

防止断桩：在施工过程中，应确保水泥浆的供应连续，避免水泥浆供应中断而导致断桩。同时，应控制好搅拌机的提升速度和喷浆压力，防止出现喷浆不均匀或局部水泥浆缺失的情况。

处理地下障碍物：如在施工过程中遇到地下障碍物，应及时清除或采取其他处理措施，确保桩身质量。

注意桩间搭接：对于相邻桩的搭接，应严格按照设计要求进行施工，确保搭接长度和质量，以形成连续的加固地基。

养护：成桩后应进行养护，养护时间一般不少于 28 d。养护期间应避免桩顶受到较大的荷载和扰动，可采用覆盖草帘、洒水等方式进行养护。

4. 堆载预压地基施工

堆载预压是一种通过在地基上堆填重物，使地基土在预压荷载作用下排水固结，从而提高地基强度和减小工后沉降的地基处理方法（图 3-7），广泛应用于港口工程、公路、铁路及建筑地基处理。以下是其施工的一般步骤和要点。

（1）施工准备

场地清理：清除施工场地内的杂草、树根、垃圾等障碍物，平整场地，确保场地排水顺畅。

测量放线：根据设计图纸，准确测放堆载预压区域的边界和控制点，设置明显的标志。

材料准备：准备好堆载用的材料，如土料、石料、砂袋等，确保材料的质量符合设计要求。

监测设备安装：在地基中埋设孔隙水压力计和沉降观测点、水平位移观测点等监测设备，以便在施工过程中对地基的变化进行实时监测。

图 3-7 堆载排水固结机理

（2）排水系统施工

竖向排水体施工：通常采用塑料排水板或砂井。塑料排水板：用插板机将塑料排水板插入地基中，插入深度、间距和布置方式应符合设计要求。施工时要保证排水板的垂直度，避免扭曲、断裂和回带现象。砂井：采用水冲法或振动沉管法成孔，然后将砂填入井孔中，砂料应选用中粗砂，含泥量不超过 3%。砂井的直径、深度和间距要严格按照设计执行。

水平排水垫层施工：在地基表面铺设一定厚度的砂垫层，一般厚度为 0.5~1.0 m，砂料应采用级配良好的中粗砂，压实度不低于 90%。砂垫层要平整，形成一定的排水坡度，以利

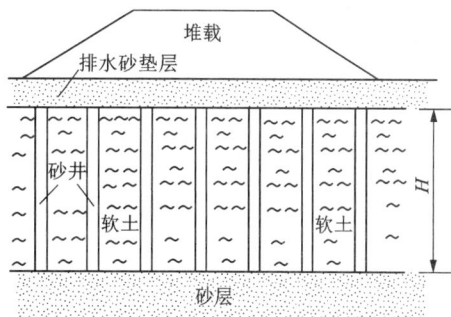

于地下水顺利排出。

（3）堆载施工

堆载分级：根据地基土的性质和设计要求，将堆载荷载分成若干级，逐级施加。每级堆载完成后，应等待地基土在该级荷载作用下达到一定的固结度，再进行下一级堆载。一般情况下，相邻两级堆载的时间间隔为 7~10 d，具体时间根据孔隙水压力的消散情况确定。

堆载方式：可以采用自卸汽车直接卸料堆载，也可以采用装载机配合推土机进行堆载。堆载过程中要注意荷载的均匀分布，避免局部荷载过大对地基造成破坏。

堆载高度控制：严格按照设计要求控制堆载高度，误差控制在允许范围内。在堆载过程中，要定期测量堆载的高度和范围，确保堆载符合设计要求。

（4）施工监测

沉降观测：在堆载预压过程中，定期对沉降观测点进行测量，一般每天观测 1~2 次。根据沉降观测数据，绘制沉降-时间曲线，分析地基的沉降变化规律。当沉降速率过大或出现异常变化时，应及时停止堆载，分析原因并采取相应的措施。

孔隙水压力观测：通过孔隙水压力计监测地基中孔隙水压力的变化情况，了解地基土的固结程度。当孔隙水压力消散达到设计要求的比例时，方可进行下一级堆载。

水平位移观测：观测地基的水平位移情况，以判断地基的稳定性。如果水平位移过大，可能会导致地基失稳，应及时调整堆载方式或采取加固措施。

（5）卸载及效果检验

卸载条件：当堆载预压达到设计要求的时间或沉降稳定标准时，可进行卸载。沉降稳定标准一般为连续 10~15 d 的沉降速率不超过 2~3 mm/d。

卸载方法：卸载应缓慢进行，避免对地基土产生过大的扰动。可以采用分层逐步卸载的方式，卸载过程中要继续监测地基的沉降和位移情况。

效果检验：卸载后，采用静力触探试验、标准贯入试验、室内土工试验等方法对地基土的物理力学性质进行检验，检测地基的承载力、压缩性等指标是否满足设计要求。同时，还可以通过现场荷载试验直接检验地基的承载能力和变形特性。

堆载预压地基施工过程中，应严格按照设计要求和施工规范进行操作，加强施工监测，根据监测数据及时调整施工参数，确保地基处理效果满足工程要求。

3.3 浅基础工程

浅基础根据使用材料的不同可分为砖基础、毛石基础、混凝土基础、钢筋混凝土基础等；根据结构形式又可以分为独立基础、条形基础、柱下十字交叉基础、筏形基础、箱形基础和壳体基础；根据浅基础的受力特点和变形特点，可分为刚性基础(砖基础、混凝土基础等)和柔性基础(钢筋混凝土基础)。刚性基础由砖、块石、素混凝土等材料组成，抗压性能较好，但抗拉、抗剪强度不高；当刚性基础的尺寸不能满足地基承载力和基础埋深的要求时，则需采用柔性基础，柔性基础配有钢筋，其抗剪和抗弯性能较好，见图 3-8。本节主要介绍钢筋混凝土基础的施工方法。

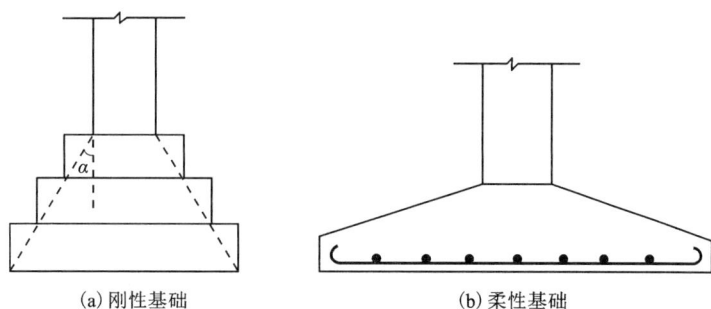

(a) 刚性基础　　　　　　(b) 柔性基础

图 3-8　刚性基础和柔性基础

3.3.1　钢筋混凝土独立基础施工

钢筋混凝土独立基础可分为现浇柱独立基础(包括锥形基础和阶梯形基础)、预制杯形基础,如图 3-9 所示。

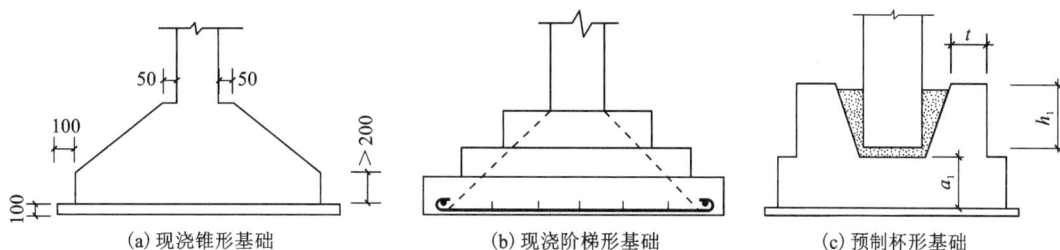

(a) 现浇锥形基础　　　　　(b) 现浇阶梯形基础　　　　(c) 预制杯形基础

图 3-9　钢筋混凝土独立基础

钢筋混凝土独立基础施工通常按照以下工序进行:定位放线→基(槽)坑开挖→验槽→基础垫层施工→支模板→绑扎钢筋→浇筑混凝土→养护、拆模。

1.现浇柱独立基础施工

现浇柱独立基础施工有多个要点,包括施工前准备、钢筋工程、模板工程、混凝土工程、拆模及后续工作等,具体如下。

(1)施工前准备

①熟悉图纸:仔细阅读施工图纸,明确基础的尺寸、标高、配筋等要求,对图纸中的疑问及时与设计单位沟通解决。

②场地平整:清除施工场地的杂物、障碍物,对场地进行平整,确保施工场地坚实、平坦,满足施工机械和运输车辆的通行要求。

③材料与设备准备:根据施工进度计划,提前采购合格的水泥、砂石料、钢筋等原材料,并准备好搅拌机、振捣器、模板等施工设备和工具。同时,要对原材料进行检验和试验,确保其质量符合设计及规范要求。

④测量放线:依据建设单位提供的控制点和水准点,使用全站仪、水准仪等测量仪器,精确测放出基础的轴线和边线,并设置控制桩和水准点,以便施工过程中的测量和校核。

（2）钢筋工程

①钢筋加工：按照设计图纸的要求，对钢筋进行调直、切断、弯曲等加工。加工后的钢筋应符合设计尺寸和规范要求，其表面不得有裂纹、油污、颗粒状或片状老锈等缺陷。

②钢筋连接：当钢筋长度不足需要连接时，可采用绑扎连接、焊接或机械连接等方式。对于直径较大的钢筋，宜优先采用焊接或机械连接，以保证连接质量。连接接头应按规范要求进行抽样检验，确保其力学性能符合要求。

③钢筋安装：将加工好的钢筋按照设计要求进行绑扎或焊接成型，形成钢筋骨架。在安装过程中，要注意钢筋的位置、间距、保护层厚度等符合设计要求。一般采用塑料垫块或水泥砂浆垫块来控制钢筋的保护层厚度，确保钢筋在混凝土中不被锈蚀。

（3）模板工程

①模板制作：根据基础的形状和尺寸，制作相应的模板。模板可采用木模板、钢模板或组合模板等。模板应具有足够的强度、刚度和稳定性，能够承受混凝土浇筑过程中的重量和侧压力，且应保证其表面平整、拼缝严密，不漏浆。

②模板安装：在安装模板前，应先在基础底面铺设一层隔离层，如塑料薄膜或油毡等，以便于模板拆除。然后，按照测量放线的位置，将模板准确安装到位，并使用支撑系统进行固定。支撑系统应牢固可靠，防止模板在混凝土浇筑过程中发生变形或位移。

③模板检查：模板安装完成后，要进行全面的检查和验收。检查内容包括模板的尺寸、位置、垂直度、平整度以及支撑系统的牢固程度等。如有不符合要求的地方，应及时进行调整和加固，确保模板符合设计及规范要求。

（4）混凝土工程

①混凝土配合比设计：根据设计要求的混凝土强度等级和耐久性等指标，由有资质的实验室进行配合比设计。配合比设计应考虑水泥品种、砂石料级配、外加剂等因素，确保混凝土的工作性能和强度满足施工要求。

②混凝土搅拌：严格按照设计配合比进行混凝土搅拌，控制好水灰比、搅拌时间和原材料的计量精度。搅拌时应先将水泥、砂石料等干料搅拌均匀，再加入适量的水进行搅拌，确保混凝土搅拌均匀，颜色一致。

③混凝土浇筑：混凝土浇筑前，应先对模板、钢筋进行隐蔽工程验收，合格后方可进行浇筑。浇筑时应采用分层浇筑、分层振捣的方法，每层浇筑厚度不宜超过振捣棒作用部分长度的 1.25 倍。振捣时应快插慢拔，使混凝土振捣密实，表面泛浆，无气泡排出。同时，要注意避免振捣棒直接触碰模板和钢筋，以免造成模板变形和钢筋移位。

④混凝土养护：混凝土浇筑完成后，应及时进行养护。一般在混凝土终凝后，采用覆盖塑料薄膜、草帘或喷洒养护剂等方法进行保湿养护，养护时间不少于 7 d。对于大体积混凝土或有特殊要求的混凝土，还应采取温控措施，防止混凝土因内外温差过大而产生裂缝。

（5）拆模及后续工作

①模板拆除：当混凝土强度达到设计要求或规范规定的拆模强度时，方可拆除模板。拆模时应小心谨慎，避免损伤混凝土表面和棱角。先拆除模板的支撑系统，再逐步拆除模板，拆除后的模板应及时清理、整理，以便重复使用。

②质量检查与验收：对基础的外观质量、尺寸偏差、混凝土强度等进行检查和验收。检查基础表面是否有裂缝、蜂窝、麻面等缺陷，测量基础的轴线、标高、尺寸等是否符合设计要

求，并按规范要求进行混凝土强度检测。如发现质量问题，应及时分析原因，采取相应的处理措施。

③回填土：基础验收合格后，应及时进行回填。回填土应选用符合要求的土料，如粉质黏土等，不得含有杂质和有机物。回填时应分层填筑、分层压实，每层填筑厚度不宜超过300 mm，压实系数应符合设计及规范要求。

2. 预制杯形基础施工

预制杯形基础施工包括施工前准备、钢筋工程、混凝土工程、杯口处理、构件制作、运输与堆放、基础安装及质量检查与验收等关键步骤，具体如下：

（1）施工前准备

场地布置：合理规划预制场地，确保场地平整、坚实，有足够的空间用于预制构件的生产、堆放和运输。设置好原材料堆放区、混凝土搅拌区、构件预制区及成品堆放区等功能区域。

材料检验：对水泥、砂石料、钢筋、外加剂等原材料进行严格检验，检查其质量证明文件，按规定进行抽样送检，确保原材料质量符合设计及规范要求。

模具准备：根据设计要求制作或选用合适的钢模具或塑料模具，检查模具的尺寸精度、平整度、密封性等，确保模具质量良好，能够重复使用且保证构件成型质量。

（2）钢筋工程

钢筋加工：按照设计图纸进行钢筋的调直、切断、弯曲等加工操作，严格控制钢筋的加工尺寸和形状，保证钢筋的弯钩、锚固长度等符合规范要求。

钢筋安装：将加工好的钢筋准确安装到模具内，固定好位置，保证钢筋的间距、位置准确，绑扎牢固，防止在混凝土浇筑过程中发生移位。同时，要设置好钢筋保护层垫块，确保保护层厚度符合设计要求。

（3）混凝土工程

配合比设计：由专业实验室根据设计的混凝土强度等级、耐久性等要求，设计合理的配合比，考虑施工季节、原材料特性等因素，确保混凝土的工作性能良好。

混凝土搅拌：严格按照配合比进行混凝土搅拌，准确计量各种原材料的用量，控制好水灰比和搅拌时间。采用机械搅拌时，应保证混凝土搅拌均匀，颜色一致，无离析和泌水现象。

混凝土浇筑：在浇筑前，应先对模具和钢筋进行检查，清理模具内的杂物。混凝土浇筑时，应采用适当的振捣方式，如插入式振捣器或平板振捣器，确保混凝土振捣密实，特别是在杯口等部位要加强振捣，防止出现蜂窝、麻面等质量缺陷。

混凝土养护：浇筑完成后，及时对混凝土进行养护。可采用覆盖塑料薄膜、草帘等保湿养护措施，也可根据需要采用蒸汽养护等方法，以加速混凝土强度增长，缩短生产周期。养护时间应根据混凝土的类型和环境条件等因素确定，一般不少于 7 d。

（4）杯口处理

杯口模板安装：在浇筑混凝土前，准确安装杯口模板，确保杯口的位置、尺寸准确。杯口模板应固定牢固，防止在混凝土浇筑过程中发生变形或位移。

杯口成型及清理：混凝土浇筑过程中，注意杯口部位的振捣和成型质量，保证杯口内壁光滑、平整。在混凝土初凝后，及时将杯口模板拆除，并对杯口进行清理，去除残留的混凝土浆等杂物，保证杯口的尺寸精度和清洁度。

(5) 构件运输与堆放

运输准备：在预制杯形基础达到设计要求的强度后，方可进行运输。运输前，应根据构件的尺寸、重量选择合适的运输车辆和运输方式，如平板拖车、叉车等，并对运输车辆进行检查，确保其性能良好。

运输保护：在运输过程中，要对预制构件进行妥善保护，防止构件受到碰撞、损伤。可在构件与车辆之间设置缓冲垫，如橡胶垫、草垫等，并固定好构件，避免其在运输过程中发生晃动。

堆放要求：预制杯形基础运至施工现场后，应按照规定的堆放要求进行堆放。堆放场地应平整、坚实，设有排水措施。构件应按规格、型号分类堆放，堆放层数不宜过多，一般不超过3层，且底层构件应垫实，防止构件因堆放不当而损坏。

(6) 基础安装

基础定位：在施工现场，根据设计图纸和测量控制点，准确测放出预制杯形基础的安装位置，设置好定位桩和控制线，确保基础安装的准确性。

杯口清理与检查：在安装预制柱前，再次对杯口进行清理，检查杯口的尺寸、标高及内壁平整度等，如有缺陷，应及时进行处理。同时，在杯口底部铺设一层细石混凝土或水泥砂浆，作为柱底的找平层。

预制柱安装：采用合适的起重设备将预制柱吊起，缓慢放入杯口内，使柱身对准杯口中心线，然后通过调整柱的垂直度和标高，使其符合设计要求。在柱身调整好后，及时在杯口与柱之间的缝隙中浇筑细石混凝土或高强度等级的灌浆料，将缝隙填实，确保柱与基础连接牢固。

(7) 质量检查与验收

外观检查：对预制杯形基础的外观进行检查，查看表面是否有裂缝、蜂窝、麻面、缺棱掉角等缺陷，杯口内壁是否光滑、平整，构件的外形尺寸是否符合设计要求。

尺寸偏差检查：用测量工具检查基础的长度、宽度、高度、杯口尺寸、杯底标高、柱脚预留孔位置等尺寸偏差，应在相关规范的允许偏差范围内。

强度检验：检查混凝土的强度试验报告，确保混凝土强度达到设计要求。对于有特殊要求的基础，还可能需要进行其他性能检验，如抗渗性、抗冻性等。

安装质量验收：在预制柱安装完成后，检查柱的垂直度、标高、平面位置等是否符合设计要求，杯口与柱之间的连接是否牢固，灌浆料是否饱满等。

3.3.2　钢筋混凝土筏形基础施工 ＞＞＞

钢筋混凝土筏形基础适用于地基承载力较低而上部结构荷载很大的场合。设计中将柱下十字交叉基础基底下的所有底板连在一起，形成筏形基础，也称为筏板基础或片筏基础。筏形基础由钢筋混凝土底板、梁等组成，外形和构造上如同倒置的钢筋混凝土无梁楼盖或肋形楼盖，分为梁板式和平板式两类，如图3-10所示。

施工工序：测量放线→基坑土方开挖→基坑验槽→浇筑垫层→防水施工→钢筋绑扎→模板安装→混凝土浇筑→养护→回填土施工。施工要点如下。

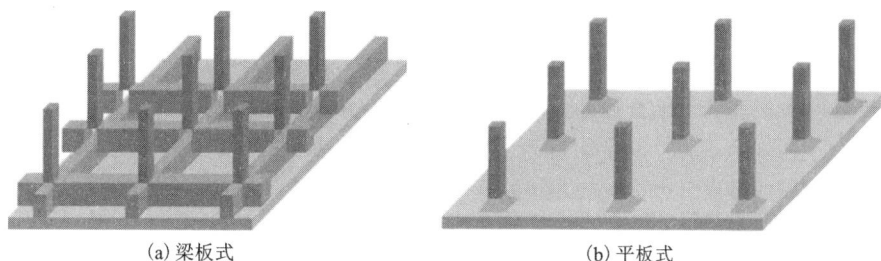

(a) 梁板式　　　　　　　　　　(b) 平板式

图 3-10 钢筋混凝土筏形基础

（1）基坑开挖

①按设计施工图放好轴线和基坑开挖边线后进行基坑土方开挖。如有地下水，应人工降低地下水位至基坑底 50 cm 以下部位，以保证在无水的情况下进行土方开挖和基础结构施工。

②基坑土方开挖应注意保持基坑底土的原状结构，如采用机械开挖，应在基坑底面以上留 20~40 cm 厚土层，采用人工挖除和修整，避免超挖或破坏基土。如局部有软弱土层或超挖，应进行换填并夯实。基坑开挖应连续进行，如基坑挖好后不能立即进行下一道工序，应在基底以上留置 15~20 cm 厚的一层土不挖，待下一道工序施工时再挖至设计基坑底标高，以免基土被扰动。

（2）基础垫层施工

基坑土方开挖至设计标高，经验槽合格后，即可采用 C15 混凝土浇筑垫层。若底板有防水要求，应待底板混凝土达到 25% 以上强度后再进行底板防水层施工；防水层施工完毕，应浇筑一定厚度的混凝土保护层，以避免在进行钢筋安装绑扎时防水层受到破坏。

（3）筏板钢筋绑扎、模板安装

按设计图纸要求绑扎基础底板和梁钢筋，并插好墙、柱及其他预留钢筋，然后安装梁、柱、墙侧模。钢筋绑扎机器人（图 3-11）等先进装备被陆续研发和应用。

图 3-11 钢筋绑扎机器人

（4）筏形基础底板混凝土施工

①筏板钢筋及模板安装完毕并检查无误，清除模内泥土、垃圾、杂物及积水之后，即可进行筏形基础底板混凝土浇筑。混凝土应一次连续浇筑完成。

②当筏形基础长度过长（40 m 以上）时，往往在中部位置留设贯通后浇带或膨胀加强带，以避免出现温度收缩裂缝。对于超厚的筏形基础，应充分考虑采取降低水泥水化热和浇筑入模温度的措施，以避免出现过大温度收缩效应，导致基础底板开裂。

③浇筑混凝土时，应经常观察模板、钢筋、预埋件、预留孔洞和管道，若有偏位、变形的情况，应先停止浇筑，及时纠正后再继续浇筑，确保在混凝土初凝前处理好。

（5）质量验收

①原材料质量验收：检查水泥、砂石料、钢筋、外加剂等原材料的质量证明文件、检验报告等，确保原材料质量符合设计和规范要求。

②钢筋工程质量验收：检查钢筋的品种、规格、数量、位置、间距、锚固长度、连接方式等是否符合设计和规范要求，钢筋的绑扎和焊接质量应良好，无松动、漏焊等现象。同时，应按规定进行钢筋的隐蔽工程验收，做好验收记录。

③模板工程质量验收：检查模板的安装质量，模板应拼接严密，支撑牢固，无变形、漏浆等现象。模板的平整度、垂直度、截面尺寸等应符合设计和规范要求，模板拆除应符合规定的条件和顺序。

④混凝土工程质量验收：检查混凝土的强度、外观质量和尺寸偏差等。混凝土的抗压强度、抗渗性能等应达到设计要求，混凝土表面应平整光滑，无裂缝、蜂窝、麻面等缺陷，基础的外形尺寸、标高、轴线位置等偏差应在规范允许的范围内。

3.4 桩基础工程

桩基础是深基础中较为常用类型。桩基础由设置于土中的桩和承接上部结构的承台组成，其作用是将上部建筑物的荷载传递到深处承载力较强的土层上，或将软弱土层挤密以提高地基土的承载能力和密实度。桩基础按承载性状不同，可分为摩擦型桩和端承型桩两类，如图3-12所示。摩擦型桩是指桩顶荷载主要由桩侧阻力承受，并考虑桩端阻力；端承型桩指桩顶荷载主要由桩端阻力承受，并考虑桩侧阻力。

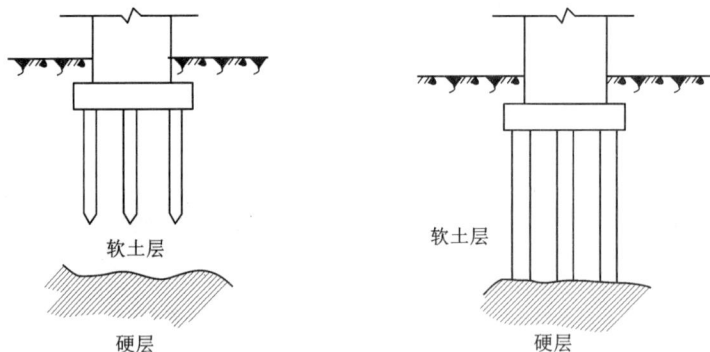

图3-12 桩基础示意图

根据施工方法的不同，桩基础可分为预制桩（图3-13）和灌注桩（图3-14）两大类。预制桩是在工厂或施工现场预制，然后运至桩位处，经锤击、静压、振动或射水等工艺送桩入土。灌注桩是指在工程现场通过机械钻孔、人力挖掘或钢管挤土等手段在地基中形成桩孔，并在其内放置钢筋笼、灌注混凝土而做成的桩。根据成桩方法和挤土效应的不同，可分为非挤土型桩、部分挤土型桩和挤土型桩。非挤土型桩，包括干作业法钻（挖）孔灌注桩、挤扩孔灌注桩、泥浆护壁法钻孔灌注桩、套管护壁法钻孔灌注桩等；部分挤土型桩，包括预钻孔沉桩、敞口预应力混凝土管桩、敞口钢管桩、根式灌注桩等；挤土型桩，即沉桩，包括通过锤击、静压、振动等方法沉入的预制桩、闭口预应力混凝土管桩和闭口钢管桩等。

图 3-13　预制桩

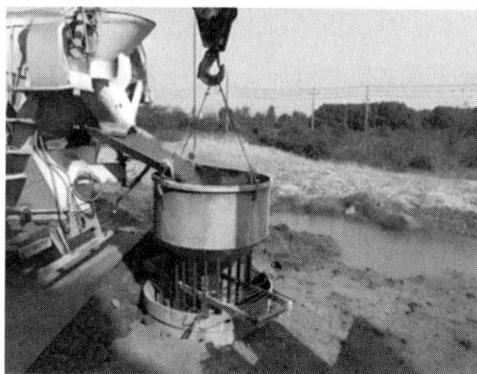

图 3-14　现浇钻孔灌注桩

3.4.1　预制桩施工方法

1.预制桩的起吊、运输和堆放

预制桩的混凝土强度达到设计强度的 70% 方可起吊，达到设计强度的 100% 后才能运输和打桩。桩在起吊和搬运时，必须平稳，且不得损坏。吊点应符合设计要求，当吊点少于或等于 3 个时，其位置应按照正负弯矩相等的原则进行计算确定，吊点设计如图 3-15 所示。

运输时，桩的支点应与吊点位置一致，应做到桩身平稳放置，无大的振动，严禁在场地上以直接拖拉桩体的方式代替装车运输。应根据打桩顺序随打随运，避免二次搬运。在运距较短时，可用起重机吊运；当运距较长时，可采用大平板车或轻便轨道平台车运输。在运输过程中应对桩体特别是两端加以保护，防止桩体撞击而造成桩体、桩端损坏。

桩的堆放场地必须平整、坚实。垫木位置应与吊点位置相同，各层垫木应位于同一垂直线上。对圆形的混凝土桩或钢管桩的两侧应用木楔塞紧，防止其滚动。在现场，桩的堆放层数不宜过多。对混凝土方桩，堆放层数不宜超过 4 层；对混凝土空心桩，外径为 500 ~ 600 mm 的桩叠层堆放不宜超过 4 层，外径为 300~400 mm 的桩不宜超过 5 层，当场地条件许可时，应尽可能采用单层堆放。堆放时，应

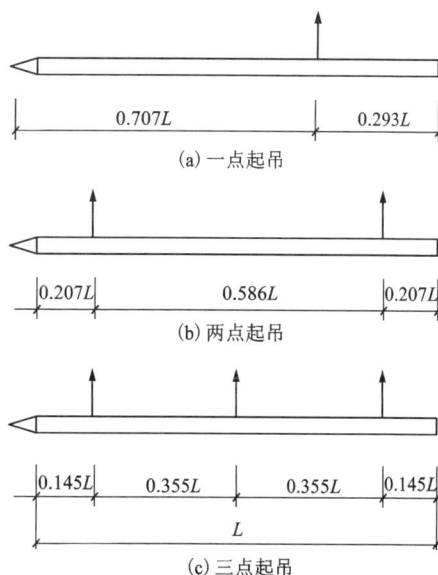

(a) 一点起吊　0.707L　0.293L

(b) 两点起吊　0.207L　0.586L　0.207L

(c) 三点起吊　0.145L　0.355L　0.355L　0.145L　L

图 3-15　预制桩合理吊点示意图

在桩下垂直于长度方向设置 2 道垫木，垫木应分别位于桩端 0.2 倍桩长处，底层最外缘的桩的侧边应用木楔塞紧。对钢管桩，直径在 900 mm 左右的不宜超过 3 层，直径在 600 mm 左右

的不宜超过4层，直径在400 mm左右的不宜超过5层。此外，不同规格、不同材质的桩应分别堆放，便于施工。

2.预制桩沉桩施工

沉桩的方法主要包括静压法、锤击法、振动法和射水法。静力压桩是利用桩机本身的自重平衡沉桩阻力，在沉桩压力的作用下，克服压桩过程中的桩侧摩阻力及桩端阻力将桩压入土中，这种方法具有无噪声、无振动、无冲击、施工应力小等优点。锤击沉桩利用桩锤下落产生的冲击能量，克服土对桩的阻力，使桩沉入预定深度或达到持力层。振动沉桩是通过固定在桩顶部的振动器产生的振动力，使桩身周围的土体颗粒发生振动，降低土对桩的摩擦力，同时在桩的自重和振动力共同作用下，使桩沉入土中。射水沉桩是在沉桩过程中，利用高压水通过射水管冲击桩尖附近的土体，使土体松软，减小桩下沉时的阻力，同时利用桩的自重或其他辅助设备将桩沉入土中。

解锁视频
预制管桩施工工艺动画

静力压桩施工过程中无噪声、无振动，对周围环境影响小；桩身质量容易保证，由于是缓慢压入，桩身不易损坏；压桩力可以精确控制，能较好地保证桩的入土深度和承载力。下面对该方法进行介绍。

(1)静力压桩设备

静力压桩机可分为机械式与液压式两种，前者只能用于压桩，后者可以压桩也可以拔桩。

机械式压桩机的卷扬机通过钢丝绳滑轮组将桩压入土中，它由底盘、机架、动力装置等部分组成。这种压桩机装配费用较低，但设备高大笨重，行走移动不便，压桩速度较慢。液压式静力压桩机(图3-16)由桩机平台、导向架、液压夹桩器、动力设备及吊桩起重机等组成，采用液压操作，动力大、工作平稳、自动化程度高、行走方便，是目前国内使用比较广泛的一种压桩机械。

图3-16　山河智能ZYJ1260BK引孔式静力压桩机[①]

(2)施工准备

①组织施工文件和图纸会审，并形成纪要。

②编制施工组织设计或施工方案，提出施工监测要求。

③道路、供电、照明、排水等符合安全文明施工的要求。

④处理影响施工的障碍物。

⑤平整及处理施工场地，处理后场地地基承载力应满足桩机行走和压桩施工的要求。

⑥在不受施工影响的区域设置高程和基桩轴线控制点，标记明显并妥善保护。

⑦静压机安装就位，试运转正常。

---

① https://www.sunward.com.cn/jtdt/2648.html.

⑧施工人员到位、配套工种齐备，进行技术及安全交底。

（3）压桩试验

施工前应做不少于3根桩的压桩工艺试验，地质条件复杂时应增加数量，用以了解桩的沉入时间、最终沉入度、持力层强度、桩的承载力以及施工过程中可能出现的各种问题，以便检验所选的静力压桩设备和施工工艺是否符合设计要求。

（4）压桩程序和规定

静压预制钢筋混凝土桩的施工程序为：压桩机就位→桩身对中调直→压桩→接桩→再压桩→送桩→终止压桩→切割桩头。

①吊桩、喂桩时，严禁压桩机行走和调整。

②喂桩时，空心桩桩身两侧合缝位置应避免与夹具直接接触。

③压桩过程中应控制桩身垂直度；首节桩插入地面0.5～1.0 m时，桩身垂直度允许偏差应为0.3%；压桩过程中桩身垂直度允许偏差应为0.5%；当桩身垂直度偏差大于1%时，应查找原因并纠正；当桩端进入硬土层后，严禁用移动机架等方法强行纠偏。

④压桩时应观察桩身混凝土的完整性，桩身出现裂缝或混凝土脱落时，应立即停止压桩，采取措施后方可继续施工。

（5）接桩

钢筋混凝土预制长桩一般都采取分段预制、分段压入、逐段接长的方法，接桩可采用焊接法或螺纹式、啮合式、卡扣式、抱箍式等机械式快速连接方式。焊接接桩、机械快速螺纹接桩时，下节桩段的桩头宜高出地面0.5～1.0 m；啮合式、卡扣式和抱箍式机械连接接桩时，下节桩段的桩头宜高出地面1.0～1.5 m。

焊接接桩所采用的焊接工艺、质量控制等除应符合现行国家标准《钢结构焊接规范》（GB 50661—2011）的规定外，现场施工尚应符合下列规定：

①接头端板或预埋钢板表面应清洁干燥，焊接处应除锈，露出金属光泽。

②下节桩的桩头处宜设置导向箍等导向措施，上下节桩段应保持顺直，接桩时上下节错位不宜大于2 mm。

③采用角钢连接的桩，上下节桩间隙应采用楔形扁铁填实焊牢；角钢贴角立焊应保证焊接质量。

④当焊接采用二氧化碳气体保护焊时，宜对称施焊，焊缝应连续饱满；宜采用E4303或E4316焊条，其质量应符合现行国家标准《非合金钢及细晶粒钢焊条》（GB/T 5117—2012）的规定。

⑤桩接头焊缝应自然冷却，冷却后方可继续压桩，严禁用水冷却，严禁焊好即压；手工电弧焊自然冷却时间不应少于8 min；二氧化碳气体保护焊不应少于5 min。

⑥钢桩尖宜在工厂内焊接；工地焊接时，严禁桩起吊后点焊、仰焊。

⑦雨天焊接时，应采取防雨措施，保证焊条干燥，焊接时焊缝不得沾水。

（6）送桩

当桩顶设计标高低于自然地面时，需要进行送桩。送桩时，应使用专门的送桩器，将送桩器套在桩顶上，然后通过压桩机将桩和送桩器一起压入土中，直至桩顶达到设计标高。

送桩深度不宜超过2 m。在送桩过程中，应注意观察送桩器的垂直度和桩顶的情况，防止桩顶损坏或桩身倾斜。送桩完成后，应及时将送桩器拔出。

（7）施工结束

桩身检测：施工完成后，应按照设计要求和相关规范，对桩身进行检测，如采用低应变法检测桩身完整性，采用静载试验检测桩的承载力等。检测合格后，方可进行下一道工序。

场地清理：清理施工现场，拆除临时设施，将桩机及其他设备转移至指定地点存放。同时，对桩位进行复核，检查桩顶标高和桩位偏差是否符合要求，如有偏差，应及时进行处理。

3.4.2 灌注桩施工方法

混凝土灌注桩直接在施工现场桩位上成孔，然后在孔内安装钢筋笼，浇筑混凝土成桩。根据成孔工艺的不同，可以分为钻孔灌注桩（包括干作业成孔、泥浆护壁成孔）、沉管灌注桩（包括振动或锤击）、人工挖孔灌注桩、爆扩灌注桩和夯扩灌注桩等。

灌注桩施工时无振动、无挤土、噪声小，宜在城市建筑物密集地区使用。与预制桩相比，灌注桩不需要接桩和截桩，但是施工工艺复杂，存在质量不易控制、操作要求严格、桩的养护占用工期、成孔时有大量土渣泥浆排出等缺点。

1. 干作业成孔灌注桩

干作业成孔灌注桩适用于地下水位以上的填土层、黏性土层、粉土层、砂土层和粒径不大的砂砾层。螺旋钻机、旋挖钻机、长螺旋钻孔压灌桩机是干作业成孔的常用机械，如图 3-17 所示为常见干法成孔钻机。螺旋钻机通过动力头带动螺旋钻杆旋转，使钻头的螺旋叶片切削土壤，土屑沿螺旋叶片上升排出孔外，从而形成桩孔。旋挖钻机利用动力头驱动钻杆和钻头旋转，钻头切削土体，同时通过钻杆的伸缩和钻机的行走机构，使钻头不断向下钻进。在钻进过程中，土屑被钻头的斗齿切削后进入钻斗，当钻斗装满土屑后，提出孔外，将土屑倒掉，再继续钻进。

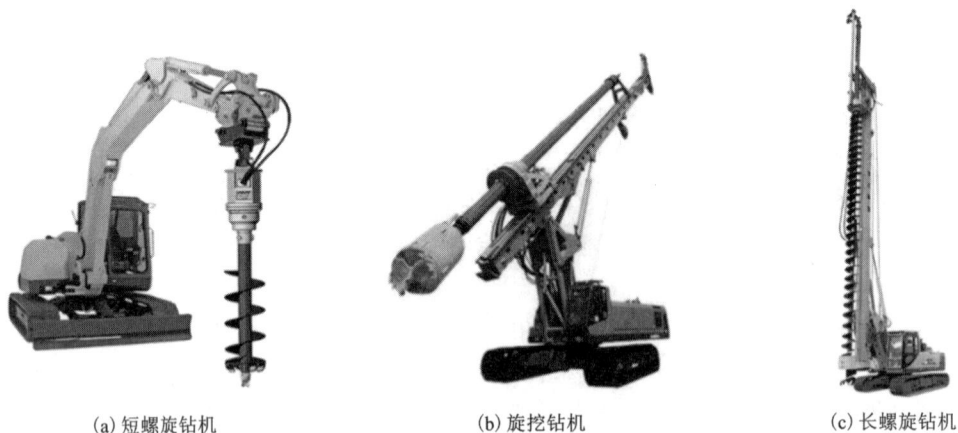

| (a) 短螺旋钻机 | (b) 旋挖钻机 | (c) 长螺旋钻机 |

图 3-17 常见干法成孔钻机

（1）采用螺旋钻机钻孔施工应符合下列规定：

①钻孔前应纵横调平钻机，安装护筒，采用短螺旋钻机钻进，每次钻进深度应与螺旋长度相同。

②钻进过程中应及时清除孔口积土和地面散落土。

③在砂土层中钻进遇到地下水时，钻深不应大于初见水位。

④钻孔完毕，应用盖板封闭孔口。

（2）施工方法

干作业成孔的主要施工工艺流程为：放线→钻机就位→成孔→吊放钢筋笼→浇筑混凝土。

钻机钻孔前，应做好现场准备工作。钻孔场地必须平整、碾压或夯实，雨期施工时需要加石灰碾压以保证钻孔行车安全，并按设计放好桩位线。

钻机按桩位就位时，钻杆要垂直对准桩位中心，放下钻机使钻头触及土面。

钻进时要求钻杆垂直稳固，钻孔过程中若发现钻杆摇晃或进钻困难，可能是遇到石块等硬物，应立即停机检查，及时处理，以免损坏钻具或导致桩孔偏斜。

施工中，如发现钻孔偏斜，应提起钻头上下反复扫钻数次，以便削去硬土。钻孔过程中应随时清理孔口积土，遇到塌孔、缩孔等异常情况，及时研究解决。

钻孔达到要求深度后，进行孔底土清理，即钻到设计钻深后，必须在深处进行空转清土，然后停止转动，提钻杆，不得回转钻杆。

桩孔钻成并清孔后，先吊放钢筋笼，后浇筑混凝土。成孔后，应尽快验孔和浇筑成桩。浇筑混凝土前，应防止人或车辆在孔口盖板上行走。从成孔到混凝土浇筑的时间间隔不得超过 24 h，灌注桩的混凝土强度等级不得低于 C15，坍落度一般为 80~100 mm。混凝土应连续浇筑，分层捣实，每层高度不得大于 1.5 m。当混凝土浇筑到桩顶时，应适当超过桩顶标高，以保证在凿除浮浆层后，桩顶标高和质量符合设计要求。

2. 泥浆护壁成孔灌注桩

泥浆护壁成孔是用泥浆保护孔壁并排出土渣而成孔，在地下水位以上或以下的土层皆可适用，它还适用于地质情况复杂、夹层多、风化不均、软硬变化大的岩层。

泥浆护壁的施工工艺流程为：桩位放线→开挖泥浆池、排浆沟→护筒埋设→钻机就位、孔位校正→成孔(泥浆循环、清除土渣)→第一次清孔→质量验收→下放钢筋笼和混凝土导管→第二次清孔→沉渣检测→浇筑水下混凝土(泥浆排出)→成桩。

泥浆护壁成孔灌注桩在浇筑混凝土前，清孔后泥浆应符合表 3-3 的规定，清孔后孔底沉渣厚度应符合表 3-4 的规定。

表 3-3　循环泥浆的性能指标

项目		性能指标		检验方法
比重	黏性土	1.1~1.2		泥浆比重计
	砂土	1.1~1.3		
	砂夹卵石	1.2~1.4		
黏度/s	黏性土		18~30	漏斗法
	砂土		25~35	
含砂率/%		<8		洗砂瓶
胶体率/%		>90		量杯法

表 3-4 清孔后孔底沉渣厚度

项目	允许值/mm
端承型桩	≤50
摩擦型桩	≤100
抗拔、抗水平荷载桩	≤200

泥浆护壁成孔机械有回转钻机、冲击钻机、潜水钻机等，其中回转钻机应用最为广泛。

(1) 回转钻机成孔

正循环回转钻机：利用泥浆泵将泥浆从泥浆池通过钻杆中心孔输送到钻头，然后泥浆携带钻渣从孔壁与钻杆的环形空间返回地面，进入泥浆沉淀池，钻渣沉淀后，泥浆再循环使用。其适用于各种地质条件，尤其在黏性土、粉土、砂土等土层中效果较好。

反循环回转钻机：泥浆从孔口流入孔内，与钻渣混合后，在真空泵或空气吸泥机等设备的作用下，通过钻杆中心孔被抽吸到地面，进入泥浆沉淀池。反循环回转钻机的排渣能力强，成孔效率高，适用于大直径桩孔和地质条件较为复杂的地层，如卵石层、砾石层等。

正循环与反循环钻孔原理如图 3-18 所示。

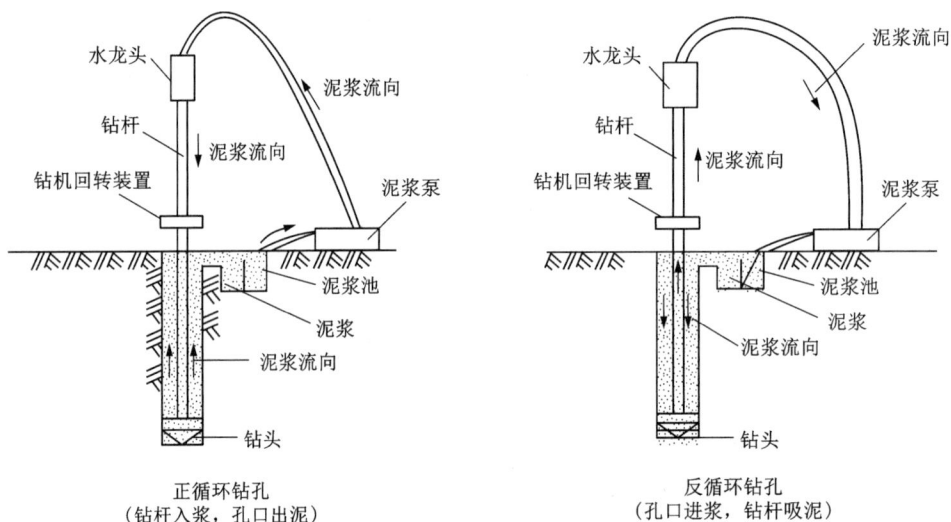

图 3-18 正循环与反循环钻孔原理

(2) 冲击钻机成孔

冲击钻机是将冲锤式钻头用动力提升，以自由落下的冲击力来掘削岩层，然后用掏渣筒排出碎块，钻至设计标高形成桩孔。冲击钻机适用于坚硬地层，如岩石层、砾石层等，也可用于其他地层，但效率相对较低。它可以根据不同的地质条件和桩径要求，更换不同类型和重量的钻头。

冲击钻机成孔施工中需用掏渣筒及打捞工具等辅助作业，其机架可采用井架式、桅杆式或步履式等。成孔过程中应及时排出废渣，排渣可采用泥浆循环或淘渣筒，淘渣筒直径宜为孔径的 50%~70%，每钻进 0.5~1.0 m 应淘渣一次，淘渣后应及时补充孔内泥浆。

（3）潜水钻机成孔

潜水钻机的电动机和减速机构与钻头连为一体，潜入孔内工作。其工作原理与回转钻机类似，通过钻头的旋转切削土体，同时利用泥浆护壁和排渣。潜水钻机具有体积小、重量轻、噪声小等优点，适用于地下水位较高的软土地层和城市建筑密集地区的桩基础施工。

3. 长螺旋钻孔压灌桩

长螺旋钻孔压灌桩是指利用长螺旋钻机钻孔至设计深度，通过钻杆芯管将混凝土压送至孔底，边压送混凝土边提钻直至桩顶标高，再将钢筋笼植入素混凝土桩体中形成的钢筋混凝土灌注桩。长螺旋钻孔是我国近年来开发且应用较广的一种新工艺，具有穿透力强、噪声小、无振动、无泥浆污染、施工效率高、质量稳定等优点，适用于填土、黏性土、粉土、砂土等。当地基土主要为淤泥、淤泥质土、高灵敏度土、饱和松散砂土、坚硬的碎石土、粒径大且厚的卵石层时，不宜采用长螺旋钻孔压灌桩。

长螺旋钻孔压灌桩施工应注意以下几点：

①长螺旋钻孔压灌桩施工前宜进行试验性施工，确定设备及施工工艺参数和施工材料，试验数量应根据地质条件等确定，且不宜少于 2 根。

②混凝土宜采用和易性较好的预拌混凝土，强度等级应符合设计要求，初凝时间宜大于 6 h，灌注前坍落度宜为 180~220 mm。混凝土拌制用水、水泥、砂、石、粉煤灰及外加剂的配合比，应通过混凝土配合比试验确定。开始灌注混凝土时，应先泵入适量的水泥砂浆，以润滑输送管道。在灌注过程中，应连续泵送混凝土，避免中断。同时，要控制好混凝土的灌注速度和高度，确保混凝土灌注密实。

③钻机钻头应对准桩位，钻头与桩位点的允许偏差应为 20 mm。应准确掌握提拔钻杆的时间，不得在泵送混凝土前提钻，以免造成桩端空洞或混凝土离析。提钻时应连续泵送，防止桩身缩颈或断桩，这在饱和砂土、饱和粉土中尤其要重视。

④钢筋笼在混凝土灌注后采用专用插筋器插入。钢筋笼的端部钢筋做成锥形封闭状，笼内插入插筋器，采用振动锤激振插筋器将钢筋送至设计标高。钢筋笼插入施工中应采取措施保证其垂直度和保护层厚度。

⑤在混凝土灌注接近桩顶时，应加强对桩顶标高的控制，避免超灌或欠灌。一般来说，超灌高度宜控制在 0.5~1.0 m，以保证桩顶混凝土的质量。施工过程中，应详细记录各项施工参数，如钻进深度、混凝土灌注量、灌注时间等，以便对施工质量进行追溯和分析。

3.4.3　桩基础检测

桩基础检测包括桩身完整性、承载力以及桩身质量等内容，常用的检测方法有低应变法、高应变法、声波透射法、钻芯法、静载试验和自平衡法。桩基础检测需根据地质条件、桩型及工程需求灵活组合方法。

1. 检测内容

桩身完整性检测：确定桩身结构的完整程度，判断是否存在缺陷（如裂缝、夹泥、缩颈、断桩等）及缺陷位置和严重程度，以评价桩身的完整性类别。常采用低应变法、高应变法、声波透射法或钻芯法等（图 3-19）。

图 3-19 常见桩身完整性检测技术：低应变法、高应变法和声波透射法

承载力检测：通过静载试验、自平衡法、高应变法等确定单桩竖向抗压、抗拔承载力以及水平承载力是否满足设计要求（图 3-20）。

(a) 堆载法静荷载试验

(b) 锚拉法静荷载试验

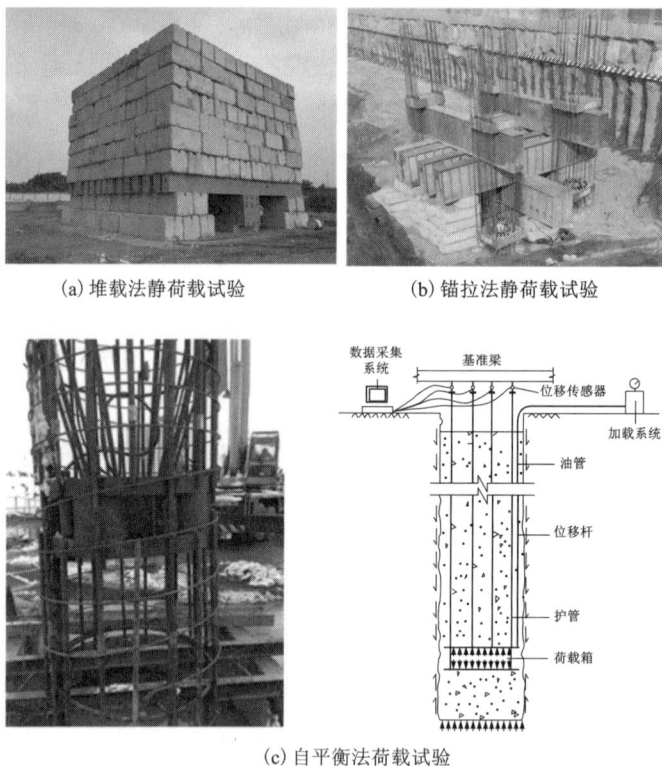

(c) 自平衡法荷载试验

图 3-20 常见桩基础承载力检测技术：静载试验和自平衡法

桩身质量检测：钻芯法可直接从桩身取出芯样，观察混凝土的胶结情况、骨料分布、桩底沉渣厚度等，判断桩身混凝土的强度和质量。

2. 常用检测方法

低应变法：适用于检测混凝土桩的桩身完整性，判定桩身缺陷的程度及位置。其原理是通过在桩顶施加激振信号，引起桩身振动，检测桩顶响应信号，根据应力波在桩身中的传播特性来分析桩身完整性。

高应变法：可用于检测基桩的竖向抗压承载力和桩身完整性。利用重锤冲击桩顶，使桩土之间产生足够的相对位移，实测桩顶附近的力和速度时程曲线，通过波动理论分析，确定单桩竖向抗压承载力及桩身完整性。

声波透射法：适用于已预埋声测管的混凝土灌注桩。在桩身混凝土灌注前，将声测管埋入桩中，检测时，在声测管内放入发射和接收换能器，通过发射和接收超声波信号，根据超声波在混凝土中的传播速度、波幅、频率等参数变化，判断桩身混凝土的质量和缺陷情况。

钻芯法：适用于检测混凝土灌注桩的桩长、桩身混凝土强度、桩底沉渣厚度和桩身完整性，也可用于检测地下连续墙的混凝土强度和墙身完整性。使用钻机在桩身钻孔，取出芯样进行外观观察和室内试验，以获取桩身质量的直观信息。

静载试验：是确定单桩竖向抗压、抗拔和水平承载力最直接、最可靠的方法。在桩顶施加竖向或水平向的静荷载，观测桩在荷载作用下的沉降、位移等响应，根据荷载-沉降曲线等分析结果，确定单桩的承载力。

自平衡法：是由桩体本身重量提供反力，而不借助外力的一种静荷载试桩方法。通过在桩间预埋压力盒，并在此由千斤顶加载，通过测试上下段桩的承载力而得到整根桩的承载力。与传统的堆载法和锚桩法不同，该技术是在施工过程中将按桩承载力参数要求定型制作的荷载箱置于桩身底部，于桩顶部连接施压油管及位移测量装置，待混凝土养护到标准龄期后，通过顶部高压油泵给底部荷载箱施压，得出桩端承载力及桩侧总摩阻力。

随着土木工程的智能化发展，桩基础检测技术不断革新，正朝着智能化、高精度、全息化方向发展。以 PST（pile sonic test）成桥桩检测、AI 判读、光纤传感为代表的技术，突破了传统检测的局限性（如盖梁遮挡、深部缺陷漏检），更通过多技术融合显著提升了工程安全管控水平。未来随着 5G、BIM 等技术的深度集成，桩基础检测将实现从"事后验证"向"过程预警+智能决策"的范式转变。

智慧启思

青藏铁路冻土处理攻克高原铁路世界性难题

认知拓展

实践创新

思考题

1. 试分析地基在不同荷载阶段的变形特征及其对建筑物稳定性的影响,并举例说明。

2. 结合实际工程案例,阐述地基处理方法的选择依据及多种方法组合应用的优势。

3. 比较浅基础和深基础在结构形式、适用条件及施工工艺上的差异,并说明各自的适用范围和局限性。

4. 论述预制桩和灌注桩在施工过程中的质量控制要点,以及如何避免常见的质量问题。

5. 结合智能强夯系统、钢筋绑扎机器人等新技术应用,谈谈智能化设备对地基与基础工程施工的意义和发展趋势。

参考答案

第 4 章

混凝土结构施工与智能化

本章思维导图

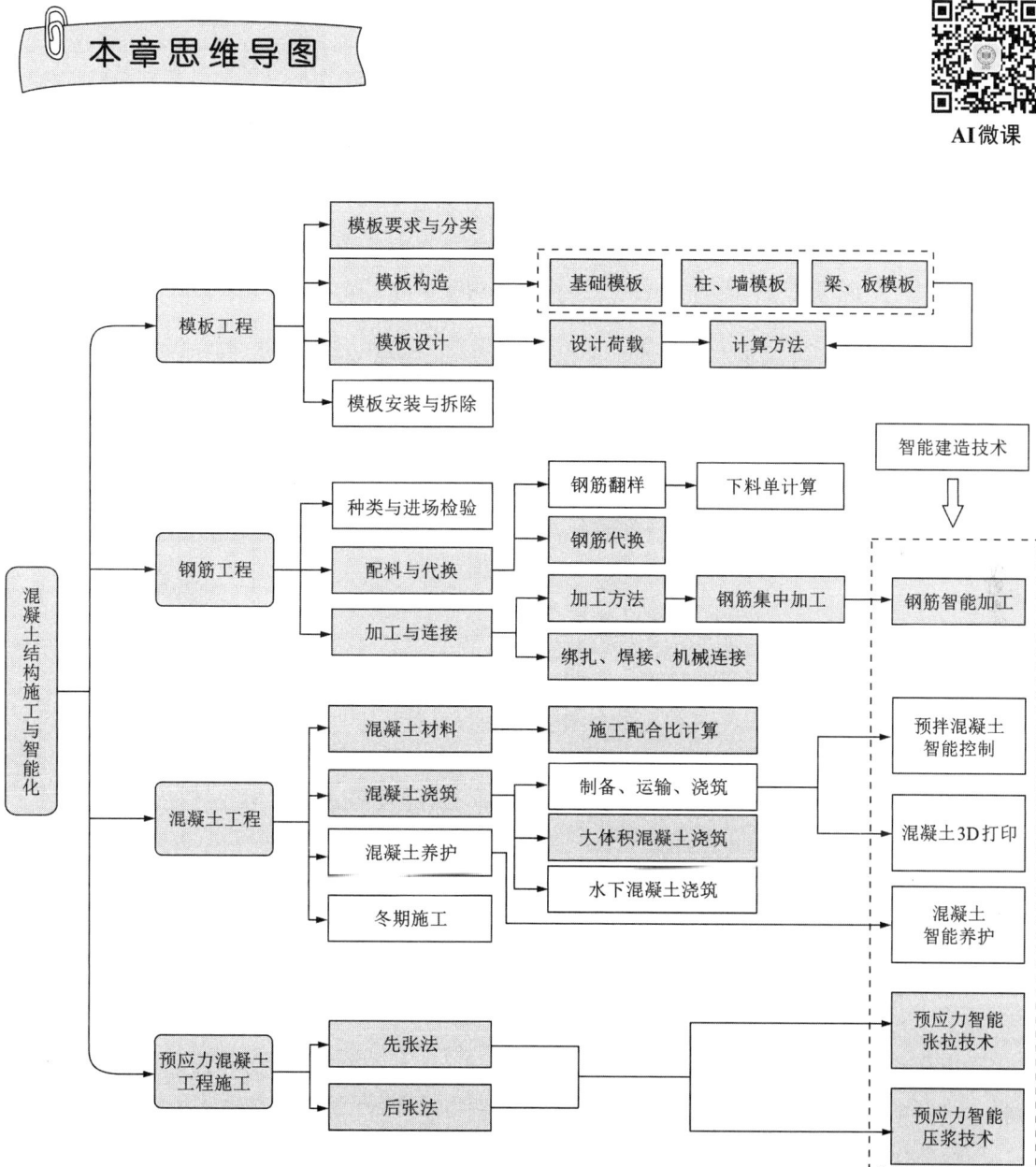

混凝土结构施工与智能化

模板工程
- 模板要求与分类
- 模板构造 → 基础模板 | 柱、墙模板 | 梁、板模板
- 模板设计 → 设计荷载 → 计算方法
- 模板安装与拆除

智能建造技术

钢筋工程
- 种类与进场检验
- 配料与代换 → 钢筋翻样 → 下料单计算
- 配料与代换 → 钢筋代换
- 加工与连接 → 加工方法 → 钢筋集中加工 → 钢筋智能加工
- 加工与连接 → 绑扎、焊接、机械连接

混凝土工程
- 混凝土材料 → 施工配合比计算
- 混凝土浇筑 → 制备、运输、浇筑 → 预拌混凝土智能控制
- 混凝土浇筑 → 大体积混凝土浇筑 → 混凝土3D打印
- 混凝土养护 → 水下混凝土浇筑
- 冬期施工 → 混凝土智能养护

预应力混凝土工程施工
- 先张法 → 预应力智能张拉技术
- 后张法 → 预应力智能压浆技术

混凝土结构工程施工包括现浇混凝土结构施工与预制混凝土构件装配式施工两个主要方面。其施工内容通常包括模板、钢筋、混凝土、预应力等，环节多且复杂，需要加强施工管理，统筹安排，合理组织，以达到保证质量、加速施工和降低造价的目的。

4.1 模板工程

模板工程是混凝土结构施工中必不可少的环节。混凝土施工模板是一种临时性结构，它按照混凝土结构或构件的设计形状和尺寸制作，用于在混凝土浇筑过程中对混凝土进行成形和支撑，使混凝土在凝结硬化过程中保持设计的形状和尺寸，并承受混凝土的重量和施工荷载。

模板工程通常由模板、支撑系统(支架)和连接件等部分组成。模板是使新浇筑混凝土成形并养护，使之达到一定强度以承受自重，并能拆除的临时结构；支撑系统用于支撑模板，保证模板的稳定性和强度，以承受混凝土的压力和其他施工力；连接件则用于连接模板和支撑系统，使模板工程成为一个整体结构。模板工程在建筑施工中起着至关重要的作用，不仅关系到施工的安全和效率，还影响混凝土结构的外观质量和尺寸精度。

4.1.1 模板要求与分类

1.模板基本要求

浇筑混凝土施工用的模板需承受混凝土结构施工过程中的水平荷载(新浇筑混凝土侧力)和竖向荷载(模板自重、结构材料自重和施工荷载)。为了保证钢筋混凝土结构施工的质量，对模板及支撑系统有如下要求：

①模板及支架应保证工程结构和构件各部分形状、尺寸和位置准确，且应便于钢筋安装和混凝土浇筑、养护。

②模板及支架应根据施工过程中的各种工况进行设计，应具有足够的承载能力和刚度，并保证其整体稳固性。

③模板及支架构造力求简单，结构受力明确，优选轻质、高强、耐用的材料，装拆方便，能多次周转使用。

④接触混凝土的模板表面应平整，接缝要严密不漏浆。

模板工程应在了解基本构造的基础上，根据上述基本要求进行材料选择、结构计算等，最后编制完成整个模板工程的专项施工方案。滑模、爬模等工具式模板工程及高大模板支架工程的专项施工方案应进行技术论证。

2.模板分类

模板的种类很多，按模板所用材料的不同，可以分为木模板、竹木胶合板模板、钢模板、钢框木(竹)胶合板模板、塑料模板、玻璃钢模板、铝合金模板、预应力混凝土薄板模板等。

按模板使用的构件类型，可以分为基础模板、柱模板、梁模板、楼板模板、楼梯模板、墙模板、桥墩模板、桥梁模板等。

按施工方法分类，模板可分为现场装拆式模板、固定式模板、移动式模板。现场装拆式模板是按照设计要求的结构构件形状、尺寸及空间位置进行现场组装，当混凝土达到拆模强度后即拆除模板，现场装拆式模板多用定型式模板和工具式支撑，如大模板、台模、隧道模。固定式模板多用于制作预制构件，是按照设计要求的结构构件形状、尺寸于现场或预制场（工厂）制作，当混凝土达到脱模强度后脱模、清理模板，再制作下一批构件。移动式模板是指按照结构的形状制作成工具式模板，随着混凝土的浇筑，模板可以沿着垂直方向或水平方向移动，直至工程结束才拆除，如浇筑烟囱、水塔、高桥墩（塔）的滑升模板、爬升模板，以及桥梁悬臂浇筑施工的挂篮及模板等。

3.模板材料

(1)木模板与胶合板模板

木材是最早用于模板工程的材料。木模板（图4-1）的主要优点是制作加工方便，对结构的尺寸和形状的适应性强，尤其适用于浇筑外形复杂、数量不多的混凝土构件。另外，因木材导热系数低，混凝土冬期施工时有利于保温。

木模板的主要材料为松木或杉木。木模板的基本元件为木拼板，由板条和拼条钉成。板条厚度一般为25~50 mm，宽度不宜超过200 mm，以免受潮翘曲。但梁底模板的板条宽度不受限制，以免漏浆。拼条间距取决于板条面受荷大小以及板条的厚度，一般为400~500 mm。木模板木材消耗大，从保护资源的角度来看，木模板应根据地域材料特点控制使用或不使用。

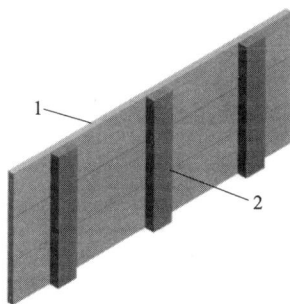

1—板条；2—拼条。

图4-1 木模板

图4-2 覆塑胶合板模板

胶合板模板是国际上在土木工程施工中用量较大的一种模板，用作模板的木胶合板通常用奇数层（5、7、9、11等）单板经热压固化而胶合成型，相邻层纹理方向相互垂直。在木胶合板基础上，为充分利用竹材资源，又开发了竹胶合板和竹芯木面胶合板，替代木胶合板。胶合板具有幅面大、拼接缝少、自重轻、锯截方便、不翘曲、不开裂、易开洞、表面平整等优点。胶合板模板常用规格有915 mm×1830 mm、1220 mm×2440 mm、1250 mm×2500 mm等，厚度有9 mm、12 mm、15 mm、18 mm、21 mm、24 mm等。

覆塑胶合板模板是以塑料贴面板或塑料薄膜为面层的胶合板（图4-2），有单面覆塑和双面覆塑，其具有组织严密、坚硬强韧、板面平整光滑、可钻可锯、耐低温高温等优点，可作为施工现浇清水混凝土的专用模板。

（2）组合钢模板

组合钢模板是一种工具式模板，由模板板块和配件组成。配件包括支撑件和连接件。连接件为各种将模板拼成整体的 U 形卡、钩头螺栓、对拉螺栓和扣件。组合钢模板与其各种支撑件（包括用于模板固定、支撑的支架、斜撑、柱箍、桁架等）形成组合钢模板系统。

组合钢模板板块主要有平面模板、阴角模板、阳角模板和连接角模板等，用于不同的位置，如图 4-3 和图 4-4 所示。模板由面板、边框和纵横肋组成，边框和面板常由 2.5 mm、2.75 mm、3.0 mm 薄钢板压轧成型，纵横肋采用 3.0 mm 厚扁钢与面板及边框焊接而成，模板厚度均为 55 mm。为了便于模板之间的拼装连接，边框上都开有连接孔（即插销孔），且无论长短，边框上的孔距均为 150 mm。

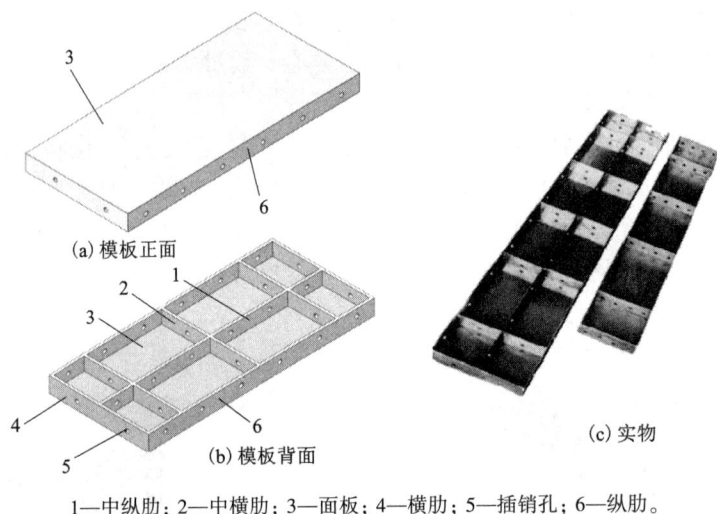

(a) 模板正面

(b) 模板背面

(c) 实物

1—中纵肋；2—中横肋；3—面板；4—横肋；5—插销孔；6—纵肋。

图 4-3　钢平面模板

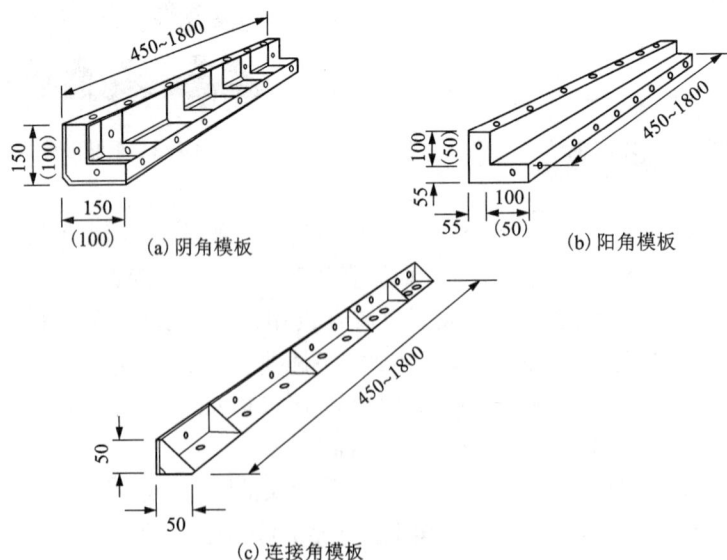

(a) 阴角模板

(b) 阳角模板

(c) 连接角模板

图 4-4　组合钢模板板块

钢模板之间的拼接采用连接件，边肋与边肋横向连接采用 U 形卡[图 4-5(a)]，端肋与端肋纵向连接采用 L 形插销[图 4-5(b)]。当用组合钢模板组拼成大模板时，为保证整体性，加强刚度，在模板背侧用钢楞(圆钢管、矩形钢管、内卷边槽钢、轧制槽钢等)加固，用钩头螺栓配合"3"形扣件或蝶形扣件固定[图 4-5(c)、(d)]。对于截面尺寸较大的柱、截面较高的梁和混凝土墙体大模板组装，一般需要在两侧钢模板之间加设对拉螺栓，以增强模板抵抗混凝土挤压的能力[图 4-5(e)]。

组合钢模板组装灵活、通用性强、安装工效较高，在使用和管理良好的情况下周转次数可达 100 次以上；但拆模时易损坏变形，混凝土表面过于光滑，附着性差，板块小，拼缝多。

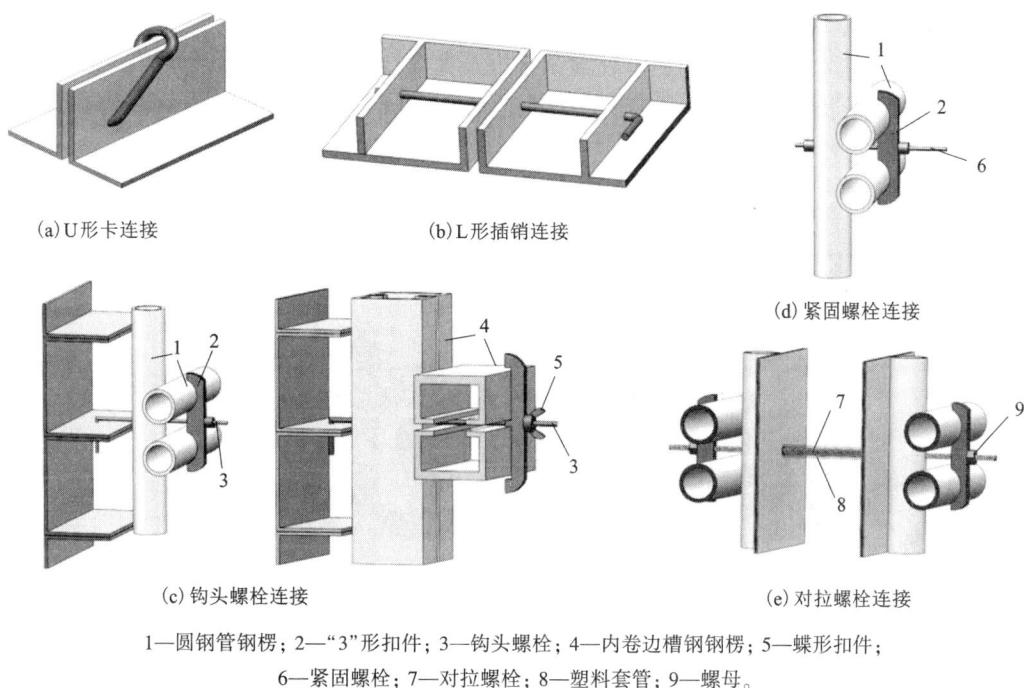

（a）U 形卡连接　　　　（b）L 形插销连接　　　　（d）紧固螺栓连接

（c）钩头螺栓连接　　　　　　　　　　（e）对拉螺栓连接

1—圆钢管钢楞；2—"3"形扣件；3—钩头螺栓；4—内卷边槽钢钢楞；5—蝶形扣件；
6—紧固螺栓；7—对拉螺栓；8—塑料套管；9—螺母。

图 4-5　组合钢模板连接配件

（3）钢框木(竹)胶合板模板

钢模板一次性投资大，需多次周转使用才有经济效益，且工人操作劳动强度大，回收及修整的难度大，因此已逐渐减少使用。钢框木(竹)胶合板模板是钢模板较好的替代品(图 4-6)，将面板由钢板改为覆塑木(竹)胶合板、纤维板等，自重比钢模板轻 1/3，用钢量减少 1/2。其转角模板与异形模板由钢材

图 4-6　钢框木(竹)胶合板模板

压制成型。由于钢框木(竹)胶合板模板自重轻，板块尺寸大，模板拼缝少，浇出的混凝土表面光滑平整。

4.1.2 模板构造

现浇混凝土结构基本构件主要有柱、墙、梁、板等，构件和模板都具有一定的典型性，下面主要介绍这些基本构件的模板构造。

1. 柱、墙模板

柱的特点是断面尺寸不大而高度较大，墙的特点是宽度小而长度、高度均较大，两者均为垂直结构，要求模板应能保持自身稳定性，并能承受浇筑混凝土时产生的侧压力。

(1) 柱模板

柱模板主要由侧模(包括加劲内外楞)、柱箍、底部固定框、清理孔四个部分组成，图4-7为典型的柱木模和钢模构造。柱混凝土浇筑速度快，所以柱侧模所受的新浇筑混凝土压力较大，特别要求柱模板拼缝严密，底部固定牢靠，柱箍间距适当，并能保证垂直度。

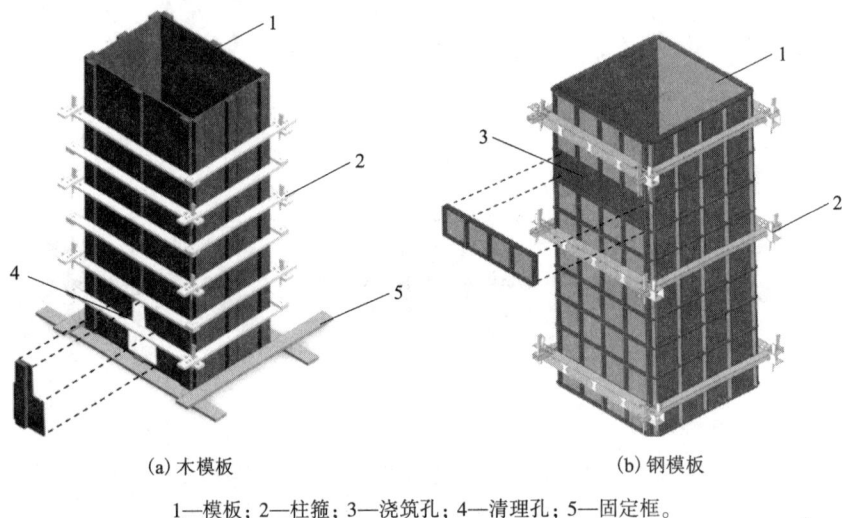

(a) 木模板　　　　　　　　　　(b) 钢模板

1—模板；2—柱箍；3—浇筑孔；4—清理孔；5—固定框。

图 4-7　典型柱模板

侧模面板通过内外楞加强，以维持新浇筑混凝土直至硬化；柱箍是侧模面板外楞的支撑，用于承受混凝土浇筑时的侧压力，柱截面较大时，还需考虑在柱模板内设置对拉螺栓；底部固定框用于固定柱模板位置；另外，柱模板须在底部留设清理孔，当柱高度超过3 m时，可在侧面适当位置开设浇筑孔及振捣孔，方便混凝土浇筑与振捣。

(2) 墙模板

墙模板由侧模、内楞、外楞、斜撑、对拉螺栓及撑块组成。侧模用以维持新浇筑混凝土直至硬化，内楞支承侧模，外楞支承内楞并加强侧模，斜撑用以保证模板垂直并支承施工荷载及风荷载，对拉螺栓及撑块是侧模面板外楞的支撑，用于承受混凝土浇筑时的侧压力并保持间距。墙侧模面板常用胶合板模板、组合钢模板、钢框木(竹)胶合板模板等；内外楞常用方木、内卷边槽钢、圆钢管或矩形钢管等。图4-8为典型的墙木模和钢模构造。

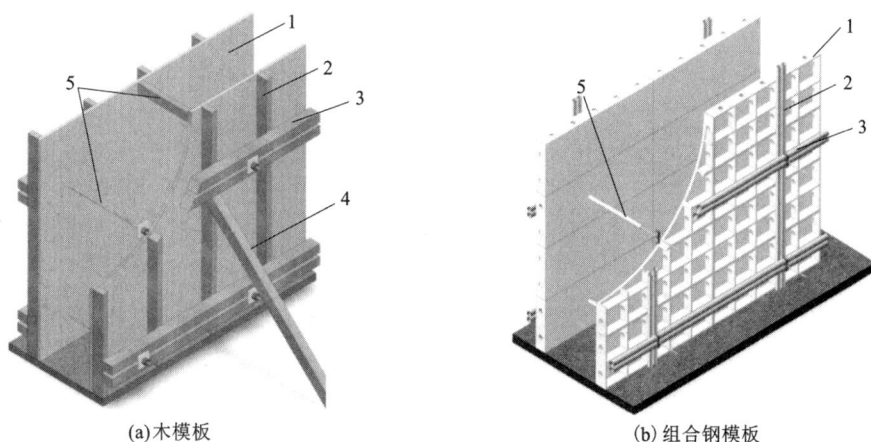

(a)木模板　　　　　　　　　　　　(b)组合钢模板

1—面板；2—内楞；3—外楞；4—斜撑；5—对拉螺栓及撑块。

图 4-8　典型墙模板

3.梁、板模板

梁的特点是跨度大、宽度小而高度大，板的特点是面积大而厚度小。两者均为水平构件，其底模主要承受竖向荷载。梁、板模板及支撑系统要求能承受混凝土自重和施工荷载，稳定性好，有足够的强度和刚度，不产生超过规范允许的变形。

梁模板由底模和侧模组成。底模承受竖向荷载，刚度较大，下设支撑(或桁架)承托；侧模承受混凝土侧压力，底部与底模拼缝严密，通过底模楞木或拼接螺栓固定，顶部可由支承模板的小楞顶住或增设斜撑加固。

模板支撑系统包括垂直支撑、水平支撑、斜撑以及连接件等，其中垂直支撑用于支承梁和板等水平构件，直至构件混凝土达到足以承重的强度；水平支撑用于支承模板跨越较大的施工空间，或减少垂直支撑的数量。垂直支撑可选用可调式钢支柱、扣件式钢管支架、碗扣式钢管支架、盘扣式钢管支架、门式钢管支架等。常规的支架可参照相应的技术规程要求进行设计并搭设，非常规的支架可以参考加载试验所得的极限承载能力，并考虑 2~3 倍安全系数进行设计和搭设。对于定型产品，也可参考生产厂家提供的技术参数进行设计并搭设。图 4-9 为典型的梁及楼板模板(含支架)。

板模板的水平支撑主要有小楞、大楞或桁架等。小楞支撑模板，大楞支撑小楞。当立杆高度较大(如楼层间高度大于 5 m)或需要扩大施工空间时，可以选用桁架、贝雷架、军用梁等支撑小楞，形成大跨支撑。

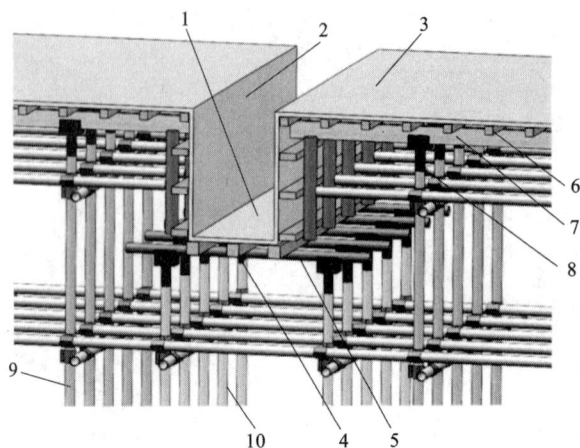

1—梁底模；2—梁侧模；3—楼板底模；4—梁底模内楞；5—梁底模外楞；6—楼板底模内楞；
7—楼板底模外楞；8—支撑架可调顶托；9—板垂直支撑；10—梁垂直支撑。

图 4-9　梁及楼板典型模板

4.1.3　模板设计

　　模板及支架设计内容总体包括：选型、选材、构造设计；荷载及效应计算；承载力及刚度验算；抗倾覆验算；施工图绘制；制作安装和拆除方案制定。

AI微课
模板设计的要点

　　1. 荷载

　　作用于模板系统上的荷载分为永久荷载和可变荷载。永久荷载有模板及支架自重(G_1)、新浇筑混凝土自重(G_2)、钢筋自重(G_3)、新浇筑混凝土对模板的侧压力(G_4)；可变荷载有施工人员及设备荷载(Q_1)、混凝土下料产生的水平荷载(Q_2)、泵送混凝土或不均匀堆载等因素产生的附加水平荷载(Q_3)、风荷载(Q_4)。各项荷载标准值确定如下。

　　(1)模板及支架自重标准值 G_{1k}

　　模板及支架的自重，一般应根据支架模板图纸或实物计算确定。楼板模板及支架的自重标准值见表4-1。

表 4-1　楼板模板及支架自重标准值　　　　　　　　　kN/m²

模板构件	木模板	组合钢模板
无梁楼板模板及小楞	0.30	0.50
有梁楼板模板	0.50	0.75
楼板模板及支架(楼层高度≤4 m)	0.75	1.10

（2）新浇筑混凝土自重标准值 G_{2k}

其值普通混凝土取 24 kN/m³，其他混凝土根据实际重力密度确定。

（3）钢筋自重标准值 G_{3k}

其值根据工程图纸确定。一般梁板结构每立方米混凝土的钢筋自重标准值：楼板为 1.1 kN/m³；梁为 1.5 kN/m³。也可以把钢筋和混凝土合并按 25~26 kN/m³ 计算。

（4）新浇筑混凝土对模板的侧压力标准值 G_{4k}

振捣使新浇筑混凝土流体化，对模板产生近似于流体静压力的侧压力。当采用插入式振动器且浇筑速度不大于 10 m/h、混凝土坍落度不大于 180 mm 时，新浇筑的混凝土作用于模板的最大侧压力标准值可按下列两式计算，并取两式中的较小值：

$$F = 0.28 \gamma_c t_0 \beta V^{\frac{1}{2}} \tag{4-1}$$

$$F = \gamma_c H \tag{4-2}$$

当浇筑速度大于 10 m/h，或混凝土坍落度大于 180 mm 时，最大侧压力标准值可按式（4-2）计算。

式中：F 为新浇筑混凝土对模板的最大侧压力标准值，kN/m²。γ_c 为混凝土的重力密度，kN/m³。t_0 为新浇筑混凝土的初凝时间，h，可按实测确定；当缺乏试验资料时，可采用 $t_0 = 200/(T+15)$ 计算，T 为混凝土的温度 ℃。β 为混凝土坍落度影响修正系数，当坍落度大于 50 mm 且不大于 90 mm 时，取 0.85；当坍落度大于 90 mm 且不大于 130 mm 时，取 0.9；当坍落度大于 130 mm 且不大于 180 mm 时，取 1.0。V 为混凝土的浇筑速度，m/h。H 为混凝土侧压力计算位置处至新浇筑混凝土顶面的总高度，m。

混凝土侧压力的分布如图 4-10 所示，其中从模板内浇筑面到最大侧压力处的高度称为有效压头高度 h（单位：m），$h = F/\gamma_c$。

（5）施工人员及设备荷载标准值 Q_{1k}

其值可按实际计算，且不小于 2.5 kN/m²。

（6）混凝土下料产生的水平荷载标准值 Q_{2k}

倾倒混凝土对垂直面模板产生的水平荷载标准值按表 4-2 采用，其作用范围为新浇筑混凝土侧压力的有效压头高度内。

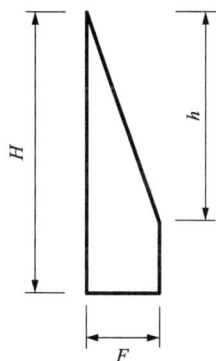

图 4-10　混凝土侧压力分布图

表 4-2　向模板中倾倒混凝土时产生的水平荷载标准值　　　　　　　　　kN/m²

向模板中供料的方法	水平荷载标准值
用溜槽、串筒、导管或泵管输送	2.0
用吊车配备斗容器下料或小车直接倾倒	4.0

（7）泵送混凝土或不均匀堆载等因素产生的附加水平荷载标准值 Q_{3k}

泵送混凝土或不均匀堆载等因素产生的附加水平荷载标准值可取计算工况下竖向永久荷

载标准值的 2%，并作用于模板支架上端水平方向。

(8)风荷载标准值 Q_{4k}

除了以上施工活荷载以外，支架模板系统还要承受风荷载。风荷载标准值按现行国家标准《建筑结构荷载规范》(GB 50009—2012)的有关规定采用，其中基本风压值按 10 年一遇的风压采用，但不应小于 0.20 kN/m²。

2.模板及支架承载能力计算

(1)荷载组合

计算模板及支架结构或构件的承载力、稳定性和连接强度时，应采用承载能力极限状态基本组合计算荷载设计值；计算模板及支架结构或构件的刚度与变形时，可仅考虑永久荷载标准值组合。参与模板及支架计算的各项荷载按表 4-3 确定。

表 4-3　参与模板及支架承载能力计算的各项荷载

项目		参与荷载项	
		承载力计算	变形验算
模板	底面模板	$G_1+G_2+G_3+Q_1$	$G_1+G_2+G_3$
	侧面模板	G_4+Q_2	G_4
支架	支架水平杆及节点	$G_1+G_2+G_3+Q_1$	$G_1+G_2+G_3$
	立杆	$G_1+G_2+G_3+Q_1+Q_4$	$G_1+G_2+G_3$
	支架结构	$G_1+G_2+G_3+Q_1+Q_3$（整体稳定性：混凝土浇筑） $G_1+G_2+G_3+Q_1+Q_4$（整体稳定性：露天施工）	$G_1+G_2+G_3$

注：表中"+"仅表示各项荷载参与组合，而不表示代数相加。

(2)承载能力计算(强度与稳定性)

模板及支架应按短暂设计状况下极限状态进行承载能力设计，采用下列设计表达式：

$$\gamma_0 S \leqslant \frac{R}{\gamma_R} \tag{4-3}$$

式中：γ_0 为结构重要性系数，对重要的模板及支架宜取 $\gamma_0 \geqslant 1.0$，对一般模板及支架应取 $\gamma_0 \geqslant 0.9$；S 为模板及支架按荷载基本组合计算的荷载效应组合设计值；R 为模板及支架结构构件的承载力设计值，应按国家有关标准计算；γ_R 为承载力设计值调整系数，应根据模板及支架重复使用情况取用，不应小于 1.0。

按荷载基本组合计算的效应设计值为 S，永久作用分项系数为 1.35，可变作用分项系数为 1.4，计算表达式如下：

$$S = 1.35\alpha \sum_{i \geqslant 1} S_{G_{ik}} + 1.4\psi_{cj} \sum_{j \geqslant 1} S_{Q_{jk}} \tag{4-4}$$

式中：$S_{G_{ik}}$ 为第 i 个永久荷载标准值产生的荷载效应值；$S_{Q_{jk}}$ 为第 j 个可变荷载标准值产生的荷载效应值；α 为模板及支架的类型系数，对侧模板取 0.9，对底面模板及支架取 1.0；ψ_{cj} 为第 j 个可变荷载的组合值系数，宜取 $\psi_{cj} \geqslant 0.9$。

（3）变形验算

模板及支架的变形验算按正常使用极限状态计算，荷载效应采用标准组合，并应按下列设计表达式进行设计：

$$\alpha_{fG} \leqslant \alpha_{f, \lim} \tag{4-5}$$

式中：α_{fG} 为按正常使用阶段计算（永久作用标准组合）的构件变形；$\alpha_{f, \lim}$ 为构件变形限值。

模板及支架的最大变形值不得超过下列容许值：

①对结构表面外露的模板，为模板构件计算跨度的 1/400；

②对结构表面隐蔽的模板，为模板构件计算跨度的 1/250；

③支架的压缩变形或弹性挠度，为相应结构计算跨度的 1/1000。

（4）支架的抗倾覆验算

当支架与周边的混凝土结构之间有可靠拉结时，可以不进行整体稳定性验算。

支架倾覆力矩在混凝土浇筑前由风荷载（Q_4）产生；在混凝土浇筑过程中，由泵送混凝土或不均匀堆载等因素产生附加水平荷载（Q_3）。而抗倾覆力矩则由新浇筑混凝土自重（G_2）、钢筋自重（G_3）以及模板及支架自重（G_1）等永久荷载产生。

支架应按混凝土浇筑前和浇筑时两种工况进行抗倾覆验算。

$$\gamma_0 M_0 \geqslant M_r \tag{4-6}$$

式中：M_0 为支架倾覆力矩设计值，按荷载基本组合计算，永久作用分项系数为 1.35，可变作用分项系数为 1.4；M_r 为支架抗倾覆力矩设计值，按荷载基本组合计算，永久作用分项系数为 0.9，可变作用分项系数为 0。

对于大模板、滑模、爬模等特殊模板，要按照《建筑施工模板安全技术规范》（JGJ 162—2008）相关规定计算。

3. 模板计算要点

（1）结构简化

模板工程属于临时性结构。为方便计算，模板工程计算可进行合理的简化。

荷载简化：所有的荷载均可假定为均布荷载。作用在支撑模板的内楞或小楞上的荷载无疑是均布荷载；作用在外楞或大楞上的荷载，尽管实际上是集中荷载，但也可以等效为均布荷载。

结构简化：计算单元宽度的面板、内楞（小楞）、外楞（大楞）或桁架均可以视为梁，对拉螺栓和竖向支撑则视为受拉或受压构件。支撑跨度内等于或多于两跨的均可以视为连续梁，在进行这些梁的力学计算时均可以根据实际情况简化成简支梁、悬臂梁、两跨连续梁或三跨连续梁（多于三跨的连续梁均可以简化成三跨连续梁）。

（2）计算内容

模板工程设计中，对属于梁类的模板构件，计算内容主要有两种情况：根据已知模板材料和构造尺寸，验算模板构件的承载能力及变形；或者根据所选用材料的抗力，按承载能力要求决定构造尺寸。对属于竖向支撑或斜撑的模板构件，主要验算其稳定性。

对模板支架，其高宽比不宜大于 3；当高宽比大于 3 时，应采取加强整体稳固性的措施。

（3）支架计算

钢管和扣件搭设的模板支架设计计算应满足下列要求：

①钢管和扣件搭设的模板支架宜采用中心传力方式。

②单根立杆的轴力标准值不宜大于 12 kN，高大模板支架单根立杆的轴力标准值不宜大于 10 kN。

③立杆顶部承受水平杆扣件传递的竖向荷载时，立杆应按不小于 50 mm 的偏心距进行承载力验算，高大模板支架的立杆应按不小于 100 mm 的偏心距进行承载力验算。

④支承模板的顶部水平杆可按受弯构件进行承载力验算，与立杆扣接的扣件应做抗滑移承载力验算。

⑤采用门式、碗扣式、盘扣式或盘销式等钢管架搭设的支架，应采用支架立柱杆端插入可调托撑的中心传力方式，其承载力及刚度可按国家现行有关标准的规定进行验算。

【例题4-1】

【例题4-2】

4.1.4　模板安装与拆除

1.模板安装

安装模板时，应进行测量放线，并应采取保证模板位置准确的定位措施。对柱、墙等竖向构件的模板及支架，应根据混凝土一次浇筑高度和浇筑速度，对竖向模板采取适当的抗侧移、抗浮和抗倾覆措施。

对水平构件的模板及支架，应结合不同的支架和模板面板形式，采取支架间、模板间及模板与支架间的有效拉结措施。对可能承受较大风荷载的模板，应采取防风措施。

对跨度不小于 4 m 的梁、板，模板需考虑设置起拱，施工起拱高度宜为梁、板跨度的 1/1000～3/1000。

对现浇多层、高层混凝土结构，上、下楼层模板支架的立杆宜对准，以确保上下层之间支架的竖向力传递。

2.模板拆除

为了加快模板周转速度，减少模板的总用量，降低工程造价，模板应尽早拆除，提高模板的使用效率。拆除的顺序及采取的安全措施应按支架模板施工方案执行，拆模时间取决于模板内混凝土强度。现浇结构的模板及支架拆除时的混凝土强度，应符合设计要求。当设计无具体要求时，侧模拆除时的混凝土强度应确保混凝土表面及棱角不因拆除模板而受损；底模拆除时所需的混凝土强度应满足表 4-4 的要求。

解锁视频
模版拆除过程事故案例

表 4-4　现浇结构拆模时所需混凝土强度

结构类型	构件跨度/m	设计的混凝土强度标准值百分率/%
板	≤2	≥50
	>2 且 ≤8	≥75
	>8	≥100

续表 4-4

结构类型	构件跨度/m	设计的混凝土强度标准值百分率/%
梁、拱、壳	≤8	≥75
	>8	≥100
悬臂构件	≤2	≥50

注：设计的混凝土强度标准值系指与设计混凝土强度等级相应的混凝土立方体抗压强度标准值。

已拆除模板及支架的混凝土结构，在其强度完全达到设计的强度等级后，才可以承受全部的使用荷载；当施工荷载所产生的效应比使用荷载的效应更不利时，必须经过相应验算，视情况考虑是否需要加设临时支撑。

处于高空已拆除连接件和支撑的模板必须彻底拆除，防止坠落伤人。

为了更好地实现机械化、智能化施工，模板系统应尽可能做成定型式模板、大模板、工具式模板、台模，以及滑模、爬模等移动式模板，施工中可以充分利用液压系统、塔吊等大型机械设备安装、移动，尽可能减少模板拆装，提高模板施工的机械化和智能化程度。

4.2　钢筋工程

4.2.1　钢筋检验

混凝土结构用钢筋主要有热轧钢筋（光圆钢筋和带肋钢筋）、余热处理钢筋和冷轧带肋钢筋等。热轧带肋钢筋又分为普通热轧钢筋和细晶粒热轧钢筋。

热轧光圆钢筋牌号为 HPB300，其屈服强度特征值为 300 MPa，直径小于 10 mm 的以盘圆钢筋供货，该类钢筋常作为箍筋和辅助钢筋使用。普通热轧钢筋按其屈服强度特征值的不同分为 HRB400、HRB500、HRB600，以及抗震性能要求高的 HRB400E 和 HRB500E 五个牌号。细晶粒热轧钢筋也分 HRBF400、HRBF500，以及抗震性能要求高的 HRBF400E 和 HRBF500E 四个牌号。

余热处理钢筋按屈服强度特征值分为 RRB400、RRB500、RRB400W 三个牌号，其中 RRB400W 为可焊钢筋。

冷轧带肋钢筋可用于普通钢筋混凝土和预应力混凝土结构，也可用于焊接网。用于普通钢筋混凝土的冷轧带肋钢筋有 6 个牌号，为 CRB550、CRB650、CRB800，以及高延性冷轧带肋钢筋 CRB600H、CRB680H、CRB800H；用于预应力混凝土的冷轧带肋钢筋有 3 个牌号，为 CRB650、CRB800、CRB800H。

钢筋进场前要进行验收，应有出厂质量证明书或试验报告单。每捆（盘）钢筋均应有标牌，标牌上注明厂标、生产日期、钢号、炉罐（批）号及规格等。钢筋运至工地后应分别堆存，并按规定抽取试样对钢筋进行力学性能检验。对热轧钢筋的级别有怀疑时，除做力学性能试验外，还需进行钢筋的化学成分分析。在钢筋加工过程中如发生脆断、焊接性能不良和机械性能异常，也应进行化学成分检验或其他专项检验。对国外进口的钢筋，应按住建部的有关规定办理，亦应注意力学性能和化学成分的检验。

钢筋一般在钢筋车间加工(或在施工现场加工棚加工)，然后运至施工现场安装或绑扎。钢筋加工过程取决于结构设计要求和钢筋加工的成品种类。一般的加工过程包括调直、除锈、剪切、镦头、弯曲、焊接、绑扎、安装等。在钢筋下料剪切前，要经过配料计算，有时还有钢筋代换工作。钢筋绑扎、安装要求与模板施工相互配合协调。钢筋绑扎、安装完毕，必须经过检查验收合格后，才能进行混凝土浇筑施工。

4.2.2 钢筋配料与代换

1.钢筋配料

(1)钢筋翻样图

钢筋配料前需根据结构施工图画出相应的钢筋翻样图，这既是编制配料单和进行配料加工的依据，也是钢筋绑扎、安装的依据，还是检查钢筋工程施工质量的依据。

钢筋翻样图依照结构配筋图绘成。建筑工程一般把混凝土结构分解成基础、柱、梁、墙、楼板、楼梯等构件，根据结构所在的层次，以一种构件为主，画出配筋图，并把分散于建筑、结构和水电施工图中关于该构件钢筋的配筋、连接、安装等要求都集中反映到钢筋翻样图中。各钢筋均应编号，标明其数量、牌号、直径、间距、锚固长度、接头位置以及搭接长度等。对于形状复杂的钢筋和结构节点密度大的钢筋，在钢筋翻样图上，还应画出细部加工图和细部安装图。

(2)配料单

钢筋配料是现场钢筋的深化设计，即根据结构配筋图，编制成便于实际加工、具有正确下料长度和数量的表格，即钢筋配料单。

下料长度是配料计算的关键。由于结构受力需要，大多数成型钢筋的中间需要弯曲，两端需要形成弯钩。钢筋弯曲时，外边缘变长，内边缘缩短，而中心线长度不变，钢筋的下料长度即其中心线长度，所以图纸中的尺寸与实际下料长度存在差异，且在实际工程图纸中，钢筋尺寸标注方法的多样也影响了下料长度的计算。下料长度计算需要遵循《混凝土结构设计标准》(2024年版)(GB/T 50010—2010)、《混凝土结构工程施工规范》(GB 50666—2011)以及《混凝土结构工程施工质量验收规范》(GB 50204—2015)中对混凝土保护层、钢筋弯曲、弯钩等的规定。

根据结构施工图，首先可以确定钢筋的基本外轮廓尺寸(外包尺寸)，即构件尺寸减去保护层尺寸。以矩形截面梁为例，纵向直线主筋的长度为构件长度减去保护层厚度，弯起钢筋的外轮廓长度同样为构件长度减去保护层厚度，外轮廓高度为构件高度减去保护层厚度再减去2倍箍筋直径，箍筋的外轮廓尺寸为(截面宽度减去保护层厚度)×(截面高度减去保护层厚度)。由于钢筋端部有弯钩，中间有弯曲，所以钢筋下料长度应在外轮廓尺寸基础上增减由弯钩和弯曲引起的调整量。

【例题4-3】

2.钢筋代换

钢筋的级别、种类和直径应按设计要求采用。若施工过程中，由于材料供应的困难而不能完全满足设计对钢筋级别或规格的要求，则在征得设计单位同意后，可对钢筋进行代换。代换时，必须充分了解设计意图和代换钢筋的性能，严格遵守规范的各项规定，按下列原则进行钢筋代换：

AI微课
钢筋代换方法

①不同种类钢筋的代换，应按钢筋受拉承载力设计值相等的原则进行。

②当构件受抗裂、裂缝宽度或挠度控制时，钢筋代换后应进行相应的抗裂、裂缝宽度或挠度验算。

③除满足强度要求外，还应满足《混凝土结构设计标准》中所规定的最小配筋率、钢筋间距、锚固长度、最小钢筋直径、根数等构造要求。

④对重要受力构件，不宜用光圆钢筋代换带肋钢筋。

⑤梁的纵向受力钢筋和弯起钢筋应分别进行代换。

⑥对有抗震要求的框架，不宜以强度等级较高的钢筋代替原设计等级的钢筋。当必须代换时，代换钢筋的抗拉强度实测值与屈服强度实测值的比值不应小于 1.25；且钢筋的屈服强度实测值与钢筋的强度标准值的比值，当按一级抗震设计时不应大于 1.25，当按二级抗震设计时不应大于 1.4。

钢筋代换方法有等强度代换和等面积代换两种。

（1）等强度代换

当构件受强度控制时，可按强度相等原则进行代换，称为"等强度代换"，即

$$f_{y1}A_{s1} \leqslant f_{y2}A_{s2} \tag{4-7}$$

式中：f_{y1}、A_{s1} 为原设计钢筋抗拉强度设计值、钢筋总截面面积；f_{y2}、A_{s2} 为代换钢筋抗拉强度设计值、钢筋总截面面积。

（2）等面积代换

构件按最小配筋率配筋或相同级别的钢筋之间代换时，钢筋可按面积相等原则进行代换，称为"等面积代换"，即

$$A_{s1} \leqslant A_{s2} \tag{4-8}$$

式中符号意义同前。

4.2.3　钢筋加工与连接

1.钢筋加工

钢筋加工主要包括钢筋调直、钢筋切断、钢筋弯曲成型。

解锁视频
楼梯钢筋骨架生产线

钢筋调直方法主要用于 4~12 mm 的小直径钢筋。调直机械可采用钢筋调直机，也可采用结合调直与切断功能的数控钢筋调直切断机，调直设备不应具有延伸功能。图 4-11 为数控钢筋调直切断机的工作原理图，该机械在调直机的基础上应用电子控制仪，准确控制钢筋的断料长度，并自动计数。该机的工作原理是，穿孔光电盘（分为 100 等分）与摩擦轮（周长 100 mm）固定在同一根旋转轴上，光电盘一侧装有一只小灯泡，另一侧装有一只光电管。当钢筋通过摩擦轮带动光电盘时，灯泡光线通过每个小孔照射光电管，由此产生脉冲信号（信号间隔即代表 1 mm 钢筋长度），控制仪即时显示出相应长度读数。

当信号读数累积到设定数字(即钢筋调直长度达到指定值)时，控制仪立即发出切断的指令，切断装置切断钢筋。依此可连续作业。现场施工钢筋也可采用卷扬机拉直设备调直。HPB300 光圆钢筋的冷拉率不宜大于 4%；HRB400、HRB500、HRBF400 和 HRBF500 带肋钢筋的冷拉率不宜大于 1%。

钢筋下料切断可采用钢筋切断机或手动液压切断器。我国钢筋棒材的标准长度主要有 6 m、9 m 和 12 m 三种，钢筋下料切断时需统筹考虑钢筋连接要求，根据不同长度长短搭配，一般应先断长料，后断短料，减少短头，减少损耗。大批量钢筋下料时，可利用遗传算法等人工智能算法优化调配。断料时应避免用短尺量长料，防止在量料过程中产生累计误差。在切断过程中，如发现钢筋有劈裂、缩头或严重的弯头等情况则必须切除，如发现钢筋的硬度与该钢种有较大的出入，应及时向有关人员反映，查明情况。钢筋的断口，不得有马蹄形或起弯等现象。

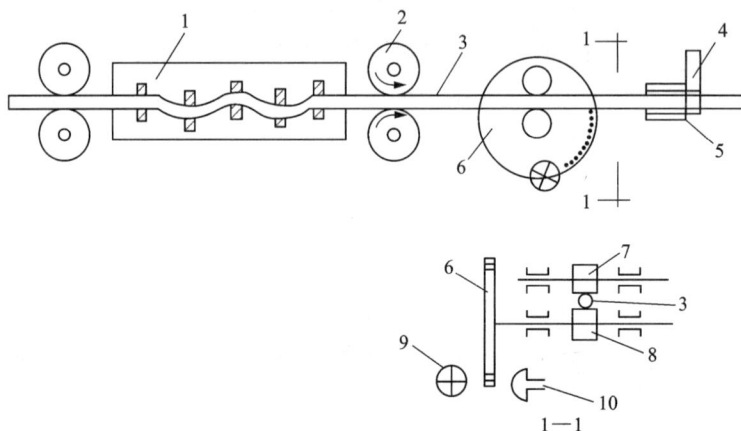

1—调直装置；2—牵引轮；3—钢筋；4—上刀口；5—下刀口；
6—光电盘；7—压轮；8—摩擦轮；9—灯泡；10—光电管。

图 4-11　数控钢筋调直切断机工作原理图

由于钢筋螺纹套管机械连接的需要，钢筋切断后还需进行端部镦粗、剥肋、套丝、打磨等工序。锯切镦粗套丝打磨生产线是一种由可编程逻辑控制器(PLC)控制的实现钢筋锯切和镦粗、剥肋、套丝、打磨等工艺流程一体化的自动化智能化钢筋生产线，该生产线主要包含上料机构、锯切前输送线、锯切机、锯切后输送线、自动翻转机构、套丝机(2 台)、打磨机(2 台)，以及若干储料平台和电控系统等。该生产线大大提高了生产效率，节省了生产成本，是目前钢筋集中加工智能化、标准化、文明施工的智能钢筋加工设备之一。数控锯切镦粗套丝打磨生产线的生产过程如图 4-12 所示。

钢筋弯曲成型可采用弯曲机进行。钢筋弯曲应按弯曲设备的特点进行划线。弯曲前，对形状复杂的钢筋(如弯起钢筋)，根据钢筋料牌上标明的尺寸划出各弯曲点位置。划线时应注意：根据不同的弯曲角度扣除弯曲调整值，其扣法是从相邻两段长度中各扣一半；钢筋端部带半圆弯钩时，该段长度划线时增加 $0.5d$(d 为钢筋直径)；划线工作宜从钢筋中线开始向两边进行，两边不对称的钢筋，也可从钢筋一端开始划线，如划到另一端有出入，则应重新调整。

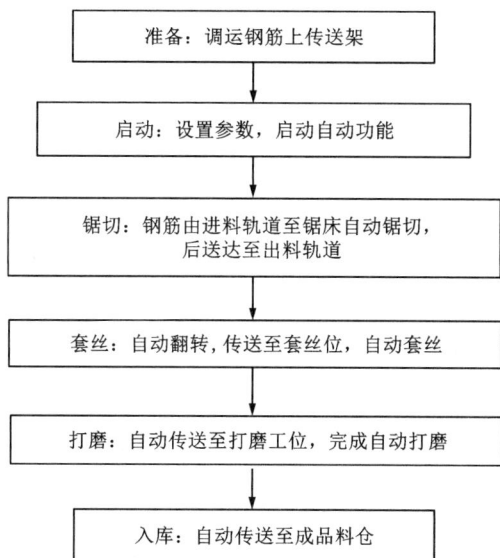

图 4-12 数控锯切镦粗套丝打磨生产线工作流程

【例题4-4】

解锁视频
自动化钢筋弯折机

钢筋弯曲点线和心轴的关系，如图 4-13 所示。由于成型轴和心轴在同时转动，就会带动钢筋向前滑移，因此，钢筋弯 90°时，弯曲点线约与心轴内边缘平齐；弯 180°时，弯曲点线距心轴内边缘为 $1.0 \sim 1.5d$（钢筋硬时取大值）。心轴直径一般为钢筋直径的 $2.5 \sim 5.0$ 倍，成型轴宜加偏心轴套，以适应不同直径的钢筋弯曲。

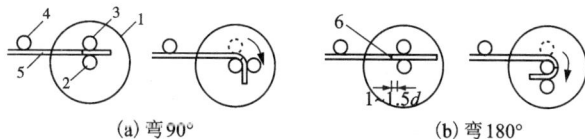

(a) 弯90°　　　　　　(b) 弯180°

1—工作盘；2—心轴；3—成型轴；4—固定挡铁；5—钢筋；6—弯曲点线。

图 4-13 弯曲点线与心轴的关系

第一根钢筋成型后应与配料表校对，完全符合后再成批生产；对于复杂弯曲钢筋，宜先弯曲 1 组，经试组装后再成批制作。

注意：对 HRB400、HRB500 级钢筋，不能过量弯曲再回弯，以免钢筋弯曲点处产生裂纹。

2. 钢筋连接

钢筋连接有三种常用的方法：绑扎连接、焊接连接和机械连接。钢筋连接方式应根据设计要求和施工条件选用。

《混凝土结构设计标准》规定，机械连接接头及焊接接头的类型及质量应符合国家现行有关标准的规定。混凝土结构中受力钢筋的连接接头宜设置在受力较小处，在同一根受力钢筋上宜少设接头。在结构的重要构件和关键传力部位，纵向受力钢筋不宜设置连接接头。

（1）钢筋绑扎

钢筋绑扎搭接需遵循以下规定：

①轴心受拉及小偏心受拉杆件的纵向受力钢筋不得采用绑扎搭接；其他构件中的钢筋采用绑扎搭接时，受拉钢筋直径不宜大于 25 mm，受压钢筋直径不宜大于 28 mm。

②同一构件中相邻纵向受力钢筋的绑扎搭接接头应互相错开。钢筋绑扎搭接接头连接区段的长度为 1.3 倍搭接长度，凡中点位于该连接区段长度内的搭接接头，均属于同一连接区段(图 4-14)，同一连接区段内纵向受力钢筋搭接接头面积百分率为该区段内有搭接接头的纵向受力钢筋与全部纵向受力钢筋截面面积的比值。当直径不同的钢筋搭接时，按直径较小的钢筋计算。

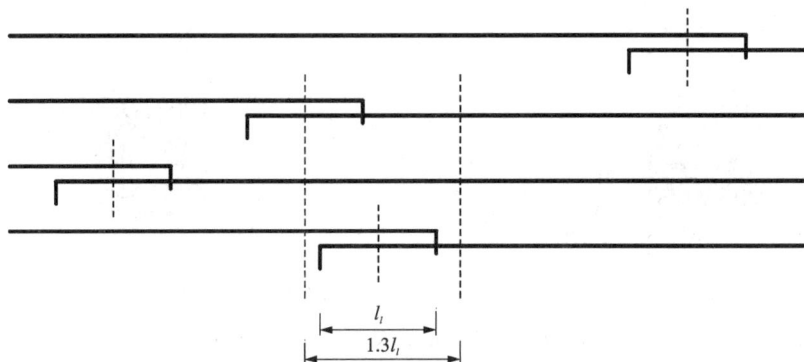

图 4-14 同一连接区段内纵向受拉钢筋的绑扎搭接接头

注：图中所示同一连接区段内的搭接接头钢筋为两根，当钢筋直径相同时，钢筋搭接接头面积百分率为 50%。

③位于同一连接区段内的受拉钢筋搭接接头面积百分率：对梁类、板类及墙类构件，不宜大于 25%；对柱类构件，不宜大于 50%。当工程中确有必要增大受拉钢筋搭接接头面积百分率时，对梁类构件，不宜大于 50%；对板类、墙类、柱类及预制构件的拼接处，可根据实际情况放宽。并筋采用绑扎搭接连接时，应按每根单筋错开搭接的方式连接；接头面积百分率应按同一连接区段内所有的单根钢筋计算；并筋中钢筋的搭接长度应按单筋分别计算。

④纵向受拉钢筋绑扎搭接接头的搭接长度，应根据位于同一连接区段内的钢筋搭接接头面积百分率按式(4-9)计算，且不应小于 300 mm；纵向受压钢筋采用搭接连接时，其搭接长度不应小于纵向受拉钢筋搭接长度的 70%，且不应小于 200 mm。

$$l_l = \zeta_l l_a \tag{4-9}$$

式中：l_l 为纵向受拉钢筋的搭接长度；l_a 为纵向钢筋锚固长度。ζ_l 为纵向受拉钢筋搭接长度修正系数,按表 4-5 取用。当纵向钢筋搭接接头面积百分率为表中的中间值时,修正系数可按内插取值。

表 4-5 纵向受拉钢筋搭接长度修正系数 ζ_l

纵向钢筋搭接接头面积百分率/%	≤25	50	100
ζ_l	1.2	1.4	1.6

(2)钢筋焊接

焊接连接方法可改善结构受力性能,节约钢筋用量,提高工作效率,保证工程质量,故在工程施工中广泛应用。

钢筋的焊接质量与钢材的可焊性、焊接工艺有关。可焊性是指被焊接钢材在采用一定的焊接工艺、焊接材料的情况下,焊接接头取得良好质量的可能性。可焊性与钢筋所含碳、合金元素等的数量有关,含碳、硫、硅、锰数量的增加会引起可焊性降低;而含适量的钛可改善可焊性。焊接工艺(焊接参数与操作水平)亦影响焊接质量。

工程中经常采用的钢筋焊接方法有闪光对焊、电弧焊、电渣压力焊、气压焊和电阻焊。

(3)钢筋机械连接

钢筋机械连接是指通过钢筋与连接件的机械咬合作用或钢筋端面的承压作用,将一根钢筋中的力传递至另一根钢筋的连接方法。机械连接方法具有工艺简单、节约钢材、改善工作环境、接头性能可靠、技术易掌握、工作效率高、节约成本等优点。

常用的钢筋机械连接接头有套筒挤压接头、锥螺纹接头、镦粗直螺纹接头、滚轧直螺纹接头、水泥灌浆充填接头等类型。

AI 微课
钢筋机械连接

4.2.4 钢筋智能加工 >>>

1. 钢筋集中加工

随着行业的技术进步和建筑产业的转型发展,以实现钢筋加工专业化、产业化和商品化为特点的钢筋集中加工技术,是现代建筑行业提高钢筋加工效率和质量的重要手段。

AI 微课
钢筋集中加工特点

钢筋集中加工技术是指在专业的钢筋加工场(厂)内,采用成套高效自动化钢筋加工设备和信息化生产管理系统,实行产业化加工,对钢筋进行成型和构件组装,然后将成型的钢筋、钢筋笼、钢筋骨架、焊接钢筋网等工程所需钢筋制品配送到施工现场的技术模式。相比传统的钢筋加工,钢筋集中加工(工厂化)具有以下特点:

①提高生产效率。钢筋集中加工通过采用现代自动化、数字化的加工设备,显著提高钢筋加工效率,大幅降低人工费用,提高生产效率,从而缩短工程工期。

②降低材料损耗。集中加工模式有利于优化套料,减少废料产生,可以提高钢筋利用率,将损耗率控制在较低的水平。此外,集中加工还可以大量消化通尺钢材(非标准长度钢

筋，价格比定尺原料钢筋低）。

③提高加工质量。钢筋集中加工采用计算机数字化控制代替人为控制，可以更好地保证钢筋成品的加工精度（钢筋长度、弯折角度、钢筋形状等），减少施工错误。

④节约施工成本。集中加工可以降低钢筋库存资金成本，降低施工能耗，且由于能同时为多个工地配送成型钢筋，可进行综合套裁，进一步提高钢筋的利用率，节约资源，降低施工企业钢筋制作成本。

⑤利于安全生产。钢筋集中加工配送有利于工地施工现场安全生产、文明施工，使钢筋工程安全、环保、节能。

⑥便于技术革新。钢筋集中加工有利于高技术含量先进设备、先进工艺的推广应用，促进数字化、智能化技术的应用，实现加工设备的自动运行、自动调整和自动检测，提高加工技术水平和施工水平，促进建筑施工行业技术进步，推动建筑工业化的发展。

钢筋集中加工场（厂）根据钢筋加工生产工艺流程进行功能分区，一般设置钢筋（预应力筋）原材料堆放区、调直区、切断区、弯曲区、锯切套丝打磨区、钢筋笼滚焊区、半成品存放区等功能区块，并相应配备一系列高效、自动化的加工设备，包括全自动钢筋锯切套丝打磨生产线、数控钢筋弯曲机、数控钢筋笼滚焊机等。

钢筋（预应力筋）原材料堆放区用于钢筋材料进场后堆放，钢筋进场后需通过龙门吊等装卸；钢筋调直、切断、弯曲等功能区分别用于钢筋原材料的调直、下料切断、弯曲等加工操作，应根据钢筋加工工艺流程进行区域设置，避免反复搬运；半成品存放区主要用于存放各种加工好但没有及时外运的半成品，半成品实行挂牌管理制度。

加工场（厂）还应根据需要设置废料堆放区、气罐存放区等。废料堆放区设置在加工场（厂）边角处，应靠近场内行车道，方便废料外运；气罐存放区主要用于场内及现场施工所需的氧气及乙炔罐体的存放及管理，该区域为消防重点部位，应设立消防灭火器及消防巡检记录表，并挂设消防告示牌，由相应管理人员进行管理。

例题4-5

解锁视频
智能钢筋加工生产线-
成品钢筋拾取系统

解锁视频
智能钢筋加工生产线-
钢筋弯折系统

2. 钢筋智能加工

钢筋智能加工是在以工厂化、机械化、自动化为特征的集中加工技术基础上，采用先进的控制系统，结合BIM技术、物联网、智能传感、机器学习和人工智能算法，实时采集钢筋的参数数据，并根据加工参数进行快速适应和优化加工。钢筋集中加工实现了钢筋加工从传统的"分散加工"模式到"工厂化集中加工"模式的升级，而智能加工则进一步实现了智能化，进一步提高了加工效率和加工精度，降低了人工成本和减少了材料浪费，为建筑工程的质量、进度和成本控制提供了更好的保障。此外，钢筋智能加工还具备高度的灵活性和适应性，可以根据不同的工程需求和钢筋规格进行灵活调整，满足各种特殊化和定制化的加工需求。

钢筋智能加工的关键在于数字化设计、智能化加工和信息化管理三个环节之间的数据传输，如图4-15所示。

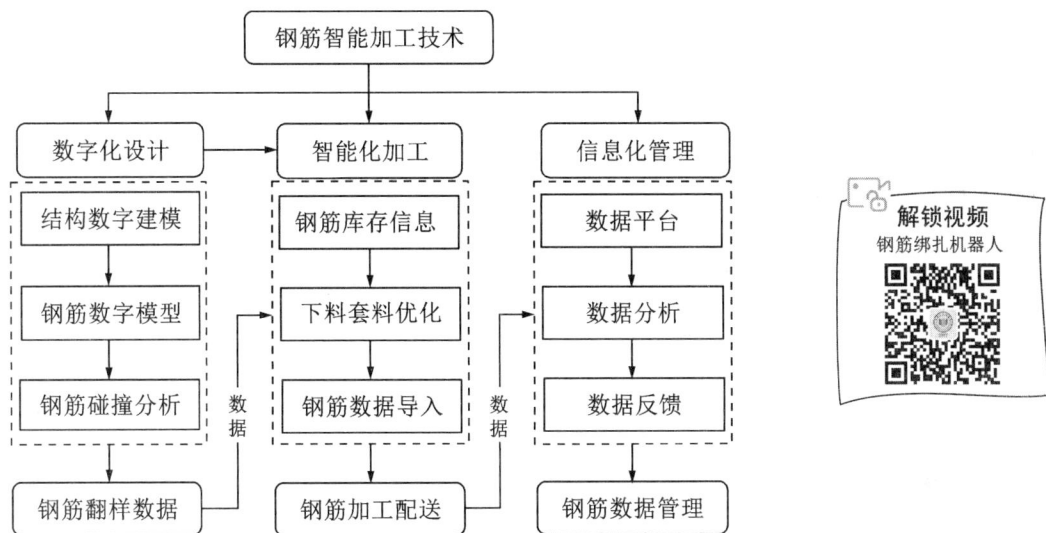

图4-15 钢筋智能加工的数据传输

（1）钢筋的数字化深化设计

钢筋加工需要先识图，进行钢筋翻样，制作钢筋下料单后录入加工设备，工作量大，数控机械录入效率低，也容易出现二次错误。传统钢筋深化设计主要依靠CAD软件放样提取钢筋加工图，工作量大，数据集成化程度也低。使用BIM软件进行钢筋深化设计，分为准备阶段、钢筋建模阶段和成果输出阶段。首先收集项目资料，根据项目阶段、工期选择相应的BIM软件，进行构件拆分和钢筋排布，完成后进行碰撞检测和图纸模板的设置，最后输出钢筋加工图纸和数据接口文件。

当前用于结构深化设计的BIM软件主要包括：Autodesk（欧特克）的Revit、Trimble（天宝）的Tekla Structures、Nemetschek（内梅切克）的Planbar以及国内北京构力科技的PKPM-PC等。Revit软件能实现建筑、结构、设备多专业协同设计，更倾向于整体设计，在构件拆分和钢筋深化设计方面须借助第三方插件提高建模效率，达到出图要求，碰撞检测也依赖第三方软件。Tekla Structures软件主要用于混凝土结构和钢结构的深化设计，尤其在钢结构深化设计中具有优势，建模和出图快捷，可导出多种加工数据格式。Planbar软件适用于混凝土结构的深化设计，自带丰富的节点库，在钢筋深化设计方面效率高，能生成加工图纸和清单，并可导出多种加工数据格式。PKPM-PC作为国产BIM软件，同时具备预制构件拆分、计算分析、指标统计和配筋设计出图等功能，能根据国内规范快速生成相关统计报表，在报审和施工图绘制方面优势较大。

各种BIM软件建模思路略有不同，混凝土构件的钢筋建模总体步骤如下：

①建立混凝土构件几何外形。

②设置预留预埋，包括两方面：一是设计预留预埋，包括建筑、电气等专业预留；二是施工预留，主要是施工措施的预留，如临时支撑预埋件、模板孔、爬架和塔吊预埋件。

③设置钢筋外形，进行钢筋排布，避让预埋件和孔洞。

④钢筋复核和碰撞检测。

⑤生成图纸和加工数据。

基于 BIM 技术的钢筋深化设计，既能生成 2D 图纸成果，也能快速统计工程量，自动生成清单报表。BIM 软件可直接将模型数据转化成与智能化加工设备匹配的文件格式，为工厂钢筋智能加工管理系统提供数据。

（2）钢筋数据转换与传输

钢筋智能加工需要实现模型钢筋数据与智能化加工设备之间的数据传输，即钢筋加工生产需要的数据直接从 BIM 模型中提取，按照一定数据格式传输至智能设备控制系统，实现智能化加工。

为实现建筑全生命周期数据共享和交互，IAI（International Alliance for Interoperability）提出了 IFC（industry foundation class）标准，2013 年，IFC 被正式采纳为 ISO 标准（ISO 16739），2021 年，我国基于 IFC 数据格式编制并发布了《建筑信息模型存储标准》（GB/T 51447—2021）。当前已经有越来越多的建筑行业相关产品提供了 IFC 标准的数据交换接口，使得多专业的设计、管理的一体化整合成为现实。

目前，与 CAM（计算机辅助制造）钢筋加工设备进行数据交换的标准格式为 BVBS 编码。BVBS 编码作为钢筋几何形状信息的数据载体，在国外应用广泛，国内也有部分钢筋加工设备生产商支持该格式。BVBS 编码可描述弯曲钢筋和钢筋网，钢筋外形可为矩形、多边形等二维或三维形状。BVBS 编码分为形状类型、头部数据块（H）、几何数据块（G）、钢筋网数据块（A）、钢筋数据块（X/Y）、私有块（P）、校验数据块（C）七部分。

Tekla Structures 和 Planbar 软件有丰富的数据接口，可通过自带接口程序输出 BVBS 格式文件，也可生成装配式混凝土自动加工流水线需要的数据，如 Unitechnik XML 格式的文件等。

Revit 本身并没有附带钢筋数据输出接口，Revit 钢筋建模是基于当前工作平面或保护层参照平面，钢筋建模需要切换不同视图平面，建模效率低，且钢筋图元数量远超其他建筑图元，导致模型过大。因此基于 Revit 进行钢筋深化时，通常可借助二次开发的插件进行钢筋翻样，自动导出钢筋翻样单和下料单，导入工厂信息管理平台，生成钢筋生产任务和二维码形式的钢筋加工单，方便扫码录入。虽然总体建模效率不如 Tekla Structures 和 Planbar，但由于 Revit 使用较普遍，其仍然得到广泛重视和应用。

（3）钢筋优化套料下料

钢筋优化套料下料方案就是根据钢筋需求情况，以钢筋原材料利用率尽量高、废料尽量少或无废料为最优目标。但是，由于钢筋库存规格尺寸往往处于动态变化中，因此钢筋优化下料过程中还需考虑余料钢筋。传统的钢筋人工套料已经不适应智能钢筋加工模式。针对此问题，在综合钢筋库存实际情况的基础上，通过遗传算法、启发式算法、模拟退火算法等人工智能算法，获得套料下料的优化方案。

（4）钢筋加工的数字孪生系统

钢筋加工的数字孪生系统以 BIM 模型为数据层，收集钢筋及加工设备的几何信息、物理信息、传感器数据、机器运行数据，建立相应的物理模型。钢筋加工数字孪生系统主要包含三个方面，分别是钢筋深化设计、钢筋智能加工、钢筋信息管控。钢筋集中加工信息管控技术部署多层次协同工作数据平台，移动端能便捷地进行数据采集与读取，适应现场移动化办公。该系统将钢筋原材料管理、料单管理、任务管理、半成品管理、出库管理、统计报表管理等多项业务系统全流程信息集成，各环节信息高效共享，实现加工、储存、配送、绑扎及验收数据间有效传递，任务状态及时追踪，钢筋工程实施全流程实时管控。

解锁视频
钢筋验收与物料
信息管控智能化

BIM 技术应用是建筑业钢筋工程在技术领域与管理领域的一次革命，实现了钢筋加工管理的程序化和数字化，使得资源能被最大化利用。智能钢筋加工设备与 BIM 技术联合，辅之以物联网、数字化管理系统［如制造执行系统（MES）］等新兴技术，可以极大地减少人力成本投入，解决钢筋加工的管理问题和质量问题。当然，钢筋智能加工技术目前仍处于发展阶段，仍有许多技术难题有待解决，如 BIM 软件与智能钢筋加工设备的数据接口、现场物料的管理模式、设备的智能化水平、BIM 软件的建模效率等，随着技术的发展和实践的探索，这些问题必将逐步得到解决。

4.3 混凝土工程

混凝土工程包括混凝土制备、运输、浇筑和养护等施工过程，各个施工过程相互联系和影响，任一施工过程处理不当都会影响混凝土工程的最终质量。因此，要使混凝土工程施工能保证结构的设计形状和尺寸，确保混凝土的强度、刚度、密实性、整体性、耐久性以及满足其他设计和施工的特殊要求，就必须严格控制混凝土的原材料质量和每道工序的施工质量。

4.3.1 混凝土材料

1. 混凝土原材料

混凝土是以水泥为胶凝材料，外加粗细骨料、水，按照一定配合比拌合而成的混合材料。另外，还要根据需要向混凝土中掺加外加剂和外掺合料，以改善混凝土的某些性能。因此，混凝土的原材料除了水泥、石、砂、水外，还有外加剂、外掺合料等。

水泥应符合现行国家标准，并具有出厂合格证明和试验报告，进场时应对其品种、强度等级、出厂日期等项目进行检查验收，并进行复查试验。水泥如受潮或存放时间超过 3 个月，应重新取样检验，并按复验结果使用。根据结构的设计和施工要求，准确选定水泥品种和标号。

石、砂是混凝土的粗细骨料。粗骨料有碎石、卵石两种。碎石是将天然岩石经破碎过筛而得的粒径大于 5 mm 的颗粒。卵石是由自然条件作用于河流、海滩、山谷而形成的粒径大于 5 mm 的颗粒。砂分为河砂、海砂、山砂，海砂中氯离子对钢筋有腐蚀作用，一般不宜作为混凝土的骨料。混凝土骨料要质地坚固、颗粒级配良好、含泥量少，有害杂质含量要符合国家有关标准要求，尤其是可能引起混凝土碱-骨料反应的活性硅、云石等的含量，必须严格控制。

混凝土拌合用水一般可以直接使用饮用水，当使用其他来源的水时，水质必须符合国家有关标准的规定。

混凝土工程中外加剂的种类很多，根据其用途和用法不同，可分为早强剂、减水剂、缓凝剂、抗冻剂、加气剂、防锈剂、防水剂等。外加剂必须是经过有关部门验证合格的产品，其质量应符合现行的国家标准《混凝土外加剂》（GB 8076—2008）的规定，使用前应复验其效果。当使用一种以上外加剂时，必须试配混凝土拌合料确定或检验其相容性。

在混凝土中加适量的掺合料，如粉煤灰、火山灰、硅粉、粒化高炉矿渣和超细矿粉等，既可以节约水泥，降低混凝土的水泥水化总热量，也可以改善混凝土的性能，尤其是对于高性能混凝土，掺入一定的外加剂和掺合料，是实现其有关性能指标的主要途径。这些材料应由生产单位专门加工，并进行产品检验，出具产品合格证书，其技术条件应符合相关规范、标准。

2. 混凝土配合比

混凝土配合比应根据材料供应情况、设计混凝土强度等级、混凝土施工和易性要求等因素确定，并符合合理使用材料和经济的原则。混凝土拌合物性能、力学性能、耐久性能的试验方法应分别符合现行国家标准《普通混凝土拌合物性能试验方法标准》（GB/T 50080—2016）、《混凝土物理力学性能试验方法标准》（GB/T 50081—2019）和《混凝土长期性能和耐久性能试验方法标准》（GB/T 50082—2024）的规定。对于有抗渗、抗冻融或其他特殊要求的混凝土，宜选用连续级配的粗骨料，最大粒径不宜大于 40 mm，含泥量不应大于 1.0%，泥块含量不应大于 0.5%；所用细骨料含泥量不应大于 3.0%，泥块含量不应大于 1.0%。

混凝土配合比包括实验室配合比和施工配合比。普通混凝土的实验室配合比是在确定了施工配制强度后，按照《普通混凝土配合比设计规程》（JGJ 55—2011）的方法和要求进行设计确定，包括水灰比、坍落度的选定，且每立方米普通混凝土的水泥用量不宜超过 550 kg。对于有特殊要求的混凝土，其配合比设计应符合有关标准的专门规定。

（1）配制强度

①设计强度等级小于 C60 时，混凝土配制强度按下式计算：

$$f_{cu,0} \geq f_{cu,k} + 1.645\sigma \tag{4-10}$$

式中：$f_{cu,0}$ 为混凝土的配制强度，MPa；$f_{cu,k}$ 为设计的混凝土立方体抗压强度标准值，MPa；σ 为施工单位的混凝土强度标准差，MPa。当施工单位有近期的同一品种混凝土强度的统计资料时，σ 可按下式计算：

$$\sigma = \sqrt{\frac{\sum_{i=1}^{n} f_{cu,i}^2 - n\, m_{fcu}^2}{n-1}} \tag{4-11}$$

式中：$f_{cu,i}$ 为统计周期内同一品种混凝土第 i 组试件强度，MPa；m_{fcu} 为统计周期内同一品种混凝土 n 组强度的平均值，MPa；n 为统计周期内相同混凝土强度等级的试件组数，n 不小于 30。

当混凝土设计强度等级不高于 C30 时，如果计算得到的 $\sigma < 3.0$ MPa，取 $\sigma = 3.0$ MPa；当混凝土设计强度等级高于 C30 且低于 C60 时，如果计算得到的 $\sigma < 3.0$ MPa，取 $\sigma = 4.0$ MPa。

对于预拌混凝土厂和预制混凝土构件厂，统计周期可取 1 个月；对于现场拌制混凝土的施工单位，其统计周期可根据实际情况确定，但不宜超过 3 个月。

施工单位如无近期同一品种混凝土强度统计资料，σ 可按表4-6取值。

表4-6　混凝土强度标准差 σ

混凝土强度等级	低于 C20	C25~C45	C50~C55
σ/MPa	4.0	5.0	6.0

注：σ 值反映我国施工单位的混凝土施工技术和管理的平均水平，采用时可根据本单位情况作适当调整。

②设计强度等级大于或等于 C60 时，混凝土配制强度按下式计算：

$$f_{cu,0} \geq 1.15 f_{cu,k} \tag{4-12}$$

(2)施工配合比

混凝土配合比一般指实验室配合比，是在砂、石等原材料处于完全干燥状态下的用量比例。而在施工现场，砂、石原材料露天存放，不可避免地含有一定的水分，且其含水量随着场地条件和气候的变化而变化。因此在实际施工时，就必须考虑砂、石的含水量对混凝土的影响，将实验室配合比换算成考虑了砂、石含水量的施工配合比，作为混凝土配料的依据。

【例题4-6】

设实验室配合比为水泥：砂：石：水 $= 1:s:g:w$，实测砂、石的含水量分别为 w_s、w_g，则换算后的施工配合比为

水泥：砂：石：水 $= 1 : s(1+w_s) : g(1+w_g) : [w - sw_s - gw_g]$

$$\tag{4-13}$$

4.3.2　混凝土浇筑

1.混凝土制备与运输

(1)混凝土搅拌机

混凝土配合比是按照细骨料恰好填满粗骨料的间隙，而水泥浆又均匀地分布在粗细骨料表面的原理设计的。混凝土制备(拌制)就是指将水泥、水、粗细骨料和外加剂等各种组成材料混合在一起均匀拌合的过程。搅拌后的混凝土要求匀质，且达到设计要求的和易性和强度。混凝土结构施工应尽量使用预拌混凝土。

混凝土制备一般应采用机械搅拌的方法，常用的混凝土搅拌机按其搅拌原理分为强制式和自落式两类，如图4-16所示。

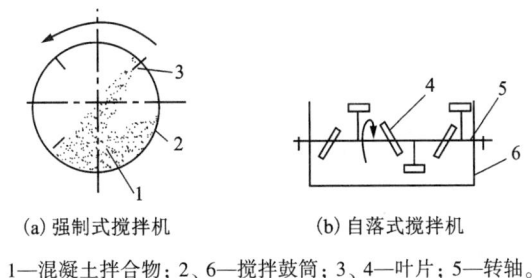

(a)强制式搅拌机　　　(b)自落式搅拌机

1—混凝土拌合物；2、6—搅拌鼓筒；3、4—叶片；5—转轴。

图4-16　混凝土搅拌机工作原理图

强制式搅拌机的搅拌鼓筒内有若干组叶片，搅拌时叶片绕竖轴或卧轴旋转，将各种材料强行搅拌，搅拌均匀。强制式搅拌机的搅拌作用比自落式搅拌机强烈，适用于搅拌干硬性混凝土、轻骨料混凝土和流动性混凝土等，具有搅拌质量好、搅拌速度快、生产效率高、操作简单及安全可靠等优点。

自落式搅拌机的搅拌筒内壁焊有弧形叶片，当搅拌筒绕水平轴旋转时，弧形叶片不断将物料提高一定高度，然后使其自由落下而互相混合。随着自落式搅拌机鼓筒的转动，混凝土拌合料在鼓筒内做自由落体式翻转搅拌。自落式搅拌机适用于搅拌流动性混凝土。

我国规定混凝土搅拌机以其出料容量升数（L）为标定规格，搅拌机系列型号为：50 L、150 L、250 L、350 L、500 L、750 L、1000 L、1500 L 和 3000 L 等。

（2）搅拌制度确定

为了获得质量优良的混凝土拌合物，除正确选择搅拌机外，还必须正确确定搅拌制度，即搅拌时间、投料顺序和进料容量等。

（3）混凝土运输

混凝土运输是指将混凝土从搅拌站送到浇筑点的过程。为了保证混凝土的施工质量，对混凝土拌合物运输的基本要求是：不产生离析现象，不漏浆，保证浇筑时规定的坍落度，在混凝土初凝之前有充分时间进行浇筑和捣实。

匀质的混凝土拌合物为介于固体和液体之间的弹塑性体，其中的骨料因作用于其上的内摩阻力、黏聚力和重力而处于平衡状态，能在混凝土拌合物内均匀分布和处于固定位置。运输过程中，由于运输工具的颠簸振动等动力的作用，黏聚力和内摩阻力将明显削弱，由此骨料失去平衡状态，在自重作用下向下沉落，其质量越大，向下沉落的趋势越强，由于粗、细骨料和水泥浆的质量各异，因而各自聚集在一定深度，形成分层离析现象，这对混凝土质量是有害的。为此，运输道路要平坦，运输工具要选择恰当，运输距离要限制，以防止分层离析。若已产生离析现象，在浇筑前要进行二次搅拌。

预拌（商品）混凝土地面运输，多采用混凝土搅拌运输车，混凝土搅拌运输车（图4-17）为长距离运输混凝土的有效工具，它有一搅拌筒斜放在汽车底盘上，在预拌混凝土搅拌站装入混凝土后，由于搅拌筒内有两个螺旋状叶片，在运输过程中搅拌筒可进行慢速转动进行拌合，以防止混凝土离析，将混凝土运至浇筑地点，搅拌筒反转即可迅速卸出混凝土。

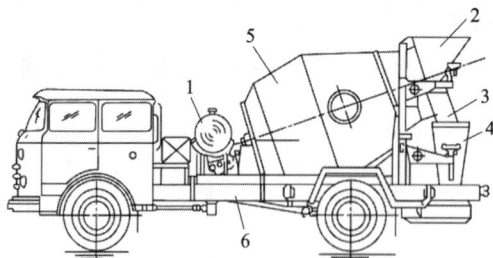

1—水箱；2—进料斗；3—卸料斗；4—活动卸料溜槽；5—搅拌筒；6—汽车底盘。

图4-17 混凝土搅拌运输车

（4）混凝土输送

混凝土输送指运输至浇筑现场的混凝土，通过输送泵、溜槽、吊车配备斗容器、升降设备配备小车等方式送至浇筑点的过程。混凝土输送宜采用输送泵方式，尤其是混凝土浇筑量大、浇筑速度快的工程，有利于提高劳动生产率和保证施工质量。

混凝土泵是一种有效的混凝土运输和浇筑工具，它以泵为动力，沿管道输送混凝土，可以一次完成水平及垂直运输，将混凝土直接输送到浇筑地点。混凝土泵有气压泵、活塞泵和挤压泵等几种类型，目前应用较多的是活塞泵。

混凝土输送泵常用钢管，直径有 100 mm、125 mm、150 mm 三种规格，每段长约 3 m，还配有 45°、90°等弯管和锥形管。

组织泵送混凝土施工时，必须保证混凝土泵连续工作，输送管道布置尽可能直，转弯要缓，管段接头要严，少用锥形管，以减少压力损失。为减小阻力，使用前先泵送适量的水泥浆或 1∶2 的水泥砂浆，以润滑输送管道内壁。在泵送过程中，泵的受料斗应充满混凝土，以免吸入空气造成堵塞。

泵送结束，应用水及海绵球将残存的混凝土挤出并清洗管道。

泵送混凝土浇筑的结构要加强养护，防止因水泥用量较大而引起收缩裂缝。

2. 混凝土搅拌站及其智能化控制

混凝土搅拌站是集中生产混凝土的场所，在城市内建设的工程或大型工程中，一般采用大型预拌混凝土搅拌站供应混凝土。混凝土拌合物在搅拌站集中制备成预拌（商品）混凝土，砂、石、水泥、水、掺合料、外加剂都能自动控制称量，自动下料，组成一条联动线，机械化、自动化程度高，能提高混凝土质量和取得较好的经济效益，同时也能更好地应用物联网、工业控制、大数据、云计算等信息技术，实现混凝土制备的自动化、数字化、信息化、智能化，提高生产效率和产品质量。

AI微课
混凝土搅拌站的智能控制

（1）混凝土搅拌站

混凝土搅拌站是由搅拌主机、物料贮存系统、物料称量系统、物料输送系统和控制系统五大系统和其他附属设施组成的混凝土制备设备。图 4-18 为混凝土搅拌站实景图和控制界面。

搅拌站的核心为搅拌主机，设备采用螺旋式双卧轴强制式搅拌主机，搅拌能力强，对于干硬性、塑性以及各种配比的混凝土均能达到良好的搅拌效果，搅拌均匀，效率高。搅拌站的规格是按搅拌主机每小时的理论生产量来命名的，我国常用的规格有 HZS25、HZS35、HZS50、HZS60、HZS75、HZS90、HZS120、HZS150、HZS180、HZS240 等。例如，HZS25 是指每小时生产能力为 25 m³ 的搅拌站，主机为双卧轴强制搅拌机。若是主机用单卧轴，则型号为 HZD25。

物料贮存系统包括骨料、粉料和外加剂的储存设施。骨料（粗细骨料）可露天堆放或储存于封闭料仓。粉料（水泥和矿粉）则用全封闭钢结构筒仓储存，其中散装水泥用金属筒仓储存最合理，散装水泥输送车上多装有水泥输送泵，通过管道即可将水泥送入筒仓。外加剂用钢结构容器储存。

物料称量系统是影响混凝土质量和混凝土生产成本的关键，主要分为骨料称量、粉料称量和液体称量三部分。该系统多采用各种物料独立称量的方式，所有称量都采用电子秤及微

(a)混凝土搅拌站实景图

(b)控制界面

图4-18 混凝土搅拌站实景图与控制界面

机控制,骨料称量精度达±2%,水泥、粉料、水及外加剂的称量精度均达到±1%。

物料输送系统由三个部分组成,即骨料输送、粉料输送、液体输送。输送有料斗输送和皮带输送两种方式。料斗输送的优点是占地面积小、结构简单;皮带输送的优点是输送距离长、效率高、故障率低。皮带输送主要适用于有骨料暂存仓的搅拌站,从而提高搅拌站的生产率。粉料输送主要是指水泥、粉煤灰和矿粉。普遍采用的粉料输送方式是用螺旋输送机输送,大型搅拌楼有采用气动输送和刮板输送的。螺旋输送机的优点是结构简单、成本低、使用可靠。液体输送主要指水和液体外加剂,它们分别由水泵输送。

搅拌站的控制系统是整套设备的中枢神经[图4-18(b)]。控制系统根据用户不同要求和搅拌站的大小而有不同的功能和配置,一般情况下施工现场可用的小型搅拌站的控制系统简单一些,而大型搅拌站的系统相对复杂一些。

(2)生产工艺流程

搅拌站根据各组成部分按竖向布置方式的不同分为单阶式和双阶式(如图4-19所示)。单阶式混凝土搅拌站中,原材料一次性提升至搅拌站(楼)顶料仓,然后靠自重下落进入称量和搅拌工序。这种搅拌站,自上而下分为料仓层、称量层、搅拌层、出料层,其工艺流程简单,原材料从一道工序到下一道工序的时间短、效率高、自动化程度高。单阶式搅拌站占地面积小,适用于产量大的固定式大型混凝土搅拌站(厂)。在双阶式混凝土搅拌站中,原材料经第一次提升进入贮料斗,下落经称量配料后,再经第二次提升进入搅拌机。这种工艺流程的搅拌站建筑物高度小,运输设备简单,投资少,建设快,但效率和自动化程度相对较低。建筑工地上设置的混凝土搅拌站多属此类。

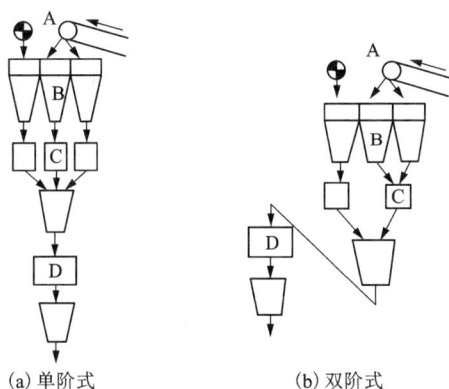

(a) 单阶式　　　　　　(b) 双阶式

A—输送设备；B—料斗设备；C—称量设备；D—搅拌设备。

图 4-19　混凝土搅拌站工艺流程

　　双阶式搅拌站工艺流程的特点是物料两次提升，可以有不同的工艺流程方案和不同的生产设备。骨料的用量很大，解决好骨料的储存和输送问题是关键。目前在我国，骨料多露天堆存，用拉铲、皮带运输机、抓斗等进行一次提升，经杠杆秤、电子秤等称量后，再用提升斗进行二次提升进入搅拌机进行拌合。

　　预拌(商品)混凝土是当前混凝土制备的主要形式，在国内一些大中型城市中发展很快，不少城市已有相当的规模，有的城市已规定在一定范围内必须采用预拌混凝土，不得现场拌制。

　　(3)混凝土搅拌站的智能控制

　　混凝土搅拌站的自动化控制主要包含智能配料和自动化控制系统。

　　智能配料系统：采用电子称量设备实现原料精准投放，对接数据库支持配比快速调整，通过高精度传感器与智能识别技术实时监控库存，自动预警补料，避免缺料停产。

　　自动化控制系统：依托 PLC、DCS(分散控制系统)等工业控制技术，实现配料、搅拌、出料、输送、存储全流程自动化，通过远程监控与数据采集系统实时反馈生产数据，借助大数据分析优化生产流程。

　　智能配料与自动化控制系统可实现混凝土生产全过程精准控制，不仅能有效提高生产效率、降低能源消耗，还能减少原材料浪费，提升混凝土产品的质量稳定性，进而实现节能减排的目标。

　　预拌(商品)混凝土质量关系到混凝土制品、构件、建筑物工程质量。行业主管部门通过引入数字化、智能化技术，研发预拌混凝土产销全链路安全风险智控系统，能对预拌混凝土的生产管理和质量监控起到关键作用。针对预拌混凝土生产中原料质量波动大、检测滞后等问题，应研发融合新型传感材料、物联网、人工智能及数字化技术的智能感知与调控体系，实现物料参数的在线监测与即时反馈。

　　3. 混凝土的浇筑

　　混凝土浇筑要保证混凝土的均匀性和密实性，要保证结构的整体性、尺寸准确，以及钢筋、预埋件的位置正确，拆模后混凝土表面要平整、密实。混凝土浇筑前应检查模板、支架、钢筋和预埋件的正确性，验收合格后才能浇筑混凝土。由于混凝土工程属于隐蔽工程，因而对混凝土量大的工程，重要工程或重点部位的浇筑，以及其他施工中的重大问题，均应随时填写施工记录。混凝土浇筑前应做好必要的准备工作，包括检查和清理模板、钢筋和预埋管线，进行隐蔽工程的验收，搭设浇筑用脚手架、栈道(马道)，准备材料，落实水电供应计划，准备施工用具等。

（1）混凝土浇筑的一般问题

1）防止混凝土离析

浇筑混凝土时，如果混凝土拌合物自由倾落高度过大，会导致粗骨料因重力克服黏聚力后下落动能较大，下落速度较砂浆快，因而可能形成混凝土离析。为此，混凝土自高处倾落的自由高度不应超过2 m，在钢筋混凝土柱和墙中自由倾落高度不宜超过3 m，否则应设串筒、溜槽、溜管或振动溜管等下料。

解锁视频
混凝土布料机器人

解锁视频
混凝土整平机器人

2）分层浇筑与间隙时间

浇筑混凝土时应分层分段连续进行，浇筑层的高度应根据混凝土供应能力、一次浇筑方量、混凝土初凝时间、结构特点、钢筋疏密等综合考虑决定，每层的厚度见表4-7。

表4-7　混凝土浇筑层的厚度

项次	捣实混凝土的方法	浇筑层厚度
1	插入式振动	振动器作用部分长度的1.25倍
2	表面振动	200 mm
3	附着式振动器	根据设置方式，通过试验确定

浇筑混凝土应连续进行，若因特殊情况必须停顿，其间隙时间宜缩短。混凝土采用分层浇筑时，应在前层混凝土初凝之前，将次层混凝土浇筑完毕。混凝土运输、输送入模的过程应连续完成，普通混凝土从搅拌机中卸出后，从运输到输送入模的延续时间不宜超过表4-8的规定；从搅拌机卸出后，运输、输送、浇筑及间歇的全部时间不应超过表4-9的规定；间隙最长时间一般不能超过2 h。掺早强型减水外加剂、早强剂的混凝土，以及有特殊要求的混凝土，应根据设计和施工要求，通过试验确定允许时间；否则，应留置施工缝。

表4-8　混凝土从运输到输送入模的时间限值　　　　　　　　min

条件	气温	
	≤25 ℃	>25 ℃
不掺外加剂	90	60
掺外加剂	150	120

表 4-9 混凝土运输、输送、浇筑及间隙的全部时间限值   min

条件	气温	
	≤25 ℃	>25 ℃
不掺外加剂	180	150
掺外加剂	240	210

3)正确留置施工缝或后浇带

为保证混凝土的整体性,浇筑混凝土原则上要求整体浇筑。但若因设计或施工技术、施工组织等原因不能连续浇筑,且必须停歇的时间已经超过混凝土初凝时间,则继续浇筑混凝土时,新旧混凝土之间形成接缝,即为施工缝。混凝土浇筑也可先分块浇筑,各块之间留出一段最后浇筑,即为后浇带。由于混凝土抗拉强度仅为抗压强度的1/10左右,因此施工缝和后浇带成为结构中的薄弱环节。

施工缝或后浇带的留置位置应事先确定,宜选择在结构剪力较小、施工方便的部位。对于建筑工程,留置位置应符合相关规范规定:

①柱子施工缝宜留在基础顶面、梁或吊车梁牛腿的下面、吊车梁的顶面、无梁楼盖柱帽的下面(图4-20)。

②与板连成整体的大断面梁(梁截面高≥1 m),当梁板分别浇筑时,施工缝应留在板底面以下 20~30 mm 处;当板下有梁托时,施工缝应留置在梁托下部。

③单向板施工缝应留在平行于板短边的任何位置。

④有主次梁的楼盖宜顺着次梁方向浇筑,施工缝应留在次梁跨中1/3跨度范围内(图4-21)。

⑤墙施工缝可留在门洞口过梁跨中1/3范围内,也可留在纵横墙的交接处。

⑥双向受力的楼板、大体积混凝土结构、拱、薄壳、多层框架等,以及其他复杂的结构,应按设计要求留置施工缝。

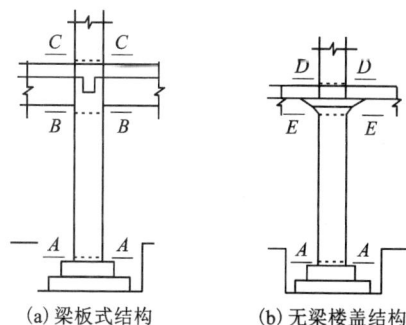

(a)梁板式结构   (b)无梁楼盖结构

图 4-20 柱子的施工缝位置

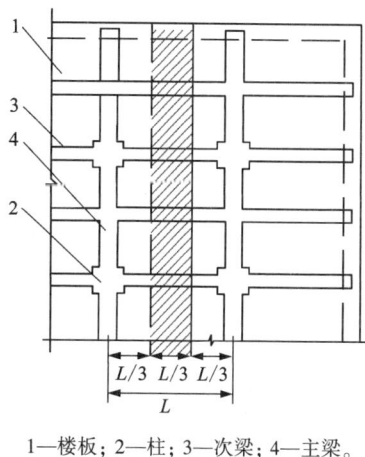

1—楼板;2—柱;3—次梁;4—主梁。

图 4-21 有主次梁楼盖的施工缝位置

在施工缝处继续浇筑混凝土前应保证先浇筑的混凝土的强度不低于1.2 MPa,对施工缝应做以下处理:

①应先凿掉已凝固的混凝土表面的松弱层,并凿毛,用水冲洗干净并充分湿润(不少于24 h);

②清除钢筋表面的油污、水泥砂浆、浮锈等杂质;

③浇筑前,施工缝宜先铺抹一层10~15 mm厚的水泥浆或与混凝土砂浆成分相同的砂浆。

(2)框架结构混凝土浇筑

①多高层框架结构要分层分段组织流水施工。垂直方向一般按结构层划分施工层,也可将一层分为垂直结构和水平结构两个施工层分别浇筑;水平方向上要考虑工序数、技术要求、结构特点等因素划分施工段,如以结构平面的伸缩缝划分施工段。

②框架柱基础多为台阶式基础形式。台阶式基础施工时一般按台阶分层浇筑,中间不允许留施工缝;倾倒混凝土时宜先边角后中间,确保混凝土充满模板各个角落,防止一侧倾倒混凝土挤压钢筋造成柱插筋的位移;各台阶之间最好留有一段时间间歇,以给下面台阶混凝土一段初步沉实的时间,避免上下台阶之间出现裂缝,同时也便于上一台阶混凝土的浇筑。

③每层先浇筑柱,再浇筑梁、板。一排柱子应由外向内对称地逐根浇筑,不要从一端向另一端推进,以防柱子模板逐渐受推倾斜而造成误差积累难以纠正。柱子开始浇筑时,底部应先浇筑一层厚50~100 mm,与所浇筑混凝土配合比相同的减石子砂浆,以免底部产生蜂窝现象。

④当梁、柱连续浇筑时,在柱子浇筑完毕后,应间隔1~1.5 h,待混凝土拌合物初步沉实,再浇筑上面的梁、板结构。

⑤梁和板一般同时浇筑,从一端开始向前推进。只有当梁高≥1 m时才允许将梁单独浇筑,此时的施工缝应留在楼板板面下20~30 mm处。梁底与梁侧面注意振实,振动器不要直接触及钢筋和预埋件。

4.混凝土振捣

振捣密实成型是混凝土拌合物密实成型的最常规方法。混凝土振捣应能使模板内各个部位混凝土密实、均匀,不能漏振、欠振、过振。

混凝土振动密实的原理,在于产生振动的机械将一定频率、振幅和激振力的振动能量通过某种方式传递给混凝土拌合物时,受振混凝土拌合物中所有的骨料颗粒都受到强迫振动,它们之间原来赖以保持平衡并使拌合物保持一定塑性状态的黏聚力和内摩擦力随之大大降低,使受振拌合物呈现出流动状态,其中的骨料、水泥浆在其自重作用下向新的稳定位置沉落,排出存在于混凝土拌合物中的气体,充填模板的每个空间位置,填实空隙,以达到设计需要的混凝土结构形状和密实度等要求。

振动机械按其工作方式分为内部振动器、外部振动器、表面振动器和振动台,如图4-22所示。

除了振动密实成型外,混凝土拌合物密实成型的方法还包括混凝土真空作业法和自密实法。混凝土真空作业法是借助真空负压,将水从刚浇筑成型的混凝土拌合物中吸出,同时使混凝土密实的一种成型方法。自密实法是在拌合物中掺入高效能减水剂,使其坍落度大大增加,可自流浇筑成型。

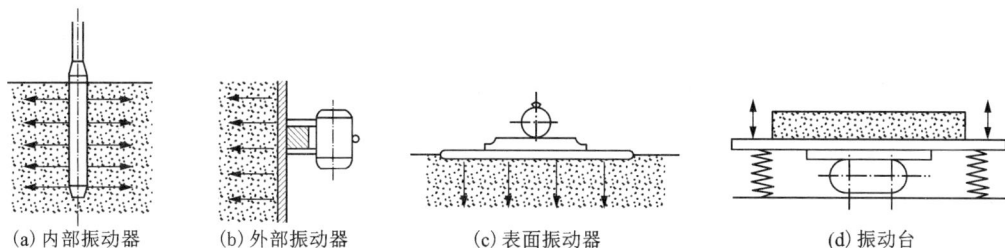

图 4-22　振动机械示意图

(a) 内部振动器　(b) 外部振动器　(c) 表面振动器　(d) 振动台

5. 混凝土质量检查

混凝土质量检查包括拌制与浇筑过程中的质量检查，以及养护后的质量检查。只有对每个环节认真施工、加强监督，才可能保证混凝土的整体质量。

（1）过程检查

在拌制和浇筑混凝土过程中，质量检查包括组成材料的称量检查和坍落度检查。组成材料称量检查每班不少于 2 次。拌制和浇筑的坍落度的检查每班至少 2 次。在一个工作班内，当混凝土配合比由于外界影响而有变动时，应及时检查。对混凝土搅拌时间，应随时检查。

对于预拌(商品)混凝土，厂家除应提供混凝土配合比、强度等资料外，还应在商定的交货地点进行坍落度检查，混凝土的实际坍落度与指定坍落度之间的允许偏差应符合表 4-10 的规定。

表 4-10　混凝土实际坍落度与指定坍落度之间的允许偏差　　mm

混凝土指定坍落度	允许偏差
<50	±10
50~90	±20
>90	±30

（2）养护后检查

养护后检查主要是对混凝土的强度、抗冻性、抗渗性、耐久性和混凝土结构外观形状尺寸等进行检查。

1）混凝土强度检查方法

混凝土强度检查方法，是留取试块，经过一定时间养护后做抗压试验来判定强度。根据检查目的的不同，强度检查分为混凝土标准强度检查和施工强度检查。混凝土的标准强度是根据边长 150 mm 的标准立方体试块在标准条件下[(20±3)℃的温度和相对湿度 90% 以上]养护 28 d 来判定。

判定混凝土标准强度的试块，应在浇筑点随机抽样制成，不得挑选。试块留取应满足下列要求：

①每拌制 100 盘且不超过 100 m³ 的相同配合比的混凝土，取样不得少于 1 次；

②每工作班拌制的相同配合比的混凝土不足 100 盘时，取样不得少于 1 次；

③当一次连续浇筑同配合比的混凝土超过 1000 m³ 时，每 200 m³ 取样不得少于 1 次；

④对房屋建筑现浇楼层，每层同一配合比取样不得少于 1 次。

施工强度检查，是为了确定结构或构件在拆模、出池、出厂、吊装、张拉、放张及施工期间承受临时荷载等环节所需的强度，试块要与结构或构件同条件养护，试块组数按实际需要确定。

每组 3 个试块应在同一盘混凝土中取样制作。每组强度代表值取值按以下规定：

①取 3 个试块试验结果的平均值，作为该组试件强度代表值；

②当 3 个试块中的最大或最小的强度值，与中间值相比超过中间值 15%时，取中间值代表该组的混凝土试件强度；

③当 3 个试块中的最大和最小的强度值，与中间值相比均超过中间值 15%时，则其试验结果不应作为评判的依据。

2）混凝土强度评定

混凝土强度应分批评定。一个检验批的混凝土应由强度等级相同、试验龄期相同、生产工艺和配合比基本相同的混凝土组成。

对于大批量、连续生产的混凝土，强度应按统计方法评定。对小批量或零星生产的混凝土，强度应按非统计方法评定。

4.3.3　大体积与水下混凝土浇筑

>>>

1.大体积混凝土结构浇筑

大体积混凝土指的是最小断面尺寸大于 1 m，施工时必须采取相应的技术措施妥善处理水化热引起的混凝土内外温度差值，合理解决温度应力并控制裂缝开展的混凝土结构。

大体积混凝土结构的施工特点：一是整体性要求较高，往往不允许留设施工缝，一般都要求连续浇筑；二是结构的体量较大，浇筑后的混凝土产生的水化热量大，并聚积在内部不易散发，从而形成内外较大的温差，引起较大的温差应力。因此，大体积混凝土施工时，为保证结构的整体性，应合理确定混凝土浇筑方案；为保证施工质量，应采取有效的技术措施减小混凝土内外温差。

（1）大体积混凝土温度裂缝产生的原因

在混凝土凝结硬化过程中，水泥水化反应会产生大量的水化热。水化热导致的温度裂缝主要有两类：一类是在混凝土强度增长初期，混凝土内部因水化热蓄积而温度升高，表面则因散热较快而温度较低，由此形成混凝土内外之间的温差，导致混凝土内部产生压应力，而表面产生拉应力，当温差超过一定限度后，就容易在混凝土表面形成裂缝；另一类是当混凝土内部逐渐散热冷却产生收缩时，由于受到基底或已浇筑混凝土的外部约束，接触处将产生拉应力，一旦拉应力超过混凝土的极限抗拉强度，便会在与约束接触处产生裂缝，甚至形成贯穿缝，带来严重危害。在工程施工中应设法避免上述两种裂缝，尤其是后一种裂缝。

（2）浇筑方案的选择

为了保证混凝土浇筑工作能连续进行，避免留设施工缝，要保证每一浇筑层在其前一层混凝土初凝前浇筑覆盖并捣实成整体。因此，在组织施工时，首先应按下式计算每小时需要浇筑的混凝土数量，即浇筑强度：

$$V = FH / \Delta t \qquad (4-14)$$

式中：V 为每小时混凝土浇筑量，m^3/h；F 为浇筑区的面积，m^2；H 为浇筑层的厚度，m；Δt 为下层混凝土从开始浇筑到初凝为止所允许的时间间隔，h。

大体积混凝土浇筑方案需根据结构大小、混凝土供应等实际情况决定，一般有全面分层、分段分层和斜面分层三种方案，见图 4-23。

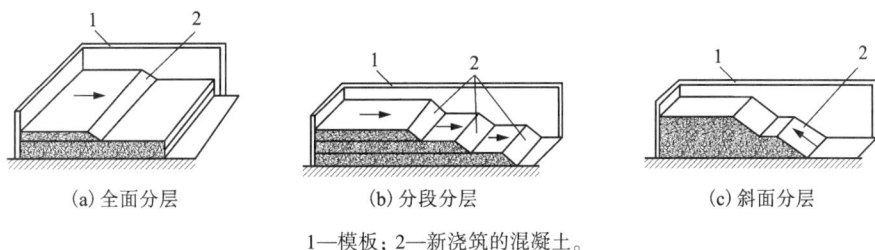

(a) 全面分层　　　　　　(b) 分段分层　　　　　　(c) 斜面分层

1—模板；2—新浇筑的混凝土。

图 4-23　大体积混凝土浇筑方案

①全面分层［图 4-23(a)］。即在整个结构内全面分层浇筑混凝土，要求次层的混凝土浇筑必须在前一层混凝土初凝前完成。此浇筑方案适用于平面尺寸不太大的结构，施工时宜从短边开始，顺着长边方向推进，有时也可从中间开始向两端进行或从两端向中间推进。

②分段分层［图 4-23(b)］。如采用全面分层浇筑方案时混凝土的浇筑强度太高，施工难以满足要求，则可采用分段分层浇筑方案。它是将结构从平面上分成几个施工段，厚度上分成几个施工层，从底层开始浇筑混凝土，进行一定距离后就回头浇筑第二层混凝土，如此依次浇筑以上各层。施工时要求在第一层第一段末端混凝土初凝前开始第二段的施工，以保证混凝土接触面结合良好。该方案适用于厚度不大而面积或长度较大的结构。

③斜面分层［图 4-23(c)］。当结构的长度超过厚度的 3 倍时，宜采用斜面分层浇筑方案，要求斜面坡度不大于 1/3。施工时，混凝土的振捣需从浇筑层下端开始，逐渐上移，以保证混凝土的施工质量。

(3) 防止温度裂缝的措施

大体积混凝土浇筑后产生温度裂缝的核心原因在于水化热导致内外温度差，所以必须采取措施减小浇筑后混凝土的内外温差，降低混凝土的温度应力，通常要求混凝土内部温度与外表面温度差不超过 25 ℃。所以，主要从降低水化热、加快内部散热或降低内部温度、减缓表面热量散失或加强表面保温等方面考虑措施。

AI 微课
大体积混凝土防治温度裂缝的措施

2. 水下混凝土结构浇筑

在钻孔灌注桩、地下连续墙等基础工程以及水利工程施工中，常需要直接在水下或泥浆中浇筑混凝土。在水下或泥浆中浇筑混凝土一般采用导管法。其特点是：利用导管输送混凝土并使其与环境水或泥浆隔离，依靠导管中混凝土自重，挤压导管下部管口周围的混凝土，在已浇筑的混凝土内部流动、扩散，边浇筑边提升导管，直至混凝土浇筑完毕。采用导管法，可以杜绝混凝土与水或泥浆的接触，保证混凝土中骨料和水泥浆不产生分离，从而保证水下浇筑混凝土的质量。

（1）导管法所用的设备及浇筑方法

导管法浇筑水下混凝土的主要设备有钢导管、承料漏斗和提升机具等（图4-24）。

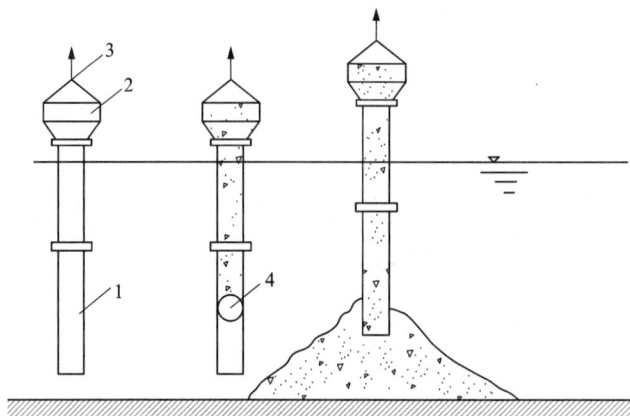

1—导管；2—承料漏斗；3—提升机具；4—球塞。

图4-24　导管法水下浇筑混凝土

钢导管管径为 200~300 mm，每节管长 1.5~2.5 m。各节管之间用法兰盘加止水胶皮垫圈通过螺栓密封连接，拼接时注意保持管轴垂直，否则会增大提管阻力。

承料漏斗一般用法兰盘固定在导管顶部，起盛装混凝土和调节导管中混凝土量的作用。承料漏斗的容积应足够大，以保证导管内混凝土具有必需的高度。

在施工过程中，承料漏斗和导管悬挂在提升机具上。常用的提升机具有卷扬机、起重机、电动葫芦等。一般是通过提升机具来操纵导管下降或提升，其提升速度可任意调节。

球塞直径比导管内径小 15~20 mm，施工时先将导管沉入水中底部距水底约 100 mm 处，用铁丝或麻绳将一球塞悬吊在导管内水位以上 0.2 m 处，然后向导管内浇筑混凝土。待导管和承料漏斗装满混凝土后，即可剪断吊绳，进行混凝土浇筑。混凝土靠自重推动球塞下落，冲出管底后向四周扩散，形成一个混凝土堆，须保证将导管底部埋于混凝土中。混凝土不断地从承料漏斗加入导管，导管外混凝土面不断上升，导管也相应地进行提升，每次提升高度控制在 150~200 mm 范围内，且保证导管下端始终埋入混凝土内，以保证混凝土的浇筑顺利进行。

混凝土的浇筑工作应连续进行，不得中断。若出现导管堵塞现象，应及时采取措施疏通，若不能解决问题，需更换导管，采用备用导管进行浇筑，以保证混凝土浇筑连续进行。

与水或泥浆接触的表面一层混凝土结构松软，浇筑完毕，待混凝土强度达到 2~2.5 N/mm² 后及时清除。软弱层厚度在清水中至少取 0.2 m，在泥中至少取 0.4 m。

（2）对混凝土的要求

①有较大的流动性。水下浇筑的混凝土是靠重力作用向四周流动而完成浇筑和密实，因此混凝土必须具有较大的流动性。

②控制粗骨料粒径。为保证混凝土顺利浇筑不堵管，要求粗骨料的最大粒径不得大于导管内径的 1/5，也不得大于钢筋净距的 1/4。

③有良好的流动性保持能力。要求混凝土在一定时间内,其原有的流动性不下降,以便浇筑过程中在混凝土堆内能较好地扩散成型,也就是要求混凝土具有良好的流动性保持能力——一般用流动性保持指标(K)来表示。混凝土坍落度不低于 150 mm 时所持续的时间(小时)即为流动性保持指标,一般要求 $K \geqslant 1$ h。

④有较好的黏聚性。混凝土黏聚性较强时,不易离析和泌水,在水下浇筑时才能保证混凝土的质量。配制时,可适当增加水泥用量,提高砂率至 40%～47%;泌水率控制在 1%～2%,以提高混凝土的黏聚性。

导管法水下浇筑混凝土的关键在于,一是要保证在开始浇筑时导管能埋入混凝土堆内达到必需的埋置深度,且浇筑过程中始终使导管内混凝土保持在一定高度;二是要严格控制导管提升高度,且只能上下升降,不能左右移动,以避免造成管内返水。

4.3.4　3D 打印混凝土技术

>>>

3D 打印混凝土技术是以数字模型为基础,以胶凝材料、掺合料、添加剂、特种纤维、骨料为主制成的特殊"油墨"在三维图形软件控制下,按照预先设置好的打印程序,由喷嘴挤出进行打印,最终得到设计的混凝土构件。在打印过程中,无须借助模板,也不需要对混凝土砂浆进行持续振捣,这是一种最新的混凝土无模成型技术。相比较传统混凝土施工过程,3D 打印混凝土技术能明显缩短施工周期,降低人工成本,减少建筑废物及对周边环境的影响,还能提升工程安全性。

AI

AI微课
3D打印混凝土技术

(1)打印材料

3D 打印混凝土是以水泥、骨料和水为主要原材料,根据需要加入矿物掺合料和外加剂等材料,按一定配合比拌合后,可通过 3D 打印基础工艺均匀稳定成型,且经养护硬化后具有强度的工程材料。由于 3D 打印混凝土无模板、逐层挤出并堆叠的特点,其材料应满足流动性、挤出性、可建造性、可打印时间等要求,既需要保证打印过程中不会发生屈曲和变形,又不会对人体、生物及环境造成有害的影响。

3D 打印混凝土材料应具备以下可打印性能要求:

流动性:3D 打印混凝土拌合物容易被泵送、输送以及从打印头出料口挤出的性能。

挤出性:3D 打印混凝土拌合物能够通过打印头均匀、连续挤出的性能。

可建造性:3D 打印混凝土打印条带在逐层堆叠的过程中,在堆叠方向上不发生或仅发生允许的压缩变形,在打印条带宽度方向上不发生或仅发生允许的扩展变形,堆叠形成的 3D 打印制品不发生屈曲、倒塌,整体尺寸不随时间发生明显改变的性能。

可打印时间:3D 打印混凝土拌合物加水拌合后保持打印性能的时间。

(2)材料传输

完成材料混合后,将其放置在打印设备外侧的输送泵中,输送泵和打印喷头通过软管连接。在打印喷头的上侧设置一个起缓冲作用的小型漏斗,辅助打印喷头一起将材料传输至需要打印的地方。打印初始阶段,打印喷头位于起始位置,将打印材料装入漏斗,然后将漏斗和打印喷头移动到设定位置开始打印。当漏斗内混凝土砂浆含量减少至预定的较低水平后,再将打印喷头移动到起始位置,装填漏斗。

（3）打印设备

目前，混凝土 3D 打印设备可分为龙门式、机械臂式和可移动机器人三大类，如图 4-25 所示。

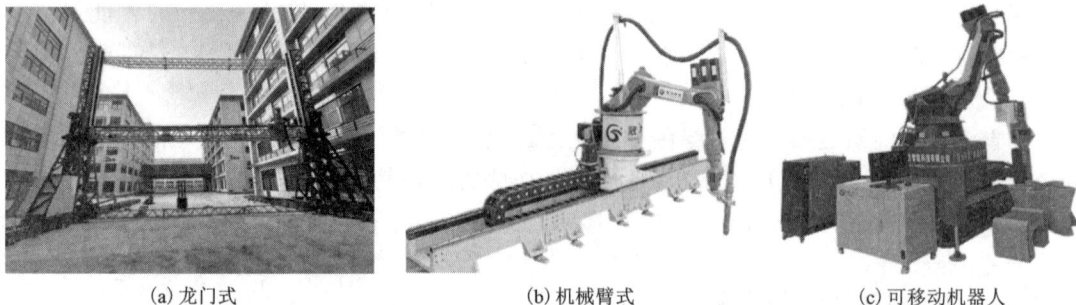

(a) 龙门式   (b) 机械臂式   (c) 可移动机器人

图 4-25　混凝土 3D 打印设备（图片来自杭州冠力智能科技有限公司）

龙门式打印系统是将打印喷嘴定位在 XYZ 直角坐标系中，通过在建筑物所对应的不同坐标点之间来回移动进行打印，打印尺寸受到龙门式框架结构及轨道的限制。

基于机械臂的混凝土打印系统也会受到机械臂长度所决定的作用范围的限制，但是机械臂打印系统在打印过程中可保持连续的曲率变化率，在打印层之间可进行更平滑的过渡，外观也更加美观。

可移动机器人系统可分为独立机器人和多机位组合机器人系统，通过对机器人行走路径和打印路径的合理规划，以实现更为灵活和高效的打印，可具备 6 个完整的自由度。

（4）施工工艺

目前 3D 打印建筑施工方式主要分为现场打印和装配式打印两种。

1）现场打印

现场打印采用连续打印-逐层叠加的方式在建筑物基础上直接将建筑主体打印成型。需提前预留设备孔洞和构造柱的位置，再进行节点连接和二次灌注混凝土，形成一体化的结构形式，未装饰的 3D 打印建筑墙体表面有着沿打印路径方向呈水平或垂直方向的纹路。

现场打印工艺的问题在于打印设备尺寸大，现场安装调试费时，设备的支撑架体尺寸加大，不仅会提高建筑制造成本，也很难控制施工精度，影响建筑施工质量。

2）装配式打印

与普通的装配式建筑相似，3D 打印的装配式建筑也是在工厂内打印好构件和配件（如楼板、墙板、楼梯、阳台等），运输到建筑施工现场，通过绑扎、焊接等连接方式在现场装配安装。打印前需利用计算机信息模型进行深化设计，提前预留管道、门窗等空间位置，同时预留拉结筋和预埋件的位置，待构件运输到现场后还需二次灌注混凝土以实现构件连接。

（5）发展趋势

3D 打印混凝土技术是智能建造的一项新兴技术，当前尚处于发展初期，部分高新技术企业在工程应用中走在行业前列。进一步发挥 3D 打印混凝土技术优势，加强核心技术研发，提升应用水平，对于实现建筑业高效、绿色、产业化发展具有重要意义。为此，3D 打印混凝土技术需要在以下几个方面进一步研究和发展。

1）3D 打印材料

3D 打印材料是影响混凝土性能最根本的因素，为满足 3D 打印的要求，混凝土需具有更好的流变性能，并能够在环境中快速凝固，也需考虑到不同骨料的最大粒径要求，以保证所有材料有效地黏结在一起。为此，需要研发各种化学外加剂。同时，将工农业废弃物、建筑固废资源应用于 3D 打印材料，不仅可降低 3D 打印建筑成本，还有巨大的环境效益，有利于推动建筑领域可持续绿色发展。

2）设备与工艺

无论是整体现场打印还是装配式施工工艺，3D 打印设备都必须保证足够的精度和高度集成化，并且能满足不同应用环境的特殊性要求，尤其是现场原位打印，仍然面临许多技术难题。同时，受 3D 打印喷嘴直径影响，目前 3D 打印材料以砂浆为主，粗骨料混凝土的应用则较为有限。因此，大型 3D 打印设备和配套输送装置仍需进一步优化，以适应不同的工程特点。此外，对于如何解决钢筋在建造过程中的一体化打印问题，仍需要在机械设计、施工流程、结构设计等方面进行协调开发，以促进面向建筑领域的新型 3D 打印设备的精细化与自动化发展。

3）结构设计

在数字化技术的支撑下，3D 打印混凝土技术可实现按需定制的复杂结构形式。3D 打印混凝土技术导致结构与构件在力学性能、构件设计、节点连接、耐久性等各个方面具有与传统混凝土结构不同的特点，所以，符合 3D 打印混凝土技术特点的结构设计非常重要。此外，利用仿生学和生物灵感的原理，为设计新型结构提供背景，包括优化的材料、定制的机械和其他性能、实现多功能的可能性和更高的可持续性，也将是 3D 打印混凝土技术发展的重要方向。

4）标准与验收

3D 打印混凝土结构和普通混凝土结构形式不同，现有的混凝土结构设计施工标准和国家规程并不适合 3D 打印混凝土技术。当前，《3D 打印混凝土拌合物性能试验方法》（T/CCPA 34—2022，T/CBMF 184—2022）和《3D 打印混凝土基本力学性能试验方法》（T/CCPA 33—2022，T/CBMF 183—2022)两项中国建筑材料联合会标准已经发布实施，前者针对 3D 打印挤出型工艺，制定相适应的混凝土拌合物的流动性、挤出性、建造性、可打印时间等关键性能试验方法，以便于检测 3D 打印混凝土拌合物的可打印性能；后者针对 3D 打印混凝土硬化后的基本力学性能，制定抗压强度、抗折强度、劈拉强度、抗剪强度、静力受压弹性模量等试验方法。该两项标准的发布，对于科学合理地检测和评估 3D 打印混凝土新拌及硬化后的性能，促进 3D 打印技术建造混凝土结构构件具有重要意义。以上标准主要针对材料特性及力学性能试验方法，而 3D 打印混凝土技术的应用最终是以可打印不同结构形式的可靠建筑为目的，还需通过大量的应用积累和结构性能试验来制定相关的质量、技术、验收标准体系。

4.3.5 混凝土智能养护

1.混凝土养护原理与方法

混凝土养护是为混凝土成型后水泥水化、凝固提供必要的条件，包括时间、温度、湿度三个方面，保证混凝土在规定时间内达到设计要求的强度，并防止产生收缩裂缝。养护的目的就是给混凝土提供一个较好的强度增长环境。混凝土强度增长依赖于水泥水化作用，而水化作用需要合适的温度和湿度条件：温度越高，水化反应速度越快；湿度高可避免混凝土内水分丢失，从而保证水泥水化反应充分；另外，水化反应还需要足够的时间。所以，混凝土养护实际上就是为混凝土硬化提供必要的温度、湿度条件。

AI微课
混凝土智能养护

混凝土养护方法有自然养护和人工养护两大类。自然养护即在平均气温高于+5 ℃的条件下，在一定的时间内使混凝土保持湿润状态的养护，自然养护简单，费用低，是混凝土施工养护的首选方法。人工养护方法常用于混凝土冬期施工或大型混凝土预制厂，这类养护方法需要一定的设备条件，相对而言费用较高，如混凝土智能养护系统。此处仅介绍自然养护。

（1）混凝土养护时间

混凝土浇筑完毕要及时覆盖，在 12 h 以内就应开始养护，干硬性混凝土应于浇筑完毕后立即开始养护。混凝土养护时间应符合下列规定：

①采用普通硅酸盐水泥或矿渣硅酸盐水泥配制的混凝土，不应少于 7 d；采用其他品种水泥时，养护时间应根据水泥性能确定。

②采用缓凝型外加剂、大掺量矿物掺合料配制的混凝土，不应少于 14 d。

③抗渗混凝土、强度等级 C60 及以上的混凝土，不应少于 14 d。

④后浇带混凝土的养护时间不应少于 14 d。

⑤地下室底层墙、柱和上部结构首层墙、柱宜适当增加养护时间。

（2）洒水养护

洒水养护指用麻袋或草帘等材料覆盖混凝土表面，并经常洒水使混凝土表面处于湿润状态的养护方法。洒水养护应符合下列规定：

①洒水养护宜在混凝土裸露表面覆盖麻袋或草帘后进行，也可采用直接洒水、蓄水等养护方式，洒水养护应保证混凝土处于湿润状态。大面积结构如地坪、楼板、屋面等可采用蓄水养护。

②当日最低温度低于 5 ℃时，不应采用洒水养护。

（3）覆盖养护

覆盖养护是指以塑料薄膜为覆盖物，使混凝土表面与空气隔绝，可防止混凝土内的水分蒸发，以保证完成水泥水化作用，达到养护目的。覆盖养护应符合下列规定：

①覆盖养护宜在混凝土裸露表面覆盖塑料薄膜、塑料薄膜加麻袋、塑料薄膜加草帘等。

②塑料薄膜应紧贴混凝土裸露表面，塑料薄膜内应保持有凝结水。

③覆盖物应严密，覆盖物的层数应按施工方案确定。

（4）喷涂养护剂养护

喷涂养护剂养护是指将养护剂喷涂在混凝土表面，溶液挥发后在混凝土表面结成一层塑料薄膜，使混凝土表面与空气隔绝，阻止混凝土内的水分蒸发，以保证完成水泥水化作用，达到养护目的。喷涂养护剂养护应符合下列规定：

①应在混凝土裸露表面喷涂覆盖致密的养护剂进行养护。

②养护剂应均匀喷涂在结构构件表面，不得漏喷，养护剂应具有可靠的保湿效果，保湿效果可通过试验检验。

③在夏季，薄膜成型后要防晒，否则易产生裂纹。

④养护剂使用方法应符合产品说明书的有关要求。

混凝土必须养护至其强度达到 1.2 MPa 以上，方可上人进行其他施工。

拆模后要对混凝土外观形状、尺寸和表面状况进行检查，如发现有缺陷，应及时处理。混凝土常见的外观缺陷有麻面、露筋、蜂窝、孔洞、裂缝等。对于数量不多的小蜂窝或露石的结构，可先用钢丝刷或压力水清洗，然后用 1∶2~1∶2.5 的水泥砂浆抹平。对于蜂窝和露筋，应凿去全部深度内的薄弱混凝土层，用钢丝刷和压力水清洗后，用比原强度等级高一级的细骨料混凝土填塞，要仔细捣实，加强养护。对影响结构承重性能的缺陷(如孔洞、裂缝)，要慎重处理，一般要会同有关单位查找原因，分析对结构的危害性，提出安全合理的处理方案，保证结构的使用性能。对于严重影响结构性能的缺陷，一般要采取加固处理措施或降低结构的使用荷载。

2. 混凝土智能养护

近年来，随着智能化技术的不断发展，混凝土智能养护已经成为一种新型的养护技术，成为智慧工地的重要组成部分。混凝土智能养护就是利用物联网、互联网、人工智能、大数据等新兴技术，对混凝土养护过程实施实时监测、分析、预警、养护等一系列智能化技术手段，实现养护的智能化。其意义在于，通过数字化监控和管理，实现混凝土养护全过程的精细化管理，有效提高混凝土的强度和耐久性，减少建筑施工过程中的浪费和损失，提高建筑施工的效率和质量。随着现代智能化技术的不断发展和深入应用，智慧工地混凝土智能养护将成为未来混凝土养护的主流方式。

混凝土智能养护技术的基本组成包括以下内容：

①温度监测：在混凝土养护过程中，通过安装温度传感器，实时监测混凝土的温度变化。

②湿度监测：在混凝土养护过程中，通过安装湿度传感器，实时监测混凝土的湿度变化。

③自动喷淋系统：在混凝土养护过程中，通过安装自动喷淋系统，可以自动控制喷淋时间和喷淋量，这是混凝土智能养护的核心。

④数据记录、分析与控制系统：通过对混凝土养护过程中的温度、湿度数据进行记录和分析，实时分析温湿度发展趋势，为控制喷淋系统提供指令，及时发现异常并采取措施。

智能化新兴技术对于混凝土智能养护技术的发展可起到以下作用：

①互联网：随着互联网技术的发展，智慧工地和混凝土智能养护可以与互联网相结合，实现更加智能化的管理。

②人工智能：人工智能技术可以实现对混凝土养护过程的自动化控制和优化，提高混凝土的养护质量。

③大数据：通过对混凝土养护过程中的温度、湿度等数据进行收集和分析，可以实现对混凝土养护质量的优化和提高。

④物联网：物联网技术可以实现对混凝土养护过程中各种设备的联网，实现更加智能化的管理。

图 4-26 为某无线网络化水泥混凝土智能养护系统的示意图。在混凝土表面附着无线温湿度传感器，其信号通过无线方式定时发射回控制主机，根据监测数据分析判断是否启动喷

淋系统,调节梁体表面温湿度值。该系统同时将水化热释放规律分析与现场实测温湿度数据结合起来,由计算机计算分析最佳的养护时间。此外,该系统还实现了一台主机同时自动控制多片养护龄期不同、表面温湿度不同的预制梁的养护。

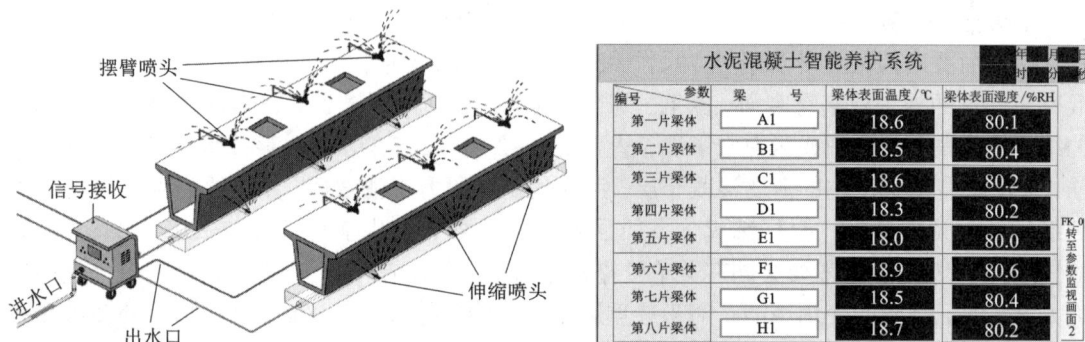

图 4-26 无线网络化水泥混凝土智能养护系统示意图

图 4-27 为某混凝土智能养护喷淋系统流程图。相较于前一个系统,该系统增加了环境温湿度、风速传感器监测,基于混凝土水化热释放规律,以及环境温湿度、风速等因素与预制梁表面湿度数据分析,计算梁体表面与环境的温差及喷淋间隔时间,实现了随环境和梁体变化监测的精准喷淋养护。该系统还构建了养护水的循环再利用系统,节省了大量水资源;建立了养护数据库,通过大数据分析提高智能养护的精准度。

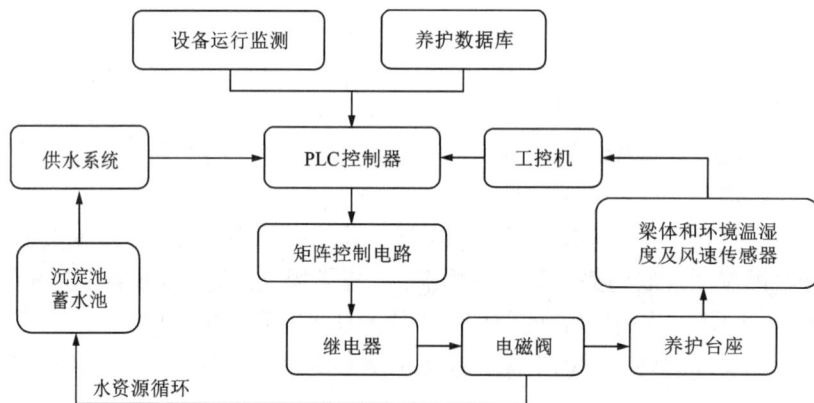

图 4-27 混凝土智能养护喷淋系统流程图

4.3.6 混凝土冬期施工

1.混凝土冬期施工原理

(1)温度与混凝土凝结硬化的关系

混凝土的凝结硬化是水泥水化作用的结果。在一定的湿度条件下,水泥水化作用的速度取决于环境的温度,温度越高,水化作用越迅速,混凝土硬化速度和强度增长也越快;反之,则水化作用越慢，混凝土硬化速度和强度增长也越慢。当温度降至 0 ℃ 以下时，混凝土中的游离水开始结冰，尽管结晶体内的凝胶水还未结冰，但此时水化作用非常微弱，可视为停止，水化作用基本停止，则强度无法提高。因此，为确保混凝土结构的质量，规范规定：根据当地多年气温资料，室外日平均气温连续 5 d 低于 5 ℃ 时，即进入冬期施工阶段，混凝土结构工程应采取冬期施工措施，并应及时采取气温突然下降的防冻措施。

（2）冻结对混凝土质量的影响

混凝土中的游离水结冰后，体积膨胀（8%～9%），在混凝土内部产生冰胀应力，很容易使浇筑初期强度尚较低的混凝土内部产生微裂缝，同时还削弱混凝土和钢筋之间的黏结力，极大地影响结构构件的质量。受冻的混凝土在解冻后，其强度虽能继续增长，但已无法达到原设计的强度等级。

（3）冬期施工临界强度

试验证明，混凝土遭受冻结的影响与混凝土遭冻的时间早晚、水灰比有关。遭冻时间越早、水灰比越大，则后期混凝土强度损失越多。混凝土因受冻而影响其强度和质量的主要原因在于冰胀应力超过混凝土受冻时的强度，导致产生微裂缝。而当混凝土遭受冻结时其已具有的强度足以抵抗冰胀应力时，其最终强度将不会受到损失，解冻后水化作用继续，强度可以恢复。混凝土允许受冻而不致使其各项性能遭受损害的最低强度称为混凝土冬期施工的临界强度。

临界强度的存在主要是由于当混凝土具备一定强度时，其内部结晶体已逐渐填充了骨料间隙，孔隙水逐渐减少，此时受冻，游离水结冰、体积膨胀产生的冰胀应力已大为减小，而混凝土已具有抵抗这部分冰晶体压力的能力，故混凝土结构不会受到破坏，其最终强度也不会受到损失。

冬期施工中，应尽量防止混凝土受冻；若无法避免受冻，则应确保混凝土在受冻前已达到临界强度值，以保证其最终强度不受损失。

2.混凝土冬期施工的工艺要求

混凝土冬期施工的工艺措施主要围绕提高混凝土早期温度，加快早期水化作用，使混凝土尽早达到临界强度的目标。

（1）混凝土材料选择及搅拌

冬期施工混凝土宜选用具备早期强度增长快、水化热高等特点的硅酸盐水泥或普通硅酸盐水泥。冬期施工混凝土的粗、细骨料中，不得含有冰、雪、冻块及其他易冻裂物质。冬期施工混凝土配合比应根据施工期间环境气温、原材料、养护方法、混凝土性能要求等经试验确定，并宜选择较小的水胶比和坍落度。

1）预热原材料，提高混凝土拌合物温度，冬期原材料预热应符合下列规定：

①加热拌合水和骨料。当仅加热拌合水不能满足热工计算要求时，可加热骨料。拌合水与骨料的加热温度可通过热工计算确定，加热温度不应超过表 4-11 的规定。

②水泥、外加剂、矿物掺合料不得直接加热，应事先贮于暖棚内预热。

表 4-11 拌合水及骨料最高加热温度 ℃

水泥强度等级	拌合水	骨料
42.5 以下	80	60
42.5、42.5R 及以上	60	40

2) 冬期施工混凝土拌制应符合下列规定:

①冬期混凝土不宜露天搅拌,应尽量搭设暖棚,优先选用大容量的搅拌机,以减少混凝土的热量损失。

②液体防冻剂在使用前应搅拌均匀,由防冻剂溶液带入的水分应从混凝土拌合水中扣除。

③蒸汽法加热骨料时,应增加对骨料含水率测试的频率,并应将由骨料带入的水分从混凝土拌合水中扣除。

④混凝土搅拌前应对搅拌机械进行保温或采用蒸汽进行加温,搅拌时间应比常温搅拌时间延长 30~60 s。

⑤混凝土搅拌时应先投入骨料与拌合水,预拌后再投入胶凝材料与外加剂。胶凝材料、引气剂或含引气组分的外加剂不得与 60 ℃ 以上热水直接接触。

(2) 混凝土的运输与浇筑

1) 混凝土的运输、输送

①混凝土拌合物的出机温度不宜低于 10 ℃,入模温度不应低于 5 ℃;对预拌混凝土或需远距离输送的混凝土,混凝土拌合物的出机温度可根据运输和输送距离经热工计算确定,但不宜低于 15 ℃。

②混凝土运输、输送机具及泵管应采取保温措施。当采用泵送工艺浇筑时,应采用水泥浆或水泥砂浆对泵和泵管进行润滑、预热。混凝土运输、输送与浇筑过程中应进行测温,温度应满足热工计算的要求。

2) 混凝土浇筑

混凝土浇筑前,应清除地基、模板和钢筋上的冰雪和污垢,并应进行覆盖保温。混凝土分层浇筑时,分层厚度不应小于 400 mm。在被上一层混凝土覆盖前,已浇筑层的温度应满足热工计算要求,且不得低于 2 ℃。

采用加热方法养护现浇混凝土时,应考虑加热产生的温度应力对结构的影响,并应合理安排混凝土浇筑顺序与施工缝留置位置。

冬期浇筑的混凝土,其受冻临界强度应符合下列规定:

①当采用蓄热法、暖棚法、加热法施工时,采用硅酸盐水泥、普通硅酸盐水泥配制的混凝土,冬期施工临界强度不应低于设计混凝土强度等级值的 30%;采用矿渣硅酸盐水泥、粉煤灰硅酸盐水泥、火山灰质硅酸盐水泥、复合硅酸盐水泥配制的混凝土时,冬期施工临界强度不应低于设计混凝土强度等级值的 40%。

②当室外最低气温不低于-15 ℃ 时,采用综合蓄热法、负温养护法施工的混凝土,其受冻临界强度不应低于 4.0 MPa;当室外最低气温不低于-30 ℃ 时,采用负温养护法施工的混凝土,其受冻临界强度不应低于 5.0 MPa。

③强度等级等于或高于 C50 的混凝土，冬期施工临界强度不宜低于设计混凝土强度等级值的 30%。

④对有抗渗要求的混凝土，冬期施工临界强度不宜低于设计混凝土强度等级值的 50%。

⑤对有抗冻耐久性要求的混凝土，冬期施工临界强度不宜低于设计混凝土强度等级值的 70%。

（3）混凝土的养护

混凝土浇筑后应采用适当的方法进行养护，保证混凝土在受冻前至少已达临界强度，才能避免混凝土受冻发生强度损失。冬期施工中混凝土的养护方法很多，有蓄热法、加热法、掺外加剂法等，各自有不同的适用范围。

4.4 预应力混凝土工程施工

预应力混凝土结构是指承受使用荷载之前，预先在混凝土受拉区施加预压应力，并产生一定压缩变形的混凝土结构。按施加预应力方式的不同，可分为先张法预应力混凝土、后张法预应力混凝土。按预应力筋与混凝土黏结状态的不同，可分为黏结预应力混凝土、无黏结预应力混凝土等。

预应力混凝土结构的钢筋包括非预应力筋和预应力筋。常用的预应力筋主要有预应力螺纹钢筋、钢丝和钢绞线三种。其中钢绞线的整根破断力大，柔性好，施工方便，是预应力混凝土的主要预应力筋材料。

预应力张拉锚固体系是预应力混凝土结构的重要组成部分，包括锚具、夹具、连接器及锚下支承系统等。锚具是后张法预应力混凝土构件中为保持预应力筋的拉力并将其传递到混凝土的永久性锚固装置。夹具是先张法预应力混凝土构件施工时为保持预应力筋拉力并将其固定在张拉台座（设备）上的临时锚固装置。连接器是用于连接多段预应力筋的装置。锚下支承系统是指与锚具配套的布置在锚固区混凝土中的锚垫板、螺旋筋或钢丝网片等。

预应力张拉施工采用液压千斤顶。常用的液压千斤顶包括拉杆式千斤顶、穿心式千斤顶、锥锚式千斤顶和前置内卡式千斤顶等。千斤顶的类型和吨位，应根据预应力筋的张拉力大小和锚具形式来确定，如拉杆式千斤顶用于螺丝端杆锚具、锥形螺杆锚具、镦头锚具；穿心式千斤顶用于钢绞线束夹片锚；锥锚式千斤顶用于钢丝束锥形锚具等。

4.4.1 先张法施工

先张法是指在构件浇筑混凝土前先张拉预应力筋，并将其临时锚固在台座或钢模上，然后浇筑混凝土，待混凝土养护达到规定强度值时放松预应力筋，借助混凝土与预应力筋的黏结力，对混凝土施加预应力的施工工艺，如图 4-28 所示。先张法一般适用于生产中小型构件。

先张法生产构件可采用长线台座法或钢模机组流水法生产工艺。长线台座长度为 50~150 m，设备简单、投资省、效率高。先张法生产构件，涉及台座、张拉机具和夹具及先张法张拉工艺，下面将分别叙述。

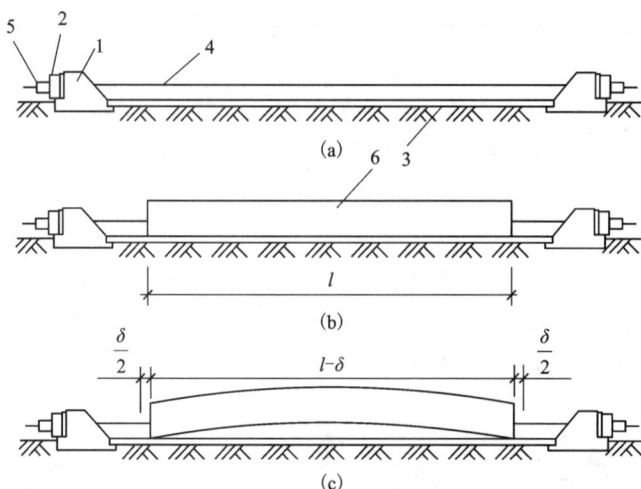

1—台座；2—横梁；3—台面；4—预应力筋；5—夹具；6—混凝土构件。

图 4-28　先张法生产示意图

(1)张拉台座

台座是先张法生产的主要设备之一，它承受预应力筋的全部张拉力。因此台座应有足够的承载力、刚度和稳定性，以避免台座破坏或变形导致的预应力筋张拉失败或预应力损失。按构造形式的不同，台座可分为墩式台座和槽式台座。

1)墩式台座

墩式台座由承力台墩、台面与横梁组成，其长度宜为 100~150 m；台座宽度取决于构件的布筋宽度，以及张拉预应力筋和浇筑混凝土是否方便，一般不大于 2 m。台座的端部应留出张拉操作场地和通道，两侧要有构件运输和堆放的场地。台座的承载力应根据构件的张拉力大小，设计成 200~500 kN/m。

墩式台座的基本形式有重力式[图 4-29(a)]和构架式[图 4-29(b)]两种。重力式台座主要靠台座自重平衡张拉力产生的倾覆力矩；构架式台座主要靠土压力来平衡张拉力所产生的倾覆力矩。墩式台座的承力台墩一般由钢筋混凝土现浇制成，应具有足够的承载力、刚度和稳定性，稳定性验算应包括抗倾覆稳定性验算和抗滑动稳定性验算。

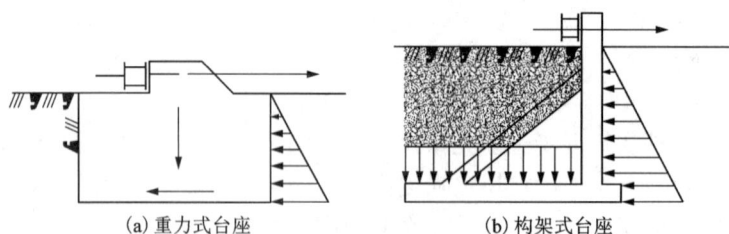

(a)重力式台座　　　　　　　(b)构架式台座

图 4-29　墩式台座构造图

2)槽式台座

槽式台座由钢筋混凝土压杆、上下横梁和台面等组成，既可承受张拉力，又可作为蒸汽养护槽，适用于张拉吨位较大的大型构件，见图 4-30。

台座的长度一般不大于 80 m；宽度随构件外形及制作方式而定，一般不小于 1 m。为便于混凝土运输和蒸汽养护，槽式台座多低于地面。

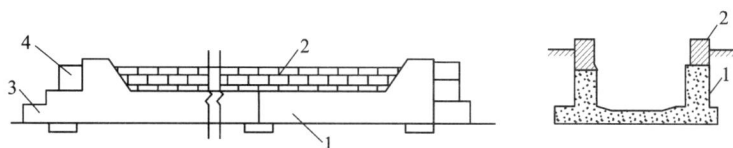

1—混凝土压杆；2—砖墙；3— 下横梁；4—上横梁。

图 4-30　槽式台座构造图

（2）预应力筋铺设

为便于构件脱模，在铺设预应力筋之前，对长线台座的台面应先刷隔离剂，隔离剂不应沾污预应力筋，影响与混凝土的黏结。生产过程中，应防止雨水冲刷台面上的隔离剂。预应力钢丝宜用牵引车铺设。如果钢丝需要接长，可借助钢丝拼接器用 20~22 号铁丝密排绑扎。刻痕钢丝的绑扎长度不应小于 80d（d 为钢丝直径）。预应力钢绞线接长时用接长连接器。

（3）预应力筋张拉

预应力筋的张拉应严格按照设计要求进行。

1）张拉控制应力

预应力筋的张拉控制应力和施工中需要超张拉时的张拉控制应力应符合表 4-12 的规定。

表 4-12　预应力筋的张拉控制应力取值

预应力筋种类	张拉控制应力	
	一般情况	超张拉
消除应力钢丝、钢绞线	$\leqslant 0.75 f_{ptk}$	$\leqslant 0.80 f_{ptk}$
中强度预应力钢丝	$\leqslant 0.70 f_{ptk}$	$\leqslant 0.75 f_{ptk}$
预应力螺纹钢筋	$\leqslant 0.85 f_{ptk}$	$\leqslant 0.90 f_{ptk}$

注：f_{ptk} 为预应力钢筋的极限强度标准值。

2）张拉程序

预应力筋张拉程序是使预应力筋达到预应力值的工艺过程，对预应力筋的施工质量影响较大，在预应力筋张拉前必须设计出完整具体的施工方案。为了减少应力松弛损失，预应力筋张拉程序一般可按下列程序之一进行：

$$0 \rightarrow 1.05\sigma_{con}（持荷 2\ min）\rightarrow \sigma_{con}，或者 0 \rightarrow 1.03\sigma_{con}$$

应力松弛是指钢材在常温、高应力状态下，由于塑性变形使应力随时间的延续而降低的现象。这种现象在张拉后的前几分钟内发展得特别快，而后趋于缓慢。

成组张拉时，应预先调整初应力，以保证张拉时每根钢筋的应力均匀一致。初应力值一

般取 $10\%\sigma_{con}$。

（4）预应力筋放张

预应力筋放张时，混凝土强度必须符合设计要求；当设计无规定时，混凝土强度不得低于设计强度等级值的 75%。采用消除应力钢丝和钢绞线作预应力筋的先张法构件，强度不应低于 30 MPa。

预应力筋放张应根据构件类型与配筋情况，选择正确的顺序与方法，否则会引起构件翘曲、开裂和预应力筋断裂等现象。

1）放张顺序

预应力筋的放张顺序，如设计无要求，应符合下列规定：

①对承受轴心预压力的构件（如拉杆、桩等），所有预应力筋应同时放张。

②对承受偏心预压力的构件（如梁等），应先同时放张预压力较小区域的预应力筋，再同时放张预压力较大区域的预应力筋。

③当不能按上述规定放张时，应分阶段、对称、相互交错地放张。放张后预应力筋的切断顺序，宜由放张端开始，逐次向另一端切断。

2）放张方法

预应力筋放张工作应缓慢进行，防止冲击。常用的放张方法如下：

①用千斤顶拉动单根预应力筋，松开螺母放张时由于混凝土与预应力筋已黏结成整体，松开螺母的间隙只有前端构件外露的预应力筋产生伸长量，因此，所施加的应力往往较大，超过控制应力的 10%，应注意安全。

②采用两台台座式千斤顶整体缓慢放松，应力均匀，安全可靠。放张用的台座式千斤顶可以专用，也可以用张拉用的千斤顶兼用。为防止台座式千斤顶长期受力，可采用垫块将千斤顶顶紧。为防止台座式千斤顶长期受力，可采用垫块将千斤顶顶紧。

③对板类构件的钢丝或钢绞线，放张时可直接用手提砂轮锯或氧乙炔焰切割。放张工作宜从生产线中间开始，以减少回弹量且有利于脱模；每块板应由外向内对称放张，以免因构件扭转而使端部开裂。

为了检查构件放张时钢丝与混凝土的黏结是否可靠，切断钢丝时应测定钢丝向混凝土内的回缩情况，一般不宜大于 1.0 mm。

4.4.2 后张法施工

后张法是先制作混凝土构件或结构，待混凝土达到规定强度后，直接在构件或结构上张拉预应力筋，并用锚具将其锚固在构件端部，使混凝土产生预压应力的施工方法。后张法施工示意图如图 4-31 所示。

后张法广泛应用于大型预制预应力混凝土构件和现浇预应力混凝土结构工程。

（1）孔道留设

后张法预应力构件在浇筑混凝土前预留预应力孔道。预应力孔道形状有直线、曲线和折线三种。孔道内径应比预应力筋外径或需穿过孔道的锚具（连接器）外径大 6~15 mm，且孔道面积应大于预应力筋面积 3~4 倍。此外，在孔道的端部或中部应设置灌浆孔，孔距不宜大于 12 m（抽芯成型）或 30 m（波纹管成型）。曲线孔道的高差大于等于 300 mm 时，

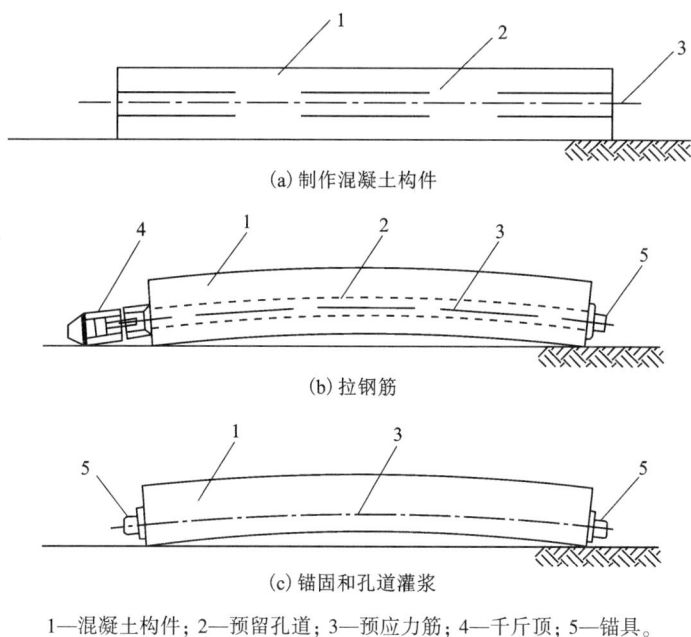

(a) 制作混凝土构件

(b) 拉钢筋

(c) 锚固和孔道灌浆

1—混凝土构件；2—预留孔道；3—预应力筋；4—千斤顶；5—锚具。

图 4-31　预应力混凝土后张法施工示意图

在孔道峰顶处应设置泌水孔，泌水孔外接管伸出构件顶面长度不宜小于 300 m，泌水孔可兼作灌浆孔。

预应力筋孔道成型可采用钢管抽芯、抽拔橡胶管抽芯和预埋波纹管法。对孔道成型的基本要求是：孔道的尺寸与位置应正确，孔道的线形应平顺，接头不漏浆等。孔道端部的预埋钢板应垂直于孔道中心线。孔道成型的质量直接影响预应力筋的穿入与张拉，应严格把关。

（2）预应力筋制作

预应力筋的制作，主要根据所用的预应力钢材品种、锚具形式及生产工艺等确定。

1）预应力螺纹钢筋

预应力螺纹钢筋的制作，一般包括下料和连接等工序。

预应力螺纹钢筋的下料长度 L 按下式计算：

$$L = l_1 + l_2 + l_3 + l_4 \tag{4-15}$$

式中：l_1 为构件的孔道长度，mm；l_2 为固定端外露长度，mm，包括螺母、垫板厚度，预应力筋外露长度，精轧螺纹钢筋不小于 150 mm；l_3 为张拉端垫板和螺母所需的长度，mm，精轧螺纹钢筋不小于 110 mm；l_4 为张拉时千斤顶与预应力筋间连接器所需的长度，mm，不应小于 l_2。

2）钢丝束

钢丝束的制作，一般包括下料、镦头和编束等工序。采用镦头锚具时，钢丝的下料长度，按照预应力筋张拉后螺母位于锚杯中部的原则进行计算：

$$L = l + 2h + 2\delta - K(H - H_1) - \Delta l - C \tag{4-16}$$

式中：l 为构件的孔道长度，mm，按实际测量；h 为锚杯底厚或锚板厚度，mm；δ 为钢丝镦头预留量，取 10 mm；K 为系数，一端张拉时取 0.5，两端张拉时取 1.0；H 为锚杯高度，mm；H_1 为螺母厚度，mm；Δl 为钢丝束张拉伸长值，mm；C 为张拉时构件混凝土弹性压缩值，mm。

采用镦头锚具时，同束钢丝应等长下料，其相对误差不应大于钢丝长度的 1150000，且不应大于 5 mm。钢丝下料宜采用限位下料法。钢丝切断后的端面应与母材垂直，以保证镦头质量。钢丝束镦头锚具的张拉端应扩孔，以便钢丝穿入孔道后伸出固定端一定长度进行镦头。扩孔长度一般为 500 mm。

钢丝编束与张拉端锚具安装同时进行。钢丝一端先穿入锚杯镦头，在另一端用细铁丝将内外圈钢丝按锚杯处相同的顺序分别编扎，然后将整束钢丝的端头扎紧，并沿钢丝束的整个长度适当编扎几道。

采用钢质锥形锚具时，钢丝下料方法同钢绞线束。

3）钢绞线束

钢绞线束的下料长度 L，当一端张拉另一端固定时可按下式计算：

$$L=l+l_1+l_2 \tag{4-17}$$

式中：l 为构件的孔道长度，mm；l_1 为固定端预应力筋外露的工作长度，mm，一般取 150~200 mm；l_2 为张拉端预应力筋外露的工作长度，mm，应考虑工作锚厚度、千斤顶长度等，一般取 600~900 mm。

钢绞线的切割宜采用砂轮锯，不能采用电弧切割，以免影响材质。

（3）预应力筋穿入孔道

预应力穿束有先穿束法和后穿束法。

先穿束法即在浇筑混凝土之前穿束。此法穿束省力，但穿束占用工期，预应力筋自重引起的波纹管摆动会增大孔道摩擦损失，束端保护不当易使预应力筋生锈。钢丝束应整束穿入，钢绞线可整束或单根穿入孔道。可采用人工穿入，但当预应力筋较长，穿束困难时，也可采用卷扬机或穿束机穿束。

后穿束法即在浇筑混凝土后将预应力筋穿入孔道，可在混凝土养护期间穿束，不占工期。穿束后即进行张拉，预应力筋不易生锈，应优先采用；后穿束法对波纹管质量要求较高，并且在混凝土浇筑时必须对成孔波纹管进行有效保护，否则可能会引起漏浆、瘪孔以致穿束困难。

预应力筋穿入孔道后应对其进行有效的保护，以防外力损伤和锈蚀；对采用蒸汽养护的预制混凝土构件，预应力筋应在蒸汽养护结束后穿入孔道。

（4）预应力筋张拉

预应力筋张拉时，构件的混凝土强度应符合设计要求，且同条件养护的混凝土抗压强度不应低于设计强度等级值的 75%，也不得低于所用锚具局部承压所需的混凝土最低强度等级值。

1）张拉控制应力

预应力筋的张拉控制应力应符合设计及专项施工方案的要求，当施工中需要超张拉时，调整后的最大张拉控制应力应符合表 4-12 的规定。

2）张拉程序

若所使用的钢丝和钢绞线是低松弛的，张拉程序可采用 $0 \rightarrow \sigma_{con}$；而对普通松弛的预应力筋，若在设计中预应力筋的松弛损失取大值，则张拉程序为 $0 \rightarrow \sigma_{con}$ 或按设计要求采用，采用

超张拉方法可减少预应力筋的应力松弛损失。对支承式锚具的张拉程序为

$$0 \rightarrow 1.05\sigma_{con}(持荷\ 2\ min) \rightarrow \sigma_{con}$$

对楔紧式(如夹片式)锚具,其张拉程序为

$$0 \rightarrow 1.03\sigma_{con}$$

以上两种超张拉程序是等效的,可根据构件类型、预应力筋与锚具、张拉方法等选用。

3)张拉方法

预应力筋的张拉方法有一端张拉和两端张拉两种,应遵照设计和专项施工方案的要求选择。设计无具体要求时,有黏结预应力筋长度大于 20 m 时宜两端张拉,不大于 20 m 时可采用一端张拉;当预应力筋为直线形时,一端张拉的长度可放宽至 35 m。

4)张拉顺序

预应力筋的张拉顺序应符合设计要求,当设计无具体要求时,可采用分批、分阶段对称张拉,以免构件承受过大的偏心压力。同时应尽量减少张拉设备的移动次数。

平卧重叠制作的构件,宜先上后下逐层进行张拉。为了减少上下层之间由摩阻引起的预应力损失,可自上而下逐层加大张拉力。当隔离层效果较好时,可采用同一张拉值。

(5)孔道灌浆与端头封裹

后张法孔道灌浆的作用在于使预应力筋与构件混凝土有效地黏结,以控制裂缝的开展并减轻梁端锚具的负荷,同时还能保护预应力筋,防止锈蚀。因此,预应力筋张拉后孔道应尽早灌浆,孔道灌浆应饱满、密实。

1)灌浆材料

孔道灌浆用的水泥浆应具有较大的流动性、较小的干缩性与泌水性。灌浆用水泥应优先采用强度等级不低于 42.5 级的普通硅酸盐水泥,拌合用水和掺加的外加剂中不能含有对预应力筋和水泥有害的成分,外加剂应与水泥做配合比试验并确定掺量后使用。

灌浆用水泥浆应符合下列规定:

①采用普通灌浆工艺时稠度宜控制在 12~20 s,采用真空灌浆工艺时稠度宜控制在 18~25 s;

②水胶比不应大于 0.45;

③3 h 自由泌水率宜为 0,且不应大于 1%,泌水应在 24 h 内全部被水泥浆吸收;

④采用普通灌浆工艺时,自由膨胀率不应大于 6%,采用真空灌浆工艺时,自由膨胀率不应大于 3%;

⑤水泥浆中氯离子含量不应超过水泥重量的 0.06%;

⑥边长为 70.7 mm 的立方体水泥浆试块,经 28 d 标准养护后的抗压强度不应低于 30 MPa。

灌浆用的水泥浆要过筛,在灌浆过程中应不断搅拌,以免沉淀析水。

2)灌浆施工

灌浆前,应确认孔道、排气管、泌水管及灌浆孔畅通;对预埋管成型孔道,可采用压缩空气清孔。采用真空灌浆工艺时,应确认孔道系统的密闭性。

灌浆设备采用灰浆泵。灌浆工作应连续进行,并应排气通畅。在灌满孔道并封闭排气孔后,宜再继续加压至 0.5~0.7 MPa,并稳压 1~2 min,稍后再封闭灌浆孔。当泌水量较大时,宜进行二次灌浆或泌水孔重力补浆。

曲线孔道灌浆后(除平卧构件),水泥浆由于重力作用下沉,少量水分上升,造成曲线孔

道顶部的空隙较大。为了使曲线孔道顶部灌浆密实，应在曲线孔道的上曲部位设置的泌水管内人工补浆。

在预留孔道比较狭小、孔道较为复杂的情况下，可以采用真空辅助灌浆，即在预应力孔道的一端采用真空泵抽吸孔道中的空气，使孔道内形成负压为 $0.8 \sim 1.0$ MPa 的真空度，然后在孔道的另一端采用灌浆泵进行灌浆。

3）端头封裹

预应力筋锚固后的外露长度应不小于 30 mm，多余部分宜用砂轮锯切割。锚具应采用封头混凝土保护。封锚的混凝土宜采用与构件同强度等级的细石混凝土，其尺寸应大于预埋钢板尺寸，锚具的保护层厚度不应小于 50 mm。锚具封裹前，应将封头处原有混凝土凿毛，封裹后与周边混凝土之间不得有裂纹。

4.4.3　预应力智能张拉和压浆技术

在智能建造背景下，预应力工程的智能化主要体现在预应力智能张拉和智能压浆技术上。

1. 预应力智能张拉技术

在大跨度桥梁、大空间建筑中，预应力技术应用十分普遍。有效预应力的建立是保证预应力混凝土结构发挥设计功能的关键因素。传统的预应力施工工艺为"粗放型"，受施工现场条件和人为因素干扰较大，一般认为按照传统的施工方法，有效预应力的施工质量稳定性和可靠性较差。随着工业控制、物联网、人工智能等新兴技术的不断发展，以传感器实时监测代替人工测量、以计算机智能控制代替人工控制、以数据实时存储分析代替人工记录分析的预应力智能张拉技术得到了快速发展，成为智能建造的重要技术。

传统的预应力张拉技术存在如下不足：

①预应力张拉设备标定存在较大误差。

②张拉力控制和预应力筋的伸长量测量精度受人工测量手段影响。

③张拉过程中，伸长量有偏差时，不能及时进行分析判断。

④张拉锚固前的持荷环节无法精确控制。

⑤无法进行张拉过程中其他参数（反拱、应力应变、变形等）的测控。

⑥张拉同步性控制精度不足。

⑦无法准确确定锚具回缩量。

⑧检测摩阻工艺复杂、误差大。

⑨第三方难以进行实时有效监控。

⑩人工填写施工报表。

当前，国内已经研发并成功应用于工程实践的预应力智能张拉系统有多套，各具特色。总体上，预应力智能张拉系统由主控计算机、智能张拉仪（油泵）、智能千斤顶三部分组成，由主控计算机发出指令，同步控制每台设备的每一个机械动作，自动完成整个张拉过程。系统以张拉应力为控制指标，以预应力筋的伸长量为校核指标。通过现代传感技术和数字控制技术，实时采集、分析每台张拉设备的张拉力和伸长量数据。预应力智能张拉系统可实现以

AI

AI微课
先张法施工和
后张法施工的区别

下主要功能：

①通过设置高精度的油压和位移传感器，实时采集每台千斤顶的工作压力和预应力筋的伸长量数据，实现张拉力和伸长量的双控。

②将数据实时传输到计算机进行分析判断，并通过自动控制系统进行张拉油泵的自动补压、同步加压、匀速加压三大精细化控制，精确控制张拉力，精确按要求控制对称同步张拉。

③按规范要求控制张拉程序，自动控制张拉停顿点、加载速率、持荷时间。

④通过张拉控制力及预应力筋伸长量监测、数据处理、记忆存储、张拉力及伸长量关系分析、张拉数据的随意调取，实现自动生成施工报表，进行记录、报警及处理，消除人为因素，实现数据溯源。

预应力智能张拉系统的构成如图 4-32 所示。

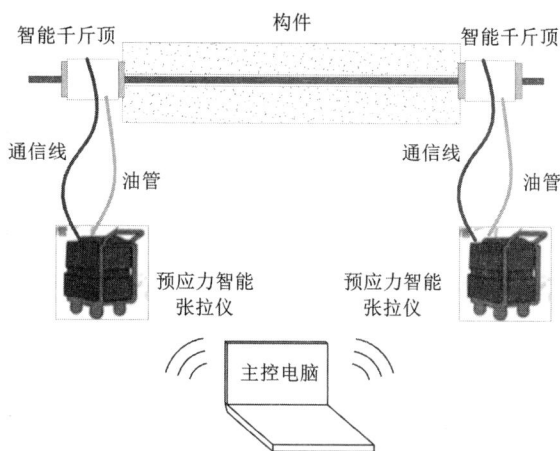

图 4-32　预应力智能张拉系统构成示意图

在此基础上，预应力智能张拉系统还不断实现新的智能技术迭代，如通过远程智能监控平台实时监控，通过物联网对反拱、应力应变、管道摩阻、锚具回缩等参数实现同步监控等。

2. 预应力智能压浆技术

预应力孔道灌浆质量直接影响预应力混凝土结构的性能与寿命。预应力灌浆不密实，会导致预应力筋遭到锈蚀，由于预应力筋在高应力状态下更易锈蚀（约是普通状态下的 6 倍），所以会对预应力结构的耐久性产生严重影响，甚至影响结构安全；同时，预应力筋通过灰浆与周围混凝土黏结成整体，灌浆质量差会降低锚固的可靠性，对结构的抗裂性和承载能力产生直接影响。传统的人工控制灌浆技术存在诸多不确定性因素：

①水泥浆液材料配制的不确定性因素。由于现场配制浆液称重设备的使用误差，以及施工人员为了方便施工而随意改变浆液的流动性，材料配比难以达到实验室标准配比要求，实际水胶比也无法完全满足规范要求，从而直接影响孔道的灌浆质量。

②孔道内空气排除情况的不确定因素。传统灌浆工艺难以保证将孔道内空气排除干净，从而导致压浆后出现空洞。即使采用真空辅助压浆，锚头端部的预应力筋缝隙也不能保证孔道的密封性，因此压浆时孔道内的负压往往难以达到规范要求。

③孔道压浆压力控制的不确定性因素。由于采用压力表盘读数控制压浆压力，在压浆过

程中，机械振动等因素会导致压力表出现瞬时波动，其读数难以稳定控制；而仅靠人工观察记录读数，又会使数据存在误差。

④保压压力和时间控制的不确定性因素。保压压力的控制依旧采用压力表盘读数人工控制，控制难度较大。在保压时间的控制上，人为因素影响较大，保压时间往往不能达到规范要求。

预应力孔道智能压浆技术是针对孔道压浆质量控制的技术难题而形成的新型智能技术。智能压浆系统一般由主控电脑、智能压浆台车、循环管路组成（图4-33）。系统通过主控电脑发送指令，控制智能压浆台车进行压浆，使浆液在循环孔道内满管路持续循环，排净孔道内空气，完成灌浆。循环过程为：水泥、外加剂、水通过高速制浆筒完成高速搅拌制浆，将浆液抽至储浆筒，控制系统控制压浆系统启动，浆液自储浆筒依次进入螺杆泵、预应力孔道后回流至储浆筒形成循环回路。浆液持续循环可排除孔道内空气，在自动加压至预设压力后稳压 3~5 min 即完成压浆施工。

同时，利用智能控制技术，自动控制浆液水胶比和压浆压力，保证浆液质量、压力大小和稳压时间等控制指标符合规范要求，确保压浆饱满和密实。

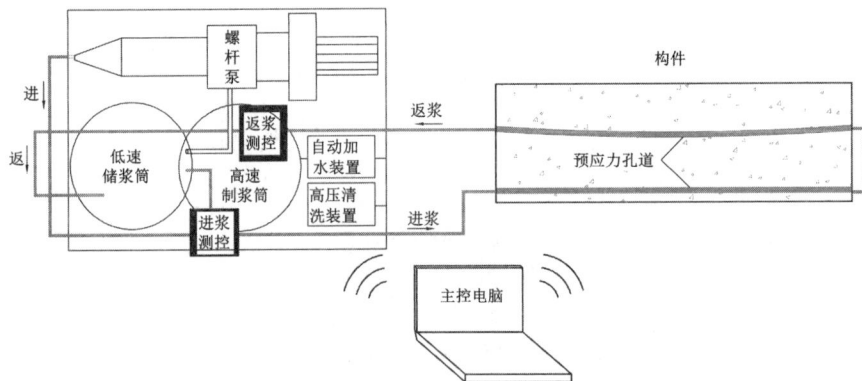

图 4-33　预应力智能压浆系统构成示意图

智慧启思

上海中心大厦——超高层混凝土施工的"中国方案"

认知拓展

实践创新

思 考 题

1. 模板必须符合哪些基本要求?

2. 模板工程由哪些部分组成? 各部分的作用是什么? 木模板和组合钢模板各有何特点?

3. 简述竖向构件(如柱和墙)、水平构件(如梁和板)的模板构造特点。

4. 模板设计应考虑哪些荷载?

5. 模板工程设计时, 水平模板应考虑哪些永久荷载和可变荷载? 垂直模板应考虑哪些永久荷载和可变荷载?

6. 某剪力墙长、高分别为 5700 mm 和 2900 mm, 施工气温 20 ℃, 混凝土塌落度 80 mm, 混凝土浇筑速度为 1.5 m/h, 采用泵管下料方法, 采用组合式钢模板, 试问如何选用内、外钢楞?

7. 某主梁纵向受力钢筋设计为 5 根 HRB400 级(直径 25 mm)的钢筋, 现在因无此钢筋, 仅有 HRB400 级(直径 28 mm、20 mm)两种钢筋, 已知梁宽为 350 mm, 请问应如何代换?

参考答案

8. 设混凝土水灰比为 0.6，已知设计配合比为水泥 : 砂 : 石子 = 260 kg : 650 kg : 1380 kg，现测得工地砂含水率为 2.5%，石子含水率为 1.5%，试计算施工配合比。若搅拌机的装料容积为 400 L，每次搅拌所需材料又是多少？

9. 混凝土在运输和浇筑中如何避免产生分层离析？

10. 试述施工缝留设的原则和处理方法。

11. 大体积混凝土浇筑容易产生温度裂缝的机理是什么？

12. 大体积混凝土浇筑防止出现温度裂缝的核心思想是什么？有哪些措施？

13. 为什么要规定冬期施工的"临界强度"？冬期施工应采取哪些措施？

14. 混凝土智能养护需要解决的核心问题是什么？

15. 试比较先张法与后张法施工的不同特点及其适用范围。

16. 先张法施工时，预应力筋什么时候才可放张？怎样放张？

17. 预应力筋张拉常采用哪几种张拉程序？

18. 某预制梁厂要开发智能化系统建设智慧梁厂，内容涉及人员管理、原材料管理、钢筋智能加工、混凝土拌合站、混凝土智能养护、预应力智能张拉、预应力智能压浆，请综合相关知识制定智慧梁厂智能化系统方案的设计提纲，具体列出各项智能技术需要达到的功能要求。

第 5 章

装配式结构施工与智能化

本章思维导图

AI微课

随着建筑产业现代化进程的加速，装配式结构以其高效、优质、环保的显著优势，已成为推动建筑业转型升级的核心路径。装配式结构通过工厂化预制构件与现场装配化施工的有机结合，彻底革新了传统建筑生产模式，实现了建筑产品质量可控、工期缩短及资源节约的多重目标。与此同时，智能化技术的深度融入，如建筑机器人、智能监控系统及数字化管理平台的应用，更为装配式建筑注入了新的发展动能，推动其向"智能制造+智慧建造"方向跨越式发展。

5.1 混凝土构件的工业化制造

一般情况下，预制构件在工厂制作(图5-1)。如果建筑工地距离工厂太远，或通往工地的道路无法通行运送构件的大型车辆，构件也可以在工地制作。

预制构件的制作工艺多种多样，其选择受到多种因素的影响，包括但不限于构件的类型、复杂程度、具体品种以及投资者的个人偏好。在规划预制构件工厂的建设时，必须全面考虑市场需求、主导产品类型、预期的生产规模以及投资能力，以此来确定最适合的生产工艺，并依据这一决策进行工厂的整体布局与日常生产安排，以实现高效、灵活的生产流程。

> **AI微课**
> 混凝土构件的工业化
> 智造工艺解析

图5-1 预制构件工厂车间

5.1.1 混凝土构件预制工艺概述

1.制作工艺

预制构件的制作工艺主要涵盖固定方式与流动方式两大类。固定方式指的是模具被安置在固定位置进行作业，其中包括固定模台工艺、立模工艺以及预应力工艺等诸多形式；而流动方式，则是模具在流水线上进行移动生产，亦被称作流水线工艺，它细分为手控流水线、半自动化流水线以及全自动化流水线等多种模式。

下面分别对固定模台工艺、立模工艺、预应力工艺和流水线工艺进行介绍。

①固定模台工艺：是固定式生产中至关重要的工艺环节，且在预制构件制造领域内应用极为普遍。固定模台本质上是一个具备高平整度的钢结构平台，同时，它也可以是采用高平整度、高强度水泥基材料制成的平台。在预制构件的生产流程中，固定模台扮演着底模的角色，工人们在其上固定构件侧模，进而组合成一个完整的模具，具体如图 5-2 所示。此外，固定模台还被称作底模、平台或台模。

②立模工艺：作为另一种重要的预制构件生产方式，与固定模台工艺形成了鲜明的对比。两者的主要区别在于浇筑方式的不同：固定模台工艺的构件是"躺着"进行浇筑的，而立模工艺的构件则是"立着"进行浇筑的。立模工艺又可分为独立立模和组合立模两种类型。独立立模通常用于单个构件的浇筑，如垂直立模浇筑的柱子或竖向立模浇筑的楼梯板；而组合立模则适用于成组浇筑的构件，如墙板模具（图 5-3）。

图 5-2　固定模台

图 5-3　实心墙板成组立模

③预应力工艺：一种预制构件固定生产方式，分为先张法工艺和后张法工艺。

先张法工艺一般用于制作大跨度预应力混凝土楼板、预应力叠合楼板或预应力空心楼板。

先张法工艺是在固定的钢筋张拉台上制作构件（图 5-4）。钢筋张拉台是一个长条平台，两端是钢筋张拉设备和固定端。钢筋张拉后，在长条平台上浇筑混凝土，养护达到要求强度后，拆卸边模和肋模；然后卸载钢筋拉力，切割预应力楼板。除钢筋张拉和楼板切割外，其他工艺环节与固定模台工艺接近。

后张法工艺主要用于制作预应力梁或预应力叠合梁，其工艺方法与固定模台工艺接近。构件预留预应力钢筋（或钢绞线）孔，钢筋张拉在构件达到要求强度后进行（图 5-5）。

④流水线工艺：该工艺是运用模台（亦称"移动台模"或"托盘"），将其安装于滚轴或轨道系统，实现模台的灵活移动。在组模区域，模台首先进行模具组装；随后，模台被移送至钢筋与预埋件装配区，完成钢筋与预埋件的安装作业；接着，模台继续前行至浇筑振捣平台，进行混凝土的浇筑工作；浇筑完成后，模台下方的平台启动振动功能，对混凝土进行振捣处理；振捣结束后，模台被移送至养护窑内，进行混凝土的养护作业；养护期满后，模台离开养护窑，被移送至脱模区，进行构件的脱模处理，构件或直接吊起，或在翻转台上翻转后再吊

起；最后，构件被运送至存放区域。

图 5-4 先张法制作预应力楼板

图 5-5 后张法制作预应力梁

2.预制构件制作工艺的选择

预制构件工厂应根据市场定位确定预制构件的制作工艺，可选用单一的工艺方式，也可以选用多工艺组合的方式。

①固定模台工艺：灵活性强，可以承接各种工程，生产各种构件。

②固定模台工艺+立模工艺：在固定模台工艺的基础上，附加一部分立模区，生产板式构件。

③单流水线工艺：适用性强，专业生产标准化的板式构件，如叠合楼板。

④单流水线工艺+部分固定模台工艺：流水线生产板式构件，设置部分固定模台生产复杂构件。

⑤双流水线工艺：布置两条流水线，各自生产不同的产品，都能达到较高的效率。

⑥预应力工艺：有预应力楼板需求时设置。当市场量较大时，可以建立专业工厂，不生产别的构件；也可以作为采用其他装配式混凝土结构构件工艺的工厂的附加生产线。

3.构件生产工艺流程

构件生产工艺主要流程包括生产前准备、模具制作和拼装、钢筋加工及绑扎、饰面材料加工及铺贴、混凝土材料检验及拌合、钢筋骨架入模、预埋件固定、门窗保温材料固定、混凝土浇捣与养护、脱模与起吊及质量检查等(图 5-6)。

5.1.2 混凝土构件预制生产流程

1.原材料入场检验

原材料、半成品和成品进厂时，应对其规格、型号、外观和质量证明文件进行检查；需要进行复检试验的，在复检合格后方可使用。

(1)原材料储存

①水泥存放：按强度等级和品种存于完好的散装水泥仓，仓外挂牌标注进库日期、品种、强度等级、生产厂家和存放数量，超期需进行复检，复检合格后方可按测定值调整配合比使用。

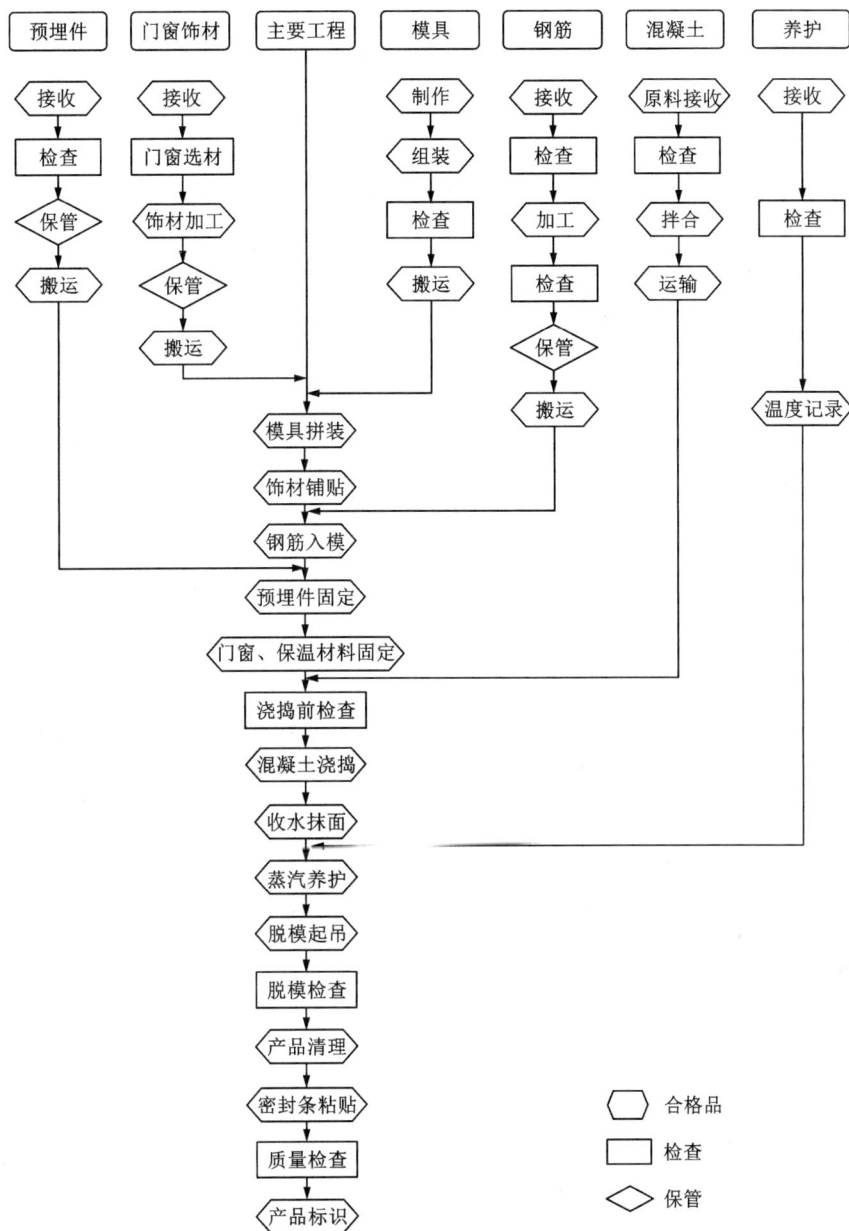

图 5-6　构件生产工艺流程

②钢材存放：按品种、规格存放于防雨、干燥环境，钢材底部应设置架空垫层，离地高度不小于 200 mm，每堆钢筋挂牌标明进厂日期、型号、规格、生产厂家和数量。

③骨料存放：按品种、规格分别堆放，挂牌注明规格、产地和存放数量，并采取防混料和防雨措施。

④外加剂存放：按不同生产企业、品种分别存放，防止沉淀，多数液体外加剂冬季需在 5 ℃以上环境存放，防冻型外加剂需按产品说明书要求储存，挂牌标明名称、型号、产地、数量和入厂日期。

⑤装饰材料存放：反打石材和瓷砖宜室内储存，室外储存需遮盖并设车挡；反打石材装箱运输存放，无包装箱的大规格板材直立码放时光面相对倾斜度不超过 15°，底面与层间用无污染弹性材料支垫；装饰面砖包装箱码垛不超过 3 层。

⑥其他材料存放：预埋件、套筒、拉结件存于防水、干燥处；保温材料放于防火区并配灭火器，防水防潮；液体修补材料避光保存，室温高于 5 ℃；粉状修补材料防水、干燥并遮盖保存。

（2）安装调试与人员培训

预制构件制作前，应对各种生产机械、设施设备进行安装调试、工况检验和安全检查，确认其符合相关要求。预制构件制作前，还应对相关岗位的人员进行技术操作培训。

（3）编制生产计划

预制构件制作前，应根据确定的施工组织设计文件编制下列生产计划文件：生产工艺及构件生产总体计划，模具方案及模具计划，原材料、构配件进厂计划，构件生产计划，物流管理计划。

2. 模具的清洁与装配流程

（1）底模的清洁作业（图 5-7）

驱动装置将底模精准移送至预设清理工位，清扫机的大件挡板在此过程中阻挡大块混凝土块进入，防止清扫机内部受损。随后立式旋转清理电机组启动，全面清除底模底面附着的小块混凝土残余，风刀进一步吹扫表面，提升清洁度。同步运作的废料回收箱持续收集废渣，并将其输送至车间外部处理。需注意的是，模具部分仍需人工精细清理以确保整体清洁质量。

图 5-7　底模清洁

（2）模具清理

①用钢丝球或刮板清理内腔残留混凝土和杂物，压缩空气吹净，以手擦无浮灰为准。

②清理所有模具拼接处的杂物，保证无尺寸偏差。

③清理模具基准面边缘，确保抹面厚度符合要求。

④清理模具工装残留的混凝土。

⑤清理模具外腔并涂油保养。

⑥收集清理的混凝土残灰至指定垃圾桶。

（3）组模

①组模前检查清模情况，不干净不得组模。

②检查模板有无损坏、缺件，及时维修或更换。

③选正确侧板拼装，不许漏放紧固螺栓或磁盒，拼接处贴平直、无间断和褶皱的密封胶条，转角处不搭接。拧紧各部位螺丝，确保模具尺寸偏差在允许范围内。

④各部位螺丝校紧，模具拼接部位不得有间隙，确保模具所有尺寸偏差控制在误差范围以内。

（4）涂刷界面剂

①涂刷模具在绑扎钢筋笼前操作，避免涂到钢筋笼上。

②涂刷前保证模具干净无浮灰。

③界面剂涂刷工具为毛刷，严禁使用其他工具。

④涂刷界面剂必须涂刷均匀，严禁有流淌、堆积的现象。涂刷完的模具要求涂刷面水平向上放置，20 min 后方可使用。

⑤涂刷厚度为 0.3~0.5 mm，涂刷 2 次，间隔不少于 15 min。

（5）隔离剂的应用

隔离剂的应用方式主要包括涂刷与喷涂两种。

在涂刷隔离剂时，需注意以下关键事项：

①涂刷前，必须确保模具已被彻底清洁。选择使用水性隔离剂，并确保抹布（或海绵）及隔离剂本身始终保持清洁无污染。使用干净的抹布蘸取适量隔离剂，拧至隔离剂不会自然滴落后，将其均匀涂抹于底模及模具内腔，确保无遗漏区域。涂刷完成后，模具表面不应留有明显痕迹。

②在喷涂隔离剂时，首先将底模移动至指定工位，随后通过喷油机的喷油管均匀喷洒隔离剂。利用抹光器进行扫抹，以确保隔离剂均匀分布。喷涂机的高压超细雾化喷嘴能够实现均匀喷涂，通过调整喷嘴的工作数量、喷涂角度以及模台的运行速度，可以有效控制隔离剂的厚度与喷涂范围。

3. 自动化划线流程

根据任务要求，使用 CAD 软件绘制模板尺寸及模台相对位置图，经专用软件转换格式传输至划线机主机。划线机械手按预设程序自动生成模板与预埋件安装线，作业人员依线精准施工，避免人为失误导致产生不合格品（图 5-8）。全过程无须人工直接操作，线条粗细及绘制速度可按需调节。当同一模台需生产多个构件时，通过编程优化构件布局，可显著提升模台利用率。

4. 模具的固定与组装

驱动装置将已划好线的底模移送至组装工位，随后手工刷涂模板内表面的界面剂。将已绑扎好的钢筋笼吊运至指定位置。作业人员依据线条调整并校核模板与钢筋笼在模台上的位置。利用航车将模具与钢筋骨架吊运至工位，以划线为基准进行安装，并对模具（包括门窗洞口模具）进行微调，随后进行紧固。下边模与底模采用螺栓连接，上边模使用花篮螺栓固定，而侧模与窗口模具则利用磁盒进行固定（图 5-9）。

图 5-8　划线　　　　　　　　　　　　　图 5-9　组模

5.钢筋加工安装及预埋件埋设

（1）钢筋加工及连接

钢筋加工及连接是预制构件重要的前期工作，包括钢筋的配料、切断、弯曲、焊接和绑扎等。传统钢筋加工质量很大程度上依赖于钢筋工人的熟练程度。随着自动化机械的发展，如数控弯箍机、钢筋网片点焊机等，钢筋加工质量和效率均得以大幅提高。其工艺流程如图5-10所示。

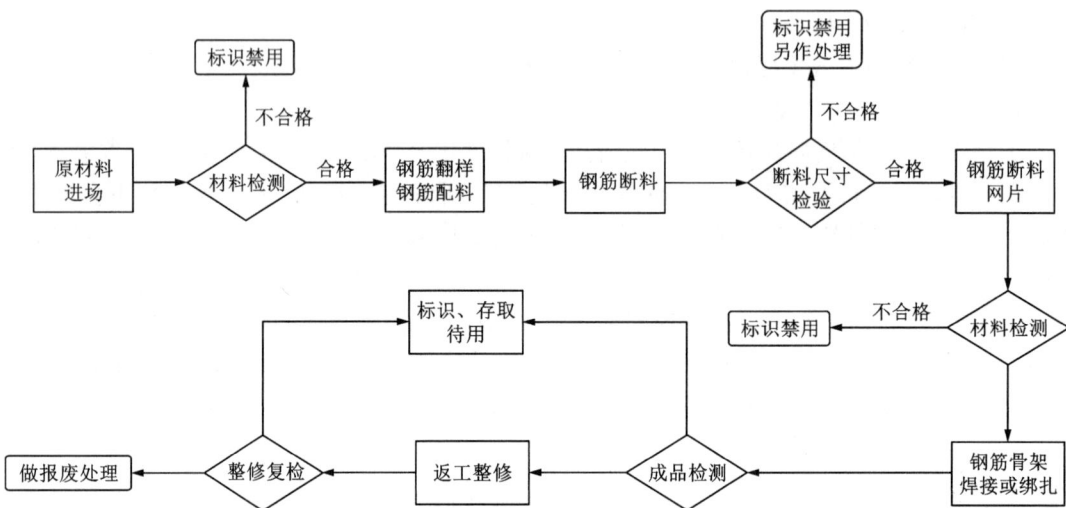

图5-10　钢筋加工工艺流程

（2）钢筋骨架制作

钢筋骨架的制作工艺需严格遵循以下规范：

①在绑扎或焊接钢筋骨架之前，必须细致核对钢筋的切割尺寸及设计图纸，确保准确无误。

②需确保所有水平分布筋、箍筋及纵向钢筋的保护层厚度、外露部分尺寸符合标准，同时严格控制箍筋、水平分布筋与纵向钢筋之间的间距。

③在边缘构件范围内，纵向钢筋需按顺序穿过箍筋，且从上至下需与主筋保持垂直。

④竖向分布钢筋按规定进行绑扎。墙体水平分布筋、纵向分布筋的每个绑扎点采用两根绑丝，剪力墙身拉筋要求按照双向拉筋与梅花双向拉筋布置（图5-11），参见《混凝土结构施工图平面整体表示方法制图规则和构造详图（现浇混凝土框架、剪力墙、梁、板）》（22G101-1）。

⑤电器盒预埋位置下部需预留线路连接槽口，此处墙板钢筋做法如图5-12所示。

⑥绑扎板筋时，一般用顺扣或八字扣，钢筋每个交叉点均要绑扎，且绑扎牢固不得松扣。叠合板吊环要穿过桁架钢筋，绑扎在指定位置。

⑦叠合板中，直径不大于300 mm的洞口钢筋构造如图5-13所示。

⑧楼梯段绑扎要保证主筋、分布筋之间的钢筋间距及保护层厚度，先绑扎主筋后绑扎分布筋。每个交叉点均应绑扎。当有楼梯梁钢筋时，先绑扎梁钢筋后绑扎板钢筋，板钢筋要锚固到梁内，底板钢筋绑扎完，再绑扎梯板负筋。

(a) 拉筋@3a3b双向 ($a \leqslant 200$、$b \leqslant 200$)　　　(b) 拉筋@4a4b梅花双向 ($a \leqslant 150$、$b \leqslant 150$)

图 5-11　双向拉筋与梅花双向拉筋布置

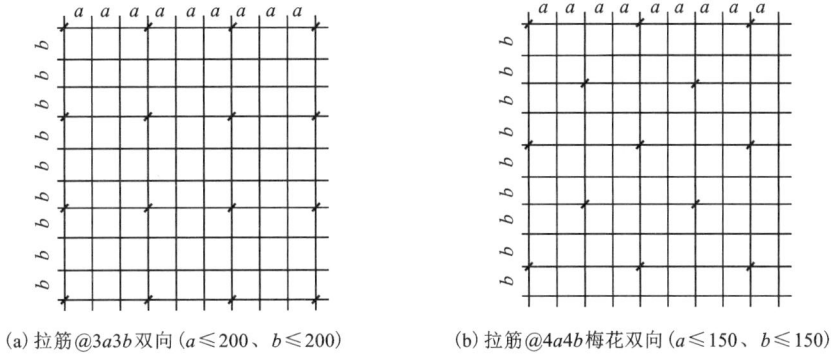

(a) 一侧线盒预留槽口距预制墙边≥300 m　　　(b) 一侧线盒预留槽口距预制墙边<300 mm

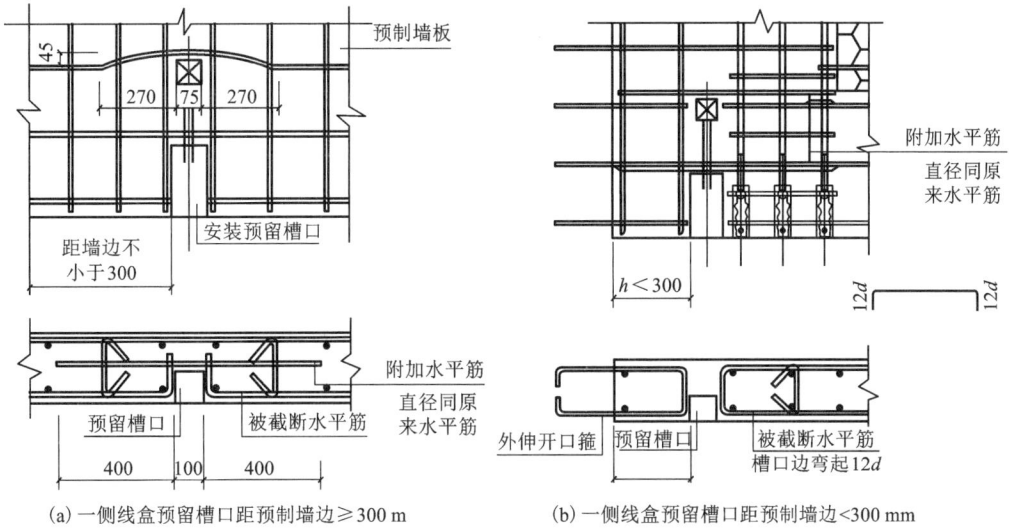

(c) 两侧线盒预留槽口距预制墙边≥300 mm

图 5-12　电器盒预留槽口钢筋做法 (单位:mm)

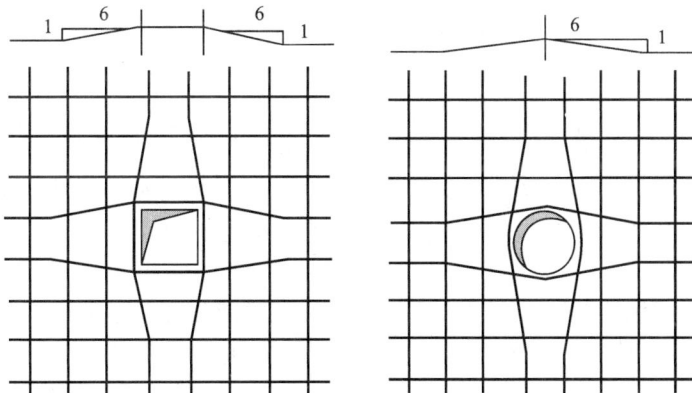

图 5-13　矩形洞或圆形洞直径≤300 mm 时钢筋构造

⑨所有预制构件吊环埋入混凝土的深度不应小于 $30d$(d 为吊环钢筋或圆钢的直径)。

⑩钢筋骨架制作偏差应满足表 5-1 的要求。

表 5-1　钢筋网或钢筋骨架尺寸和安装位置偏差

项次	检验项目及内容		允许偏差/mm	检验方法
1	绑扎钢筋网片	长、宽	±5	尺量
		网眼尺寸	±10	尺量连续三挡,取偏差最大值
2	焊接钢筋网片	长、宽	±5	尺量
		网眼尺寸	±10	尺量连续三挡,取偏差最大值
		对角线差	5	尺量
		端头不齐	5	
3	钢筋骨架	长	±10	尺量
		宽	±5	
		厚	0, −5	
		主筋间距	±10	尺量两端、中间各一点,取偏差最大值
		排距	±5	
		箍筋间距	±10	
		钢筋弯起点位置	±20	尺量
		端头不齐	5	
4	保护层厚度	柱、梁	±5	尺量
		板、墙板	±3	

（3）混凝土搅拌

混凝土搅拌作业需着重关注以下两大要点：

①节奏把控。与现浇混凝土的整体浇筑方式不同,预制混凝土作业是逐个构件进行浇筑的。由于各构件的混凝土强度等级、所需混凝土量以及前道工序的完成进度均存在差异,因此,在预制混凝土的搅拌作业中,对节奏的把控至关重要。

②原材料质量达标。严格按照配合比设计进行投料,确保计量准确无误;同时,混凝土搅拌时间应根据强度等级确定,C30 及以下不少于 90 s,C35 及以上不少于 120 s,以保证混凝土的质量。

6. 混凝土运送

在混凝土的生产与运输过程中,运送环节同样至关重要。若流水线混凝土浇筑振捣平台直接设在搅拌站出料口位置,则混凝土可直接出料给布料机,无须额外的运送环节。然而,若流水线混凝土浇筑振捣平台与出料口存在一定距离,或采用固定模台生产工艺,则需考虑混凝土的运送问题。

预制构件工厂常用的混凝土运输方式包括自动鱼雷罐运输、起重机-料斗运输以及叉车料斗运输。在工厂超负荷生产,且厂内搅拌站无法满足生产需求时,可考虑从工厂外的搅拌站采购商品混凝土，并采用搅拌罐车进行运输。

自动鱼雷罐(图 5-14)作为搅拌站到构件生产线布料机之间的主要运输工具，其运输效率高，非常适合浇筑混凝土的连续作业。但需注意，采用自动鱼雷罐运输时，搅拌站与生产线布料位置的距离不宜过长，建议控制在 150 m 以内，并确保为直线运输，以减少运输过程中的损耗和时间成本。

此外，车间内还可利用起重机或叉车配合料斗进行混凝土的运输(图 5-15)。这种方式适用于生产各种预制构件，且运输、卸料方便灵活。

图 5-14　自动鱼雷罐图

图 5-15　叉车配合料斗运输

混凝土运送需做到以下 4 点：

①运送能力需与混凝土搅拌的节奏相匹配，确保高效协同。

②确保运送路径畅通无阻，并尽可能缩短运输时间，提高效率。

③每次运送混凝土后，容器必须彻底清洗干净，避免残留混凝土影响后续使用。

④若运送路径包含露天段，在雨雪天气时，应对运送混凝土的叉车或料斗进行遮盖，防止混凝土受潮。

7.混凝土入模

①喂料斗半自动入模(图 5-16)：操作人员通过精准控制布料机的移动，完成混凝土的浇筑。混凝土浇筑量依据人工计算或丰富经验进行调控，此方式是目前国内流水线上广泛采用的浇筑入模技术。

②料斗人工入模(图 5-17)：操作人员通过灵活操控起重机、移动料斗以实现混凝土的浇筑。该方式适用于异形构件及固定模台的生产线，浇筑点、浇筑时间灵活多变，浇筑量完全由人工掌控。其显著优点在于机动性强、成本低廉。

③智能化入模(图 5-18)：布料机根据计算机传送过来的信息，自动识别图样以及模具，从而自动完成布料机的移动和布料，工人通过观察布料机上显示的数据，来判断布料机的混凝土量，随时补充。混凝土浇筑遇到窗洞口时自动关闭卸料口，防止混凝土误浇筑。

混凝土无论采用何种入模方式，浇筑时均应遵循以下规定，以确保施工质量和安全：

a.在混凝土浇筑之前，务必对混凝土进行全面检查，涵盖坍落度、温度及含气量等关键指标，并拍摄存档以备查。

b.混凝土的浇筑过程需保持均匀且连续，建议从模具的一端逐步推进。

c. 为避免混凝土分层或离析，投料高度应严格控制在 500 mm 以内。

d. 在浇筑过程中，应密切关注混凝土的均匀性、密实度及整体性，确保施工质量。

e. 为确保混凝土强度，所有浇筑工作必须在混凝土初凝前全部完成。

f. 为提高混凝土的密实度和均匀性，应边浇筑边进行振捣作业。

g. 在冬季施工中，混凝土的入模温度需保持在 5 ℃ 以上，以防冻害。

h. 在混凝土浇筑前，还需根据施工要求制作同条件养护试块，以检验混凝土强度等性能。

图 5-16　喂料斗半自动入模

图 5-17　料斗人工入模

图 5-18　智能化入模

8. 混凝土振捣

①固定模台振动棒振捣。预制构件混凝土与现浇混凝土的振捣方式有所不同。鉴于套管和预埋件的数量较多，普通的振动棒可能无法满足需求，因此应选用更为精细的超细振动棒或手提式振动棒进行作业(图 5-19)。

②固定模台附着式振动器振捣。在固定模台上生产板类构件，如叠合楼板、阳台板等薄壁性构件时，可选用附着式振动器进行振捣作业(图 5-20)。

③固定模台平板振动器振捣。平板振动器在墙板内表面找平及局部辅助振捣方面表现出色。

④流水线振动台振捣。流水线振动台通过精确的水平与垂直振动，确保混凝土达到密实状态。欧洲柔性振动台更是能够全方位 360°运动（图 5-21），不仅保证混凝土密实，且噪声被有效控制在 75 dB 以内，展现了其高效与环保的特性。

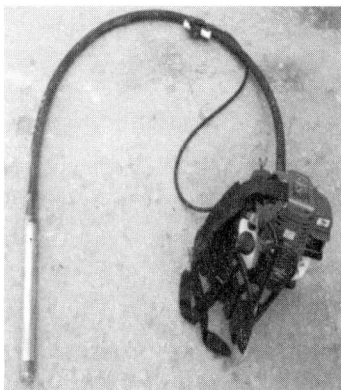

图 5-19　手提式振动棒

图 5-20　附着式振动器

9.浇筑表面处理

①压光面。在混凝土浇筑振捣完成后、混凝土终凝前，首先使用木质抹子对混凝土表面进行砂光、砂平处理，随后采用铁抹子进行压光作业，直至形成光滑平整的压光表面。

②粗糙面。若需制作粗糙面，可采用拉毛工具进行拉毛处理，或使用露骨料剂喷涂等方式来形成所需的粗糙效果。图 5-22 展示了在预应力叠合板浇筑面表面制作粗糙面的实例。

③键槽。当需要在浇筑面预留键槽时，应在混凝土浇筑完成后及时使用内模或专用工具进行压制成型。

④抹角。浇筑面的边角部分应做成 45°抹角，如叠合板上部边角等，这可以通过内模成型或人工抹制的方式来实现。

图 5-21　欧洲流水线 360°振动台

图 5-22　预应力叠合板浇筑面表面

5.2　钢结构构件的工业化制造

>>>

5.2.1　钢结构材料类型与要求

>>>

1. 钢材的规格

热轧工艺制成的钢板与型钢，以及通过冷加工技术成形的冷轧薄钢板与冷弯薄壁型钢，均为钢结构领域内广泛应用的钢材类型。

（1）钢板

钢板类别涵盖厚钢板、薄钢板及扁钢。其中，厚钢板常用于大型梁、柱等实腹式构件的翼缘、腹板及节点板；薄钢板则专用于冷弯薄壁型钢的制作；扁钢则适用于柱的翼缘板、各类连接板以及加劲肋等。在符号"—"后附加"宽度×厚度"的标注方式，即可清晰表达钢板的截面信息。

（2）热轧型钢

热轧型钢的常见类型包括角钢、工字钢及槽钢等，如图 5-23（a）~（f）所示。角钢依其形状分为等边角钢与不等边角钢两类，由角钢构成的格构式杆件常用于桁架等结构体系。不等边角钢的型号标注方式为在符号"∟"后附加"长边宽×短边宽×厚度"，而等边角钢的标注方式则为在符号"∟"后附加"边长×厚度"。

工字钢细分为普通工字钢、轻型工字钢及 H 型钢。普通工字钢与轻型工字钢更适宜作为腹板平面内受弯的构件，而非单独作为受压构件，原因在于其两个主轴方向的惯性矩差异显著。而宽翼缘 H 型钢则可单独作为受压构件，因为其平面内外的回转半径较为接近。在符号"I"后附加截面高度的厘米数，即可明确表示普通工字钢的型号。对于大于 18 号的普通工字钢，根据腹板厚度的不同，又可进一步细分为 a、b 或 a、b、c 等类别。相较于普通工字钢，轻型工字钢的翼缘更宽且更薄，回转半径亦相对较大。

H 型钢与普通工字钢有所不同，其翼缘板内外表面保持平行，便于与其他构件实现连接。H 型钢依据翼缘宽度的不同，可分为宽翼缘（HW）、中翼缘（HM）及窄翼缘（HN）三类。当 H 型钢被剖分成 T 型钢时，则分别表示为 TW、TM、TN。H 型钢及其对应的 T 型钢的型号标注方式均为代号后附加"高度 H×宽度 B×腹板厚度 t_1×翼缘厚度 t_2"。在受压构件中，宽翼缘和中翼缘 H 型钢更为适宜；而在受弯构件中，则宜采用窄翼缘 H 型钢。

槽钢主要分为普通槽钢与轻型槽钢两类。槽钢广泛应用于檩条等双向受弯的构件，或用于组合构件及格构式构件的构成。与工字钢相似，槽钢的型号如 30a，即表示槽钢的截面高度为 300 mm，腹板厚度为 a 类。

钢管常作为杆件被应用于桁架、网架、网壳等平面及空间结构中，其类型涵盖无缝钢管与焊接钢管两种。通过代号"D"后附加"外径 d×壁厚 t"的标注方式，即可准确表达钢管的型号信息。

（3）冷弯薄壁型钢

冷弯薄壁型钢如图 5-23（g）、（h）所示，图 5-23（g）描绘了钢材经由冷弯及辊压工艺塑

造的型材形态，而图 5-23(h)则呈现了压型钢板的样式。此类钢材凭借其可依据设计需求灵活调整截面形状与尺寸的特性，有效利用了钢材的强度特性，实现了钢材的节约利用，故而得以在诸多领域广泛应用。

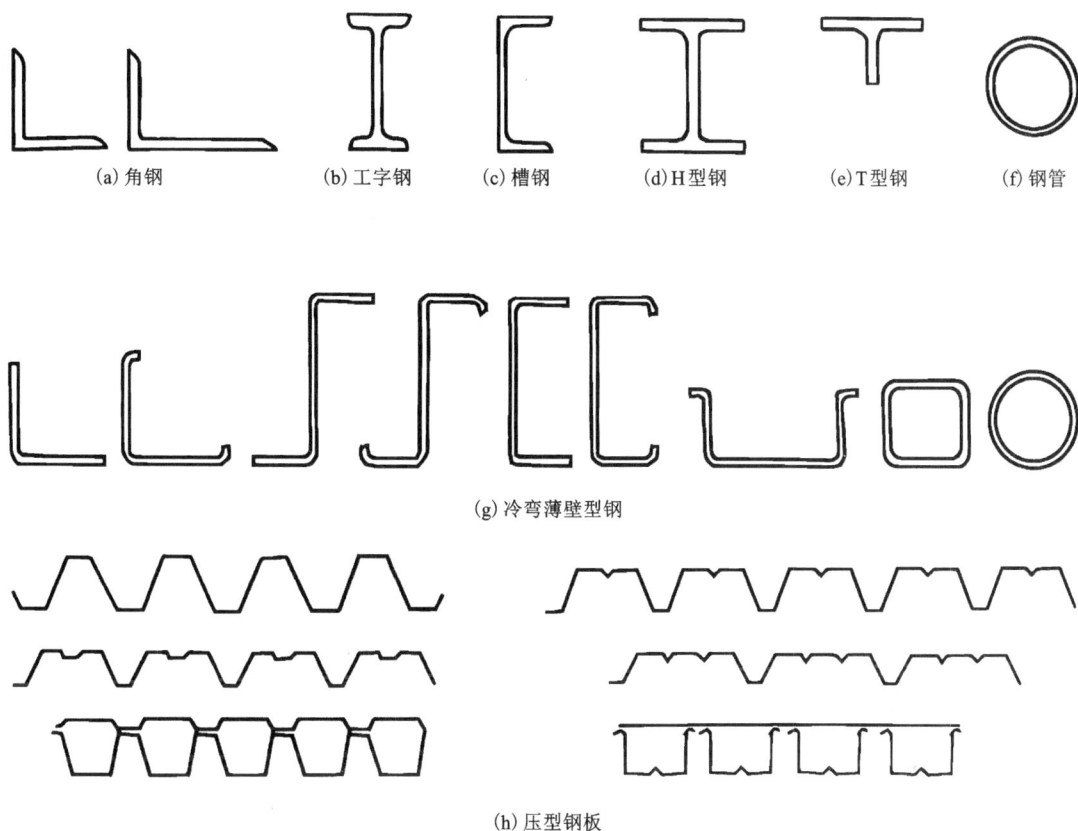

| (a)角钢 | (b)工字钢 | (c)槽钢 | (d)H型钢 | (e)T型钢 | (f)钢管 |

(g)冷弯薄壁型钢

(h)压型钢板

图 5-23　热轧型钢及冷弯薄壁型钢

（4）高强钢丝与钢索材料

高强钢丝，其为经过热处理的高质量碳素结构钢盘条历经一系列精密的冷拔流程精制而成。作为钢绞线、钢丝绳及平行钢丝束等在悬索与张拉结构中扮演重要角色的钢索的基础构成材料，对质量把控提出了极高的要求。遵循我国现行的建筑行业标准《城市桥梁缆索用钢丝》（CJ/T 495—2016），制造钢丝所采用的盘条，在化学成分上需严格控制，其中硫、磷含量上限为 0.025%，铜含量上限为 0.20%。在成品质量控制方面，尺寸偏差、伤痕、锈蚀等瑕疵均需严格把关，力学性能亦需满足表 5-2 所列的各项指标。高强钢丝家族中，冷拔钢丝、普通松弛级钢丝及低松弛级钢丝等成员各具特色，后两者更是建筑与桥梁结构的优选材料。

钢绞线则是通过精心编排的多根高强钢丝依据特定的捻角以螺旋状紧密绞合而成。其中，最为常见的 7 丝钢绞线，由 6 根外围钢丝围绕着 1 根中心钢丝，朝着同一方向精密捻制而成，标记为 1×7。为了进一步提升承载力，还可通过增加绞合钢丝的层数，打造出 1×19、1×37、1×61 等多种规格的钢绞线。在捻制方向上，钢绞线分为左捻与右捻两种，而多层钢绞线的最外层钢丝与相邻内层钢丝的捻向相反，这一设计旨在减小受拉力时产生的扭矩。当钢绞线承受拉力时，中心钢丝所承受的力最大，然而由于钢丝间受力分布不均，钢绞线的抗拉强度相较于单根钢丝会降低10%~20%，弹性模量亦会降低15%~35%。

钢丝绳，则是多股钢绞线围绕纤维芯或金属芯精心捻制而成的杰作。纤维芯以其柔软性而便于施工，但在强度方面略显不足，对索的受力性能及耐久性产生一定影响。因此，在结构用钢丝绳中，金属芯更受青睐。常用的钢丝绳主要分为两种，均由7股钢绞线捻制而成，每股钢绞线中的钢丝数量可选7根或19根，分别标记为7×7和7×19。在钢丝绳内部，每股钢绞线的捻向与每股中钢丝的捻向，既可相反，也可相同，还可部分相反、部分相同，展现出极高的灵活性与多样性。

平行钢丝束，则是在预制厂或施工现场，由平行排列的钢丝精心编织而成。对于每束钢丝的数量，并无严格限制，只需确保每层钢丝能够均匀排列即可，常见的排列形状有圆形和正六边形。此类钢索的钢丝排列紧凑有序，受力均匀，接触应力较低，能够充分发挥其轴向拉力及高弹性模量的力学性能优势，因此常被用作悬索桥结构中承担主要受力任务的缆索。

表5-2　高强钢丝的力学性能

公称直径 (d)/mm	强度级别 (f_y)/(N·mm^-2)	规定非比例延伸强度 (f_{0.2})/(N·mm^-2)		伸长率 (δ)(L_0=250mm)/%	弹性模量/(N·mm^-2)	弯曲		扭转次数	缠绕 (3d×8)	松弛率		
		Ⅰ级松弛 不小于	Ⅱ级松弛 不小于			次数 (180°)	弯曲半径 (r)/mm			初始荷载 (公称荷载的百分数)/%	100h应力损失/%	
											Ⅰ级松弛	Ⅱ级松弛
5.0	1670	1340	1490	≥4	(2.0±0.1)×10^5	≥4	15	8	不断裂	70	≤7.5	≤2.5
	1770	1420	1580									
	1860	1490	1660									
	1960	1570	1750									
7.0	1670	—	1490	≥4		≥5	20	8	不断裂	70	—	≤2.5
	1770		1580									
	1860		1660									

注：1. 钢丝强度级别值为实际抗拉强度的最小值。

2. 供方在通过1000 h松弛性能型式试验后，可进行120 h松弛试验，并以此推算出1000 h松弛值。

2．钢材的选用

在实际工程建设过程中，为确保结构的安全性与稳定性，选用高质量的钢材是至关重要的。若构件或结构主要承受静力荷载，并处于受拉或受弯状态，较薄的型钢和板材往往是较为适宜的选择。然而，当型钢或板材的厚度较大时，为预防脆性破坏的发生，则需选用品质更高的钢材。针对承重结构，为确保钢材的伸长率、屈服强度等核心性能指标达标，严格控制钢材中的硫、磷等有害元素含量显得尤为关键。对于焊接结构而言，除了需满足承重结构对钢材的基本要求外，还必须确保含碳量符合相关标准。而针对焊接承重结构以及重要的非焊接承重结构，所选用的钢材除了需满足上述基本要求外，还需提供冷弯试验合格的证明，以进一步确保其性能。此外，若构件需直接承受动力荷载，或需对疲劳情况进行详细验算，那么钢材还必须满足冲击韧性的相关要求，以确保其在复杂工况下的可靠性和耐久性。

5.2.2 钢结构构件生产

1. 准备工作

钢结构生产前需深入研究施工图纸，按规范细化加工图并制定材料计划。构件接头布置应结合钢材标准或实际长度科学定尺，以降低损耗和优化成本。材料进场须附质保书，且按合同及标准在建设、监理方见证下完成取样送检，同步详细记录检测数据并提交检验报告。原材料进场流程如图 5-24 所示。

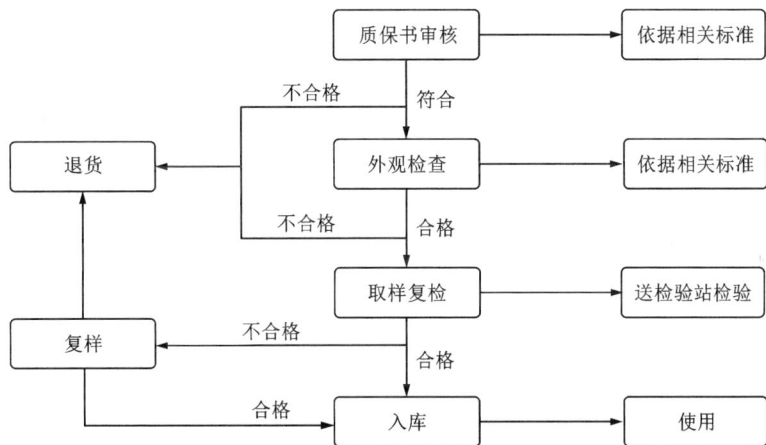

图 5-24 原材料进场流程

2. 钢结构加工

钢结构加工流程详见图 5-25。

3. 典型构件加工

（1）焊接 H 型钢施工工艺

焊接 H 型钢施工工艺流程：下料→拼装→焊接→校正→二次下料→制孔→装焊其他零件→校正打磨。

（2）箱形截面构件加工工艺

箱形截面构件加工工艺流程如图 5-26 所示。

（3）劲性十字柱加工工艺

劲性十字柱加工工艺流程如图 5-27 所示。

图 5-25 中内容：

材料检查（表面锈蚀、化学及机械性能） → 合格品 → 放样（检查几何尺寸） → 下料（剪板机剪切、自动切割机气割）

材料检查 → 不合格品 → 隔离

去毛刺 → 校正（平面、傍弯矫正） → 按图钻孔（摇臂钻床、磁性吸铁钻床钻模） → 开焊接坡口（刨边机、自动切割机）

组装（型钢组立机）点焊 → 焊接（自动埋弧、CO_2保护焊机） → 焊接变形校正（型钢矫正机、火焰校正） → 组装焊接连接板

测量漆层厚度（测膜仪） ← 油漆 ← 除锈：a.喷砂（10 MPa空气压缩机、石英砂）b.酸洗（酸洗槽、中和槽、清洗槽） ← 合格品（几何尺寸检查）

合格品 → 入库

不合格 补漆返修

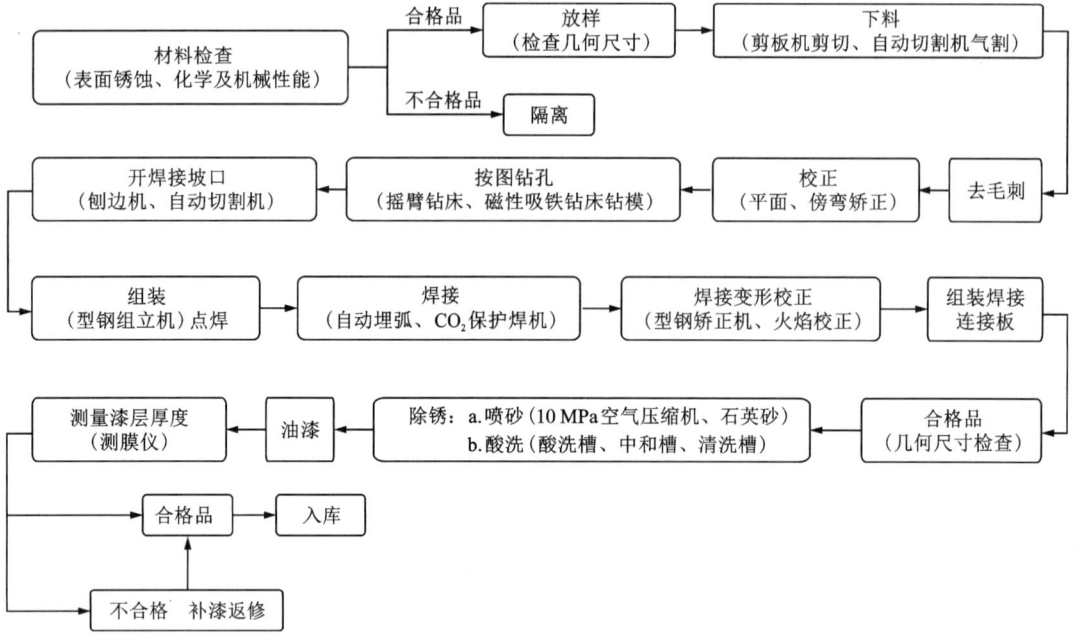

图 5-25 钢结构加工流程

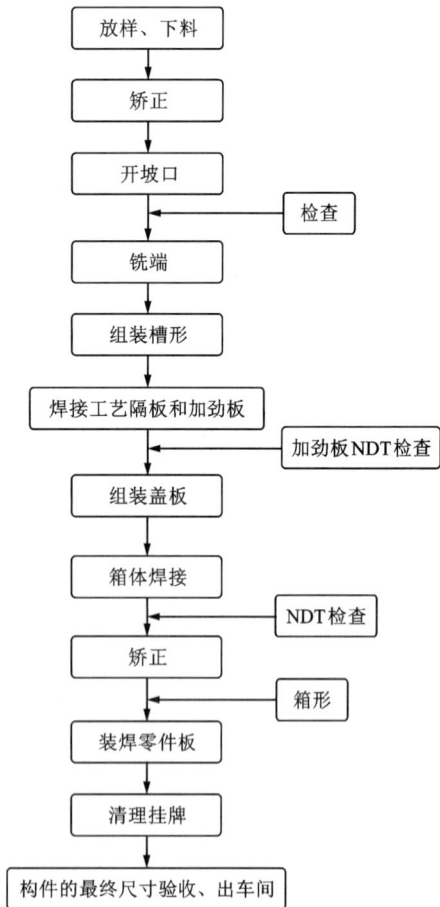

图 5-26 内容：
放样、下料 → 矫正 → 开坡口（检查） → 铣端 → 组装槽形 → 焊接工艺隔板和加劲板（加劲板NDT检查） → 组装盖板 → 箱体焊接（NDT检查） → 矫正（箱形） → 装焊零件板 → 清理挂牌 → 构件的最终尺寸验收、出车间

图 5-26 箱形截面构件加工工艺流程

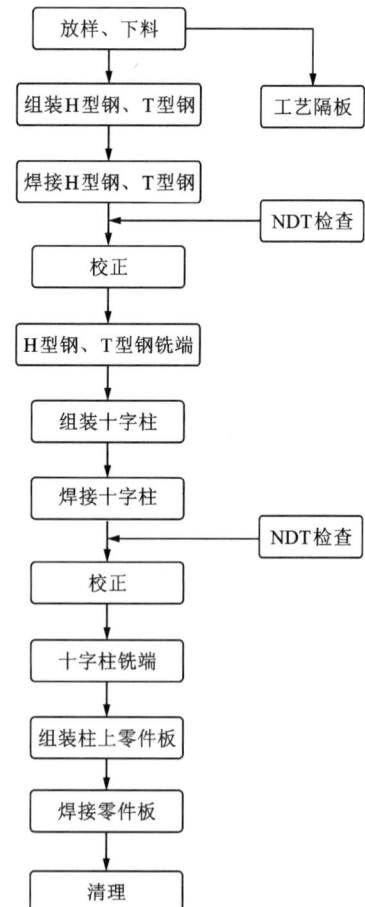

图 5-27 内容：
放样、下料 → 组装H型钢、T型钢（工艺隔板） → 焊接H型钢、T型钢（NDT检查） → 校正 → H型钢、T型钢铣端 → 组装十字柱 → 焊接十字柱（NDT检查） → 校正 → 十字柱铣端 → 组装柱上零件板 → 焊接零件板 → 清理

图 5-27 劲性十字柱加工工艺流程

（4）一般卷管工艺流程

一般卷管工艺流程如图 5-28 所示。

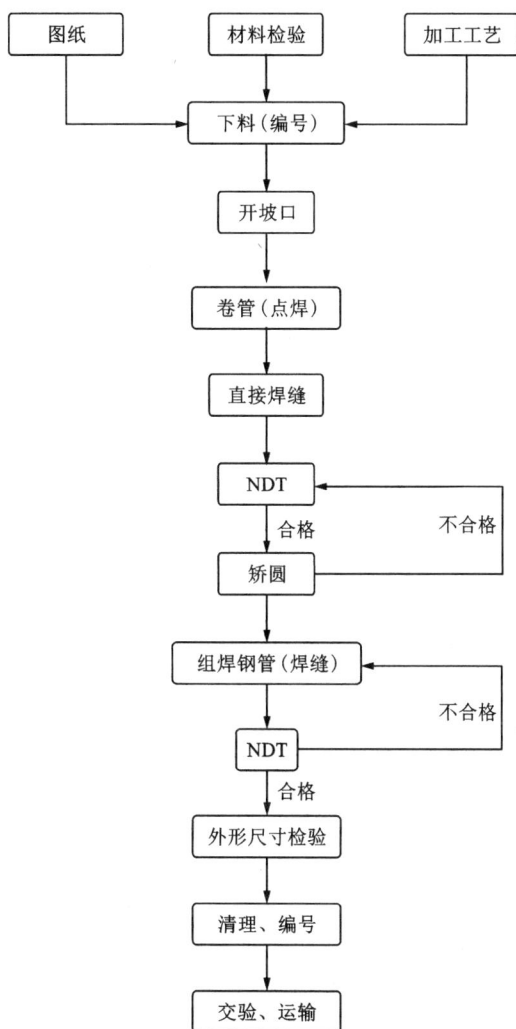

图 5-28　一般卷管工艺流程

4. 制作过程中的安全与质量控制

各道工序完成后，必须实行"三检制"，即自检、互检、专检。经过三检合格后才允许转入下一道工序。报检管理流程如图 5-29 所示。

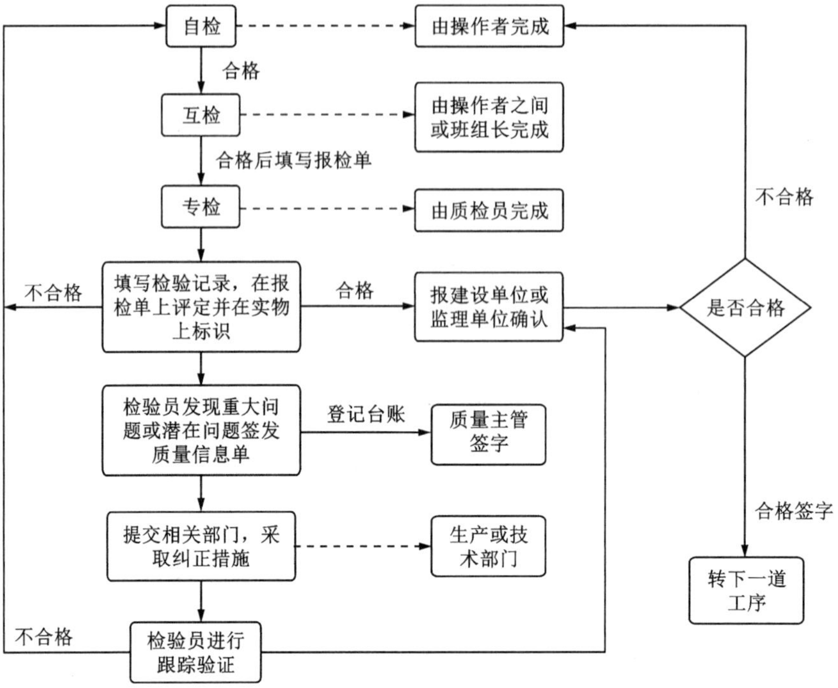

图 5-29 报检管理流程

5.2.3 装配式钢结构构件运输 >>>

1. 构件包装

钢结构产品的包装旨在流通过程中保护产品免受损害，促进高效储运及市场推广。其关键要素涵盖包装对象、选用材料、设计造型、结构布局及防护技术等。

（1）制定包装方案及打包准则

制定包装方案及打包准则的核心在于，在确保体积紧凑的同时，提升包装的稳固性和保护性。明确要求构件间不得直接接触，需采用泡沫包装材料进行有效隔离。在使用包装材料时，应严格遵守操作规范，禁止随意手撕，而应根据构件的实际尺寸进行精确裁剪，确保在包装作业时才进行裁剪。

（2）防锈处理措施

在码放构件时，需充分考虑运输过程中可能遭遇的积水问题。因此，在码放 H 型钢时，应优先考虑使腹板垂直于水平面，以防止积水导致构件在运输途中生锈。同时，在构件运输过程中，应在钢丝绳捆绑处放置小块枕木或废钢管，作为缓冲物，同时也放置在钢丝绳与构件的接触部位，以避免钢丝绳对构件及其油漆造成磨损。

（3）标准件的打包方式

对于标准件（包括但不限于螺栓、螺母、垫圈等）的包装，统一采用标准箱进行打包。若采用纸箱包装，则需先将标准件装入塑料袋内，再放置于纸箱中，以防止受潮或纸箱破损导致散包。每个包装框均需附带所装标准件的详细清单，并将唛头（即包装标记，源自英文

"mark"，可理解为标签）装入塑料袋中，与包装框牢固绑扎。唛头的主要作用是便于货物识别、防止错发，通常由型号、图形、收货单位简称、目的港、件数或批号等信息组成。

2.构件运输准备工作

（1）构件运输的基本原则

构件运输应遵循的基本原则包括：最大限度地减少构件变形，降低运输成本，便于卸车作业，确保现场成套组装顺利进行，以及保障现场安装顺序及进度的准确性。

（2）预拼装与标记

在工厂完成预拼装后，需在拆解前的构件上清晰注明构件号及拼装接口标志，以便现场快速、准确地组装。在堆置构件时，应采取有效措施避免构件发生弯曲、扭曲或其他形式的损伤。为方便安装，应根据安装顺序对构件进行分类堆放及运输。

（3）路线验证与手续办理

在运输前，应先对运输路线进行实地验证，确保路线可行后方可进行运输。对于超长、超宽、超重等特殊构件，应提前办理相关运输手续，并根据运输路线图制定详细的运输计划。

（4）构件清单与加固措施

在构件装运前，应编制详细的构件清单，内容应包括构件名称、数量、重量等关键信息。同时，应妥善绑扎构件，充分考虑车辆行驶过程中的颠簸情况，采取必要的加固措施，以防止构件变形、散失或扭曲。

（5）连接板与保护措施

连接板应采用临时螺栓拧紧在构件上。在运输过程中，应在车上铺设垫木以提供稳固的支撑，并使用倒链将车辆封好。同时，在倒链与构件的接触部位应采取保护措施以防止磨损。在构件装车并检查无误后，应牢固封车，并对钢构件与钢丝绳的接触部位进行额外保护。

3.构件运输

（1）陆路高速运输方案

若构件采用陆路全程高速运输方式，则需考虑工程所在地对大货车的交通限行政策。如有限行要求，则需提前办理相关市区通行手续，以确保货车能够严格按规定的时间进入现场。货车应在规定时间前提前进入市区附近等候，以确保钢构件能够按时进场、吊装，并及时按规定时间离开市区。在装卸车时，必须有专人进行现场看管，仔细清点上车的箱号及打包件号，并办理好交接清单手续（图5-30、图5-31）。

图 5-30　钢梁运输照片

图 5-31　钢柱运输照片

构件运输过程中应经常检查构件的搁置位置、紧固等情况。按安装使用的先后次序适当堆放。装配好的产品要放在垫块上，防止弄脏或生锈。按构件的形状和大小进行合理堆放，用垫木等垫实，确保堆放安全、构件不变形。露天堆放的构件应做好防雨措施，构件连接摩擦面应得到切实保护。现场堆放必须整齐、有序，标识明确、记录完整。

（2）超限构件运输

对于部分超宽、超长的楼面桁架等超限构件，应采用特殊的运输方法。除遵循常规运输要求外，主要以下几个方面需要做专门的计划：

①首先在制作前期，为保证工程进度，应统计和确定运输构件的数量，合理安排构件发运顺序，确保到达现场的构件满足配套安装要求。

②对超大构件，在加工制作工厂与项目现场分别安排专人管理，负责公路运输过程中相关手续的办理，确保构件不因人为因素导致进场延期。

③对超大运输车辆所要经过的路线进行实地考察，并对所要经过的路段在整个运输期间的整修状态进行跟踪，确保车辆顺利通过。

④对超大构件的公路运输过程进行严格管理，除遵守交通管理部门审批的运输路线外，必要时要提请交通管理部门给予协助，确保构件顺利运输。

⑤大型构件采用拖挂车运输，在构件支承处应设转向装置，使其能自由转动，同时根据吊装方法及运输方向确定装车方向，以免现场掉头困难。

5.3 安装机械和设备

5.3.1 起重吊装机械

1.塔式起重机

塔式起重机是建筑施工的关键机械，具有广泛适用性、大回转半径和高效操作的特点。

（1）塔式起重机的类型

1）按行走机构分类

①轨道式塔式起重机：可在直线和曲线轨道上负荷行走，同时完成垂直和水平运输，生产效率高，是多幢多层房屋施工中广泛应用的一种起重机；但是需铺设轨道，占用施工场地面积大，拆装、转移费工费时，台班费用较高。

②附着式塔式起重机（图5-32）：稳固安装于建筑物旁的钢筋混凝土基础上，随建筑升高，通过液压系统逐步顶升塔顶、接高塔身。在装配式施工中，每隔约20 m用锚固装置连接塔身与建筑，以缩短计算长度，确保结构安全与施工效率。

③爬升式塔式起重机：安装于建筑物内部框架或电梯井道结构内，遵循每1~2层爬升一次。其特点在于机身体积紧凑、安装便捷且不占用额外空间，适于狭窄高层建筑施工。考虑装配式结构施工与智能化需求，塔基需加固楼层，拆卸时屋顶需设辅助起重设备。爬升式塔式起重机爬升过程如图5-33所示，主要分为准备状态、提升套架和提升起重机三个阶段。

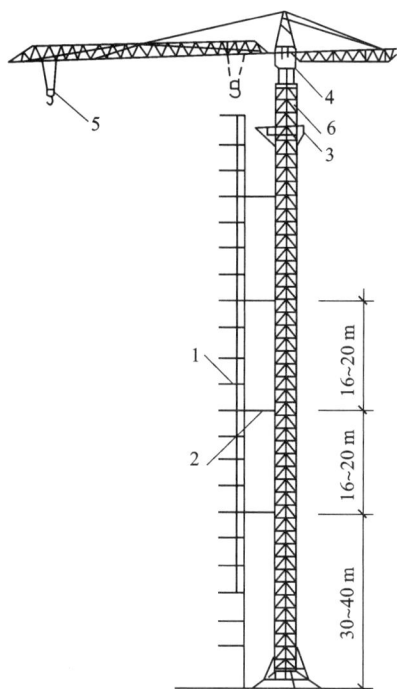

1—建筑物；2—撑杆；3—标准节；4—操纵室；5—起重小车；6—顶升套架。

图 5-32　附着式塔式起重机

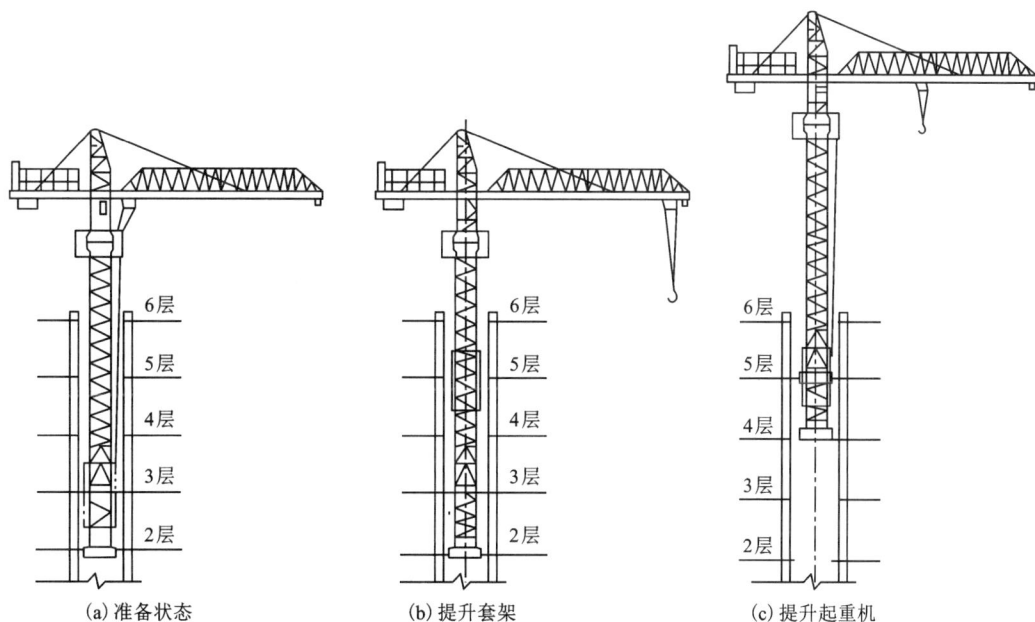

(a) 准备状态　　　　　(b) 提升套架　　　　　(c) 提升起重机

图 5-33　爬升式塔式起重机的爬升过程

2）按起重臂变幅方式分类

①动臂变幅塔式起重机（图5-34）：臂架与塔身通过铰接方式连接，变幅过程中可对起重臂的仰角进行调节。其变幅机构分为手动操作与电动操作两种模式。

②小车变幅塔式起重机（图5-35）：其起重臂呈水平状态，下弦部分安装有起重小车，通过小车位置的调整，实现工作幅度的改变。该变幅机制具有较高的稳定性和较快的响应速度。

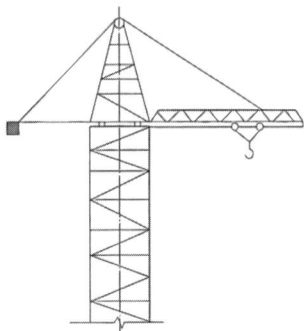

图5-34　动臂变幅塔式起重机

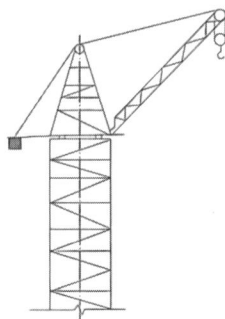

图5-35　小车变幅塔式起重机

3）按回转方式分类

①上回转塔式起重机（图5-36）：此类起重机的塔身维持静止状态，而回转机构则配置于塔顶的上部。依据回转支撑结构形式的差异，上回转机构的结构可细分为塔帽式、转托式以及转盘式三种类别。

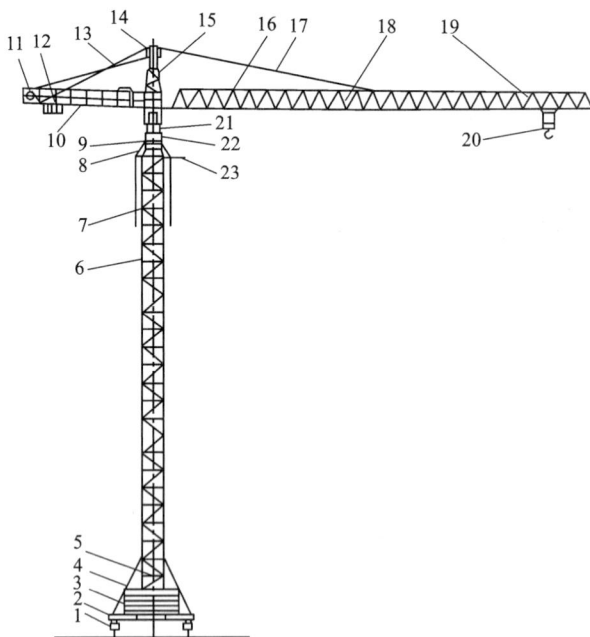

1—台车；2—底架；3—压重；4—斜撑；5—塔身基础节；6—塔身标准节；7—顶升套架；8—承座；9—转台；10—平衡臂；11—起升机构；12—平衡重；13—平衡臂拉索；14—塔帽操作平台；15—塔帽；16—小车牵引机构；17—平衡臂拉索；18—起重臂；19—起重小车；20—吊钩滑轮；21—司机室；22—回转机构；23—引进轨道。

图5-36　上回转塔式起重机

②下回转塔式起重机(图 5-37)：起重机的吊臂配置于塔身的顶部，塔身、平衡重以及所有机械装置均安装于可旋转的转台之上，并与转台同步进行回转运动。

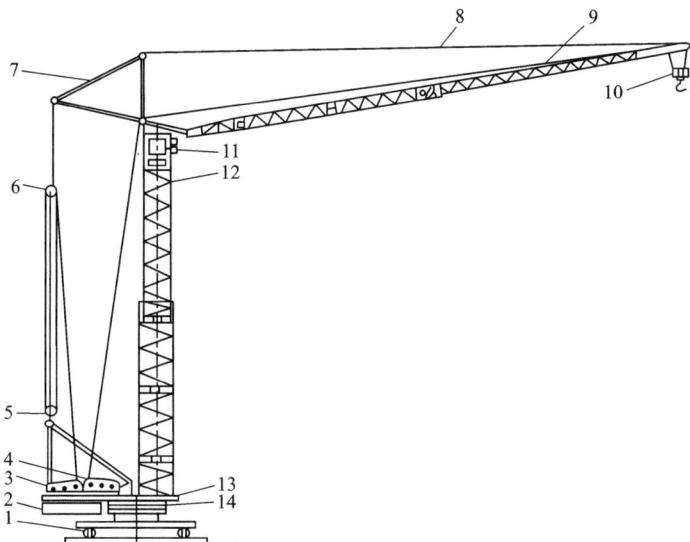

1—底架即行走机构；2—配重；3—架设及变幅机构；4—起升机构；5—变幅定滑轮组；6—变幅定滑轮组；
7—塔顶撑架；8—臂架拉绳；9—起重臂；10—吊钩滑轮；11—司机室；12—塔身；13—转台；14—回转支撑装置。

图 5-37　下回转塔式起重机

(2)塔式起重机的选择

塔式起重机的选择原则：依据所需最大起升高度，选定起重机的类别；根据吊运距离及起重量的差异，确定起重机的型号。具体而言，塔式起重机需满足幅度、起重力矩、起重量及起升高度这四项核心技术参数要求(图 5-38)。

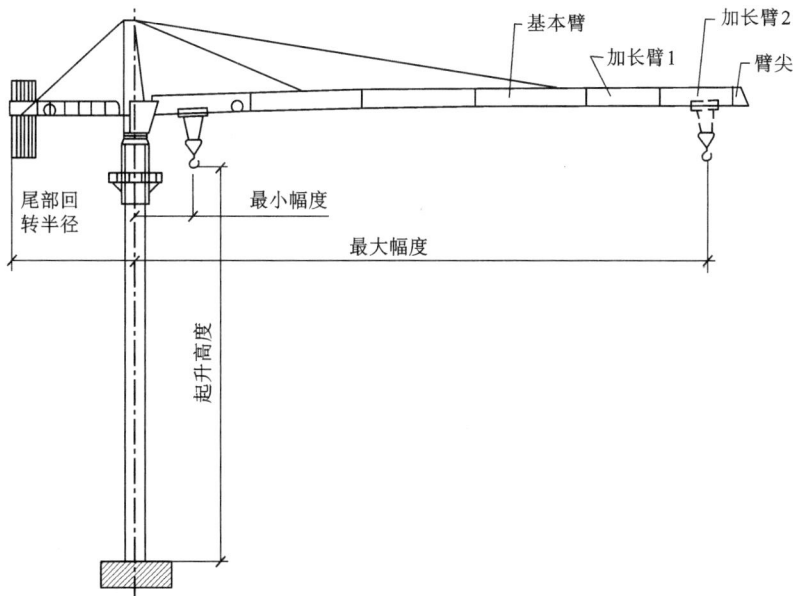

图 5-38　塔式起重机主要技术参数示意

2.施工升降机

施工升降机，又名外用电梯、施工电梯或附着式升降机，是装配式结构施工中关键的垂直运输设备，采用吊笼沿导轨上下移动以运输人员与物资。依功能划分，可分为人货两用型与货用型(物料提升机)，后者严禁载人。在施工现场，施工升降机常与塔式起重机协同作业，塔吊配套的施工升降机载重范围为 1~3 t，运行速度为 1~60 m/min，确保高层建筑施工的高效与安全。

(1)施工升降机的类型

施工升降机种类繁多，依据运行机理，可分为无对重与有对重两类。在构造层面，则分为单笼式与双笼式，前者通常应用于输送量较小的建筑物，后者则多见于运输需求较大的建筑场景。从控制方式来看，又可分为手动控制式和自动控制式。传动形式上，则涵盖齿轮齿条式、钢丝绳式及混合式，其中齿轮齿条式采用齿轮与齿条的啮合传动；钢丝绳式则依赖钢丝绳的拉升作用；而混合式施工升降机则巧妙地结合了两者的优势，一个吊笼采用齿轮齿条传动，另一个吊笼则采用钢丝绳提升。

(2)施工升降机的选择

施工升降机于运量高峰时，可以采取低层不停、高层间隔停的方法，并重视夜间照明及与结构的连接；一台施工升降机服务楼层面积约为 600 m²，配置时需考量此数据，优先采用双吊箱式施工电梯；钢丝绳式施工升降机相较于齿轮齿条式，在造价上具有显著优势，其成本仅为后者的 2/5 至 1/2。基于成本效益分析，对于施工中的 20 层以下高层建筑，推荐采用钢丝绳式升降机；而 20 层以上，则倾向于使用齿轮齿条式。

施工升降机的安装位置应尽可能地符合以下条件：

①有助于人员和物料的集散。

②各种运输距离最短。

③方便附墙装置的安装和设置。

④靠近电源处，夜间照明充足，方便司机观察。

3.井字架与龙门架

(1)井字架

井字架(图 5-39)是用型钢或钢管加工的定型井架，多为单孔井架，但也可构成两孔或多孔井架。井字架通常带一根起俯式悬臂桅杆和一个吊笼。杆一般长 8 m，起重量为 1000 kg 左右，供吊运钢筋和长尺寸材料使用，吊笼和桅杆各用一台卷扬机，吊笼起重量为 1000~1500 kg，其中可放置运料的手推车或其他散装材料。单孔井架搭设高度可达 40 m，需设缆风绳保持井架的稳定，也可以通过附着杆系与建筑物拉结而不设缆风绳。两孔井架搭设高度可达 60 m，30 m 以下架体只需固定在混凝土基座上，无须设缆风绳；30 m 以上，需与建筑物拉结，通过两道附着装置锚固于建筑物上。三孔井架最高可搭设 100 m，采用附墙固定，三个井孔连成一体，整体性好。井架每孔独立配一台卷扬机驱动，互不干扰，每个吊笼起重量为 1500~2000 kg，提升速度为 55~60 m/min，最大达 140 m/min。井架物料提升机不得用于 30 m 及以上的建设工程。

(2)龙门架

龙门架(图 5-40)由两根立杆(三角形或矩形截面)与横梁(天轮梁)组合而成，构成门式框架。其最大起重量为 1500 kg，最大提升高度为 65 m，架体通过附着设施与建筑物相连，多层建筑可以用缆风绳保持稳定。也可使用三柱门架式双笼升降机(图 5-41)供吊运材料用，其架设高度可达 150 m，配套卷扬机额定起重量为 2000 kg。龙门架物料提升机不得用于 25 m 及以上的建设工程。

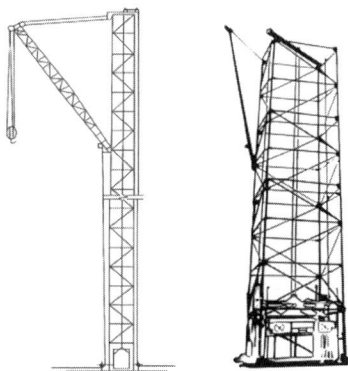

图 5-39　井字架

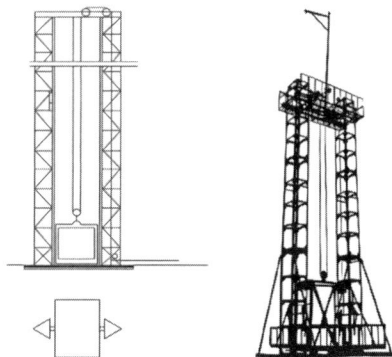

图 5-40　龙门架

图 5-41　三柱门架式双笼升降机

4. 智能化垂直运输装备

(1)智能化控制塔式起重机

塔式起重机上集成的智能安全服务子系统与安全保护装置(即塔机黑匣子)，借助全天候的数据监控与记录技术，为塔机操作者及远程监控人员提供了即时的数据反馈与监控功能。此智能安全服务子系统作为一个独立的安全监测模块，不隶属于起重机自身的安全监控系统，其应用范围广泛，包括但不限于塔机防超载控制、特种作业人员资质管理以及塔机群作业中的碰撞预警等，从而在施工中显著降低安全生产事故的风险，最大限度地防范人员伤亡事件的发生，如图 5-42 所示。

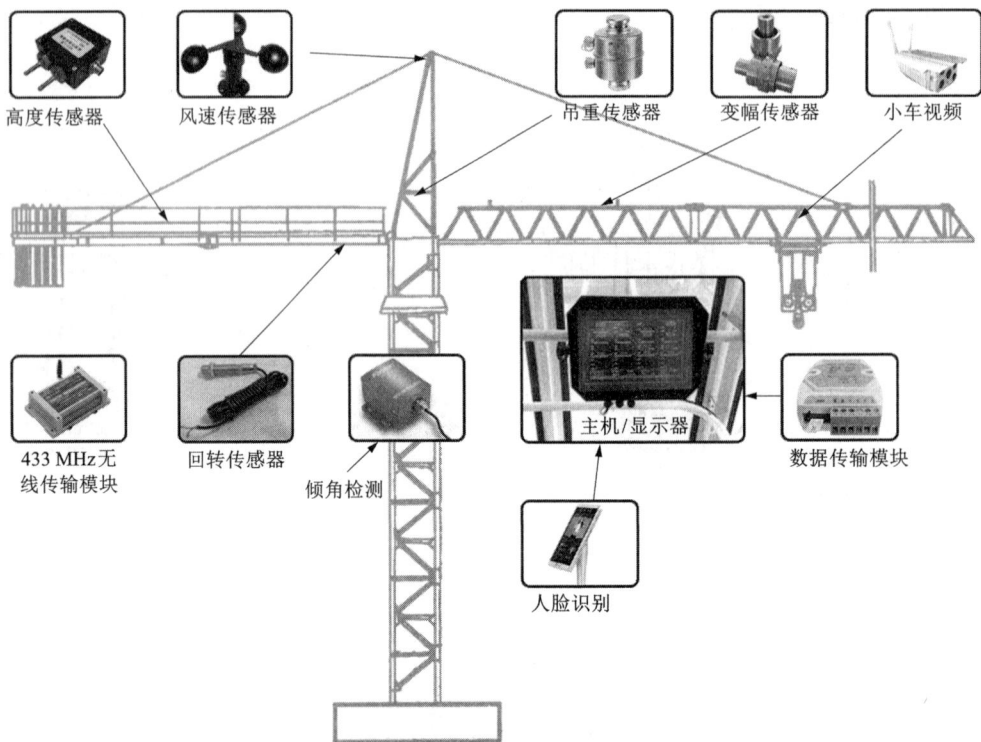

图 5-42　塔式起重机智能安全服务子系统

塔机吊钩视频子系统与塔机小车视频子系统，借助精密传感器技术，实时采集吊钩高度及小车幅度数据。系统通过先进算法处理，精确计算出吊钩与摄像机之间的角度与距离参数。依据此参数，系统能够智能调节摄像机镜头的倾斜角度及放大倍数，确保驾驶舱内显示器能清晰展示吊钩下方起吊重物的视频图像，进而有效指导司机操作，显著提升操作安全性。此外，视频图像被妥善存储在设备内置的固态硬盘中，便于后续事故原因分析。同时，借助无线网络技术，视频图像亦可实时传送至地面项目部和远程监控平台，实现全面智能化监控与管理，如图 5-43 所示。

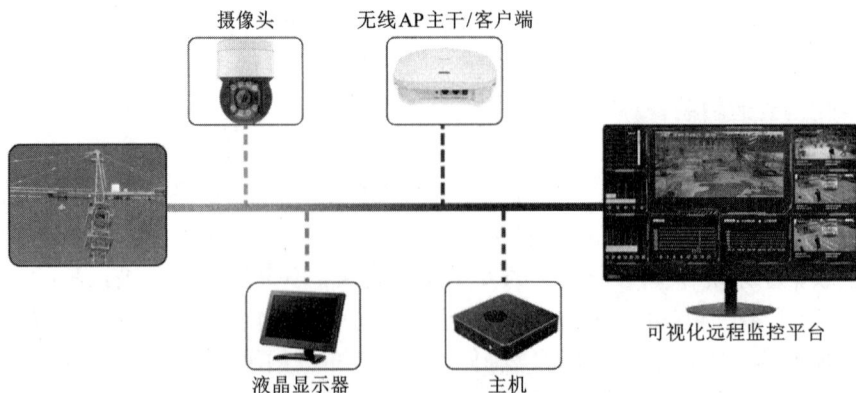

图 5-43　塔机吊钩视频子系统设备效果图

智能化塔机给建筑施工带来了革命性的变化。

大数据记录塔机故障时系统动作参数,含相关电流、电压的数据和吊装状况等,这些参数构成一定的概率分布。

基于数据积累,系统在遭遇相似数据模式时,能预先自动触发警示机制,有效预防故障发生。一旦发生故障,系统即刻反馈故障代码及语音指引,助力快速定位并排除故障,同时将其纳入故障数据库。系统持续追踪并记录单台塔机全生命周期的运行状态,涵盖吊运频次、故障维修记录及事故详情等,构建出详尽客观的设备档案,为设备评估提供有力依据。此外,依据塔机型号,系统还能为该型号产品的综合性能评估提供数据支撑。

操作人员凭借指纹及面部识别技术授权进行操作,此过程也同步记录其在本机的出勤情况、操作偏好、事故历史及维护保养记录。结合多设备数据,构建操作人员综合档案,进而实现对其业绩及能力的科学、客观评估。

借助大数据分析手段,针对易损件(如钢丝绳)磨损及更换数据,构建精准更换标准体系。一旦数据逼近标准阈值,系统将自动触发预警或强制更换机制,规避人工检查的主观误差与遗漏。此外,基于对易损件更换概率的深入分析,可科学地指导库存种类与数量的优化配置。

(2)智能施工升降机

目前建设中常用的施工升降机为人货两用升降机,其自动化控制水平比较低,需通过司机操作,不便于工地人员使用,同时对实现建筑机器人无障碍垂直通行造成了一定的困难,不便于智慧工地的运营。《智能施工升降机》(T/GDJSKB 001—2020)是 2020 年 11 月 1 日开始实施的一项行业标准,适用于人货两用或智能建筑机器人的运载。其核心特性在于集成的安全监控功能,能够自动响应楼层按钮信号及笼内选层请求,精准地在指定楼层平层停靠并自动执行门控操作。此外,通过先进的垂直物流调度系统,升降机与机器人能实现高效双向通信,系统能获取并响应机器人乘梯需求,自动导航至指定楼层。相较于传统施工升降机,智能施工升降机在装配式结构施工中展现了显著的自动化与智能化升级。

(3)龙门架安全监控系统

在实际生产与吊装作业中,场地环境的复杂性显著,各类钢材与预制构件散布其间,同一轨道上的吊机需协同执行多样化工种任务。特别是在执行高难度的大型结构构件吊装或精密机械件对位作业时,起重工与操作人员的紧密配合、机械件的精确对接等关键环节成为作业难点,这对吊机操作人员的专业技能与实时数据监测能力提出了更高要求。鉴于此,安装一套全面覆盖龙门架各作业环节、安全监控点、工况类型及指令响应的安全监控系统显得尤为重要,旨在确保龙门架及操作人员的安全,优化作业流程,提升工作效率,并有效减少施工中的安全隐患。

5.3.2　预制生产与装配化施工机器人技术

随着建筑行业面临劳动力老龄化加剧、施工效率低下及安全风险攀升等多重挑战,建筑机器人技术的应用成为推动行业变革的关键路径。尤其在预制生产与装配化施工领域,机器人技术的引入不仅显著提升了工程效率与质量,还为建筑业向智能化、工业化转型提供了技术支撑。然而,当前技术在实际应用中仍存在诸多局限性,需进一步突破。

在工厂化预制环节，机器人技术已形成涵盖设计、加工、质检的完整生产链条。例如，钢梁焊接机器人通过视觉定位与多轴联动技术，焊接效率可达人工的 8~10 倍，焊缝合格率提升至 99.6%。3D 打印混凝土机器人通过多机协同作业，可实现异形构件的一体化成型，材料浪费减少 15%，尤其适用于复杂建筑结构的快速制造。石材加工机器人则利用激光扫描系统实现 ±0.5 mm 的加工精度，同时将粉尘污染降低 80%，显著改善工人作业环境。此外，基于 BIM 的智能分拣机器人可将构件分类准确率提升至 99.9%，进一步优化了预制构件的生产流程。这些技术的应用，不仅提升了预制构件的标准化水平，还为后续装配化施工奠定了基础。

现场装配环节，机器人技术通过精准安装、智能物流和特殊场景应用三大体系，推动施工效率的跨越式提升。例如，墙板安装机器人集成激光定位与真空吸附装置，安装效率达人工的 3 倍，垂直度偏差可控制在 2 mm 以内；螺栓紧固机器人采用扭矩自反馈系统，施工速度提升 400%，大幅缩短工期。智能物流体系则通过无人塔吊与地面 AGV 协同作业，结合无人机群的空中精确定位投放，将物料转运效率提高 60%，误差控制在 5 cm 以内。针对高空作业等危险场景，抗风扰自适应幕墙安装机器人可在 12 级风况下稳定作业，模块化装配机器人单日可完成 300 m² 空间模块的组装，显著降低安全风险。

尽管建筑机器人在预制与装配环节展现出显著优势，但其全面替代人力仍面临多重瓶颈。环境适应性方面，其复杂工况识别率仅为 75%，雨雪等极端天气下的作业稳定性不足，导致部分场景仍需依赖人工干预。成本与标准化缺失问题同样突出，初期设备投资回收周期为 5~8 年，中小企业普及率不足 15%；同时，构件接口规格不统一导致 30% 的机器人需定制末端执行器，增加了研发与维护成本。技术融合障碍亦不容忽视，BIM 模型与机器人控制系统的数据互通率仅 65%，制约了多工序机器人协同作业的流畅性。此外，装饰工程等精细化场景中，机器人施工质量合格率较人工低 12 个百分点，显示其在复杂工艺与柔性操作能力上仍存在不足。

为应对上述挑战，行业正通过三大路径加速技术迭代：一是开发基于数字孪生的自适应控制系统，提升环境感知与动态规划能力；二是构建模块化机器人平台，通过通用底盘与标准化接口设计，将改造成本降低 40% 以上；三是建立装配式建筑机器人标准体系。随着 5G 与 AI 技术的深度融合，预计至 2030 年，建筑机器人将实现 80% 预制工序与 60% 装配工序的自动化覆盖，推动建筑业向"中国智造"全面转型。

综上所述，建筑机器人在预制生产与装配化施工中的应用已取得阶段性成果，但其全面普及仍需攻克技术、成本与标准化等多重壁垒。未来，通过技术创新与政策协同，建筑机器人有望成为建筑业高质量发展的核心驱动力。

5.4　装配式现场结构安装

5.4.1　装配式混凝土结构安装

1.施工准备

(1)基础处理

对基础进行凿毛处理,去除表面浮浆、松动石子等,确保基础与预制构件连接牢固。同时,在基础上弹出构件安装的定位线,包括轴线和构件边缘线,定位线的精度控制在±2 mm以内。

检查基础的平整度和标高,对不平整的部位进行修补,确保基础顶面标高偏差在±5 mm以内。

(2)构配件及材料准备

预制构件运输至现场后,按照型号、规格分类存放,并检查构件的外观质量,如是否有裂缝、破损等缺陷。对存在缺陷的构件,修补合格后方可使用。

准备好连接用的钢筋、套筒、灌浆料、座浆材料等,并确保其质量符合设计要求。例如,灌浆料需进行试配,确定其流动度、抗压强度等指标满足规范规定。

(3)施工工具及设备准备

配备高精度的测量仪器,如全站仪、水准仪、经纬仪等,并在使用前进行校准,确保测量精度。全站仪测量角度误差控制在±2″,距离测量误差控制在±(2 mm+2 ppm×D)(D 为测量距离)。

准备好塔吊、汽车吊等起重设备,以及用于构件定位和临时固定的辅助装置,如定位钢板、斜支撑、可调式拉杆等。

2.多层超高预制柱施工技术

(1)施工工艺流程

施工工艺流程如图 5-44 所示。

(2)超高竖向构件翻身起吊技术

为了避免预制柱的多次对接,将 3 层柱子进行通高预制,方便预制柱一次吊装成型。而近 12 m 长的预制柱由于长度过长,只能水平运输进场和堆放。

针对超高预制柱起吊,由于长细比过大,如采用单侧直接起吊,可能会造成构件中部开裂甚至断裂的情况,故在深化设计阶段,在预制柱一侧预留 4 个吊钉,方便其水平转运和构件翻身受力,柱顶另设置 4 个吊钉以供其水平吊运。同时结合吊车对预制柱大小钩配合翻身的特点,对构件的平面布置堆放进行严格控制,避免在构件大小钩起升阶段扭动过大而造成的安全隐患,确保其平稳、快速、安全地空中翻身和水平吊运。

此种超高预制柱在使用吊车大小钩空中翻转起吊时,需要注意构件与吊车的平面位置关系,必须保证构件与吊车大臂的投影方向保持重叠,若其之间产生了夹角,则会在起钩的瞬间构件产生大幅度的扭动,夹角越大其扭动的幅度越大,此处将会产生较大的安全隐患,故其平面布置需极其注意,详见图 5-45 超高预制柱吊装平面布置图。

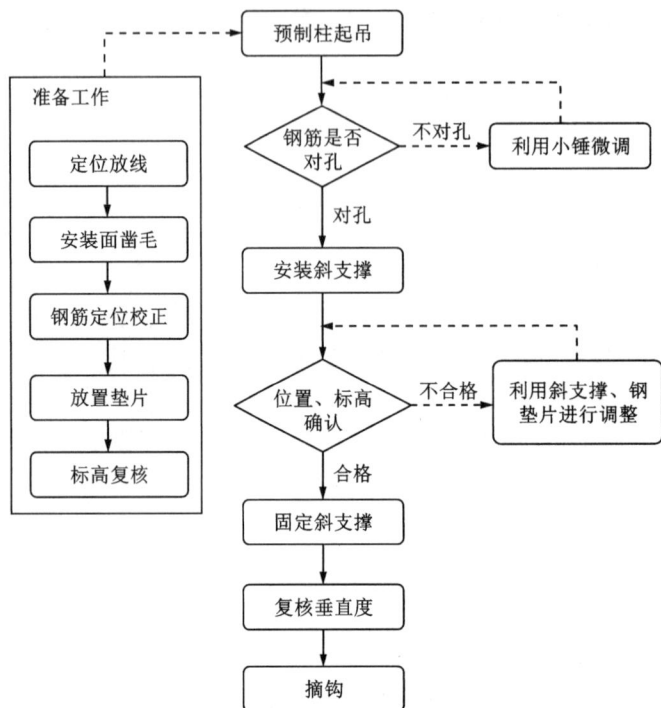

图 5-44　施工工艺流程图

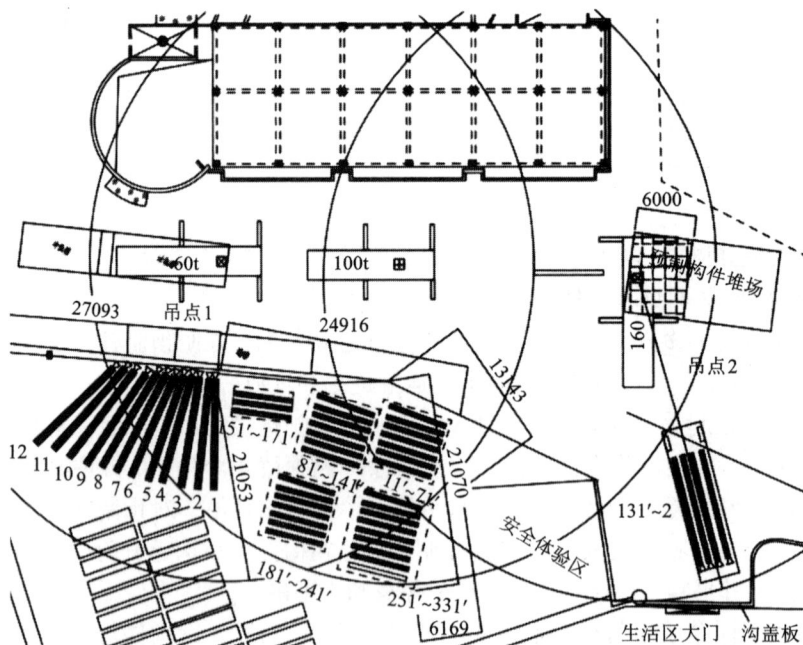

图 5-45　超高预制柱吊装平面布置图

（3）超高竖向构件支撑体系研究及应用

结合超高竖向构件的特殊性和竖向构件的常规支撑方法，使用两种临时支撑装置，分别为常规防倾覆斜支撑和柱底紧固支撑。

①超高竖向构件常规防倾覆斜支撑。在超高预制柱从落位到固定的过程中，先安装防倾覆的临时斜支撑，由于预制预应力高效装配混凝土框架（PPEFF）结构体系采用高效施工方式进行施工，无法满足常规要求中的"斜支撑需要安装固定于构件高度2/3处"的要求，而此处的支撑位置仅在构件的1/3高度处，故此处需要进行精密的受力计算，确保其安全稳定性，详见图5-46超高预制柱常规防倾覆斜支撑。

②超高竖向构件柱底紧固支撑。在超高预制柱从落位到固定的过程中，先安装防倾覆的临时斜支撑，待其水平定位和标高调整完毕后，使用柱底紧固支撑加强竖向构件底部的稳定性，再去调节构件的垂直度，这是因为构件为超高构件，在调节其垂直度过

图 5-46　超高预制柱吊常规防倾覆斜支撑

程中需用到斜支撑，而受吊装顺序限制，斜支撑的安装高度通常较低，如此时柱底无紧固支撑，可能造成其水平位置出现较大幅度偏移。柱底紧固支撑可采用钢管+木枋+顶托或七字码。

（4）超高竖向构件吊装质量控制技术

超高竖向构件的吊装质量控制要点与传统的竖向构件质量控制要点相同，均为标高、水平定位和垂直度的控制，基本方法如下：

①标高的控制：提前测量落位点标高，最好也能测量出构件的实际长度，通过放置垫片去控制标高。

②水平定位的控制：最关键的一点是控制预留钢筋的定位，构件的吊装定位线和控制线仅起辅助作用。最好是谁吊装谁做基础，或做现浇层与装配层首层交界处。

③垂直度的控制：预制柱支撑体系安装完毕后，通过靠尺和经纬仪测量柱子的垂直度，如有偏差，通过斜支撑进行调节。待预制柱顶端的垂直度控制在允许范围内以后，紧固斜支撑。

3. 预制柱安装

（1）定位放线

在基础顶面上，根据设计图纸精确放出每根预制柱的纵横轴线和柱边线，使用全站仪进行测量，确保定位偏差不超过±2 mm。在柱脚位置设置定位钢板，定位钢板上的预留孔与预制柱底部的预埋钢筋对应，通过定位钢板初步确定柱的平面位置。

（2）起吊与就位

采用塔吊吊运预制柱，吊点设置在柱顶的预埋吊环处，确保起吊过程中柱身平稳。当柱身吊运至距基础顶面约500 mm时，缓慢下降，使柱底的预埋钢筋对准定位钢板的预留孔，然后将柱身缓缓落在基础上，初步就位。

（3）垂直度调整

利用两台经纬仪从相互垂直的两个方向对柱身垂直度进行观测。通过调节柱底的斜支撑和可调式拉杆，使柱身垂直度偏差控制在±3 mm以内。在调整过程中，实时监测柱顶的位移情况，确保柱身准确就位。

（4）临时固定

柱身垂直度调整完毕后，立即使用斜支撑和可调式拉杆对柱进行临时固定。斜支撑和可调式拉杆的一端与柱身预埋的连接件连接，另一端固定在基础的预埋件上，确保柱身稳定。临时固定装置应具有足够的强度和稳定性，能够承受柱身的自重和施工过程中的各种荷载。

（5）柱脚连接

柱脚采用套筒灌浆连接时，先在柱脚与基础顶面之间的缝隙中座浆，座浆厚度控制在20~30 mm，确保座浆饱满、均匀。然后将灌浆料加水搅拌均匀，通过压力灌浆设备将灌浆料注入套筒内，直至灌浆料从出浆孔溢出为止。在灌浆过程中，要确保灌浆料的充盈度，不得出现空洞。

4.预制梁安装

（1）定位放线

在柱顶放出梁的定位线，包括梁的中心线和边线，定位偏差控制在±3 mm以内。同时，在梁底的支撑位置设置好可调式支撑，支撑顶面标高根据梁底设计标高进行调整，误差控制在±5 mm以内。

（2）起吊与就位

用塔吊吊运预制梁，梁的吊点根据梁的跨度和设计要求合理设置。当梁吊运至柱顶上方时，缓慢下降，使梁的中心线与柱顶的定位线对齐，然后将梁落在支撑上，初步就位。

（3）位置微调

使用撬棍等工具对梁的位置进行微调，确保梁的两端与柱的连接位置准确无误。梁的水平位置偏差控制在±5 mm以内，梁底标高偏差控制在±5 mm以内。

（4）临时固定

梁就位后，在梁的两端设置临时支撑，将梁与柱进行可靠连接，防止梁在后续施工过程中发生位移。临时支撑可采用钢管支撑或型钢支撑，支撑的间距和布置方式根据梁的跨度和结构形式确定。

（5）梁柱节点连接

梁柱节点采用钢筋套筒灌浆连接时，先将梁端伸出的钢筋插入柱顶的套筒内，然后进行灌浆作业，灌浆工艺与柱脚灌浆相同。若采用焊接连接，需对钢筋进行焊接，焊接质量应符合相关规范要求，焊缝高度、长度等参数需满足设计规定。焊接完成后，对焊缝进行外观检查和无损检测，确保连接可靠。

5.预制楼板安装

（1）定位放线

在梁顶放出楼板的定位线，确定楼板的安装位置，定位偏差控制在±5 mm以内。同时，检查梁顶支撑的平整度和标高，确保楼板安装后平整。

（2）起吊与就位

采用塔吊吊运预制楼板，楼板的吊点均匀布置在板面上。当楼板吊运至梁顶上方时，缓慢下降，使楼板的边缘与梁顶的定位线对齐，然后将楼板平稳落在梁上，初步就位。

（3）平整度调整

使用靠尺和塞尺检查楼板的平整度，通过在梁顶支撑处垫薄钢板等方式进行调整，使楼板的平整度偏差控制在±5 mm 以内。相邻楼板之间的高差控制在±3 mm 以内。

（4）临时固定

楼板就位后，在楼板的四角用木楔或其他临时固定装置进行固定，防止楼板在后续施工过程中发生位移。

（5）楼板连接

预制楼板之间通常采用后浇带连接，在楼板安装完成后，清理后浇带部位的杂物，绑扎后浇带钢筋，然后支设模板，浇筑微膨胀混凝土。混凝土浇筑过程中，要确保振捣密实，养护时间不少于 14 d。

6. 整体精度复核与验收

（1）精度复核

在所有预制构件安装完成后，对装配式混凝土结构的整体精度进行复核。使用全站仪、水准仪等测量仪器，检查结构的轴线偏差、标高偏差、构件垂直度偏差等指标。整体轴线偏差控制在±10 mm 以内，整体标高偏差控制在±10 mm 以内，构件垂直度偏差控制在±5 mm 以内。

（2）验收

组织相关单位对装配式混凝土结构展开系统性验收，重点评估构件的安装精度、连接可靠性及外观完整性等，确保各项指标符合设计要求与规范标准。针对验收反馈的问题，立即实施整改，并在合格后复验，以保障结构整体质量。

5.4.2 装配式钢结构安装

1. 焊缝连接

钢结构最主要的连接方法就是焊缝连接。焊缝连接的优点是：构造简单，不削弱截面，结构刚度大；易于加工；可以实现连接的密闭性。其缺点是：焊缝热影响区内，局部材质变脆；需考虑残余变形和焊接残余应力的不利影响；对裂纹非常敏感，存在低温冷脆的问题。

2. 螺栓连接

螺栓连接可以分为普通螺栓连接和高强度螺栓连接。

（1）普通螺栓连接

普通螺栓依据制造工艺与材质分为 A、B、C 三级，其中 A 级与 B 级为精制螺栓，主要由 45 号钢或 35 号钢加工而成，性能等级涵盖 5.6 级与 8.8 级；C 级则为粗制螺栓，一般采用 Q235 钢制造，性能等级包括 4.6 级与 4.8 级。以 C 级 4.6 级螺栓为例，其性能等级中，"4" 代表抗拉强度不小于 400 N/mm^2，"6" 则指屈强比（屈服强度/抗拉强度）为 0.6。

在 C 级螺栓的连接中，拉力的传递效果显著，通常适用于沿螺栓杆轴向承受拉力的连接场合。C 级螺栓比 A 级和 B 级螺栓的螺杆与栓孔之间的间隙要大一些（表 5-3），安装方便但受剪时剪切滑移较大，仅用于次要结构的连接或临时固定。

表 5-3　C 级螺栓孔径　mm

螺栓杆公称直径	12	16	20	(22)	24	(27)	30
螺栓孔公称直径	13.5	17.5	22	24	26	30	33

注：表中仅列出常用直径规格，其中括号内的螺杆直径为非优选规格。

（2）高强度螺栓连接

高强度螺栓一般用 45 号钢、40B 钢和 20MnTiB 钢加工而成，其性能等级有 8.8 级和 10.9 级两种，抗拉强度分别不低于 830 N/mm² 和 1040 N/mm²。高强度螺栓孔应采用机械钻成孔，摩擦型连接时的螺栓孔径比螺栓的公称直径大 1.5~2.0 mm；承压型连接时的螺栓孔径比螺栓的公称直径大 1.0~1.5 mm。

高强度螺栓按抗剪极限状态分为摩擦型和承压型两类。摩擦型通过预拉力产生接触面挤压力，由摩擦传力，具备优良韧性、小变形、抗疲劳及动力荷载特性。承压型依靠螺栓杆与孔壁挤压传力，承载力更高且结构紧凑，但剪切变形显著，故限制在动力荷载结构中应用。

（3）螺栓及孔眼图例

在钢结构施工图中应按标准图例来表达连接类型，螺栓及孔眼图例见表 5-4。

表 5-4　螺栓及孔眼图例

名称	永久螺栓	高强度螺栓	安装螺栓	圆形螺栓孔	长圆形螺栓孔
图例					

3. 铆钉连接

铆钉连接的制造工艺涵盖热铆与冷铆两类方法。在建筑结构中，热铆因其高效性而被广泛采用。此过程涉及将钉坯加热至红热状态，随后精准插入预留钉孔，并利用铆钉机完成铆合。随着温度降低，钉杆产生收缩拉应力，而钢板则受到压缩紧力，形成紧密且可靠的连接。然而，由于热铆施工复杂且材料消耗大，现代钢结构施工中已较少采用。

4. 销轴连接

销轴连接由销轴和连接耳板组成，是工程中常用来模拟单向铰传力的一种连接方式。其构造简单、传力明确、工作可靠、拆装方便，可以用于铰接支座或拉索、拉杆的端部铰接连接，销轴与连接耳板的材料不宜小于 Q345 钢的标准。其加工精度和质量应符合相应的机械零件加工标准的要求。

5. 钢框架结构安装

（1）钢柱安装

1）首节钢柱吊装程序

钢柱的吊装程序：钢柱进场验收→钢柱基础验收、放线→钢柱吊装→钢柱的标高、垂直度检验→立柱地脚螺栓固定。

钢柱吊装预备阶段，需于地脚螺栓群每个螺栓上装配一个螺母及一个盖板，以精确调控钢柱安装高度。通过螺母微调，确保盖板标高误差小于 1.0 mm。

2）钢柱吊装工艺

起吊前，在柱身上弹出钢柱纵横向控制轴线，同时将吊索具、操作平台、爬梯、溜绳以及防坠器等固定在钢柱上[图 5-47(a)]。钢管柱利用专门设计的吊装分配梁进行吊装，借由分配梁与钢柱上端连接耳板、吊钩适配的结构，实现起吊平稳，由塔吊起吊就位[图 5-47(b)]。

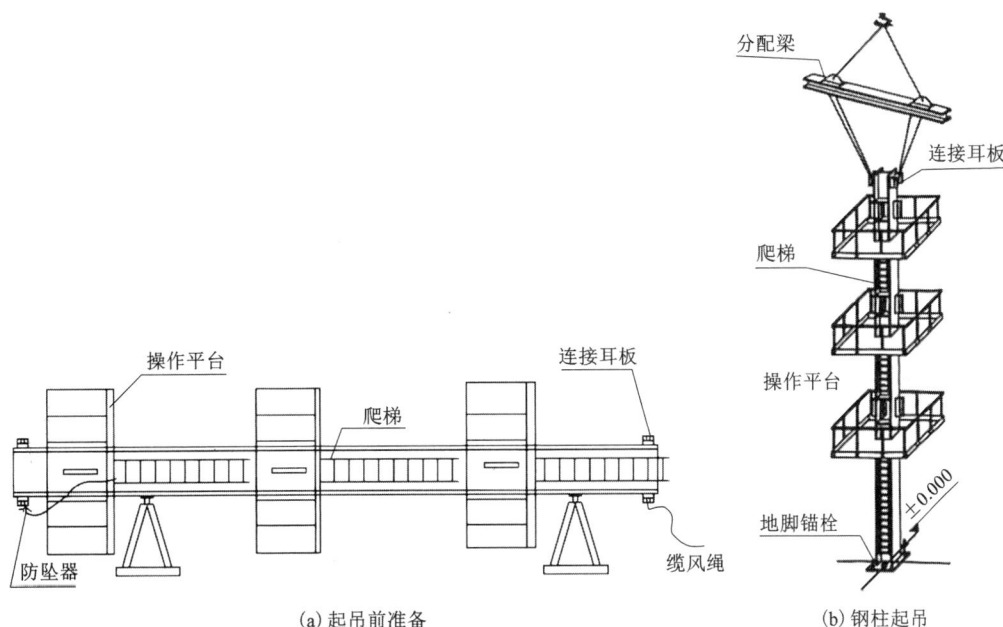

(a) 起吊前准备   (b) 钢柱起吊

图 5-47 钢柱吊装方案

3）首节钢柱校正

首节钢柱吊装就位以后对钢柱进行校正，钢柱校正要做三项工作：柱基标高调整、纵横向轴线校准、柱身垂直度调整。柱基标高调整涉及在柱底板地脚螺杆上装配调整螺母，以精确调控柱子标高(图 5-48)。轴线与垂直度校准方式如图 5-49 所示，在两个方向利用经纬仪或全站仪校核轴线，同时采用缆风绳调整柱子的垂直度。校准后，需依次拧紧地脚螺栓，并完成柱的校准。随后，用比基础混凝土标号高一个等级的细石混凝土，通过压力灌浆技术实施二次灌浆作业。

4）首节以上钢柱安装与校正

上部钢柱吊装后，采用连接耳板进行临时稳固，依次调整标高、扭转及倾斜度，运用绝对标高控制法，结合塔吊、钢楔、垫板、撬棍与千斤顶等辅助工具。

将钢柱校正准确。一旦框架体系稳定成型，整体校正环节即可省略。针对上部钢柱的校正，推荐运用无缆风绳校正技术，具体操作如图 5-50 所示。在标高调整阶段，需借助塔吊吊钩的起落及撬棍的精细调节，以确保上柱与下柱间隙达到预设标准，并在间隙中嵌入钢楔以加固结构。对于扭转偏差，可通过在上下耳板的不同侧面增设垫板，并夹紧连接板来实现校正。至于钢柱倾斜度的调整，则可利用千斤顶与钢楔的协同作用，通过锤击铁楔或微微顶升千斤顶的方式，使倾斜度符合规范要求。

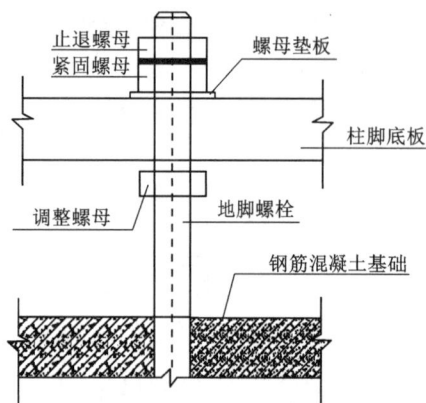

图 5-48　柱基标高调整示意图

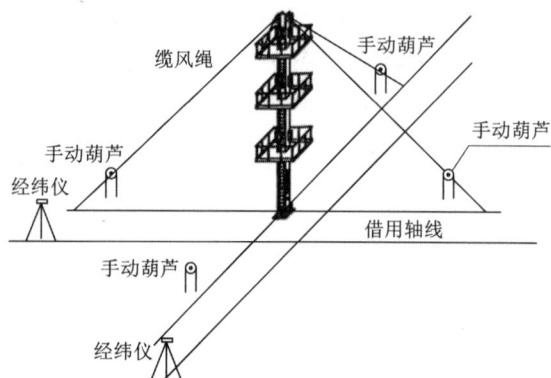

图 5-49　柱垂直度校准示意图

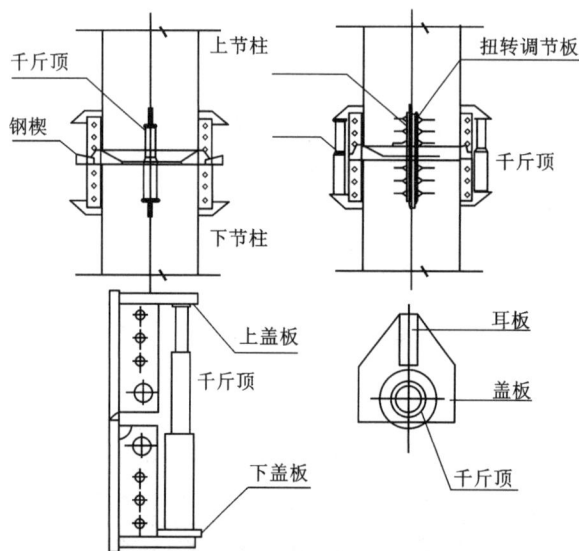

图 5-50　钢柱的对接与校正方法

5) 钢柱安装允许尺寸偏差

钢柱安装应控制轴线、标高、垂直度和翘曲变形不超过表 5-5 所示的规范允许偏差值。

表 5-5　钢柱安装的允许偏差和检验方法

项目	允许偏差/mm	检验方法
柱脚底座中心线对定位轴线的偏移	5.0	用钢尺检查
柱子定位轴线	1.0	

续表 5-5

项目		允许偏差/mm	检验方法
柱基准点标高	有吊车梁的柱	+3.0 −5.0	用水准仪检查
	无吊车梁的柱	+5.0 −8.0	
弯曲矢高		$H/1200$，且 ≤15.0	用经纬仪或拉线钢尺检查
柱轴线垂直度	单层柱	$H/1000$，且不大于 25.0	用经纬仪或吊线和钢尺检查
	多节柱 单节柱	$H/1000$，且不大于 10.0	
	多节柱 柱全高	35.0	

注：H 为柱全高。

（2）钢梁吊装

钢梁吊装需紧随钢柱吊装，两者构成结构单元后，需自下而上将框架梁与柱连接，形成空间刚度体系，经精确校正紧固后，方可逐步向四周扩展。

1）钢梁吊装前应完成的准备工作

①吊装作业前需系统性复核钢梁定位轴线、标高及其编号、长度、截面尺寸等参数，同时检验螺孔直径位置、节点板表面质量及高强度螺栓连接摩擦面状态，确保其符合设计施工图与规范标准，为附件安装奠定坚实基础。

②采用钢丝刷清除摩擦面浮锈，保证连接面平整，无毛刺、飞边、油污、水、泥土等杂物。

③梁端节点实施栓-焊复合连接时，需精准定位腹板连接板，以螺栓固定于梁腹板对应处，保持齐平，避免超出梁端界限。

④梁端节点处装配螺栓，按需量分装帆布包悬挂，确保每个节点独立配备。

⑤在梁上安装溜绳和扶手绳，待钢梁与柱连接后，将扶手绳固定于两端钢柱上。钢梁推荐采用两点起吊，其吊点应符合表 5-6 的规定。若钢梁长度超过 21 m 且两点起吊无法确保构件强度与变形要求，应设置 3 至 4 个吊点或使用平衡梁进行吊装，吊点位置需经计算确定。

表 5-6 钢梁的吊点位置 m

L	A
15<L≤21	2.5
10<L≤15	2.0
5<L≤10	1.5
L≤5	1.0

注：L 为梁的长度；A 为吊点至梁中心的距离。

2)钢梁的起吊、就位与固定

钢梁预制时需注重安全,于梁端(0.21~0.3)L(L为梁长)处焊接临时吊耳,便于装卸与吊装作业,起吊时吊索角度宜控制在45°~60°,如图5-51所示。

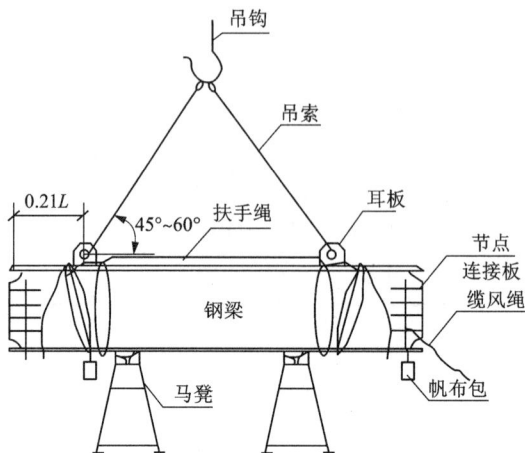

图5-51 钢梁的吊装方案

6.单层钢结构厂房安装

单层钢结构厂房一般布置有较大吨位的吊车,采用变阶柱,屋盖采用屋架或管桁架结构,这类型钢排架结构相比于多高层钢框架结构,变阶柱、吊车梁、屋架系统的安装较为特殊。

(1)排架柱安装

柱子安装前,应依据控制水准点及基础设计标高测量基础预埋板标高。若标高超高,则需处理柱脚;若超低,则用垫铁调至相应标高。钢柱吊装应考虑排架结构未形成空间结构体系前构件的稳定保证措施,整体考虑柱间支撑、系杆的吊装。

排架柱安装基本流程:预埋锚栓交接验收→钢柱就位→钢柱安装→校正→锚拉栓紧固→检验→柱间支撑安装→系杆安装→检验→二次灌浆。

柱子安装操作基本工艺:

①临时平台需平整稳固,采取临时固定措施,确保钢柱预拼无位移变形风险。

②于钢平台及钢柱上精准标定中心线,确保上下柱平整竖直,经经纬仪与通线复核无误后,采用夹具精确定位焊接。

③焊接。为控制焊接变形,常采用对称焊接策略,并确保在双面焊接完成前,夹具与临时固定板保持原位。变形问题则通过火焰校正法处理。

④起吊绑扎要选好绑扎点(即吊点)。钢柱绑扎点的选择需考虑其重心位置或牛腿结构,依据钢柱长度与质量,选定吊车与制定吊装策略。单机吊装常采用滑移或旋转法,而双机则多用递送策略。

⑤钢柱起吊前需预先将调节螺母安装于锚拉栓上。起吊后,当柱底板与锚拉栓距离达30~40 cm时,需精确对准螺栓孔与锚拉栓,缓慢降落至预定位置。此时,需确保钢柱定位线

与基础轴线吻合，初步校正后，安装紧固螺母实现临时固定，随后安全脱钩。

⑥钢柱安装到位后，需采用经纬仪或线锤校准垂直度，双螺母调节柱底水平，超限则预置垫板找平。

⑦固定。钢柱整体校正后，需紧固螺母并临时加固，待其余钢构件安装并检验合格后，方可浇灌细石混凝土。

⑧钢柱校准稳固后，实施柱间支撑系杆装配固定。

（2）钢吊车梁系统安装

钢吊车梁系统的安装包括吊车梁和制动桁架的安装，两者可以采取单件吊装或组拼后整体吊装的方法，具体根据现场条件进行考虑。应从有柱间支撑处开始向两端吊装，安装后立即进行临时固定。安装施工前应完成如下准备工作：

①钢柱吊装竣工，经精准调校后锚定于基座，随后执行预验收流程。

②于钢柱牛腿上与柱侧精准标定吊车梁、制动桁架轴线、安装位点及标高，并在其两端明确中轴线位置。

③起重设备需定期保养、维修，并经过试运转、试吊确保其性能；同时，装配齐全吊装工具、连接件及电气焊装置。

④搭建供施工人员高空作业使用的梯子、扶手、操作平台、栏杆等设施。

吊车梁安装应重点控制如下内容：

①钢吊车梁装配前，需预先将钢垫板装配至钢柱牛腿上，明确吊车梁的中心定位点。

②钢吊车梁绑扎常采用两点对称法，两端系溜绳以牵引，确保吊装中避免与钢柱发生碰撞。

③钢吊车梁吊起后，需精准调整起重臂杆，确保中心线与牛腿轴线对齐，完成与柱子的螺栓紧固，随后方可安全卸载。

④钢吊车梁的校正，可按厂房伸缩缝分区实施分段校正；或待所有吊车梁装配完毕后，执行一次性总体校正。校正维度涵盖标高、垂直度、平面位置（特指中心轴线）及跨距。标高校正需采用精密水准仪精确校准，垂直度则通过线锤进行检验（图 5-52）。中心线校准则运用经纬仪，自车间两端将吊车梁吊装中心线精准投影至对应柱体，以此为基准，评估两端吊车梁的安装精度与误差。

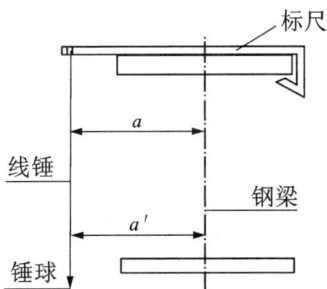

图 5-52　钢梁垂直度校正示意图

一般除标高外，钢柱校正与屋盖吊装完成并固定后，方可进行后续作业，以防屋架吊装导致钢柱跨间位移。钢吊车梁安装偏差需严格遵循表 5-7 的规范。

表 5-7　钢吊车梁安装允许偏差和检验方法

项次	项目		允许偏差/mm	检验方法
1	梁的跨中垂直度		$h/500$	吊线和钢尺检查
2	侧向弯曲矢高		$l/1500$，且不大于 10.0	拉线和钢尺检查
3	垂直上拱矢高		10.0	拉线和钢尺检查
4	两端支座中心位移	安装在钢柱上时，对牛腿中心的偏移	5.0	拉线和钢尺检查
		安装在混凝土柱上时，对定位轴线的偏移	5.0	
5	吊车梁支座加劲板中心与柱子承压加劲板中心的偏移		$t/2$	吊线和钢尺检查
6	同跨间同一横截面吊车梁顶面高差	支座处	$l/1000$，且不大于 10.0	用经纬仪、水准仪和钢尺检查
		其他处	15.0	
7	同跨间同一横截面下挂式吊车梁底面高差		10.0	用经纬仪、水准仪和钢尺检查
8	同列相邻两柱间吊车梁顶面高差		$l/1500$，且不应大于 10.0	用水准仪或钢尺检查
9	相邻两吊车梁接头部位	中心错位	3.0	用钢尺检查
		上承式顶面高差	1.0	
		下承式底面高差	1.0	
10	同跨间任一表面的吊车梁中心跨距		±10.0	用经纬仪或钢尺检查
11	轨道中心对吊车梁腹板轴线的偏移		$t/2$	用吊线和钢尺检查

注：h 为吊车梁高度；l 为梁长度；t 为梁腹的厚度。

(3)钢屋架的安装

钢屋架的基本安装流程：安装准备→屋架组拼→屋架安装→连接与固定→检查、验收→除锈、刷涂料。

①安装准备。

a.校验安装定位的轴线控制点及标高测量所用水准点。

b.标出标高控制线和屋架轴线的吊装辅助线。

c.复核屋架支座与支撑预埋件，包括轴线、标高、水平度及螺栓位置、露出长度，偏差超限时需采取技术措施调整。

d.校验吊装机械与吊具，依据施工组织设计，搭建脚手架或操作平台。

e.屋架腹杆原设计为拉杆，吊装过程中吊点位置变化致其受力转为压杆。为确保装配式结构稳定，需依据智能化施工原则，于屋架上、下弦平行方向增设钢管、方木等临时支撑。

　　f. 测量钢尺需与制造钢尺校准，确保精度，并获取法定计量单位出具的检定合格证明。

　　②屋架组拼。

　　屋架分片需精确运送至现场进行组装。此时，拼装平台的平整度至关重要，以确保屋架总长及起拱尺寸满足设计要求。焊接作业需遵循双面焊接原则，每面焊接完成后需进行严格检验，并记录施工数据。验收合格后，方可进行吊装。此外，屋架及天窗架亦可地面整装后吊装，但须采取临时加固措施，以增强吊装时的结构稳定性（图 5-53）。

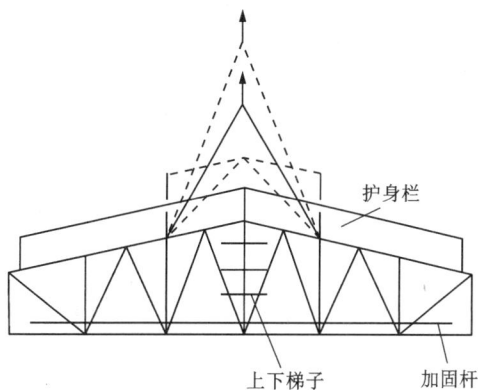

图 5-53　钢屋架吊装示意图

　　③屋架安装。

　　a. 吊点应精确布置于屋架三交点处，离地 50 cm 暂停起吊，检查安全后，方可继续作业。

　　b. 第一榀屋架安装时需于吊钩松开前预调正，确保其按支座中心线或定位轴线精准就位，调整垂直度并校验侧向变形后，实施临时稳固措施。

　　c. 第二榀屋架采用同样的方法精准就位后，需保持吊钩紧绷状态，利用杉篙或方木作为临时支撑与第一榀屋架连接。继而装配支撑系统及部分檩条，经校正后实施固定，确保两榀屋架构成具备空间刚度和稳定性的结构体。

　　d. 自第三榀屋架起，于屋脊及上弦中点装配檩条，以稳固屋架，并精确校正屋架。

　　e. 在钢屋架安装定位后，需对其允许偏差进行精确校验，确保各项安装偏差均不超过表 5-8 所规定的限值。对于屋架垂直度的校验，可采取如图 5-54 所示的方法。具体而言，可在屋架下弦一侧拉设一根通长钢丝，并在屋架上弦中心线处悬挂一个等距标尺，采用线锤进行精确校正；或者，亦可采用经纬仪，将其放置于柱顶一侧，与轴线保持平移距离，同时在对面柱子上标记一个同等距离的点，然后在屋架中线处悬挂一个等距标尺，确保三点共线，从而实现屋架垂直度的精确校验。

表 5-8　钢屋架安装允许偏差和检验方法

项次	项目		允许偏差/mm	检验方法
1	屋架跨中的垂直度		$h/250$，且不应大于 15.0	用经纬仪或吊线和钢尺检查
2	屋架侧向弯曲矢高	$l \leq 30$ m	$l/1000$，且不应大于 10.0	用拉线和钢尺检查
		30 m$<l \leq 60$ m	$l/1000$，且不应大于 30.0	
		$l>60$ m	$l/1000$，且不应大于 50.0	
3	主体结构的整体垂直度		$h/1000$，且不应大于 25.0	用经纬仪或吊线和钢尺检查
4	主体结构的整体平面弯曲		$l/1500$，且不应大于 25.0	用拉线和钢尺检查
5	屋架支座中心对齐定位轴线		10.0	用钢尺检查

续表 5-8

项次	项目	允许偏差/mm	检验方法
6	屋架间距	10.0	用钢尺检查
7	屋架弦杆在相邻节点间的平直度	$e/1000$，且不应大于 5.0	用拉线和钢尺检查
8	檩条间距	±6	用钢尺检查

注：h 为屋架高度；l 为屋架长度；e 为弦杆在相邻节点间的距离。

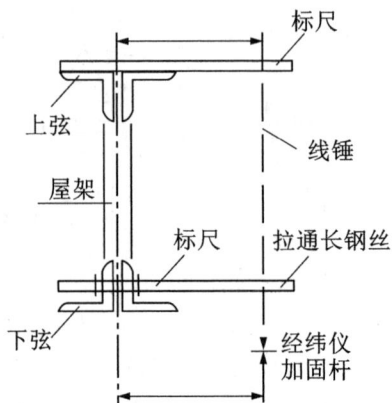

图 5-54　钢屋架垂直度校验示意图

智慧启思

港珠澳大桥沉管隧道——装配式技术的中国精度

认知拓展

实践创新

思考题

1. 固定模台工艺与流水线工艺的核心区别是什么?

2. 钢结构构件预拼装的主要目的是什么? 试分析若跳过预拼装直接安装, 可能引发的施工问题。

3. 若某钢结构厂房出现钢柱垂直度偏差超标, 可能的原因有哪些? 如何调整?

4. 对比先张法与后张法预应力工艺的适用范围及其优缺点。

5. 智能施工升降机与传统升降机相比有哪些优势?

6. 分析塔式起重机与施工升降机在高层建筑施工中的协同作用。

7. 智能施工升降机如何实现与建筑机器人的协同工作? 举例说明其应用场景。

8. 流水线工艺中, 全自动化生产线如何通过计算机控制混凝土养护温湿度? 其优势是什么?

9. 钢柱安装时, 若发现垂直度偏差超限, 可能由哪些施工环节失误导致? 列举 3 种调整方法。

10. 装配式混凝土结构安装后, 为何需进行"整体精度复核"? 具体复核哪些指标?

11. 高强度螺栓摩擦型与承压型连接的抗剪机理有何不同? 哪种更适合承受动力荷载?

12. 建筑机器人在"破拆"领域的应用面临哪些技术挑战? 结合书中案例说明解决方案。

参考答案

路面工程施工与智能化

本章思维导图

AI微课

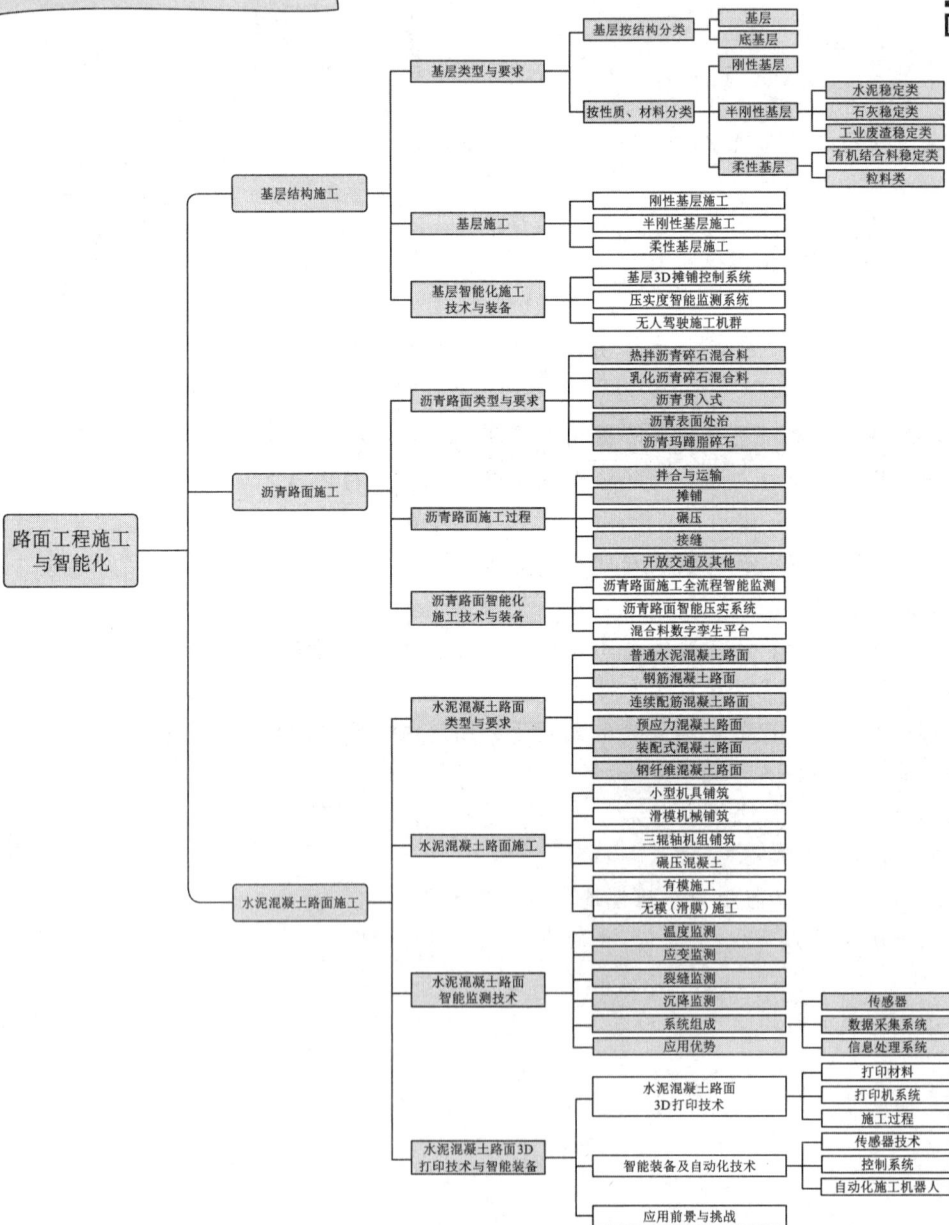

　　路面工程的设计与施工是确保道路设施性能的关键环节。路面结构通常由多层组成，包括面层、基层、底基层及垫层（垫层属于特殊附加层，有时设置，有时不设置），每一层都承载着特定的功能与技术要求。面层作为直接与车辆接触的部分，须具备优异的力学性能和耐久性；而基层和底基层则负责分散荷载，保证整体结构的稳定性。材料选择上，沥青和水泥混凝土因其不同的工程特性，被广泛应用于各类路面结构之中。沥青路面以其良好的弹性和抗变形能力，适用于承受频繁交通负荷的场合；相对地，水泥混凝土路面则因其卓越的抗压强度和耐久性，更适用于重载交通及高磨耗场合。

　　道路结构如图 6-1 所示，结构的最上层为面层（surface course），该层直接与车辆轮胎接触，常由沥青混合料或水泥混凝土铺筑而成。面层是承受和分散交通荷载的首道防线，同时负责为行车提供平整舒适的路面和良好的抗滑条件。高质量的面层材料与良好的施工工艺可有效抵御气候的侵蚀，同时抵抗交通荷载的反复作用，进而延长路面的整体服役年限。

　　面层下方紧接的是基层（base course）。基层常选用水泥稳定材料、沥青稳定材料、级配碎石等，通过较高的承载能力与较好

图 6-1　道路结构

的稳定性，将面层传递下来的集中应力向更大范围扩散，从而降低下部层次所受到的集中应力。同时，基层的良好透水性有助于排出路面内部滞留的水分，防止水损害的发生，从而提高上部面层的使用性能和耐久性。

　　在基层之下设置的底基层（subbase course）是将面层与基层传递来的荷载向路基扩散的过渡层，通常采用具有适当承载能力、透水性和级配稳定性的粒料或稳定土材料。底基层承担并进一步扩散上部传递下来的应力，提高路基的工作条件，并通过良好的透水性协助路面内部水分排出，有效减少水损害引起的结构性破坏。

　　处于道路结构最底部的是路基（subgrade）。路基往往由天然或经过适当改良和压实处理的土层构成。路基为整个路面体系提供基础性的支撑与稳定，决定了路面整体的刚度、变形特性与持久耐用性。路基土质的物理特性、密实度与含水量对路面抗冻胀、抗沉陷以及整体稳定性至关重要。在施工和使用过程中，须对路基进行必要的加固处理与排水改善，以确保其为路面结构提供稳固可靠的基础。

　　路面结构中的各层通过合理的材料组合与结构设计相互作用，共同抵御行车荷载与环境因素的影响。这种层次分明、职能明确的分层体系，使得现代道路在使用性能、结构寿命与行车安全性方面均得到有效保障。

　　随着智能化技术在土木工程中的渗透，路面施工正逐步向自动化、智能化转型。智能压实、3D 打印等先进技术的应用，不仅提升了施工精度和效率，也使得施工过程更加可控和优化。此外，智能化监测系统的引入，为施工质量提供了实时监控和评估，确保了工程的可靠性和安全性。在施工实践中，遵循严格的设计规范和施工标准是确保路面工程质量的前提。路面工程的每一环节——从材料选择到施工工艺再到后期养护，均须经过精确计算和严格控

制。智能化施工技术的发展，对工程技术人员的专业技能提出了更高要求，同时也为路面工程的创新与进步提供了广阔空间。

路面工程作为交通基础设施的重要组成部分，其科学的设计、合理的材料应用和先进的智能施工技术，共同决定了道路的功能性与耐久性。未来，智能化技术与路面工程的深度融合将为路面工程带来革命性的变革，推动交通基础设施向更高效、更智能的方向发展。

6.1 基层结构施工

基层是路面结构中至关重要的一层，在路面结构中起着"承上启下"的作用。它主要承担着传递面层车辆荷载垂直力的任务，并将这些力有效地扩散至路基。为确保工程质量，当基层厚度过大时，可将其分为两层或三层铺筑。基层由多层构成时，除最上一层外，其他层常被称为底基层，在此情况下，最上一层相应地被称为基层，应注意鉴别基层概念在不同情况下的内涵。

6.1.1 基层类型与要求

在性能上要求基层具有足够的强度、刚度、扩散荷载的能力、水稳性、抗冻性等，为面层施工提供稳定、坚实的工作面。

基层按结构可分为基层和底基层，按性质、材料可分为刚性基层、半刚性基层和柔性基层，如图6-2所示。

1.基层按结构分类

（1）基层

基层是位于沥青路面面层下的主要承重层，或位于水泥混凝土面板下的结构层。其与面层一起承受行车荷载的反复作用，并将荷载

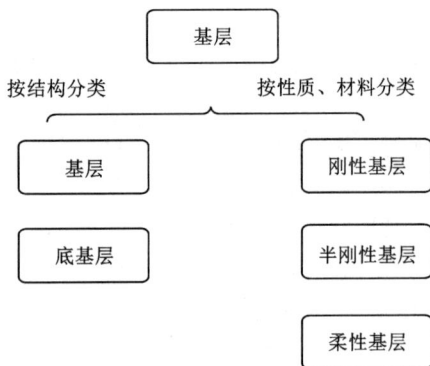

图6-2 基层分类

传递到底基层、垫层和路基，是起主要承重作用的路面结构层次。基层还可根据公路等级和交通量大小设置成两层，上层称为上基层，下层称为下基层。基层材料可分为无机结合料稳定类、有机结合料稳定类和粒料类。

高速公路、一级公路应采用水泥稳定碎石、石灰粉煤灰稳定碎石、沥青混合料一级级配碎砾石等材料铺设。高速公路、一级公路的底基层和二级及二级以下公路的基层和底基层，除上述类型材料外，也可采用水泥稳定土、石灰稳定土、石灰粉煤灰稳定土、石灰工业废渣、填隙碎石等或其他适宜的当地材料铺筑。贫混凝土、碾压混凝土基层上应铺设沥青混凝土夹层，层厚不宜小于40 mm。考虑到扩散应力的需要和施工的方便，基层的宽度应较面层每侧至少宽出25 cm，底基层每侧比基层至少宽出15 cm。透水性基层、级配粒料基层的宽度宜与路基同宽。

（2）底基层

底基层是设置在基层之下，与面层、基层一起承受行车荷载的反复作用，并将荷载传递到垫层和路基上，起次要承重作用的路面结构层次。对底基层材料的强度指标要求比基层材料略低。根据公路等级和交通量大小，底基层还可设置两层，上层称为上底基层，下层称为下底基层。设置底基层的目的在于减薄基层厚度，分担承重作用，并充分利用当地材料，以达到降低工程造价的目的。底基层材料可分为无机结合料稳定类和粒料类。

当承受极重、特重、重交通荷载时，基层下应设底基层。当承受中等、轻交通荷载时，基层下可不设底基层。当基层采用无机结合料稳定类材料，且上路床由细粒土组成时，基层下应设置粒料类底基层。

2. 基层按性质、材料分类

（1）刚性基层

刚性基层一般指采用普通混凝土、碾压式混凝土、贫混凝土、钢筋混凝土、连续配筋混凝土等材料铺筑的路面基层，具有较高的抗压强度和稳定性。通常使用高强度的水泥和优质骨料，以保证混凝土的密实性和耐久性。适用于重载交通和高等级公路。

（2）半刚性基层

半刚性基层指的是用无机结合料稳定土、粒料等铺筑的能结成板体并具有一定抗弯拉强度的基层，也就是采用无机结合料稳定集料或土类材料铺筑的基层。半刚性基层具有较高的刚度，具备较强的荷载扩散能力，具有较好的承载能力和抗变形能力。半刚性基层适用于交通量大、轴载重的主干路、快速路。半刚性基层所用材料一般分为以下三类：

①水泥稳定类：水泥稳定碎石、水泥稳定砂砾、水泥稳定细粒土；

②石灰稳定类：石灰稳定碎石、石灰稳定砂砾、石灰稳定细粒土；

③工业废渣稳定类：石灰粉煤灰、石灰粉煤灰土、石灰粉煤灰砂、石灰粉煤灰砂砾、石灰粉煤灰碎石、石灰粉煤灰矿渣、石灰粉煤灰煤矸石。

（3）柔性基层

柔性基层一般由沥青稳定材料或级配砂砾、砾石铺设而成，具有良好的柔性变形能力和抗裂性。其采用热拌或冷拌沥青混合料、沥青贯入式碎石，以及不加任何结合料的粒料类材料铺筑。适用于轻载交通和城市次干路及以下道路基层。所选用的天然砂砾应质地坚硬，0.075 mm 筛孔通过率（含泥量）不大于 5%（基层），砾石颗粒中细长及扁平颗粒的含量不超过 20%。用作次干路及以下道路底基层时，要求级配中最大粒径小于 53 mm，用作基层时，最大粒径不应大于 37.5 mm。其所用材料一般分为以下两类：

有机结合料稳定类（沥青稳定类）：包括沥青贯入式碎石、热拌沥青碎石或乳化沥青碎石混合料。

粒料类：一般为碎砾石基层，包括级配碎石、级配砾石、符合级配的天然砂砾、部分砾石经轧制掺配而成的级配碎砾石，以及泥结碎石、泥灰结碎石等基层材料；而填隙碎石宜作为底基层，不宜直接用作基层。

第 6 章

6.1.2　基层施工

在道路工程中，基层作为路面结构的核心承重层，其施工质量直接决定了路面的耐久性与承载能力。随着材料科学与智能技术的发展，基层施工技术逐步迈向精细化与智能化。刚性、半刚性及柔性基层的施工工艺、专用设备等的说明如下。

1. 刚性基层施工

刚性基层以贫混凝土为主要材料，其水泥用量较低，通常为 6%～8%，具有较高的抗弯拉强度与刚度，适用于港口堆场、机场跑道等重载场景。施工时需通过试验确定水泥、骨料与水的精确配比，确保坍落度控制在 20～40 mm。拌合阶段采用强制式混凝土搅拌机，通过延长拌合时间（≥90 s）避免材料离析。摊铺工艺中，滑模摊铺机为主要装备，其集成布料、振捣与抹平功能，配合激光整平仪实时监测标高，可实现连续摊铺且平整度误差≤2 mm。振捣环节需插入式振捣器与平板振捣器协同作业，以消除气泡并提升密实度。接缝处理时须设置横向缩缝（间距 4～6 m），锯缝深度≥1/3 板厚，并填充聚氨酯密封胶等材料以抵抗伸缩变形。养护阶段须覆盖湿麻布或喷洒成膜养护剂，保持湿度≥7 d，避免早期开裂。

2. 半刚性基层施工

半刚性基层以水泥稳定碎石为代表，广泛应用于高速公路与重载公路。其施工核心在于均匀拌合与压实控制。拌合阶段采用连续式双卧轴搅拌机，通过在线含水率检测仪与自动补水系统，将含水率偏差控制在±1%以内，确保水泥充分水化。摊铺时采用高精度摊铺机，配备非接触式平衡梁与超声波料位传感器，实现恒速（1.5～2.5 m/min）、恒厚度摊铺，平整度误差≤3 mm。压实流程遵循"初压（静压 1 遍）—复压（振动压 3～5 遍）—终压（胶轮压 1～2 遍）"三阶段，压实度参考重型击实标准，须达到 98%。此外，可采用添加纤维或预切缝处理来防控干缩裂缝。

3. 柔性基层施工

柔性基层以级配碎石或沥青稳定碎石为主，依赖骨料嵌挤作用传递荷载，适用于多雨地区或低等级公路。施工时须严格遵循逐级填充理论设计骨料级配，通过筛分破碎一体机动态调整粒径分布，确保加州承载比（CBR）值≥80%。在摊铺前须均匀喷洒乳化沥青黏层油，以增强层间的黏结性能，并有效防止水分渗入下层结构。在压实过程中，应优先采用高频振动压路机以促进骨料间的嵌挤密实，随后使用胶轮压路机进行终压，以封闭表面孔隙，提升整体密实度及路面耐久性。

6.1.3　基层智能化施工技术与装备

随着科技的进步，现代基层施工中，智能化施工技术与装备的集成应用已成为提升质量与效率的核心驱动力。基层智能化施工技术与装备集成的应用如下。

1. 基层 3D 摊铺控制系统

该技术通过 BIM（建筑信息模型）生成高精度三维摊铺模型，结合 GNSS（全球导航卫星系统）与激光扫描仪实时定位摊铺机位置，自动调整熨平板高度与横坡角度，可实现毫米级摊铺精度。其控制系统构造如图 6-3 所示。例如，在某高速公路扩建工程中，3D 摊铺控制系统可大幅度减少人工测量工作量,提高摊铺效率,且避免了传统挂钢线法易受环境干扰的缺陷。3D 摊铺控制系统还可与气象站联动,根据温湿度变化动态优化摊铺速度与振捣参数,确保混合料的均匀性与密实度。

该技术首先通过提前收集原路基地面坐标及高程数据,利用专门的工程软件进行拟合建模,形成符合设计规范要求的平滑摊铺面三维模型。在施工过程中,将设计模型文件导入控制面板,通过仿真模拟提前规避潜在问题,并将最完美的施工数据反馈到摊铺机上,便能实现自动精准摊铺。这对于施工质量和效率有很大的提升,能大幅提升平整度,并能在很大程度上改善底基层和基层平整度对面层平整度的影响。

图 6-3　基层 3D 摊铺控制系统

与传统摊铺技术相比,配备 3D 摊铺技术的智能设备通过 GNSS 和激光高精度测量系统,立体控制摊铺高程精度和平面精度,克服了常规挂钢线施工时钢线下垂、传感器跳动等问题,很好地控制了路面结构层厚度、标高及平整度,误差控制在毫米级。系统能实时检测施工情况,确保施工质量,省去打桩放样和拉钢丝线等设置基准的环节,减少人为因素影响和摊铺预准备时间,提高控制精度和工作效率。另外,因为有 GPS(全球定位系统)控制,该系统不受环境光照的影响,可实现 24 h 连续作业,整个过程中精准控制每一层路面摊铺的绝对高程,实现优质材料成本节约最大化,能够在确保路面摊铺平整度、厚度,保证路面摊铺质量的情况下,实现无桩化、数字化及精准摊铺施工。

2.压实度智能监测系统

压实度智能监测系统可通过压路机内置的三轴加速度传感器、GPS 定位模块与压力传感器,实时采集振动频率、振幅、碾压遍数及接触应力数据,结合神经网络模型反演压实度值。数据可通过车载终端以热力图形式投射至操作界面,直观显示碾压轨迹、压实度梯度及薄弱区域。压实度智能监测系统可自动生成补压方案,指导操作员对压实度不达标的区域进行靶向补压，提高路面压实度整体达标率。

图6-4为压实度智能监测系统设备，其通过以下功能来全面提升道路基层施工质量。①实时反馈压实参数：为操作员提供真实的压实信息及精确的指导，确保压实质量。②压实导航：优化压实路径，提高压实效率，降低油耗。③快速定位薄弱区域：根据压实状态图快速识别并处理压实不足的区域，提升检测效率。④防止过压与欠压：实时显示碾压轨迹和通过率，确保施工段的最优碾压效果。⑤高效施工过程控制：全过程控制，不干扰施工，提升整体施工效率。⑥远程监测功能：为相关部门提供远程查看施工过程的便捷途径，增强管理效能。

图6-4 压实度智能监测系统设备

3. 无人驾驶施工机群

基层施工过程中，需要调用由无人压路机、智能摊铺机与自动驾驶运输车组成的协同作业系统，依托5G通信与V2X(车联网)技术实现"装料—运输—摊铺—压实"全流程无人化。无人驾驶施工机群调度中枢可通过AI算法优化路径规划，避免设备冲突与重复碾压。采用无人驾驶施工机群技术，可通过LiDAR(激光雷达)与毫米波雷达感知周边环境，自动识别障碍物并调整碾压轨迹，比起传统模式，其能大幅提高施工效率，降低燃油消耗。

6.2 沥青路面施工

>>>

6.2.1 沥青路面类型与要求

>>>

沥青路面是现代道路工程的重要组成部分，其类型的选择直接关系到道路的使用性能、寿命及维护成本。本小节将详细阐述几种常见的沥青路面类型，分析其材料组成、技术特性、适用场景及施工要求。

沥青混凝土主要由沥青、粗骨料、细骨料和填料(水泥、石灰等)组成，沥青作为黏结剂，将骨料和填料牢固地黏结在一起，从而形

解锁视频
道路施工动画

成具有一定强度和稳定性的复合材料。沥青混凝土面层施工便捷、维护方便,具有透水性小、水稳性和耐久性好、强度高等优点,能承受繁重的车辆交通;可以较好地吸收交通荷载所产生的冲击和振动,增加行车舒适性。沥青混凝土面层适用性强,使用年限在 20 年左右,适用于承受高速交通及重载的高速公路,城市内部交通流量较大的一、二级公路面层。

1. 热拌沥青碎石混合料

热拌沥青碎石混合料是由沥青、各种粒径的碎石骨料以及可能掺入的细填料(如石粉、水泥)在高温条件下拌合制成的。该材料具有良好的高温稳定性,不易发生车辙变形和冻融裂缝;表面粗糙度高,有利于提高行车安全性;由于骨料级配范围较宽,其设计灵活性强;沥青用量相对较少,造价较低。但由于其骨料间空隙较大,容易造成雨水渗透,加剧沥青老化,影响耐久性。热拌沥青碎石混合料适用于三、四级公路,或用作沥青混凝土面层的下层、调平层和联结层。

2. 乳化沥青碎石混合料

乳化沥青碎石混合料由作为结合剂的乳化沥青与各种粒径的碎石骨料混合而成。其通过机械或人工方式均匀铺筑在路面上,然后通过压实形成稳定的路面结构。这种混合料具有良好的黏结性、防水性和一定的弹性,可以在较宽的温度范围内(潮湿或低温)施工,适应性强,且对设备要求不高等优点。但施工过程中需要控制好乳化沥青的喷洒量和骨料的撒布均匀性,确保路面的密实度和平整度。适用于三级、四级公路的沥青路面面层,二级公路养护罩面,以及各级公路的调平层和柔性基层。

3. 沥青贯入式

沥青贯入式是一种在常温条件下施工的路面结构层铺筑方法。其工艺过程为:先将沥青均匀洒布在已铺设平整的粗粒基层骨料表面,然后分层撒布填充石屑,并辅以适量的沥青喷洒,最后通过压实作业使沥青渗入骨料空隙,形成较为密实的沥青结构层。也能作为沥青混凝土路面各结构层之间的过渡层或黏结层,起到加强层间结合、提升结构整体性能的作用。

4. 沥青表面处治

沥青表面处治是指将沥青材料(石油沥青、煤沥青或乳化沥青)喷洒在路面上,然后均匀撒上一层或多层石屑、砂等细骨料的工艺。相比其他沥青路面铺装方法,沥青表面处治工艺简单,施工和维护成本低,且施工速度快,可以在短时间内完成路面的改善工作。不足的是承载能力有限,在重载交通或恶劣气候条件下,耐久性较差,且对基层要求高以保证沥青表面处治层的附着。适用于低交通量的道路、旧路翻新工程、三级及以下等级的公路作为表面保护层,以及临时道路或短期改善路面条件的场合。

5. 沥青玛蹄脂碎石混合料

沥青玛蹄脂碎石混合料(SMA)是一种高耐久性的道路铺装材料,通常采用热拌工艺和特殊的拌合及摊铺设备来铺筑路面。沥青玛蹄脂碎石混合料具有抗滑耐磨、密实耐久、抗疲劳、高温抗车辙、低温抗开裂的优点,使用寿命比传统沥青混凝土更长;但对材料品质和施工技术要求高,前期投入成本较高。适用于重载交通及高磨耗场合的高速公路、一级公路和其他重要公路的表面层。

不同类型的沥青路面各具特色,适用于不同的道路等级、交通条件及环境要求。在实际工程中,应根据具体情况综合考虑材料成本、施工难度、维护费用及道路使用性能等因素,科学合理地选择沥青路面类型,以实现经济效益与社会效益的最大化。

6.2.2　沥青路面施工过程

　　随着科技的飞速发展，沥青路面施工领域正经历着从传统人工管理向智能化、信息化转型的变革。本小节主要介绍沥青路面施工工艺的5个阶段，即拌合与运输、摊铺、碾压、接缝、开放交通及其他。具体如下所述。

　　（1）拌合与运输

　　沥青混合料搅拌设备(图6-5)将沥青混合料按照设计配比均匀混合并保持适宜的温度，及时高效地输送至施工现场，从而保证路面整体施工质量。沥青混合料应在符合环保、安全规范的拌合厂或拌合站制备，确保集料存储与运输过程中的温度控制，防止离析。高速公路和一级公路应使用间歇式拌合机，冷料仓数量不少于5个，且配备除尘设备。该设备需每年检定，供料装置需定期标定。生产过程中需监控关键参数，如拌合温度、拌合量等，确保温度在规定范围内，集料残余水分不得超过1%。热拌沥青混合料应使用大吨位运输车，运输车需清洁，车厢涂抹隔离剂防止沥青黏结。装料时，调整车辆位置确保混合料均匀性，运输过程中使用苫布覆盖。运料车载重能力应足够，保证摊铺机前方至少有5辆待命车，确保不超载、避免急刹车。运料车需保持温度，混合料在运输过程中不得结团或遭雨淋。必要时可使用转运车进行二次拌合，以确保均匀性。

图6-5　沥青混合料搅拌设备

　　（2）摊铺

　　在摊铺阶段，将沥青混凝土按照设计厚度均匀铺设在基层上，形成路面的主要结构层。摊铺质量直接影响路面的耐久性。热拌沥青混合料应使用履带式摊铺机，铺设宽度控制在6 m(双车道)至7.5 m(三车道以上)。摊铺前应提前0.5～1 h预热熨平板，确保温度不低于100 ℃。摊铺机应保持2～6 m/min的摊铺速度，改性沥青或SMA混合料摊铺速度应控制在1～3 m/min。摊铺过程中应检查摊铺层的厚度、路拱和横坡，确保混合料的均匀铺设。狭窄地段无法使用摊铺机时，应采用人工摊铺，并使用防黏结剂处理工具。雨季施工时，应避免雨天摊铺，已摊铺且未压实的混合料如遇雨水应及时铲除。

（3）碾压

路面摊铺结束后应进行初压、复压、终压以消除沥青混合料中的空隙，让沥青混凝土达到设计要求的密实度，保证路面的承载能力和耐久性。沥青路面的压实和成型时须确保压实度和平整度符合标准。压实层的最大厚度为 100 mm（沥青混凝土）或 120 mm（沥青稳定碎石），特殊情况下可增加至 150 mm。应配备足够数量的压路机，确保碾压速度均匀且符合规定，避免低温下反复碾压，保证最佳碾压效果。初压、复压、终压应按顺序紧密跟进，复压时采用重型轮胎压路机搓揉碾压，确保压实度均匀。SMA 路面应避免使用轮胎压路机，OGFC（开级配抗滑磨耗层）路面宜采用小于 12 t 的钢筒式压路机。此外，压路机碾压轮要保持清洁，防止混合料黏附。

（4）接缝

通过合适的接缝处理，可防止裂缝扩展和水分渗透，并提高路面平整度，减少行车颠簸，增强道路的耐久性和行车舒适性。接缝施工必须紧密平顺，避免出现离析。纵向接缝应错开 150 mm（热接缝）或 300~400 mm（冷接缝），横向接缝错开至少 1 m。纵向接缝采用热接缝时，摊铺后留 100~200 mm 不压实，待后续作业跨缝碾压；采用冷接缝时须涂洒沥青，并确保压实。高速公路表面层横向接缝采用垂直平接缝，其他路段可使用斜接缝或阶梯形接缝。斜接缝搭接长度应为 0.4~0.8 m，阶梯形接缝长度不小于 3 m，平接缝应在混合料冷却但未硬化时完成切割，避免损伤下层路面。

（5）开放交通及其他

热拌沥青混合料路面的开放交通应待摊铺层完全自然冷却，且混合料表面温度降至50 ℃ 以下后方可开放交通。如果需要提早开放交通，可以通过洒水冷却的方式加速混合料温度的降低。在雨季施工期间，应特别注意气象预报，保持沥青拌合厂、工地与气象台站之间的密切联系，确保施工各环节紧密衔接。同时，工地和运料车应配备防雨设施，确保基层和路肩排水良好。对于已铺设的沥青层，必须严格控制交通，保持路面清洁，不得在沥青层上堆放施工产生的土或杂物，也严禁在已铺设的沥青层上制作水泥砂浆，以避免污染和损坏路面。

6.2.3　沥青路面智能化施工技术与装备　>>>

（1）沥青路面施工全流程智能监测

智能监测的目的是从进度、成本、质量、安全出发，实现生产进度控制、材料成本智能核算、生产质量实时监控、人员设备状态及安全监控，全面提升路面施工工程质量，提高精细化管理水平。针对传统路面施工的管控难点，一系列智能化、信息化手段应运而生，主要包括路面施工智慧管控，实时摊铺监控，施工进度监控、材料库存盘点等。沥青路面施工智能监测系统如图 6-6 所示。

在生产进度与成本控制方面，基于物联网和大数据技术构建智慧管控系统，实时监控施工进度，自动核算材料成本；通过数据分析，预测潜在的延误和成本超支风险，及时调整施工计划，确保项目按期完成并控制成本在预算范围内。

在质量与安全监控方面，利用传感器、摄像头等物联网设备，对施工现场进行全方位、全天候的监控；实时采集并分析施工数据，如温度、湿度、振动等，及时发现并处理质量问

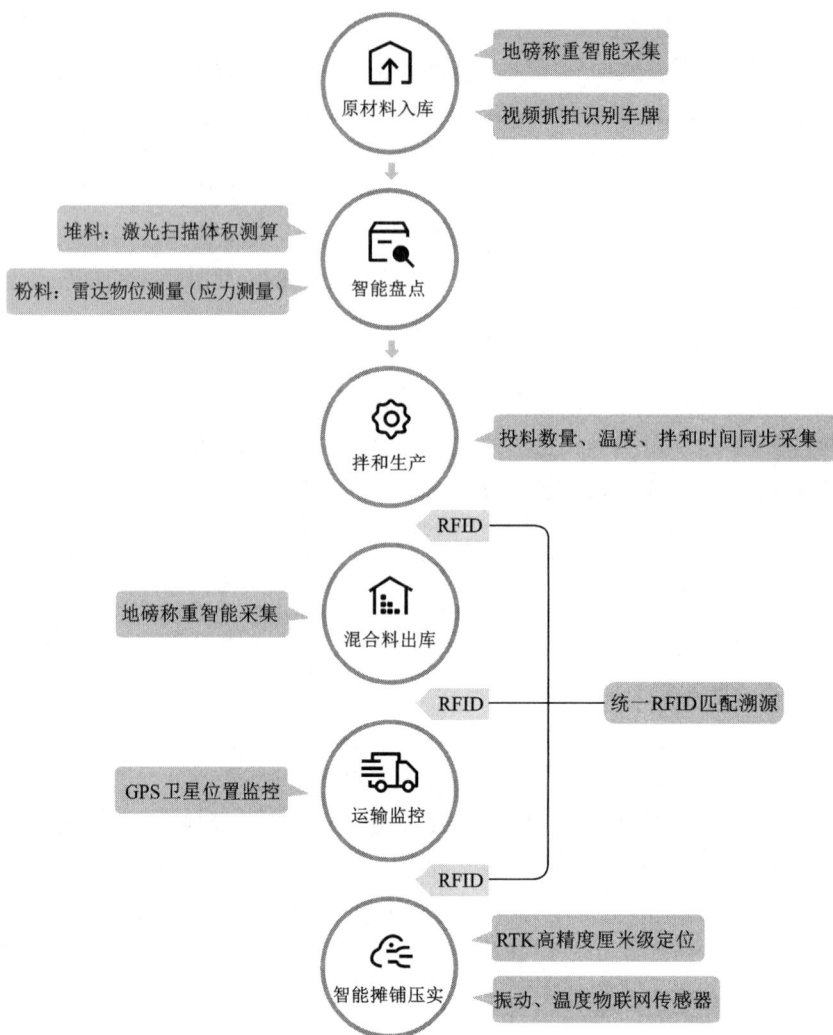

图 6-6　沥青路面施工智能监测系统

题；对人员、设备的安全状态进行监控，预防安全事故的发生。

在材料库存管理方面，采用激光扫描、物位测量等物联网技术，实现材料库存的精准测量和实时监控；与物料验收系统无缝对接，实现一键物料盘点和核算，提高盘点效率和准确性，降低管理成本；智能库存管理系统还能根据施工进度预测材料需求，及时补充库存，避免材料短缺或过剩。

在运输与摊铺溯源方面，利用 RFID（射频识别）技术和物联网手段，对运输车辆和摊铺过程进行全程跟踪和监控；准确记录每辆车的装料时间、卸料时间、摊铺路段等信息，实现混合料溯源功能；通过数据分析，优化运输路线和摊铺计划，提高运输效率和摊铺质量。

在精准定位与智能引导方面，采用 RTK（实时动态）差分定位技术，实现施工设备的厘米级定位；结合数据建模和智能引导系统，实时绘制施工设备轨迹，提高人机作业协同效率；通过数据分析处理，自动获得完整的施工结果报告，为工程验收和后续维护提供可靠依据。

（2）沥青路面智能压实系统

智能压实技术已成为提升沥青路面施工质量与效率的关键手段。传统压实作业依赖人工经验，存在监控不足、数据滞后、质量波动大等问题，容易出现漏压、过压的情况。成品的密实度检测也多采用点检的方法进行，其检测结果往往不能真实、客观地反映全路段的压实质量，且抽芯的检查方式也会导致完整的路面受损。而智能压实技术通过实时监测与控制压实过程中的关键参数，实现了从"事后检测"向"事中控制"的转变，为工程质量管理带来了革命性的变化。

智能压实设备（图 6-7）基于路面与振动压路机之间的动态相互作用原理，结合高精度定位系统和多种传感器，实时采集并处理压路机在作业过程中的压实度、位置轨迹、温度、行走速度等关键机械参数。通过建立检测评定与反馈控制模型，智能压实系统能够即时指导操作手调整碾压参数，确保整个碾压面的压实质量达到设计要求。

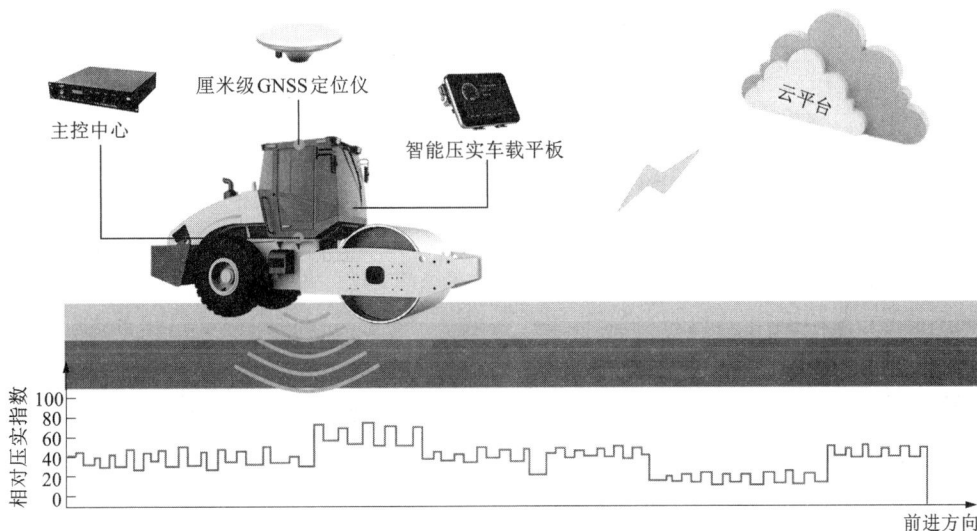

图 6-7 智能压实设备

图 6-8 是智能压实系统操作流程。该系统主要由以下几部分组成：①振动压路机：作为执行器械，负责按照预设参数进行路面压实作业。②高精度定位天线：实现压路机的厘米级定位，确保位置数据的准确性。③无线网络：连接压路机与云平台数据中心，实现数据的实时传输与处理。④车载显示终端：展示实时压实数据，指导操作手作业。⑤振动传感器：采集振动钢轮位置的路面实时反馈信息，通过算法换算成压实度值。⑥温度传感器：监测当前压路机位置的温度信息，为高温碾压提供温度分布图。⑦云平台数据中心：收集、处理并存储路面压实数据，提供可视化分析与管理功能，压实结果转化成直观的可视化色阶图，清晰明了地展示当前振动压路机所在位置的压实数据信息，主要包括压实度、遍数、温度、机械速度、振动频率、振幅、坐标等；通过振动压路机上的车载终端将信息呈现给操作手，指导操作手作业；通过云平台数据共享可以实现远程监控施工，方便管理人员对工程的质量和进度进行宏观调控。

此外，在作业过程中，路面施工时压路机会持续往返，由于操作人员存在视觉盲区，加之作业时噪声较大,协作设备多,若现场人员穿梭其中,容易发生事故。为解决上述隐患,通常会在压路机中加入安全防护模块,通过防护系统的智能探测和自控操作,有效避免人身伤害,减少设备损伤,为压路机作业提供安全保障。

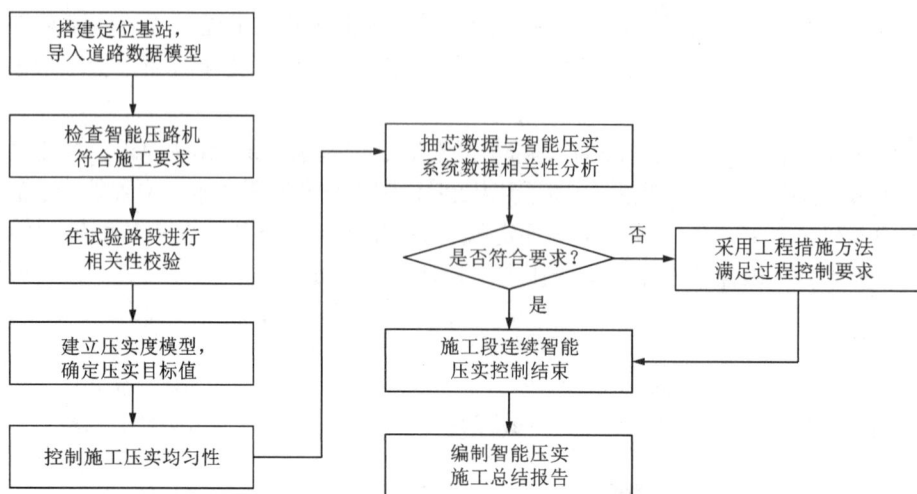

图 6-8 智能压实系统操作流程

综上,智能压实系统能够连续采集并实时处理压实参数,确保压实质量稳定可靠,通过优化碾压参数,减少漏压、过压现象,提高压实效率;能够完整记录施工过程数据,为施工工艺提升和后期质量问题追溯提供有力支持;能够结合安全防护系统,减少施工现场安全隐患,保障人员与设备安全。智能压实系统已在多个大型道路工程中成功应用,显著提升了施工质量和效率。

(3)混合料数字孪生平台

基于物联网传感器与云计算构建的混合料数字孪生平台,可实时映射施工现场的温湿度、材料状态与设备工况。该平台通过有限元等分析方法模拟水化反应进程、温度场分布及荷载传递路径,预测混合料早期开裂风险与长期变形趋势。例如,在实际工程中可应用该平台优化半刚性基层养护方案,动态调控洒水频率,节水的同时减少温缩裂缝的产生。

6.3 水泥混凝土路面施工

6.3.1 水泥混凝土路面类型与要求

在道路工程中,混凝土路面因其优越的性能和广泛的适用性,在许多国家和地区得到了广泛应用。水泥混凝土路面也被称为刚性路面,分类如图 6-9 所示。其类型包括普通水泥混凝土路面、钢筋混凝土路面、连续配筋混凝土路面、预应力混凝土路面、装配式混凝土路面和钢纤维混凝土路面等。目前采用最广泛的是就地浇筑的普通水泥混凝土路面,简称混凝土路面。

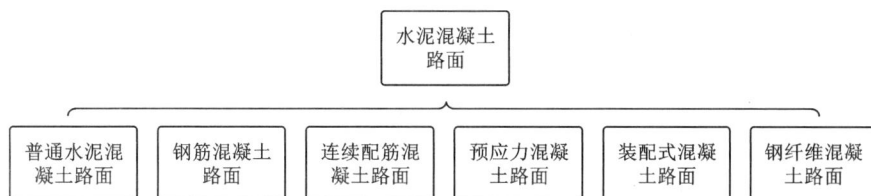

图 6-9　水泥混凝土路面类型

1. 普通水泥混凝土路面

普通水泥混凝土路面是常见的路面类型之一,通常采用现场浇筑的方法修建。这种路面在纵向设有纵缝,横向设有胀缝和缩缝,分别用嵌缝条或填缝料填塞。其施工简便,造价较低,适用于一般交通条件的道路,目前是我国应用最为广泛的刚性路面形式。

普通水泥混凝土路面在施工时采用普通硅酸盐水泥、碎石、砂和水。须严格控制混凝土的配合比和施工工艺,确保路面平整度和强度。此外,施工后还须进行适当的养护,防止早期裂缝的产生。普通水泥混凝土路面具有较高的抗压强度和抗弯拉强度,使用寿命可达 20～40 年或更长。然而,普通水泥混凝土路面初期建设成本较高,行驶时产生的噪声较大,且接缝容易进水,影响行车舒适性和路面寿命。

2. 钢筋混凝土路面

钢筋混凝土路面在板内配置纵向和横向钢筋,以提高路面的整体性和抗拉强度。钢筋混凝土路面适用于土质不均匀或板下埋有地下设施的路段,能够有效防止裂缝的产生。

钢筋混凝土路面通常采用高强度钢筋和高性能混凝土材料。施工时,钢筋布置须符合设计要求,确保钢筋位置准确,避免钢筋锈蚀。施工后还需进行充分的湿养护,确保混凝土强度充分发展。钢筋混凝土路面整体性强,抗拉强度大,适用于平面尺寸较大或形状不规则的路段。但其钢筋用量较大,造价较高,施工工序较为复杂,对施工质量要求较高。

3. 连续配筋混凝土路面

连续配筋混凝土路面纵向配置连续的钢筋,不设横缝,形成一条完整、平坦的行车表面,具有较高的抗拉强度和整体性。由于没有横缝,行车平稳性好,整体强度高。然而,其钢筋用量大,造价昂贵,且对施工工序有严格要求,设计也复杂。

4. 预应力混凝土路面

预应力混凝土路面在板内配置施加了预应力的钢筋,通过预应力的作用来抵消部分荷载应力,从而提高路面的抗裂性能和耐久性。适用于重载交通和高应力环境。

预应力混凝土路面采用高强度预应力钢筋和高性能混凝土。施工中须精确控制预应力的施加过程,确保预应力均匀分布;之后须进行充分的湿养护,确保预应力效果的充分发挥。预应力混凝土路面厚度是普通混凝土路面厚度的 65% 左右,可有效节约混凝土用量。若混凝土板较长,则接缝数量减少,在一定程度上能够提高行车舒适性。然而,其施工工艺复杂,对施工质量要求较高,且预应力钢筋成本较高。

5. 装配式混凝土路面

装配式混凝土路面采用预制混凝土板块进行拼装,施工速度快,质量易于控制。装配式

解锁视频
太子城水泥路面
自动化摊铺视频

混凝土路面适用于快速修复和改造工程，但对施工精度要求较高。预制板块在工厂生产，质量控制较好，现场施工时间短，减少了交通中断时间。然而，预制板块的运输成本较高，接缝处理要求高，拼装后须进行适当的养护确保接缝的密实度。

6.钢纤维混凝土路面

钢纤维混凝土路面即在混凝土中掺入钢纤维，以提高混凝土的抗拉强度和抗裂性能。钢纤维混凝土路面适用于高应力和高荷载的道路环境，具有较好的耐久性和抗疲劳性能。钢纤维的添加可增强混凝土的抗裂性，提高混凝土的耐久性和抗冲击性能，但须确保钢纤维在混凝土中的均匀分布，避免纤维团聚。钢纤维成本较高，增加了施工成本。

6.3.2　水泥混凝土路面施工

1.水泥混凝土路面施工按技术方法分类

图6-10是水泥混凝土路面构造示意图，其以抗压、抗弯、抗磨损、高稳定性等诸多优势，在各级路面上得到广泛应用。在我国高等级公路中，水泥混凝土路面日渐增多，近年来农村公路建设中普遍采用水泥混凝土路面，使得水泥混凝土路面科学化、规范化施工成为广大公路建设者关注的问题。水泥混凝土路面施工的核心环节是混凝土的拌合生产和混凝土的摊铺。

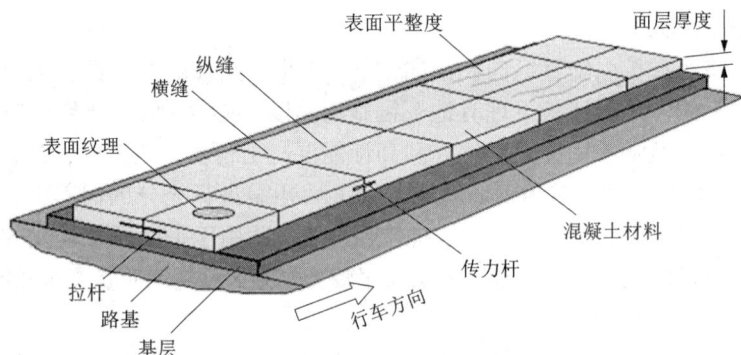

图6-10　水泥混凝土路面构造示意图

在现代道路建设中，水泥混凝土路面（cement concrete pavement）的施工方法与装备不断升级与完善。水泥混凝土面层的铺筑目前常采用的技术方法有小型机具铺筑、滑模机械铺筑、三辊轴机组铺筑及碾压混凝土四种。

（1）小型机具铺筑

小型机具铺筑是传统的施工工艺，其特点是简单成熟、施工便捷，且无须大型设备，主要依赖人工操作。因此，它特别适用于县乡公路、三、四级公路，以及等外公路的修建，同时也被广泛应用于旅游公路、村镇内道路与广场的建设中。

（2）滑模机械铺筑

滑模机械铺筑则是采用滑模摊铺机进行施工，其优势在于不设边缘固定模板，能够连续完成布料、摊铺、振捣密实、挤压成型及抹面装饰等工序。这种技术自1991年在我国推广应用以来,已逐渐成为高等级公路水泥混凝土路面施工中的主流技术,其以高质量、高效率以及现代化的装备水平成为重点推广的施工技术。

(3)三辊轴机组铺筑

三辊轴机组铺筑的机械化程度适中,设备投入相对较少,且技术易于掌握。因此,在二、三、四级公路及县乡公路的水泥混凝土路面施工中,这种工艺得到了广泛的应用。

(4)碾压混凝土

碾压混凝土是一种结合了沥青摊铺技术与干硬性混凝土技术的复合型路面施工方式。它采用沥青摊铺机或灰土摊铺机进行施工,通过摊铺和碾压成型干硬性混凝土路面。然而,该技术尚存在一些待解决的问题,如裂缝控制、离析现象及局部早期损坏等。因此,目前多数公路工程技术人员认为,碾压混凝土主要适用于二级以下的水泥混凝土路面或复合式路面的下层。

2.水泥混凝土路面按成型工艺分类

水泥混凝土路面施工方法还可根据成型工艺大致分为有模施工(fixed-form paving)与无模(滑模)施工(slip-form paving)两类。这两类施工方法在施工准备、工艺流程、机械设备及质量控制手段方面各有特点和适用条件。在正式铺筑水泥路面前,需要对路基、底基层与基层进行充分的压实、整平和必要的加固与排水处理。合理的基层条件和精确的标高控制,是确保后续路面施工质量与耐久性的重要前提。

(1)有模施工

有模施工是较为传统和成熟的施工工艺,其基本特征是先沿铺筑路线的两侧安置钢制或木制模板,再在模板所围成的空间中浇筑混凝土并振捣、整平和抹面,以形成所需的路面板块。其主要施工步骤如图6-11所示。

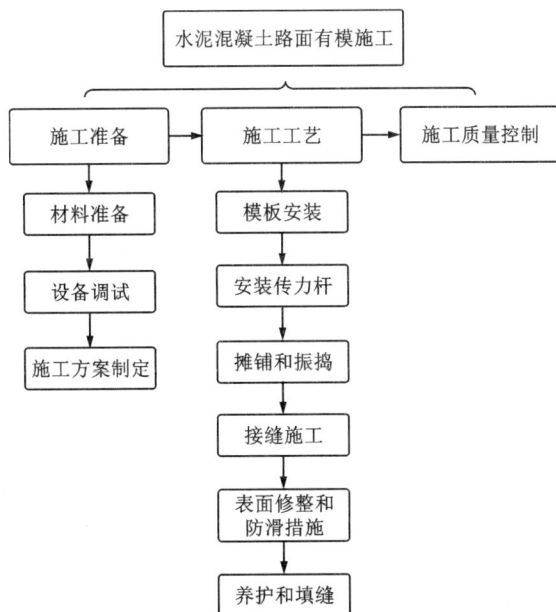

图 6-11　水泥混凝土路面有模施工步骤

在水泥混凝土路面有模施工前，需进行充分的准备工作，包括材料准备、设备调试和施工方案制定。

材料准备：确保水泥、砂石、外加剂等材料符合设计要求，并进行必要的试验检测。水泥应具有良好的凝结时间和强度，砂石应洁净、级配合理，外加剂应根据施工环境和混凝土性能要求选择。

设备调试：检查搅拌机、摊铺机、振动器等设备的工作状态，确保其正常运行。搅拌机应能均匀混合各组分，摊铺机应能均匀摊铺混凝土，振动器应能有效消除混凝土中的气泡。

施工方案制定：根据工程实际情况，制定详细的施工方案，包括施工顺序、工艺流程和质量控制措施。施工方案应考虑到天气、交通、材料供应等因素，确保施工顺利进行。

水泥混凝土路面有模施工工艺主要包括模板安装、安设传力杆、摊铺、振捣、接缝施工、整平和防滑、养护、封缝等步骤。下面是对各步骤的详细介绍。

①模板安装。模板宜采用钢模板，弯道等非标准部位以及小型工程也可采用木模板。模板应无损伤，有足够的强度，内侧和顶、底面均应光洁、平整、顺直，局部变形不得大于3 mm，振捣时模板横向最大挠曲应小于4 mm，高度应与混凝土路面板厚度一致，误差不超过±2 mm；纵缝模板根据设计要求分为平缝和企口缝两种，平缝模板的拉杆穿孔眼位应准确，企口缝模板则其企口舌部或凹槽的长度误差为钢模板±1 mm，木模板±2 mm。

②安装传力杆。侧模安装完成后，应立即在设计位置安装传力杆。当混凝土板采用连续浇筑施工时，宜使用钢筋支架法固定传力杆，即先在临时嵌缝板上按设计间距预留直径大于传力杆5 mm 的圆孔，顶部设置金属或木质压缝板条以防止漏浆；同时在接缝模板底部开设宽度大于传力杆直径10 mm 的倒 U 形槽，使传力杆水平穿过嵌缝板孔与模板槽口；传力杆两端须焊接于三角形钢筋支架，支架脚应垂直插入基层深度不小于 150 mm 以确保锚固稳定。

当混凝土板分段浇筑时，应采用顶头木模固定法，即在端模板外侧增设定位模板，两模板按传力杆间距及杆径钻设对中孔眼，将传力杆穿入孔中后，用长度为传力杆 1/2 的木方横向锁固两模板间距。待邻板浇筑前，拆除定位模板与木方，及时安装永久性接缝板及传力杆套管，套管端部距板边应保持 25 mm 空隙并采用弹性密封材料封闭。

③摊铺。摊铺前需要完成洒水工序，但这一个看似简单的工序，往往不被施工人员重视。如果洒水处理不好，会严重影响路面质量。洒水量要根据基层材料、温度、湿度、风速等诸多因素来确定，即保证摊铺混凝土前基层湿润，且尽可能撒布均匀，尤其在基层不平整之处禁止有存水现象。从目前施工现场来看，大多数情况是洒水量不足，因为基层较干，铺筑后混凝土路面底部产生大量细小裂纹，有些小裂纹与混凝土本身的收缩应力所导致的裂纹重叠，使整个混凝土路面裂纹增多。

自卸车的卸料也是常常不被重视的工序，在施工中经常发生布料过多给施工造成困难的情况，有时布料过少也会使混凝土量不足，路面厚度得不到保证。这种混凝土忽多忽少现象会严重影响混凝土路面的平整度。在施工过程中，大多数施工者间隔一定距离卸一车料，忽视了基层可能存在的不平整，这种不平整在客观上是普遍存在的。目前许多企业的施工水平不是很高，尤其是对路面基层的标高控制不到位，造成基层平整度较差，加大了混凝土路面施工的难度。在实际施工中，我们可对基层表面与面层基准标高线隔段实测来决定混凝土的卸料量，这样会避免卸料不均的问题。

使用摊铺机将混凝土均匀摊铺在路基上，摊铺厚度应符合设计要求。摊铺过程中应注意控制摊铺速度和厚度，避免出现离析和不均匀现象。对于现场拌制的半干硬性混凝土，一次摊铺容许达到的混凝土路面板最大厚度为 24 cm；对塑性的商品混凝土，一次摊铺的最大厚度为 26 cm。超过一次摊铺的最大厚度时，应分两次摊铺和振捣，两层铺筑的间隔时间不得超过 30 min，下层厚度略大于上层。

④振捣。如图 6-12 所示，采用插入式振捣器或平板振捣器进行振捣，可消除混凝土中的气泡，提高密实度。振捣时间应适中，过短会导致密实度不足，过长会引起离析。

图 6-12　水泥混凝土路面摊铺与振捣

⑤接缝施工。纵缝应根据设计文件的规定施工。一般纵缝为纵向施工缝。拉杆在立模后浇筑混凝土之前安设，纵向施工缝的拉杆则穿过模板的拉杆孔安设。横缝槽宜在混凝土硬化后用锯缝机锯切，也可以在浇筑过程中埋入接缝板，待混凝土初凝后拔出即形成缝槽。锯缝时，混凝土应达到 5~10 MPa 强度后方可进行，也可由现场试锯确定。横缩缝宜在混凝土硬结后锯切，在条件不具备的情况下，也可在新浇混凝土中压缝而成。

锯缝必须及时。在夏季施工时，宜每隔 3~4 块板先锯一条，然后补齐；也允许每隔 3~4 块板先压一条缩缝，以防止混凝土板未锯先裂。横胀缝应与路中心线成 90°，缝壁必须竖直，缝隙宽度一致，缝中不得连浆，缝隙下部设胀缝板，上部灌封缝料。胀缝板应事先预制，常用的有油浸纤维板(或软木板)、海绵橡胶泡沫板等。预制胀缝板前，应使缝壁洁净干燥，胀缝板与缝壁紧密结合。

⑥整平和防滑。水泥混凝土路面面层混凝土浇筑后，在混凝土终凝前必须用人工或机械将其表面抹光。若采用人工抹光，其劳动强度大，还会把水分、水泥和细砂带到混凝土表面，以致表面比下部混凝土或砂浆有较高的干缩性和较低的强度。若采用机械抹光，在机械上安装圆盘，即可进行粗光；安装细抹叶片，即可进行精光。

为了保证行车安全，混凝土表面应具有粗糙抗滑的性能。抗滑标准据国际道路会议路面防滑委员会建议：新铺混凝土路面，当车速为 45 km/h 时，摩擦系数最低值为 0.45；车速为 50 km/h 时，摩擦系数最低值为 0.40。其施工时，可用棕刷顺横向在抹平后的表面轻轻刷毛，也可用金属丝梳子梳成深 1~2 mm 的横槽。目前，常在已硬结的路面上，用锯槽机将路面锯成深5~6 mm、宽2~3 mm、间距20 mm的小横槽。

⑦养护。混凝土板做面完毕应及时进行养护，使混凝土中拌合料有良好的水化、水解强度发育条件，以及防止收缩裂缝的产生。养护时间一般为14~21 d。混凝土未达到设计要求且在养护期间和封缝前，禁止车辆通行；在达到设计强度的40%后，方可允许行人通行。

一般有两种养护方法。湿治养生法：这是最为常用的一种养护方法，即在混凝土抹面2 h后，表面有了一定强度，用湿麻袋、草垫或20~30 mm厚的湿砂覆盖于混凝土表面以及混凝土板边侧。覆盖物还兼有隔热作用，保证混凝土少受剧烈的天气变化影响。在规定的养生期间，每天应均匀洒水数次，使其保持潮湿状态。塑料薄膜养生法：在混凝土板做面完毕后，均匀喷洒过氯乙烯等成膜液(由过氯乙烯树脂、溶剂油和苯二甲酸二丁酯，按10%、87%和3%的质量比配制而成)形成不透气的薄膜，以保持膜内混凝土的水分，从而保湿养生。但应注意过氯乙烯树脂是有毒、易燃品，应妥善防护。

⑧封(填)缝。封缝工作宜在混凝土初凝后进行。封缝时，应先清除干净缝隙内泥砂等杂物。如封缝为胀缝时，应在缝壁内涂一薄层冷底子油。封填料要填实，夏天应与混凝土板表面齐平，冬天宜稍低于混凝土板表面。

常用的封缝料有两大类：一是加热施工式封缝料，常用的是沥青橡胶封缝料，也可采用聚氯乙烯胶泥和沥青玛蹄脂等；二是常温施工式封缝料，主要有聚氨酯密封胶、聚硫密封胶，以及氯丁橡胶类、乳化沥青橡胶类等。

(2)无模(滑模)施工

无模(滑模)施工是近年来广泛应用的一种高效、机械化程度高的施工工艺。该工艺不需要两侧安装模板，而是利用专用的滑模摊铺机对混凝土进行连续成型。

在无模施工中，首先对底基层和基层进行高精度平整和测量控制。通过定位桩、激光测控系统或GPS技术，对路面标高、横断面及宽度要求进行精准控制。滑模摊铺机(图6-13)在开工前进行校正与调平，以确保在运行时能严格按设计参数成型。

摊铺作业时，拌合站供应的混凝土被源源不断地运输至滑模摊铺机前，料斗接料后，经螺旋分料器将混凝土均匀分布至摊铺宽度内。机内振捣设备对混凝土进行连续振实与密实，摊铺机底部的滑模板在前进中对混凝土进行限制与成型，最终实现路面连续无缝铺筑。为确保表面质量与使用性能，滑模摊铺机可搭载纹理装置，对混凝土表面进行拉毛或刻纹处理。路面板硬化至适宜强度后，再利用切缝机精确锯切缩缝，保证板块独立变形和正常传荷。

无模施工的优势在于施工速度快，生产效率高，工地机械化程度高，自动化控制精度高，且能够形成整体性更好的路面面层，有利于提高路面的平整度与耐久性。这种施工方式特别适合长距离、高等级道路的连续铺筑。然而，无模施工对底基层的平整度、机械设备的维护管理，以及现场组织与技术人员素质要求较高。其施工步骤如下：

①摊铺准备。在已满足密实度与强度要求的底基层上，将定位控制桩(或使用GPS与激光定位系统)提前布设。

②滑模摊铺机就位与调试。将滑模摊铺机安置在施工起点处，依据高程与横坡要求进行设备标定与调平。

③混凝土输送与连续摊铺。经拌合站集中拌制的水泥混凝土通过料斗进入滑模摊铺机，滑模摊铺机通过螺旋分料器将混凝土均匀分布至摊铺宽度内，并在机内使用振捣棒实现振实与密实成型。

④成型与初平。滑模摊铺机设有成型模板与振实机构，可在前进过程中对混凝土进行连续挤压成型，形成既有预定厚度与宽度又表面相对平整的路面。

⑤纹理与接缝处理。可在滑模摊铺机后附加纹理器，对成型后的混凝土表面进行拉毛或刻纹。缩缝可在初凝适宜时间内使用切缝机切割成型，配合预埋式或现场安装式传力杆设备，保证接缝性能。

⑥自动化控制与质量监测。目前，滑模摊铺机可配合激光控制系统、GPS 定位系统与实时监测仪器，精确控制路面高程、厚度与横断面形态，并实时反馈质量数据。

⑦养生与防护。与有模施工类似，滑模摊铺完成后立即对混凝土表面喷洒养生剂，必要时加以覆盖养生，以确保混凝土强度的正常增长。

图 6-13　滑模摊铺机

3. 施工质量控制

施工质量控制是确保水泥混凝土路面性能和耐久性的关键。质量控制措施包括材料质量控制、施工过程控制和成品质量检测。材料质量控制方面，应对水泥、砂石、外加剂等材料进行严格检验，确保其符合设计要求。施工过程控制方面，应对混凝土拌合、摊铺、振捣、整平和养护等环节进行全过程监控，确保施工工艺符合规范要求。成品质量检测方面，应对路面平整度、强度、厚度等指标进行检测，确保成品质量符合设计要求。

总的来说，水泥混凝土路面的有模与无模施工方式，在实际工程中可根据道路等级、线路条件、工期要求、机械装备配备和技术管理水平进行合理选择。有模施工在精度控制和分段管理方面更灵活，适合中等规模、复杂线形或需要灵活调整的工程；无模施工效率高、质量稳定性好，更适合大规模、连续性的铺筑任务。无论选择何种施工方式，都必须重视施工材料品质控制、底基层与基层条件的预备与检测、精确的测量放样与标高控制、混凝土的拌合与运输的组织与管理，以及严格的施工过程与质量检验。借助现代测控技术、先进设备和科学施工管理，水泥混凝土路面正朝着更加高效、智能、耐久的方向发展。

6.3.3 水泥混凝土路面智能监测技术

随着交通量的增加和环境条件的变化，水泥混凝土路面面临着裂缝、沉降等病害问题。为了提高路面施工质量并延长使用寿命，智能监测技术在水泥混凝土路面施工中的应用变得尤为重要。图6-14所示为水泥混凝土路面智能监测技术原理，通过传感器、数据采集系统和信息处理系统，对水泥混凝土路面施工过程中的各种参数进行实时监测和分析。这些技术不仅可以提高施工质量，还能及时发现和预防潜在问题。

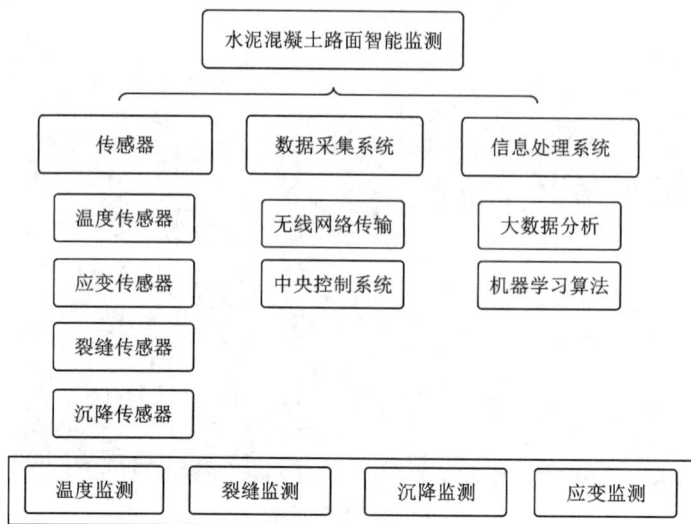

图 6-14　水泥混凝土路面智能监测技术原理

1. 主要监测参数及技术

（1）温度监测

温度是影响水泥混凝土性能的重要因素。通过在施工现场布置温度传感器，可以实时监测混凝土的温度变化，确保其在适宜的温度范围内进行养护，从而提高路面的强度和耐久性。温度监测还可以帮助施工人员调整施工时间和工艺，避免因温度过高或过低而使混凝土出现质量问题。

（2）应变监测

应变监测主要用于监测混凝土在荷载作用下的变形情况。通过在混凝土内部埋设光纤光栅传感器或电阻应变片，可以实时获取混凝土的应变数据，评估其结构性能和承载能力。应变监测还可以用于检测混凝土的早期收缩和膨胀情况，帮助施工人员及时调整施工工艺，避免因应变过大而产生裂缝及其他病害。

（3）裂缝监测

裂缝是水泥混凝土路面常见的病害之一。利用图像处理技术和裂缝传感器，可以对路面裂缝进行自动识别和监测，及时采取修复措施，防止裂缝扩展。裂缝监测系统可以通过无人机或移动监测车进行数据采集，并通过人工智能算法进行分析，提供裂缝的长度、宽度和深度等详细信息。

（4）沉降监测

沉降监测主要用于监测路基和路面的沉降情况。通过在路面下方布置沉降传感器，可以实时监测路面的沉降量，评估路基的稳定性。沉降监测系统可以结合地理信息系统（GIS）和全球定位系统（GPS），提供精确的沉降数据，帮助施工人员及时采取加固措施，防止路面沉降引发的安全问题。

2. 智能监测系统的组成

（1）传感器

传感器是智能监测系统的核心部件，包括温度传感器、应变传感器、裂缝传感器和沉降传感器等。这些传感器能够实时采集施工过程中的各种参数。传感器的选择和布置需要根据施工现场的具体情况进行优化，以确保数据的准确性和可靠性。

（2）数据采集系统

数据采集系统负责将传感器采集的数据进行汇总和初步处理，并通过无线网络传输到中央控制系统。数据采集系统需要具备高效的数据传输能力和抗干扰能力，以确保数据的实时性和准确性。

（3）信息处理系统

信息处理系统对采集到的数据进行分析和处理，生成施工质量评估报告，并提供预警信息，指导施工人员及时调整施工工艺。信息处理系统可以结合大数据分析和机器学习算法，提高数据分析的准确性和效率。

3. 智能监测技术的应用优势

（1）提高施工质量

智能监测技术能够实时监测施工过程中的各种参数，确保施工质量符合设计要求，减少施工缺陷。通过智能监测技术，施工人员可以及时发现和解决施工中的问题，提高施工质量。

（2）提高施工效率

通过智能监测技术，施工人员可以及时发现和解决施工中的问题，减少返工次数，提高施工效率。智能监测技术还可以优化施工工艺和流程，提高施工的自动化水平，减少人工干预。

（3）延长路面使用寿命

智能监测技术能够及时发现路面病害，采取预防性养护措施，延长路面的使用寿命，降低养护成本。通过智能监测技术，施工人员可以及时采取修复措施，防止病害扩展，提高路面的耐久性。

智能监测技术在水泥混凝土路面施工中的应用，不仅提高了施工质量和效率，还延长了路面的使用寿命。未来，随着技术的不断发展，智能监测技术将在道路工程中发挥更加重要的作用。通过不断优化和创新，智能监测技术将为道路工程的可持续发展提供有力支持。

6.3.4　水泥混凝土路面 3D 打印技术与智能装备

随着城市化进程的不断推进及交通基础设施需求的不断增长，传统道路施工方法面临诸多挑战，例如施工周期长、人工成本高、施工精度不足等问题。水泥混凝土路面 3D 打印

（concrete 3D printing，C3DP）技术作为一种新兴的施工技术，利用计算机控制系统逐层打印混凝土材料，为道路施工领域带来了前所未有的革新。该技术不仅提高了施工效率和精度，还大大提升了设计灵活性和施工质量。本小节将深入探讨水泥混凝土路面 3D 打印技术的基本原理、智能装备的应用、技术发展现状和未来展望。

1. 水泥混凝土路面 3D 打印技术

水泥混凝土路面 3D 打印技术是一种基于计算机控制的自动化施工方法，通过逐层沉积的方式来构建路面结构。这一技术的核心在于其高效、精准的施工能力，以及极大的设计灵活性。水泥混凝土路面 3D 打印设备如图 6-15 所示。水泥混凝土路面 3D 打印技术具体由以下 3 部分组成。

图 6-15　水泥混凝土路面 3D 打印设备

（1）打印材料

水泥混凝土路面 3D 打印技术通常使用特制的混凝土配方，这些配方包括特定比例的水泥、骨料及改性剂，以确保打印过程中材料的流动性和最终强度。常用的改性剂包括膨胀剂、减水剂、加速剂和缓凝剂等，以调节混凝土的凝结时间及流动性。

①水泥和骨料：作为混凝土的基本成分，选择合适的水泥类型和骨料会影响最终的结构性能。

②膨胀剂：用于改善混凝土的黏结性，减少收缩裂缝。

③减水剂：提高混凝土的流动性，确保其在打印过程中的顺畅流动。

④加速剂和缓凝剂：调节混凝土的凝结时间，以适应不同施工环境和工艺要求。

（2）打印机系统

3D 打印机的核心部件包括打印头、支撑结构、材料输送系统和控制系统。打印头负责将混凝土材料均匀地沉积到预定位置，支撑结构则提供稳定的工作平台，控制系统负责精确控制打印路径和层厚度。常见的 3D 打印机类型包括基于喷嘴的挤出式打印机和基于粉末床熔融的打印机。

①打印头：负责将混凝土材料按设定路径沉积到打印平台上。打印头的设计对混凝土的

沉积均匀性和层间结合力至关重要。

②支撑结构：提供稳定的打印平台，确保打印过程中的精度及一致性。目前，打印机通常采用可调节的支撑结构，以适应不同的施工需求。

③材料输送系统：负责将混凝土材料从储料罐输送到打印头。输送系统的稳定性直接影响打印材料的连续性和一致性。

④控制系统：采用计算机控制，通过数字模型实现自动化打印。控制系统利用传感器反馈和智能算法进行实时调整，以保证打印精度和质量。

(3)施工过程管理

在施工过程中，3D打印机按照预先设计的数字模型逐层沉积混凝土。这一过程需要精确控制材料的流动性及层间结合力，以确保结构的整体性和耐久性。每层混凝土在沉积后会经历一定的固化时间，最终形成完整的路面结构。

①模型设计：通过计算机辅助设计(CAD)软件创建数字模型。该模型包括路面的几何形状、纹理及其他设计细节。

②数据处理：将设计模型转换为打印机能够识别的指令。数据处理系统需要精确地将设计细节转换为逐层打印路径。

③打印实施：3D打印机按照指令逐层沉积混凝土，完成路面的构建。每层混凝土在沉积后需经过固化过程，以确保结构的稳定性。

2.智能装备及自动化技术

水泥混凝土路面3D打印技术的实施离不开智能装备及自动化技术的支持。智能装备及自动化技术在水泥混凝土路面3D打印中的应用显著提升了施工效率和质量。以下是几种关键智能装备及技术。

(1)传感器技术

现代3D打印设备通过集成多源传感器，显著提升了施工过程的可控性与质量保障能力。

①实时监测与闭环控制

多源传感器系统实时监测混凝土流变特性、温度场分布及湿度状态等关键参数。基于实时数据反馈，系统动态优化3D打印参数，实现闭环控制，从而确保施工过程的一致性和最终构件质量。

②数据采集与性能分析

传感器系统采集的数据为混凝土性能评估奠定了基础，量化了挤出厚度均匀性、层间黏结力等关键施工指标。直接指导施工工艺优化与精准质量控制。

(2)控制系统

先进的控制系统利用计算机视觉和人工智能算法进行路径规划和实时调整。控制系统能够自动识别和纠正打印过程中的偏差，确保打印精度及一致性。

①计算机视觉系统：利用摄像头和图像处理技术对打印过程进行实时监控，检测打印误差并进行即时修正，确保精度。

②人工智能算法：应用人工智能进行路径优化和过程控制，AI算法能够根据施工环境和材料性能动态调整打印参数，从而提升施工效率和精度。

(3)自动化施工机器人

在3D打印施工中，自动化施工机器人(图6-16)能发挥重要作用。这些机器人能够实现自动化的材料搬运、混合及沉积，大幅度提高了施工效率，并降低了人为操作的风险。

①材料搬运机器人：负责将混凝土材料从储料罐转移到打印机中，减少人工操作，提高工作效率。

②清理与维护机器人：自动化设备能够进行打印机的清理和维护，确保设备的正常运行及长期稳定性。

图 6-16　材料搬运机器人(左)和清理与维护机器人(右)

3.应用前景与挑战

尽管水泥混凝土路面 3D 打印技术在理论上具有显著优势，但在实际应用中仍面临一些问题与挑战。在材料方面，当前用于 3D 打印的水泥混凝土材料仍需进一步优化，以满足不同环境条件和负荷要求。此外，还应建立完善的施工标准和规范，以指导实际应用中的操作和质量控制。由于 3D 打印设备及其维护成本较高，因此需要通过技术进步和规模化生产来降低成本，提高经济性。尽管 3D 打印技术能减少废料，但仍需评估其对环境的总体影响，包括材料的生命周期和能源消耗，确保可持续发展。

总的来说，水泥混凝土路面 3D 打印技术作为一种前沿的施工方法，具有提高施工效率、精度和设计灵活性的潜力。然而，要充分发挥其优势，还需在材料研发、施工标准化和成本控制等方面进一步探索。随着技术的不断进步和应用经验的积累，预计水泥混凝土路面 3D 打印技术将在未来道路工程中发挥越来越重要的作用。

智慧启思

世界屋脊高寒地区路面工程技术——极境挑战中的中国方案

认知拓展

实践创新

思考题

1. 简述沥青混凝土面层的特点及其适用范围。

2. 简述智能压实技术的工作原理及其在施工中的优势。

3. 简述沥青路面施工中智能监测系统的关键技术点。

4. 简述水泥混凝土路面施工中智能监测技术的主要监测参数及技术。

5. 水泥混凝土路面施工中，3D 打印技术包括哪几个主要部分？

6. 根据水泥混凝土路面施工内容，解释在施工过程中为什么需要进行温度监测，并且说明温度监测对施工质量有何影响。

参考答案

第 7 章

桥梁工程施工与智能化

AI微课

本章思维导图

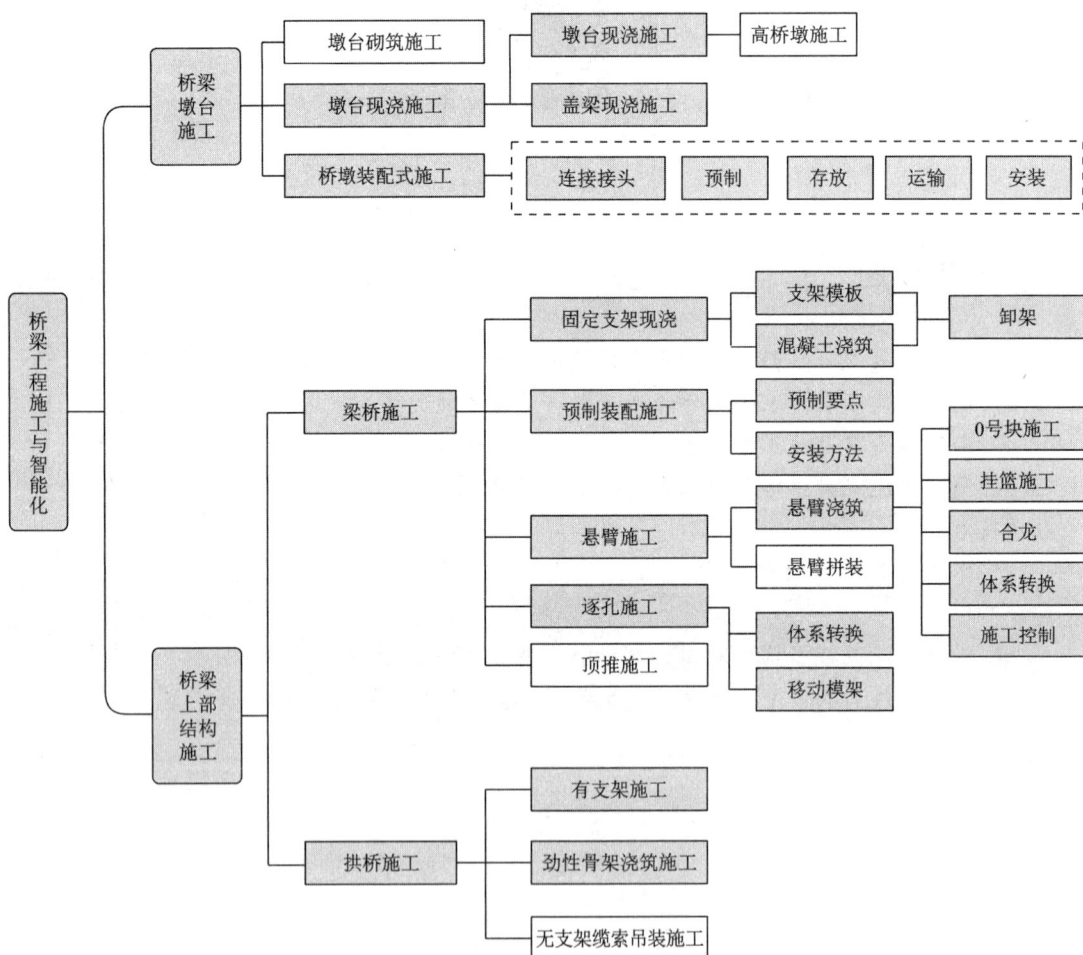

桥梁施工是实现桥梁设计思想的过程，桥梁工程属于涉及面极广的复杂工程，既与气象条件、地貌、地质、水文等各种自然条件密切相关，又与当时的科学技术水平、管理水平密切相关，同时，还涉及人的因素、政府的因素、政治经济时代背景的因素。从工程建设的角度看，桥梁施工与以下几个方面关系紧密：

①设计与施工的关系。桥梁设计与施工密不可分，桥梁设计必须考虑施工方法。对于超静定结构或组合结构桥梁，由于施工方法的不同，结构内力差异极大；复杂体系桥梁在施工过程中要经历多次结构体系转换，所以施工过程中结构的强度、刚度和稳定性，同样也是结构设计中必须考虑的。桥梁结构设计必须同时满足施工和运营阶段的各项要求。

②施工技术与机械设备的关系。对于桥梁结构而言，施工机械设备的优劣往往决定了桥梁施工技术的先进与否，施工方法的确定很大程度上依赖于与之相匹配的施工机械设备。

③施工与工程造价的关系。桥梁工程的总造价包括规划、工程可行性研究、勘察设计、征地拆迁、工程施工等费用，其中施工费用一般要占总造价的60%以上。影响施工费用的主要因素是构件制作的费用、架设费用和工期，先进的施工技术和科学的组织管理是降低造价的重要途径。

桥梁类型多样，桥梁上部结构是桥梁分类的主要依据。按主要承重结构的结构体系分，有梁桥、拱桥、刚架桥、悬索桥四种基本结构体系，以及由基本体系组合而成的组合体系，如斜拉桥、系杆拱桥、拱梁组合体系桥梁、连续-刚构组合体系、刚构-斜拉桥组合体系等。按主要承重结构的材料分，桥梁有木桥、钢桥、圬工桥（砖、石、混凝土桥）、钢筋混凝土桥和预应力混凝土桥，以及由多种材料组合的钢-混凝土组合（结合）桥梁、钢管混凝土桥梁等。按用途分，有公路桥、铁路桥、人行桥、管线桥、运河桥等。按所跨越的障碍分类，有跨河（江、海）桥、跨线桥、高架桥等。

桥梁由上部结构、下部结构、基础和附属结构等部分组成。桥梁施工主要可分为下部结构（桥梁基础、墩台）的施工、上部结构的施工、附属结构的施工等。桥梁施工方法从根本上可以分为现场浇筑（砌筑）施工、装配化施工两类，前者的对象主要为桥梁的（钢筋或预应力）混凝土、砌体结构（构件），后者的对象既可以是钢筋混凝土结构，也可以是砌体结构、钢结构等。

基础施工已经在第3章单列介绍，本章主要介绍墩台和上部结构施工。

7.1　桥梁墩台施工

7.1.1　桥梁墩台分类

桥梁下部结构包括桥墩、桥台及其基础。墩台（即桥墩和桥台）是桥梁的重要结构，主要起支承上部结构荷载，并将上部结构荷载传递给基础的作用，同时还要承受风荷载、流水流冰压力、船舶和漂流物撞击等荷载作用；桥台还要起到连接两岸道路、挡住台背填土的作用。

墩台按材料分为圬工（砌体）墩台与钢筋混凝土墩台；按受力原理分为重力式（靠自重抗倾覆）与轻型墩台（靠结构强度承载）。重力式墩台可以是圬工（砌体）墩台，也可以是钢筋混凝土墩台，但轻型墩台一般均为钢筋混凝土墩台。

墩台施工方法通常可分为两大类，一类是现场砌筑与浇筑，另一类是预制拼装。墩台砌筑一般用于圬工（砌体）墩台，其施工工艺比较常规，一般需要搭设脚手架；墩台浇筑一般用于钢筋混凝土结构，需要搭设脚手架和支架模板系统。墩台预制拼装是指预制的钢筋混凝土构件或混凝土砌块，通过拼装的方式形成整体，施工过程受外界环境影响小，适用于构件的工厂化制造和装配化施工，是现代桥梁工业化快速施工的发展方向。工厂化预制可以确保构件的制作质量，加快工程进度和提高工程效率，但需要大吨位吊装设备，对构件安装精度和连接工艺要求均较高，尤其适用于桥墩数量较多且吊装便利的长路段高架桥、跨海桥梁等。

7.1.2　桥梁墩台砌筑与现浇施工

1. 砌体墩台施工

砌体墩台在砌筑前，应按设计要求放出实样挂线砌筑。对于形状较为复杂的墩台，应先绘出配料设计图，如图7-1所示，注明砌块尺寸；形状比较单一的，也要根据砌体高度、尺寸、错缝等，先行放样配备材料。

在砌筑基础的第一层砌块时，如基底为土质，只需在已砌石块侧面铺上砂浆即可，不需座浆；如基底为岩层或混凝土基础，应将其表面清洗、润湿后，先座浆再砌筑石块。

砌筑斜面墩台时，斜面应逐层收坡，以保证规定的坡度。若用块石或料石砌筑，应分层放样加工，石料应分层分块编号，砌筑时对号入座。

墩台应分段分层砌筑。混凝土预制块墩台安装顺序应从角石开始，竖缝用厚度较灰缝略小的铁片控制，安装后立即用扁铲捣实砂浆。

墩台砌筑方法为：同一层石料及水平灰缝的厚度要均匀一致，每层按水平砌筑、丁顺相间，砌筑灰缝要相互垂直。砌筑顺序应先角石，再镶面，后填腹。填腹石的分层高度应与镶面相同。圆端、尖端及转角形砌体的砌筑顺序应自顶点开始，按丁顺排列接砌镶面石。

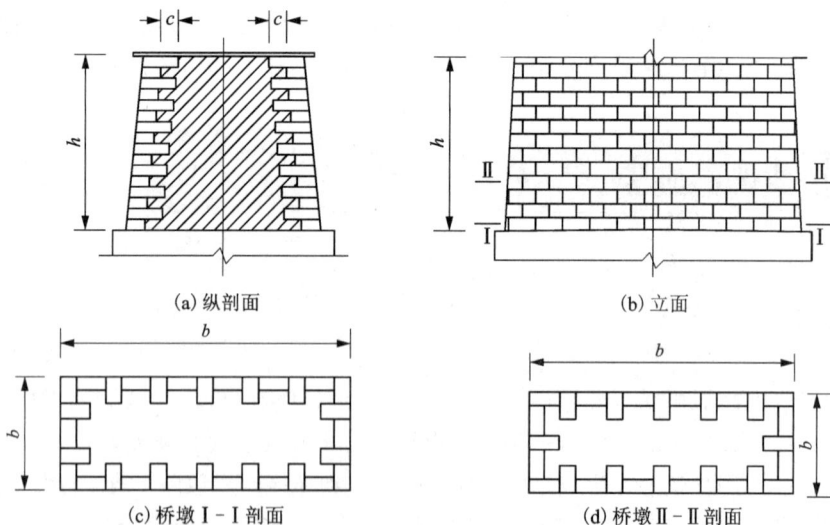

(a) 纵剖面　　　　　　　　(b) 立面

(c) 桥墩Ⅰ-Ⅰ剖面　　　　　(d) 桥墩Ⅱ-Ⅱ剖面

h—石料高度及灰缝厚度；b—灰缝宽度及石料尺寸；c—错缝尺寸。

图7-1　砌筑墩台配料大样图

2. 钢筋混凝土墩台现浇施工

(1) 浇筑模板

钢筋混凝土墩台的浇筑模板总体上属于断面尺寸较大的柱结构模板，部分结构(如重力式墩台的前墙、侧墙等)需按照墙结构的模板构造设计，而桥墩盖梁等则需按照梁结构的模板设计，浇筑模板的一般设计施工原则和要求详见 4.1 节。

墩台施工常用模板有拼装式模板、整体吊装式模板、组合型钢模板等，高桥墩还采用爬模、滑模、翻模等移动式模板。

各种模板在墩台工程上的应用，可根据地形地貌、地质水文、墩台尺寸、墩台形式、机具设备、施工工期等条件，因地制宜，合理选用。

模板设计应参照相关规范[如《公路桥涵施工技术规范》(JTG/T 3650—2020)]，保证模板的强度、刚度和稳定性。

模板安装前应对模板尺寸进行检查；安装时要坚实牢固，以免振捣混凝土时引起跑模漏浆；安装位置要符合结构设计要求，有关模板的制作与安装应在规范允许的偏差之内。

(2) 墩台浇筑

浇筑准备：墩台混凝土施工前，应将基础顶面冲洗干净，凿除表面浮浆，整修连接钢筋。浇筑混凝土前应检查模板、钢筋及预埋件位置和保护层尺寸，确保位置正确，不发生变形。应保证混凝土配合比、水灰比和坍落度等技术性能指标满足规范要求。

钢筋绑扎：现浇混凝土墩台钢筋的绑扎应与混凝土的浇筑配合进行。在配置垂直方向的钢筋时应预留不同的长度，以使同一断面上的钢筋接头符合有关规定；水平方向钢筋的接头也应内外、上下互相错开。

混凝土运输：桥梁墩台具有垂直高度高、平面尺寸相对较小的特点，墩台混凝土运输不仅有水平运输，还存在施工难度较大的垂直运输。通常，混凝土运输可采用利用卷扬机或升降电梯运输手推车上浇筑平台，或利用塔式吊机吊斗输送，或利用混凝土输送泵送至高空吊斗，以及利用索道吊机运输等方法。墩台混凝土的水平与垂直运输应相互配合，索道吊机、混凝土泵送是可以同时兼具水平和垂直运输功能的运输方式。

混凝土浇筑：当墩台截面积不大时，混凝土应连续一次浇筑完成，以保证其整体性，分层浇筑时需保证每一浇筑层在其前一层混凝土初凝前浇筑覆盖，并捣实成整体，混凝土浇筑速度控制详见 4.3.3 节。当墩台截面积过大，不能在前层混凝土初凝或重塑前完成次层混凝土浇筑时，为保证结构整体性，应分块浇筑，分块浇筑应按规范要求处理好连接缝。在混凝土浇筑过程中，应随时观察所设置的预埋螺栓、预埋支座的位置是否移动，若发现移位，应及时校正。浇筑过程中还应注意模板、支架情况，如有变形或沉陷，应立即校正并加固。

墩台是大体积混凝土，为避免水化热导致混凝土因内外温差而引起裂缝，需采用合理的措施，详见 4.3.3 节。

高大的桥台若台身后仰，由于本身自重力偏心较大，为平衡台身偏心，施工时应在填筑台身四周路堤土方的同时砌筑或浇筑台身，防止桥台后倾或向前滑移。未经填土的台身施工高度一般不宜超过 4 m，以免偏心引起基底不均匀沉陷。

3. 高桥墩施工

高桥墩无法一次性完成混凝土浇筑，故而采用分段施工方法，其施工模板都依附在已浇

筑混凝土墩壁上，随着墩身的逐步加高而向上升高的模板，常用的有滑动模板、爬升模板、翻升模板等。

（1）滑动模板施工

1）滑模构造

滑动模板（滑模）是将模板悬挂在工作平台的周圈上，沿着所施工的混凝土结构周界组拼装配，并随着混凝土的灌注，用千斤顶带动向上滑升。滑动模板的构造由于桥墩类型、提升工具类型的不同而各有差异，但其主要部件与功能大致相同，一般由工作平台、内外模板、混凝土平台、工作吊篮和提升设备组成，结构如图7-2所示。

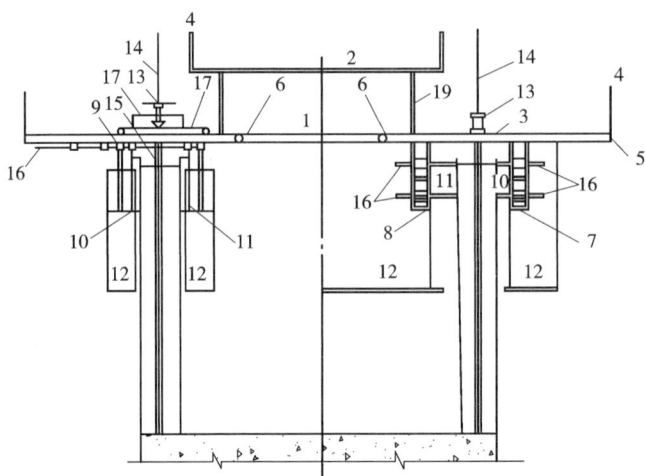

(a)等壁厚收坡滑模半剖面（螺杆千斤顶）　(b)不等壁厚收坡滑模半剖面（液压千斤顶）

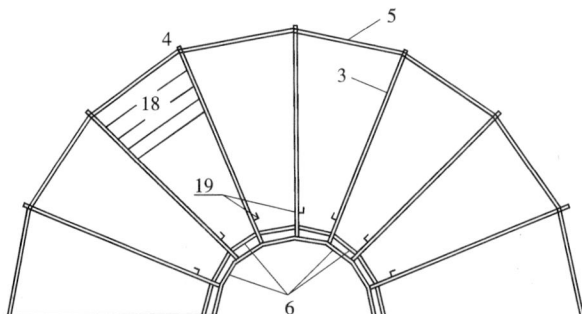

(c)工作平台半平面

1—工作平台；2—混凝土平台；3—辐射梁；4—栏杆；5—外钢环；6—内钢环；7—外立柱；8—内立柱；9—滚轴；10—外模板；11—内模板；12—吊篮；13—千斤顶；14—顶杆；15—导管；16—收坡丝杆；17—顶架横梁；18—步板；19—混凝土平台立柱。

图7-2　滑动模板构造示意

2）顶升工艺

以液压千斤顶提升为例，滑动模板的提升设备主要为提升千斤顶、支承顶杆和液压控制装置，其提升工艺分为以下几步（图7-3）：

①进油提升：利用油泵将油压入，推动上卡头卡紧顶杆，使活塞固定于顶杆上［图7-3(a)］。通过进油，缸盖连同缸筒、底座及整个滑模结构一起上升，直至上、下卡头顶紧时提升暂停［图7-3(b)］。

②排油归位：回油解除油压，推动下卡头与顶杆卡紧，同时推动上卡头将油排出缸筒，活塞回到进油前的位置，完成一个提升循环[图 7-3(c)]。

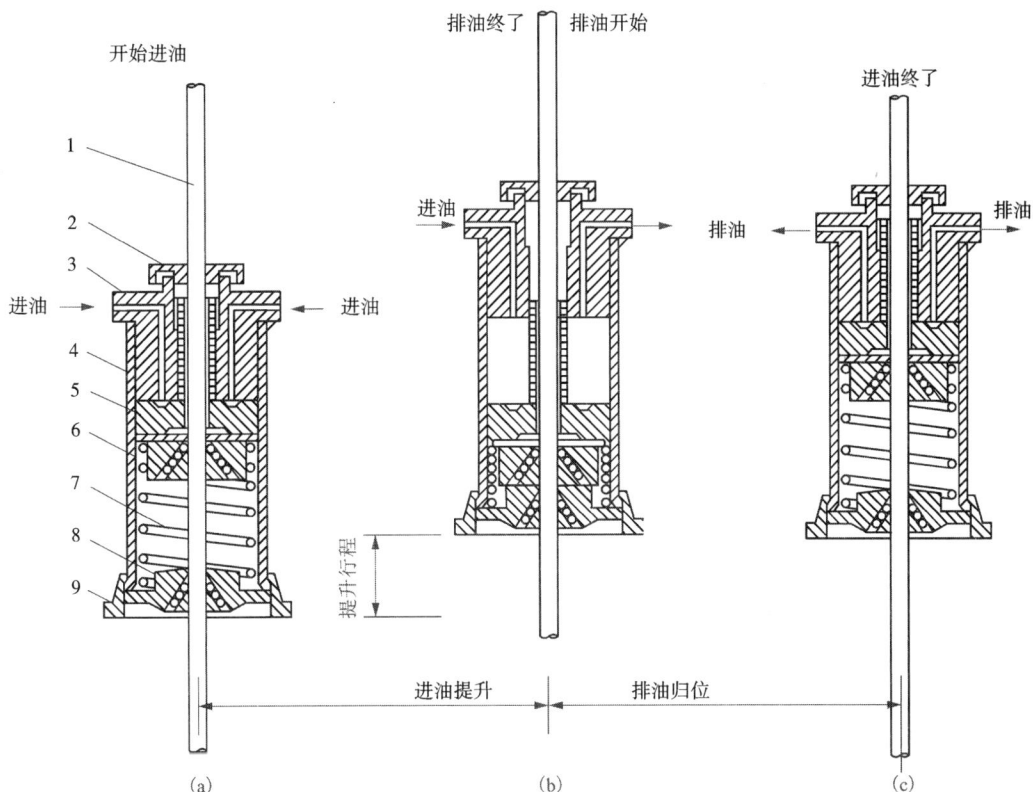

1—顶杆；2—行程调整帽；3—缸盖；4—缸筒；5—活塞；6—上卡头；7—排油弹簧；8—下卡头；9—底座。

图 7-3　液压千斤顶提升示意图

3)浇筑混凝土

滑模宜浇筑低流动度或半干硬性混凝土，浇筑时应分层、分段对称进行，分层厚度以 20~30 cm 为宜，浇筑后混凝土表面距模板上缘宜有 10~15 cm 的距离。混凝土入模时，要均匀分布，应采用插入式振动器振捣，振捣时应避免触及钢筋及模板，振动器插入下一层混凝土的深度不得超过 5 cm；脱模时混凝土强度应为 0.2~0.5 MPa，以防其在自重压力下坍塌变形。为此，可根据气温、水泥强度等级经试验后掺入一定量的早强剂，以加速提升；脱模后 8 h 左右开始养生，用吊在下吊架上的环绕墩身的带小孔的水管进行。

4)接长顶杆、绑扎钢筋

模板每提升至一定高度后，就需要穿插进行接长顶杆、绑扎钢筋等工作。为不影响提升的时间，钢筋接头均应事先配好，并注意将接头错开。对预埋件及预埋的接头钢筋，滑模抽离后，要及时清理，使之外露。

5)混凝土停工后的处理

在整个施工过程中，由于工序的改变或发生意外事故，混凝土的浇筑工作停止较长时间，即需要进行停工处理。例如，每间隔适当时间(1 h 左右)稍微提升模板一次，以免黏结；

停工时在混凝土表面要插入短钢筋等，以加强后续新老混凝土的黏结。复工时还需将混凝土表面凿毛，并用水冲走残渣，湿润混凝土表面，浇筑一层厚度为 2~3 cm 的 1∶1 的水泥砂浆，然后再浇筑原配合比的混凝土，继续滑模施工。

6）滑模施工优点

滑动模板施工的主要优点是施工进度快，在一般温度下，每昼夜平均进度可达 5~6 m；混凝土质量好，采用干硬性混凝土，机械振捣，连续作业，可提高墩台质量；节约木材和劳力；滑动模板既可用于直立墩身，也可用于斜坡墩身，模板本身附带有内外吊篮、平台与拉杆等，以墩身为支架，墩身混凝土的浇筑随模板的缓慢滑升而连续不断地进行，故而安全可靠。

（2）爬升模板施工

爬升模板特别适用于空心高桥墩的施工，根据支架模板提升设备的不同，有倒链手动爬模、电动爬架拆翻模和液压爬升模板等。液压爬升模板以液压千斤顶提升支架模板。

液压爬升模板施工与滑动模板施工相似，不同的是支架通过千斤顶支承于墩壁中的预埋件上，待浇好的墩身混凝土达到一定强度后，将模板松开，千斤顶上顶，把支架连同模板升到新的位置。模板就位后，再继续浇筑墩身混凝土。如此往复循环，逐级爬升，每次升高约 2 m。此种模板的设备结构组成见图 7-4。

（3）翻升模板施工

翻升模板是一种特殊的钢模板，一般由三层模板组成一个基本单元，每层模板均自成体系，自身与桥墩或桥塔柱锚固在一起，在混凝土浇筑前及浇筑过程中支承在下一层模板上，混凝土达到设计强度后将下层模板拆除并翻上来拼装成第四层模板，浇筑上一层混凝土，如此循环交替上升。翻升模板构造如图 7-5 所示。

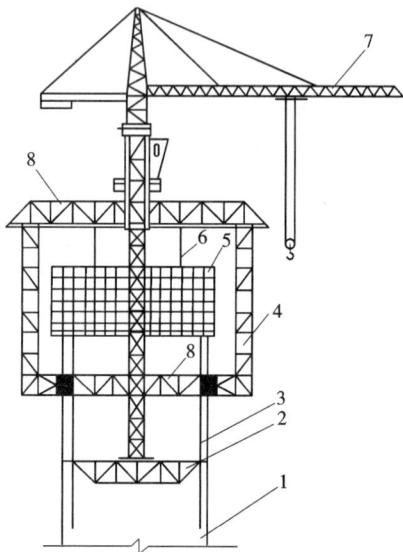

1—已浇桥墩；2—下爬架；3—爬架轨道及液压提升系统；4—L 形爬架支腿；5—模板；6—内吊脚手架；7—塔吊；8—网架主工作平台。

图 7-4　液压爬升模板示意图

4. 钢筋混凝土盖梁现浇施工

桥墩台盖梁是指用于支承、分布和传递上部结构荷载的，设置于排架桩、柱式墩台顶部的横梁，如图 7-6 所示。盖梁属于梁式结构，其现浇施工方法应按梁式结构的模板设计方法设计，但因盖梁结构具有以下特殊性而有别于普通梁结构：①承受荷载大，截面尺寸大且多为实心截面；②有墩柱支承，柱间距一般较小。

墩台盖梁常采用支架现浇施工方法，支架包括满堂式钢管支架，以桥墩抱箍、销棒或预埋牛腿为支撑的梁式或悬臂式支架，立柱支承的梁式支架等。

满堂式钢管支架如图 7-7 所示，其优点在于支架体系自身技术条件成熟，支架体系自身成本相对较低。而缺点在于地基沉降影响显著，预压时间长，成本高；施工临时占地面积较大，尤其在城市高架桥梁施工时，需要将临时便道设置于高架桥投影线以外。

由于墩柱间距较小（或为独柱），故而以墩柱为支撑的梁式支架可以避免支架支承于地面

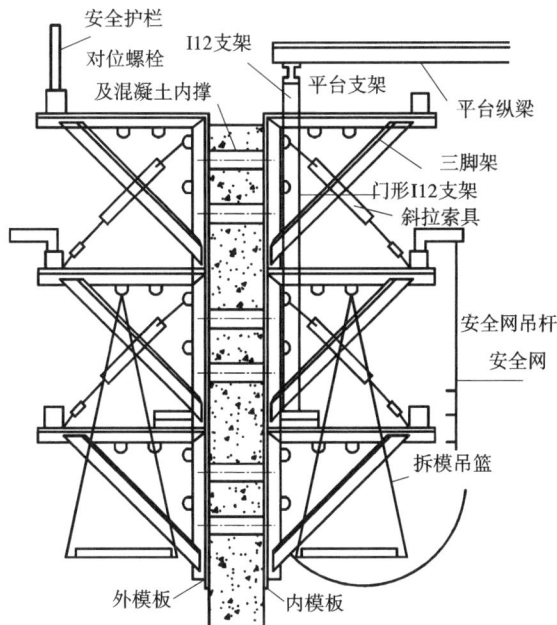

图 7-5　翻升模板构造示意图

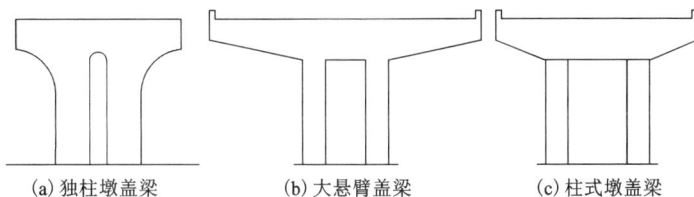

(a)独柱墩盖梁　　　(b)大悬臂盖梁　　　(c)柱式墩盖梁

图 7-6　墩台盖梁构造图

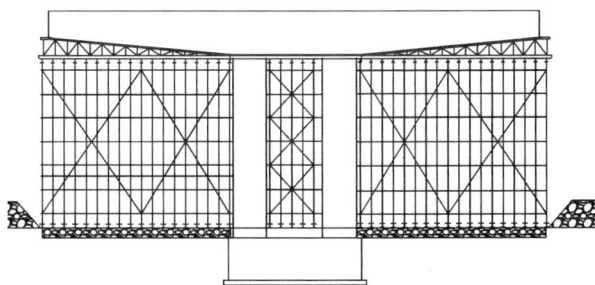

图 7-7　墩台盖梁满堂支架

导致的地面沉降的影响，同时也避免了对桥下空间的影响。为了使支架支承于墩柱，需要在墩柱上设置预埋件(销棒或预埋牛腿，图7-8)，或设置抱箍牛腿(图7-9)。无论是预埋牛腿还是抱箍牛腿，均必须满足支承梁式支架体系的要求。

　　钢管多立柱支撑的梁式支架体系(图7-10)可以简化支架，但同样要消除地基沉降变形影响。

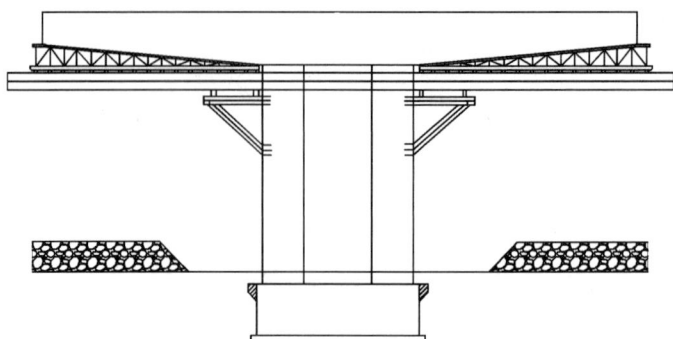

图 7-8　墩台盖梁支承墩柱的梁式支架(预埋牛腿)

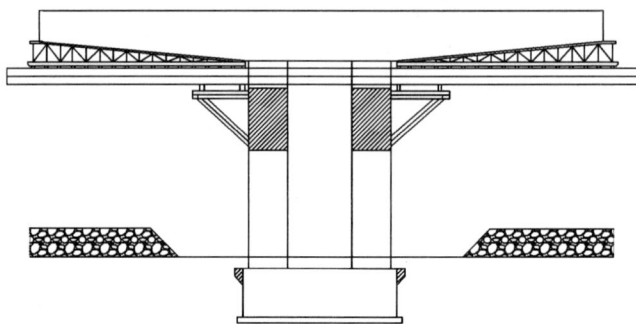

图 7-9　墩台盖梁支承墩柱的梁式支架(抱箍牛腿)

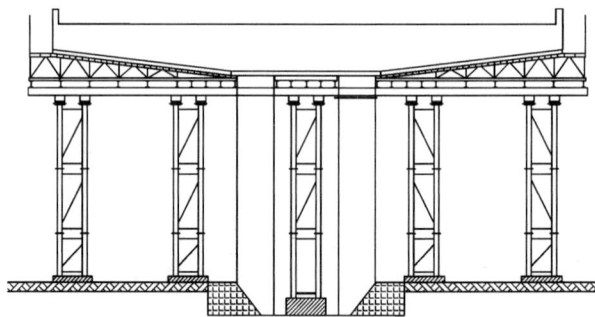

图 7-10　墩台盖梁钢管支承的梁式支架

　　如图 7-11 所示为以桥墩承台作钢管立柱支撑的悬臂桁梁式支架，既消除了地基影响，又避免在桥墩上设置承受大吨位荷载的预埋牛腿或抱箍。悬臂桁梁与钢管立柱之间设置砂筒支座作为卸架设备。

图 7-11　墩台盖梁支承于承台的悬臂桁梁式支架

7.1.3　混凝土桥墩的装配式施工

装配式混凝土桥墩是将高大的桥墩沿垂直方向和水平方向按一定的模数分成若干块，在预制场或预制工厂进行浇筑预制，通过车、船运输至现场拼装。在起吊能力允许的情况下，可将整个桥墩或墩柱作为独立构件预制。

解锁视频
混凝土桥墩的装配式施工

对于桥梁长度较长，桥墩数量较多，桥墩高度相对较高，现场无混凝土拌合施工场地或条件，混凝土输送管道设备较难布置的桥梁墩台，可采用装配式墩台。为了减少桥梁施工对既有交通与环境的影响，城市高架桥的桥墩可选择装配式施工；长大跨海桥梁因无法实现现场混凝土拌合或输送的，一般都采用装配式施工，如杭州湾跨海大桥、港珠澳大桥等。当然，随着建筑工业化的不断推进，装配式施工已经不再是无法开展现场浇筑的施工的权宜之计，而是工业化、数字化、智能化发展的必由之路，是桥梁绿色、快速建造技术发展的重要方向。

墩柱、盖梁可采用整节段或分节段预制装配。当设计无要求时，应根据预制场地条件、现场安装条件、施工工艺等，确定整节段或分节段预制安装工艺。

1.拼装连接接头

装配式柱式墩的拼装连接部位包括墩柱与承台的连接、墩柱与盖梁的连接、墩柱节段之间的连接；主要连接方式有湿接缝连接、钢筋灌浆套筒连接、钢筋灌浆金属波纹管连接、预应力连接。

AI　AI微课
装配式柱式墩的
拼装连接接头

（1）湿接缝连接

湿接缝连接方式是通过在桥墩预制节段与承台之间（或桥墩预制节段之间）预留一段现浇混凝土湿接缝，实现构件之间的连接，如图 7-12 所示。中国已建成的杭州湾跨海大桥、东海大桥等跨海工程的桥墩均采用这种连接方法。预制构件通过湿接缝连接方式连接后，其整体性与现浇方式基本相同，受力性能可靠。试验研究表明，其抗震性能接近整体现浇桥墩，具有良好的侧向刚度、延性和等效耗能能力。施工期间，预制节段需要采取措施进行临时固定以防侧翻，同时在各预制节段构件之间还需要采取临时措施锁定，以避免二者间隙发生变化。

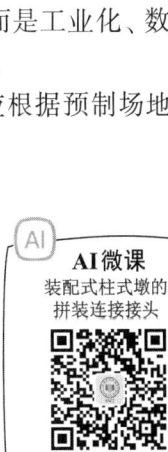

湿接缝连接包括钢筋锥套-现浇连接、钢筋插槽式连接和承插式连接。

（2）钢筋灌浆套筒连接和钢筋灌浆金属波纹管连接

钢筋灌浆套筒连接和钢筋灌浆金属波纹管连接是预制构件的混凝土界面采用环氧树脂砂浆、普通砂浆、结构胶等作为界面黏结材料，而钢筋则通过灌浆套筒或灌浆金属波纹管连接，即在金属套筒（波纹管）的两端分别插入钢筋，并压注水泥基灌浆料的钢筋连接方式。灌浆套筒是通过将预埋在桥墩预制节段、承台（盖梁）内的预埋钢筋，插入金属套筒内，然后用灌浆料充

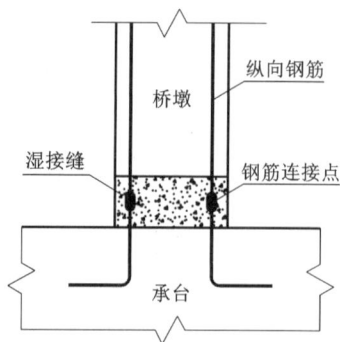

图 7-12　湿接缝连接示意图

填金属套筒，依靠灌浆料与钢筋、金属套筒的筒壁间的黏结作用，实现受力钢筋的连接（图 7-13）。钢筋与灌浆料和灌浆料与套筒内壁之间的黏结作用由材料黏附力、表面摩擦力和结合面之间的机械咬合力构成，相对闭合的套筒可有效约束灌浆料，增强结合面处的黏结锚固作用，确保灌浆套筒的传力能力。灌浆套筒连接已经在跨海大桥和城市高架桥得到广泛的应用。

与灌浆套筒连接类似，灌浆金属波纹管连接是通过预先在承台或盖梁内埋置金属波纹管，并在金属波纹管内灌注高强砂浆，然后将预制墩身节段的外露主筋植入金属波纹管之中，从而使预制墩身节段的外露主筋与承台或盖梁形成整体（图 7-14）。灌浆金属波纹管连接与灌浆套筒连接的工作原理相似，但灌浆金属波纹管的长度比套筒增大较多，且承台或盖梁内一般不设伸入灌浆金属波纹管的预埋钢筋。灌浆金属波纹管连接已经在国内外得到较多应用。

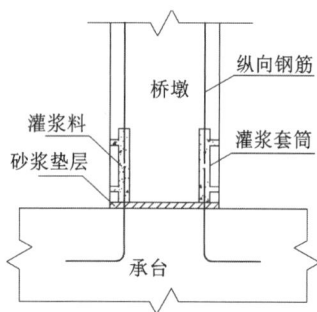

(a) 墩柱与承台灌浆套筒连接

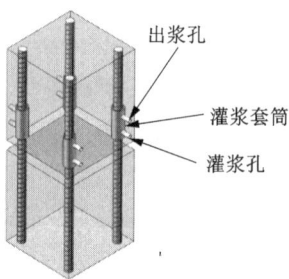

(b) 灌浆套筒连接大样

图 7-13　灌浆套筒连接示意图

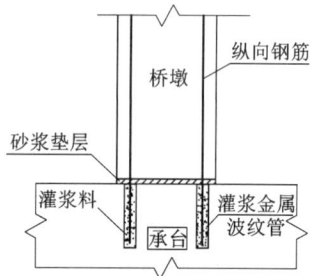

图 7-14　灌浆金属波纹管连接示意图

与湿接缝连接方式相比，采用灌浆套筒或灌浆金属波纹管连接的装配式混凝土桥墩，预制节段与承台之间可以实现直接接触，二者之间不需要采用临时支承的垫块，施工相对较为便捷。但在灌浆套筒内的灌浆料强度形成之前，为防止桥墩预制节段在强风等作用下出现侧翻，施工时仍需要采取一些措施对桥墩预制节段进行临时约束。由于预制节段的每根受力主筋均需要配套的灌浆套筒或灌浆金属波纹管，其现场灌浆工作量较大，且套筒内部的灌浆质量检测手段仍需进一步完善。

在结构耐久性方面，采用灌浆套筒或灌浆金属波纹管连接的装配式混凝土桥墩的拼接缝多采用平缝，且一般采用传统的界面黏结材料进行拼接面的黏结，其水平抗剪能力不如整体

现浇桥墩，因此，在水平地震、汽车制动力、温度变化等作用下，拼接缝将不可避免地出现开合和错动，导致空气、雨水对桥墩钢材的腐蚀作用，存在一定安全隐患。

（3）预应力连接

预应力连接是指通过后张拉预应力连接预制装配墩柱结构，即通过钢绞线穿过桥墩各节段、承台和盖梁，然后张拉形成整体的装配连接方式（图7-15），预制构件间接缝可以采用湿接缝、干接缝或环氧树脂胶等方式处理。

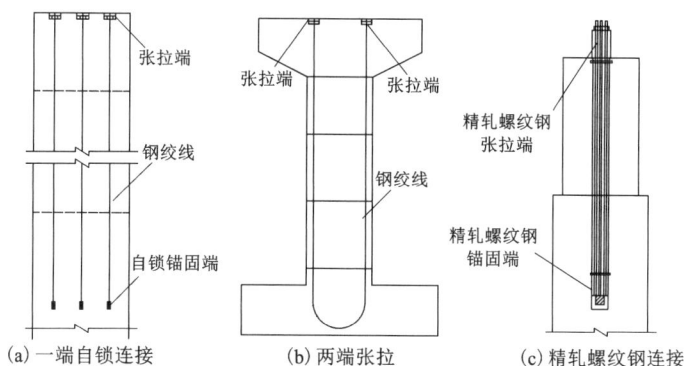

(a) 一端自锁连接　　(b) 两端张拉　　(c) 精轧螺纹钢连接

图7-15　预应力连接示意图

2.构件预制

（1）预制场地

预制场地规划和布置应进行专项设计，考虑预制构件的预制、运输和吊装工艺，设置钢筋加工车间、混凝土拌合系统、大吨位起重设备、预制台座、混凝土浇筑养护系统、存放台座、运输道路、给排水设施及供电系统等。

预制场地布置应满足下列要求：

①应根据安装设备的施工能力、预制构件的生产效率合理布置预制场地，并清晰划分各功能区。

②场地应平整、坚实，配有排水、排污和养护系统。

③预制台座、修整台座、存放台座及场内移运道路应进行专项设计，具有足够的承载力。

④预制台座范围内不均匀沉降应不大于2 mm。

⑤预制构件移运、出运应方便快捷。

（2）预制构件钢筋骨架制作

桥墩预制构件钢筋骨架制作应满足下列要求：

①预制构件钢筋骨架应在专用胎架上制作加工成型，钢筋胎架应有足够的强度、刚度和精度，满足受力钢筋定位精度的要求。

②制作墩柱及盖梁钢筋骨架时，灌浆套筒主筋定位筋允许偏差2 mm，其他主筋允许偏差4 mm。

③采用灌浆套筒连接或灌浆金属波纹管连接时，与箍筋应采用绑扎连接，不得焊接。

④预制构件钢筋骨架上应安装成品吊装所需的吊点、现场调节装置、支座等各类预埋件。

⑤应分析预制构件钢筋骨架在吊装工况下的受力及变形情况，必要时设置劲性骨架。

（3）模板

桥墩预制构件模板宜采用钢模板。模板系统除应满足刚度、承载能力、稳定性的要求外，还需满足下列要求：

①满足构件生产工艺、模具组装与拆卸、周转次数等要求。

②满足预制构件预留孔洞、预埋件安装定位要求。

混凝土浇筑前，应对灌浆套筒或灌浆金属波纹管、预应力管道定位进行检查，同时应对台座、模板、预埋件及预留孔洞等进行复测，允许偏差应满足表 7-1 的要求。

表 7-1 浇筑前模板及预埋件安装质量验收标准

项目		允许偏差	检查方法
灌浆金属波纹管定位/mm		2	尺量
预应力管道定位/mm		10	尺量
模板、锚具预留孔洞中心位置	吊环、预留孔洞/mm	3	尺量
	预埋螺栓、螺母中心线/mm	2	尺量
	灌浆套筒中心线/mm	1	尺量
台座水平度/(mm·m⁻¹)		1	尺量
模板表面平整度/(mm·m⁻¹)		2	尺量
模板垂直度/(mm·m⁻¹)		$0.1\%L$，且≤3	垂直度测量仪测，不少于 3 处
模板侧向弯曲/mm		$L/1500$，且<5	全站仪测，不少于 3 处
模板尺寸	长度/mm	±2	尺量
	宽度/mm	±2	尺量
	高度/mm	±3	尺量
预埋件	剪力键模具 位置/mm	2	尺量
	剪力键模具 平面高差/mm	2	尺量
	支座板等预埋钢板 位置/mm	3	尺量
	支座板等预埋钢板 平面高差/mm	2	尺量
	螺栓及其他预埋件 位置/mm	5	尺量
	螺栓及其他预埋件 外露尺寸/mm	±5	尺量

注：L 为墩柱高度或盖梁长度。

（4）匹配预制

预制构件拼接面上设置有剪力键时，相邻构件宜做匹配预制，即将已经浇好的预制节段构件作为相邻构件的端模板，逐段制作，前者为后者的匹配节段。墩柱预制构件竖向匹配预制常用 3 种方法（图7-16）：

①对于单节段高度较小的墩柱,通常采用竖向匹配预制[图7-16(a)]。

②对于自重较大、高度较高的节段,通常采用钢模翻模浇筑,即采用相互匹配的两个钢模分别作为下节墩柱顶模和上节墩柱底模,以确保节段匹配[图7-16(b)]。

③二次翻模技术也能满足自重较大、高度较高节段的匹配预制,即在下节墩身达到一定强度后,在其顶面涂刷隔离剂,通过两次印模(分节段预制墩柱预制过程中,印有墩柱端面剪力键的钢或混凝土模板),实现对下节墩身顶面的复制,上节墩柱以下节墩柱顶面印模作为底模[图7-16(c)]。

采用上述竖向匹配预制工艺时,应满足下列要求:

①节段内预埋的管道应与匹配节段的各预留孔顺接,并宜穿入加强芯棒。抽拔管应贯穿整个节段长度并伸入匹配节段的预留孔内,伸入长度不宜小于200 mm。

②采用钢模翻模时,钢模应进行专项设计,墩柱浇筑过程中钢模局部变形应小于2 mm。

③采用二次翻模技术进行竖向匹配预制时,印模混凝土应采取措施减小收缩徐变;翻模过程中应对预埋孔道位置进行控制,使其平顺连接。

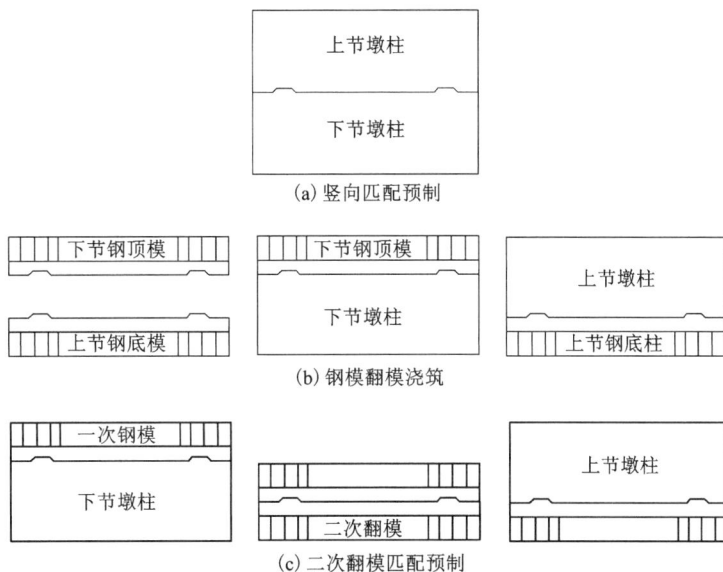

图7-16 墩柱竖向匹配预制示意图

(5)混凝土浇筑与养护

墩柱、盖梁混凝土浇筑应满足下列要求:

①墩柱宜竖向预制。

②墩柱、盖梁混凝土宜一次性浇筑完成,浇筑时宜先行浇筑灌浆套筒或灌浆金属波纹管、预应力装置范围内的混凝土。

③应根据混凝土的品种、工作性能及预制构件的规格形状等因素,制定合理的振捣成型工艺。混凝土应采用强制式搅拌机搅拌,且预制构件底部混凝土宜采用机械振捣,中上部采用机械辅助人工振捣,分层厚度不大于50 cm。

④混凝土入模温度应不低于5 ℃,且不高于28 ℃。当日平均气温达到30 ℃时,应按高

温施工要求采取措施。

预制构件养护应根据施工对象、环境条件、混凝土原材料及混凝土性能等因素，制定具体的养护方案，构件预制完成后应及时养护，构件养护时间应不少于 7 d。当气温低于 5 ℃时，应采取保温养护措施，不得向混凝土表面洒水。混凝土养护用水的品质应符合现行《混凝土用水标准》（JGJ 63—2006）的规定。

预制构件脱模和起吊时的强度应符合设计规定；设计未规定时，承重模板宜在混凝土抗压强度达到设计强度的 75% 后拆模，起吊时混凝土抗压强度不应低于设计强度的 80%。

预制构件出厂前，应检查并清理灌浆套筒或灌浆金属波纹管内腔及进出浆口，并对进出浆口进行临时封堵。

3. 构件存放与运输

（1）存放

预制构件应满足设计规定的存放时间；当设计无要求时，自混凝土浇筑完成后起算至安装的时间不应少于 14 d。墩柱采用立式存放时，应对墩柱进行抗倾覆验算，抗倾覆系数应不小于 1.5；抗倾覆验算时应考虑风荷载、地基不均匀沉降引起的倾覆荷载。当施工方案要求墩柱由立式放置改为水平放置时，支点位置及数量应满足承载力及裂缝限值要求，并报设计或监控等相关单位复核，宜制定详细操作流程，宜设置专门的翻身吊具，翻身作业时要防止对墩柱造成损坏。

（2）运输

对构件运输，应编制详细的构件运输方案和专项保护方案，方案包括构件放置方向、支点设置、吊点设置、构件翻身处理、外露钢筋保护等内容，必要时运输方案应报送有关主管部门审批。

预制构件根据实际情况采用陆上运输或水上运输。陆上运输应符合下列规定：

①在陆地上运输墩身、盖梁预制节段时，宜采用专用运输台车，或采用经改装能适应节段运输的车辆。

②运输线路的路面应平坦，路基或桥涵应有足够的承载能力。

③采用平卧方式运输节段时，应提前对节段的受力进行验算，合理设置支点，并应在支点处设置缓冲材料，使节段的受力均匀，对节段的捆绑固定措施应可靠。

预制构件的水上运输应符合下列规定：

①水运预制构件时，宜采用自航式运输驳船，且其有效使用面积和载重量应满足预制构件装载和载重的要求。

②运输前，应按装载和运输条件下的各种工况，对船舶的强度进行核算和加固计算，并应对船体进行必要的加固处理；同时应对船舶的稳定性进行验算。

③在运输船上装载预制构件时，应采用型钢设计用于固定节段的专用支架和底座，保证预制构件在水上运输过程中各种工况条件下的稳定性。

④还应符合海事和航道管理部门对水上运输的相关规定，保证水上运输的安全。

4. 构件安装

（1）安装准备

墩柱、盖梁安装前应做好施工准备工作，并应满足下列要求：

①安装吊具应进行专门设计。

②应根据构件的特点及连接方式的特点制定作业指导书。

③安装前应对节段拼接缝进行表面处理,清除尘土、油脂等污染物及松散混凝土与浮浆,确保表面无油、无水、无灰尘,需座浆的接缝表面宜进行凿毛处理。

墩柱安装前,应对下部构件(承台)拼接面的坐标、高程、平整度及预埋钢筋定位等进行复核,应满足下列要求:

①坐标及高程允许误差为±2 mm。

②采用结构胶处理接缝时,平整度允许误差为±1 mm/m。

③采用砂浆处理接缝时,平整度允许误差为±2 mm/m。

④采用钢筋灌浆套筒连接时,下部预埋钢筋定位应在允许偏差之内。

(2)钢筋灌浆套筒连接或钢筋灌浆金属波纹管连接的安装工艺

采用钢筋灌浆套筒连接或钢筋灌浆金属波纹管连接时,连接界面采用砂浆垫层拼缝,墩柱与承台的施工工艺流程为:拼接面凿毛、清理→拼接缝测量→铺设挡浆模板→调节垫块找平→充分湿润拼接缝表面→铺设砂浆垫层→墩柱吊装初步就位→调节设备安放→垂直度、高程测量→调节墩柱垂直度→钢筋灌浆套筒连接或钢筋灌浆金属波纹管连接。

墩柱与盖梁的安装工艺流程为:拼接面凿毛、清理→拼接缝测量→铺设挡浆模板→调节垫块找平→充分湿润拼接缝表面→铺设砂浆垫层→盖梁吊装初步就位→调节盖梁空间坐标→钢筋灌浆套筒连接或钢筋灌浆金属波纹管连接。

(3)承插式或钢筋插槽式连接的安装工艺

墩柱构件采用承插式或钢筋插槽式连接时,应满足下列要求:

①墩柱安装前应清理槽口,并在承台槽口内设置2 cm厚的砂浆垫层找平,砂浆的厚度应均匀,且应一次性浇筑完成。

②湿接头内的钢筋设置应符合设计规定。

③构件安装就位后应采用调位装置对其进行三维调节、精确定位,并应启用锁定装置将其及时锁定。

④湿接头应采用符合设计规定的混凝土,其配合比应进行专门设计并经试验验证。对连接面混凝土应进行严格凿毛处理,并应将连接界面清理干净,浇筑前应采用淡水充分湿润或涂刷界面剂。湿接头混凝土宜在一天中气温相对较低的时段在无水状态下浇筑,浇筑后的保湿养护时间应不少于14 d。

(4)钢筋锥套-现浇连接的安装工艺

墩柱构件采用钢筋锥套-现浇连接时,应满足下列要求:

①锥套的规格应与钢筋规格一致。

②锥套锁片安装时,三片锁片轴线位置的相应误差不应大于3 mm。

③接头连接前钢筋的径向误差应不大于钢筋直径,钢筋轴向误差范围应符合以下规定:对于强度等级为400 MPa、500 MPa和600 Mpa的钢筋,其轴向间隙误差分别不大于20 mm、15 mm和10 mm。

④在安装预制墩柱前应检查承台、墩柱结合面的凿毛情况,凿毛最小深度不应小于8 mm。

⑤湿接头模板安装前,应检查锥套连接接头质量以及湿接头钢筋布置情况是否符合设计要求。

⑥湿接头模板加工标准应与预制墩柱模板一致，安装前应对几何尺寸进行检查，保证构件尺寸、形状符合要求，安装成型模板时应安装紧密，不漏浆。

⑦湿接头自密实混凝土浇筑完毕后，应及时采取适宜的养护措施，保湿养护时间不得少于 14 d。

⑧湿接头自密实混凝土达到设计强度的 90%以上时，方可进行上部构件安装工作。

（5）预应力连接的安装工艺

当采用预应力钢绞线连接墩柱时，应满足下列要求：

①安装前应检查各构件中的预埋管位置是否准确，是否有过大变形，内孔是否应清理干净。

②穿索前应确认索号是否正确，在每根钢绞线尾部编好号，编号应与工作锚板锥孔一一对应。

③预应力张拉施工应满足现行《公路桥涵施工技术规范》（JTG/T 3650—2020）的要求。

④张拉完成后应及时灌浆，灌浆宜采用水泥浆，强度不应小于 50 MPa。

墩柱节段间为胶接缝时，应符合下列规定：

①安装前应在适宜位置设置操作平台。

②结构胶应符合设计规定的质量和力学性能要求；当设计无要求时，结构胶性能应符合《公路装配式混凝土桥梁施工技术规范》（JTG/T 3654—2022）的规定。

③墩身节段起吊安装就位后，应立即检查其平面位置、高程与竖直度，不符合要求时应及时进行调整。安装时应保证节段之间的剪力键（槽）密贴。

④墩身节段安装完成并经检测，其平面位置与竖直度符合要求后，起吊墩身节段进行涂胶施工，涂胶施工完成后下放，及时进行临时固定，并应按设计规定对预应力钢束施加预应力，同时对胶接缝进行挤压。

⑤整个施工过程中应保持孔道密封，防止外部结构胶、砂浆、杂物等进入。

⑥预应力张拉和孔道压浆的施工应符合设计要求，设计未要求时应符合现行《公路桥涵施工技术规范》（JTG/T 3650—2020）的规定。孔道压浆完成后应按设计要求浇筑封锚混凝土。

⑦当采用预应力精轧螺纹钢连接墩柱构件时，因预应力损失较大，预应力宜进行超张拉及二次张拉。

（6）盖梁安装

盖梁的安装施工应符合下列规定：

①安装盖梁预制构件前，应先检查盖梁预留槽（孔）的位置是否与墩身的相应位置一致，有偏差时应采取适当的措施进行调整。

②盖梁预制构件安装就位后应采用调位装置对其进行空间位置调节。

③应采取可靠的临时固定措施，在构件精确就位后对其进行临时固定，未固定前不得将起重机的吊钩松脱。

④分节段匹配安装盖梁预制构件时，节段拼接面的正压应力宜为 0.3 MPa；胶接缝施工应符合《公路装配式混凝土桥梁施工技术规范》（JTG/T 3654—2022）第 5.5.3 条的规定；预应力张拉和孔道压浆施工应符合设计要求和现行《公路桥涵施工技术规范》（JTG/T 3650—2020）的规定。

（7）临时措施拆除

构件安装定位固定后，临时施工措施拆除应满足下列要求：

①采用钢筋灌浆套筒或钢筋灌浆金属波纹管连接时，灌浆料强度大于 35 MPa 后方可拆除并进行下一安装工序施工，对进入下一工序后灌浆套筒或灌浆金属波纹管出现拉应力的构件，灌浆套筒或灌浆金属波纹管内灌浆料强度宜大于 60 MPa；设计有规定时，应按设计要求执行。

②采用预应力连接时，永久预应力施工完毕后方可拆除临时施工措施。

③采用承插式或钢筋插槽式连接时，湿接头混凝土应达到设计规定的强度等级；未规定时，应达到设计强度的 80% 以上，方可拆除临时施工措施。

④盖梁分节段安装施工时，临时预应力筋应在永久预应力筋张拉完成，且孔道内的灌浆达到设计要求强度后，方可卸除。

7.2　桥梁上部结构施工

桥梁上部结构包括桥跨结构和桥面系，是路线遇到障碍（如江河湖海、山谷或其他路线等）中断时，跨越障碍的结构物，也是桥梁承受行人、车辆等各种作用的直接承重部分。

根据桥梁上部结构体系的不同，桥梁有梁桥、拱桥、刚架桥、悬索桥、斜拉桥五种主要结构体系。梁桥的主要承重结构为受弯的主梁；拱桥主要承重结构为主拱圈，主拱圈以受压为主要受力形式，但同时也承受弯矩（偏心受压）；刚架桥的上部结构主梁与墩、台（柱）刚性连接成整体的受力结构；悬索桥以受拉的主缆为主要承重构件；斜拉桥以张紧的拉索对主梁形成弹性支承，并将荷载传递至塔柱，主梁以受弯为主。还有各种受力体系组合形成的组合体系桥梁，如由梁与拱组成的系杆拱桥和拱梁组合体系桥，由多跨连续梁与墩固结形成的连续刚构桥，以及刚构与斜拉桥组成的刚构–斜拉桥组合体系，等等，组合体系桥梁可以利用不同结构体系特点组合，发挥各自的受力优点。

7.2.1　桥梁上部结构主要施工方法

预应力混凝土的应用与发展、桥梁类型与跨径的增加、构件生产的工厂化、结构设计和计算方法的进步、施工机械的发展、新材料新工艺的不断涌现等，从多方面促进了桥梁上部结构施工方法的进步和发展。

AI微课
桥梁上部结构主要施工方法简介

混凝土桥梁上部结构施工方法从总体上分类，有整体式施工和节段式施工两类。前者是在桥位上搭设支架、立模板，通过现场浇筑混凝土形成整体式结构。后者是在工厂（或工地预制场）预制出各种构件，通过运输、吊装就位拼装形成整体结构，即预制装配节段式混凝土桥梁；或在桥位上采用现代施工方法逐段现浇形成整体式结构，即逐段现浇节段式混凝土桥。逐段现浇节段式主要应用在预应力混凝土结构，如采用悬臂浇筑法、逐跨施工法、移动模架法等施工的预应力混凝土节段式桥梁，这种施工是逐段（跨）推进的，模板、机具设备可以重复利用，结构整体性好，但需现场浇筑混凝土。

按照桥梁结构的形成方式，施工方法可分为：以整个桥位为基准的固定支架整体现浇施

工法、预制安装法和提升施工法；以桥墩为基准的悬臂施工法和转体施工法；以桥轴端点为基准的逐孔施工法和顶推施工法；以桥梁横向为基准的横移施工法等。针对某一桥梁结构，并不一定要单纯按照某一工法和结构形成顺序进行施工，可以是多种施工方法的组合。

7.2.2 梁桥上部结构施工

传统的桥梁施工方法为固定支架现浇施工，随着预应力技术的发展，产生了悬臂施工法、预制安装法、逐孔施工法、顶推法和转体施工法等各种方法。可以说，上节所述的所有桥梁施工方法均能运用于梁式桥和刚架桥的施工中。

1. 固定支架整体现浇施工

固定支架整体就地浇筑是一种最古老的施工方法，施工需要大量的支架、模板。在各种曲线、变截面、异形的复杂形状混凝土桥梁结构施工中，固定支架整体现浇施工方法往往成为必选方案。

(1) 支架和模板

1) 支架形式

梁桥施工支架按其构造分为支柱式、梁式和梁-柱式支架(图7-17)。当前常用的支架材料包括扣件式、碗扣式、盘扣式以及门式钢管脚支架，万能杆件、贝雷桁片等常备式定型钢构件，以及型钢、螺旋大钢管、焊接钢板梁等。

支柱式支架[图7-17(a)]构造简单，适用于陆地或不通航河道，以及桥墩不高的中小跨径桥梁施工。支架通常采用钢管脚手架搭设，钢管支架纵、横向密排，下设槽钢或底托支承

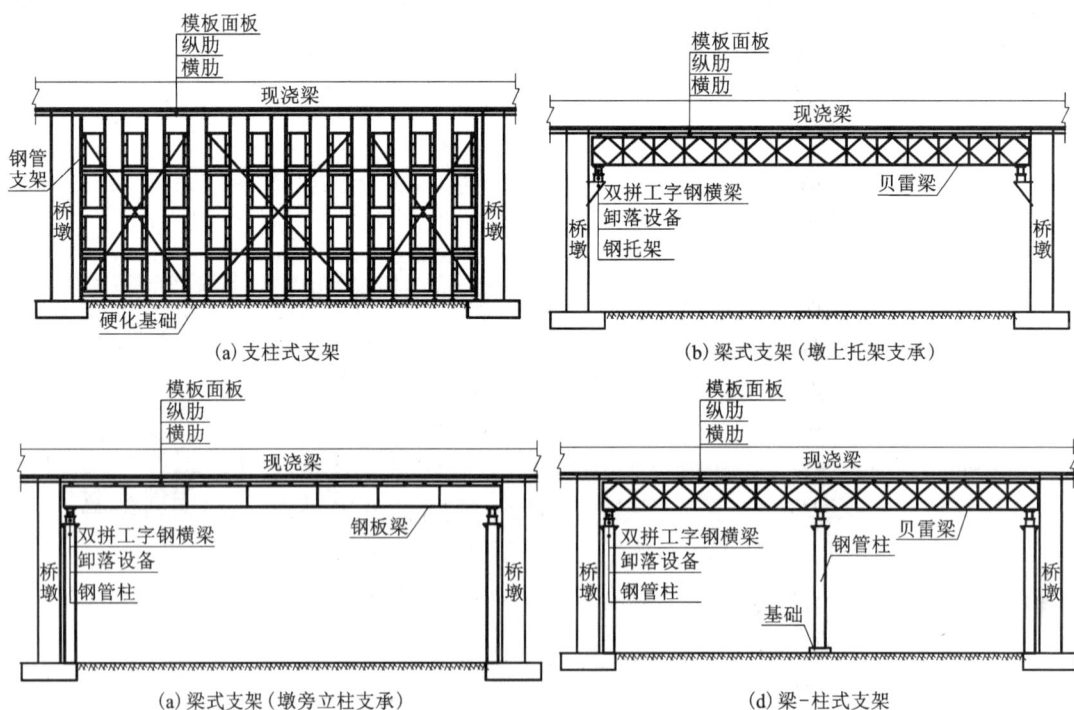

图 7-17 常用支架构造图

钢管,上设可调的槽形顶托固定模板横肋龙骨,钢管间距按桥高及现浇梁自重、施工荷载大小而定。搭设钢管支架要设置纵、横向水平加劲杆,桥较高时还需加剪刀撑,水平加劲杆与剪刀撑均须用扣件与立柱钢管连成整体。支架应考虑设置预拱度。陆地现浇施工支架可在整平的地基上铺设碎石层或砂砾石层,在其上浇筑混凝土作为支架的基础;水中支架须先设置基础、排架桩(常用钢管桩)。

梁式支架[图 7-17(b)(c)]利用工字钢、钢板梁、贝雷桁片作为支架梁,支撑于墩上钢托架或墩旁立柱上,形成支架体系,墩上托架利用抱箍、预埋牛腿等固定于墩身,墩旁立柱可采用贝雷桁片、螺旋大钢管等制作。梁式支架避免了跨内设置立柱,适用于桥梁较高,或跨内需要通车通航、排洪,或地质、水文条件无法满足跨内设立柱的情况的桥梁。一般在立柱顶或托架顶设置卸落设备。

当因跨径较大等原因,一跨跨越的梁式支架无法满足受力需要,而跨内允许设置临时支柱时,可采用梁-柱式支架[图 7-17(d)]。当然,根据桥梁施工实际,三种支架形式往往综合使用。图 7-18 为一跨现浇箱梁支架,在支柱式满堂支架内,因桥下施工过程中需要预留通道,设置了梁-柱式支架形成门洞。

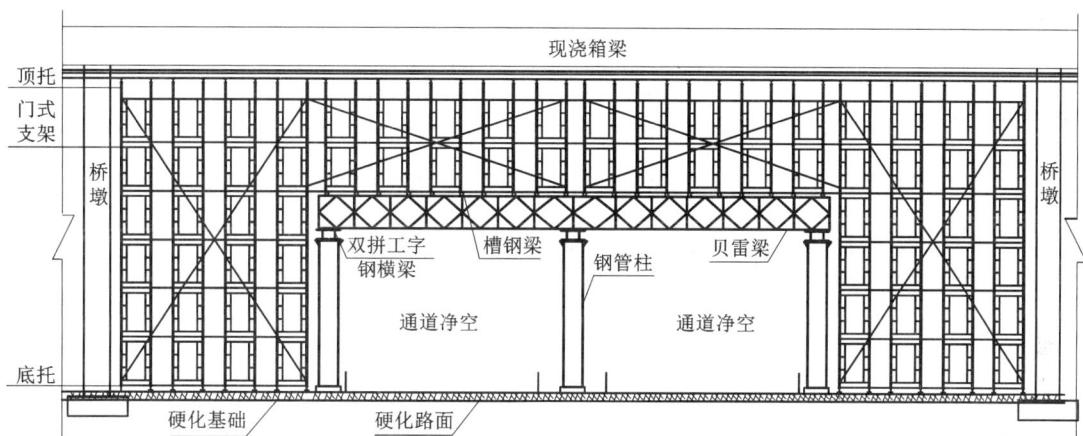

图 7-18 现浇箱梁的多种支架形式综合应用

2)模板形式

就地浇筑桥梁的模板主要有木模和钢模。模板形式的选择取决于同类桥跨结构的数量和模板材料的供应。当建造单跨或多跨不等的桥梁结构时,多采用木模;而对于多跨相同跨径的桥梁,模板可以重复周转时,为了经济,可采用大型模板块件组装,或用钢模,尤其在移动模架主跨现浇施工时,多采用整体式钢模。

以胶合板为模板面板,以方木为次肋,以方木、钢管、型钢(槽钢、工字钢或方钢管)为主肋,结合钢管支架,可以拼装成适应各种复杂形状的桥梁模板,其在固定支架整体现浇桥梁施工中得到较广泛的应用。

以混凝土整体现浇箱梁结构的木模为例(图 7-19),由竹胶板、横肋和纵肋形成箱梁外模,支架为由贝雷梁组拼形成的梁-柱式支架,模板下依次为可调顶托、调节钢管(调节梁的变高度)、工字钢分配梁。

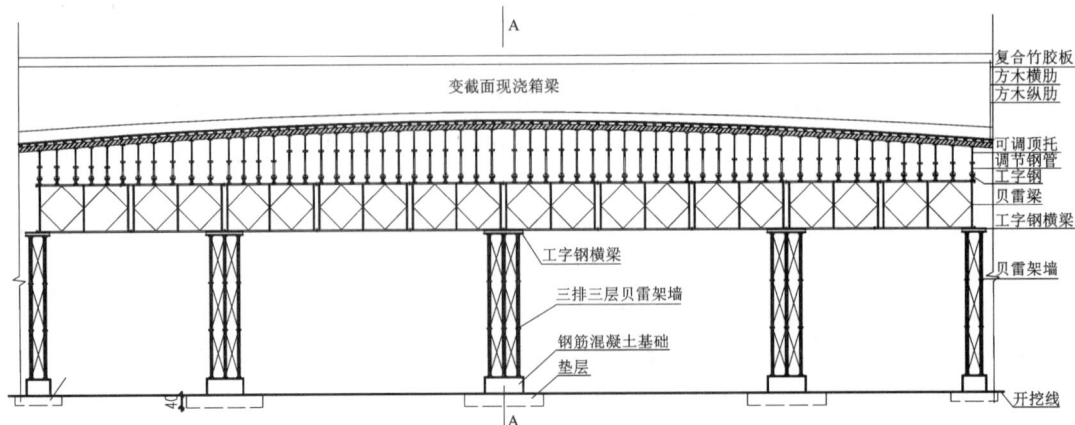

(a) 支架模板（木模）布置立面

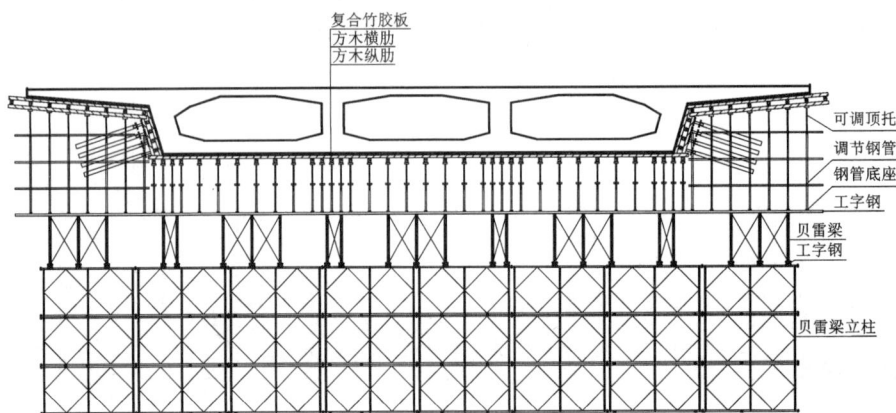

(b) A-A剖面

图 7-19 现浇箱梁支架模板（木模）系统

　　钢模大多做成大型块件，一般长 3~8 m，由钢板和加劲骨架焊接组成。钢板厚通常取 4~8 mm。骨架由水平肋和竖向肋形成，肋由钢板或角钢做成，肋距 0.5~0.8 m。大型钢模块件用螺栓或销钉连接。对简支梁而言，在梁的下部常集中布置受力钢筋或预应力索，必要时可在钢模上开设天窗，以便浇筑和振实混凝土。多次周转使用的钢模，在使用前可用化学方法或机械方法清扫；在浇筑混凝土前，在模板内壁涂润滑油或废机油，以利脱模。图 7-20 为整体式现浇箱梁钢模实物照片。

(a) 底模和侧模（内侧）　　　(b) 侧模　　　(c) 内模

图 7-20 现浇箱梁钢模照片

3) 对支架、模板的要求

支架、模板设计与施工应符合 4.1 节的要求，对于桥梁上部结构现浇施工，还应注意以下方面：

①为了减少变形，构件应主要选用受压或受拉形式，并减少构件接缝数量。

②在河道中施工的支架，要充分考虑洪水和漂流物以及通过船只(队)对其的影响，要有足够的安全措施，设计时应考虑水中支架所承受的水流压力、波浪力、流冰压力、船只及漂流物的撞击力；同时在安排施工进度时，尽量避免在高水位情况下施工。

③支架在受载后会产生变形与挠度，在安装前要有充分的估计和计算，并在安装时设置预拱度，使桥跨结构线形符合设计要求。

④模板支架不应与施工用的脚手架、便桥以及应急安全通道相连接，以免施工振动影响混凝土浇筑质量。

⑤支架的稳定性是在设计和使用中需要高度重视的问题，尤其对高支架更需慎重。构造上的不合理是导致其失稳的一个重要原因，因此需要加强水平向和斜向的必要连接，以增强其整体稳定性，保证施工安全。

4) 预拱度设置

一方面，桥梁上部结构在设计荷载作用下会产生挠度；另一方面，施工支架在施工荷载作用下也会产生弹性变形和非弹性变形。预拱度就是为抵消上述结构在设计荷载和施工荷载作用下产生的位移(挠度)，保证桥梁竣工后尺寸准确，在施工或制造时需预留的与位移方向相反的校正量。预拱度设置需考虑以下因素：

①为抵消设计荷载作用下产生的结构变形而需设置的预拱度 δ_1。

②为抵消模板、支架承受施工荷载引起的弹性变形而需设置的预拱度 δ_2。

③为抵消受载后因支架模板接头和卸落设备压缩而产生的非弹性变形而需设置的预拱度 δ_3。

④为抵消支架基底在荷载作用下的沉降变形而需设置的预拱度 δ_4。

⑤为抵消混凝土收缩、徐变及温度变化而引起的变形需设置的预拱度 δ_5。

预拱度包括上述因结构本身变形而需要设置的预拱度和施工需要的预拱度之和。各项变形值可按下列方法计算和确定：δ_1 可根据《公路钢筋混凝土及预应力混凝土桥涵设计规范》(JTG 3362—2018)规定进行计算和设置；支架弹性变形预拱度 δ_2 应根据支架实际受力图式计算；支架非弹性变形预拱度 δ_3 可按照支架在每一个接缝处的非弹性变形之和计算，一般情况下，对于木与木的接缝，每个接头约顺纹 2 mm，横纹 3 mm，木料与金属接头为 2 mm，卸落设备的非弹性压缩量，砂筒为 2~4 mm，木楔或木马为 1~3 mm；支架基底的沉陷，可通过试验确定或参考表 7-2 估算。

表 7-2　支架基底沉降值(cm)

土壤	底梁	桩	
		当桩上有极限荷载时	桩的支撑能力不允许利用时
砂土	0.5~1.0	0.5	0.5
黏土	1.0~2.0	1.0	0.5

预拱度的设置方式为:根据梁的挠度和支架的变形所计算出来的预拱度之和为预拱度的最高值,设置在梁的跨径中点;其他各点的预拱度,应以中间点为最大值,以梁的两端为零,按直线或二次抛物线比例分布。

对位于软土地基或软硬不均地基上的支架,由于在其上加载后地基会产生不均匀沉降,进而会对现场浇筑的混凝土结构物或安装的其他结构产生不利影响,严重者可能会产生过大的沉降甚至导致支架坍塌,所以宜通过预压的方式,消除地基的不均匀沉降和支架的非弹性变形;而对位于刚性地基上(指支架支承在桥涵工程的基础顶部,正式通车后的水泥混凝土路面或沥青混凝土路面顶部,以及其他经确认不会产生沉降的构筑物顶部),刚度较大且非弹性变形可确定控制在一定范围内的支架(指采用大直径钢管或型钢等材料制作而成的支架),因其将永久工程的结构物作为其支承的地基,其沉降几乎为零或小到可以忽略不计,故而,在经计算并通过一定审核程序,确认其满足强度、刚度和稳定性等要求的前提下,可不作预压,但在施工过程中应对支架的材料和安装施工质量采取严格的管控措施。

对支架进行预压时,预压荷载宜为支架所承受荷载的 1.05~1.10 倍,预压荷载可采用混凝土预制块、水袋、水箱、建筑材料等施加,对于特定支架,也可采用预应力筋反拉等特殊方式,预压荷载的分布宜模拟需承受的结构荷载及施工荷载。

(2)施工要点

固定支架整体就地浇筑施工的主要工序有施工场地整理、支架和模板设立、钢筋和预应力钢束绑扎等准备工作,混凝土的制备、浇筑和养护,预应力钢束的张拉,模板、支架的拆除等,如图 7-21 所示。

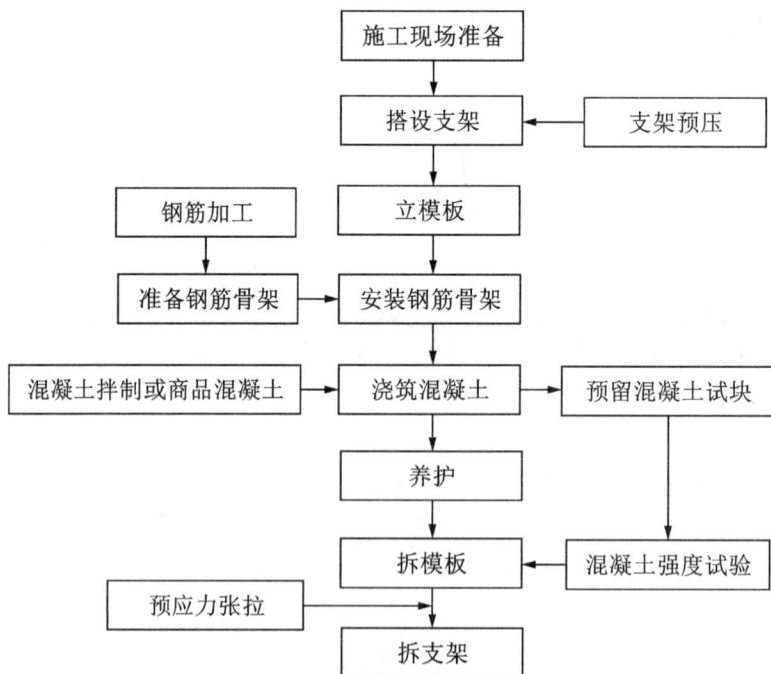

图 7-21 混凝土梁桥的就地浇筑施工工序

1）准备工作

在正常情况下，就地浇筑施工一次性灌注的混凝土量较大，且需要连续作业，因此在浇筑混凝土前，应会同监理部门对支架、模板、钢筋、预留管道和预埋件进行检查，同时做好混凝土浇筑的各种准备。

支架和模板检查：核对支架和模板的尺寸、位置，检查接头位置是否准确、可靠，卸落设备是否符合要求，检查模板是否密贴，螺栓、拉杆、撑木是否牢固，是否涂抹模板油或其他脱模剂等。

钢筋与预应力孔道检查：检查布置位置是否准确，钢筋骨架绑扎是否牢固，预留孔道管是否存在漏浆可能，以及锚具位置、压浆管和排气孔是否可靠。

浇筑混凝土准备：检查混凝土供料、拌制、运输系统，灌注机具设备试运转，按浇筑顺序布置好振捣设备，对大型就地浇筑施工结构必须准备备用的机械、动力。

2）混凝土施工

混凝土施工包括混凝土制备、运输、浇筑、养护等技术环节，一般性要求参见 4.3 节。

梁式桥现浇施工时，梁体混凝土在顺桥向宜从低处向高处进行浇筑，在横桥向宜对称进行浇筑。混凝土浇筑过程中，应对支架的变形、位移、节点和卸架设备的压缩及支架地基的沉降进行监测，如发现超过预警值的变形、变位，应及时采取措施处理。

3）混凝土养护、预应力筋张拉及拆模卸架

①混凝土养护。

混凝土浇筑完成后进行养生，能促使混凝土硬化，并在获得规定强度的同时，防止混凝土干缩引起的裂缝，防止混凝土受雨淋、日晒、冻胀及荷载的振动、冲击。由于混凝土在硬化过程中发热，所以在夏季和干燥的气候下应进行湿润养生，而冬季则主要保护其不受冻，采用加温方法养生。

②预应力筋张拉。

对后张法预应力混凝土梁，须待混凝土强度达到设计要求后才能进行张拉，在无规定时，一般要在混凝土强度达到设计强度等级的 80% 以上才能进行。

③拆模及卸架。

当混凝土抗压强度达到 2.5 MPa 时，方可拆除侧模；当混凝土强度能承受其自重荷载及其他可能的叠加荷载时，方可拆除各种梁的模板；但如设计上有规定，应按照设计规定执行。

对于预应力梁，应在预应力筋张拉完毕或张拉到一定数量后（根据设计要求），再拆除模板，以免梁体混凝土受拉。

梁的落架程序应从梁挠度最大处的支架节点开始，逐步卸落相邻两侧的节点，并要求对称、均匀、有顺序地进行；同时要求各节点应分多次进行卸落，以使梁的支架逐步卸落。通常简支梁、连续梁及刚架桥可从跨中向两端进行；悬臂梁则应先卸落挂梁及悬臂部分，然后卸落主跨部分。

2. 预制装配施工

预制安装法的一般施工过程为：在工厂或现场预制整孔梁或梁节段；预制梁段的吊装、运输和安装；根据桥梁结构要求进行体系转换。

（1）预制构件单元的划分

对简支梁桥，预制构件以截面形式为依据分类，有空心板梁、T 形梁和箱梁。

对连续梁桥，预制构件的形式较多，有简支梁组合、单悬臂简支梁和挂孔的组合、双悬臂简支梁和挂孔的组合、桥墩处的平衡悬臂梁和挂孔的组合；通过各种预制构件的组合形式，可形成简支变连续、单悬臂变连续、双悬臂变连续、双悬臂 T 形刚构变连续的结构体系。除了桥梁的结构体系外，预制构件单元的划分很大程度上还取决于施工时安装设备的吊装能力。

（2）梁体预制

梁体在工厂或现场预制场地预制。构件预制场的布置应满足预制、移运、存放及架设安装的作业要求；场地应平整、坚实，应根据地基情况和气候条件，设置必要的防排水设施，并应采取有效措施防止场地沉陷。图 7-22 为某整孔箱梁预制场地。

图 7-22　整孔箱梁预制场地

梁体的预制台座应符合下列规定：

①预制台座的地基应具有足够的承载能力和稳定性。当用于预制后张预应力混凝土梁、板时，宜对台座两端及适当范围内的地基进行特殊加固处理。

②预制台座应采用适宜的材料和方式制作，且应保证其坚固、稳定、不沉陷。

③预制台座的间距应能满足施工作业的要求；台座表面应光滑、平整，在 2 m 长度上平整度的允许偏差应不超过 2 mm，且应保证底座或底模的挠度不大于 2 mm。

④对预应力混凝土梁、板，应根据设计提供的理论拱度值，结合施工的实际情况，正确预计梁体拱度的变化情况，在预制台座上按梁、板构件跨度设置相应的预拱度。当预计后张预应力混凝土梁的上拱度值较大，将会对桥面铺装施工产生不利影响时，宜在预制台座上设置反拱。

⑤预制台座应具有对梁底的支座预埋钢板或楔形垫块进行角度调整的功能，并应在预制施工时严格按设计要求的角度进行设置。

以整孔箱梁预制为例，其预制施工工艺流程见图 7-23，主要工序见图 7-24。

（3）梁体运输与安装

由于预制梁在桥梁工厂或施工现场的预制场内预制，因此要配合架梁方法解决如何将预制梁运至桥头或桥孔下的问题。

从工地预制场至桥头的运输，称为场内运输，通常需铺设钢轨便道，由预制场的龙门吊、汽车吊等将预制梁装上平车后牵引运抵桥头。图 7-25 为浙江交工集团在杭甬高速复线施工时采用的整孔箱梁预制场内运输及梁上运梁平车。

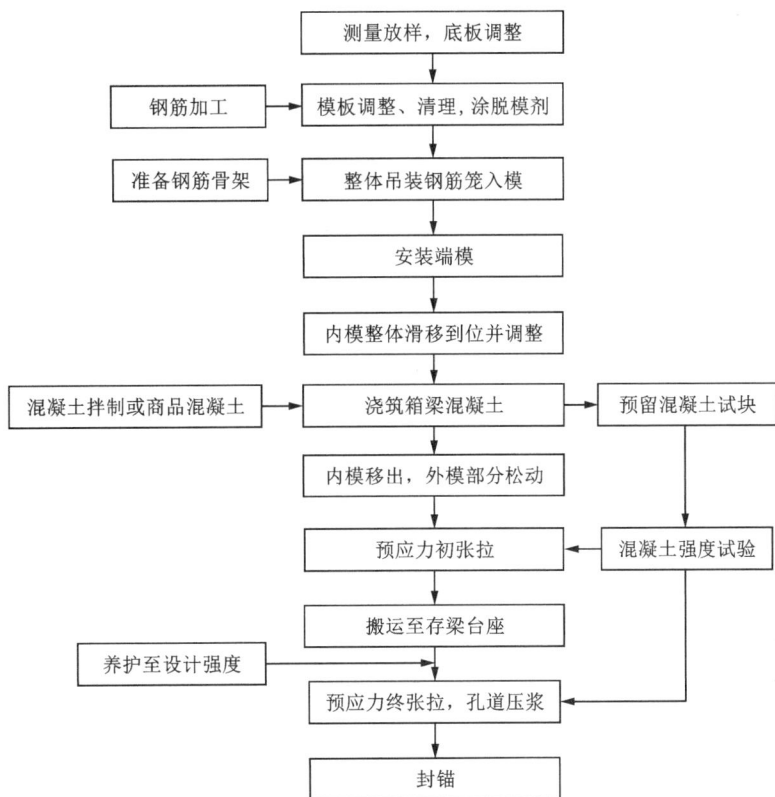

图 7-23　箱梁预制施工工艺流程图

(a) 模板准备　　　　(b) 底腹板钢筋吊装　　　　(c) 顶板钢筋吊装

(d) 混凝土浇筑　　　　(e) 养护　　　　(f) 搬运

(g) 预应力张拉　　　　(h) 存梁

图 7-24　箱梁预制施工工艺照片

当采用水上浮吊架梁而需要使预制梁上船时，运梁便道应延伸至河边能靠拢驳船的地方，为此需要修筑一段装船用的临时栈桥（码头）。当预制工厂距桥梁工地甚远时，通常可用大型平板拖车、火车或驳船将梁运至工地存放，或直接运至桥头或桥孔下进行架设。

图 7-25 预制箱梁运输

预制梁的安装是装配式桥梁施工中的关键工序，应结合施工现场条件、桥梁跨径大小、设备能力等具体情况，从节省造价、加快施工速度和充分保证施工安全等方面来合理选择架梁的方法。

预制梁、板构件的安装包括起吊、纵移、横移、落梁等工序。从架梁的工艺类别来划分，有起重机架设、架桥机架设、支架法架设、简易机具组合架设等。起重机架设包括陆地架设（自行式吊机架设、跨墩式龙门吊机架设、塔式起重机架设）、高空缆索起重机架设、浮运架设等。架桥机架设也有单导梁式架桥机、双导梁式架桥机（穿巷式架桥机）、联合架桥机等架设方法。每一类架设工艺，按起重、吊装等机具的不同，又有各种独具特色的架设方法。必须强调指出，桥梁架设既是高空作业，又需要使用重而大的机具设备，在操作中确保施工人员的安全和杜绝工程事故，是工程技术人员的重要职责。因此，在施工前应研究制定周到而妥善的安装方案，详细分析和计算承力设备的受力情况，采取周密的安全措施，并应在施工中加强安全教育，严格遵循操作规程和加强施工管理。

3.悬臂施工

悬臂施工法是在已建成的桥墩上，沿桥梁跨径方向对称逐段施工的方法。这种方法不仅在施工期不影响桥下通航或行车，而且密切配合设计和施工的要求，充分利用了预应力混凝土承受负弯矩能力强的特点，减小了跨中正弯矩，增大了支点负弯矩，提高了桥梁的跨越能力。悬臂施工法可以用于连续梁、悬臂梁、T形刚构、连续刚构等梁式体系，也常用于拱桥和斜拉桥，其中斜拉桥悬臂施工与梁式桥悬臂施工顺序基本一致。悬臂施工法通常分为悬臂浇筑和悬臂拼装两类。悬臂浇筑是在桥墩两侧对称逐段浇筑混凝土，待混凝土达到一定强度后张拉预应力束，移动挂篮继续悬臂施工直至合龙。悬臂拼装是用吊机将预制块件在桥墩两侧对称起吊、安装就位后，张拉预应力束，使悬臂不断接长，直至合龙。

（1）悬臂浇筑施工

悬臂浇筑施工是将梁体每2~5 m分为一个节段，以挂篮为施工机具进行对称悬臂施工。以连续梁桥悬臂浇筑施工为例，施工过程可分为0号块施工、挂篮安装、对称悬臂浇筑、边跨合龙、中跨合龙等步骤。

1）0号块施工

悬臂法施工中，0号块（墩顶梁段）一般在墩顶托架或墩旁支架立模现场浇筑，连续梁、悬臂梁桥均需在施工过程中设置临时梁墩锚固或支承措施，使0号块梁段能承受两侧悬臂施工时产生的不平衡力矩。

0号块施工支架有墩顶托架、墩旁支架等形式，托架或支架可采用万能杆件、贝雷梁、型钢、大直径钢管等构件拼装，也可采用钢筋混凝土构件作临时支承。根据墩身高度、承台形式和地形情况，施工托架可分别支承于墩身、承台或经过加固的地面上。托架的总长度视拼装挂篮的需要而定，其横桥向宽度要考虑箱梁外侧模板的要求，托架顶面应与箱梁底面纵向线形一致。施工托架有扇形与门式两种形式，如图 7-26 所示。

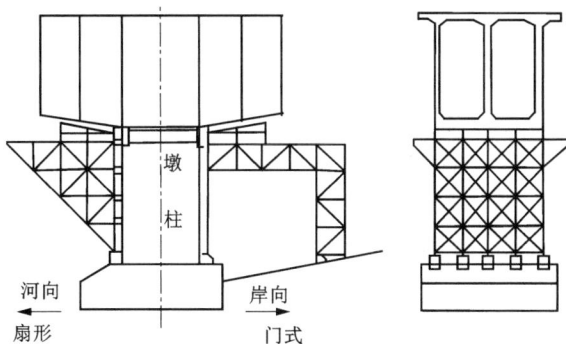

图 7-26　0 号块施工托架

　　为了实现悬臂施工，能承受施工过程中可能出现的不平衡力矩，施工过程中必须保证墩与梁固结，所以对于连续梁桥和悬臂梁桥的施工，在 0 号块施工时要采取临时墩梁固结措施。墩梁固结的 T 构、连续刚构桥在悬臂施工时同样要关注两侧不平衡导致的桥墩受力状态。

　　2) 挂篮

　　挂篮是悬臂浇筑的主要施工设备，是可在已浇梁段上行走的脚手架。其构造形式很多，主要由承重梁、悬吊模板、锚固装置、行走系统和工作平台几部分组成(图 7-27、图 7-28)。

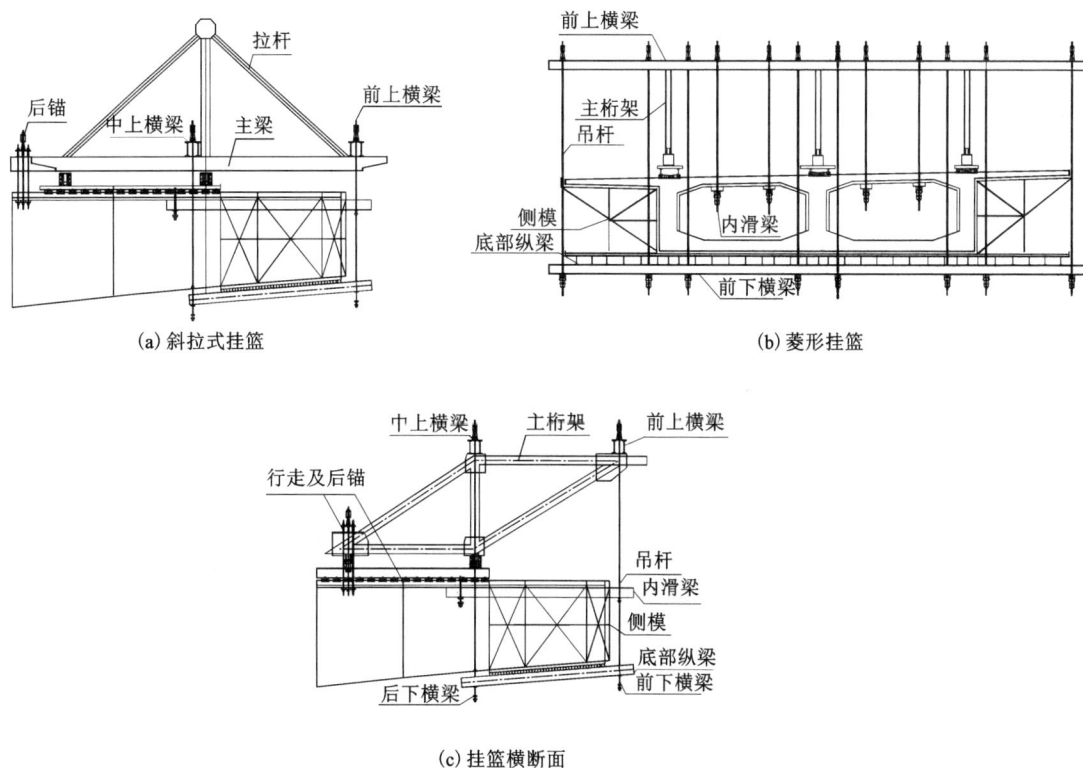

(a) 斜拉式挂篮

(b) 菱形挂篮

(c) 挂篮横断面

图 7-27　挂篮的形式

图 7-28　挂篮现场图

承重梁是挂篮的主要受力构件，可以采用钢板梁、工字钢梁、万能杆件拼装的钢桁梁、贝雷钢梁等，可设置在桥面之上，也可设在桥面之下。承重梁承受施工设备和新浇筑节段混凝土的全部重力，并通过支点和锚固装置将荷载传到已施工完成的梁体上。图 7-27(a)为斜拉式挂篮，承重梁为带斜拉杆的钢主梁；图 7-27(b)为菱形挂篮，承重梁为菱形钢桁梁，承重主梁设置于箱梁腹板上，以横梁连接成整体。

悬吊模板是挂篮的模板系统。外模前后端均通过吊杆支承下横梁，并固定于承重主桁(梁)的横梁上，后端也可以通过锚固系统锚固于已浇筑梁段的底板上。内模前端也同样悬吊于承重梁横梁下，后端通过锚固系统锚固于已浇筑梁段顶板。悬吊模板可以跟随挂篮系统一起行走。

锚固装置主要为后支点锚固，可采用尾端压重或利用梁内的竖向预应力等措施进行锚固。

当该节段全部施工完成后，由行走系统使挂篮向前移动，动力可由电动卷扬机牵引形成，包括向前牵引装置和尾索保护装置，行走系统可用轨道轮或聚四氟乙烯滑板装置。

挂篮的工作平台用于架设模板、安装钢筋和张拉预应力束等工作。

3)对称悬臂浇筑

悬臂浇筑梁段混凝土时需注意以下几点：

①挂篮就位后，安装并校正模板吊架，并根据实际情况进行预抛高，以使施工完成后的桥梁符合设计高程。预抛高值包括施工期结构挠度、挂篮重力和临时支承释放时支座产生的压缩变形等。

②模板安装应核准中心位置及高程，模板与前一段混凝土面应平整密贴。如上一节段施工后出现中线或高程误差需要调整，应在模板安装时予以调整。

③安装预应力预留管道时，应与前一段预留管道接头严密对准，并用胶布包贴，防止灰浆渗入管道。管道四周应布置足够的定位钢筋，确保预留管道位置正确、线形和顺。

④浇筑混凝土时，应尽量对称平衡浇筑。浇筑时应加强振捣，并注意对预应力预留管道的保护。

⑤为提高混凝土早期强度，以加快施工速度，在设计混凝土配合比时，一般应加入早强剂或减水剂。为防止混凝土出现过大的收缩、徐变，应在配合比设计时按规范要求控制水泥

用量。

⑥梁段拆模后,应对梁端的混凝土表面进行凿毛处理,以加强接头混凝土的连接。

⑦对于箱梁梁段混凝土浇筑,可采用一次浇筑法。当箱梁断面较大时,考虑到梁段混凝土数量较多,每个节段可分两次浇筑,先浇筑底板到肋板倒角以上,待底板混凝土达到一定强度后,再安装腹板模,浇筑腹板上段和顶板。其接缝按施工缝要求进行处理。

⑧箱梁梁段分次浇筑混凝土时,为了不使后浇混凝土的重力引起挂篮变形,导致先浇混凝土开裂,要有消除后浇混凝土引起挂篮变形的措施。一般可采取下列方法。

a.水箱法:浇筑混凝土前先在水箱中注入相当于混凝土重量的水,在混凝土浇筑过程中逐渐放水,使挂篮负荷和挠度基本不变。

b.浇筑混凝土时根据混凝土重量的变化,随时调整吊带高度。

c.将底模梁支承在千斤顶上,浇筑混凝土时,随着混凝土重量的变化,随时调整底模梁下的千斤顶,抵消挠度变形。

4)悬臂施工挠度控制

悬臂施工过程中的挠度控制是桥梁施工中的一个难点,它涉及梁体自重、预应力、混凝土徐变、施工荷载等诸多因素,若控制不好,两端悬臂施工至合龙时,梁底高程误差会大大超出允许范围(公路桥梁挠度允许误差为20 mm,轴线允许偏位为10 mm),不仅对结构受力不利,而且会因梁底曲线产生转折点而影响线形,形成永久性缺陷。

大跨径桥梁悬臂施工过程中,实际的混凝土强度、容重、弹性模量、收缩徐变等材料性能参数,温度、湿度等环境参数,以及施工进度、几何尺寸、预应力张拉等施工参数均与理想有限元模型存在差异,施工中的实际结构状态将会偏离预定目标,这种偏差严重时将严重影响结构线形和合龙,甚至影响结构的使用性能。为了使悬臂浇筑状态尽可能达到预定的目标,必须在施工过程中逐段进行跟踪控制和调整。

利用计算机程序实现信息反馈控制,是提高控制速度和精度的有效方法。信息反馈控制,将实际结构测量得出的结构的位移或内力状态,与理想有限元计算模型分析得到的结构状态进行对比,如果两者存在差别,就通过控制量反馈计算修正计算模型,使计算结构状态与实际结构状态吻合,再进行下一个工序的施工。

对悬臂浇筑施工中误差调整的实时跟踪和分析,包括以下几点:

①将施工中实际结构状态信息(如测量的高程、钢束张拉力、温度变化、截面应力)以及设计参数的实测值(如混凝土及钢材的重度和弹性模量、构件几何尺寸、施工荷载、混凝土的徐变系数等)输入计算机程序。

②通过对各种测量信息的综合处理,得到结构的误差。

③对成果进行判断,决定是否要采取有效措施来纠正已偏离目标的结构状态。纠正措施主要是调整浇筑梁段的高程。其他如改变预应力束的张拉次序、改变张拉力等,在不改变结构承受力的前提下也是可考虑的办法。

通过上述对每个节段反复循环的跟踪控制调整办法,使结构与预定目标始终控制在很小的误差范围内,最后合龙时,可达到理想目标。

5)合龙与结构体系转换

用悬臂施工法建造的连续梁、连续刚构桥,需在跨中将悬臂端刚性连接,整体合龙。结构的合龙施工顺序取决于设计方所拟定的施工方案。通常采用的合龙顺序有:边跨至中跨的顺序合龙;中跨至边跨的顺序合龙;先形成双悬臂刚构再顺序合龙。最常见的合龙方式为边跨至中跨的顺序合龙,以三跨连续梁为例,其施工顺序(图7-29)为:悬臂施工中间墩上梁段形成单T形结构,在支架上现浇边跨梁段,边跨合龙,然后中跨合龙形成整个结构体系。五跨连续梁则先边跨合龙,再次边跨合龙,最后中跨合龙。所以结构体系依次经历T构,边跨合龙形成单悬臂梁体系,次边跨合龙形成两跨连续梁外伸单悬臂体系,直至中跨合龙形成三跨连续梁体系。

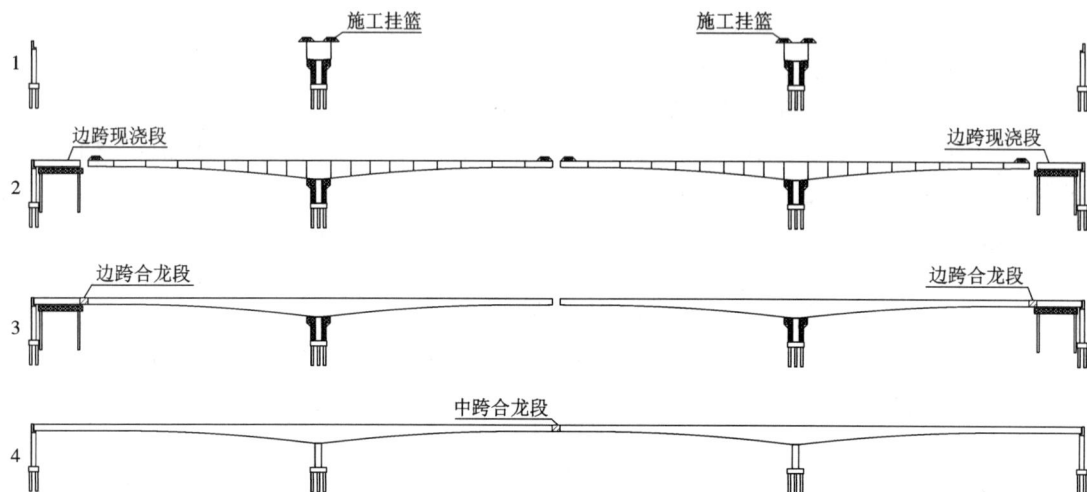

图7-29　三跨连续梁悬臂施工顺序示意图

在合龙段施工过程中,由于受到昼夜温差、现浇混凝土的早期收缩和水化热、已完成梁段混凝土的收缩徐变、结构体系的转换及施工荷载等因素的影响,因此,须采取必要措施保证合龙段的质量。

①合龙段长度选择。合龙段长度在满足施工操作要求的前提下,应尽量缩短,一般采用1.5~2.0 m。

②合龙段温度选择。一般宜在低温下合龙,遇夏季应在晚上合龙,并用草袋等覆盖,以加强接头混凝土养护,使混凝土在早期结硬过程中处于升温受压状态。

③合龙段混凝土选择。混凝土中宜加入减水剂、早强剂,以便及早达到设计要求的强度,及时张拉预应力筋,防止合龙段混凝土出现裂缝。

④合龙段采用临时锁定措施,采用劲性型钢或预制的混凝土柱安装在合龙段上下部做支撑,然后张拉部分预应力钢束,待合龙段混凝土达到要求强度后,张拉其余预应力筋,最后再拆除临时锁定装置。

⑤为保证合龙段施工时混凝土始终处于稳定状态,在浇筑之前各悬臂端应附加与混凝土质量相等的配重(或称压重),配重需依桥轴线对称施加,按浇筑重量分级卸载。如采用多跨一次合龙的施工方案,也应先在边跨合龙,同时需经大量计算,进行工艺设计和设备系统的优化组合。

(2)悬臂拼装施工

悬臂拼装的基本施工工序是:梁段预制、移位、堆放和运输,梁段起吊拼装和施加应力。

在悬臂拼装施工中，沿梁纵轴按起重能力划分适当长度的梁段，在工厂或桥位附近的预制场进行预制。

预制块件的长度取决于运输、吊装设备的能力，实践中已采用的块件长度为 1.4～6.0 m，块件重量为 14～170 t。但从桥跨结构和安装设备方面统一来考虑，块件的最佳尺寸应使重量在 35～60 t 范围内。预制块件要求尺寸准确，特别是拼装接缝要密贴，预留孔道的对接要顺畅。为此，通常采用间隔浇筑法来预制块件，使得先完成的块件的端面成为浇筑相邻块件时的端模。在预制好的块件上应精确测量各块件相对标高，在接缝处设置对准标志，以便拼装时易于控制块件位置，保证接缝密贴，外形准确。

用于悬臂拼装的机具种类很多，有移动式吊车、桁式吊、缆索起重机、汽车吊、浮吊等，移动桁式吊见图 7-30，汽车吊见图 7-31。移动桁式吊在悬臂拼装施工中使用较多，依梁的长度分为两类：第一类桁梁长度大于最大跨径，梁支撑在已拼装完成的梁段上和待悬臂拼装的墩顶上，由吊车在桁梁上移运梁段进行悬臂拼装；第二类桁式吊梁的长度大于两倍桥梁跨径，桁梁均支撑在桥墩上，而不增加梁的施工荷载。

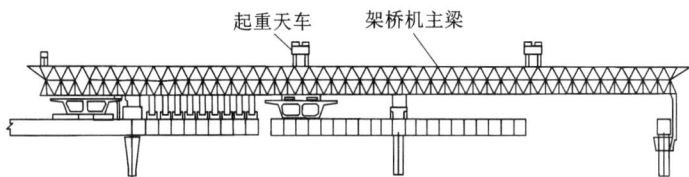

图 7-30　移动桁式吊悬臂拼装示意图

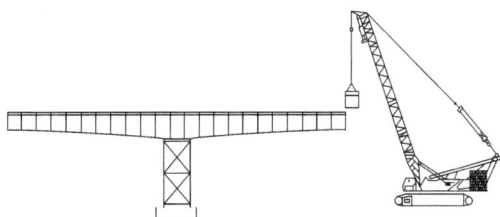

图 7-31　汽车吊悬臂拼装示意图

悬臂拼装施工将大跨径桥梁化整为零，预制和拼装方便，可以上、下部结构平行施工，拼装期短，施工速度快。同时，预制节段施工质量易控制，减小了结构的附加内力。但预制节段需要较大的场地，要求有一定的起重能力，拼装精度对大跨度桥梁要求很高。

4.逐孔施工

随着高速公路、城市高架道路、轻轨交通的建设，中小跨径的梁桥越来越多，逐孔施工法应用得越来越多。逐孔施工法是从桥梁一端开始，采用一套施工设备或可覆盖 1～2 孔的施工支架逐孔施工，周期循环，直到全部完成。它使施工单一标准化、工作周期化，并最大限度地减小了工费比例，降低了工程造价，自 20 世纪 50 年代末以来，在连续梁桥的施工中得到了广泛应用并持续发展完善。

逐孔施工法从施工技术方面可分为两种类型。

①预制节段逐孔组拼施工。它是将每一桥跨分成若干节段，在预制场生产。架设时采用临

时支承梁或移动支架(架桥机)承担组拼节段的自重,通过张拉预应力筋,使安装跨的梁与施工完成的桥梁结构按照设计要求连接,完成安装跨的架梁工作。随后,移动支承梁至下一桥跨。

②使用移动支架逐孔现浇施工。在新规范中此法称为移动模架逐孔施工法,它是在可移动的支架、模板上进行钢筋绑扎、混凝土浇筑,待混凝土达到足够强度后,张拉预应力筋,移动支架、模板,进行下一孔梁的施工。由于此法是在桥位上现浇施工,可免去大型运输和吊装设备,使桥梁整体性好,同时它又具有桥梁预制厂工业化生产的特点,可提高机械设备的利用率和生产效率。

(1)结构体系转换

由于采用逐孔施工法,随着施工的进行,桥梁结构的受力体系在不断地变化,导致结构内力也随之发生变化。

逐孔施工的体系转换有三种:由简支梁状态转换为连续状态,由悬臂梁转换为连续梁,以及由少跨连续梁逐孔延伸转换为所要求的体系等。在体系转换中,不同的转换途径将得到不同的结构内力叠加过程,而最终的恒载内力(包括混凝土的收缩、徐变内力重分布)将向着连续梁桥按照全联一次完成的恒载内力靠近。

如图7-32所示为简支-连续体系转换的施工方法。预制构件按简支梁配筋,安装时支承在墩顶两侧的临时支座上,待浇筑好接头混凝土并达到规定强度后就张拉承受墩顶负弯矩的预应力筋并将其锚固好,最后卸除临时支座,安上永久支座使结构转换成连续体系。采用此法施工时,鉴于连续作用只对简支预制梁连续后的小部分恒载以及活载有效,因此当跨径较大,预制梁自重占总荷载的比重显著增大时,这种方法不再适用。在实践中,此法适用的最大跨径为40~50 m。

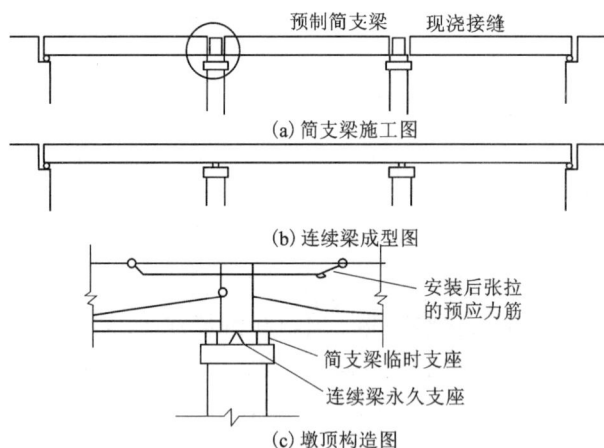

图7-32 简支-连续体系转换法

如图7-33所示为一座三跨连续梁桥的施工步骤。先将梁分成5段(2个边段,2个墩顶段和1个中央段)预制,为了安装梁段和浇筑接缝混凝土,在河中搭设了临时支架。在施工过程中简支的预制梁段如图7-33(a)和图7-33(b)所示,先连成单悬臂体系,如图7-33(c)所示,待安装好中央段,浇筑接缝并张拉部分预应力筋、拆除临时支架后,结构就转换成最终的连续体系,如图7-33(d)所示。用这种体系转换方式施工,由于最后从单悬臂梁转换成连续梁使施工与使用阶段的受力方向接近一致，即在静载条件下利用中间支点较大的负弯矩减小了跨中正弯矩，因而能充分发挥连续梁的特点，有效地利用材料。

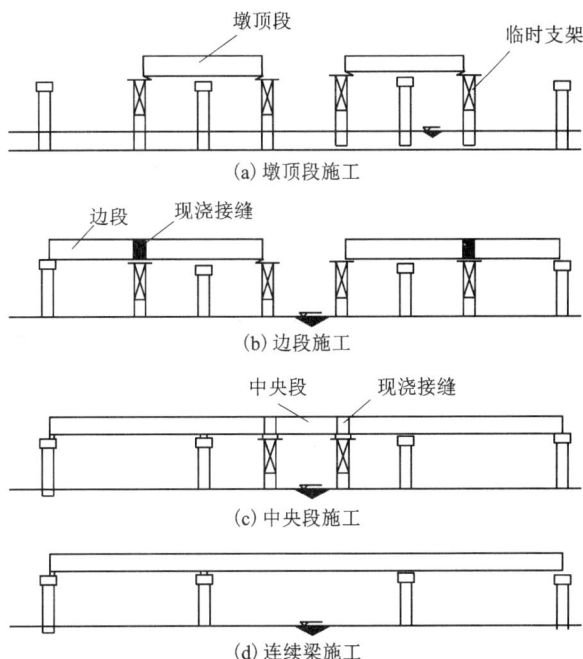

图 7-33　简支-单悬臂-连续施工法

上述连续梁如果在安装墩顶段后先安装中央段，然后再安装边段，则最后将从双悬臂梁转换成连续梁。在此情况下，最终的静载弯矩值略有不同，即边跨和中跨的跨中弯矩稍微减小，而中间支点的负弯矩略有增加。

对于跨径不太大的连续梁，如果起重能力足够，也可直接预制成单悬臂梁的安装构件进行架设，还可将悬臂端做成临时牛腿来支承中央段，这样就不需要设置临时支架。

（2）移动模架逐孔施工法

移动模架逐孔施工法，是近年来以现浇预应力混凝土桥梁快速化施工为目的发展起来的，其基本构思是：将机械化的支架和模板支承（或悬吊）在长度稍大于两跨、前端作导梁用的承载梁上，然后在桥跨内进行现浇施工，待混凝土达到一定强度后就脱模，并将整孔模架沿导梁前移至下一浇筑桥孔，如此有节奏地逐孔推进直至全桥施工完毕。此法适用于跨径为20~50 m 的等跨和等高度连续梁桥施工，平均推进速度约为每昼夜 3 m。鉴于整套施工设备需要较大投资，故所建桥梁孔数越多、桥越长、模架周转次数越多，经济效益就越好。采用此法施工时，通常将现浇梁段的起讫点设在连续梁弯矩最小的截面处（约为由支点向前 5~6 m 处），预应力筋锚固在浇筑缝处，在浇筑下一孔梁段前再用连接器将预应力筋接长。

如图 7-34 所示为支承式移动模架逐孔施工的推进图和构造简图。整套施工设备由承载梁（其前端为导梁）、模架梁、模架、前端横梁和支承平车、后端横梁和悬吊平车以及模架梁支承托架等组成。梁的外模架设置在承载梁和模架梁上。前端横梁和支承平车在导梁上行走，后端横梁和悬吊平车在已完成的梁上行走。浇筑混凝土时混凝土、模板及施工荷载由承载梁和模架梁承担[图7-34(a)]；待混凝土达到强度后并完成预应力张拉后进行脱模，并由前端支承平车和后端悬吊平台一起带动模架梁(连同模架)前移至下一个浇筑孔[图7-34(b)]；模架梁就位后，用设置在模架梁上的托架将模架梁临时支承在桥墩两侧，用牵引绞车将导梁移至前孔并使承载梁就位，最后松去托架，使前端平车承重并固定位置后，进行新的浇筑循环[图7-34(c)]。

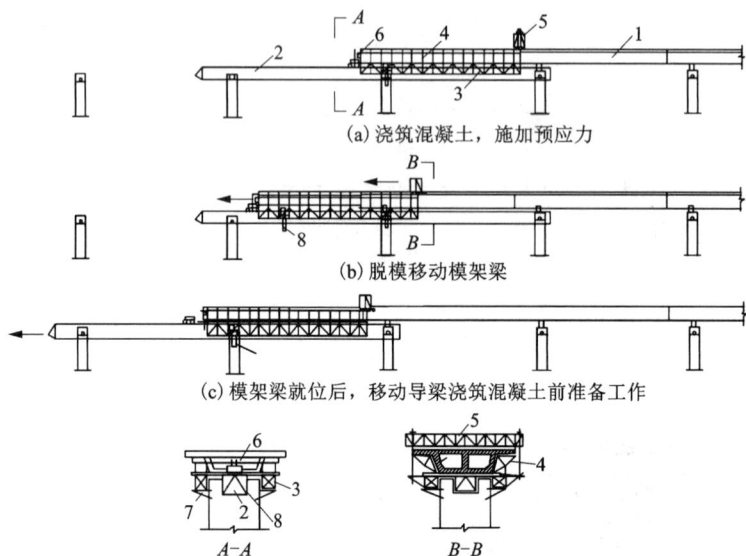

(a) 浇筑混凝土，施加预应力

(b) 脱模移动模架梁

(c) 模架梁就位后，移动导梁浇筑混凝土前准备工作

A-A   B-B

1—已完成的梁；2—承载梁(含导梁)；3—模架梁；4—模架；5—后端横梁和悬吊平车；
6—前端横梁和支承平车；7—模架梁支承托架；8—墩台预留槽。

图7-34 支承式移动模架逐孔施工法

支承式移动模架特别适用于有柱式墩的场合，在此情况下，移动模架时模架梁可利用足够的空间前移而不需要增加拆、拼工序。当采用支承式装置有困难时，也可以用悬吊式移动模架来施工，此时承载梁与导梁设置在桥梁顶部上方，将模架梁和模架悬吊在承载梁上进行浇筑制梁。

综合以上所述，可见此法具有以下特点：

①完全不需要设置地面支架，施工不受河流、道路、桥下净空和地基等因素的影响。

②机械化程度高，劳动力少，质量好，施工速度快，而且安全可靠。

③只要下部结构稍提前施工，之后上下部结构可同时平行施工，可缩短工期。而且施工从一端推进，梁一建成就可用作运输便道。

④模板支架周转率高，工程规模愈大，经济效益愈好。

显然，这种施工方法所用的整套装置，设备投资较大，准备工作较复杂，要求施工人员具有较熟练的操作技术。

5.顶推施工

预应力混凝土连续梁顶推法施工的构思，源于钢桥架设中普遍采用的纵向拖拉法。但由于混凝土结构自重大，滑道设备过于庞大，而且配置以承受施工过程中交替出现的正负弯矩的预应力筋具有较大难度,因而这种方法未能较早实现应用。随着预应力混凝土技术的发展和高强低摩阻滑道材料(聚四氟乙烯塑料)的问世,至 20 世纪 60 年代初,联邦德国(又称西德)首先用此法架设预应力混凝土桥梁并获得成功。目前,顶推法施工已成为架设连续梁桥的先进工艺,在世界各国得到了广泛的应用。

顶推法施工工序为:在桥台后面的引道上或在刚性好的临时支架上设置制梁场,集中制作(现浇或预制装配)一般为等高度的箱形梁段(10~30 m 一段),待制成 2~3 段后,在上、下翼板内施加能承受施工中变号内力的预应力,然后用水平千斤顶等顶推设备将支承在四氟滑板与不锈钢板滑道上的箱梁向前推移,推出一段再接长一段,这样周期性地反复操作直至最终位置,进而调整预应力(通常是卸除支点区段底部和跨中区段顶部的部分预应力筋,并且增加和张拉一部分支点区段顶部和跨中区段底部的预应力筋),使结构满足后加恒载和活载内力的需要,最后,将滑道支承移置成永久支座,至此施工完毕。连续梁顶推法施工如图 7-35 所示。由于四氟滑板与不锈钢板间的摩擦系数为 0.02~0.05,故即使梁重达到 10000 t,也只需 500 t 以下的力即可推出。

顶推法施工又可分为单向顶推和双向顶推和单点顶推等。单向单点顶推的顶推设备只需设在一岸桥台处,在顶推中为了减小悬臂负弯矩,一般要在梁的前端安装一节长度为顶推跨径 0.6~0.7 倍的钢导梁,导梁应自重轻刚度大。单向顶推最宜于建造跨度为 40~60 m 的多跨连续梁桥,当跨度更大时,就需在桥墩间设置临时支墩。

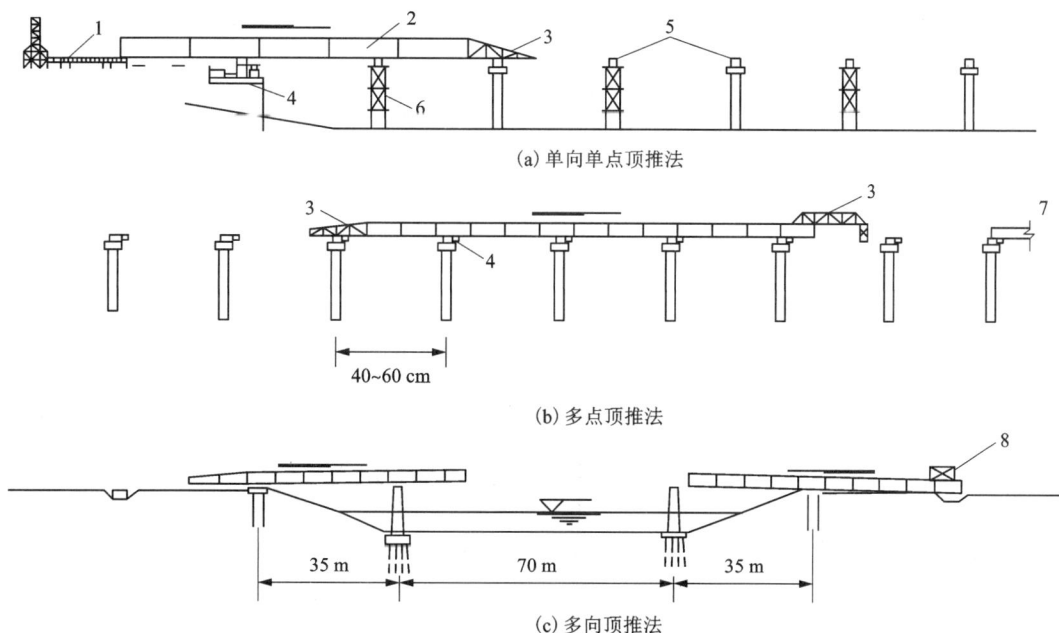

(a) 单向单点顶推法

(b) 多点顶推法

(c) 多向顶推法

1—制梁场;2—梁段;3—导梁;4—千斤顶装置;5—滑道支承;6—临时墩;7—已架完的梁;8—平衡重。

图 7-35　连续梁顶推法施工示意图

对于特别长的多联多跨桥梁,也可以应用多点顶推的方式使每联单独顶推就位。在此情况下,在墩顶均可设置顶推装置,且梁的前后端都应安装导梁。顶推施工中采用的主要设备是千斤顶和滑道。

根据不同的传力方式，顶推工艺分为水平-竖向千斤顶顶推和拉杆式千斤顶顶推两种。

水平-竖向千斤顶顶推装置设置在桥台上，用竖向千斤顶(竖顶)将梁顶起后，启动水平千斤顶推动竖顶，由于竖向千斤顶与梁底间橡胶垫板(或粗齿垫板)的摩擦力显著大于竖顶与桥台间滑板的摩擦力，因此就能将梁向前推动。一个行程推完后，降下竖顶使梁落在支承垫板上，水平千斤顶退回，然后又重复上一循环将梁推进，如图7-36所示。

拉杆式千斤顶顶推装置的顶推工艺为：水平千斤顶(水平顶)通过传力架固定在桥墩(台)顶部靠近主梁的外侧，装配式的拉杆用连接器接长后与埋固在箱梁腹板上的锚固器相联结，驱动水平千斤顶后活塞杆牵引拉杆，使梁借助梁底滑板装置向前滑移，水平顶每走完一个行程，就卸下一节拉杆，然后水平顶回油使活塞杆退回，再连接拉杆并进行下一顶推循环，如图7-37(a)所示;也可以用穿心式水平千斤顶来拉梁前进，如图7-37(b)所示。在此情况下，拉杆的一端固定在梁的锚固器上，另一端穿过水平顶后用夹具锚固在活塞杆尾端，水平顶每走完一个行程，松去夹具，活塞杆退回，然后重新用夹具锚固拉杆并进行下一顶推循环。采用拉杆式千斤顶顶推装置的主要优点是在顶推过程中不需要用竖顶进行反复顶梁和落梁的工序，这就简化了操作并加快了推进速度。

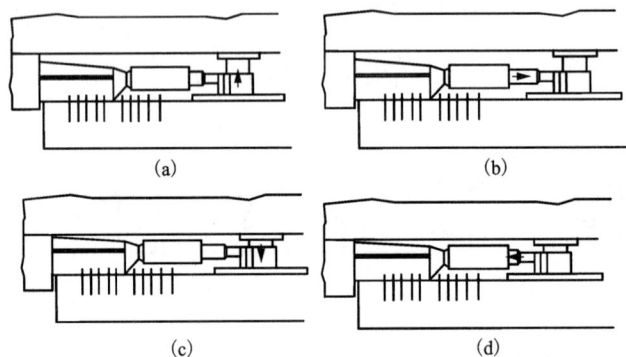

图7-36 水平-竖向千斤顶顶推法

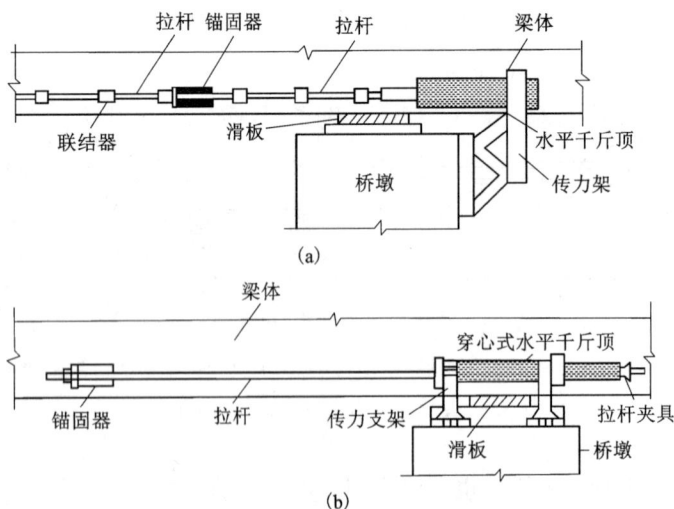

图7-37 拉杆式千斤顶顶推法

综上所述，预应力混凝土连续梁顶推法施工具有如下特点：

①梁段集中在桥台后机械化程度较高的小型预制场内制作，占用场地小，不受气候影响，施工质量易保证。

②用现浇法制作梁段时，非预应力钢筋连续通过接缝，结构整体性好。

③顶推设备简单，不需要大型起重机械就能无支架建造大跨径连续梁桥，桥越长，经济效益越好。

④施工平稳、安全、无噪声，需用劳动力少，劳动强度低。

⑤施工是周期性重复作业，操作技术易于熟练掌握，施工管理方便，工程进度易于控制。

采用顶推法施工的不足之处是：一般采用等高度连续梁，会增加结构耗用材料的数量，梁高较高，会增加桥头引道土方量，且不利于美观。此外，顶推法施工的连续梁跨度也受到一定的限制。

7.2.3 拱桥上部结构施工

拱桥的类型多样，构造各异，但最基本的组成仍为基础、桥墩台、拱圈及拱上建筑。其中主拱圈是拱桥的重要承重结构。拱桥可按以下方式分类：

①按使用的材料，可分为圬工(砖、石、混凝土)拱桥、钢筋混凝土拱桥、木拱桥、钢管混凝土拱桥及钢拱桥；

②按拱上建筑的形式，可分为实腹式拱桥、空腹式拱桥；

③按主拱圈的拱轴线形式，可分为圆弧拱、抛物线拱和悬链线拱；

④按桥面与主拱圈的相对位置，可分为上承式拱桥、中承式拱桥、下承式拱桥；

⑤按主拱圈的截面形式，可分为实心板拱、空心板拱、肋拱、箱拱、双曲拱；

⑥按静力体系，可分为无铰拱、两铰拱、三铰拱；

⑦按组合体系拱中的主拱圈与系梁刚度比，可分为刚拱柔梁拱桥、刚梁柔拱拱桥、刚梁刚拱拱桥等。

当桥梁结构上作用有荷载时，荷载通过桥面系传递至拱上建筑或吊杆，再通过主拱圈传递到桥墩台和基础。

总体上，混凝土拱桥的施工可以分为有支架施工和无支架施工两大类，各施工方法如图 7-38 所示。

与梁式桥结构的受力性能不同的是，无论是三铰拱，还是两铰拱和无铰拱，在竖向荷载作用下，支座处不仅产生竖向反力，而且还产生水平推力。随着矢跨比的减小，拱的水平推力增大，反之则推力减小。拱的水平推力加大了主拱圈内的轴向压力，大大减小了跨中弯矩，使主拱截面的材料强度得到充分发挥，跨越能力增强。拱的受力状态既与作用于拱结构的荷载分布密切相关，又与拱轴线形密切相关。在一般的拱轴线形下，拱上荷载保持对称和均衡，主拱圈弯矩就小，拱圈受力更趋向于承受轴压力；拱上荷载不对称或不均衡，均会增大拱的弯矩。所以，施工过程中，保持拱上荷载的对称和均衡尤其重要。

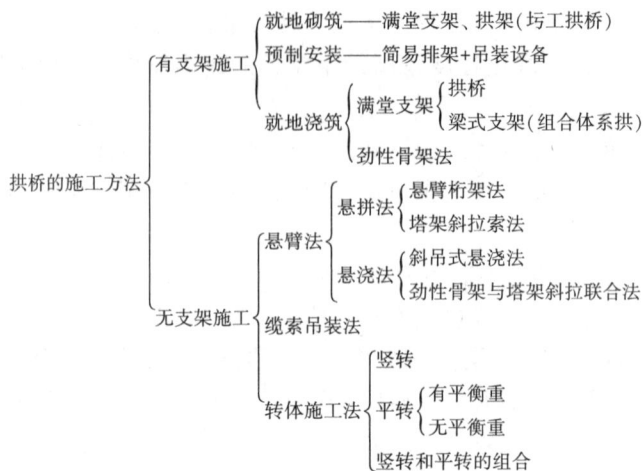

图 7-38　拱桥的施工方法

1.拱桥的有支架施工

（1）拱架

拱桥施工支架称为拱架，拱架按结构分为支柱式、撑架式、扇形桁式、组合式拱架等；按材料分为木拱架、钢拱架、竹拱架和土牛拱胎。其施工方法分为有支架与无支架两大类。

①支柱式木拱架[图7-39（a）]。其支柱间距小，结构简单且稳定性好，适合在干岸河滩和流速小、不受洪水威胁、无通航要求的河道上使用。

②撑架式木拱架[图7-39（b）]。其构造较为复杂，但支点间距较大，在跨径较大且桥墩较高时，可节省木材并可适应通航。

③扇形拱架[图7-39（c）]。它是在桥中的一个基础上设置斜杆，并用横木连成整体的扇形拱架，用以支承砌筑的施工荷载。扇形拱架比撑架式拱架更加复杂，但支点间距比撑架式拱架更大些，尤其适合在拱度很大时采用。

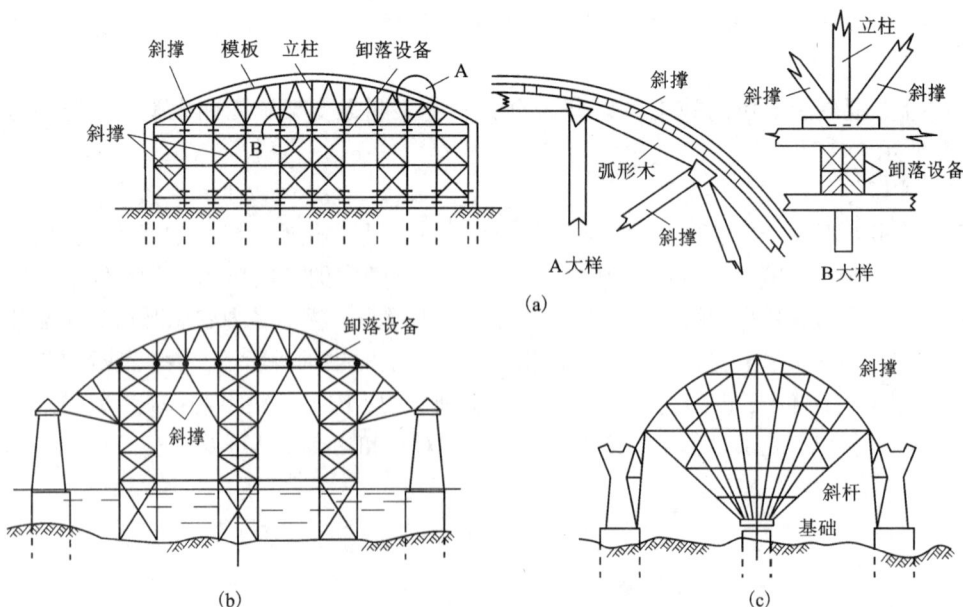

图 7-39　常用的木、钢拱架构造图

④钢木组合拱架。它是在木支架上用钢梁代替木斜梁,可以加大支架的间距,减少材料用量。在钢梁上可设置变高的横木形成拱度,并用以支承模板;也可用钢桁梁或贝雷梁与钢管脚手架组拼成钢组合拱架。

⑤钢桁式拱架。通常用常备拼装式桁架拼成拱形拱架,即钢桁式拱架由标准节段、拱顶段、拱脚段和连接杆等以钢销或螺栓连接而成(图 7-40)。为使拱架适应施工荷载产生的变形,一般拱架采用三铰拱。拱架在横向上可由若干组拱片组成,拱片数量依桥梁跨径、荷载大小和桥宽而定,各组间用横向连接器连成整体。

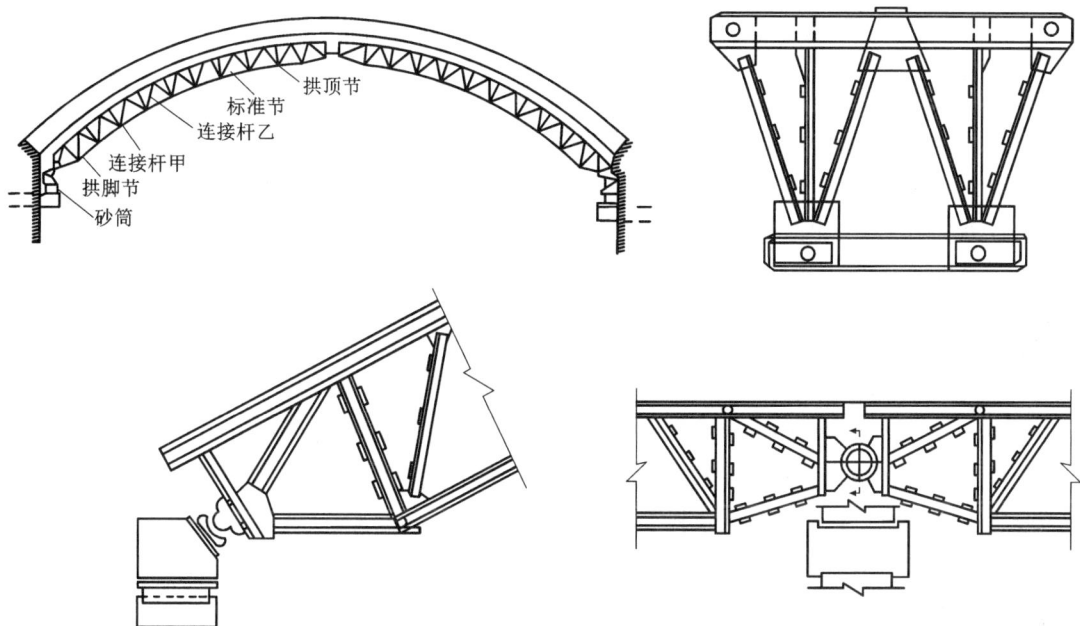

图 7-40　常备拼装式桁架型拱架构造图

(2)预拱度设置

对于拱式结构,预拱度的设置比梁式桥更为重要,这是由于拱桥的拱轴线变化将大大影响结构的受力性能,故需予以高度重视。

拱桥施工时,拱架的预拱度主要考虑以下几方面:拱圈自重产生的拱顶弹性下沉;拱圈由于温度降低和混凝土收缩产生的拱顶弹性下沉;墩台水平位移产生的拱顶下沉;拱架在承重后的弹性及非弹性变形;拱架基础受载后的非弹性压缩;梁式及拱式拱架的跨中挠度。

拱架在拱顶处的总预拱度,可根据实际情况进行组合计算。设置预拱度时,拱顶处应按总预拱度设置,拱脚处为 0,其余各点可按拱轴线坐标高度比例或按二次抛物线分配。按二次抛物线分配时的计算方法可参考下列公式和图 7-41。

$$\delta_x = \delta\left(1 - \frac{4x^2}{L^2}\right) \tag{7-1}$$

式中:δ_x 为任意点(距离为 x)的预加高度;δ 为拱顶总预拱度;L 为拱圈计算跨径;x 为跨中至任意点的水平距离。

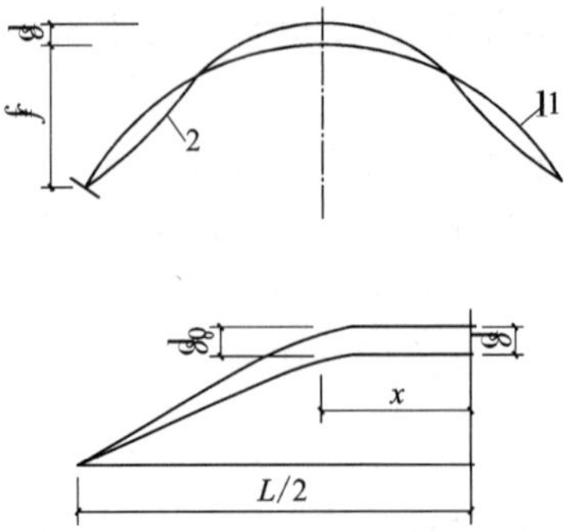

1—设计拱轴线；2—施工拱轴线。

图 7-41　拱桥施工的预拱度设置方式

（3）拱桥主拱圈的砌筑施工

在支架上砌筑或就地浇筑施工的上承式拱桥施工一般分 3 个阶段进行。第一阶段施工拱圈或拱肋混凝土；第二阶段施工拱上建筑；第三阶段施工桥面系。

在拱架上砌筑的拱桥主要是石拱桥和混凝土预制块拱桥。

1）拱圈放样与备料。

石拱桥的拱石要按照拱圈的设计尺寸进行加工。为了合理划分拱石，保证结构尺寸准确，传统方法是在样台上将拱圈按 1∶1 的比例放出大样，然后用木板或镀锌铁皮在样台上按分块大小制成样板，进行编号，以利于加工，现在则借助 Auto CAD 或 BIM 软件进行二维或三维建模，可以精确确定拱石尺寸。

2）拱圈的砌筑

①连续砌筑。

若跨径小于 16 m，当采用满布式拱架施工时，可以从两拱脚同时向拱顶一次按顺序砌筑，在拱顶合龙；防止跨径小于 10 m，当采用拱式拱架时，应在砌筑拱脚的同时，预压拱顶以及拱跨 1/4 部位。

预加压力砌筑是在砌筑前在拱架上预压一定重量，以防止或减少拱架弹性和非弹性下沉的砌筑方法。它可以有效地防止拱圈产生不正常的变形和开裂。预压物可采用拱石，随撤随砌，也可采用砂袋等其他材料。

砌筑拱圈时，常在拱顶预留一龙口，最后在拱顶合龙。为防止拱圈因温度变化而产生过大的附加应力，拱圈合龙应在设计要求的温度范围内进行。设计无规定时，宜选择在气温 10～15 ℃时进行。刹尖封顶应在拱圈砌缝砂浆强度达到设计规定强度后进行。

②分段砌筑。

对跨径在 16～25 m 之间的拱桥采用满布式拱架施工，或对跨径在 10～25 m 之间的拱桥采用拱式拱架施工时，可采用半跨分成 3 段的分段对称砌筑方法，如图 7-42 所示。

分段砌筑时，各段间可留空缝，空缝宽 3～4 cm。在空缝处砌石要规则，为保持砌筑过程中不改变空缝形状和尺寸，同时也为拱石传力，空缝可用铁条或水泥砂浆预制块作为垫块，待各段拱石砌完后填塞空缝。填塞空缝应在两半跨对称进行，各空缝同时填塞，或从拱脚依

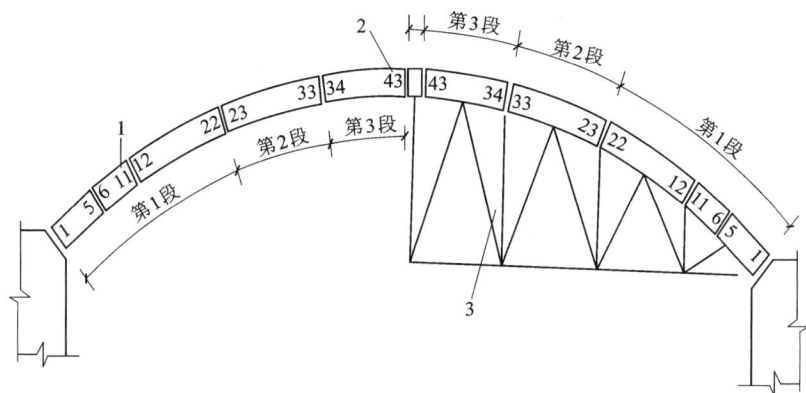

1—预留空缝；2—拱顶尖石；3—拱架。

图 7-42　拱圈的分段砌筑

次向拱顶填塞。由于用砂浆夯填空缝可使拱圈拱起，故此法宜在小跨径拱中使用。当采用砂浆填塞空缝使拱合龙时，应注意选择最后填塞空缝的合龙温度。为加快施工，并使拱架受力均匀，各段亦可交叉、平行砌筑。

砌筑大跨径拱圈时，在拱脚至 $L/4$ 段，当其倾斜角大于拱石与模板间的摩擦角时，拱段下端必须设置端模板并用撑木支承(称为闭合楔)。闭合楔应设置在拱架挠度转折点处，宽约 1.0 m。砌筑闭合楔时，需拆除支撑，一般分 2~3 次进行，先拆一部分，随即用拱石填砌，一般先在桥宽的中部填砌，然后再拆第二部分。每次拆闭合楔支撑必须在前一部分填砌的圬工砌缝砂浆充分凝固后进行。

③分环分段砌筑。

对于较大跨径的拱桥，当拱圈较厚、由 3 层以上拱石组成时，可将拱圈分成几环砌筑，砌一环合龙一环。当下环砌筑完并养护数日后，待砌缝砂浆达到一定强度时，再砌筑上环。上下拱石间应犬牙交错，每环可分段砌筑。当跨径大于 25 m 时，每段长度一般不超过 8 m，段间可设置空缝或闭合楔。对于分段较多和分环砌筑的拱圈，为使拱架受力对称、均匀，可在拱跨的两个 1/4 处或在几处同时砌筑合龙。

④多跨连拱的砌筑。

进行多跨连拱的拱圈砌筑时，应考虑与邻孔施工的对称均匀，以免桥墩承受过大的单向推力。因此，当采用拱式拱架时，应适当安排各孔的砌筑程序；当采用满布式支架时，应适当安排各孔拱架的卸落程序。

(4)拱桥主拱圈的就地浇筑施工

在支架上就地浇筑的拱桥的施工同拱桥的砌筑施工基本相同。即依次浇筑主拱圈或拱肋混凝土，浇筑拱上立柱、连系梁及横梁等，浇筑桥面系。在施工时还需注意的是，后一阶段混凝土浇筑应在前一阶段混凝土强度达到设计要求后进行。拱圈或拱肋的施工拱架，可在拱圈混凝土强度达到设计强度的 85% 以上时，在拱上建筑施工前拆除，但应对拆架后的拱圈进行稳定性验算。

> **AI 微课**
> 拱桥主拱圈的就地浇筑施工方法

在浇筑主拱圈混凝土时，立柱的底座应与拱圈或拱肋同时浇筑，钢筋混凝土拱桥应预留

与立柱的联系钢筋。

主拱圈混凝土的浇筑方法同砌筑施工，如可分为连续浇筑法、分段浇筑法和分环分段浇筑法。施工方案主要根据桥梁跨径而定。

①连续浇筑。跨径在 16 m 以下的混凝土拱圈或拱肋，主拱高度较小，全桥的混凝土数量也较少，因此主拱可以从两拱脚开始对称向拱顶方向浇筑混凝土，其间最先浇筑的混凝土虽然有部分可能因自身荷载而随着拱架的下沉而下沉，但仍具有可塑性，不致使拱圈或拱肋开裂。如果预计浇筑因混凝土数量多而不能在限定时间内完成，则需在两拱脚处留出间隔缝，于最后浇筑成拱。

②分段浇筑。跨径在 16 m 以上的混凝土拱圈或拱肋，为避免先浇筑的混凝土因拱架的下沉而开裂，并为减小混凝土的收缩力，而沿拱跨方向分段浇筑，各段之间留有间隔槽。这样，在拱架下沉时，拱圈各节段有相对活动的余地，从而避免拱圈开裂。

拱段的长度一般取 6~15 m，划分拱段时应使拱顶两侧保持对称、均匀。间隔槽宽 0.5~1 m，一般宜设在拱架受力的反弯点、拱架节点处，以及拱顶或拱脚处。如在间隔槽内需要钢筋接头，其宽度尚应满足钢筋接头的需要。拱段的浇筑程序应符合设计规定，在拱顶两侧对称进行，以使拱架变形保持均匀且最小。

间隔槽浇筑应在拱圈各段混凝土浇筑完成，且强度达到设计强度等级的 85% 以上后进行，浇筑的顺序可从拱脚向拱顶对称进行，在拱顶浇筑间隔槽使拱合龙。拱的合龙温度应符合设计要求，一般应选择在夜间气温较为稳定的时段进行。为加速施工进程，间隔槽混凝土可采用比拱圈混凝土高一级的半干硬性混凝土。

③分环分段多工作面浇筑。对于大跨径钢筋混凝土拱圈，为减轻拱架负荷，通过计算可采用分环分段浇筑混凝土的方法，即将拱圈按高度分成二环或三环，先分段多工作面浇筑下环混凝土，分环合龙，再浇筑上环混凝土。分环浇筑的施工时间较长，但下环混凝土在达到设计强度后，与拱架共同承担上环浇筑混凝土的重量，可节省拱架。分环分段多工作面浇筑也可采取先分环分段浇筑，最后一次合龙的方式。上下环间隔槽互相对应、贯通，一般宽度取 2 m 左右，有钢筋接头的槽宽可取 4 m 左右。按这样的浇筑程序，仅减少每次浇筑的混凝土数量，而拱架必须按全部主拱圈的自重设计。

(5)拱上建筑施工

当主拱圈达到一定设计强度后，即可进行拱上建筑的施工。拱上建筑的施工，应对称均衡地进行，避免使主拱圈产生过大的不均匀变形。

实腹式拱上建筑，应从拱脚向拱顶对称地进行，当侧墙砌完后，再填筑拱腹填料。空腹式拱一般是在腹拱墩或立柱完成后，卸落主拱圈的拱架，然后对称均衡地进行腹拱或横梁、连系梁以及桥面的施工。较大跨径拱桥的拱上建筑砌筑程序，应按设计文件规定进行。

(6)拱架卸落

当大跨径拱桥采用拱架就地砌筑、浇筑施工方法时，卸落拱架的工作相当关键。拱架在拱圈达到一定强度后方可拆除。为了使拱架所支承的拱圈重力能逐渐转给拱圈自身来承受，拱架不能突然卸除，而应按一定的程序进行。为保证拱架能按设计要求均匀下落，必须采用专门的卸架设备。对于大跨径拱桥，常用的卸架设备有砂筒和千斤顶。

砂筒：砂筒一般用钢板制成，筒内装有用以烘干的砂子，上部插入活塞（木制或混凝土制），如图 7-43 所示。卸落是靠砂子从筒的下部预留的泄砂孔流出，因此要求筒内的砂子干燥、均匀、清洁。砂筒与活塞间用沥青填塞,以免砂子受潮而不易流出。控制砂子泄出量即可控制拱架卸落高度,这样就能通过泄砂孔的开与关,分数次进行卸架,并能使拱架均匀下降而不受振动。

千斤顶:采用千斤顶拆除拱架常与拱圈调整内力同时进行。一般在拱顶预留放置千斤顶的缺口,千斤顶用来消除混凝土的收缩、徐变以及弹性压缩的内力和使拱圈脱离拱架。

图 7-43 砂筒

2. 劲性骨架浇筑施工

劲性骨架施工法(也称米兰法或埋置式拱架法)是将先安装的拱形劲性钢桁架(骨架)作为拱圈的施工支架,并将劲性骨架各片竖、横桁架包以混凝土,形成拱圈整个截面构造的施工方法。劲性骨架不仅在施工中起到支架作用,同时,它又是主拱圈结构的组成部分。劲性骨架法是修建特大跨度混凝土拱桥的主要方法,近年来,因采用高强、经济的钢管混凝土作为骨架材料,这一方法得到了更广泛的应用。2024 年建成通车的广西天峨龙滩特大桥(主跨 600 m,图 7-44)、重庆万州长江大桥(主跨 420 m)等特大跨混凝土拱桥均采用这种施工方法。

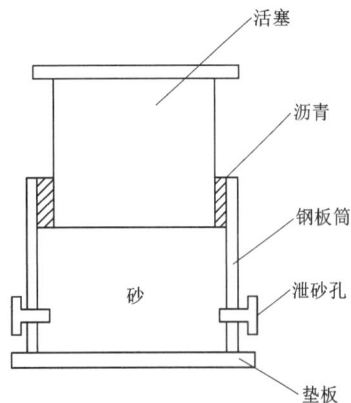

(a)劲性骨架法浇筑施工中

(b)建成后

图 7-44 天峨龙滩特大桥

3. 无支架缆索吊装施工

在峡谷或水深流急的河段上,或在有通航要求的河流上,缆索吊装由于具有跨越能力大、水平和垂直运输机动灵活、适应性广、施工较稳妥方便等优点,在拱桥施工中被广泛采用。

采用缆索吊装施工的装配式钢筋混凝土肋拱桥的施工工序为:在预制场预制拱肋(箱)和拱上结构;将预制拱肋和拱上结构通过平车等运输设备移运至缆索吊装位置;将分段预制的拱肋吊运至安装位置,利用扣索对分段拱肋进行临时固定;吊运合龙段拱肋,对各段拱肋进行轴线调整,主拱圈合龙;拱上结构施工。

拱桥缆索吊装系统是由主索、天线滑车、起重索、牵引索、起重及牵引绞车、主索锚、塔架、风缆、扣索、扣索排架、扣索地锚、扣索绞车等主要部件组成(图7-45)。

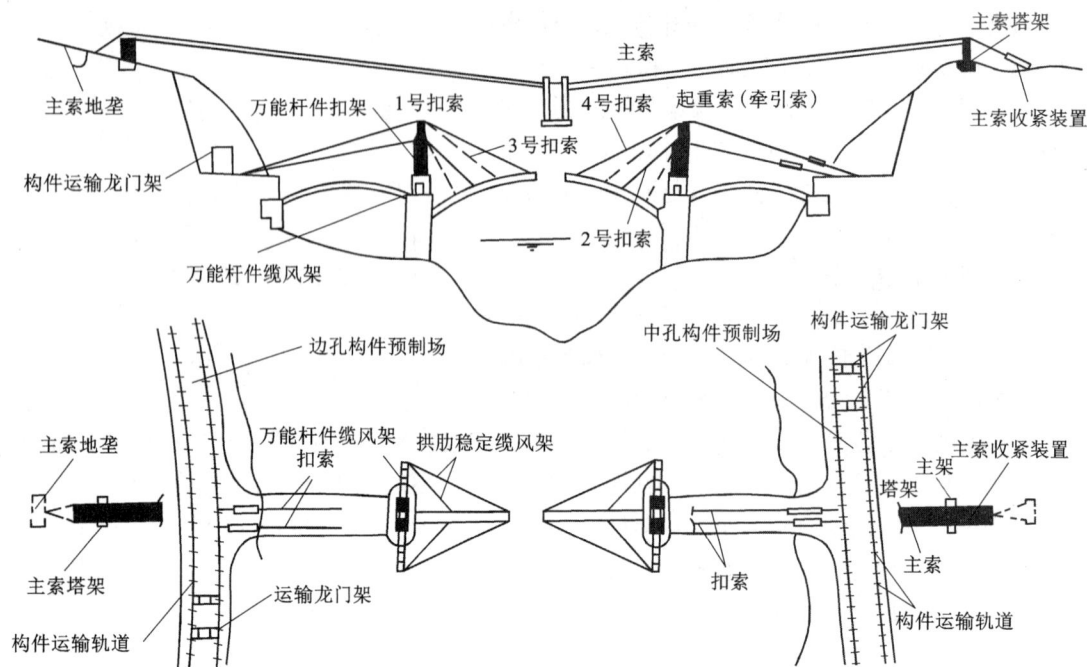

图7-45 缆索吊装系统

下面着重讨论拱肋的安装与合龙。

(1)拱肋的安装

在合理安排拱肋的吊装顺序方面,需遵循下列原则:

①单孔桥跨,常由拱肋合龙的横向稳定方案决定吊装拱肋的顺序。

②多孔桥跨,应尽可能在每孔内多合龙几片拱肋后再推进,一般不少于两片拱肋。但合龙的拱肋片数应按照其所产生的水平推力不会导致桥墩的强度和稳定性超出允许值控制。

③对于高桥墩,还应以桥墩的墩顶位移值来控制单向推力。

④对设有制动墩的桥跨,可以以制动墩为界分孔吊装,先合龙的拱肋可提前进行拱肋接头、横系梁等的安装工作。

⑤采用缆索吊装时,为便于拱肋的起吊,对应拱肋起吊位置的桥孔,一般安排在最后吊装;必要时,该孔最后几根拱肋可在两肋之间用"穿孔"的方法起吊。采用缆索吊装时,为减少主索的横向移动次数,可将每个主索位置下的拱肋全部吊装完毕后再移动主索。

⑥为减少扣索往返拖拉次数,可按吊装推进方向顺序进行吊装。拱肋安装的一般顺序为:边段拱肋吊装及悬挂;次边段拱肋吊装及悬挂;中段拱肋吊装及拱肋合龙。在边段、次边段拱肋吊运就位后,需施加扣索进行临时固定。

扣索有"天扣""塔扣""通扣"及"墩扣"等类型,可根据具体情况选用,也可组合采用。

(2)拱肋的合龙

拱肋的合龙方式有单基肋合龙、悬挂多段边段或次边段拱肋后单肋合龙、双基肋合龙、留索单肋合龙等。当拱肋跨度大于 80 m 或横向稳定安全系数小于 4 时，应采用双基肋合龙松索成拱的方式，即当第一根拱肋合龙并校正拱轴线，楔紧拱肋接头缝后，稍松扣索和起重索，压紧接头缝，但不卸掉扣索，待第二根拱肋合龙并将两根拱肋横向连接、固定和拉好风缆后，再同时松卸两根拱肋的扣索和起重索。

拱肋合龙后的松索过程必须注意下列事项：松索前应校正拱轴线及各接头高程，使之符合要求；每次松索均应采用仪器观测，控制各接头高程，防止拱肋各接头高程发生非对称变形而导致拱肋失稳或开裂；松索应按照拱脚段扣索、次段扣索、起重索的先后顺序进行，并按比例定长、对称、均匀松卸；每次松索量宜小，各接头高程变化不宜超过 1 cm。松索至扣索和起重索基本不受力时，用钢板嵌塞接头缝隙，压紧接头缝，拧紧接头螺栓，同时，用风缆调整拱肋轴线。调整拱肋轴线时，除观测各接头高程外，还应测量拱顶及 1/8 跨点处的高程，使其在允许偏差范围之内；待接头处部件电焊后，方可松索成拱。

拱上结构安装时需遵循的原则与无支架拱桥施工相同。

（3）稳定措施

对于采用缆索吊装施工的拱桥，为保证拱肋有足够的横、纵向稳定性，除要满足计算要求外，在构造、施工上都必须采取一些稳定措施。

一般的横向稳定措施为设置拱肋稳定缆风和在拱肋之间设置横向联系装置。

横向稳定缆风的主要作用在于：在拱肋吊装中用以调整和控制拱肋中心线；在拱肋合龙时可用以约束各个接头的横向偏移；在拱肋成拱后，用以减小拱肋的自由长度，增大拱肋的横向稳定；当拱肋在外力作用下产生位移时，也可起到约束作用。

当设计选择的拱肋宽度小于单肋合龙所需要的最小宽度时，为满足拱肋横向稳定的要求，可采用双基肋合龙或多基肋合龙的方式。对于跨径较大的拱桥，尤其宜采用双基肋或多基肋合龙。基肋与基肋之间必须紧随拱肋的拼装及时连接（或临时连接）。拱肋横向联系构件通常有木夹板、木剪刀撑、钢筋拉杆、钢横梁等。

在拱轴系数过大、拱肋截面尺寸较小、刚度不足等个别情况下，有时需采用加强拱肋纵向稳定的施工措施。如当拱肋接头处可能发生上拱变形时，可在接头下方设置下拉索以控制变形；当拱肋截面尺寸较小、刚度不足时，可在拱肋底弧等分点上用钢丝绳进行多点张拉。

智慧启思

赵州桥的"敞肩拱"——古代桥梁施工的力学革命

认知拓展

实践创新

思考题

1. 请结合第 4 章内容，分析重力式墩台混凝土浇筑有哪些技术要点和注意事项。

2. 请分析高桥墩采用滑升模板、爬升模板和翻升模板施工各有哪些特点。

3. 简述混凝土桥墩节段装配的连接方式。

4. 钢筋锥套-现浇连接方式的特点是什么？为什么它适用于预制构件的连接，而不是锥螺纹或直螺纹钢筋接头？

5. 简述钢筋灌浆套筒连接方式的优缺点。

6. 就地浇筑混凝土梁桥上部结构的常用支架有哪几种？分别适用于什么情况？

7. 混凝土梁桥上部结构的预制安装方法有哪几种？

8. 简述悬臂施工法的分类及其各自的特点。

9. 悬臂施工连续梁桥时，为什么要设临时固结和支承措施？

10. 挂篮在连续梁施工中起什么作用？一般挂篮由哪些主要部分组成？

参考答案

第7章

11. 简述悬臂施工连续梁桥的工序特点及主要的结构体系转换过程。

12. 为什么悬臂法施工要控制悬臂挠度？如何控制？

13. 悬臂施工中，如何从施工方面保证连续梁合龙段的施工质量？

14. 什么是顶推施工法？有哪几种类型？

15. 简述顶推施工法的工艺流程要点。

16. 举例说明拱桥常用的施工方法。

17. 简述拱桥主拱圈砌筑施工要点。

18. 选择以下施工方法中的 1~2 个，搜集模拟施工流程(动画)，对其主要施工工艺进行概要总结：高桥墩滑动模板，桥墩及盖梁全预制装配施工，装配式 T 梁的穿巷式架桥机架设，悬臂浇筑施工，悬臂拼装施工，移动模架施工，顶推施工。

第 7 章

第 8 章

隧道工程施工与智能化

本章思维导图

AI微课

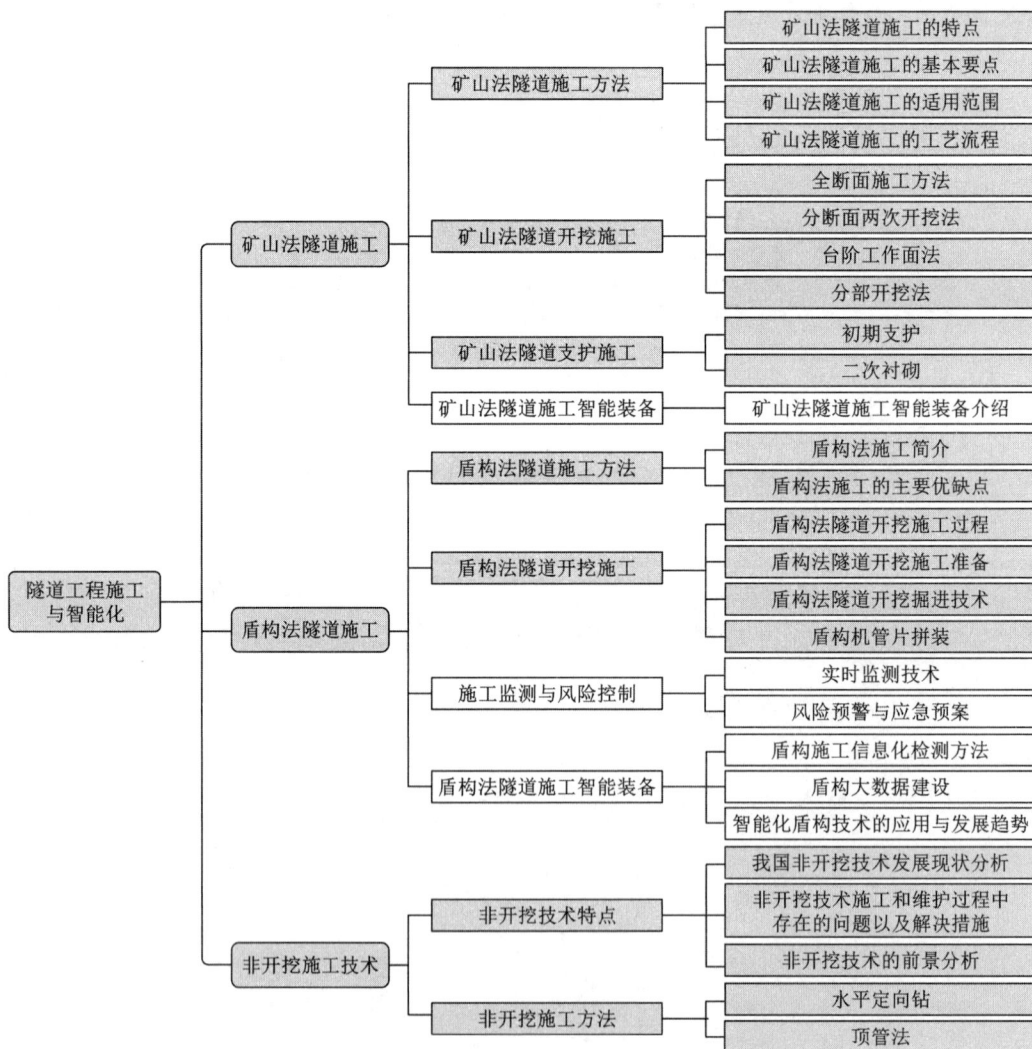

隧道施工是修建隧道及地下洞室的施工方法、施工技术和施工管理的总称。

隧道施工方法是开挖与支护等工序的组合。隧道施工过程通常包括：在地层内挖出土石，形成符合设计断面的坑道，进行必要的支护和衬砌，控制坑道围岩变形，保证隧道施工安全和长期安全使用。

隧道施工技术主要研究解决上述各种隧道施工方法所需的技术方案和措施(如开挖、掘进、支护和衬砌施工方案和措施)；隧道穿越特殊地质地段(如膨胀土，黄土溶洞、塌方、流砂、高地温、岩爆、瓦斯地层等)时的施工手段；隧道施工过程中的通风、防尘、防有害气体及照明、风水电作业的方式方法和对围岩变化的测量监控方法。

隧道施工管理主要解决施工组织设计(如施工方案的选择、施工技术措施、场地布置、进度控制、材料供应、劳力及机具安排等)和施工中的技术管理、计划管理、质量管理、经济管理、安全管理等问题。

必须指出，由于地质勘探的局限性和地质条件的复杂性及多变性，隧道施工过程中经常会遇到突然变化的地质条件、意外情况(如塌方、涌水等)，原制定的施工方案、施工技术措施和施工进度计划等也必须随之变更。因此，必须结合工程实践经验，掌握综合运用这些知识的能力，以便正确处理隧道施工中遇到的各种实际问题。

(1)隧道施工方法分类

按照开挖成型方法、破岩掘进方式、支护结构施作方式和空间维护方式的不同，以及隧道穿越地层的不同，目前一般可以将隧道施工方法分类如下：

①矿山法，又称为钻爆法：以人工钻爆和灵活支护为特点，适用于地质复杂(如硬岩、断层)的山岭隧道或异形断面，但施工效率低、安全风险较高。

②盾构法：依托盾构机全断面掘进，自动化程度高、沉降控制精准，主要适用于城市地铁、越江隧道等软土地层，经过技术改进也可适用于具有一定硬度的岩石地层，但成本高昂且对地质突变敏感。

③非开挖法：通过定向钻或顶管铺设管线，无须开挖地表，环保性强且成本适中，适用于城市地下管线铺设或穿越敏感区域，但对硬岩和复杂地层适应性差。

(2)隧道施工方法选择原则

围岩工程地质条件，即隧道所处的地下建筑环境条件，主要表现为围岩的自稳能力和抗扰动能力、被挖除岩体的抗破坏能力、地下水储藏条件、地应力大小、地温、易燃易爆有害物质以及这些条件的变化情况。隧道工程结构条件主要表现为隧道长度、隧道断面大小和形状、洞室的组合形式以及支护结构类型等情况。隧道工程施工条件主要表现为施工对围岩的扰动、支护对围岩提供帮助或限制的有效性、施工作业对空间的要求、提高施工速度的要求、控制施工成本的要求、保证工程质量的要求、保证施工安全的要求、减少环境污染的要求、施工队伍技术水平、施工人员素质、施工队伍的管理水平等。

从工程技术的角度来看，隧道围岩工程地质条件，是影响施工方法选择的最关键因素。针对具体的隧道工程，采用何种施工方法，不仅取决于围岩工程地质和水文地质条件，也必然受到隧道工程结构条件和工程施工条件的影响。

隧道施工方法选择的原则是：应根据实际隧道工程上述三个方面的条件，尤其是围岩工程地质条件，充分研究、综合考虑，选择适当的施工方法，并根据各方面条件的变化及时调整和改变施工方法。

所选施工方法必须与围岩的自稳能力和被挖除岩体的坚硬程度相适应，并尽量减少对围岩的扰动，保持围岩的自稳能力不显著降低，利用围岩的自稳能力，保持围岩稳定。所选施工方法必须与隧道断面大小、形状以及洞室的组合情况相适应。所选施工方法必须与施工技术水平相适应，并能够满足施工安全、作业空间、施工速度、施工成本控制、工程质量、环境保护、施工组织和管理等方面的要求。

隧道施工面临复杂多变的地质条件和认识局限，可能遭遇意外地质情况和事故。施工人员应综合考虑施工条件，选择经济合理的施工方法，并根据实际情况调整方案。

长大山岭隧道施工推荐采用小直径 TBM(隧道掘进机)先行开挖导坑，再用矿山法扩大为正洞的组合型施工方法。

8.1 矿山法隧道施工

>>>

8.1.1 矿山法隧道施工方法

>>>

1.矿山法隧道施工的定义

矿山法指的是主要用钻眼爆破方法开挖断面而修筑隧道及地下工程的施工方法，因借鉴矿山开拓巷道的方法，故名矿山法，在隧道工程中也称为"钻爆法"。矿山法是一种传统的施工方法。用矿山法施工时将整个断面分部开挖至设计轮廓，并随之修筑衬砌。当地层松软时，则可采用简便挖掘机具进行，并根据围岩稳定程度，在需要时边开挖边支护。

AI微课
矿山法隧道施工

分部开挖时，断面上最先开挖导坑，再由导坑向断面设计轮廓进行扩大开挖。分部开挖主要是为了减少对围岩的扰动。分部的大小和多少视地质条件、隧道断面尺寸、支护类型而定。在坚实、整体的岩层中，对中、小断面的隧道，可不分部而将全断面一次开挖。如遇松软、破碎地层，须分部开挖，并配合开挖及时设置临时支撑，以防止土石坍塌。

从大量的地下工程实践中，人们普遍认识到隧道及地下工程，其核心问题都归结在开挖和支护两个关键工序上，即如何开挖才能更有利于洞室的稳定和便于支护；若需要支护，又要如何支护才能更有效地保证洞室稳定且便于开挖。因此，矿山法主要是研究开挖与支护的施工程序及方法。

2.矿山法隧道施工的特点

矿山法隧道施工的特点主要体现在其适应性、技术复杂性和安全可靠性等方面。

①隐蔽性大，未知因素多。

②作业空间有限，工作面狭窄，施工工序干扰大。

③施工过程中作业的循环性强。因隧道是狭长的，施工严格地按照一定顺序循环作业，如开挖就必须按照"钻孔—装药—爆破—通风—出渣"的顺序循环。

④施工作业的综合性强，在同一工作环境下进行多工序作业(掘进、支护、衬砌等)。

⑤施工过程中的地质力学状态是变化的，围岩的物理力学性质也是变化的，因此施工是动态的。

⑥作业环境恶劣，作业空间狭窄，施工噪声大，粉尘、烟雾、潮湿、光线暗、地质条件差及安全问题等使施工人员处于不利的工作环境中。

⑦作业风险性大。风险性是与隐蔽性和动态性相关联的，在施工过程中，施工人员必须随时关注隧道施工的风险性。

⑧气候影响小。隧道施工可以不受或少受昼夜更替、季节变换、气候变化等自然条件改变的影响，可以持续稳定地安排施工。

⑨矿山法隧道施工具有极强的适应性。无论是坚硬的岩石地层、软弱的土层，还是存在断层、节理等地质构造的地区，矿山法隧道施工都能通过灵活调整掘进方法和支护加固措施来适应，从而确保施工的顺利进行。

⑩矿山法隧道施工涉及的技术复杂性较高。施工人员不仅需要掌握地质勘探、掘进技术、支护加固、排水通风等多方面的专业知识，还需要具备丰富的实践经验和精湛的操作技能。

⑪矿山法隧道施工注重安全可靠性。在掘进过程中，必须严格遵守安全操作规程，采取有效的防护措施和应急预案，确保施工人员的生命安全。

3. 矿山法隧道施工的基本要点

（1）少扰动

少扰动是指在隧道开挖时，必须严格控制，尽量减少对围岩的扰动次数，降低扰动强度，缩短扰动持续时间和缩小扰动范围，以使开挖出的坑道符合成型的要求。因此，能采用机械开挖的就不用矿山法开挖；采用矿山法开挖时，必须先做钻爆设计，严格控制爆破，尽量采用大断面开挖；选择合理的循环掘进进尺，自稳性差的围岩循环掘进进尺宜用短进尺，支护应紧跟开挖面，以缩短围岩应力松弛时间及开挖面的裸露风化时间等。

（2）早喷锚

对开挖暴露面应及时进行地质描述和施作初期锚喷支护，经初期支护加固，使岩变形得到有效控制而不致变形过度导致坍塌失稳，以达到围岩变形适度而充分发挥围岩的自承能力的目的，必要时可采取超前预支护辅助措施。

（3）勤测量

勤测量是指在隧道施工全过程中，应对围岩周边位移进行现场监控测量，并及时反馈修正设计参数，指导施工或改变施工方法。

（4）紧封闭

紧封闭是指对易风化的自稳性较差的软弱围岩地段，应使开挖断面及早施作封闭式支护（如喷射混凝土、锚喷混凝土等）防护措施，可以避免围岩因暴露时间过长而风化从而降低强度及稳定性，并可以使支护与围岩达到良好的共同工作状态。

4. 矿山法隧道施工的适用范围

矿山法隧道施工适用于以下几个方面：

①在地质条件复杂多变的地区，矿山法能够通过灵活选择掘进方法和支护加固措施，适应复杂的地质条件，确保隧道的掘进精度和安全性。

②对于岩石坚硬且不易爆破的地区，矿山法能够在不破坏周围岩石结构的前提下，实现隧道的快速掘进，提高施工效率。

③在隧道埋深较大、围岩稳定性较差的情况下，矿山法可以有效防止隧道围岩的变形和失稳，保障隧道的长期使用安全。

5. 矿山法隧道施工的工艺流程

矿山法施工基本流程，如图 8-1 所示。

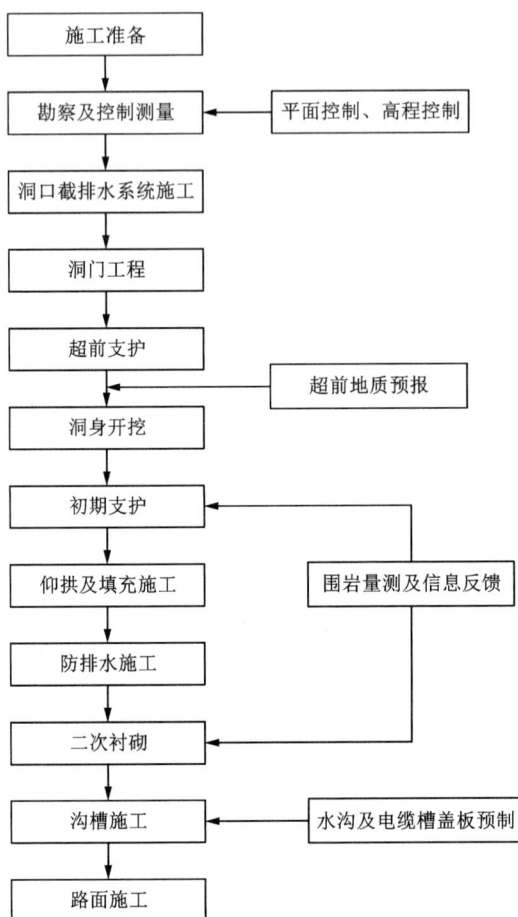

图 8-1 矿山法施工基本流程

6. 矿山法隧道施工中可能发生的问题及对策

根据实践经验，将矿山法隧道施工中经常出现的一些异常现象及应采取的措施列于表 8-1 中，其中 A 指进行比较简单的改变就可解决问题的措施，B 指需要改变支护方法等比较大的变动才能解决问题的措施。当然，表中只列出大致的对策标准，优先采用哪种措施，要视各个隧道的围岩条件、施工方法、变形状态等综合判断。

表 8-1 矿山法施工常见现象及措施

施工中的现象	措施 A	措施 B
正面变得不稳定	①缩短一次掘进长度；②开挖时保留核心土；③向正面喷射混凝土；④用插板或并排钢管打入地层进行预支护	①缩小开挖断面；②在正面打锚杆；③采取辅助施工措施对地层进行预加固

续表 8-1

施工中的现象	措施 A	措施 B
开挖面顶部掉块增大	①缩短开挖时间及提前喷射混凝土；②采用插板或并排钢管；③缩短次开挖长度；④开挖面暂时分部施工	①加钢支撑；②预加固地层
开挖面出现涌水或者涌水量增大	①加速混凝土硬化（增加速凝剂等）；②喷混凝土前做好排水；③加挂网格密的钢筋网；④设排水片	①采取排水方法（如排水钻孔、井点降水等）；②预加固地层
地基承载力不足，下沉增大	①注意开挖；②不要损坏地基围岩；③加厚底脚处，喷混凝土；④增加支撑面积	①增加锚杆；②缩短台阶长度；③及早闭合支护环；④喷混凝土作临时底拱；⑤预加固地层
产生底鼓	及早喷射底拱混凝土	①在底拱处打锚杆；②缩短台阶长度；③及早闭合支护环
喷混凝土层脱离甚至塌落	①开挖后尽快喷射混凝土；②加钢筋网；③解除涌水压力；④加厚喷层	打锚杆或增加锚杆
喷混凝土层中应力增大，产生裂缝和剪切破坏	①加钢筋网；②在喷混凝土层中增设纵向伸缩缝	①增加锚杆（用比原来长的锚杆）；②加入钢支撑
锚杆轴力增大，垫板松弛或锚杆断裂	松开接头处螺栓，凿开喷混凝土层，使之可自由伸缩	①增强锚杆（加长）；②采用承载力大的锚杆；③增大锚杆的变形能力；④在垫锚板间加入弹簧等
钢支撑中应力增大，产生屈服	①缩短从开挖到支护的时间；②提前打锚杆；③缩短台阶、底拱一次开挖的长度；④当喷混凝土层开裂时设纵向伸缩缝	①增强锚杆；②采用可伸缩的钢支撑；③在喷混凝土层中设纵向伸缩缝
净空位移增大，位移速度变快	松开接头处螺栓，凿开喷混凝土层，使之可自由伸缩	①增强锚杆；②缩短台阶长度；③提前闭合支护环；④在锚杆垫板间夹入弹簧垫圈等；⑤采用超短台阶法；⑥在上半断面建造临时底拱

8.1.2　矿山法隧道开挖施工

　　矿山法隧道开挖在选择施工方法时，要根据各种因素，经技术经济比较后综合确定，总体上，按隧道开挖断面的大小及位置，基本可分为全断面法、台阶法、分部开挖法，一般宜优先选用全断面法和正台阶法，如图 8-2 所示。对地质变化较大的隧道，选择施工方法时要确保其有较好的适应性，以便在围岩发生变化时能够灵活调整施工方法，如表 8-2 所示。

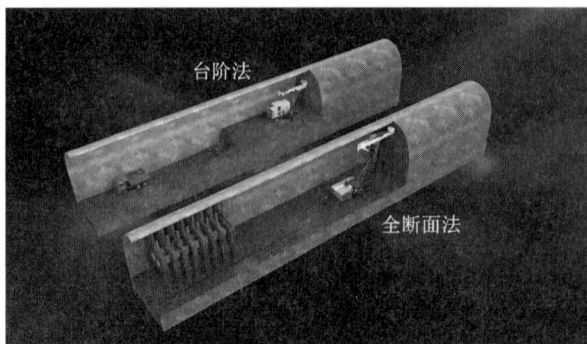

图 8-2　全断面法和台阶法示意图

表 8-2　矿山法隧道开挖施工方法比较

施工方法	重要指标比较					
	适用条件	沉降	工期	防水	一次支护拆除	造价
全断面法	地层好，跨度不大于 8 m	一般	最短	好	无	低
正台阶法	地层较差，跨度不大于 12 m	一般	短	好	无	低
上断面法临时封闭	地层差，跨度不大于 12 m	一般	短	好	小	低
正台阶环形开挖法	地层差，跨度不大于 14 m	一般	短	好	无	低
单侧壁导坑正台阶法	地层差，跨度不大于 18 m	较大	较短	好	小	低
中隔壁法（CD 法）	地层差，跨度不大于 20 m	较大	较短	好	小	偏高
交叉中隔壁法（CRD 法）	中跨度，连续使用可扩大跨度	较小	长	好	大	高
双侧壁导坑法（眼睛法）	小跨度，连续使用可扩大跨度	大	长	差	大	高
中洞法	小跨度，连续使用可扩大跨度	小	长	差	大	较高
侧洞法	小跨度，连续使用可扩大跨度	大	长	差	大	高
柱洞法	多层多跨	大	长	差	大	高
盖挖逆筑法	多跨	大	短	好	小	低

1.全断面施工方法

全断面一次开挖法是按整个设计掘进断面一次开挖成形(主要是爆破或机械开挖)的施工方法。采用爆破法时，是在工作面的全部垂直面上打眼，然后同时爆破，使整个工作面推进一个进尺。从各种地下工程采用钻爆法的发展趋势来看，全断面施工将是被优先考虑的施工方法。

该法的优点是：可以减少开挖对围岩的扰动次数，有利于围岩天然承载拱的形成；可最大限度地利用洞内作业空间，工作面宽敞，工序简单，施工组织与管理比较简单，便于组织大型机械化施工,施工速度快,防水处理简单;能较好地发挥深孔爆破的优越性;通风、运输、排水等辅助工作及各种管线铺设工作均较便利。但该法对地质条件要求严格,围岩必须有足够的自稳能力,另外机械设备配套费用也较高。

该法的缺点是:大断面隧道施工时要使用笨重而昂贵的钻架;一次投资大;由于使用了大型机具,需要有相应的施工便道、组装场地、检修设备以及能源等;当隧道较长、地质情况多变而必须改换其他施工方法时,需要较多时间;多台钻机同时工作时的噪声极大。

(1)施工顺序

全断面开挖方法操作起来比较简单,主要工序是:使用移动式钻孔台车,首先全断面一次钻孔,并进行装药连线,然后将钻孔台车后退到 50 m 以外的安全地点,再起爆,一次爆破成形,通风排烟后,用大型装岩机及配套的运载车辆出渣,然后钻孔台车再推移至开挖面就位,开始下一个钻爆作业循环,同时,施作初期支护(先拱后墙),铺设防水隔离层(或不铺设),进行二次模筑衬砌。

隧道断面大时,通常需进行两次支护,初次支护用钢拱架及锚喷,故大多先进行墙部支护再支护拱,二次支护一般采用活动模板及衬砌台车灌注,且在后期进行。当采用锚喷支护时,一般由台车同时钻出锚杆孔。

(2)适用范围

全断面法主要适用于 Ⅰ ~ Ⅲ 级围岩。当断面在 50 m² 以下,隧道又处于Ⅳ级围岩地层时,为了减少对地层的扰动次数,在进行局部注浆等辅助施工措施加固地层后,也可采用全断面法施工,但在第四纪地层中采用时,断面一般在 20 m² 以下,且施工中仍需特别注意。采用新奥法、锚杆喷射混凝土、注浆加固、管棚支护及防排水等新技术时,全断面法在断面在 50 m² 以上的地质条件比较差的软弱围岩隧道中也能够采用,山岭隧道及小断面城市地下电力、热力、电信等管道工程多用此法。

在采用全断面施工方法时,针对隧道内地质情况不良的特殊地段,须考虑制定相应的应变措施,如短台阶开挖法、微台阶开挖法、半断面开挖法、预切槽衬砌法、管棚注浆法等。

2.分断面两次开挖法

该法是将断面分成两部分,在全长范围内或一个较长的区段内先开挖好一部分,再开挖另一部分。它适用于稳定岩层中断面较大、长度较短或者要求快速施工以便为另一隧道探明地质情况的隧道施工。根据各分层施工顺序的不同,有上半断面先行施工法、下半断面先行施工法和先导洞后全断面扩挖法。

(1)上半断面先行施工法

该法是先将隧道上半断面在全长范围内开挖完毕,然后再开挖下半断面。上下断面面积的比值取决于所采用的开挖设备和岩石的稳定性。

隧道上部的开挖与全断面一次开挖完全相同。下分层可采取垂直、倾斜或者水平的炮眼进行爆破开挖,钻孔和装岩可同时进行。

该法的特点:与全断面一次开挖相比,开挖面高度不大;混凝土衬砌不需要笨重的模板,可降低造价;不需笨重的钻架;遇松软地层时可迅速改变为其他开挖方法;下分层开挖时运岩和钻孔可平行作业,进度快;下分层爆破有两个临空面,效率高、成本低。但该法上下分层施工循环各自独立,与全断面一次开挖相比,工期延长;必须在两个平面上铺设道路和管道。

（2）下半断面先行施工法

该法是先将隧道的下半断面在全长范围内开挖完，然后再开挖上半断面。

下半断面采用全断面开挖并进行衬砌。对上半断面，施工人员可以站在岩堆上钻孔（水平孔）或从隧道底板向上钻垂直孔。在不采用对头施工的隧道中，下部掘通后，上部可从两个洞口组织钻孔和进行装岩作业。

该法的特点是：不需要钻架，上部施工有两个临空面，钻爆成本低；开挖上部时钻孔和装岩可平行作业；涌水量大时可有效排水。但该法上下分层需要有两个单独的掘进循环，总工期时间长；在岩堆上钻孔既不方便也不安全。因此，该法只在一定地质条件下及没有钻架或使用钻架不经济时使用。

（3）先导洞后全断面扩挖法

该法先沿隧道中线，按全长开挖导洞，然后再扩挖至设计断面。导洞的位置，可根据具体条件设在隧道底板或顶板或中部（拱基线水平）。导洞可用掘进机或钻爆法挖掘。

该法优点很多，可对隧道范围内的地质进行连续的地质调查，能进行涌水的预防和连续排放，以及瓦斯的防爆，能在扩挖之前预先加固岩体，能使岩体中的高应力预先释放，有利于扩挖期间的通风，便于增加一些中间入口，多头同时扩挖，缩短整个隧道的开挖时间。

由于导洞提供了扩挖的爆破临空面，不需掏槽，可使用深孔爆破，减小爆破震动，提高炮眼利用率和光爆效果，减少炸药消耗量，因此，目前该法被认为是一种能提高掘进速度的好方法。如秦岭Ⅱ线隧道，为了对Ⅰ线隧道进行地质预报及为全断面掘进机提供通风、排水、运输等辅助条件，在隧道的中线沿底板先挖掘一导洞，设计掘进断面 26 m²（宽 4.8 m、高 5.0 m），直墙半圆拱形，采用钻爆法施工，待Ⅰ线隧道完工后再进行扩挖。南昆铁路米花岭隧道是利用平行导洞通过数个横通道与正洞相连后，不扩大工作面而进行下导洞快速开挖，然后进行全断面扩挖。在全断面扩挖时使用了 TH568-5 型门架式四臂凿岩台车、KL-20E8 型挖装机、14 m³ 梭式矿车施工。

用掘进机掘进导洞是意大利广为采用的方法，故称"意大利施工法"，即先用小直径（3.5~5 m）全断面掘进机沿隧道中线掘一贯通导洞，然后用钻眼爆破法扩挖。该法充分利用了小直径全断面掘进机的成熟经验，又提高了机械化程度，减轻了劳动强度，值得推广。

3. 台阶工作面法

该法是将结构断面分成若干个分层（一般为 2~3 个），即分成上下断面两个工作面（多台阶时有多个工作面），各分层在一定距离内呈台阶状同时推进。这种方法的特点是减小了断面高度，不需笨重的钻孔设备；后一台阶施工时有两个临空面，使爆破效率更高；增加了工作面，前后干扰较小，有利于机械化作业，进度较快；一次开挖面积较小，有利于掌子面稳定，特别是下台阶开挖时较为安全；短台阶法相互干扰，增加了对围岩的扰动次数。

按上下台阶的长度，台阶工作面法分为长台阶法、短台阶法和超短台阶法三种方法；按台阶布置方式的不同，可分为正台阶和反台阶两种方法。

台阶法一般适用于Ⅲ、Ⅵ级围岩，Ⅴ级围岩应在施作超前支护，确保开挖面稳定的前提下采用台阶法开挖，单线隧道及围岩地质条件较好的双线隧道可采用二台阶法；隧道断面较高、单层台阶断面尺寸较大时可采用三台阶法；当地质条件较差时，为增强掌子面自稳能力，可采用三台阶预留核心土法开挖。

（1）长台阶法

长台阶法上下断面相距较远，一般上台阶超前 50 m 以上或大于 5 倍洞跨。

长台阶法的作业顺序如下。

上半断面开挖：

①用两臂钻孔台车钻眼、装药爆破，地层较软时亦可用挖掘机开挖。

②安设锚杆和钢筋网，必要时加设钢支撑，喷射混凝土。

③用推铲机将石碴推运到台阶下，再由装载机装入车内运至洞外。

④根据支护结构形成闭合断面的时间要求，必要时可在开挖上半断面后，修筑临时底拱，形成上半断面的临时闭合结构，然后再开挖下半断面时将临时底拱挖掉，但从经济观点来看，最好不这样做，而改用短台阶法。

下半断面开挖：

①用两臂钻孔台车钻眼、装药爆破，装渣直接运至洞外。

②安设边墙锚杆（必要时）和喷射混凝土。

③用反铲挖掘机开挖水沟，喷射底部混凝土。

长台阶法施工有足够的工作空间和相当的施工速度，上部开挖支护后，下部作业就较为安全，但上下部作业有一定的干扰。相对于全断面法来说，长台阶法一次开挖的断面和高度都比较小，有利于维持开挖面的稳定，且只需配备中型钻孔台车即可施工。所以，它的适用范围较全断面法广泛，一般适用于 Ⅰ～Ⅲ 级围岩，凡是采用全断面法时开挖面不能自稳，但围岩坚硬不用底拱封闭断面的情况，都可采用长台阶法。

施工中在上下两个台阶上分别进行开挖、支护、运输、通风、排水等作业，因此台阶长度较长。但若台阶长度过长，如大于 100 m 时，则增加了支护封闭时间，同时也增加了出岩、通风排烟、排水的难度，降低了施工的综合效率。因此，长台阶一般在围岩条件相对较好、工期不受限制、无大型机械化作业时选用。

（2）短台阶法

短台阶法也是分成上下两个断面进行开挖，只是两个断面相距较近，一般上台阶长度小于 5 倍洞跨但大于 1 倍洞跨。上下断面采用平行作业。

短台阶法的作业顺序和长台阶法相同。

短台阶法可缩短支护结构闭合的时间，改善初次支护的受力条件，有利于控制隧道收敛速度和量值，所以适用范围很广，Ⅰ～Ⅴ 级围岩都能采用，尤其适用于 Ⅰ、Ⅴ 级围岩。台阶长度可定为 10～15 m，即 1～2 倍开挖宽度，主要是考虑既要实现分台阶开挖，又要实现支护及早封闭。上台阶一般采用小药量的松动爆破，出渣采用人工或小型机械转运至下台阶，上台阶出渣时对下半断面施工的干扰较大，不能全部平行作业。台阶长度又不宜过长，如果超过 15 m，则出渣所需的时间显得过长，为解决这种干扰，可采用长皮带机运输上台阶的石碴；或设置由上半断面过渡到下半断面的坡道。将上台阶的石碴直接装车运出。过渡坡道可设在中间，也可交替地设在两侧。过渡坡道法适用于断面较大的双线隧道，在断面较大的三车道隧道中尤为适用。

采用短台阶法时应注意下列问题：初期支护全断面闭合要在距开挖面 30 m 以内完成；初期支护变形、下沉显著时，要提前闭合，要研究在保证施工机械正常工作的前提下台阶的最小长度。

（3）超短台阶法

超短台阶法是全断面开挖的一种变异形式，适用于Ⅴ～Ⅵ级围岩，一般台阶长度为3～5 m。台阶长度小于3 m时，无法正常进行钻眼和拱部的喷锚支护作业；台阶长度大于5 m时，利用爆破将石碴翻至下台阶有较大难度，必须采用人工翻渣。超短台阶法上下断面相距较近，机械设备集中，只能交替作业，否则作业时相互干扰大，生产效率低，施工速度慢。

超短台阶法施工作业顺序为：用一台停在台阶下的长臂挖掘机或单臂掘进机开挖上半断面至一个进尺；安设拱部锚杆、钢筋网或钢支撑，喷拱部混凝土；用同一台机械开挖下半断面至一个进尺；安设边墙锚杆、钢筋网或接长钢支撑，喷边墙混凝土（必要时加喷拱部混凝土）；开挖水沟，安设底部钢支撑，喷底拱混凝土；灌注内层衬砌。

如无大型机械，也可采用小型机具交替地在上下部进行开挖，由于上半断面施工作业场地狭小，常常需要配置移动式施工台架，以解决上半断面施工机具的布置问题。

超短台阶法初次支护全断面闭合时间更短，更有利于控制围岩变形。在城市隧道施工中，能更有效地控制地表沉陷。所以，超短台阶法适用于膨胀性围岩和土质围岩，要求及早闭合断面的场合；当然，也适用于机械化程度不高的各类围岩地段。

其缺点是上下断面相距较近，机械设备集中，作业时相互干扰较大，生产效率较低，施工速度较慢。在软弱围岩中施工时，应特别注意开挖工作面的稳定性，必要时可对开挖面进行预加固或预支护。

台阶长度必须根据隧道断面跨度、围岩地质条件、初期支护形成闭合断面的时间要求、上台阶施工所需空间大小等因素来确定。地质条件较好时往往采用长台阶法开挖，通过普通凿岩机上下台阶同时钻孔和起爆，达到隧道同时开挖掘进的目的，效率比全断面开挖略低，但设备投入相对较小。地质条件较差时，为利于支护及时封闭成环，台阶长度应缩短，宜为5 m左右，如采用三级台阶法，第一个台阶高度宜控制在2.5 m以下。三级台阶法所采取的辅助施工措施使得上下台阶相互干扰较大，施工效率降低，因此需要解决好上下台阶的施工干扰问题。

4.分部开挖法

分部开挖法主要适用于地层较差的大断面地下工程，尤其是限制地表下沉的城市地下工程的施工。分部开挖法包括单侧壁导坑法、双侧壁导坑法、中隔壁法（CD工法）、交叉中隔法（CRD工法）等多种形式。

（1）单侧壁导坑法

采用该法开挖时，侧壁导坑尺寸应充分利用台阶的支撑作用，并考虑机械设备和施工条件而定。单侧壁导坑超前的距离一般在2倍洞径以上，侧壁导坑宽度不宜超过0.5倍洞宽，高度以到起拱线为宜，这主要是为了施工方便，高度范围为2.5～3.5 m。这样，导坑可分二次开挖和支护，不需要架设工作平台，人工架立钢支撑也较方便。对导坑与台阶的距离，没有硬性规定，但一般应以导坑施工和台阶施工不发生干扰为原则，所以在短隧道中可先挖通导坑，而后再开挖台阶。上下台阶的距离则视围岩情况参照短台阶法或超短台阶法拟定。为稳定工作面，该法经常和超前小导管预注浆等预支护施工措施配合使用，一般采用人工开挖，人工和机械混合出渣。

单侧壁导坑法施工作业顺序为：

①开挖侧壁导坑，并进行初次支护（锚杆加钢筋网，或锚杆加钢支撑，或钢支撑，喷射混

凝土),应尽快使导坑的初次支护闭合。

②开挖上台阶,进行拱部初次支护,使其一侧支撑在导坑的初次支护上,另一侧支撑在下台阶上。

③开挖下台阶,进行另一侧边墙的初次支护,并尽快建造底部初次支护,使全断面闭合。

④拆除导坑临空部分的初次支护。

⑤建造内层衬砌。

优缺点及适用条件:单侧壁导坑法是将断面横向分成 3 块或 4 块,每步开挖的宽度较小,而且封闭形的导坑初次支护承载能力大,所以,单侧壁导坑法适用于地层较差、断面跨度大、采用台阶法开挖难度大、地表沉陷难以控制的软弱松散围岩。采用该法会变大跨度断面为小跨度断面。

(2)双侧壁导坑法(眼睛法)

开挖面分部形式:一般将断面分成 4 块,即左、右侧壁导坑,上部核心土,下台阶。导坑尺寸拟定的原则同前。

双侧壁导坑法适用于 V ~ VI 级围岩双线隧道掘进,其由于跨度较大,无法采用全断面法或台阶法开挖,先开挖两侧导坑,相当于先开挖 2 个小跨度的隧道,并及时施作导坑四周初期支护,再根据地质条件、断面大小,对剩余部分断面进行一次或二次开挖。

双侧壁导坑法施工要求:侧壁导坑高度以到起拱线为宜;侧壁导坑在形状上应接近椭圆形断面,导坑断面宽度为整个断面宽度的 1/3;侧壁导坑领先长度一般为 30~50 m,以开挖一侧导坑所引起的围岩应力重分布不影响另一侧导坑为原则;导坑开挖后应及时进行初期支护,并尽早封闭成环。

双侧壁导坑法施工作业顺序为:

①开挖一侧导坑,并及时将其初次支护闭合。

②相隔适当距离后开挖另一侧导坑,并修筑初次支护。

③开挖上部核心土,建造拱部初次支护,拱脚支承在两侧壁导坑的初次支护上。

④开挖下台阶,建造底部的初次支护,使初次支护全断面闭合。

⑤拆除导坑临空部分的初次支护。

⑥建造内层衬砌。

优缺点及适用条件:当隧道跨度很大,地表沉陷要求严格,围岩条件特别差,单侧壁导坑法难以控制围岩变形时,可采用双侧壁导坑法。现场实测表明,双侧壁导坑法所引起的地表沉陷仅为短台阶法的 1/2。双侧壁导坑法虽然开挖断面分块多,扰动大,初次支护全断面闭合的时间长,但每个分块都是在开挖后立即各自闭合的,所以在施工中变形几乎不发展。双侧壁导坑法施工安全,但速度较慢,成本较高。

(3)中隔壁法(CD 工法)和交叉中隔壁法(CRD 工法)

中隔壁法在近年来国内的铁路隧道和城市地下工程的实践中,已被证明是软弱围岩条件下浅埋大跨度隧道的最有效的施工方法之一,它适用于 V ~ VI 级围岩的双线隧道。中隔壁开挖时,应沿一侧自上而下分为两部或三部进行,每开挖一步均应及时施作喷锚支护,安设钢架,施作中隔壁;之后再开挖中隔壁的另一侧,其分部次数及支护形式与先开挖的一侧相同。

中隔壁法施工要求:各部开挖时,周边轮廓应尽可能圆顺,减小应力集中;各部的底部高程应与钢架接头处一致；后一侧开挖应及时全断面封闭；左右两侧纵向间距一般为 30～50 m；中隔壁设置为弧形或圆弧形。中隔壁法也称为 CD 工法，主要适用于地层较差和岩体不稳定，且对地表下沉要求严格的地下工程施工，当 CD 工法不能满足要求时，可在 CD 工法的基础上加设临时仰拱，即所谓的 CRD 工法（交叉中隔壁法）。

交叉中隔壁法适用于 V～VI 级围岩浅埋隧道的双线隧道或多线隧道，自上而下分为二至三部分，开挖中隔壁的一侧，以及支护并封闭临时仰拱，待完成①~②部后，即开始另一侧的③~④部开挖及支护，形成左右两侧开挖及支护相互交叉的情形。

采用交叉中隔壁法施工，除应满足中隔壁法的要求外，还应满足：设置临时仰拱，步步成环；自上而下，交叉进行；中隔壁法及交叉临时支护，在灌注二次衬砌时，应逐段拆除。

CD 工法是 20 世纪 80 年代以来，随着运用新奥法原理修建城市地下工程实例的日益增多，尤其是在运用非掘进机的方法处理软弱、松散地层中的浅埋暗挖隧道工程后，在原来的正台阶法的基础上发展起来的一种工法。它更为有效地解决了把大、中跨的洞室开挖转变成中、小跨开挖的问题。

CRD 工法是吸取了 CD 工法的经验改进而来，其最大特点是将大断面改为小断面施工，各个局部封闭成环的时间短，控制早期沉降好，每个步骤受力体系完整，因此，结构受力均匀，形变小，施工时整体下沉微弱，地表沉降量不大，而且容易控制。

中隔壁法以台阶法为基础，将隧道断面从中间分成 4~6 部分，使上下台阶左右分成 2~3 部分，每一部分开挖并支护形成独立的闭合单元。各部分开挖时，纵向间隔的距离根据具体情况，可按台阶法确定。

大量施工实例资料的统计结果表明，CRD 工法比 CD 工法减少地表下沉近 50%，而 CD 工法又优于双侧壁导坑法。但 CRD 工法施工工序复杂、隔墙拆除困难、成本较高、进度较慢，一般在第四纪地层中修建大断面地下结构物（如停车场），且地表下沉严重时使用。

采用中隔壁法施工时，每部的台阶长度都应控制，一般为 5～7 m。为稳定工作面，中隔壁法一般与长期预注浆等预支护施工措施同时使用，一般采用人工开挖、人工出渣的开挖方式。

8.1.3 矿山法隧道支护施工

早期隧道支护以木支撑为主。19 世纪后期，钢筋、混凝土等建筑材料的出现，使隧道结构从临时支撑向整体性转变。喷射混凝土技术的应用是重要突破，其早在 1914 年就在 Denver 煤矿首次应用，但早期以砂浆为原料并添加侵蚀性速凝剂，导致强度低、作业环境差，当时仅作为防止围岩风化的封闭措施，支护作用未受重视。20 世纪中叶，奥地利一系列开创性工程推动喷射混凝土技术获得广泛认可，同期锚杆也在水电站有压输水隧洞中成功应用，与喷射混凝土组成喷锚初期支护结构，应用范围持续拓展。20 世纪 60 年代，喷锚支护体系被正式命名为"新奥法"，其核心原理是通过薄层支护结构控制围岩变形，维持围岩整体强度以发挥自承能力，基本组成包括喷射混凝土、锚杆及监控测量，施工中需通过实时监测围岩收敛变形指导设计与施工。

我国隧道支护技术的发展具有阶段性特征：20 世纪 80 年代前尚未引入新奥法，以传统矿山法的整体式衬砌为主，采用木支撑、喷射混凝土和锚杆支护，开挖方法以先拱后墙的台阶法为主，衬砌呈现厚度大、素混凝土占比高、防排水措施简单的特点；20 世纪 90 年代起，新奥法设计理念在我国铁路隧道建设中逐步推广，锚网喷初期支护与复合式衬砌开始应用；至 21 世纪初，形成了以新奥法为理论基础的复合式衬砌结构体系，并在工程实践中持续完善。

复合式衬砌结构体系通常由初期支护和二次衬砌组成。初期支护通常由锚杆、钢筋网、钢支撑以及喷射混凝土等材料构成，二次衬砌通常采用模板浇筑的混凝土。围岩、初期支护和二次衬砌通过相互作用构成了隧道的承载结构，常见的情况有以下几种：

情况一：围岩自支护能力强，开挖后可以长期保持稳定。在这种情况下，围岩本身成为主要的承载结构，支护要求较低，仅需喷射混凝土作为防护层，防止围岩风化。

情况二：围岩自支护能力有限，但能暂时保持稳定。在初期支护的辅助下，围岩与初期支护共同承担隧道的长期稳定需求。此时，围岩和初期支护共同构成主要承载结构，二次衬砌则作为安全储备或用于增强耐久性。

情况三：围岩自支护能力较弱或几乎没有支护能力，需要对围岩进行预加固（预支护）。预加固后的围岩与初期支护共同维持隧道的稳定性。此时，预加固围岩与初期支护成为主要承载结构，可选择是否进行二次衬砌，以作为额外的安全储备。

情况四：对于膨胀性围岩、挤压性围岩或存在后期荷载风险的特殊围岩，即使在预加固和初期支护的情况下，仍然需要二次衬砌提供必要的力学支撑，以确保隧道的长期稳定性。在这种情况下，预加固围岩、初期支护和二次衬砌共同承担结构的荷载。

在第一种情况中，围岩作为主要承载主体，承受开挖后的全部应力重分布，无须额外支护。喷射混凝土主要用于防止围岩风化。

在第二种情况中，围岩和初期支护共同作为承载主体，因此初期支护需具备长期承载能力，而二次衬砌则作为安全储备，提升隧道的耐久性。

在第三种和第四种情况下，围岩、初期支护和二次衬砌需要共同作用，以确保隧道结构的长期稳定性。此时，二次衬砌不仅承担后期荷载，还提供耐久性保护，初期支护的长期承载功能可以忽略。

1. 初期支护

隧道开挖后，在洞室周边设置钢支撑、喷射混凝土等支撑结构，以提供抗力并控制围岩的变形，这种用于开挖后支撑洞室的体系称为隧道支护。为了适度释放围岩应力、控制变形、提高结构安全性并方便施工，通常在隧道开挖后立即施作一种刚度较小但作为永久承载结构一部分的支撑层，这一结构层被称为初期支护。初期支护通常由喷射混凝土、锚杆、钢架和钢筋网等材料及其组合构成，是现代隧道工程中最常见的支护方法。初期支护的关键在于其必须与围岩紧密结合为一体，形成一个整体结构，才能有效发挥支护作用。这是施工中最重要的原则。所谓的结合为一体，意味着无论是喷射混凝土、锚杆还是钢架支护，都必须牢固地附着在围岩上，形成统一的结构体，确保初期支护的功能得以实现。施工中应避免出现空隙或空洞，因为这些空隙或空洞可能成为隧道结构的潜在缺陷，对隧道的长期运营带来不利影响。因此，在施工过程中，必须严格控制和处理这些缺陷，避免将施工缺陷带来的安全隐患留至隧道的运营阶段。

（1）喷射混凝土

1）喷层的变形机理

喷射混凝土（图8-3）与围岩表面紧密贴合，能够直接控制围岩的松弛，利用其强度来抵抗围岩的位移。通过与围岩的黏结作用，喷射混凝土将轴力传递至围岩内部。同时，在组合支护体系中，喷射混凝土能够将压力传递到锚杆和钢架上，从而增强锚杆和钢架的支护效果。

在变形初期，喷层起黏结抵抗作用，黏结破坏取决于围岩表面矿物成分和喷层厚度，黏结抵抗效应取决于围岩质量（围岩表面矿物成分）及其表面清洁程度，并在一定程度上随喷层厚度的增加而增强。

图8-3　喷射混凝土

2）喷射混凝土的作用

喷射混凝土能对围岩节理、裂隙起充填作用，将不连续的岩层层面胶结起来，并产生楔效应而增大岩块间的摩擦系数，防止岩块沿软弱面滑移，提高表面岩块的稳定性。

喷射混凝土有一定的黏结力和抗剪强度，能与岩层黏结并与围岩形成统一承载体系，改善喷层受力条件。

喷射混凝土能及时、分层喷射，喷层虽薄但具有较高的早期强度，故喷层能控制围岩变形，即使围岩有较大变形，但由于有钢筋网的加入，喷射混凝土具有一定的柔性，变形较大时不致产生崩塌，从而提高围岩的自承作用。

喷射混凝土能使隧道周边围岩尽早封闭，防止围岩风化。

（2）锚杆支护

锚杆（或锚索）是一种由金属或其他高抗拉材料制成的杆状构件（图8-4）。通过机械装置和黏结介质，锚杆被安装在地下工程的围岩或结构体内，与围岩紧密接触。一旦围岩发生变形，锚杆便发挥作用。不同于喷射混凝土和钢架等外部支护构件，锚杆是唯一能够从内部改善围岩性质的构件。它不仅能提高围岩的连续性，还能增强其抗剪强度，提升围岩的自支护能力，弥补围岩中存在的力学不连续性缺陷。

（3）钢架

复合式衬砌中的初期支护钢架（图8-5）主要包括型钢钢架和格栅钢架。由于喷射混凝土在早期阶段强度不足，围岩在其强度不足和锚杆支护效果尚未显现时容易产生较大的变形，因此，在这一阶段设置型钢或格栅钢架，可以直接承受围岩松弛引起的荷载，与喷射混凝土和锚杆形成一体化支护结构，提供必要的支护阻力，从而确保围岩的整体稳定性。同时，在喷射混凝土和围岩强度发挥作用后，钢架凭借其较大的弯曲韧性，能够持续发挥支撑作用。通常情况下，钢架不会单独使用，而是与喷射混凝土、锚杆等支护措施组合应用，以提升支护效果。

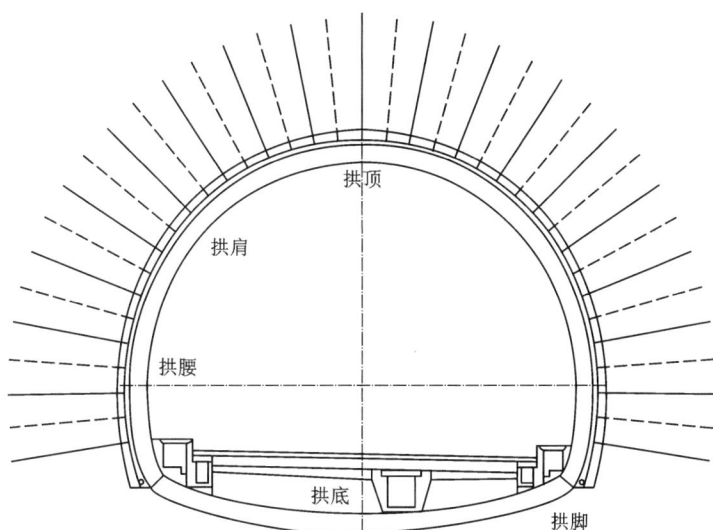

图 8-4　锚杆支护

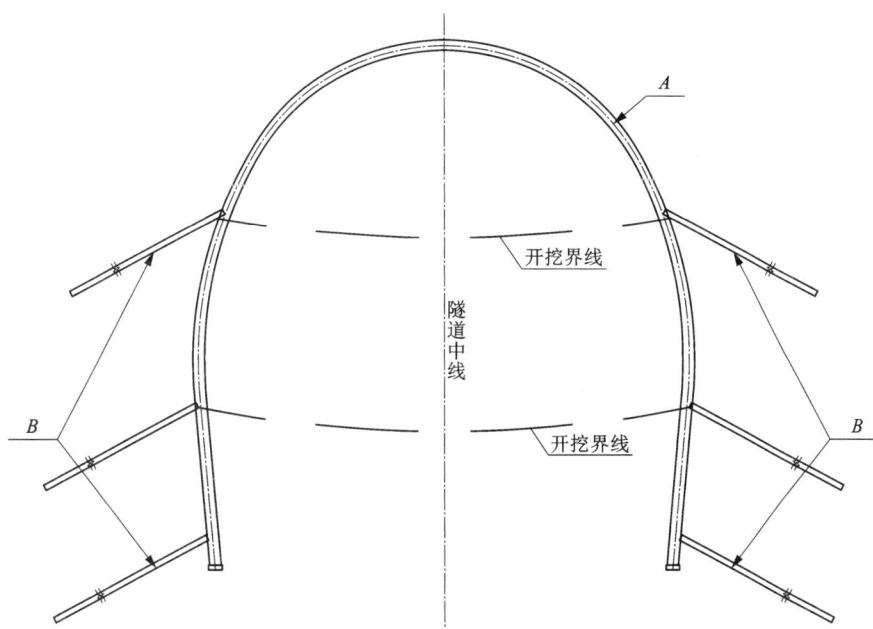

图 8-5　钢架构造

2. 二次衬砌

二次衬砌(图 8-6)作为隧道结构的永久性承载体系,是确保工程长期安全运营的核心组成部分。其结构设计和施工质量直接关系到隧道的整体稳定性、防水性能及使用寿命。二次衬砌通常在初期支护完成后施作,通过现浇钢筋混凝土或素混凝土形成闭合的环形结构,与初期支护共同构成复合式支护体系。从结构组成上看,二次衬砌的横截面设计充分考虑地质条件、荷载分布和功能需求，其构造包括拱顶、边墙、仰拱三大部分及配套的接缝系统。拱顶通常采用圆弧形设计，配置双层钢筋网以抵抗顶部围岩压力。边墙部位通过厚度渐变设计实现与仰拱的平顺过渡，并在纵向设置变形缝以应对地层不均匀沉降。仰拱结构在软弱地层中形成闭合受力环，有效防止底鼓现象。接缝系统由环向施工缝、纵向施工缝和变形缝构成，采用中埋式橡胶止水带与背贴式止水条的双重防水设计，确保结构接缝的密封性。

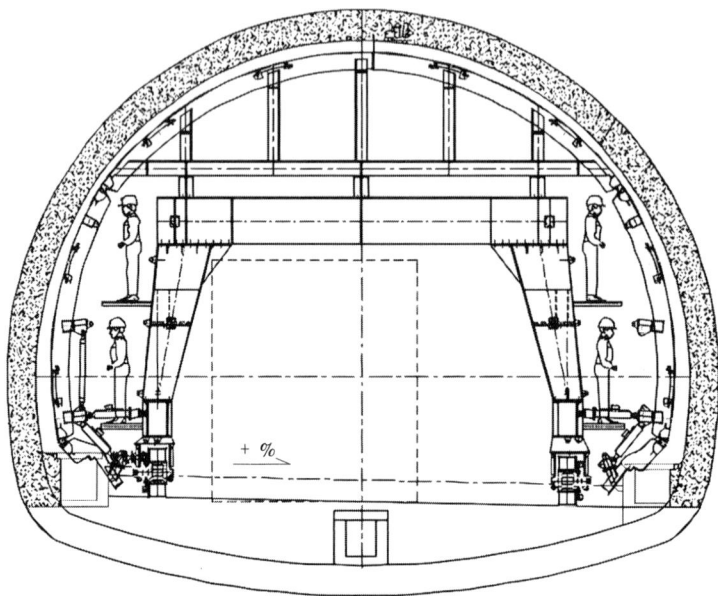

图 8-6　二次衬砌

二次衬砌的力学作用主要体现在对长期地层荷载的永久承载能力上。它通过刚度匹配调节围岩与支护体系的应力重分布，将初期支护承担的形变压力转化为结构内力。在Ⅳ级围岩条件下，二次衬砌可降低初期支护应力峰值达40%，其2.0以上的安全系数为隧道运营提供了可靠保障。针对围岩流变特性，二次衬砌通过配置合理配筋率的钢筋混凝土结构，有效抵抗随时间增长的蠕变应力。

防水功能是二次衬砌的另一核心作用，其通过三重机制构建立体防水体系。结构自防水采用抗渗等级不低于P8的混凝土，通过严格控制水胶比和掺加膨胀剂实现微膨胀补偿收缩。接缝防水系统整合了钢边橡胶止水带与遇水膨胀止水条的协同作用，前者通过机械咬合止水，形成双重密封屏障。排水系统则依托环向盲管和纵向排水沟组成的网络，将渗透水有序地导排至中心水沟。

8.1.4　矿山法隧道施工智能装备

矿山法隧道施工自17世纪诞生以来，历经近400年发展，按作业手段划分为"人工+简易工具""人工+小型机械""大型机械装备"三个阶段，21世纪初在第四次工业革命推动下，借助大数据、AI等技术进入"智能装备"阶段。当前全球矿山法朝着"超长、超大、超深、超难"方向发展,高海拔等复杂工况催生了少人化施工等需求,迫切需要发展。智能建造技术在国内郑万、成兰等铁路工程中,矿山法机械化建造形成了"快挖、快支、主动支、快封闭"的特点,全断面法通过大型机械提升了施工效率,支护参数得到优化;信息化管理升级为数字化模式,智能建造融合新一代信息技术,推动了隧道施工的智能化演进。

目前,智能施工离不开智能化的施工装备,如大型智能机械(凿岩台车、喷浆台车、拱架台车)与智能机器人(凿岩机器人、测量机器人、喷射混凝土机器人)等。

目前,国内外以 Atlas Copco 电脑凿岩台车为代表的机器人化智能施工装备已经在实际隧道工程中得到应用,可以实现掌子面自动定位,为每个横截面定制钻孔计划,自动标记钻孔位置,可以实现地下施工机械的自动导航、快速就位,可以向云端传输数据并快速生成施工报告等。

国内企业基于装备动态控制技术、装备传输接口技术、装备机群控制技术,研发了智能注浆台车、智能凿岩台车、智能铲铣机、智能锚杆台车、智能拱架台车、智能湿喷台车、数字化防水板台车、数字化衬砌台车、数字化养护台车等隧道矿山法施工智能成套装备(表 8-3、图 8-7),为隧道智能建造提供了装备支撑。

表 8-3　矿山法隧道施工智能成套装备表

作业分区	装备名称	主要功能
超前支护	智能注浆台车	自动计量、制浆、注浆、清洗;注浆过程可视化;自动生成注浆日志
钻爆开挖	智能凿岩台车	自动钻孔;机械化装药;自动生成钻孔、装药日志
	智能铲铣机	自动轮廓整型;快速排险、出渣
初期支护	智能锚杆台车	锚杆钻、注、安一体化施工;生成锚杆施工日志
	智能拱架台车	轮廓扫描及调整;拼装轨迹规划;自动生成拼装日志
	智能湿喷台车	自动喷射;自动计算喷射方量;自动生成喷射日志
二次衬砌	数字化防水板台车	自动安装、固定土工布、防水板;自动计算防水板用量、评估松弛度,自动生成铺设日志
	数字化衬砌台车	自动布料、带压灌注、自动振捣;自动生成衬砌日志
	数字化养护台车	恒温恒湿养护,恒湿度实时监控;自动生成养护日志

利用智能机器人进行协同自动施工、反馈信息,尚有待进一步研究。由于隧道施工存在多个工序,目前研发的智能机器人还不能实现全工序远程遥控施工,且与大型智能装备结合

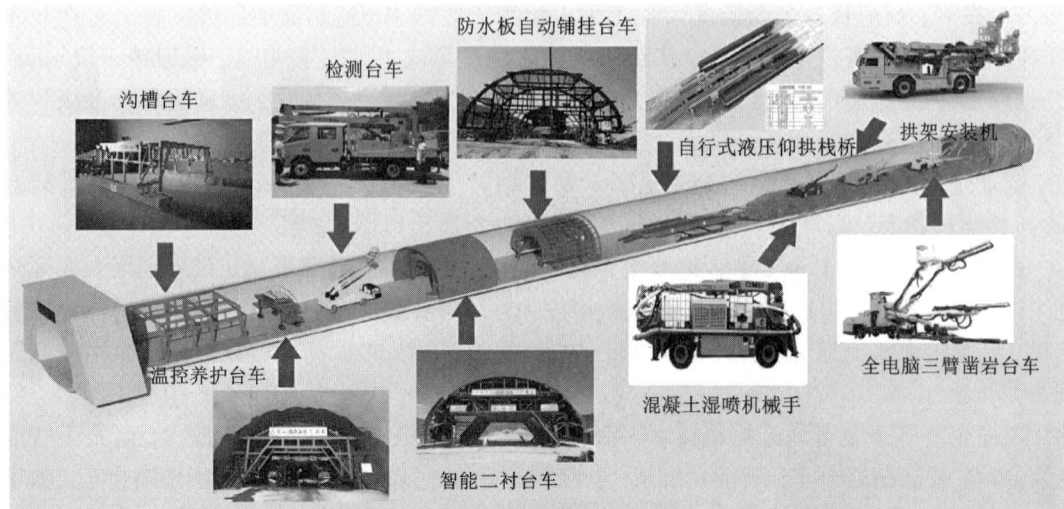

图 8-7 矿山法隧道施工智能成套装备

不够, 更未形成统一的开挖及支护机器人化装备(即智能装备)协同管理系统, 相应的全工序智能施工工艺工法也尚未形成。

8.2 盾构法隧道施工

8.2.1 盾构法隧道施工方法

1. 盾构法施工简介

盾构法是一种在地表下的土层或软弱松散地层中进行暗挖隧道施工的技术, 目前广泛应用于浅埋软土地层的地铁隧道、水下公路隧道、水利隧道和市政隧道等工程中。盾构机是一种与隧道截面形状相同, 但尺寸略大于隧道截面的钢制设备。它由钢筒或框架构成, 作为掘进机的外壳, 并容纳各种作业机械及操作空间。盾构机既能够承受地层压力, 又能够在地层中推进, 因此以盾构机为核心的一整套施工方法被称为盾构法。

AI微课
盾构法隧道施工

盾构法施工根据地质条件与工程需求, 主要采用以下几类盾构机: ①土压平衡盾构; ②泥水平衡盾构; ③敞开式盾构; ④复合式盾构。

在盾构法施工中, 盾构机在地下掘进时, 可以防止开挖面土体和砂土的崩塌, 同时在机器内部安全地完成土体开挖和衬砌安装工作, 从而逐步构建隧道结构。盾构法施工的关键要素包括开挖面稳定、盾构机掘进和隧道衬砌。施工流程一般是从隧道一端的竖井或基坑开始, 盾构机被安装于此, 并从预留的出发孔位进入地层, 沿设计的隧道轴线向终点推进。推进过程中, 盾构机受到的地层阻力通过液压千斤顶传递至盾构尾部已安装的隧道衬砌结构(如预制管片), 再进一步传递到竖井或基坑的后靠壁上。

盾构机(图 8-8)通常为圆形结构,外壳由钢筒制成,直径略大于隧道衬砌的外径。钢筒前端装有用于支撑和切削土体的装置;中段安装有围绕周边的液压千斤顶,用于推进盾构机;尾部为拼装空间,用于安装隧道衬砌环。在推进过程中,切削刀盘不断开挖前方土体,并通过输送系统排出挖掘的土方。每推进一个环的距离,就在盾构尾部的支撑下拼装一环预制的混凝土管片作为衬砌。同时,向衬砌环外周的空隙注入浆体材料,填充并加固周围地层,防止隧道及地表沉降,以保证隧道结构的稳定性。

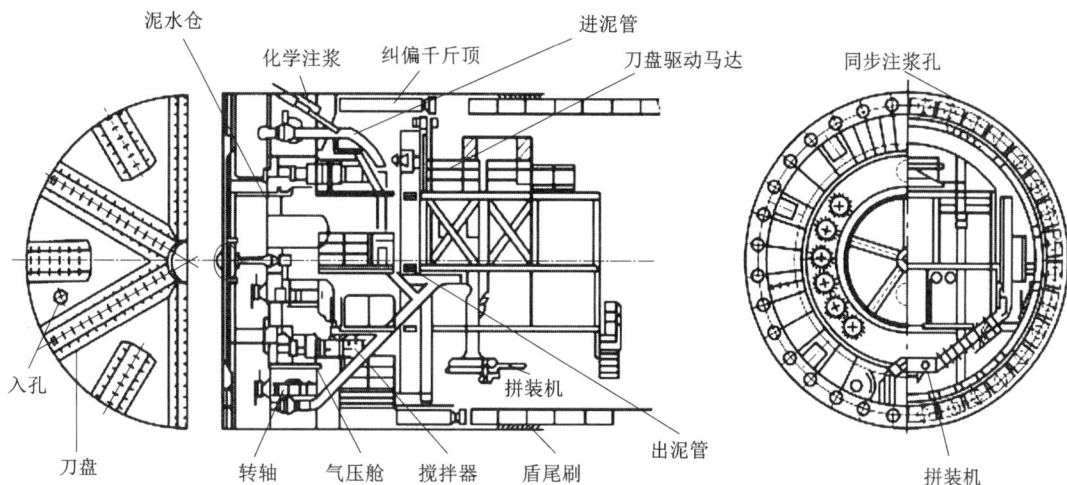

图 8-8　盾构机

2.盾构法施工的主要优缺点

(1)主要优点

安全性高:盾构法能够在地下进行施工,避免了传统开挖方式可能引发的坍塌、滑坡等安全隐患,尤其适用于地质条件复杂或软弱的地层。

适应性强:盾构机适用于多种地质条件,包括软土、硬土、岩石层等,在地下水丰富或软弱地层中效果尤为明显。

施工效率高:盾构机在施工过程中能够持续推进,能够进行连续性作业,减少了停工和恢复工作带来的时间损失,因此相比传统的开挖方法具有更高的施工效率。

环境影响小:由于施工过程基本发生在地下,避免了对地面交通、周围建筑和环境的过多干扰,适合市区等人口密集地区的施工。

衬砌质量稳定:盾构机在推进过程中,能够同步安装隧道衬砌(如预制管片),确保隧道结构的稳定性和耐用性。

适合狭小空间施工:由于盾构法施工过程中对地面影响较小,因此适用于狭小空间或受限区域,如地下交通系统、管道、隧道等。

(2)主要缺点

设备成本高:盾构机的投资和维护成本较高,尤其对于长隧道的施工,盾构机的购置、调试、维护等开销非常大。

施工周期长:虽然盾构法施工效率较高,但整体施工周期较长,特别是在复杂地质条件下，可能会出现突发问题，延长施工时间。

对地质条件要求高：虽然盾构法适应性强，但对于极为坚硬、碎裂的岩石或特别复杂的地质条件，盾构机的开挖效率会降低，甚至面临技术难题。

地面沉降问题：尽管盾构法具有较好的支护作用，但在施工过程中，可能会出现微小的地面沉降，尤其是在软弱地层中，对周围建筑和设施可能造成影响。

操作技术要求高：盾构机施工需要高水平的技术团队，包括盾构机的操作、维护和调度等，需要经过专门培训和具有丰富经验的技术人员来保证施工顺利进行。

施工中产生的渣土问题：盾构机在施工过程中需要不断排出开挖土方，虽然可以通过密闭系统处理，但渣土的运输和处置仍然是施工中的一个挑战。

8.2.2　盾构法隧道开挖施工

> > >

1. 盾构法隧道开挖施工过程

盾构法施工通常从隧道某段的一端开始，首先在此处建造竖井或基坑，并将盾构机安装到位。盾构机通过竖井或基坑墙壁上的预留孔出发，沿设计好的轴线在地层中向另一端的竖井或基坑的预留孔推进。在推进过程中，地层产生的阻力通过盾构机的千斤顶传递到盾构机尾部已拼装好的隧道衬砌结构（如预制管片）上，并进一步传递到竖井或基坑的后靠壁。盾构机通常为圆形，其外壳由钢筒制成，直径略大于隧道衬砌的外径。钢筒前端装有各种支撑装置和用于开挖土体的设备，中段沿周边安装了推进所需的千斤顶，尾部为壳体，提供足够空间以安置多环拼装好的隧道衬砌环。在推进过程中，盾构机会持续从开挖面排出适量的土方。

盾构机每推进一环的距离，会在盾尾的支撑下安装一环隧道衬砌，并及时向盾尾后方的衬砌环外围空隙注入浆体，以防止隧道和地面沉降。盾构法施工如图 8-9 所示，工艺流程如图 8-10 所示。

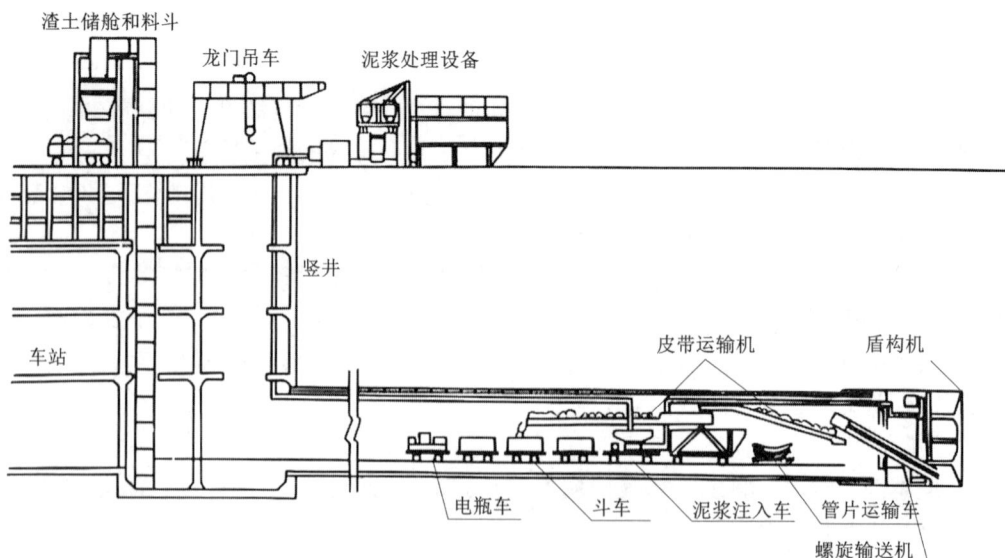

图 8-9　盾构法施工部分示意图

桩基定位

⬇

盾构机各类管路检修

⬇

冷却系统内加入防冻剂 ⇨ 盾构机开始磨桩 ⇦ 对机械巡视保养 / 关注机械运行状况

⬇

盾构机姿态及沉降控制

⬇

盾构机各类管路检修

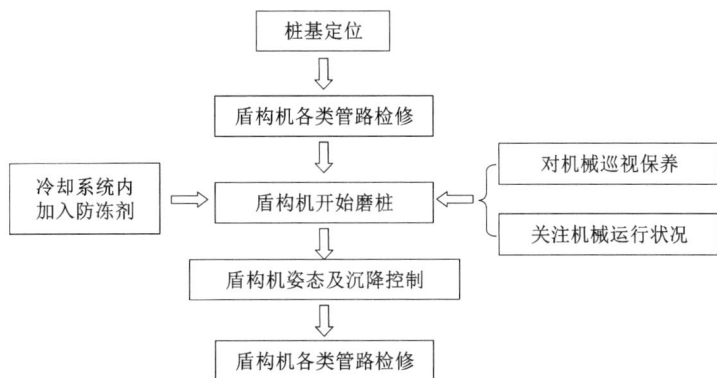

图 8-10 盾构法施工工艺流程图

2. 盾构法隧道开挖施工准备

盾构机是一种复杂的工程设备,在进行盾构法施工前,必须进行充分的准备工作。盾构法施工的准备工作主要包括技术准备、物资准备、人员准备以及场地布置等方面。

①技术准备:技术准备工作包括对工程条件的了解,编制施工组织计划,进行地面建筑物与地下管线的调查,识别与分析潜在风险源,编制专项施工方案,制定项目进度计划,设定盾构法施工过程中的管理与控制目标,编制施工所需的辅助工程方案(如进出洞、联络通道、附属工程、盾构防水等),建立质量保证体系,同时确保施工符合绿色施工和文明施工要求。

②物资准备:物资准备包括盾构机及大型运输、吊装设备,盾构法施工所需的垂直和水平运输设备(如龙门吊、电瓶车、管片车、渣土车等),浆液制备和泵送设备(包括搅拌站、浆液输送泵、浆液车等),盾构始发、过站及接收阶段所需的钢结构设施(如反力架、反力环、基座、过站小车等),盾构服务管线与运输通道设施(如供水管、排水管、电缆、隧道照明、轨道、枕木、走道板、管钩等),盾构配件和耗材(如刀具、配件、密封脂、泡沫、膨润土、润滑油脂等),现场临时用电和用水材料,应急发电设备,以及场地内的装载、搬运设备(如装载机、叉车、挖掘机等)。此外,还需准备工地通用机械(如空压机、电焊机、切割机等)。

③人员准备:人员准备工作包括建立组织架构,明确岗位职责,进行管理人员的安全教育和业务培训,作业人员需接受安全教育和业务培训,并持证上岗。所有人员需要签订劳动合同,并办理工伤等各项保险,以确保施工期间的安全与合规。

④场地布置:盾构法施工场地的布置应合理规划和协调,确保符合绿色施工要求。场地布置的主要内容包括垂直运输系统、拌浆系统、临时水电系统、冷却系统、排水系统、消防系统、弃土坑、管片堆场及其他相关设施等。

3. 盾构法隧道开挖掘进技术

盾构机进洞后即开始正常的推进作业。推进作业包括工作面掘削、盾构掘进管理、盾构姿态控制、壁后注浆充填与掘进恢复等工作。

(1)工作面掘削

盾构法隧道开挖掘进技术中的工作面掘削是隧道开挖的核心环节,其本质是通过盾构机前端的刀盘系统对地层进行全断面切削与破碎，同时维持开挖面稳定性以实现安全高效掘进。工作面掘削的关键在于实现切削效率与地层稳定的动态平衡，需综合机械力学、岩土力学及流体力学原理进行系统控制。刀盘作为直接接触地层的工作面掘削执行机构，其结构设计需匹配地层特性，通常采用滚刀、齿刀组合配置，通过刀盘旋转产生的挤压、剪切作用破碎岩土体。在软弱地层中，刀盘多采用辐条式或开口率较高的面板式结构，以降低扭矩并促进土体流动；而在硬岩地层中，则需配置高强度滚刀并采用闭式刀盘以增强破岩能力。掘削过程中需实时调控推进力、刀盘转速、贯入度等参数，其中推进力需与地层抗剪强度及刀具承载力相适应，避免刀具过载损坏或地层扰动过大；刀盘转速的优化需综合考虑切削效率与刀具磨损速率，通过调整转速与推进速度的比例关系实现单位掘进距离内刀具损耗的最小化；贯入度控制则直接影响切削比能，需根据岩土力学特性确定最佳切入深度以降低能耗。

工作面稳定性的维持依托于土压平衡或泥水平衡系统，前者通过调节螺旋输送机排土量与推进速度的匹配关系，使密封舱内土压力与地层水土压力保持动态平衡；后者则通过泥浆循环系统在开挖面形成泥膜，利用泥浆压力抵消地层压力。掘削过程中需持续监测刀盘扭矩、土舱压力、排土量等参数，通过反馈控制系统实现掘进参数的自动优化。对于复合地层等复杂地质条件，需采用变参数掘削技术，根据实时地质感知数据动态调整掘进模式，当遇孤石或障碍物时启动超挖模式，遇软硬交界面时切换刀盘转速与推进压力组合。对掘削过程中产生的渣土，需同步进行改良处理，通过添加泡沫剂或膨润土改善其流塑性，确保螺旋输送机排土顺畅并减轻刀具磨损。工作面掘削的精细化控制直接关系到施工安全、掘进效率及地表沉降控制，是盾构法隧道施工技术体系的基础性环节。

(2) 盾构掘进管理

盾构掘进管理是盾构法隧道施工中实现全过程精细化控制的核心体系，其本质是通过多参数耦合调控、多系统协同运作与全要素动态优化，确保掘进效率、施工安全与工程质量的高度统一。该管理体系以岩土力学行为分析为基础，以设备-地层相互作用为框架，涵盖掘进参数优化、地层稳定性维护、设备状态监控、施工环境响应四大维度，需通过数据驱动决策实现掘进过程的精准预测与闭环控制。掘进参数的动态调控是管理的核心，需基于地质条件与机械性能建立推进力、刀盘扭矩、推进速度的协同匹配模型，通过推力分配算法平衡千斤顶组分区压力，避免姿态偏差导致的管片错台；刀盘扭矩控制需结合地层抗剪强度与刀具磨损状态，采用扭矩-贯入度复合调节策略，在切削效率与机械损耗间寻求最优解；推进速度的实时优化需关联土舱压力波动、螺旋输送机排土速率及渣土改良效果，通过速度-压力双闭环控制维持开挖面的动态平衡。

地层稳定性的维护贯穿掘进全程，在土压平衡模式下需构建密封舱压力与地层水土压力的动态映射关系，采用压力传感器网络实时反馈土舱压力分布，通过螺旋输送机转速与推进速度的智能联动实现压力补偿；泥水平衡模式则需精确调控泥浆泵送流量与压力，结合泥浆黏度、比重等物性参数的在线检测，确保泥膜形成质量与渗透量控制。设备状态的实时监测涉及主轴承振动频谱分析、盾尾密封油脂注入量自适应调节、液压系统能效比优化等关键技术，通过多源传感器融合技术捕捉机械振动、温度、压力等关键参数，运用故障树分析法预判设备劣化趋势，建立预防性维护决策模型。

施工环境响应管理聚焦地表沉降控制与邻近结构保护，需基于三维地质模型与实时监测数据构建地层变形预测算法，通过掘进参数反演调整抑制扰动传播，同步实施注浆压力与注浆量的智能配给，形成主动补偿式沉降控制机制。掘进管理还涵盖渣土运输系统的全流程管控，包括渣土改良剂配比优化、螺旋输送机排土量计量校准、皮带输送机运转效率提升等环节，通过流变学参数在线监测与离散元仿真相结合，实现渣土流态化运输的精准控制。

风险管理体系需集成地质雷达超前探测、刀具磨损无线监测、管片拼装质量视觉识别等技术，构建多层级风险预警阈值库，开发基于数字孪生的应急推演平台，形成"监测—预警—处置—验证"的闭环管理链条。信息化管理平台作为技术载体，需整合 BIM 模型、物联网感知数据与施工知识库，通过机器学习算法建立掘进参数自学习优化模型，实现地质适应性掘进模式的智能切换。盾构掘进管理的终极目标是构建人-机-环境深度耦合的智能施工系统，在保障工程安全与质量的前提下，最大限度地提高资源利用效率，为复杂地质条件下隧道工程的高效实施提供系统性解决方案。

（3）盾构姿态控制

盾构姿态控制是盾构法隧道施工中确保掘进轴线与设计轨迹精确吻合的核心技术体系，其本质是通过多维度空间位姿参数的实时感知、动态偏差分析与智能纠偏执行，实现盾构机空间运动轨迹的全过程精准控制。该技术体系以三维空间几何学为基础，融合机械动力学、岩土力学与自动控制理论，构建"检测—决策—执行—验证"的闭环控制链，涵盖盾构机本体姿态监测、地层条件与设备状态耦合分析、纠偏策略优化、执行机构精准调控四大核心环节。

盾构姿态的实时监测依托高精度导向系统，集成激光全站仪、倾角传感器、行程传感器等多源感知装置，通过位姿解算算法实时获取盾构机俯仰角、偏航角、滚动角及切口环中心坐标等关键参数，并与设计轴线进行毫米级偏差比对。偏差分析需建立盾构机-地层相互作用的力学模型，综合考虑地层不均匀性、刀具磨损分布、千斤顶推力差异、管片拼装反力等扰动因素，通过有限元仿真与实时数据融合预测姿态偏离趋势。

纠偏策略的制定需遵循"渐进调整、多参数协同"原则，基于偏差矢量分解结果，采用推进千斤顶分区压力调整、铰接装置角度调节、超挖刀选择性启动等复合纠偏手段，其中千斤顶组的分区压力重分配是核心纠偏执行方式，需依据盾构机空间位姿偏差方向与幅度，构建压力梯度模型，通过液压伺服系统实现推力矢量的精确调整，同时结合铰接密封装置的柔性变形补偿，抑制纠偏过程中的附加应力对管片结构的影响。动态纠偏过程中需严格控制纠偏速率与幅度，避免急剧转向导致管片错台、盾尾间隙异常或地层超挖，通过引入模型预测控制算法，建立纠偏幅度与地层扰动响应的定量关系，实现纠偏效率与施工安全的最优平衡。盾构姿态控制需特别关注曲线段掘进与复合地层过渡段的特殊工况，在曲线段需预判轴线曲率变化引起的刀具切削量差异，采用渐进式轴线拟合技术，通过动态调整超挖量分布与推进矢量方向实现平滑转线；在软硬交界面或地层突变区域，需结合地质雷达超前探测数据，预置姿态调整预案，采用变刚度控制策略增强系统抗干扰能力。

同步注浆工艺与姿态控制存在强耦合关系，注浆压力与注浆量的空间分布直接影响盾构机受力均衡性，需建立注浆参数与姿态调整的协同优化模型，通过注浆压力反馈实时修正推进矢量，避免单侧注浆压力过高引发附加偏转力矩。盾构姿态的长期稳定性控制需构建历史数据驱动的自学习系统，运用神经网络算法挖掘掘进参数、地层特性与姿态偏差的隐含关联规律，形成地质适应性姿态预测模型，实现复杂地质条件下纠偏策略的智能预判。

姿态控制精度直接影响管片拼装质量与隧道结构耐久性，需在每环管片拼装后实施盾尾间隙测量与椭圆度分析，通过间隙分布反演盾构机空间位姿状态，为后续掘进提供闭环修正依据。全过程的姿态控制需集成数字孪生技术，构建包含机械结构、液压系统、地层环境的高保真虚拟模型，通过实时数据映射与仿真推演实现纠偏方案的虚拟验证与优化迭代。

针对质量控制体系，需制定严格的姿态偏差阈值标准，建立偏差等级分类与应急处置流程，对于累积偏差超限情况，启动专项轴线拟合方案，采用多环渐进纠偏与管片选型调整相结合的方式恢复设计轴线。盾构姿态控制的终极目标是形成"感知-分析-决策-执行"一体化的智能控制体系，在毫米级精度范围内实现隧道轴线的空间几何控制，为盾构法隧道施工的高质量实施提供核心保障。

（4）同步注浆

盾构机掘进后，会在管片与地层间以及管片与盾尾壳体间形成一定的间隙。为了有效控制地层变形、减轻沉降、增强隧道的抗渗性能以及促进管片衬砌的早期稳定，需在管片壁后的环向间隙采用同步注浆技术来填充浆液（图8-11）。

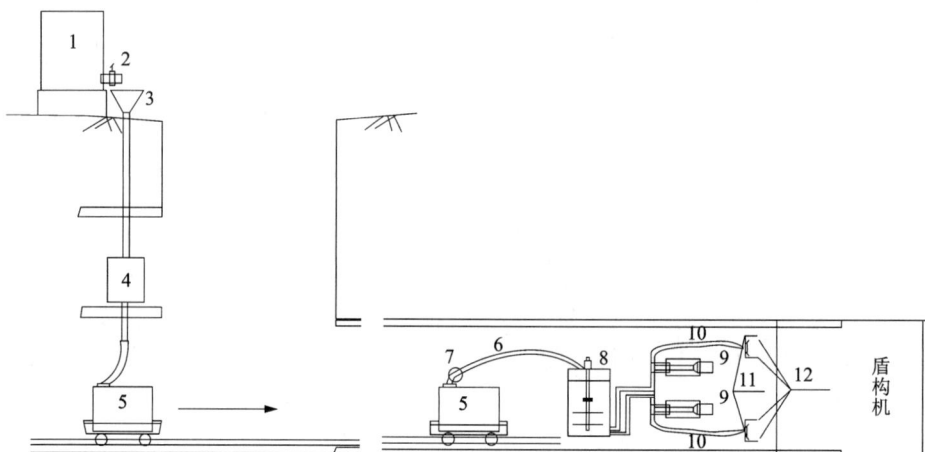

1—搅拌机；2—泄浆阀；3—接浆漏斗；4—储浆桶；5—运浆罐车；6—输送管；7—输送泵；8—储浆桶（带搅拌器）；9—注浆泵；10—高压胶管；11—出浆口（具有流量、压力测量传感与控制功能）；12—接盾尾注浆口。

图8-11 同步注浆

同步注浆技术的主要功能包括预防盾尾空隙的坍塌和土体松散，减少地表沉降，加速管片环形状的稳定，确保隧道衬砌的早期稳固，防止隧道出现蛇形或摆动现象，以及抑制管片漏水，从而提升衬砌接缝的防水性能。

同步注浆系统主要由两个配备控制阀的活塞泵和同步注浆管构成。活塞泵及其砂浆罐被安装在后配套的拖车上，施工用的砂浆车通过输送泵将砂浆送入砂浆罐中。同步注浆管则巧妙地安装在盾尾壳板内部，以避免磨损，并沿圆周方向配置了四个注浆点，每个点设有两根管子，其中一根备用。注浆管所在位置的壳板设计为可拆卸式，便于清洗注浆管。

注浆流量可通过电磁流量阀进行设定，并可实现连续监测。系统还为每个注浆口配备了两种控制方式：手动和自动。在盾尾注浆管路的出口处装有压力传感器，使得在盾构操作室和注浆控制箱上都能实时查看注浆时管路出口的压力。当设置为自动控制时，需预先通过可编程逻辑控制器（PLC）设定注浆的最大和最小压力值。一旦注浆压力达到设定的最大值，注浆管路所连接的液压油缸将自动停止工作；而当注浆压力降至PLC设定的最小值时，液压油缸则会自动重新启动注浆。而在手动控制模式下，注浆量则需根据掘进情况由人工随时进行调整。

　　4. 盾构机管片拼装

　　管片拼装是盾构法隧道施工中的关键环节之一，管片之间可以采用螺栓连接（图 8-12）或无螺栓连接（图 8-13）的方式，拼装后形成完整的隧道结构。管片拼装方式根据其连接方式可分为通缝拼装和错缝拼装。

　　通缝拼装：在这种拼装方式下，各环的纵缝对齐。通缝拼装的定位相对简单，纵向螺栓易于安装，拼装时的施工应力较小。然而，这种拼装方式容易导致环面不平整，并可能产生较大的累积误差，从而使环向螺栓难以安装，并且环缝的压实量可能不足。

　　错缝拼装：在错缝拼装中，前后环管片的纵缝错开一定的距离，通常错开 1/3 到 1/2 块管片的长度。这种拼装方式使得隧道整体性更好，环面较为平整，环向螺栓更易安装。但与此同时，错缝拼装会导致较大的施工应力，管片容易产生裂纹，纵向螺栓的安装也较为困难，且纵缝的压实效果较差。

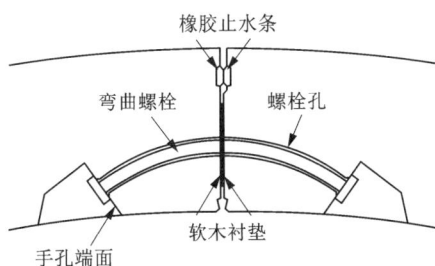

图 8-12　管片螺栓连接形式

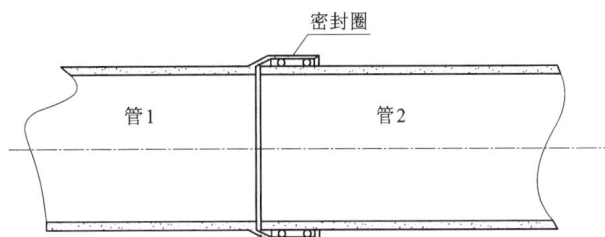

图 8-13　管片无螺栓连接形式

　　目前，常用的管片拼装工艺主要包括先下后上、左右交叉、纵向插入和封顶成环等方法。根据盾构是否有后退，还可以分为"先环后纵拼装"和"先纵后环拼装"两种方式。

　　①先环后纵：首先将管片拼装成完整的圆环，并拧紧所有环向螺栓，随后穿进纵向螺栓，并使用千斤顶将当前环和前一环整合，再通过纵向螺栓进行紧固，完成一环的拼装。采用这种拼装方式成环后，环面平整，圆环的椭圆度易于控制，且纵缝的密实度较高。然而，如果前一环的环面不平整，纵向靠拢时会对新环产生较大的施工应力。因此，该工艺适用于敞开式盾构、机械切削式盾构，以及盾构后退量较小的工况。

　　②先纵后环：先将一块管片位置的千斤顶缩回，便于管片就位，随后立即伸出缩回的千斤顶，逐块拼装，最终完成整个环形拼装。采用这种方法拼装时，环缝的压实效果较好，但纵缝的压实效果较差，且圆环的椭圆度较难控制。此方法主要用于防止盾构后退，但也增加了拼装过程中的重复动作，且施工较为复杂。因此，该工艺适用于使用挤压式或网格式盾构，且盾构后退量较大的施工。

　　按管片的拼装顺序，可分为先下后上及先上后下两种拼装方式。

　　①先下后上：从下部管片开始，利用举重臂逐块左右交替向上拼装。该拼装方式工艺简单，所需设备较少，且操作安全性高。

　　②先上后下：先使用拱托架支撑上部管片，完成上部拼装后，再逐步向下拼装。此方法工艺较为复杂，安全性较低，需要配备卷扬机等辅助设备，通常适用于小型盾构施工。

　　封顶管片的拼装有两种方式：径向楔入和纵向插入。

径向楔入：封顶块在半径方向的两侧边缘呈内八字形或平行，受力后有向下滑动的倾向，受力不利。

纵向插入：封顶块在受荷后不易向内滑移，受力情况较好，但需要加长盾构千斤顶的行程。

为了减少千斤顶行程，可以采用径向楔入和纵向插入相结合的拼装方法，一部分采用径向楔入，另一部分采用纵向插入。

8.2.3 施工监测与风险控制

1. 实时监测技术

（1）地面沉降监测点布置与数据采集频率

地面沉降监测是盾构法施工中保障周边地层稳定性的核心环节，其技术设计需基于多学科交叉的综合分析。监测点布置需遵循空间覆盖性与地质敏感性原则：在软土地层中，沿隧道轴线采用网格化布点策略，横向间距依据土层压缩模量、地下水位波动及盾构直径综合确定，通常需覆盖隧道外缘 1.5 倍埋深区域以捕捉土体损失引起的沉降梯度；纵向间距则与盾构推进速度及地层扰动范围动态匹配，确保相邻监测点数据能连续反映沉降槽演变过程。对于高风险敏感区域（如历史建筑基础、地下综合管廊或地铁既有线），需采用三维激光扫描技术实现毫米级面状监测，结合 InSAR 遥感数据建立区域沉降趋势模型，通过多源数据融合提升预警时效性。监测设备选型需兼顾精度与抗干扰能力：静力水准仪用于连续监测相对沉降量，全站仪则通过棱镜阵列实现绝对坐标动态追踪，两者数据经无线传输模块实时同步至中央控制系统，利用小波变换算法消除温度漂移与机械振动噪声，确保沉降测量值误差控制在亚毫米级。

数据采集频率的设定需与地层响应特性深度耦合。在低渗透性软黏土地层中，孔隙水压力消散缓慢导致沉降滞后效应显著，监测频率需提升至每日多次以捕捉塑性变形的累积趋势；富水砂层因渗透系数高、地层失稳风险大，需采用高频振动式传感器实时监测土体液化迹象。盾构穿越既有结构物时，监测间隔需缩短至小时级别，并辅以分布式光纤传感技术（BOTDR）对结构裂缝开展连续监测。硬岩地层中监测点间距可适度放宽，但需结合地质雷达（GPR）与地震波 CT 对前方岩溶、断层破碎带进行超前探测，同时通过钻孔倾斜仪监测深层岩体位移。数据处理需引入动态基线修正技术，结合卡尔曼滤波与灰色预测模型提升数据可靠性，预警机制采用三级响应模式：一级预警触发注浆参数微调；二级预警时应暂停掘进并启动地质补勘；三级预警则需联合结构加固与地层改良进行综合处置。

（2）隧道内收敛变形与管片应力监测系统

隧道内收敛变形监测是评估管片拼装质量与结构长期性能的核心手段。监测断面按固定环距布设，每个断面在管片顶部、底部及两侧腰线位置布设 6～8 个测点，采用机械式收敛计或三维激光扫描仪获取管片几何形态数据。激光扫描技术通过点云密度优化可实现亚毫米级形变解析，结合 BIM 模型对比分析管片椭圆度、错台量及接缝张开度等关键指标。当单日收敛变形量超过设计阈值时，须立即联动盾构控制系统调整同步注浆压力分布（如增大顶部注浆占比以抑制管片浮起）或优化推进千斤顶推力梯度（降低局部应力集中风险）。对于特殊断面隧道（如小半径曲线段或交叉节点），需增设倾角传感器与应变花阵列，实时监测管片扭转与剪切变形趋势，并通过有限元反分析预测结构长期服役性能。

管片应力监测系统由预埋式传感器网络构成，技术选型需匹配结构受力特征与施工环境条件。光纤光栅传感器（FBG）凭借波长编码抗干扰特性，适用于管片接缝、螺栓连接节点等关键区域的应力/应变连续监测，其波长分辨率需达到皮米级以满足混凝土微裂纹识别需求；电阻应变片则用于局部应力集中区的高频动态响应分析。传感器布置需遵循力学传递路径原则：在环向螺栓孔周围布设三向应变计组，以监测螺栓预紧力衰减；管片内弧面布置压应力传感器阵列，实时反馈盾构推力分布均匀性。温度补偿需采用双通道差分算法，结合分布式温度传感光纤消除热应力对监测数据的干扰。在膨胀性黏土地层中，需增设振弦式应变计监测徐变应力松弛效应，数据采集频率提升至每 15 min 一次，结合黏弹性本构模型预测管片长期变形趋势。对富水地层，需同步监测接缝渗漏水压力，采用微型孔隙水压计与电导率传感器联动分析防水密封效能退化规律，为注浆堵漏提供定量决策依据。

2. 风险预警与应急预案

（1）地表塌陷、盾构机卡壳与喷涌事故的预判与处理

地表塌陷风险预判，需构建多参数融合预警模型。渣土排出量实时监测系统通过质量流量计与体积扫描仪双重校验，偏差超过阈值时自动触发注浆量补偿指令；地质雷达（GPR）超前探测结合波速反演算法识别前方 3~5 倍径范围内的松散地层或空洞，当空洞体积超过临界值时启动预注浆加固程序。土压力平衡盾构（EPB）需实时监控土仓压力波动，采用 PID 控制算法动态调节螺旋输送机转速与推进速度的匹配关系，防止压力突降引发掌子面失稳。塌陷应急处置需遵循快速响应原则：速凝双液浆（水玻璃–水泥基）通过定向钻孔注入塌陷区，配合微型钢管桩（直径 80~100 mm）形成复合加固体系；地表反压采用级配砂石分层回填，辅以真空预压加速地层固结。

盾构机卡壳事故的机理分析与处置需结合设备状态监测与地层特性诊断。主驱动扭矩实时监测数据经傅里叶变换提取刀盘负载频谱特征，当低频成分（1~5 Hz）能量突增时提示刀盘结泥饼风险，需启动高压水力冲洗系统（压力 15~20 MPa）清除黏附渣土；高频振动（>50 Hz）则表明刀具与硬岩接触面发生冲击破坏，需注入高润滑性膨润土浆降低摩擦系数。刀具磨损监测采用多参数融合策略：滚刀刀刃磨损量通过激光测距仪实时测量，刀圈温度场分布由红外热像仪捕捉，振动加速度传感器则用于识别偏磨异常。带压进舱换刀作业需严格控制舱内压力（1.1~1.3 倍静水压力），采用饱和潜水技术保障作业安全，同步进行地层改良注浆（超细水泥–水玻璃浆液）维持开挖面稳定。

喷涌事故防控需建立泥水盾构参数联动控制体系。泥浆性能监测系统实时检测比重、黏度与含砂率，当马氏漏斗流出时间低于临界值时自动触发泥浆改性程序（添加增黏剂或胶凝材料）；螺旋输送机闸门开度与转速实行双闭环控制，防止排土引发涌水突溃。在事故处置阶段需立即切换至气压平衡模式，采用气垫压力补偿地层水压差，同步注入高分子速凝材料（聚氨酯泡沫或丙烯酸盐）封堵涌水通道。对于伴随掌子面失稳的复合型喷涌，需采用玻璃纤维锚杆（GFRP）与喷射混凝土形成临时支护体系，并通过降水井群降低地下水位梯度。

（2）紧急停机与人员疏散标准化流程

风险分级响应机制需与监测数据深度耦合。一级风险（如沉降速率超标）触发参数自适应调整：降低推进速度至设计值的 30%~50%，同步提升注浆压力与注浆量；二级风险（如管片应力超限）立即切断盾构动力系统，启动备用注浆泵进行补偿注浆；三级风险（如有毒气体泄漏或结构垮塌征兆）启动全隧道声光报警，强制进入紧急疏散模式。

8.2.4　盾构法隧道施工智能装备

>>>

盾构法隧道施工智能装备是以智能化、数字化技术为核心驱动，深度融合机械自动化、物联网感知、大数据分析与人工智能算法的先进装备集成体系，旨在实现隧道掘进、结构拼装、环境监测的全流程自主化与精准化控制。该体系以高精度传感器网络为感知基础，依托工业物联网平台构建数据互联通道，通过多源信息融合与实时决策算法形成"感知—分析—决策—执行"闭环控制链，涵盖地质超前探测、掘进姿态调控、刀具状态监测、同步注浆优化、管片自动化拼装、渣土改良管理、环境安全监控等核心功能模块。

地质超前预报系统通过多频电磁波与弹性波信号处理技术，实时解析前方地层岩性、裂隙发育及不良地质体分布，为掘进参数动态优化提供地质适应性决策依据；智能导向与姿态控制系统集成激光全站仪、惯性导航及液压伺服调控技术，通过毫米级位姿偏差解算与推进矢量动态修正，确保隧道轴线与设计轨迹的空间几何精准匹配；刀具状态监测系统基于声发射、振动频谱分析与无线传感网络，实时捕捉刀具磨损、温度异常及断裂信号，结合剩余寿命预测模型实现刀具更换窗口的智能规划，最大限度地降低掘进中断风险；同步注浆智能控制设备通过压力-流量双闭环调控与浆液流变特性在线监测，动态匹配注浆量、注浆压力与掘进速度的协同关系，优化浆液填充均匀性与地层变形抑制效果，保障隧道结构的长期稳定性；自动化管片拼装系统(图 8-14)融合六自由度机械臂、视觉定位与力反馈控制技术，实现管片抓取、姿态调整与螺栓紧固的全流程无人化作业，显著提升拼装精度与结构防水性能；渣土改良与运输监测系统集成流变学参数检测装置与离散元仿真模型，通过泡沫剂注入配比优化与排

图 8-14　自动化管片拼装系统

土量实时计量，维持开挖面压力平衡并预防刀盘结泥饼问题；环境与结构安全监控系统布设光纤光栅传感器与三维激光扫描网络，实时感知地表沉降、管片应力及隧道收敛变形数据，结合有限元模型预测施工扰动传播范围，形成主动式风险防控机制；数字孪生平台(图 8-15)通过 BIM+GIS 构建隧道虚拟镜像，融合地质模型、设备状态与施工数据，利用机器学习算法建立掘进参数自学习优化模型，实现故障预诊断、资源调度优化与应急预案自动生成；智能液压与动力系统采用变频驱动与能效优化算法，动态调节主驱动电机与液压泵站的输出功率，匹配不同地层的掘进负载需求，显著降低能耗并延长设备寿命。机器人辅助作业系统搭载 SLAM 导航与多模态感知模块，替代人工完成隧道内部巡检、清渣维修与高危区域作业，全面提升施工安全性与维保效率。上述装备通过数据总线与边缘计算节点实现跨系统协同(图 8-16)，形成地质自适应掘进、结构精准成形与环境扰动可控的智能施工生态，推动隧道工程向少人化、自适应化、可持续化方向跨越式发展。

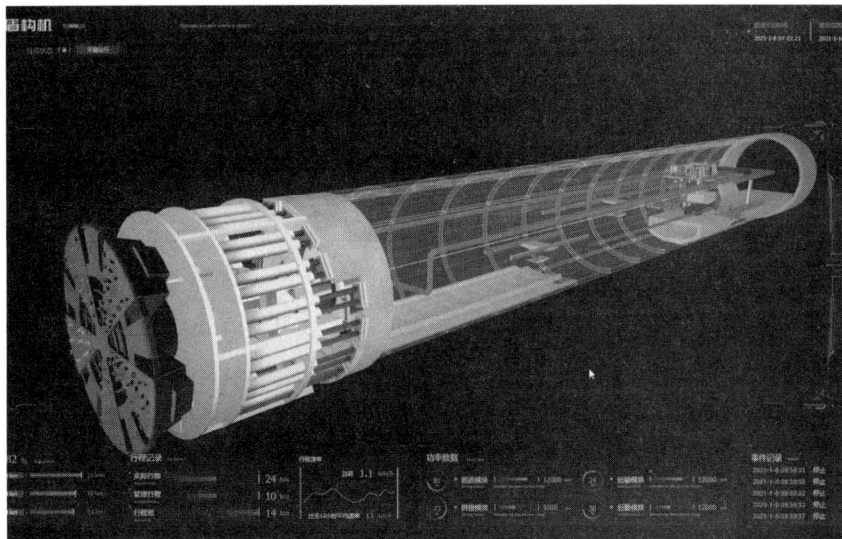

图 8-15 盾构施工数字孪生平台

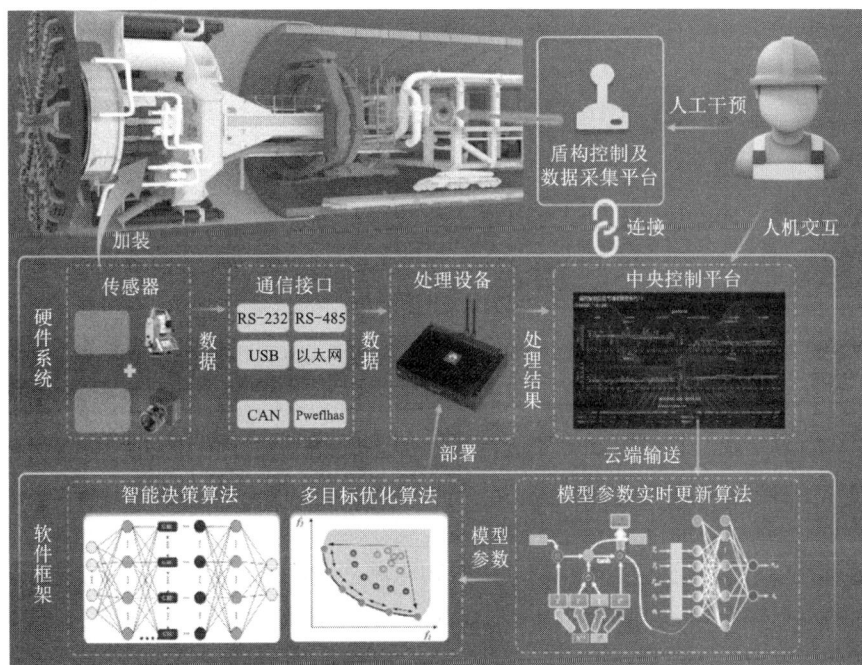

图 8-16 盾构掘进操控系统

1.盾构施工信息化监测方法

20 世纪 80 年代末,微电子技术的快速发展推动了盾构机信息监测技术的进步。部分发达国家开始在隧道施工中利用信息源,并在盾构机上安装各种传感器,实现了通过计算机技术对盾构设备的信息化管理。进入 90 年代后,我国在上海轨道交通、越江隧道等工程中,从法国、日本、德国等国家引进了多台土压平衡盾构和泥水平衡盾构。通过消化吸收国外先进技术,并结合施工实际情况,国产盾构机逐步开始应用传感器技术。该技术为盾构操作、

PLC 控制以及计算机数据采集等环节提供了及时、准确的设备和施工信息，有效提升了国产盾构机的整体技术水平。盾构隧道施工过程中的信息监测装置可按功能与传感器进行分类。

（1）按功能分类

盾构设备信息监测：通过电量传感器监测供电系统的电压以及配电电流；使用高量程压力传感器监测液压泵的油压等关键参数。

盾构施工信息监测：利用姿态传感器监测盾构机的旋转角度和倾斜角度；通过低量程压力传感器监测切口土体压力、螺旋输送机内土体压力及注泥压力等。

设备与施工信息反馈：通过位移传感器监测推进千斤顶的状态，反映盾构机掘进的距离；转速传感器则用于监测刀盘和螺旋输送机的运转情况，同时反映土压平衡控制过程中的动态信息。

（2）按传感器分类

压力传感器：高量程压力传感器用于监测液压系统的压力，通常采用电容式或硅固态式传感器，以降低油温变化对传感器线性度的影响；低量程压力传感器则因其高灵敏度和稳定性，常用于监测施工过程中的压力变化，通常选用电阻应变式传感器。

位移传感器：用于测量推进千斤顶的伸缩长度，通常采用内置光栅位移传感器，满足施工环境的高可靠性需求，如磁致伸缩位移传感器，其工作原理是通过磁场脉冲沿波导管传播来监测位移。

转速传感器：利用机械传动比将接近开关产生的脉冲信号传送至运算器进行处理，适用于无法直接测量的工况，例如螺旋输送机的转速监测；对于可直接测量的场合，通常使用绝对式旋转编码器。

姿态传感器：基于重力原理，用于监测盾构机的旋转角度和倾斜角度，帮助实时监控盾构姿态变化。

2.盾构大数据建设

盾构机是现代隧道施工中极为先进的装备。自动化、数字化和智能化是现代盾构机的核心特征，由此产生了盾构数据的概念。传统意义上的盾构数据是盾构设备的数字化控制和信号采集的总称，主要包括控制开关量、脉冲量、机器状态开关量、模拟量等。这些数据用于支撑设备的控制操作，实时显示设备状态，帮助进行人机交互和故障诊断，提升施工的效率和安全性。

随着信息技术的迅速发展，尤其是近年来物联网、互联网、卫星定位系统、云存储、云计算和人工智能等技术的进步，信息技术已全面融入盾构自动化装备中，使盾构机向智能化方向迈进。如今，盾构机作为物联网中的智能终端，与盾构施工成套技术相结合，融入了信息化体系。施工过程中涉及的隧道地质信息、结构信息、地面沉降信息、隧道方向坐标、施工组织和施工动态等多维度数据被整合，形成了庞大的盾构大数据体系，标志着盾构大数据时代的到来。盾构大数据作为众多智能化产品之一，也是国家战略性产品之一。它是工业大数据的重要组成部分，加强盾构大数据的建设对于提升我国工业的整体实力具有重要意义，有助于推动工业技术的创新和发展，提升行业的智能化水平。

（1）盾构大数据的建设与应用是智能化装备升级与施工智能化的基础

随着信息技术和互联网技术的不断发展，施工装备和施工技术不断革新，盾构装备已经从自动化时代迈入数字化时代。传统的施工数据积累、归档和总结方式，已无法满足当前装备升级与智能化施工的需求。要推动盾构与掘进技术的进步，必须加强数据的存储、分析和挖掘工作，这是实现智能制造与智能化施工的基础。

（2）快速发展的盾构施工及广泛应用，集中管理和统一调度至关重要

随着国家地铁及地下空间开发的加速推进，盾构法已成为主要的施工方法。以中铁隧道局集团有限公司为例，目前其拥有各类盾构机和 TBM 设备，涵盖土压平衡盾构、泥水平衡盾构、TBM 和矩形盾构等多种型号，广泛应用于铁路、公路、市政、水利等领域，分布于全国各地乃至海外（如以色列、新加坡、马来西亚等）。广泛的设备分布增加了装备管理和施工调度的复杂性。因此，建立一套稳定、有效的集中监控系统，对各地区盾构设备进行统一监控和管理，能够实现对现场施工的监控决策和施工技术数据的存储与共享，从而提升信息化管理水平，实现统筹调度和一体化指挥，这成为现代化施工企业的重要标志。

（3）盾构大数据的挖掘与分析，有效降低工程风险，实现综合风险管控

在盾构装备制造和施工技术领域，"信息孤岛"现象普遍存在。地下工程施工隐蔽性强，未知风险多，技术上存在不可预见的盲点。利用大数据分析技术，可以整合不同行业、不同地质条件下的施工数据，并进行深入的交互分析，实现盾构及掘进技术行业的数据共享。通过采用先进的数学方法进行大数据分析和挖掘研究，不仅能够提高盾构掘进的效率，降低施工风险，还能促进行业的绿色可持续发展。同时，这也有助于填补国内在盾构掘进自动化和智能化管理方面的空白，提升我国盾构设备的国际竞争力。

（4）盾构大数据的标准化是数据挖掘与应用的前提

数据的量化和共享是大数据的核心。盾构大数据涵盖来自不同厂家、不同地质条件和不同型号盾构机的设备数据、施工数据和位置数据。对这些数据进行标准化处理，建立统一的行业数据标准，并设立盾构行业的数据字典，是后续数据挖掘与应用的基础。构建一个集施工、设备状态、故障分析和科研应用于一体的国家级标准化大数据平台，将为盾构行业积累宝贵的工业大数据资源，并提供一个开放的应用平台，推动全行业的数字化、智能化转型。

3. 智能化盾构技术的应用与发展趋势

（1）智能化盾构技术的应用

盾构姿态智能化控制：通过先进的传感器和算法，对盾构机的姿态进行实时监测和调整，以提高施工精度和效率。该技术可以大大降低人工操作难度，提高施工安全性，减少人为因素导致的施工误差。

掘进参数智能化监测：实时监测掘进过程中的各项参数，如掘进速度、扭矩、推力等，确保掘进作业平稳进行。

盾构刀具智能化管理与维护：通过监测刀具的磨损情况和掘进参数，智能调整刀具的使用和更换策略，延长刀具使用寿命，降低施工成本。

智能化施工案例分析：通过收集和分析智能化盾构施工过程中的数据，总结施工经验和教训，为未来的施工提供指导和借鉴。

（2）智能化盾构技术的发展趋势

随着科技的不断发展，智能化盾构技术将进一步提高施工效率和工程质量，成为未来隧道施工的主流技术。智能化盾构技术将与5G、物联网等新技术相结合，实现更加高效、智能的施工方式。同时，智能化盾构技术也将在更多领域得到应用，推动隧道施工技术的发展。

盾构法隧道施工智能装备是隧道施工领域的重要发展方向。通过引入智能化技术，可以显著提高施工效率，降低施工风险，提高工程质量。未来，随着技术的不断进步和应用领域的拓展，智能化盾构技术将在隧道施工中发挥更加重要的作用。

8.3 非开挖施工技术

8.3.1 非开挖技术特点

非开挖施工技术是指在不进行大规模开挖的情况下，完成地下管线铺设、修复或更换的技术，具有高效、环保、对周边环境影响小等优点。常见的非开挖施工技术包括：水平定向钻进（horizontal directional drilling，HDD）、顶管（pipe jacking）法、微型隧道（micro tunneling）法、夯管（pipe ramming）法、螺旋钻进（auger boring）法等。

1.我国非开挖技术发展现状分析

20世纪70年代末，非开挖技术在西方国家兴起并发展，可以说该项技术是地下管线施工的一项技术革命，得到了世界各国的重视，其发展可以分为三个阶段：①地下挖掘后再铺设管线，效率低，安全性差，一般用于特殊场合的短距离工程。②常规掘进机械挖掘、铺设阶段。无法控制管线铺设方向，技术有限，无法铺设较长的管线。③现代非开挖管线施工技术，该技术采用专用设备和技术，效率高，质量好。

目前，我国很多城市的地下管线建设都采用了现代非开挖技术，这是我国国内市场发展的客观需求，也是非开挖技术本身带来的效益。非开挖技术有效解决了在现有建筑物下铺设管道的难题，有良好的经济和社会效益。

2.非开挖技术施工和维护过程中存在的问题及解决措施

（1）非开挖技术施工过程质量控制

由于非开挖技术施工是在地下进行的，属于隐蔽工程，所以一般对工程管材的检测都是在地面进行的，主要是检测管材的外观、严密性以及防腐蚀等特性。一旦施工后，管道被埋在地下，就无法进行全面直接的质测量试了。

首先是管道的外防护问题，在施工区域，定向钻施工区域可能会有一些异物或者回填土，空洞壁上也可能会有尖锐的物质，这样就很可能在回拖过程中划伤管道，影响管道运行安全。这就要求在施工过程中，首先要观察土质，然后确定不同的施工方法，如果石块等异物较多，可采用衬管防护技术，先让衬管拖入地下，然后让管道在衬管里面走，再把衬管拖出来，这样在施工过程中衬管就起到了保护管道的作用。

对于松软和沙化的土质，常采用定向钻技术。管道的坡度保证是定向钻施工技术的难点。如果开挖地区的地质松软且距离较长，就更难保证管道坡度。通过地面控制，定向钻技术在钻制导向孔时，可以保证坡度要求，但是往往因为管道自身重量大或者土质松软等，使管道坡度方向发生变化，这就可能会出现水堵情况。所以要使用导向探测仪等对敷设管道进行检测，以防止出现此类问题。

（2）对施工成本和施工工期的控制

通过物探、查阅资料等方式确定开挖地区的土质情况以及管道的具体情况等，以确定工程使用非开挖技术的施工成本和方案。例如运用穿管技术，首先确定地下管道的具体情况，确定开挖的具体位置，开挖工作坑，将地下管线的阀门、三通等设备取出来，等施工结束后再重新连接，这对原始资料的准确性有较高的要求，否则就会影响工期和增加成本费用。所以实施非开挖技术时，一定要掌握管线的准确资料，使用精准的物探设备进行探测。

（3）非开挖敷设管道维护中存在的问题

传统常规的管道维护方法往往不能满足非开挖敷设管道的要求，这给非开挖技术敷设管道的管理维护带来了很多问题，如：

①由于使用定向钻技术把管线深埋在地下，以避开其他管线或者障碍物等，所以管线埋得较深，无法对泄漏进行开挖抢修，只能废弃整根管线，维护难度和成本增加。针对这种现象，对于管道敷设较深的部分，可以采用缩口径穿管技术，一旦出现问题，可以直接拖出内管进行维修。施工过程中尽量保证施工质量，减少维修次数。

②修复更新后的管道结构发生变化，变为双层或者多层结构，这不利于正常维修工作的进行。如果发生断管现象，就要在不损坏内部管道的情况下，移除原有管道，施工难度大，这就需要更加精准的设备进行施工。

③关于泄漏点的确定问题，经过修复和更新的管道之间常常会出现缝隙，就容易导致泄漏，如果是燃气管道，泄漏点和泄漏发现的地点常常不一致，这就加大了确定泄漏点位置的难度，增加了管道抢修的时间和成本。

3. 非开挖技术的前景分析

随着社会经济和城市建设的不断发展，各国政府越来越重视非开挖技术产业的发展，逐渐形成政府支持、社会关注、行业推进、企业参与的氛围，非开挖技术的发展前景广阔。

与西方发达国家相比，目前我国的人均管道拥有量较低，所以还有较大的市场开发空间。随着经济和社会的发展，我国非开挖施工管道的运用比例越来越高，以较快的速度发展。而且随着国家"和谐社会"的提出，我国加大了对环境的保护力度，这些都是非开挖技术发展的需求和重要契机。由此可以看出未来一段时间内，我国的非开挖技术会取得较大的发展。

目前管道施工条件越来越复杂，管道长度越来越长，施工管道口径也越来越大。但是对于一些大型工程，非开挖管道就需要大吨位的设备，我国目前小吨位的设备生产较为成熟，但是大吨位的设备较少。就目前的发展来看，从国外进口大吨位设备价格昂贵，发展大吨位设备利润较高，所以非开挖施工设备会朝着大吨位方向发展。非开挖技术的发展重点会逐渐转移到管道的修复与转换上，而且还要不断提高管道的探测技术。管道铺设完成后，就是关于管道维修和更换的问题了。随着管道总量的增加，我国开始更加关注管道修复、置换市场的发展。

8.3.2　非开挖施工方法

1. 水平定向钻

水平定向钻（图8-17）目前主要应用于管道铺设，其施工过程包括钻导向孔、扩孔和管道回拖3个阶段。

图 8-17　水平定向钻

（1）定向钻施工准备工作

施工前需对现场进行测量放线，划定作业范围；勘察路由附近范围内的地下管线，是否与施工路由冲突；勘察现场水源、电力情况，确定取用水、电方案；对现场地质条件进行勘察并出具详细的地勘报告。定向钻施工前，需分析要穿越地层的自稳性，可以有效防止成孔导流，避免引起地面塌陷。钻机进场前需进行场地平整，开挖发射坑、接收坑，并对钻机底座进行混凝土基础加固，保证钻机的稳定。在设计入土点和出土点的连接线上安装钻机，一般钻机的导轨与水平面的夹角较设计的入土角度大 1° 为宜，并根据穿越长度、管径、钻具承载力对钻进拉力进行调整。

（2）管道安装

管道安装工序为：①管道场内运输；②布管；③穿越管道坡口加工及组对；④焊接、无损检测；⑤防腐补口、补伤；⑥清管、压力试验、吹扫等。管材运至现场前要有管材和外涂层防腐质量检验合格证，现场防腐管应注意确保防腐质量，管材在装卸过程中需采取保护措施以免损坏防腐层和管端，如有损坏，应及时补伤并检漏。管道穿越大、中型水域，一、二级公路，高速公路，铁路时，所有焊缝需进行 100% 射线探伤检验，并进行 100% 超声波复验。

（3）导向孔

钻导向孔是利用水平定向钻设备在入口处开始定向钻进，钻进过程中通过监控和控制手段使钻孔按设计轨迹延伸，并从另一端钻出地表，完成导向孔的施工。钻导向孔前需要根据穿越处的地质情况，选择合适的钻头、导向板等。钻头通常带有斜面或斜节，使得钻头在连续回转时能钻出直孔。传感器需安装在靠近钻头的地方，便于接收、跟踪钻头位置，从而获得钻孔深度及其他所需参数。钻导向孔时，必须严格按照设计的穿越曲率半径进行，钻杆折角不宜过大。定向钻入土角度和出土角度的大小一般根据地质、地形、管材、管径确定，入土角度一般为 8°～20°，出土角度一般为 4°～12°，特殊情况下可适当调整角度大小。管道的曲率半径不宜小于 1500D（D 为管道外径），且需预留 ≥10 m 的管线在管道出、入土两端。穿越普通地质时，一般直接采用钻机本身的推进和旋转功能进行钻进施工，穿越坚硬地质时由于钻机本身旋转速度有限，需利用泥浆马达的高速旋转进行钻孔。如果在岩层变化较大的地区施工，需要对不同的软硬岩层采用不同的钻进速度，以防止钻孔的升降，形成交错的平台孔。

（4）预扩孔

拖拉大管径管线时，由于导向孔孔径远小于管线直径，故需要将导向孔扩大，一般需用扩孔器将孔径扩大至管线直径的 1.5 倍左右，扩孔器的扩孔由出土点向入土点方向进行，分级、多次扩孔至所需孔径，对于管径小于 DN400 mm 的管线，在钻机能力足够的情况下扩孔和回拖可同时进行。扩孔过程中，扩孔器需要及时更换，以缩短施工时间，减小孔道塌方的可能性。如果出现扩孔扭矩过大的情况，需采用相同尺寸的扩孔器重新扩孔 1~2 次。如果出现跳钻情况，需减缓钻速、减小钻压，待工作平稳后再逐渐恢复至最优的钻速、钻压。施工时需根据地层特点选择不同的扩孔器，地层不同，扩孔器的结构形式也不同，目前主要有挤扩式、流道式、切削式以及岩石扩孔器等。挤扩式扩孔器通过挤压地层实现扩孔，常用于松软土层。流道式扩孔器在挤压地层的同时具有一定的切削和排屑效果，适用范围较广，在大部分土层中均可使用。切削式扩孔器主要通过切削地层实现扩孔，排屑效果好，适用于密实的砂质土层。岩石扩孔器分为牙轮扩孔器和滚刀扩孔器，其中牙轮又可细分为镶齿和钢齿两种，通常钢齿用于软岩及硬土层，镶齿主要用于硬岩施工；而滚刀扩孔器则主要用于对付硬度较高的岩石或进行长距离的岩层扩孔施工。

（5）回拖

管线回拖作业方向和扩孔作业方向一致，从出土点至入土点。管道回拖过程中如出现回拖力迅速增大、回拖困难的情况，可采用推土机、吊管机同时助力的方式。回拖过程中管线会与孔壁接触产生摩擦，管线壁外防腐层易受到损坏，为减少回拖过程中防腐层的损坏，需在回拖前对管线外防腐层进行全面检漏及修补，一般采用电火花检漏仪。回拖结束后，管材与回扩孔之间的空隙无法进行回填夯实处理，因此，对管材沉降要求比较高的工程需慎重选择该施工方式。在扩孔及回拖过程中泥浆具有很重要的作用，可以稳固孔壁，润滑孔洞，以减小回拖过程中的摩擦力，泥浆的流动性也可以将钻屑带出孔洞。

（6）水平定向钻硬岩施工

水平定向钻施工方式应用于硬岩地质时，需采用泥浆马达，使用高压泥浆驱动泥浆马达中的涡轮高速旋转，以此带动钻头破碎岩石。硬岩地层施工钻进较为困难，由于岩石强度高，钻进过程中对钻具的磨损较大，对于抗压强度≥60 MPa 的岩层，优先采用硬质合金镶齿牙轮钻头，对于石英质含量较高的岩层，牙轮钻头应尽量采用小齿以延长齿轮寿命，对于软岩地层则采用小直径钻头。由于泥浆对各类地质的适应性较差，钻进过程中需要根据不同的岩层及时调整泥浆特性，岩层粒径≥20 mm 时，需提高泥浆动塑比、静切力等以提高泥浆携带能力；岩层粒径< 2 mm 时，需降低泥浆黏度，增强其流动性。

2. 顶管法

（1）概述

顶管法是指隧道或地下管道穿越铁路、道路、河流或建筑物等各种障碍物时采用的一种暗挖式施工方法。先在工作坑内设置支座和安装液压千斤顶，借助主顶液压缸及管道间、中继间等的推力，把工具管或掘进机从工作坑内穿过土层一直推到接收坑内吊起，与此同时，紧随工具管或掘进机后面，将预制的管段顶入地层。这是一种非开挖的敷设地下管道的施工方法，可用于直线管道，也可用于曲线管道等，如图 8-18 所示。

顶管施工技术自 1896 年在美国的北太平洋铁路铺设工程中首次使用以来，已有 100 多年的历史。我国的顶管施工是从 20 世纪 50 年代初在北京和上海开始的，当时采用手掘式顶

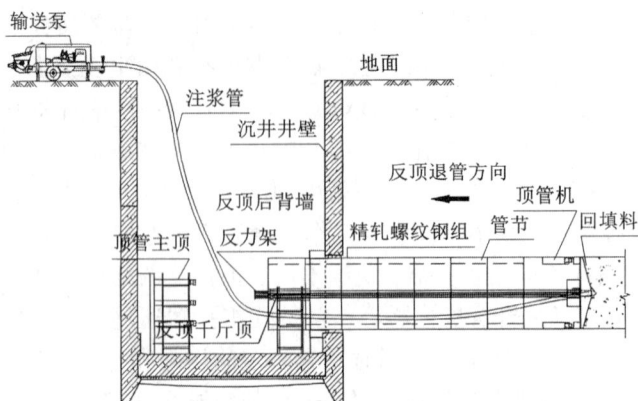

图 8-18 顶管法施工示意图

管,设备也比较简陋。近 30 年来,随着经济、技术的发展,我国顶管施工技术无论是在施工理论,还是在施工工艺与装备方面,都得到了突飞猛进的发展,从而使我国的顶管施工技术迈上了一个新台阶,尤其在超大直径、长距离、复杂地质条件下的顶管工程中表现突出。

随着时间的推移,顶管技术也与时俱进,得到迅速发展,主要体现在以下几个方面:

①一次连续顶进的距离越来越长。

②顶管直径向大、小直径两个方向发展。

③管材包括钢筋混凝土管、钢管、玻璃钢顶管等。

④挖掘技术的机械化程度越来越高。

⑤顶管线路的曲线形状越来越复杂,曲率半径越来越小。

(2)顶管法的适用范围及特点

适用范围:管道穿越障碍物如铁路、公路、河流或建筑物时;街道狭窄,两侧建筑多时;在交通量大的市区街道施工,管道既不能改线,又不能中断交通时;现场条件复杂,与地面工程交叉作业相互干扰,易发生危险时;管道覆土较深,开槽土方量大,并需要支撑时。

与开槽施工相比,顶管法具有以下特点:施工占地面积小,施工面移入地下,不影响交通、不污染环境;穿越铁路、公路、河流、建筑物等障碍物时可减少拆迁,节省资金与时间,降低工程造价;施工中不破坏现有的管线及构筑物,不影响其正常使用;大量减少土方的挖填量,利用管底下边的天然土做地基,可节省管道的全部混凝土基础。

顶管法施工存在的不足:受地层影响,土质不良或管顶超挖过多时,竣工后地面会下沉,地表出现裂缝,需要进行灌浆处理。必须有详细的工程地质和水文地质勘探资料,否则将出现难以克服的困难。遇到复杂地质情况,如松散的砂砾层、地下水位以下的粉土时,施工困难,工程造价增高。影响顶管槽施工的因素主要有地质、管道埋深、管道种类、管材及接口、管径大小、管节长度、施工环境、工期等,其中主要因素是地质和管节长度。因此,顶管槽施工前,应详细勘察施工地质、水文地质和地下障碍物等情况。顶管槽施工一般适用于非岩性土层,在岩石层、含水层施工或遇到坚硬的地下障碍物时,都需有相应的附加措施。用顶管槽施工方法敷设的给水排水管道有钢管、钢筋混凝土管及预制或现浇的钢筋混凝土管沟(渠、廊)等。采用得最多的管材是各种圆形钢管、钢筋混凝土管。

（3）顶管法施工分类及其组成

①按所顶进的管材口径大小分为大口径、中口径、小口径和微型顶管 4 种。大口径多指 2 m 以上的顶管，人可以在其中直立行走。中口径顶管的管径多为 0.2 ~ 1.8 m，人在其中需弯腰行走，大多数顶管为中口径顶管。小口径顶管直径为 500 ~ 1000 mm，人只能在其中爬行，有时甚至爬行都比较困难。微型顶管的直径通常在 400 mm 以下，最小的只有 75 mm。

②按工作坑和接收坑之间的距离分为普通距离顶管和长距离顶管。

③按推进管前工具管或顶进机的作业形式分为手掘式人工顶管、挤压顶管、水射流顶管和机械顶管(泥水式、泥浆式、土压式、岩石式)。手掘式顶管的推进管前只是一个钢制的带刃口的管子(称为工具管)，人在工具管内挖土。掘进机顶管的破土方式与盾构类似，也有机械式和半机械式之分。

④按推进管的管材分为钢筋混凝土顶管、钢管顶管和其他管材顶管。

⑤按顶进管轨迹的曲直分为直线顶管和曲线顶管。

⑥根据管道顶进方式的不同，顶管法施工可分为掘进式顶管法、挤压式顶管法。掘进式顶管法分为机械取土掘进顶管和水力掘进顶管，挤压式顶管法分为不出土挤压顶管和出土挤压顶管两种；按照前方防塌方式的不同，分为机械平衡、土压平衡、水压平衡、气压平衡等。

（4）顶管施工基本组成

顶管施工主要包括以下 15 个部分。

①工作坑和接收坑。工作坑(图 8-19、图 8-20)也称基坑，是安放所有顶进设备的场所，也是顶管掘进机的始发场所。工作坑还是承受主顶液压缸推力的反作用力的构筑物。接收坑是接收掘进机的场所。通常管子从工作坑中一节一节地推进，到接收坑将掘进机吊起以后，再将第 1 节管子推出一定长度，整个顶管工程才基本结束。有时在多段连续顶管的情况下，工作坑也可以当接收坑用，但反过来则不行，因为一般情况下接收坑比工作坑小许多，顶管设备无法安放。

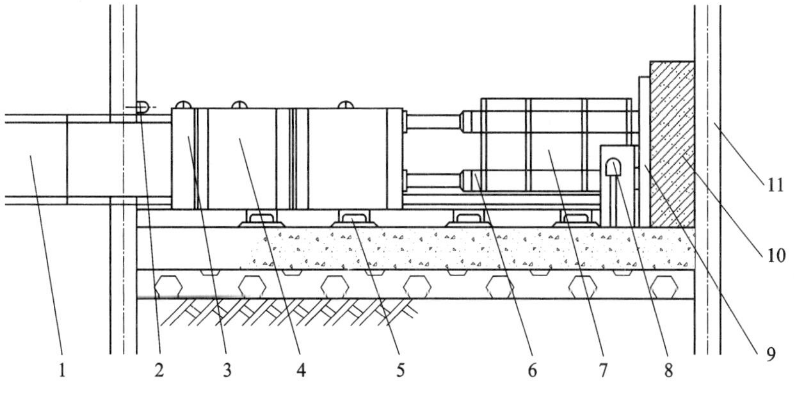

1—管节；2—洞口止水系统；3—环形顶铁；4—弧形顶铁；5—顶进导轨；6—主顶液压缸；
7—主顶液压缸架；8—测量系统；9—后靠背；10—后座墙；11—井壁。

图 8-19　顶管工作坑布置图

②洞口止水圈：安装在工作坑的出洞洞口和接收坑的进洞洞口，具有制止地下水和泥砂流入工作坑和接收坑的功能。

③顶进机：是顶管用的机器，总是安放在所顶管道的最前端，有各种形式，是决定顶管成功的关键所在。在手掘式顶管施工中不用顶进机，而只用一根工具管。不管是哪种形式，顶进机的功能都是取土和确保管道顶进方向的正确性。

④主顶装置：由主顶液压缸、主顶液压泵和操纵台及液压管 4 部分构成。液压缸提供管子推进的动力，它多呈对称状布置在管壁周边。液压缸在大多数情况下都为偶数，对称分布。

图 8-20 顶管工作坑施工照片

⑤顶铁：有环形顶铁和弧形或马蹄形顶铁之分。环形顶铁的主要作用是把主顶液压缸的推力较均匀地分布到所顶管子的端面上。弧形或马蹄形顶铁是为了弥补主顶液压缸行程与管节长度之间的不足。弧形顶铁用于手掘式、土压平衡式等许多方式的顶管中，它的开口是向上的，便于管道内出土。而马蹄形顶铁则是倒扣在基坑导轨上的，开口方向与弧形顶铁相反，它只用于泥水平衡式顶管中。

⑥基坑导轨：是由两根平行的箱形钢结构焊接在轨枕上制成的。它的作用主要有两点：一是使推进管在工作坑中有一个稳定的导向，并使推进管沿该导向进入土中；二是让环形、弧形顶铁在工作时能有一个可靠的托架。

⑦后座墙：是把主顶液压缸推力的反力传送到工作坑后部土体中的墙体。它的构造会因工作坑的构筑方式的不同而有所不同。在沉井工作坑中，后座墙一般就是工作井的后方井壁。在钢板桩工作坑中，必须在工作坑内的后方与钢板桩之间浇筑一面与工作坑宽度相等的、厚度为 0.5~1 m 的钢筋混凝土墙，目的是使推力的反力能比较均匀地作用到土体中，尽可能地使主顶液压缸的总推力的作用面积大一些。

⑧推进用管及接口。推进用管分为多管节和单一管节两类。多管节的推进管大多为钢筋混凝土管，管节长度为 2~3 m。这类管都必须采用可靠的管接口，该接口必须在施工时和施工完成以后的使用过程中都不渗漏。这种管接口有 T 形和 F 形等多种形式。

⑨输土装置：会因推进方式的不同而不同。在手掘式顶管中，大多采用人力劳动车出土；在土压平衡式顶管中，采用蓄电池拖车、土砂泵等方式出土；在泥水平衡式顶管中，采用泥浆泵和管道输送泥水。

⑩地面起吊设备：最常用的是门式行车，它操作简便、工作可靠，不同口径的管子应配不同吨位的行车。它的缺点是在转移过程中拆装比较困难。

⑪测量装置。通常用得最普遍的测量装置就是置于基坑后部的经纬仪和水准仪。使用经纬仪来测量管子的左右偏差，使用水准仪来测量管子的高低偏差。有时所顶管子的距离比较短，也可只用上述两种仪器中的任意一种。

⑫注浆系统：由拌浆、注浆和管道三部分组成。拌浆是将注浆材料兑水后再搅拌成所需的浆液。注浆是通过注浆泵来进行的，它可以控制注浆的压力和注浆量。管道分为总管和支管，总管安装在管道内的一侧；支管则把总管内压送过来的浆液输送到每个注浆孔中。

⑬中继站：亦称中继间，它是长距离顶管中不可缺少的设备。中继站内均匀地安装有许多台液压缸，这些液压缸把它们前面的一段管子推进一定长度（如 300 mm）以后，再让后面的中继站或主顶液压缸把该中继站液压缸缩回。这样一节连一节，一次连一次，就可以把很长一段管子分几段顶到接收坑，最终依次把由前到后的中继站液压缸拆除，一个个中继站合拢即可。

⑭辅助施工。顶管施工有时离不开一些辅助的施工方法，如手掘式顶管中常用的井点降水、注浆等，又如进出洞口常用的高压旋喷施工和搅拌桩施工等。

⑮通风与换气：是长距离顶管中不可缺少的一环，顶管中的换气应采用专用的抽风机或鼓风机。通风管道一直通到掘进机内，把浑浊的空气抽离工作井，然后让新鲜空气自然地补充进去。

8.3.3　非开挖施工智能化发展

非开挖施工智能化发展呈现出多方面发展的积极态势，同时也面临一些挑战，未来将朝着更高级的智能化、多元化方向发展。

①技术的应用使施工效率与精度不断提高。多种技术融合应用，如人工智能、大数据、物联网等技术已广泛应用于非开挖施工中。例如，在 PE 钢丝网复合管非开挖工程中，通过物联网监测系统采集地质数据，结合 BIM 技术，使施工路径规划精度提升 40%；智能导向钻进系统搭载 AI 算法，自动调整钻进参数，施工速度可提升 60%，成本降低约 28%。

②设备智能化程度提高。智能钻机、远程监控系统等智能化设备逐渐普及，能实时感知施工环境的变化并作出调整，确保施工顺利进行，提高了施工的安全性和可控性，有效降低了因人工操作和经验判断带来的误差和安全隐患。非开挖机械设备不断创新升级，具备更强的适应性，能应对不同地质条件和不同类型管道的施工需求，根据不同施工条件和要求自动优化施工参数，进一步提高施工效率和质量。

③质量控制更精准。机器人焊接设备实现管道自动对接，焊缝合格率达 99.8%，较人工提升 35%；三维激光扫描技术动态监测地表沉降，误差可控制在 ±2 mm 以内，能有效规避周边设施风险，保障施工质量。

④数据驱动管理更优化。借助大数据分析和云计算等技术，施工单位可精准预测施工进度、材料消耗等关键指标，实现施工过程优化和资源合理配置，提高施工效率和经济效益。

智慧启思

胶州湾海底隧道——海底的科技长城

认知拓展

实践创新

思考题

1. 矿山法隧道施工的基本原理和特点是什么?

2. 简述盾构法隧道施工的基本原理和特点。

3. 盾构机掘进模式包括哪些? 如何选择掘进模式?

4. 泥水平衡盾构机和土压平衡盾构机的主要区别是什么? 如何选型?

5. 简述非开挖技术的主要类型及其特点。

6. 简述水平定向钻的三个施工步骤。

7. 简述顶管法的基本原理及应用条件。

8. 简析隧道智能建造的核心与技术体系框架。

9. 简述隧道钻爆法施工不同区段的机械化配套装备。

10. 简述矿山法、盾构法和非开挖施工的异同点。

参考答案

第 9 章

流水施工原理与网络计划技术

本章思维导图

AI微课

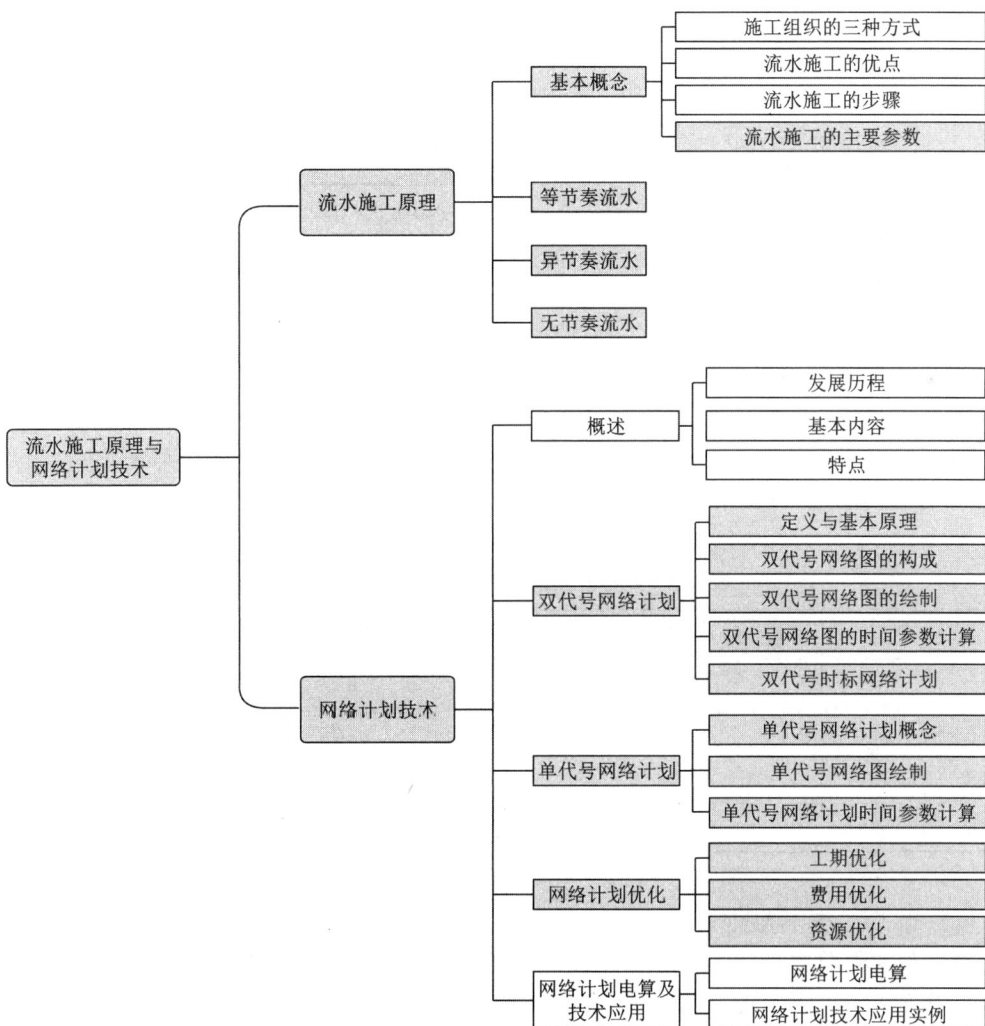

在土木工程施工中，需要考虑工程项目的施工特点、工艺流程、资源利用、平面或空间布置等因素。流水施工是一种科学组织施工的方法。它以专业化分工以及时间和空间的优化利用为核心思想，将工程项目分解为若干个施工过程，使各施工过程在时间和空间上合理衔接并连续均衡地进行，以提高效率、缩短工期、降低成本。网络计划技术是以网络图为工具，表达施工过程及其逻辑关系，并通过计算、分析来优化工期，从而实现资源和成本的计划管理。

流水施工原理是基础性的施工组织逻辑，解决"如何分段、如何流动"的问题；网络计划技术是高级的计划控制工具，解决"如何统筹、如何优化"的问题。两者的关联性体现在以下几个方面：

①底层数据互通：流水施工的参数直接转换为网络计划的输入条件。

②管理目标统一：两者均以缩短工期、均衡资源、降低成本为核心。

③应用场景互补：小项目用流水施工简化管理，大项目用网络计划统筹全局，复杂项目则两者深度融合。

实际工程中，两者结合则可形成"分段组织流水作业，全局构建网络计划"的高效管理模式，尤其适用于线性工程(如管道、道路)和分阶段施工项目(如高层建筑)。

9.1 流水施工原理

>>>

9.1.1 基本概念

>>>

1.组织施工的三种方式

组织施工的基本方式有依次施工、平行施工和流水施工三种。对于相同的施工对象，当采用不同的组织施工方法时，其效果也各不相同，可通过以下案例直观地说明。

有四栋房屋的基础工程，每栋的施工过程及工程量等参数见表9-1。

表 9-1　四栋房屋的基础工程施工参数

施工过程	工程量/m³	产量定额/(m³·工日⁻¹)	劳动量/工日	班组人数/人	延续时间/d	工种
基础挖土	210	7	30	30 人	1	普工
浇砼垫层	30	1.5	20	20	1	混凝土工
砌筑砖基础	40	1	40	40	1	瓦工
回填土方	140	7	20	20	1	灰土工

(1)依次施工(一栋栋地进行)

依次施工(也称顺序施工)是按照建设产品生产的先后顺序或施工过程中各分部(分项)工程的先后顺序，由相同作业班组依次连续进行生产的一种组织生产方式。这是最简单、最基本的组织生产方式。任何组织生产方式都包含了依次施工这一基本方式，它由土木工程施工的生产规律决定。图9-1所示为依次施工进度图。

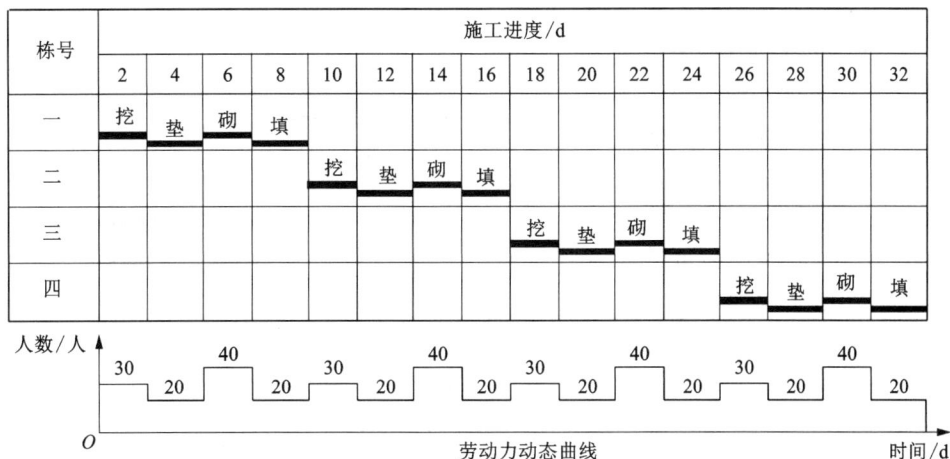

图9-1 依次施工进度图

依次施工的优点是同时投入的劳动力较少,组织简单,材料供应单一;缺点是劳动生产率低,工期较长,难以在短期内提供较多的产品,不能适应大型工程的施工。

(2)平行施工(各队同时进行)

平行施工是将一个工作范围内的相同施工过程同时组织施工,完成以后再同时进行下一个施工过程的施工方式。平行施工的优点是最大限度地利用了工作面,工期最短;缺点是在同一时间内需提供的相同劳动资源成倍增加,这给实际施工带来一定的难度,因此,只有在工程规模较大或工期较紧的情况下采用才是合理的。图9-2所示为平行施工进度图。

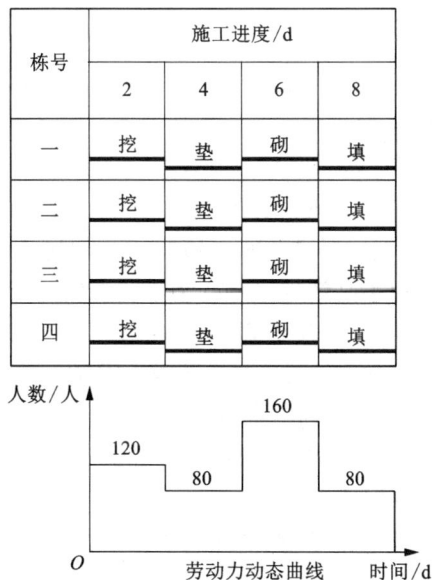

图9-2 平行施工进度图

（3）流水施工

流水施工是把若干个同类型建筑或一幢建筑在平面上划分成若干个施工区段（施工段），组织若干个在施工工艺上有密切联系的专业班组相继进行施工，依次在各施工区段上重复完成相同的工作内容。图9-3所示为流水施工进度图。

采用流水施工，各专业班组之间能合理地利用工作面进行平行搭接施工，在没有增加任何劳动资源的情况下优化了施工过程间的衔接关系，从而达到缩短工期的目的。流水施工综合了依次施工和平行施工的优点，是土木工程施工中最合理、最科学的一种组织方式。

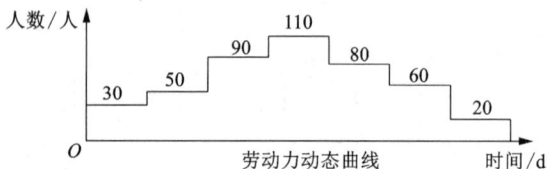

图9-3　流水施工进度图

2.流水施工的优点

在土木工程施工中，建设产品和土木工程施工的特点决定了生产过程中各施工过程（工序）在同一施工段上进行依次施工；同时工作面又划分了施工段，为不同施工过程之间组织平行施工创造了条件。土木工程流水施工的实质是，由生产工人利用一定的机械设备，沿着建筑物的水平方向或垂直方向，用一定数量的材料在各施工段上进行生产，使最后完成的成果成为建筑物的一部分，再转移到另一个施工段上去进行同样的工作；所空出的工作面由下一施工过程的生产工人采用相同形式继续进行生产。如此不断进行，确保各施工过程生产的连续性、均衡性和节奏性。

通过上述比较可以看出，流水施工在工艺划分、时间安排和空间布置上都体现出了科学性、先进性和合理性。因此，它具有显著的技术经济效果，主要体现在以下几点：

①专业施工队及工人实现了专业化生产，有利于提高技术水平，有利于技术革新，从而有利于保证施工质量，减少返工、浪费和维修费用。

②工人实现了连续性单一作业，便于改善劳动组织、操作技术和施工机具，增加熟练技巧，有利于提高劳动生产率（一般可提高30%~50%），加快施工进度。

③由于资源消耗均衡，避免了高峰现象。有利于资源的供应与充分利用，减少现场暂设工程，从而可有效地降低工程成本（一般可降低6%~12%）。

④施工具有节奏性、均衡性和连续性，减少了施工间歇，从而可缩短工期（比依次施工可缩短30%~50%），尽早发挥工程项目的投资效益。

⑤施工机械、设备和劳动力可以得到合理、充分的利用，减少浪费，有利于提高经济效益。

⑥由于工期短、效率高、用人少、资源消耗均衡，可以减少现场管理费和物资消耗，实现合理储存与供应，从而有利于提高综合经济效益。

3.流水施工的步骤

①将建筑物划分为若干个劳动量大致相等的施工段。

②将整个工程按施工阶段划分为若干个施工过程，并组织相应的施工队组。

③确定各施工队组在各段上的工作时间。

④组织各施工队组按一定的施工顺序，依次连续地在各段上完成自己的工作。

⑤组织各施工队组同时在不同的空间进行平行作业。

4.流水施工的主要参数

在组织流水施工时，为了说明施工过程在时间和空间上的开展情况及相互依存关系，这里引入一些描述工艺流程、空间布置和时间安排等方面的特征参数和各种数量关系参数，这些参数称为流水施工参数。按其性质的不同，一般可分为工艺参数、空间参数和时间参数。

①工艺参数：反映施工过程在工艺上的划分和组织方式。包括施工过程数、流水强度。

②时间参数：反映施工过程在时间上的衔接关系，其决定流水节奏。包括流水节拍、流水步距、流水间歇时间、搭接时间、流水工期。

③空间参数：反映施工过程在空间上的划分，其决定了工作面利用效率。包括施工层、工作面（作业面）、施工段数（流水段数）。

下面具体介绍各参数的意义和注意事项。

（1）施工过程数（n）

一个工程的施工，通常由许多施工过程（如挖土、支模、扎筋、浇筑混凝土等）组成。施工过程的划分需根据计划类型采用不同的方法：

①控制性施工进度计划：施工过程可划分得粗一些，如按单位工程或分部工程划分，以体现关键线路。

②实施性施工进度计划：施工过程可划分得细一些，如分解到分项工程或工序，明确工艺逻辑。需要注意的是，划分施工过程时，数量不宜过多（以主导性的施工过程为主），以便于流水施工。

（2）流水强度

流水强度（V）又称为流水能力、生产能力，是每一施工过程在单位时间内所完成的工程量。

①机械施工过程的流水强度按下式计算：

$$V=R_1S_1+R_2S_2+\cdots+R_nS_n \tag{9-1}$$

式中：R_i 为某种施工机械台班数，$i=1，\cdots，n$；S_i 为该施工机械台班生产率，$i=1，\cdots，n$。

②手工操作过程的流水强度按下式计算：

$$V=RS \tag{9-2}$$

式中：R 为每一施工过程投入的工人数（R 应小于工作面上所能容纳的最多人数）；S 为每一工人工作日产量。

（3）流水节拍

流水节拍是一个施工过程在一个施工段上的持续时间。它的作用如下：

①影响工期和资源投入。流水节拍长则工期长、速度慢；流水节拍短则资源供应强度大。

②决定流水组织方式。流水节拍相等或成倍数关系时，流水组织方式为节奏流水；流水

节拍不等且无倍数关系时,流水组织方式为非节奏流水。

流水节拍的确定方法有两种:一是根据工期的要求来确定;二是根据现有能够投入的资源(劳动力、机械台数和材料量)来确定。

计算方法有两种:

①定额计算法。根据各施工段的工程量能够投入的资源量(工人数、机械台数和材料量等),按下式计算:

$$t_i = \frac{Q_i}{S_i R_i N_i} = \frac{P_i}{R_i N_i} \tag{9-3}$$

式中:t_i 为第 i 施工段上的流水节拍;Q_i 为第 i 施工段上要完成的工程量;S_i 为每一工日(或机械台班)的计划产量;R_i 为第 i 施工段上投入的工人人数或机械台班数;N_i 为某专业施工队的工作班次。P_i 为第 i 施工段上投入的劳动量或机械设备数量。

②经验估计法。为了提高准确度,往往先估算出该流水节拍的最长、最短和最可能三种时间点,然后据此求出期望时间,作为一个施工段上的流水节拍。一般按下式计算:

$$t_i = \frac{a_i + 4c_i + b_i}{6} \tag{9-4}$$

式中:t_i 为第 i 施工段上的流水节拍;a_i 为某施工过程完成第 i 施工段工程量的最短时间估计;b_i 为某施工过程完成第 i 施工段工程量的最长时间估计;c_i 为某施工过程完成第 i 施工段工程量的最可能时间估计。

(4)流水步距

两个相邻的施工过程先后进入流水施工的时间间隔称为流水步距(K)。

流水步距取决于参与流水的施工过程数,如施工过程数为 n 个,则流水步距的总数为 $n-1$ 个。

确定流水步距的基本要求如下:

①前后两个施工过程始终保持合理的工艺顺序。

②尽可能保持各施工过程的连续作业。

③做到前后两个施工过程施工时间的最大搭接(即前一个施工过程完成后,后一个施工过程尽可能早地进入施工)。

(5)流水间歇时间

由于工艺要求或组织因素要求,两个相邻的施工过程会增加一定的流水间歇时间(Z)。这种间歇往往是必要的。间歇按性质可分为技术间歇(S)和组织间歇(G);按位置可分为层内间歇(施工过程间歇)(Z_1)和层间间歇(Z_2)。

①技术间歇(S):由于材料性质或施工工艺的要求,需要考虑的合理的工艺等待时间。如养护、干燥等。

②组织间歇(G):由于施工技术或施工组织的原因,需要在流水步距以外增加的工序间隔时间。如弹线、人员及机械的转移、质量验收、安全检查等。

(6)搭接时间

前一个施工队未撤离,后一个施工队即进入该施工段。两者在同一施工段上平行施工的时间称为搭接时间(C)。

（7）工作面（作业面）

工作面（A）表明在施工对象上可能设置一定的工人操作空间，或放置施工机械的空间，它反映施工过程（工人操作、机械布置）在空间上的可能性。在确定一个施工过程必要的工作面时，不仅要考虑施工过程必需的工作面，还要考虑生产效率，同时应遵守安全技术和施工技术规范的规定。

（8）施工段数（流水段数）

在组织流水施工时，通常把施工对象划分为劳动量相等或大致相等的若干段，这些段称为施工段数（m）。分段的目的是使参加流水施工的各施工队组都有自己的工作面，保证不同队组能在各自的工作面上同时施工。

分段原则是施工段的分界与施工对象的结构界限（温度缝、沉降缝和建筑单元等）应尽可能一致，也可参考建筑及装饰的外观效果；自然界限各段的劳动量应大致相等（相差在 15% 以内，以保证连续均衡），以主导施工过程数为依据，段数不宜过多（否则工作面小，上人少，工期长）；保证工人有足够的工作面；有层间关系时，若要保证各队组连续施工，则每层段数 $m \geq n$（或 $m \geq$ 施工队组数）。

施工段数（m）与施工过程数（n）的关系举例。

【例 9.1】一栋二层砖混结构，其主要施工过程为砌墙、安板（即 $n=2$），施工分段示意图如图 9-4 所示，分段方案如图 9-5 所示。（条件：工作面足够，各方案的人、机械数不变。）

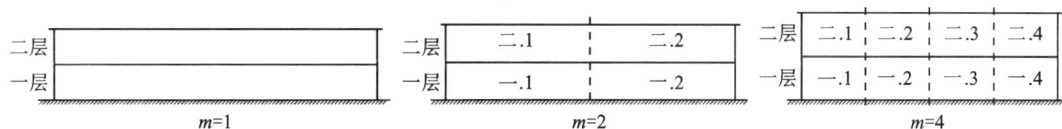

图 9-4　施工分段示意图

图 9-5　不同分段方案流水施工的效果与特点

结论：施工队组流水作业时，应使 $m \geq n$。注意：m 不能过大，否则，材料、人员、施工机械过于集中，影响效率和效益，且易发生事故。

土木工程的流水施工源自工业生产中的流水作业，但二者又有所不同。在工业生产中，生产工人和设备的位置是固定的，产品按生产加工工艺在生产线上进行移动加工，从而形成加工者与被加工对象之间的相对流动；而建筑产品是由生产工人带着材料和施工机械等在建筑物的空间上从前一段到后一段流动施工形成的。流水施工的组织分类方法一般有按流水施工的组织范围划分和按流水节拍的特征划分两种。本书根据流水节拍的特征，将其分为等节奏流水、异节奏流水和无节奏流水，并分别介绍其分析、计算方法。

9.1.2 等节奏流水

等节奏流水又称等节拍流水，是一种有规律的施工组织形式，即每一施工过程在各施工段中的作业时间(流水节拍)都相等。其中，各施工过程之间的流水节拍也相等，流水节拍是一个常数。

流水步距(K)等于流水节拍(t)，即 $K = t_i =$ 常数。

当分层施工时，每层的段数可按下式确定：

$$m = n + \frac{\sum Z_1}{K} + \frac{Z_2}{K} - \frac{\sum C}{K} \tag{9-5}$$

式中：m 为施工段数；n 为施工过程数；Z_1 为层内间歇时间，包括技术间歇和组织间歇时间；$\sum Z_1$ 为层内间歇时间之和；Z_2 为层间间歇时间(默认相邻上下楼层层间间歇时间相同)；C 为每层内各施工过程搭接时间；$\sum C$ 为层内各施工过程搭接时间之和。

流水施工计划工期(T_p)按下式计算：

$$T_p = (rm + n - 1)K + \sum Z_1 - \sum C \tag{9-6}$$

式中：T_p 为计划工期；r 为层数；$\sum Z_1$ 为各相邻施工过程间的间歇时间之和；$\sum C$ 为各相邻施工过程间搭接时间之和；其余参数同上。

【例9-2】某工程有Ⅰ、Ⅱ、Ⅲ 3个施工过程，分为6个施工段，各施工过程在各施工段上的流水节拍都为2 d，试绘制横道图并计算工期。

解：①绘制横道图，结果如图9-6所示。

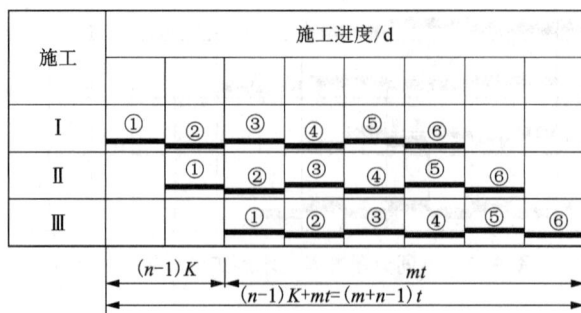

图9-6 例9-2等节奏流水施工进度图与工期

②计算工期：$T=(m+n-1)t=(6+3-1)\times2=16$ d。

【例9-3】某分部工程由甲、乙、丙3个分项工程组成，在竖向上划分为两个施工层组织流水施工。流水节拍均为2 d。为缩短计划工期，容许分项工程甲与乙平行搭接时间为1 d；分项工程乙完成后，它的相应施工段至少有技术间歇1 d；层间组织间歇为1 d。为保证施工队连续作业，试确定每层施工段数、计划工期，并绘制流水施工进度图。

解：①确定流水步距(K)：

等节拍流水，取$K=t=2$ d。

②确定流水段数(m)：

$m=n+(\sum Z_1/K)+(Z_2/K)-(\sum C/K)$

$=3+(1/2)+(1/2)-(1/2)=3.5$（段），取$m=4$（段）。

③计算计划工期T_p：

$T_p=(rm+n-1)K+\sum Z_1-\sum C$

$=(2\times4+3-1)\times2+1-1$

$=20$ d。

④绘制流水施工横道图，结果如图9-7所示。

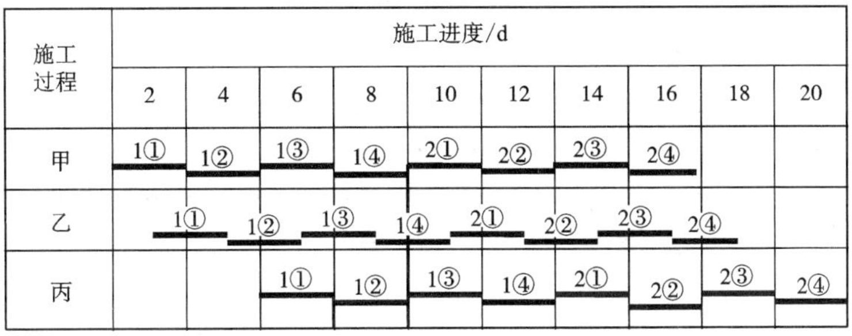

施工过程	施工进度/d									
	2	4	6	8	10	12	14	16	18	20
甲	1①	1②	1③	1④	2①	2②	2③	2④		
乙		1①	1②	1③	1④	2①	2②	2③	2④	
丙			1①	1②	1③	1④	2①	2②	2③	2④

图9-7　例9-3等节奏流水施工进度图

9.1.3　异节奏流水

异节奏流水是指同一个施工过程的节拍全都相等，但各施工过程之间的节拍不等，且为某一常数的倍数。异节奏流水施工的组织步骤：

①确定施工流水线，分解施工过程，确定施工顺序；

②划分施工段：当不分施工层时，可按划分施工段的原则确定施工段数。

一般情况下，计划工期(T_p)按下式确定：

$$T_p=\sum K_{i,i+1}+T_n+\sum Z_1-\sum C \tag{9-7}$$

式中：$\sum K_{i,i+1}$为相邻两施工过程（或专业施工队）i与$i+1$之间的流水步距；T_n为最后一个施工过程（或专业施工队）从进场到离场的持续时间；$\sum Z_1$为层内间歇时间之和；$\sum C$为层内各施工过程搭接时间之和。

当分层施工时，可按照类似于等节拍流水的计算方法，通过增加专业施工队组数的方法形成加快成倍节拍流水的方式来组织流水。每层的段数可按下式确定：

$$m = \sum b_i + \frac{\sum Z_1}{K_b} + \frac{Z_2}{K_b} - \frac{\sum C}{K_b} \tag{9-8}$$

式中：m 为施工段数；$\sum Z_1$ 为一个楼层内各施工过程间的间歇时间之和；Z_2 为层间间歇时间（默认相邻上下楼层层间间歇时间相同）；K_b 为成倍节拍流水的流水步距，按照各施工过程流水节拍最大公约数确定；$\sum b_i$ 为专业施工队总数之和，每个施工过程专业队数按照该施工过程流水节拍 t_i 除以 K_b 来确定；$\sum C$ 为每层内各施工过程搭接时间之和。

$$T_p = (rm + \sum b_i - 1)K_b + \sum Z_1 + \sum Z_2 - \sum C \tag{9-9}$$

式中：T_p 为计划工期；r 为施工层数；其余参数同上。

【例9-4】某混合结构房屋，据技术要求，流水节拍为：砌墙4 d；构造柱、圈梁施工6 d；安板及板缝处理2 d。试组织流水作业。

解：有4种组织方法，如图9-8所示。

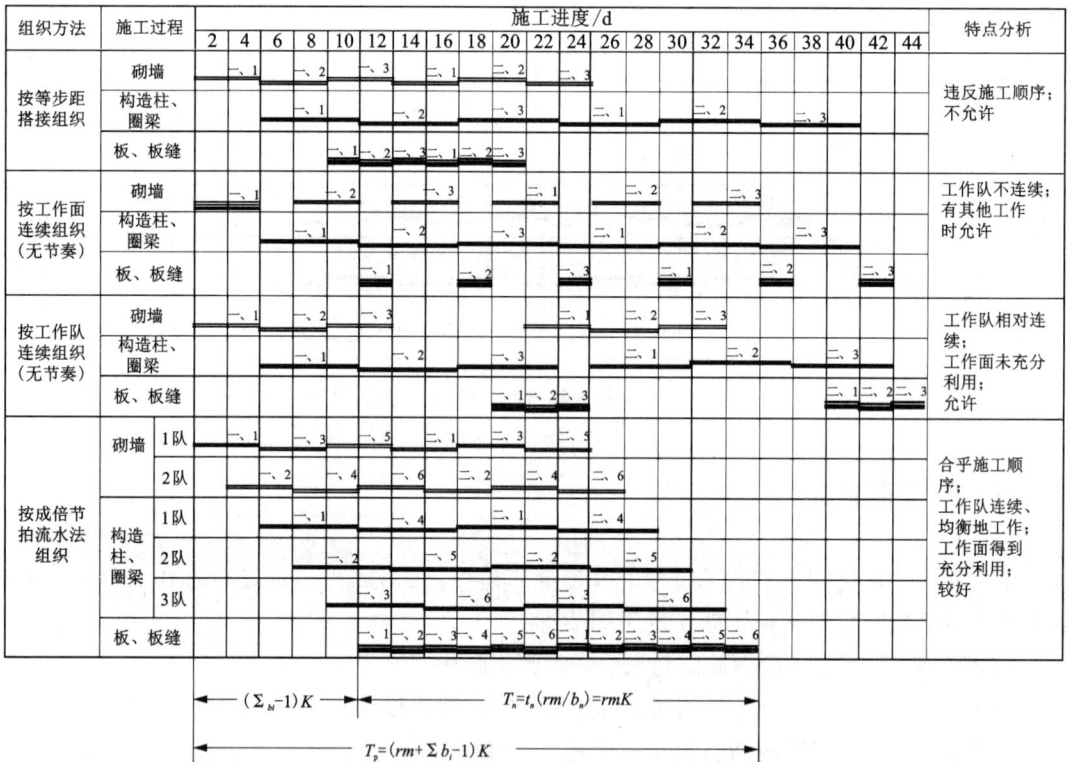

图 9-8　异节奏流水施工进度图与工期

按照图9-8中最后一种成倍节拍流水法组织，计算如下。

①使流水节拍满足上述条件。

②计算流水步距(K)：K=各施工过程节拍的最大公约数。本例中 K=2 d。

③计算各施工过程需配备的队组数(b_i)：$b_i = t_i/K$。

本例中，$b_{砌}=4/2=2$（个队）；$b_{混}=6/2=3$（个队）；$b_{安}=2/2=1$（个队）

④确定流水段数（m）：

无间歇要求时：

$$m = \sum b_i (保证各队组均有自己的工作面)$$ (9-10)

有间歇要求时：

$$m = \sum b_i + \frac{\sum Z_1}{K} + \frac{Z_2}{K} - \frac{\sum C}{K}(小数只入不舍)$$ (9-11)

本例中无间歇要求，$m = \sum b_i = 2+3+1 = 6$（段）

⑤计算计划工期 T_p：

$$T_p = (rm + \sum b_i - 1)K + \sum Z_1 - \sum C$$ (9-12)

本例中，$T_p = (2×6+6-1)×2+0-0 = 34$ d。

【例9-5】某工程分两层叠制构件，有3个主要施工过程，节拍为：扎筋3 d，支模3 d，浇混凝土6 d。要求层间间歇不少于2 d；且支模后须经3 d检查验收，方可浇砼。试组织加快成倍节拍流水。

解：

①确定流水步距（K）：节拍最大公约数为3，则 $K=3$。

②计算施工队组数（b_i）：$b_{扎筋}=3/3=1$（个）；$b_{支模}=3/3=1$（个）；$b_{浇砼}=6/3=2$（个）。

③确定流水段数（m）：层内间歇3 d，层间间歇2 d，则

$m = \sum b_i + \sum Z_1/K + Z_2/K = (1+1+2)+3/3+2/3 \approx 5.7$，取 $m=6$（段）。

④计算流水工期（T_p）：

$T_p = (rm + \sum b_i - 1)K + \sum Z_1 - \sum C = (2×6+4-1)×3+3-0 = 48$ d。

⑤画流水施工横道图，结果如图9-9所示。

施工过程	队组	施工进度/d															
		3	6	9	12	15	18	21	24	27	30	33	36	39	42	45	48
扎筋	1	1.1	1.2	1.3	1.4	1.5	1.6	2.1	2.2	2.3	2.4	2.5	2.6				
支模	1		1.1	1.2	1.3	1.4	1.5	1.6	2.1	2.2	2.3	2.4	2.5	2.6			
浇砼	1			1.1		1.3		1.5		2.1		2.3		2.5			
	2				1.2		1.4		1.6		2.2		2.4		2.6		

图9-9 异节奏流水施工进度图

注意：从理论上讲，很多工程均能满足成倍节拍流水的条件，但实际工程若不能划分为足够数量的流水段或不能配备足够的资源，则不能使用该方法。

9.1.4 无节奏流水

无节奏流水施工的特点是同一施工过程的节拍可能相等或不等，不同施工过程之间的节拍也不尽相同且无规律可循。其组织原则是运用流水作业的基本概念，使各施工过程的队组在不同施工段上依次或平行作业，并尽可能保证主要施工过程的连续性。在单施工层的组织中，流水步距通过"节拍累加数列错位相减取大差"的方法确定。

流水工期按下式计算：

$$T_p = \sum K_{i, i+1} + T_n + \sum Z_1 - \sum C \tag{9-13}$$

式中：$\sum K_{i, i+1}$ 为相邻两施工过程(或专业施工队)i 与 $i+1$ 之间的流水步距；T_n 为最后一个施工过程(或专业施工队)从进场到离场的持续时间；$\sum Z_1$ 为层内间歇时间之和；$\sum C$ 为层内各施工过程搭接时间之和。

【例 9-6】某工程分为四段，有甲、乙、丙三个施工过程。其在各段上的流水节拍见表 9-2。

表 9-2　施工过程流水节拍　　　　单位：周

施工过程	施工段			
	1 段	2 段	3 段	4 段
甲	3	2	2	4
乙	1	3	2	2
丙	3	2	3	2

解：

①确定流水步距。

$K_{甲-乙}$ 见表 9-3。

表 9-3　流水步距表　　单位：周

甲的节拍累加值	3	5	7	11	
乙的节拍累加值		1	4	6	8
差值	3	4	3	5	-8

取最大差值：$K_{甲-乙} = 5$(周)。

$K_{乙-丙}$ 见表 9-4。

表 9-4　流水步距表　　单位：周

乙的节拍累加值	1	4	6	8	
丙的节拍累加值		3	5	8	10
差值	1	1	1	0	-10

取最大差值：$K_{乙-丙} = 1$(周)。

②计算流水工期：$T_p = \sum K + T_n + \sum Z_1 - \sum C = (5 + 1) + 10 + 0 - 0 = 16(周)$。

③画施工进度图(图 9-10)。

施工过程	施工进度/周															
	1	2	3	4	5	6	7	8	9	10	11	12	13	14	15	16
甲		①			②		③		④							
乙		$K_{甲-乙}$					①		②		③		④			
丙						$K_{乙-丙}$		①		②			③		④	

图 9-10　无节奏流水施工进度图

9.2　网络计划技术

网络计划技术是一种通过网络形式表达项目计划中各项具体活动的逻辑关系，进而进行项目计划编制、优化和控制的方法。它把一个复杂的项目分解为若干个相互关联的活动，并用网络图的形式表示这些活动之间的逻辑关系，以此为基础进行项目的计划编制、优化和控制。

9.2.1　概述

1. 发展历程

20 世纪 50 年代末，为了适应科学研究和新的生产组织管理的需要，国外陆续出现了一些计划管理的新方法。1956 年，美国杜邦公司研究创立了网络计划技术的关键线路法。1958 年，美国海军武器局在研制"北极星"导弹计划时，应用了计划评审方法进行项目的计划安排、评价、审查和控制。20 世纪 60 年代初期，网络计划技术在美国得到了迅速推广，一些新建工程全面采用这种计划管理的新方法。

1965 年，著名数学家华罗庚教授首先在我国的生产管理中推广和应用这些新的计划管理方法，他根据网络计划统筹兼顾、全面规划的特点，将其称为"统筹法"，并带领"小分队"在全国普及和推广。目前，网络计划技术已成为我国工程建设领域中工程项目管理和工程监理等方面必不可少的现代化管理方法。2009 年发布的《网络计划技术　第 3 部分：在项目管理中应用的一般程序》(GB/T 13400.3—2009)标志着网络计划技术更加完整合理、应用更广泛。

长期以来，在工程技术行业生产的组织和管理上，特别是在施工的进度安排方面，一直用横道图的计划表示方法。它的特点是在列出每项后，画出一条横道线，以表明进度的起止时间。横道图和网络图的表示方法有各自的特点和优缺点。图 9-11 所示为用横道图表示的进度计划，图 9-12 所示为用网络图表示的进度计划。两者内容完全相同，表示方法却完全不同。

横道图的缺点在于难以表示任务之间的复杂逻辑关系，如依赖关系、资源冲突等，对于复杂项目的管理存在局限性。网络图的优点是能够清晰地表示任务之间的逻辑关系，包括顺序关系、并行关系和依赖关系等，有助于项目管理者对项目进行全面把控。通过计算网络图中的关键路径，可以明确项目中的关键任务和关键时间节点，为项目管理和资源调配提供依据。网络图还可以展示资源的分配情况，帮助项目管理者优化资源配置，减少资源浪费。其缺点在于表达流水作业不够清晰，不能用叠加法计算各种资源的需要量。

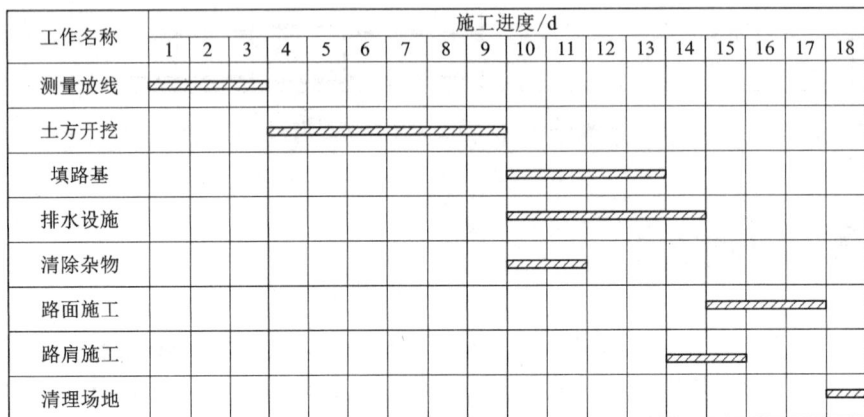

图 9-11　横道图

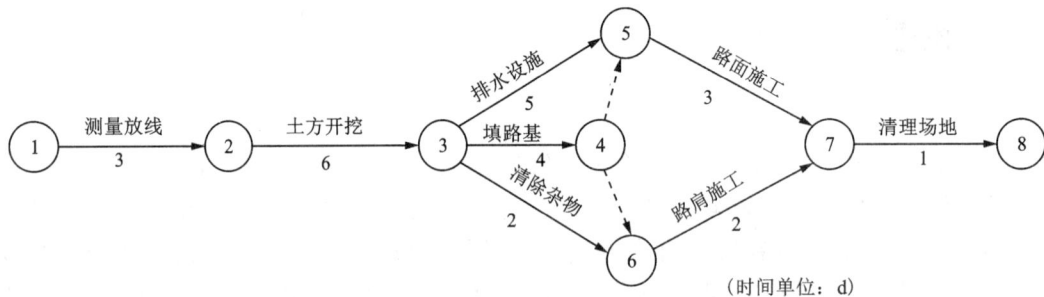

(时间单位：d)

图 9-12　网络图

2. 基本内容

（1）网络图

网络图是网络计划技术的图解模型，反映整个工程任务的分解和合成。它是绘制网络计划的基础，通过箭线和节点表示各项活动及其之间的逻辑关系。

（2）时间参数

在实现整个工程任务过程中，人、事、物的运动状态通过转化为时间函数来反映。这些时间参数包括各项工作的作业时间、开工与完工时间、工作之间的衔接时间、完成任务的机动时间，以及工程范围、总工期等。

（3）关键路线

通过计算网络图中的时间参数，求出工程工期并找出关键线路。在关键线路上的工作称为关键工作，这些作业完成得快慢直接影响着整个计划的工期。

（4）网络优化

根据关键线路法，通过利用时差，不断改善网络计划的初始方案，在满足一定的约束条件下，寻求使管理目标达到最优化的计划方案。

3. 特点

网络计划技术的特点可以概括为四个方面：

①直观性。网络图能够清晰地表示项目各项活动的逻辑关系，便于理解和分析。

②系统性。网络计划技术将项目看作一个整体，考虑各项活动之间的相互影响和制约关系，有利于项目的整体优化。

③灵活性。网络计划技术可以根据项目的实际情况进行调整和优化，以适应项目执行过程中的变化。

④科学性。通过数学方法和计算机技术进行时间参数的计算和方案的优化，提高了项目计划的科学性和准确性。

9.2.2 双代号网络计划

双代号网络计划是运用工程项目计划与控制的重要管理技术，通过网络图的形式来表示项目中各项工作、活动、工序（以下简称工作）及其相互之间的逻辑关系。以下是关于双代号网络计划的详细介绍。

1. 定义与基本原理

双代号网络计划是以箭线及其两端节点的编号表示工作的网络图，即以双代号网络图表示的网络计划。在双代号网络图中，箭线表示工作，需要消耗时间和资源；节点表示工作的开始和结束，以及工作之间的连接点。双代号网络计划通过计算网络图上的时间参数，定量地分析项目的进度和资源需求，为项目管理和决策提供科学依据。

2. 双代号网络图的构成

（1）箭线

箭线在双代号网络图中主要用来表示工作（如抹灰、砌墙等）。这些工作是项目计划中的基本组成部分，需要占用一定的时间，并可能消耗资源。任意一条实箭线都需要占用时间，并多数要消耗资源。箭线的方向表示工序的进行方向，箭尾表示工序的开始，箭头表示工序的结束，如图9-13所示。

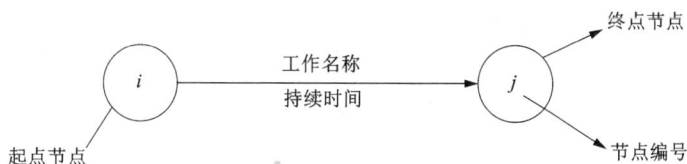

图9-13 双代号网络图的基本构成形式

箭线分为实箭线和虚箭线两种类型，如图9-14所示。实箭线表示实际存在的工作，它们需要被安排和执行。实箭线的上方标注工作的名称，下方标注该工作的持续时间。虚箭线是实际工作中不存在的虚设工作(即虚工作),它们既不占用时间,也不消耗资源。其主要作用是在网络图中正确表达工作之间的逻辑关系,如前后关系、搭接关系等,常用于连接没有直接时间联系的工作,可使网络图的结构更加清晰。同时,它们还可以用于区分不同路径上的工作,以避免混淆。

在绘制箭线时应注意其行进方向应从左向右,以符合常规的阅读习惯。在绘制网络图时,应尽量避免箭线交叉。当交叉不可避免时,可采用过桥法或指向法等进行处理。网络图中的箭线应布局合理,使整体结构清晰、易于理解。关键线路和关键工作应尽可能安排在图面中心位置,以便重点关注和管理。

图 9-14　工作与虚工作

（2）节点

节点是网络图中箭线的连接点,它表示工作的开始、结束或连接关系。在双代号网络图中,节点通常用圆圈(或其他形状的封闭图形)表示,圆圈内应标注编号。

节点分为起点节点、中间节点、终点节点。起点节点即网络图中的第一个节点,表示一项任务或一个项目的开始。其只有外向箭线。中间节点表示前后工作的交接点,既有内向箭线,又有外向箭线。终点节点即网络图中的最后一个节点,一般表示一项任务或一个项目的完成。其只有内向箭线。

节点在双代号网络图中表示的是工作的开始或结束的瞬间,它不占用时间,也不消耗资源,是一个瞬时状态。在网络图中,节点的编号应遵循后续工作的节点编号比前面工作的节点编号大的规则,且不得重号,以确保网络图的逻辑性和可读性。为了便于修改和调整,可不连续编号。

（3）线路

线路是由起点节点开始,沿箭线方向连续通过一系列节点和箭线,最后到达终点节点的通路。线路可依次用该通路上的节点编号来记述,也可依次用该通路上的工作名称来记录。通过线路可以清晰地看出各项工作的先后顺序和逻辑关系,有助于项目管理者制定合理的工作计划。

在双代号网络图中,总持续时间最长(即工期最长)的线路称为关键线路。关键线路上的工作称为关键工作。关键线路常采用粗线、双线或其他颜色的箭线突出表示。除了关键线路,其他线路都称为非关键线路。这些线路上的工作虽然对项目的完成时间有一定影响,但不是决定性的。在资源有限的情况下,项目管理者可以利用非关键工作的机动时间(即时差)来科学合理地调配资源,以及对网络计划进行优化。

（4）时间参数

双代号网络图中还包括了时间参数的设置,如最早开始时间(ES)、最早完成时间(EF)、最晚开始时间(LS)、最晚完成时间(LF)、总时差(TF)和自由时差(FF)。在工程实践中还会出现计算工期(T_c)和计划工期(T_p)。

在工程中，通过计算时间参数，可以：确定关键线路，找到关键工作；确定总工期，制定合理的项目进度计划，确保项目能够在预定的时间内完成；优化资源配置，使项目管理者可以更加灵活地调配资源，提高资源利用效率；辅助网络计划的调整与优化，绘制时标网络计划图等。

（5）其他因素

双代号网络图还可以包含其他辅助信息，如资源需求、优选系数、项目费用等。这些信息可以附加在箭线或节点上，为项目管理人员提供更为详尽的信息支持。

3.双代号网络图的绘制

在绘制双代号网络计划图时，首先要分解项目任务，将项目分解为若干个具体的工作。接着确定工作之间的逻辑关系，根据项目的实际情况，确定各项工作之间的先后顺序和依赖关系。然后开始绘制网络图，根据工作之间的逻辑关系，将各项工作连接起来形成网络图。之后计算时间参数，根据网络图上的工作持续时间和工作之间的逻辑关系，计算各项工作的最早开始时间、最早完成时间、最晚开始时间、最晚完成时间等时间参数。最后，根据时间参数的计算结果，找出网络图中的关键线路和关键工作。

（1）双代号网络图的绘制规则

①节点、工作与编号相互对应，且编号由小指向大。即节点必须编号，且一个编号只能代表一个节点，一对编号只能代表一项工作。节点编号可以不连续，但必须是由小指向大，如1→2、1→5等。

②只允许有一个起点节点、一个终点节点（图9-15）。网络计划图必须是封闭的。箭线应为水平直线、垂直直线或折线，水平直线投影方向应自左向右，保证绘图美观易读。

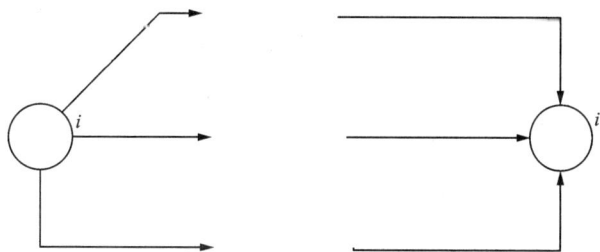

图9-16 起点节点和终点节点

③正确表达工作间的逻辑关系，合理添加虚工作。网络图中严禁出现从一个节点出发，顺箭头方向又回到原出发点的循环回路。若出现循环回路，会造成逻辑关系混乱，使工作无法按顺序进行。图9-16为有循环错误的网络图。当虚工作夫掉以后，逻辑关系仍然正确则说明该虚工作多余。为了保证网络图的可读性，应删除多余虚工作。

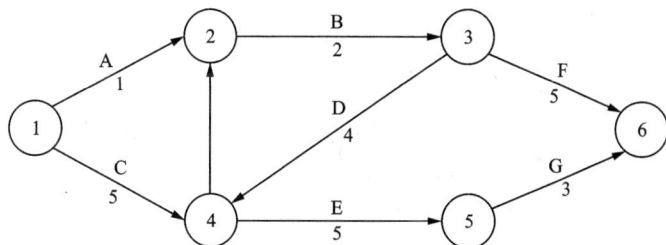

图9-16 有循环错误的网络图

④箭线单向，一箭两圈。网络图中严禁出现双向箭头和无箭头的连线。同时严禁出现没有箭尾节点的箭线和没有箭头节点的箭线，如图9-17所示。

图9-17 无起点节点工作示意图及修正图

⑤应尽量避免网络图中箭线交叉。当交叉不可避免时，可以采用过桥法或指向法处理，如图9-18所示。

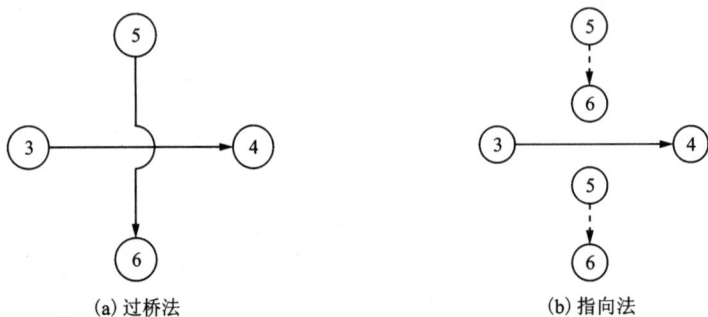

(a)过桥法　　　　　　(b)指向法

图9-18 箭线交叉的表示方法

(2)双代号网络图中常见逻辑关系
双代号网络图中各种常见的逻辑关系的表达方法见表9-5。

表9-5 双代号网络图中常见的各种逻辑关系的表达方法

工作逻辑关系	网络图中的表示方法	说明
A完成后进行B		A制约B的开始，B依赖A的结束
A、B、C同时开始		A、B、C三项工作为平行工作
A、B、C同时结束		A、B、C三项工作为平行工作

续表 9–5

工作逻辑关系	网络图中的表示方法	说明
A 完成后同时进行 B、C		A 制约 B、C 的开始，B、C 为平行工作
A、B 都完成后进行 C		A、B 为平行工作，C 依赖 A、B 的结束
A、B 都完成后同时进行 C、D		通过中间事件 j 正确地表达了 A、B、C、D 之间的关系
A 完成后同时进行 C、D，B 完成后进行 D		D 与 A 之间引入了逻辑连接（虚工作），只有这样才能正确表达它们之间的约束关系
A 完成后进行 D，B 完成后进行 D、E，C 完成后进行 D、E		虚工作表示 D 受到 B、C 的约束，E 不受 A 的影响
A、B 完成后进行 C，B、D 完成后进行 E		A 只制约 C，D 只制约 E，B 既制约 C 也制约 E

4. 双代号网络图的时间参数计算

网络图绘制后，应通过计算求出工期，得到一定的时间参数，才能成为网络计划。这些参数对于确定项目的关键路径、评估活动的浮动时间以及进行项目管理至关重要。

以下是对双代号网络技术计算中关键时间参数及其计算方法的介绍。

首先，应明确几个概念。对于工作 i–j 来说，之前的工作都称为紧前工作；之后的工作都称为紧后工作。其表示方法如图 9–19 所示。

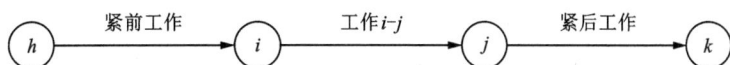

图 9–19　本工作及其紧前和紧后工作

各工作的时间参数计算后，应标注在水平箭线的上方或垂直箭线的左侧。标注的形式及每个参数的位置如图9-20所示。

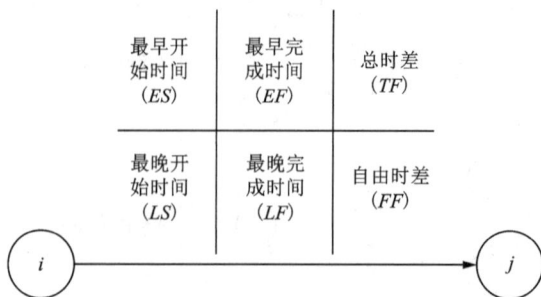

图 9-20　时间参数标注形式

此外，无论工作的开始时间还是完成时间，都以时间单位的刻度线上所标时间为准，如图9-21所示。

施工过程	持续时间/d	施工进度/d				
		1	2	3	4	5
A	3					
B	2					

图 9-21　开始时间与完成时间示意图

（1）各项工作的最早开始时间和最早完成时间的计算

从起点节点开始，顺箭线方向依次逐项计算至终点节点。

最早开始时间（ES_{i-j}）：指某工作可以开始的最早时间，通常取决于其紧前工作的最早完成时间，即该工作不能早于该时间开始，但可以推迟。

凡与起点节点相连的工作都是计划的起始工作。当未规定其最早开始时间时，其值都定为零，即 $ES_{i-j}=0(i=1)$。其他工作最早开始时间为其各紧前工作最早完成时间的最大值。计算公式为：

$$ES_{i-j}=\max\{EF_{h-i}\} \tag{9-14}$$

最早完成时间（EF_{i-j}）：指在所有的紧前工作全部完成后某工作有可能完成的最早时间，即在该工作最早开始时间的基础上，加上该工作所需的持续时间（D_{i-j}）。计算公式为：

$$EF_{i-j}=ES_{i-j}+D_{i-j} \tag{9-15}$$

通过以上计算分析，可归纳出最早时间的计算规则，即"顺线累加，逢多取大"。

（2）最晚开始时间和最晚完成时间的计算

从终点节点开始，逆箭线方向依次逐项计算至起点节点。

最晚开始时间（LS_{i-j}）：指为了不影响项目的总工期，某工作必须开始的最晚时间。计算公式为：

$$LS_{i-j}=LF_{i-j}-D_{i-j} \tag{9-16}$$

最晚完成时间(LF_{i-j})：指在某工作最晚开始时间的基础上，加上该工作所需的持续时间，即在不影响整个任务按期完成的前提下，该工作必须完成的最晚时间。对于没有紧后工作的节点(即终点节点)，其最晚完成时间等于项目的总工期。计算公式为：

$$LF_{i-j} = \min\{LS_{j-k}\} \tag{9-17}$$

通过以上的计算分析，可归纳出最晚时间的计算规则，即"逆线累减，逢多取小"。

(3)总时差和自由时差的计算

时差是指在工作或线路中可以利用的机动时间。这个机动时间也可以说是最多允许推迟的时间，即时差越大，工作的时间潜力也越大。常用的时差有总时差和自由时差。

总时差(TF_{i-j})：在不影响项目总工期的前提下，某工作可以机动使用的时间，即该工作最早开始时间到最晚完成时间这段极限时间范围，扣除某工作本身必需的持续时间，所剩余的差值。计算公式为：

$$TF_{i-j} = LF_{i-j} - ES_{i-j} - D_{i-j} \tag{9-18}$$

稍加变换可得：

$$TF_{i-j} = LF_{i-j} - (ES_{i-j} + D_{i-j}) = LF_{i-j} - EF_{i-j} \tag{9-19}$$

或

$$TF_{i-j} = (LF_{i-j} - D_{i-j}) - ES_{i-j} = LS_{i-j} - ES_{i-j} \tag{9-20}$$

通过总时差的计算，可以方便地找出网络图中的关键工作和关键线路。总时差为零者，意味着该工作没有机动时间，即为关键工作(当计划工期与计算工期不相等时，总时差为最小值者是关键工作)。由关键工作所构成的线路或总持续时间最长的线路，就是关键线路。

自由时差(FF_{i-j})：自由时差是总时差的一部分，在不影响紧后工作最早开始时间的前提下，某工作可以利用的机动时间，即用紧后工作的最早开始时间减去该工作的最早完成时间。计算公式为：

$$FF_{i-j} = ES_{j-k} - EF_{i-j} \tag{9-21}$$

自由时差的利用不会对其他工作产生任何影响，因此，常利用它来变动工作的开始时间或增加持续时间，以达到工期调整和资源优化的目的。

【例9-7】计算图9-22所示网络图中各项工作的时间参数。将计算出的时间参数按要求标注于图上。

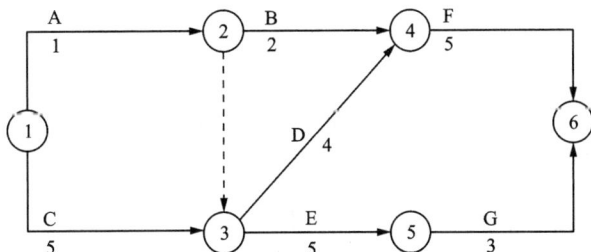

图9-23　例9-7的双代号网络图

解：据题意分析可知，工作A、工作C均是该网络计划的起始工作，$ES_{1-2} = 0$ d，$ES_{1-3} = 0$ d。工作A的最早完成时间为$EF_{1-2} = ES_{1-2} + D_{1-2} = 0$ d+1 d=1 d 末。同理，工作C的最早完成时间为$EF_{1-3} = 0$ d+5 d=5 d 末。

工作 B 的紧前工作是 A，因此工作 B 的最早开始时间就等于工作 A 的完成时间，为 1 d 末；工作 B 的完成时间为 1 d+2 d=3 d 末。同理，工作 2-3 的最早开始时间为 1 d 末，完成时间为 1 d+0 d=1 d 末。在这里需要注意，虚工作也须同样进行计算。

工作 D 有工作 C 和工作 2-3 两个紧前工作，应待其全都完成，工作 D 才能开始。因此工作 D 的最早开始时间应取工作 C 和工作 2-3 最早完成时间的最大值，即 $\max\{5,1\}=5$ d 末；工作 D 的最早完成时间为 5 d+4 d=9 d 末。同理，工作 E 的最早开始时间也为 5 d 末，最早完成时间为 5 d+5 d=10 d 末。其他工作的计算与此类似。计算结果如图 9-23 所示。

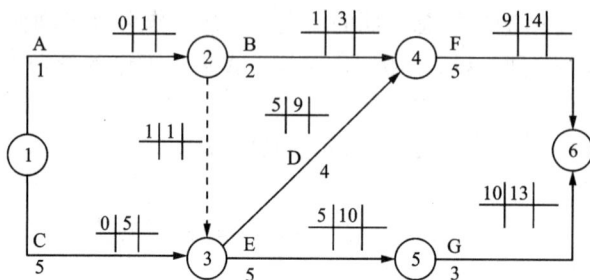

图 9-23 双代号网络图各项工作的最早时间计算结果

最晚时间计算如下：

工作 F 和工作 G 均为结束工作，所以最晚完成时间就等于计划工期，即 $LF_{4-6}=LF_{5-6}=$ 14 d。工作 F 需持续 5 d，故其最晚开始时间为 14 d-5 d=9 d 末；工作 G 需持续 3 d，故其最晚开始时间为 14 d-3 d=11 d 末。工作 E 的紧后工作是工作 G，而工作 G 的最晚开始时间是 11 d 末，所以工作 E 最晚要在 11 d 末完成；则工作 E 的最晚开始时间为 11 d-5 d=6 d 末。工作 D 的紧后工作是工作 F，而工作 F 的最晚开始时间为 9 d 末，所以工作 D 最晚要在 9 d 末完成；则工作 D 的最晚开始时间为 9 d-4 d=5 d 末。工作 C 的紧后工作有工作 D 和工作 E 两项，其最晚开始时间分别为 5 d 末和 6 d 末，最小值为 5，所以工作 2-3 最晚要在 5 d 末完成；则工作 C 的最晚开始时间为 5 d-5 d=0 d 末。其他工作的最晚时间计算与此类似。计算结果如图 9-24 所示。

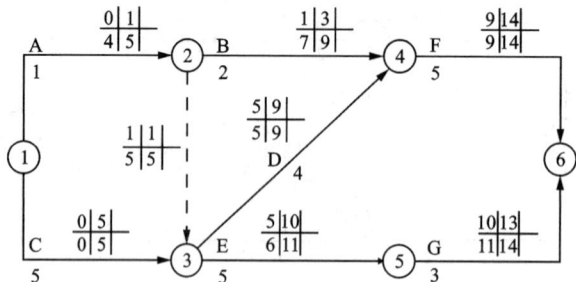

图 9-24 网络图各项工作的最晚时间计算结果

利用已求出的该工作最晚与最早开始时间(或最晚与最早完成时间)相减，都可算出该工作的总时差。工作 A 的总时差为 4 d-0 d=4 d 或 5 d-1 d=4 d，将其标注在图上双十字的右上角。其他计算结果如图 9-25 所示。

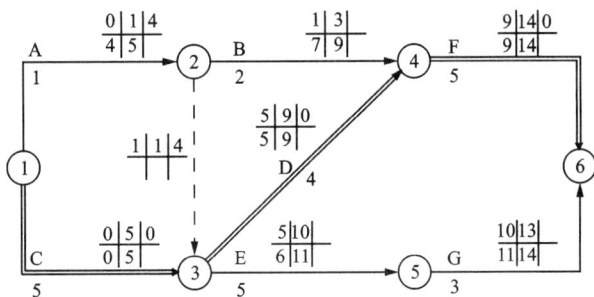

图 9-25　双代号网络图各项工作的总时差计算结果

工作 A 的最早完成时间为 1 d 末，而其紧后工作 2-3 和工作 B 的最早开始时间为 1 d 末，所以工作 A 的自由时差为 1 d-1 d=0。工作 B 的自由时差为 9 d-3 d=6 d。工作 G 是结束工作，所以其自由时差应为 14 d-13 d=1 d。其他计算结果如图 9-26 所示。

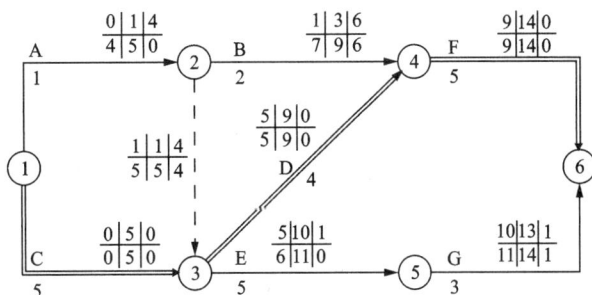

图 9-26　双代号网络图各项工作的自由时差计算结果

5. 双代号时标网络计划

（1）双代号时标网络计划的特点

双代号时标网络计划是以时间坐标为尺度编制的网络计划。双代号时标网络计划绘制在时标计划表上。时标的时间单位应根据需要，在编制网络计划之前确定，可以是时、天、周、月或季度等。时间可标注在计划表顶部，也可以标注在底部，必要时还可以在顶部及底部同时标注。对于实际工程计划，应加注日历对应的时间。时标计划表中的刻度线宜采用细线。

在双代号时标网络计划中，以实箭线表示实工作，以虚箭线表示虚工作，以波形线表示工作的自由时差。

双代号时标网络计划中所有符号在时间坐标上的水平投影位置，都必须与其时间参数相对应。节点中心必须对准相应的时标位置。在双代号时标网络计划中，工作箭线的长短反映其持续时间的长短。

双代号时标网络计划既有网络计划的优点，又有横道图一目了然、直观易懂的优点。它将网络计划的时间参数直观地表达出来，故使用方便，容易被接受。

由于箭线的长度受到时间坐标的制约，因此绘图比较麻烦，且修改其中一项就可能引起整个网络图的变动。随着计算机技术的发展，利用计算机程序进行该计划的编制与管理更为方便快捷。

（2）双代号时标网络图的绘制

1）绘制要求

①双代号时标网络图必须绘制在带有时间坐标的表格上，时间单位应根据项目需求在编制前确定，如时、天、周、月或季。

②节点中心必须与时间坐标的刻度线精准对齐，以防止产生误解。

③箭线宜采用水平箭线或水平段与垂直段组成的箭线形式。虚工作必须用垂直虚箭线表示。

④以水平波形线表示自由时差或与紧后工作之间的时间间隔。当某工作的箭线长度不足以到达其完成节点时，应用水平波形线补足，以直观展示该工作的自由时间。

2）绘制方法与步骤

双代号时标网络图应在绘制草图后，直接绘制或经计算后按时间参数绘制。按时间参数绘制时，应将每项工作按计算出的最早开始时间绘制在时标计划表上。对于较简单的网络计划，可采用直接绘制法，其步骤如下：

①绘制时标计划表。根据确定的时间单位（如时、天、周、月或季等），在图纸上绘制出时间坐标轴，并均匀划分刻度。

②将起点节点定位在时标计划表的起始刻度线上。

③按工作的持续时间在时标计划表上绘制起点节点的外向箭线。

④从起点节点出发，沿时间坐标轴方向绘制一条实箭线，箭线的长度等于工作的持续时间。箭线的箭头指向下一个紧后工作或节点的预计开始位置。

⑤对于每个非起点节点，其位置应定位在其所有紧前工作最早完成时间的最大值所对应的时间刻度上。如果某工作的箭线长度不足以到达该节点，则用水平波形线补足，箭头画在波形线与节点连接处。箭线的长度应等于工作的持续时间，箭头的应方向水平指向紧后工作或节点。

⑥对于表示逻辑关系的虚工作，使用垂直虚箭线表示。对于存在自由时差的工作，使用波形线表示其可机动的时间。波形线的长度等于工作的自由时差，应画在时间坐标轴上。

⑦确保网络图中所有活动的逻辑关系正确无误，没有遗漏或错误的连接。同时根据需要调整节点和箭线的位置，以确保图面整洁、清晰，且符合项目实际情况。

（3）绘制示例

双代号时标网络计划一般作为网络计划的输出计划，可以根据时间参数的计算结果将网络计划在时间坐标中表达出来。根据时间参数的不同，双代号时标网络图可分为早时标网络图、迟时标网络图。现以图9-27为例介绍其绘图步骤。

1）早时标网络图绘制

具体步骤如下：

①先绘制出无时标网络图，采用图上计算法计算每项工作或节点的时间参数及计算工期，找出关键工作及关键线路，如图9-28所示。

②按计算工期的要求绘制时标网络图。

③基本按原计划的布局将关键线路上的节点及关键工作标注在时标网络图上，如图9-29所示。

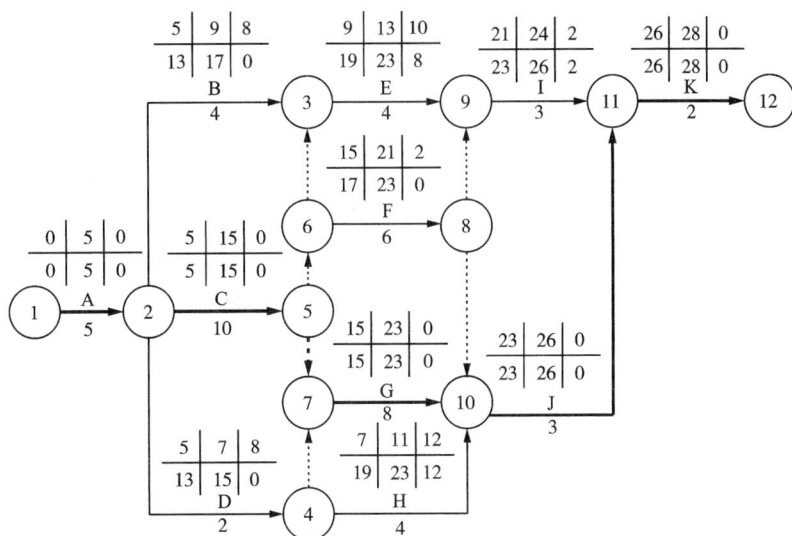

图9-27　含时间参数的某双代号时标网络图

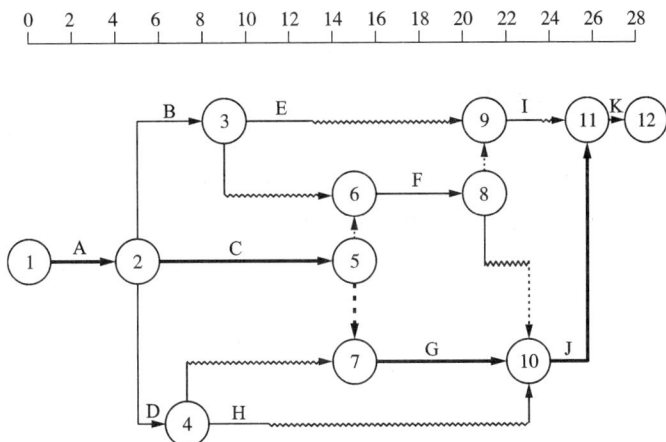

图9-28　双代号早时标网络图

④将其他节点按其最早可能开始时间定位在时标网络图上。

⑤从起点节点开始，用实箭线并按持续时间要求绘制各项非关键工作，用虚箭线绘制无时差的虚工作(垂直工作)。如果实箭线或垂直的虚箭线不能将非关键工作或虚工作的起点节点与终点节点衔接起来，则非关键工作用波形线在实箭线后进行衔接，虚工作用波形线在垂直的虚箭线后或两条垂直的虚箭线之间进行衔接。非关键工作的波形线的长短即其自由时差。

2)迟时标网络图绘制

具体步骤如下：

①先绘制出无时标网络图，采用图上计算法计算每项工作或节点的时间参数及计算工期，找出关键工作及关键线路，如图9-28所示。

②按计算工期的要求绘制时标网络图。

③基本按原计划的布局将关键线路上的节点及关键工作标注在时标网络图上，如图 9-29 所示。

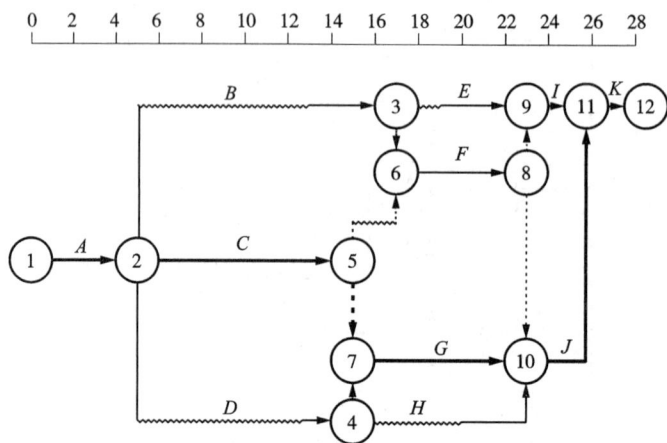

图 9-29 双代号迟时标网络计划

④将其他节点按其最晚必须开始时间定位在时标网络图上。

⑤从结点节点开始，用实箭线并按持续时间要求向前逆推绘制各项非关键工作，用虚箭线绘制无时差的虚工作(垂直工作)。如果实箭线或垂直的虚箭线不能将非关键工作或虚工作的起点节点与终点节点衔接起来，则非关键工作用波形线在实箭线前进行衔接，虚工作用波形线在垂直的虚箭线前或两条垂直的虚箭线之间进行衔接。非关键工作的波形线的长短不反映工作的自由时差，与该工作及线路的总时差相关。

9.2.3 单代号网络计划

1. 单代号网络计划的概念

单代号网络计划是以节点及其编号表示工作，以箭线表示工作之间逻辑关系的网络图。在单代号网络计划中，每一个节点(或称为圆圈、方框等)代表一项具体的工作或任务，因此它消耗时间和资源。节点的一般表达形式如图 9-30 所示。节点之间的箭线用于表示这些工作之间的逻辑关系，即箭尾节点表示的工作是箭头节点的紧前工作；其既不占用时间，也不消耗资源，即哪些工作必须在其他工作完成之后才能开始。每个节点都必须编号，作为该节点工作的代号。一项工作只能有一个唯一的节点和唯一的一个代号，严禁出现重号。箭线的箭尾节点编号应小于箭头节点编号。

与双代号网络计划不同，单代号网络计划中的每个节点都直接代表一项工作，而不需要像双代号网络计划那样通过箭线本身来表示工作。这使得单代号网络计划在表示复杂项目时更加简洁明了。

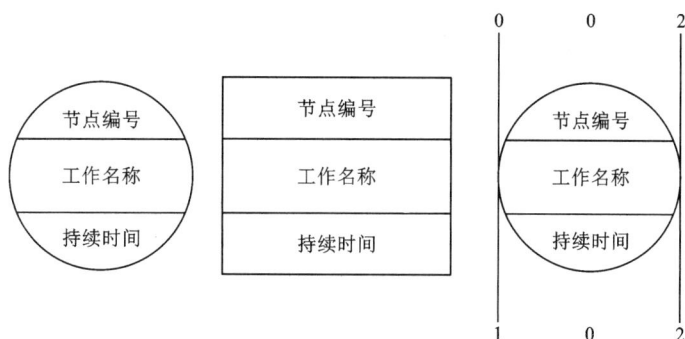

图 9-30 单代号网络图的节点形式

2. 单代号网络图的绘制

单代号网络图的绘制准则与双代号网络图基本相同，主要区别在于：

当网络图中有多项工作开始时，应增设一项虚拟的工作，作为该网络图的起点节点；当网络图中有多项工作结束时，应增设一项虚拟的工作，作为该网络图的终点节点。除此之外，单代号网络图中不需要也不应该出现虚工作。

单代号网络图的绘制方法与双代号网络图相似，甚至更为容易。可按上述双代号网络图的绘制方法进行。绘制单代号网络图时应注意节点只表示工作，箭线只表示逻辑关系。

根据某工程项目的逻辑关系(表 9-6)，绘制单代号网络图如图 9-31 所示。

表 9-6 某工程项目的逻辑关系

工作名称	A	B	C	D	E	F	G	H	I
紧前工作	—	—	—	B	B、C	C	A、D	E	E、F
紧后工作	G	D、E	E、F	G	H、I	I	—	—	—

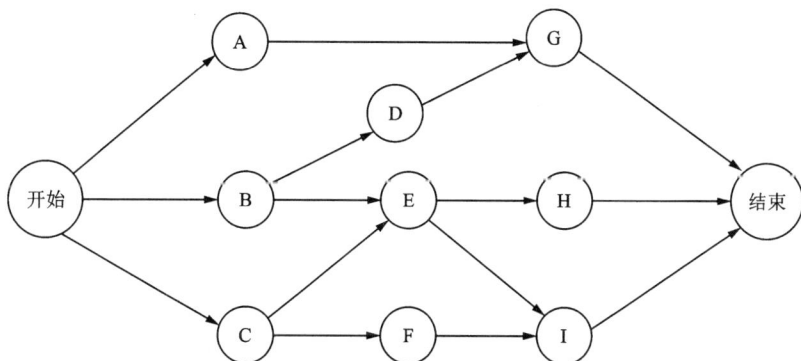

图 9-31 单代号网络图

3. 单代号网络图的时间参数计算

(1) 最早开始时间和最早完成时间的计算

从起点节点开始，顺箭线方向依次进行。"顺线累加，逢多取大"。

最早开始时间(ES_i)：指某工作的各紧前工作的最早完成时间的最大值。起始工作(起点节点)的最早开始时间如无规定，则其值定为零。计算公式为：

$$ES_i = \max\{EF_h\} \tag{9-22}$$

最早完成时间(EF_i)：指某工作在没有任何延迟的情况下能够完成的最早时间，即该工作的最早完成时间等于其最早开始时间与该工作持续时间之和。计算公式为：

$$EF_i = ES_i + D_i \tag{9-23}$$

终点节点的最早完成时间即为计算工期 T_c。无"要求工期"时，取计划工期等于计算工期，即 $T_p = T_c$。

(2) 相邻两项工作时间间隔的计算

时间间隔(LAG)：指相邻两项工作之间可能存在的最大间歇时间。工作 i 与工作 j 的时间间隔记为 $LAG_{i,j}$，其为紧后工作 j 的最早开始时间减去工作 i 的最早完成时间。计算公式为：

$$LAG_{i,j} = ES_j - EF_i \tag{9-24}$$

(3) 总时差和自由时差的计算

总时差(TF_i)：指在不影响项目总工期的前提下，某工作可以推迟开始的最大时间量。从终点节点开始，逆箭线方向计算每个活动的总时差。计算公式为：

$$TF_i = \min\{TF_j + LAG_{i,j}\} \tag{9-25}$$

终点节点所代表的工作 n 的总时差(TF_n)的计算公式为：

$$TF_n = T_p - EF_n \tag{9-26}$$

自由时差(FF_i)：指在不影响紧后工作最早开始时间的前提下，某工作可以推迟的时间量，即该工作与其紧后工作之间的时间间隔的最小值。计算公式为：

$$FF_i = \min\{LAG_{i,j}\} \tag{9-27}$$

终点节点所代表的工作 n 的自由时差(FF_n)的计算公式为：

$$FF_n = T_p - EF_n \tag{9-28}$$

(4) 最晚开始时间和最晚完成时间的计算

最晚开始时间(LS_i)：指在不影响整个任务按期完成的前提下，某工作必须开始的最晚时间，即该工作的最迟完成时间减去其持续时间。计算公式为：

$$LS_i = LF_i - D_i \tag{9-29}$$

或等于该工作最早开始时间与总时差之和，即

$$LS_i = ES_i + TF_i \tag{9-30}$$

最晚完成时间(LF_i)：指在不影响整个任务按期完成的前提下，某工作必须完成的最晚时间，即该工作各紧后工作最晚开始时间的最小值。计算公式为：

$$LF_i = \min\{LS_j\} \tag{9-31}$$

或等于该工作最早完成时间与总时差之和，即

$$LF_i = EF_i + TF_i \tag{9-32}$$

终点节点的最晚完成时间按计划工期确定，即

$$LF_n = T_p \qquad (9-33)$$

（5）关键工作和关键线路的确定

同双代号网络图一样，总时差为最小值的工作是关键工作。当计划工期等于计算工期时，总时差最小值为零，则总时差为零的工作就是关键工作。自始至终全由关键工作组成，且总持续时间最长的线路，就是关键线路。单代号网络图的关键线路宜通过工作之间的时间间隔 $LAG_{i,j}$ 来判断，即自终点节点至起点节点的全部 $LAG_{i,j}=0$ 的线路为关键线路。

单代号网络图计算示例如图 9-32 所示。计算步骤与结果与图 9-27 基本相同。

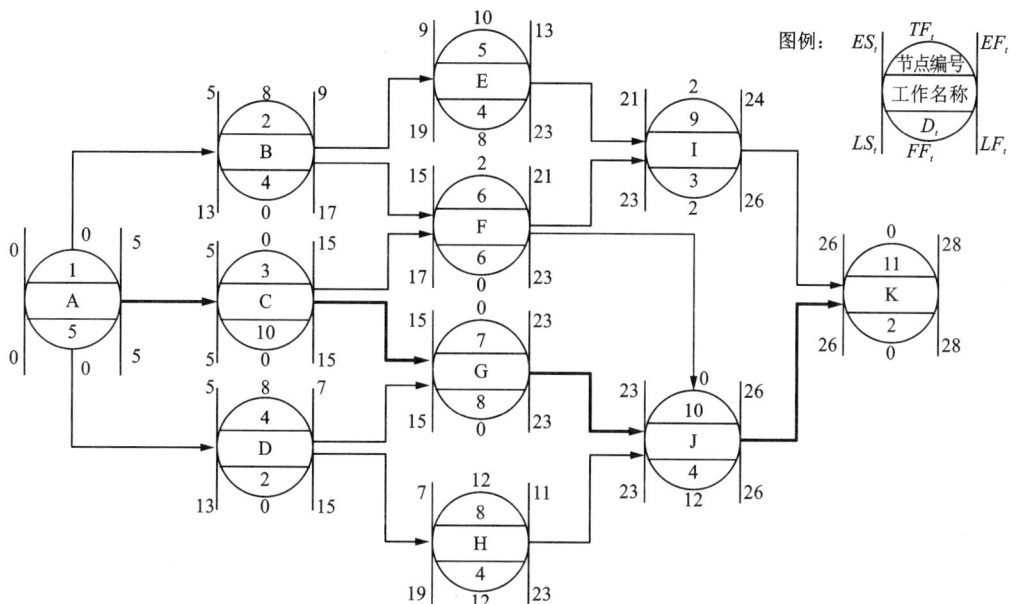

图 9-32　单代号网络图时间参数图上计算法

9.2.4　网络计划优化

>>>

网络计划优化是指在一定约束条件下，按既定目标对网络计划进行不断改进，以寻求满意方案的过程。通过网络计划优化，找出项目中的瓶颈和冗余部分，采取针对性措施进行调整，有助于提高项目的执行效率，确保项目能够按时完成；在满足工期要求的前提下，合理安排资源使用，减少不必要的开支，在降低项目总成本、提高经济效益的同时提升资源利用率；增强项目管理的科学性，降低项目的风险，提高项目的成功率和稳定性。

根据优化目标的不同，网络计划优化通常可以分为工期优化、费用优化和资源优化 3 种。

1. 工期优化

（1）工期优化的概念

工期优化是指在不改变网络计划中各项工作之间逻辑关系的前提下，通过压缩关键工作的持续时间来达到优化目标。

在工期优化中需要考虑以下几点：

①工期优化不应以牺牲项目质量、安全或合规性为代价。

②需要充分考虑资源限制及可行性，避免过度压缩导致资源紧张或工作质量下降。

③在优化过程中应保持与项目团队的沟通，确保所有相关人员了解并接受优化方案。

④工期优化是一个动态过程，需要根据项目进展和实际情况适时进行调整。

（2）工期优化步骤与方法

①求出计算工期并找出关键线路及关键工作。

②按要求工期计算出工期应缩短的时间目标（ΔT）。

$$\Delta T = T_c - T_r \qquad (9-34)$$

式中：T_c 为计算工期；T_r 为要求工期。

③确定各关键工作能缩短的持续时间。

④将应优先缩短的关键工作压缩至最短持续时间，并找出新关键线路。若此时被压缩的关键工作变成了非关键工作，则应将其持续时间适当松弛，使之仍为关键工作。

⑤若计算工期仍超过要求工期，则重复以上步骤，直到满足工期要求或工期已不能再缩短为止。

需要注意：当所有关键工作的持续时间都已达到其能缩短的极限，或虽部分关键工作未达到最短持续时间但已找不到继续压缩工期的方案，而工期仍未满足要求时，应对计划的技术、组织方案进行调整（如采取技术措施、改变施工顺序、采用分段流水或平行作业等），或对要求工期重新审定。

【例9-8】已知某工程网络计划如图9-33所示（单位：d），图中箭线下方的数据为正常持续时间，括号内为最短持续时间。要求将该网络计划的实施工期优化至40 d，工作优先压缩顺序为G、B、C、H、E、D、A、F。

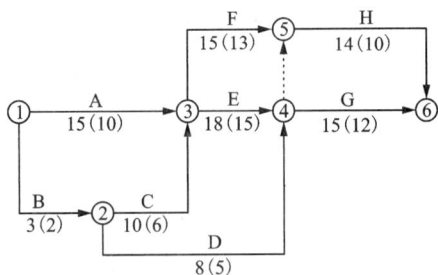

图9-33 某工程网络计划

解：①根据工作正常持续时间计算网络计划时间参数，并找出关键工作和关键线路，关键工作为A、E、G，如图9-34所示。

②确定该网络计划的计算工期为48 d，要求工期为20 d，所以需压缩8 d。

③将G的持续时间压缩1 d，重新计算网络计划时间参数，此时H也变成了关键工作，计算工期变为47 d，如图9-35所示。

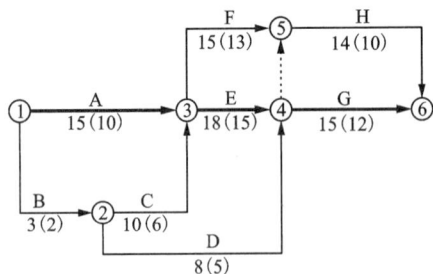

图9-34 初始关键线路

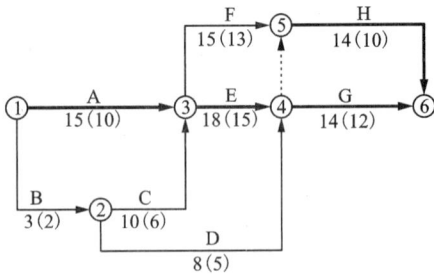

图9-35 第一次压缩后的网络计划

④将G、H的持续时间同时压缩2 d，计算工期变为45 d，关键线路不变，如图9-36所示。

⑤根据工作压缩顺序,先将 E 压缩 3 d,计算工期变为 42 d,此时 F 也成为关键工作,如图 9-37 所示。

⑥将 A 压缩 2 d,计算工期变为 40 d,此时满足工期要求,工期优化完毕,同时 B、C 也成为关键工作,如图 9-38 所示。

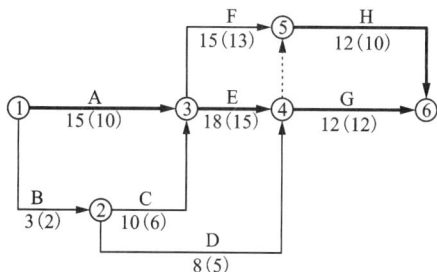

图 9-36　第二次压缩后的网络计划

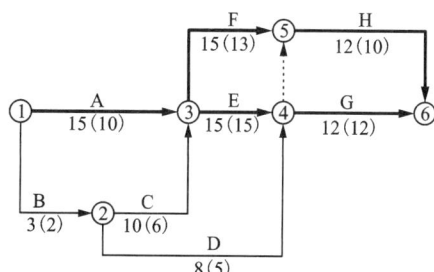

图 9-37　第三次压缩后的网络计划

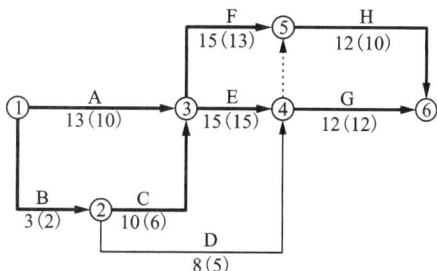

图 9-38　第四次压缩后的网络计划

2. 费用优化

费用优化又称为时间成本优化,是项目管理中的一个重要环节,旨在寻求最低成本时的最优工期安排,或按要求工期寻求最低成本的计划安排。

工程的总成本包括直接费用和间接费用两部分。在一定范围内,工程的施工费用随着工期的变化而变化,缩短工期通常会引起直接费用的增加(如加班费、赶工费等)和间接费用的减少(如管理费用、资金占用费等)。延长工期则相反,会引起直接费用的减少和间接费用的增加。通常在工期与费用之间存在着最优解的平衡点。它们与工期的关系曲线如图 9-39 所示。

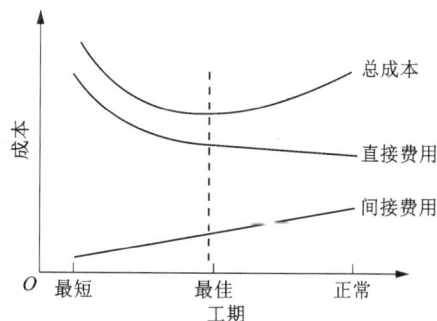

图 9-39　工期-费用关系曲线

工程的总成本曲线是将不同工期的直接费用和间接费用叠加而成,其最低点就是费用优化所寻求的目标。该点所对应的工期,就是网络计划成本最低时的最优工期。

费用优化的目的就是使项目的总费用最低。优化应从以下几个方面进行考虑:

①在既定工期的前提下,确定项目的最低费用;

②在既定的最低费用限额下完成项目计划,确定最佳工期;

③若需要缩短工期，则考虑如何使增加的费用最小；

④若新增一定数量的费用，则考虑工期可缩短多少。

【例9-9】某单项工程，按照如图9-42所示的计划组织施工。原计划工期是170 d，在第75 d进行进度检查时发现：工作A已全部完成，工作B刚刚开工。由于工作B是关键工作，所以它拖后15 d将导致总工期延长15 d。该工程各工作的相关参数如表9-7所示。

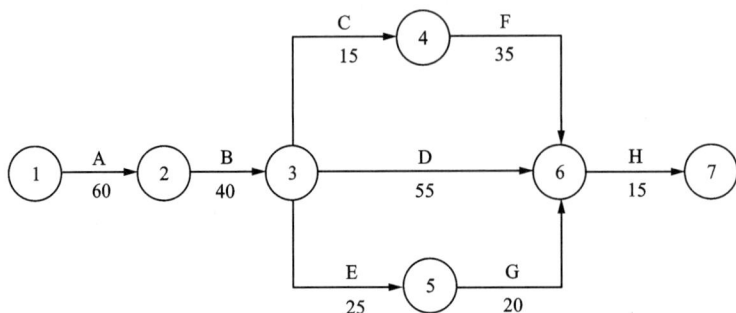

图9-40　进度计划网络图

表9-7　工作的相关参数

工作	最大可压缩时间/d	赶工费用/(元·d^{-1})
A	10	200
B	5	200
C	3	100
D	10	300
E	5	200
F	10	150
G	10	120
H	5	420

问题：(1)为使该单项工程仍按原工期完成，必须调整原计划。应如何调整原计划，才能既经济又保证工程在计划的170 d内完成？列出详细调整过程。

(2)试计算经调整后所需投入的赶工费用。

(3)重新绘制调整后的进度计划网络图，并列出关键线路(以工作表示)。

解：(1)目前总工期拖后15 d，此时的关键线路：B→D→H。

①其中工作B赶工费率最低，故先对工作B的持续时间进行压缩：工作B压缩5 d。因此增加费用为：5×200＝1000元；总工期为：185-5＝180 d；关键线路为：B→D→H。

②剩余关键工作中，工作D赶工费用最低，故应对工作D的持续时间进行压缩。工作D压缩的同时，应考虑与之平行的各线路，以各线路工作正常进展均不影响总工期为限，因此工作D只能压缩5 d。因此增加费用为：5×300＝1500元；总工期为：180-5＝175 d；关键线路为：B→D→H和B→C→F→H两条。

③剩余关键工作中，存在3种压缩方式：同时压缩工作C、D；同时压缩工作F、D；压缩工作H。同时压缩工作C、D的赶工费率最低，故应对工作C、D同时进行压缩。

工作 C 最大可压缩天数为 3 d，故本次调整只能压缩 3 d，因此增加费用为：3×100+3×300＝1200 元；总工期为：175-3＝172 d；关键线路为：B→D→H 和 B→C→F→H 两条。

④剩余的关键工作中，压缩工作 H 的赶工费最低，故应对工作 H 进行压缩。工作 H 压缩 2 d，因此增加的费用为：2×420＝840 元；总工期为：172-2＝170 d。

⑤通过以上工期调整，工作仍能按原计划工期 170 d 完成。

（2）所需投入的赶工费为：1000+1500+1200+840＝4540 元。

（3）调整后的进度计划网络图如图 9-41 所示，其关键线路为：A→B→D→H 和 A→B→C→F→H。

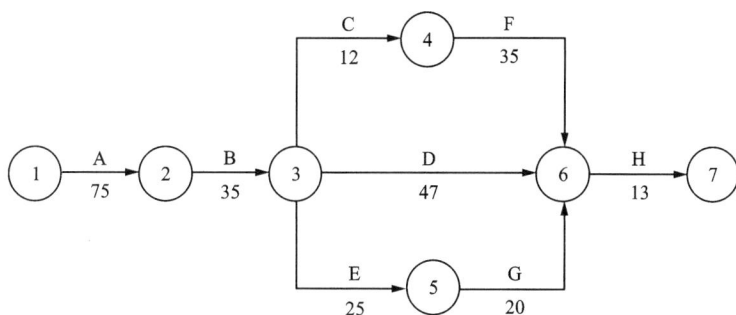

图 9-41　调整后的进度计划网络图

3. 资源优化

资源优化是指通过改变工作的开始时间和完成时间，使资源按照时间的分布符合优化目标。其通常有两种模式："资源有限、工期最短"的优化和"工期固定、资源均衡"的优化。

资源优化的前提条件：

①优化过程中，不改变网络计划中各项工作之间的逻辑关系。

②优化过程中，不改变网络计划中各项工作的持续时间。

③网络计划中各工作单位时间所需资源数量为合理常量。

④除明确可中断的工作外，优化过程中一般不允许中断工作，应保持其连续性。

9.2.5　网络计划电算及技术应用

1 网络计划电算

网络计划时间参数计算、优化以及实施期间的进度管理都需要大量的重复计算，而计算机的普及应用为解决这一问题创造了有利条件，使得网络计划电算在企业中的应用成为可能。本小节主要介绍在计算机上实现网络计划电算的基本方法。

网络计划电算程序同其他的电算程序相比，具有计算过程简单、数据变量较多的特点。

（1）建立数据文件

一个网络计划是由许多工作组成的，一个工作又有若干个数据，所以网络计划时间参数的计算过程主要是处理数据。为了计算上的方便，也为了便于数据的检查，有必要建立数据文件。数据文件就是用来存放原始数据的。

为了使用上的方便，建立数据文件时（图9-42），不但要考虑到学过计算机语言的人使用，也要考虑到没学过计算机语言的人使用，可以利用人机对话的优点，进行一问一答的信息交换。这个过程实现起来并不复杂。

（2）计算程序

网络计划时间参数计算程序的关键就是确定其计算公式。尽管网络计划时间参数较多，但其关键的两个节点参数ES_i、LF_i确定之后，其余参数都可据此算出（此算法为按节点计算法）。相关公式为：

$$ES_1 = 0（1 \text{ 为网络计划的起点节点）；}$$
$$EF_i = \max\{ES_i + D_i\}；$$
$$T_c = ES_n（n \text{ 为网络计划的终点节点）；}$$
$$FF_n = T_p - EF_n；$$
$$LS_i = \min\{LF_i - D_i\}；$$
$$ES_i = \max\{EF_h\}；$$
$$LF_i = \min\{LS_j\}。$$

图9-42 建立数据文件框图

根据$EF_i = \max\{ES_i + D_i\}$得到：如果$EF_i > ES_i + D_i$，则令$EF_i = ES_i + D_i$。此即为利用计算机进行计算的迭加公式。由于计算机不能直观地进行比较，必须依节点顺序依次计算、比较，所以在进行参数计算之前要对所有工作按其前节点、后节点的顺序进行自然排序。所谓工作的自然排序就是按工作前节点的编号从小到大，当前节点相同时按后节点的编号从小到大进行排列的过程。计算EF_i的框图如图9-43所示。同样还可以得到LF_i的计算公式：如果$LF_i > EF_i + TF_i$则令$LF_i = EF_i + TF_i$，框图如图9-44所示。网络计划时间参数计算的全过程框图如图9-45所示。

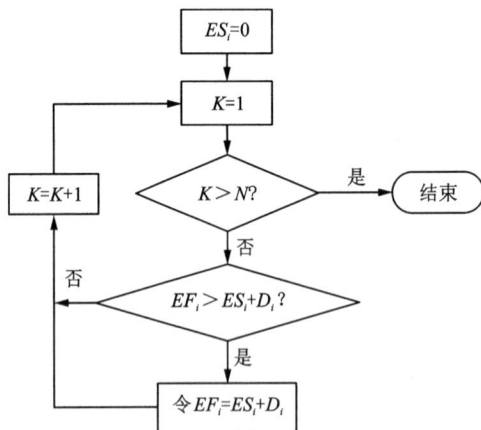

图9-43 计算EF_i框图

从上述内容可以看出，在迭代过程中，EF_i值不断增大，LF_i值不断减少。故开始计算时，对所有节点的 ES_i 值赋初值"0"；所有节点的 LF_i 初值都要赋予一个较大的值。

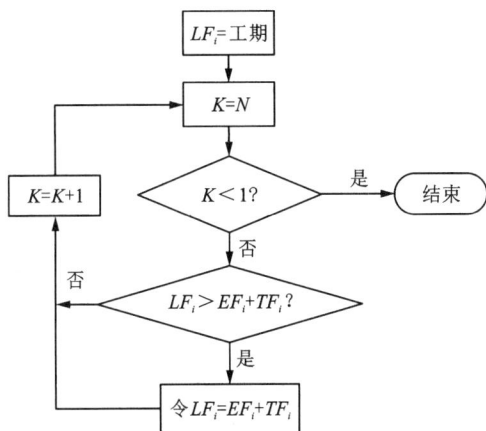

图 9-44　计算 LF_i 框图

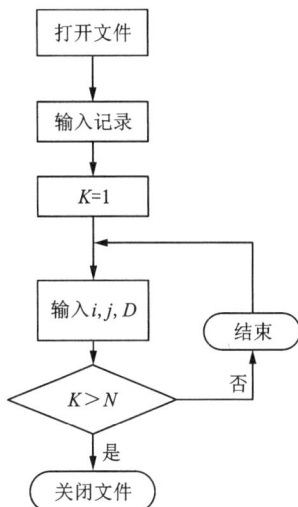

图 9-45　网络计划时间参数计算的全过程框图

（3）输出部分

计算结果的输出也是程序设计的主要部分。输出形式一种是采用横道图形式，另一种是直接用表格形式。用 TAB 或 PRINT USING 语句控制打印位置、换行位置，见表 9-8。

表 9-8　输出格式

i	j	D	ES	EF	LS	LF	FF	TF	CP

（4）网络计划软件简介

网络计划的编制、调整较为烦琐。手工作图费时、费力，难以满足使用要求。因此在编制施工网络计划时，最好使用工程项目计划管理应用程序，利用计算机进行编制。不但可大大加快编制速度，提高计划图表的表现效果，还能使计划的优化得以实现，更有利于在计划的执行过程中进行控制与调整，以实现计划的动态管理。

大量工程项目计划管理软件往往以项目计划管理为其主要模块，进而生成资源的安排与优化、质量控制、投资（成本）控制、合同管理等模块，构成项目管理集成系统。目前使用较多的工程项目计划管理软件有广联达斑马进度计划软件、PKPM 工程管理软件、Microsoft Project 等。

在熟悉了网络计划基本理论后，使用计算机程序软件编制施工进度网络计划较为简单。大多数程序可用鼠标直接绘图，且只要绘制出某一种网络图，通过鼠标单击即可转换成其他形式的网络图或横道图。在绘图时输入各施工过程所需的资源量，即能生成整个工程的资源需要量曲线，在资源限量时还可得到资源、成本等优化的进度计划。在工程进行过程中，若某些施工过程出现超前或滞后，可及时调整网络计划，使其继续起到控制工程的作用，即实现动态的过程管理。

（5）基于蒙特卡罗方法的网络计划电算简介

蒙特卡罗方法由计算机产生伪随机数而生成试验点，根据约束条件找到优化解，据此编制 C 语言程序，可以成功进行网络计划的工期固定-资源均衡优化、资源有限-工期最短优化和资源有限-工期最短-资源均衡优化，并给出得到最优解的概率。算例结果表明：相同条件下，基于蒙特卡罗方法的工期固定-资源均衡优化方案资源方差较粒子群算法小，基于蒙特卡罗方法的资源有限-工期最短优化方案工期较遗传算法短，基于蒙特卡罗方法的资源有限-工期最短-资源均衡优化方案工期较遗传算法短。

①网络计划工期和总时差的求解思路及其 C 语言程序。

按照网络计划绘图规则，双代号网络计划的工作应满足前节点的序号小于后节点的序号。借助计算机求解双代号网络计划 ES、EF 的思路为：第一步，计算机检索出前节点序号为规定序号 1 的工作（网络计划开始工作），计算出该工作相应的 ES（最早开始时间数组记为 $ES[\ ]$）、EF（最早完成时间记为 $EF[\ ]$）；第二步，记录前节点"1"的后节点（可能有多个）；第三步，以第一步的后节点为前节点，检索出相应的后节点（可能有多个），经过 ES、EF 计算的工作记为后节点序号等于前节点序号，从而得到各个工作的 ES、EF。设 biao1[ ]、biao2[ ]、biao3[ ]分别为前节点数组、后节点数组、工作持续时间数组，max 为紧前工作最早完成时间的最大值，N 为网络计划工作总数，T_c 为网络计划计算工期，则求解双代号网络计划 ES、EF、T_c 的 C 语言程序如下：

```
for(i=0; i<=N-1; i++){
 for(j=0; j<=N-1; j++){
  for(k=0; k<=N-1; k++){
    if(biao1[k]==biao2[k]&&biao1[k]==i+1){
      if(max<=EF[k]){max=EF[k];}
                      }
    if(biao1[j]==1+1&&biao1[j]<biao2[j]){
      EF[j]=max+biao3[j]; ES[j]=max; biao1[j]=biao2[j];}
          }max=0;
  for(i=0; i<=N-1; i++){if(TC<=EF[i]){TC=EF[i];}}
```

工作最迟开始时间（LS）、最晚完成时间（LF）的计算过程与最早开始时间（ES）、最早完成时间（EF）完全相反，它们从所有工作的最大后节点序号开始。某工作的紧后工作可能有多个，工作的最晚完成时间为紧后工作最晚开始时间取小。令 biao4[i]=biao1[i]、biao5[i]=biao2[i]，记 min 为紧后工作最晚开始时间的最小值，fan[ ]为总时差数组，求解双代号网络计划 LS、LF、fan[ ]的 C 语言程序如下：

```
for(i=N-1; i>=0; i--){
  for(j=0; j<=N-1; j++){
    for(k=0; k <=N 1; k++){
      if(biao5[k]==biao4[k]&&biao5[k]==i+1{
                  if(min >= LS[k]){min=LS[k];} }
              }
```

```
        if(biao5[j] ==i + 1&&biao4[j]< biao5[j]){
            IF[j]=min; LS[j]=min − biao3[j];
                        biao5[j]=biao4[j]; }
            } min=TC;
        }
    for(j=0, j<=N-1; j++){fan[j]=LS[j]−ES[j]; }
```

②基于蒙特卡罗方法的资源优化基本思路。

设网络计划所有工作 A_1，A_2，A_3，…，A_n 的总时差分别为 X_1，X_2，X_3，…，X_n。网络计划所有工作(包括虚工作)的开始时间可以在总时差内变化，从而得到工作开始时间的优化可能解组合，如工作 A_1 可以在 $0 \sim X_1$ 内延迟工作开始时间，则工作 A_1 的开始时间共有 $X_1 + 1$ 种情况；其他工作也类似，分别有 X_2+1，X_3+1，…，X_n+1 种情况。所以，工作开始时间的优化可能解组合数为 $N=(X_1+1)\times(X_2+1)\times(X_3+1)\times\cdots\times(X_n+1)$。

在 C 语言中，遍历所有组合通常用 for 循环嵌套，但事先都应确定了的循环嵌套数，而在通用的资源优化程序中，考虑工作总数较多且不确定，不便建立多重循环。采用随机函数 rand( )%(fan[j]+1)则可以产生上述所有组合(其中 fan[j]是工作 j 的总时差)。

优化可能解数为 N，选取远大于 N 的循环次数 M，而每次循环等概率地随机选取优化可能解中的任意一个解，每次循环选取相互独立，则找到最优解组合的概率大于等于 $1-[(N-1)/N]M$。大于该概率值的情况为：有多个相同的最优解；等于该概率值的情况为：有且只有一种最优解。所以，只要 M 足够大且在运算能力允许的情况下，得到最优解的概率就足够大。

蒙特卡罗方法是数值计算方法，原理是利用随机数来解决计算问题，属于随机算法，与确定性算法相对应，一般认为得到的解是近似解。但由本书的上述分析可以知道：基于蒙特卡罗方法的资源优化可以知道优化解是最优解的概率，并在运算能力允许的情况下使优化解是最优解的概率足够大。而遗传算法、粒子群算法是随机近似算法，也是仿生智能算法。例如在算法中，染色体常用一串数字表示，数字串中的一位对应一个基因，一定数量的个体组成一个群体。对所有个体进行选择、交叉和变异等操作，所生成的新群体，称为新一代。遗传算法生成新一代优化解种群，依据的三个算子的实现参数选择，大部分依靠经验，并且这些参数的选择严重影响解的品质。粒子群算法的一群随机粒子(随机解)通过迭代找到最优解，这个解叫作个体极值(gBest)；另一个极值是整个种群目前找到的最优解，这个极值叫作全局极值(gBest)。粒子群算法在资源优化迭代中选择的惯性权重、加速度常数合适与否，直接影响资源优化结果，因此，在网络计划资源优化方面，在运算能力允许的情况下，蒙特卡罗方法优于遗传算法、粒子群算法。在网络计划资源优化过程中，每一个工作开始时间的优化可能解组合的工期可以用工期函数求解；每一个工作开始时间的优化可能解组合的资源情况，可以用资源统计数组求解。

③基于蒙特卡罗方法的工期固定-资源均衡优化。

基于蒙特卡罗方法的工期固定-资源均衡优化程序框图如图 9-46 所示。

基于蒙特卡罗方法的工期固定-资源均衡优化算例原始网络计划如图 9-47 所示。表 9-10 给出了工期固定在 14 d 和 17 d 不同算法下的结果对比，基于蒙特卡罗方法的工期固定-资源均衡优化结果为 14 d 的时标网络图见图 9-48。得到的优化解为最优解的概率

$$P_{10000000} \geq \left(\frac{1279}{1280}\right)^{10000000} \approx 1。$$

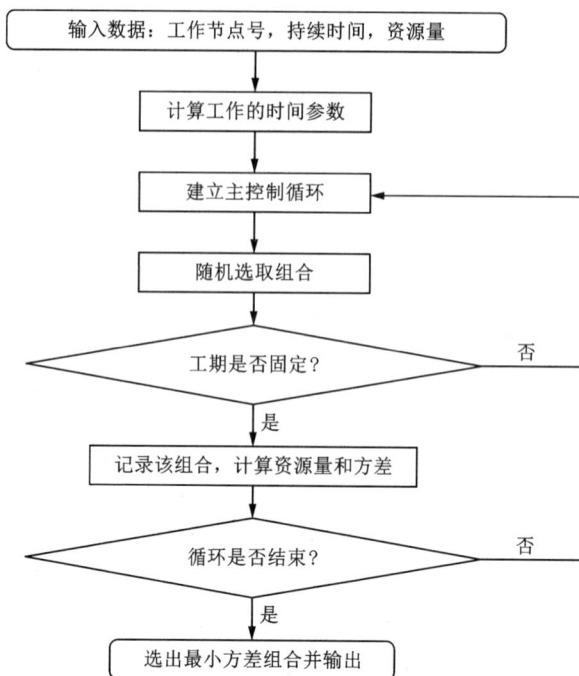

图 9-46　基于蒙特卡罗方法的工期固定-资源均衡优化程序框图

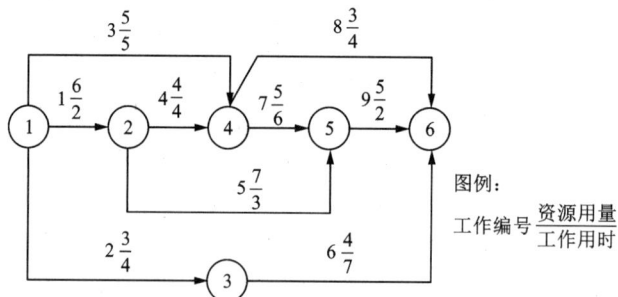

图 9-47　基于蒙特卡罗方法的工期固定-资源均衡优化算例原始网络计划

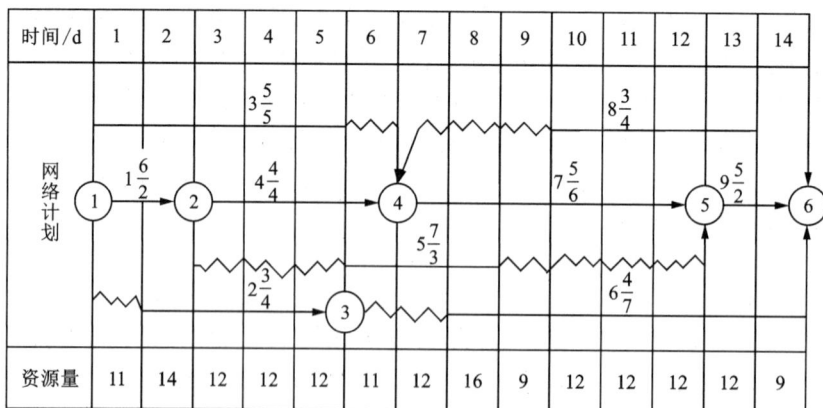

图 9-48　基于蒙特卡罗方法的工期固定-资源均衡优化算例结果的时标网络计划

表9-9 工期固定-资源均衡优化算例的蒙特卡罗方法和粒子群算法结果对比

工作	文献[69]粒子算法	文献[70]粒子群算法	工期为17 d 蒙特卡罗方法	工期为14 d 蒙特卡罗方法
1	1	1	1	1
2	6	3	1	3
3	1	1	3	1
4	3	3	3	3
5	13	6	7	6
6	11	8	11	8
7	7	7	10	7
8	7	9	8	10
9	16	13	16	13
工期	17	14	17	14
资源方差	1.59	2.84	1.42	2.84
求得最优解的概率/%	—	—	75	100

注：各方法对应列为工作开始时间。方差的计算公式为 $\sigma^2 = \left[\sum_{i=1}^{J} (x_i-\mu)^2 \right]/J$（其中样本 x_i 的总数为 J，x_i 的算术平均值为 μ）。方差最小的方案为资源均衡。

工期固定-资源均衡优化算例结果表明：第一，对于相同的工期固定-资源均衡优化原始网络计划，当工期固定在14 d时，蒙特卡罗方法与粒子群算法的工期固定-资源均衡优化方案（对应网络计划各工作的开始时间，以下相同）不同，优化方案的资源方差相同；当工期固定在17 d时，蒙特卡罗方法与粒子群算法的工期固定-资源均衡优化方案不同，基于蒙特卡罗方法的优化方案资源方差（1.42）小于基于粒子群算法的优化方案资源方差（1.59）。第二，当工期固定为14 d或17 d时，基于蒙特卡罗方法的工期固定-资源均衡优化可知得到的优化解为最优解的概率（简称"得解概率"，以下相同）分别是100%、75%（提高概率75%的结果也证明，该优化解为最优解），这是基于粒子群算法的工期固定-资源均衡优化所不能做到的，第三，在工期固定-资源均衡优化中，蒙特卡罗方法还可以得到资源方差最大的各工作开始时间组合，尽管该结果的实用价值不大，但有一定的理论价值，即粒子群算法无法得到。

2. 网络计划技术应用实例

工程实际应用网络计划技术，可以按照由粗到细的顺序编制网络计划，即由总体粗线条网络计划逐步细化编制单位工程、分部分项工程的网络计划，粗、细网络计划通过节点关系形成嵌套结构。

某综合楼施工总体网络计划如图9-49所示。某框架结构主体工程标准层施工网络计划如图9-50所示。

某综合楼施工总体网络计划

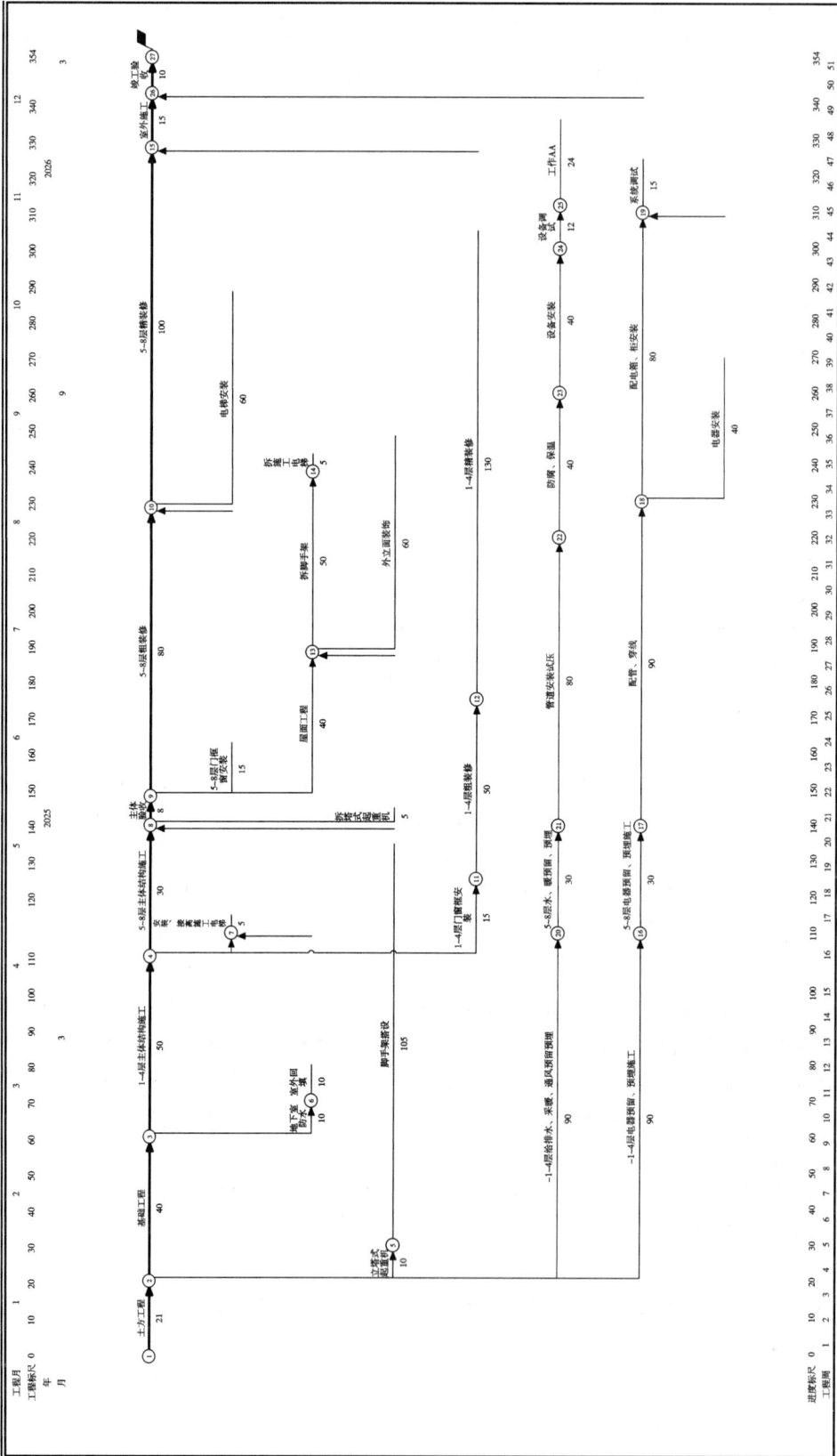

图9-49 某综合楼施工总体网络计划

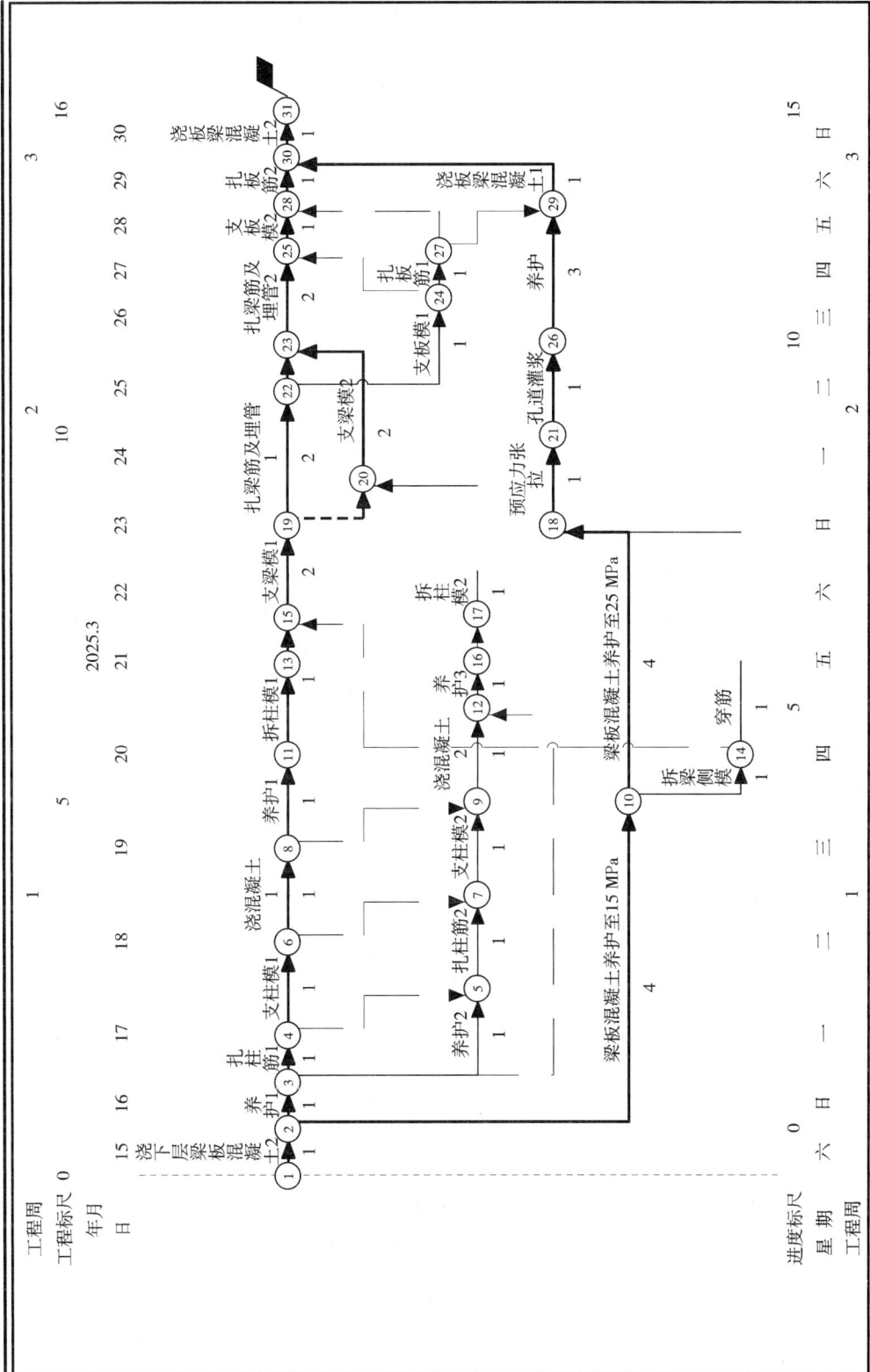

图9-50　某框架结构主体工程标准层施工网络计划

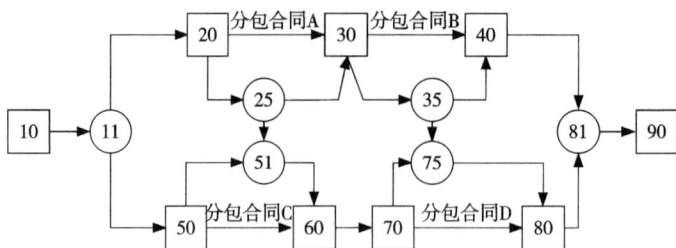

(a) 总体网络计划

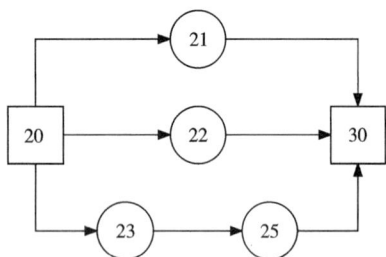

(b) 子网络计划A

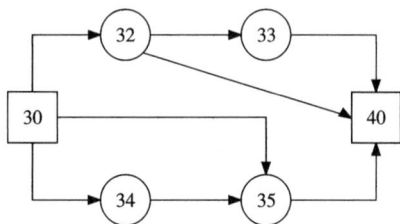

(c) 子网络计划B

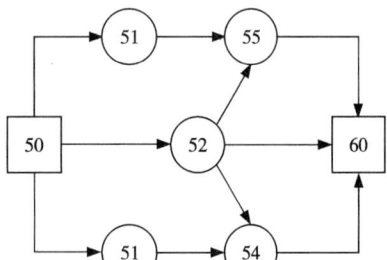

(d) 子网络计划C

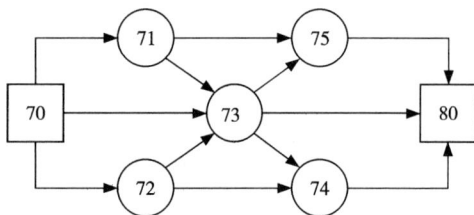

(e) 子网络计划D

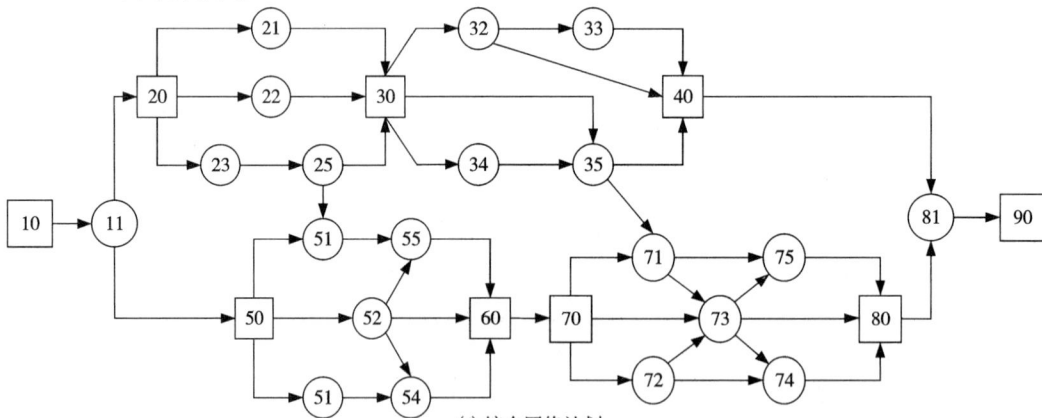

(f) 综合网络计划

图 9-51　多级网络计划

智慧启思

三峡大坝网络计划优化——大国重器中的国家战略实践

认知拓展

实践创新

思考题

1. 什么是网络计划、网络图？网络计划有哪些分类？
2. 双代号网络图有哪些构成要素？工作有哪些类型？
3. 什么是开始节点、结束节点、起点节点、终点节点？
4. 什么是关键工作和关键线路？
5. 简述双代号网络计划各种时间参数的基本含义。
6. 简述计算工期、计划工期、要求工期三者之间的关系。
7. 网络计划表示的逻辑关系通常有哪几种？
8. 网络计划优化分为哪几种？试描述它们的基本原理与方法。

参考答案

第 10 章

施工组织设计与智慧化管理

本章思维导图

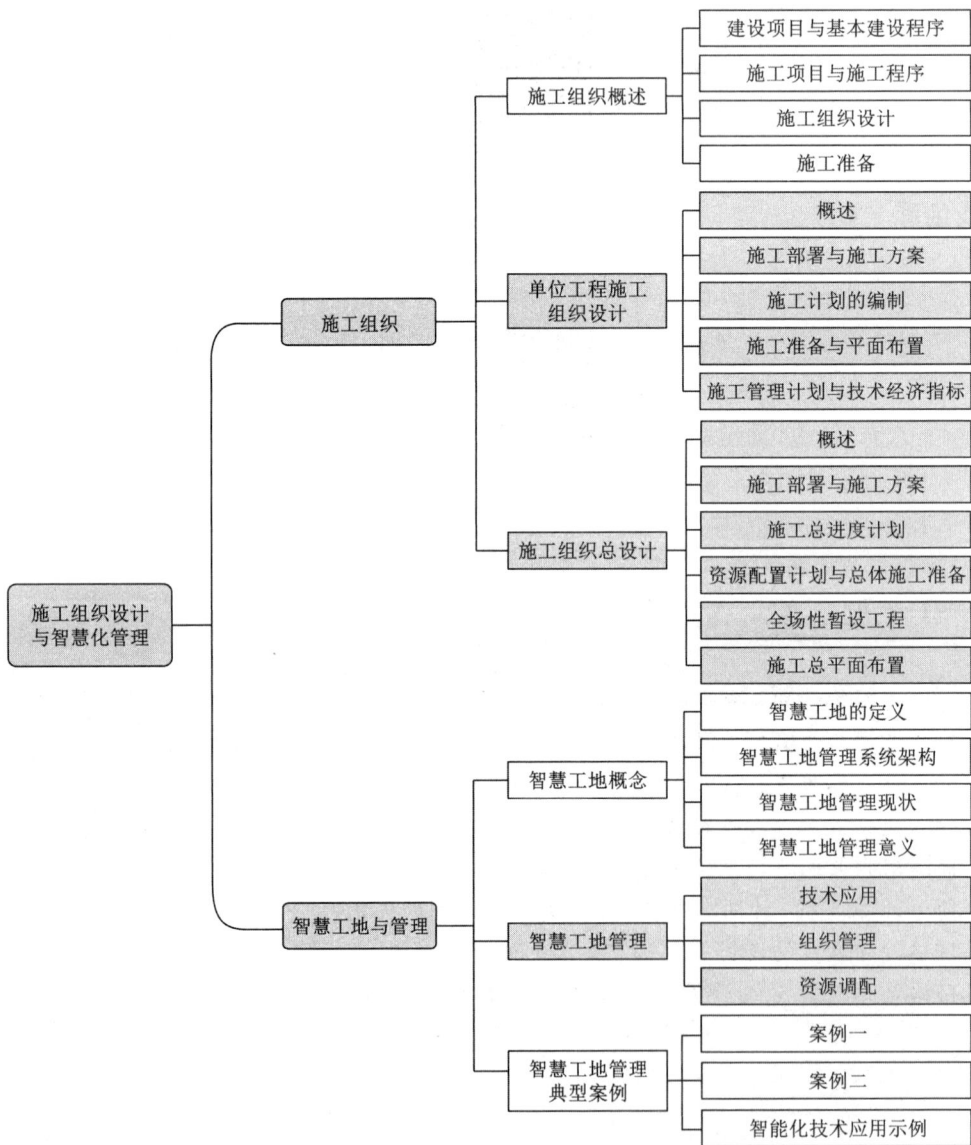

10.1　施工组织

施工组织旨在研究建筑产品生产过程中各生产要素(人力、材料、机械、资金、施工技术等)的科学配置与合理组织。施工技术则聚焦于各工程工种的施工方法及其原理。二者既有联系又有区别。在施工项目开工前,应有计划地安排好生产要素、选择合适的施工方案、制定初步进度计划并完成施工现场平面布置;在施工项目实施过程中,应加强组织协调和科学管理,最终要使整个施工项目的质量、工期、成本、安全及施工过程中的环境保护等方面取得相对优化的效果。

10.1.1　施工组织概述

1.建设项目与基本建设程序

建设项目是指需要一定的投资,按照一定的程序,在一定的时间内,达到规定的质量要求,以形成固定资产为明确目标的特定过程。建设项目有基本建设项目(新建、扩建、改建和重建等扩大再生产的项目)和技术改造项目(以改进技术、增加产品品种、提高质量、治理"三废"、改善劳动安全、节约资源为主要目的的项目)。建设项目的组成如下:

①基本建设项目。具有独立计划和总体设计,并按总体设计要求对该项目建设工程组织施工,在完成以后能独立形成生产能力或使用功能的项目称为基本建设项目。如一所学校、一个工厂、一座桥梁、一座变电站等。

②单项工程。具有独立设计文件,独立组织施工,完成后可独立发挥生产能力或工程效益的项目称为单项工程。单项工程是建设项目的组成部分,一个或若个单项工程组成一个建设项目。如学校的一栋教学楼、工厂的一个车间、一座收费站等。

③单位工程。具有独立设计,独立组织施工,但完成后不能独立发挥生产能力或工程效益的工程称为单位工程。单位工程是单项工程的组成部分。如一栋教学楼的土建工程、设备安装工程、水暖卫生工程等都称为单位工程。

④分部工程。单位工程按专业性质、建筑物部分可划分为若干分部工程。根据《建筑工程施工质量验收统一标准》(GB 50300—2013),建筑工程一般可以划分为 10 个分部工程:地基与基础;主体结构;建筑装饰装修;屋面工程;建筑给水、排水及采暖;通风与空调;建筑电气;建筑智能化;建筑节能;电梯。

⑤分项工程。按不同的施工方法、构造及规格将分部工程划分为分项工程。如土方工程、钢筋工程、给水工程中的铸铁管、钢管、阀门等安装工程。

基本建设的程序是指一个建设项目从提出计划到决策,经过设计、施工直到投产使用的全部过程的各阶段、各环节以及各主要工作内容之间必须遵守的先后顺序。简而言之,即一个建设项目在整个建设过程中各项活动必须遵循的先后顺序。

目前,我国大、中型项目的建设过程大体上分为项目决策和项目实施两大阶段。项目决策阶段的主要工作为编制项目建议书、进行可行性研究和编制可行性研究报告。以"可行性研究报告得到批准"作为一个重要的里程碑,通常称为"批准立项"。立项后,建设项目进入

第10章

实施阶段，主要工作是项目设计、建设准备、施工安装和使用前准备、竣工验收、投产使用等。

2. 施工项目与施工程序

（1）施工项目

施工项目是指建筑企业从签订施工承包合同到保修期满为止的全过程所完成的建筑产品建设任务的项目。其特点在于：①施工项目是建设项目或其中的单项工程、单位工程的施工活动过程；②施工项目的管理主体是建筑企业；③施工项目的任务范围在施工合同中明确界定；④建筑产品具有多样性、固定性、体积庞大的特点。

（2）施工程序

施工程序是拟建施工项目在整个施工阶段中必须遵循的先后顺序，反映了土木工程施工的客观规律。严格遵循和坚持按施工程序办事是提高施工效率、保证工程质量、降低施工成本的必要保证。

土木工程施工程序通常分为 5 个步骤进行：①承接任务，签订施工合同；②做好施工准备，提出开工报告；③组织施工，加强管理；④竣工验收，交付使用；⑤回访保修。

3. 施工组织设计

施工组织设计是以施工项目为对象编制的，用以指导其建设全过程各项施工活动的技术、经济、组织、协调和控制的综合性文件。它的基本任务是根据国家对建设项目的要求，确定经济合理的规划方案，对拟建工程在人力和物力、时间和空间、技术和经济、计划和组织等各方面作出全面合理的安排，以保证达到预定目标，优质、快速、节约、安全、环保地完成施工任务。

（1）施工组织设计的分类

1）按施工项目的规模划分

施工组织设计按施工项目规模的不同，可以划分为施工组织总设计、单项（单位）工程施工组织设计、分部（分项）工程施工设计。

①施工组织总设计。施工组织总设计是以一个建设项目或群体工程为对象编制的，用以指导其建设全过程各项全局性施工活动的综合性文件。它是整个施工项目的战略部署，其编制范围广，内容比较概括。在项目初步设计或扩大初步设计批准、明确承包范围后，在施工项目总承包单位总工程师的主持下，会同建设单位、设计单位和分包单位的负责工程师共同编制。它是编制单项（单位）工程施工组织设计或年度施工规划的依据。

②单项（单位）工程施工组织设计。单项（单位）工程施工组织设计是以一个建筑物、构筑物或其一个单位工程为对象进行编制，用以指导其施工全过程各项施工活动的综合性文件。它是建设项目施工组织总设计或年度施工规划的具体化，其编制内容更详细。它是在项目施工图纸完成后，在项目经理组织下，由项目工程师负责编制，并作为编制分部（分项）工程施工计划的依据。

③分部（分项）工程施工设计。分部（分项）工程施工设计是以一个分部（分项）工程或冬雨期施工项目为对象进行编制，用以指导其各项作业的综合性文件。它是单项（单位）工程施工组织设计和承包单位季（月）度施工计划的具体化，其编制内容更具体。它是在编制单项（单位）工程施工组织设计的同时，由项目主管技术人员负责编制，作为指导该项目具体专业工程施工的依据。

2）按编制的目的与阶段划分

施工组织设计按编制的目的与阶段不同，可划分为两类：一类是投标阶段的施工组织设计，即施工组织纲要；另一类是中标并签订工程承包合同后的施工组织设计，又称为实施性施工组织设计。

施工组织纲要是在工程招投标阶段，投标单位根据招标文件、设计文件及工程特点编制的有关施工组织的纲要性文件，即投标文件中的技术标，适用于工程的施工招投标阶段。施工组织纲要一般由项目经营管理层编制，其规划性强，操作性弱，其目的是中标。技术标和商务标（或经济标）组成了工程投标文件，并且在企业中标后将作为合同文件的一部分。

实施性施工组织设计是在建筑企业中标并签订合同后，在项目开工前应由项目部技术人员在技术标的基础上修改和完善而成，须经监理工程师审核后形成最终实施性施工组织设计。实施性施工组织设计的作用是指导施工准备工作和施工全过程的各项工作。

（2）施工组织设计的内容

施工组织设计的内容主要包括：工程概况；施工部署；施工方案；施工进度计划；施工平面图；主要施工管理计划和措施；技术经济指标。

①工程概况是概括性地说明工程的情况，主要说明工程性质和作用、建筑和结构的特征、建造地点的特征、工程施工特征。

②施工部署是对整个施工项目进行总体的布置和安排，主要确定项目组织机构、施工任务、施工管理目标、施工顺序、主要工程的施工方法。

③施工方案的确定是整个施工组织设计的核心，主要是确定施工方法和施工机械。施工方案应结合工程实际情况，选择技术可行、经济合理、安全可靠的方案。

④施工进度计划是施工项目在时间上的计划和安排。施工进度计划在实施过程中经常会根据工程的实际进度进行调整和优化。

⑤施工平面图是施工项目在空间上的计划和安排，主要明确以下布置：拟建和已建建（构）筑物的位置，垂直运输机械，道路、生产临时设施，生活临时设施，水电网路等。

⑥主要施工管理计划和措施包括质量、进度、安全、成本和环境保护的管理计划和保证措施。

⑦技术经济指标包括总工期、单方用工效率、质量优良品率、材料节约率、机械台班费用、成本降低率等。

（3）施工组织设计的编制、审批

1）施工组织设计的编制

施工组织设计的编制原则：

①贯彻国家工程建设的法律、法规、方针和政策，严格执行基本建设程序和施工程序，认真履行承包合同，科学地安排施工顺序，保证按期或提前交付业主使用。

②根据实际情况，拟定技术先进、经济合理的施工方案和施工工艺，认真编制各项实施计划和技术组织措施，严格控制工程质量、进度、成本，确保安全生产和文明施工，做好职业安全健康、环境保护工作。

③采用流水施工方法和网络计划技术，采用有效的劳动组织和施工机械，组织连续、均衡、有节奏的施工。

④科学安排冬雨期及夏季高温、台风等特殊环境条件下的施工项目，落实季节性施工措

施，保证全年施工的均衡性、连续性。

⑤贯彻多层技术结构的技术政策，因时、因地制宜促进技术进步和建筑工业化的发展，不断提高施工机械化、预制装配化，改善劳动条件，提高劳动生产率。

⑥尽量利用现有设施和永久性设施，努力减少临时工程；合理确定物资采购及存储方式，减少现场库存量和物资损耗；科学地规划施工总平面。

施工组织设计的编制方法：

①拟建工程中标后，施工单位必须编制实施性施工组织设计。工程实行总包和分包，由总包单位负责编制施工组织设计，分包单位在总包单位的总体安排下负责编制分包工程的施工组织设计。

②对构造复杂、施工难度大以及采用新工艺和新技术的工程项目，要进行专项技术论证。

③在施工组织设计编制过程中，要充分发挥各职能部门的作用，让不同部门的技术和管理人员参与到编制过程中来，合理地进行交叉配合。

④当形成较完整的施工组织设计方案之后，应组织参编人员及相关单位讨论研究，修改完善后形成正式的施工组织设计文件，送交主管部门审批。

2）施工组织设计的审批

施工组织设计编制后，应履行审核和审批程序：①施工组织总设计应由总承包单位的技术负责人审批，经总监理工程师审查后实施；②单位工程施工组织设计应由承包单位技术负责人审批，经总监理工程师审查后实施。③分部、分项或专项工程施工方案应由项目技术负责人审批，经监理工程师审查后实施。

对于危险性较大的分部分项工程，在施工前应编制专项方案。建筑工程实行施工总承包的，其专项方案应当由施工总承包单位组织编制。其中，起重机械安装拆卸工程、深基坑工程、附着式升降脚手架等专业工程实行分包的，其专项方案可由专业承包单位组织编制。危险性较大的专项方案应当由施工单位的专业技术人员进行审核，由施工单位技术负责人和总监理工程师签字后实施。

对于超过一定规模的危险性较大的分部分项工程，施工单位应当组织专家对专项方案进行审查论证。

（4）施工组织设计的贯彻执行

施工组织设计编制和审批后，必须在施工实践中认真地贯彻和执行。施工组织设计由谁负责编制，即由谁负责贯彻。一般在工程开工前由技术部门召集有关人员参加，逐级进行交底，这样意图明确，便于贯彻执行，有利于全面指导施工。施工组织设计在实施过程中应实行动态管理，经常性地对施工组织设计执行情况进行检查，必要时进行调整和补充，且经修改和补充的施工组织设计应重新审批后实施。工程施工过程中，应对施工组织设计的执行情况进行检查、分析并适时调整，从而全面完成施工任务。

4.施工准备

施工准备是工程项目施工的重要阶段之一，其基本任务就是为拟建工程建立必要的技术、物质和组织条件，统筹安排施工力量和布置施工现场。施工准备是施工企业做好目标管理、推行技术经济承包的重要依据，同时还是土建施工和设备安装顺利进行的根本保证。

施工准备的主要工作包括技术准备、物资准备、劳动组织准备、施工现场准备和施工场外协调准备。

10.1.2　单位工程施工组织设计 >>>

1.概述

（1）单位工程施工组织设计的作用与任务

1）作用

指导施工准备工作，保证施工有组织、有计划、有秩序地进行，实现质量好、工期短、成本低和安全、高效的目标。

2）任务

①贯彻施工组织总设计及施工合同要求。

②拟定施工部署，选择施工方法，落实建设意图。

③编制施工进度计划，确保工期目标的实现。

④确定各种资源的配置计划，为调度、安排提供依据。

⑤合理布置施工场地，保证施工顺利、安全地进行。

⑥制定实现进度、质量、成本和安全目标的保证计划，为施工项目管理提出技术和组织方面的指导性意见。

（2）单位工程施工组织设计的内容

①编制依据。

②工程概况。

③施工部署。

④主要施工方案。

⑤施工进度计划。

⑥施工准备与资源配置计划。

⑦施工现场平面布置。

⑧主要管理计划。

⑨技术经济指标。

根据工程情况，重复的、简单的子项目可编制得简略些，新的、复杂的项目应详细编制。

（3）单位工程施工组织设计的编制流程

单位工程施工组织设计的编制如图10-1所示。

（4）单位工程施工组织设计的编制依据

单位工程施工组织设计的编制依据包括法规、标准、批文、合同、图纸、现场条件、资源状况、企业能力、施工组织总设计等。在设计书中必须明确以下依据：

①本单位工程的施工合同、设计文件。

②与工程建设有关的国家、行业和地方的法律、法规、规范、规程、标准、图集等。

③施工组织总设计。

④企业技术标准等。

（5）单位工程施工组织设计的工程概况

单位工程施工组织设计的工程概况，是对拟建工程的主要情况和主要施工条件进行描述。在描述时也可加入拟建工程的平面图、剖面图及表格进行补充说明。单位工程概况的主

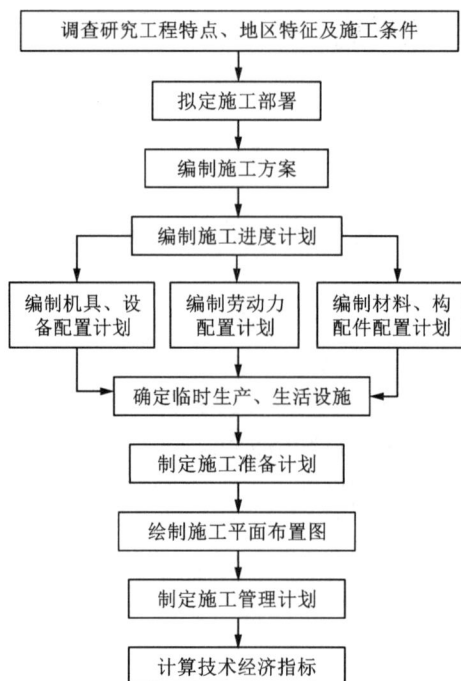

图 10-1　单位工程施工组织设计的编制

要内容应包括工程基本情况、设计特点、施工条件、工程施工特点等。工程基本情况是对拟建工程的名称、性质、用途、造价、开竣工日期，工程建设目标，建设单位、设计单位、施工单位、监理单位情况，施工图纸情况，组织施工的指导思想和原则等所做的简明扼要、重点突出的文字介绍。设计特点主要介绍建筑设计概况(面积、层数、层高及总高等)、结构设计概况(基础形式及埋深、结构类型等)及设备概况(系统构成、种类、数量)。施工条件主要介绍场地"三通一平"情况、场地周围环境、施工技术和管理水平等。工程施工特点主要介绍施工的重点、难点及关键问题。

2.施工部署与施工方案

(1)施工部署

施工部署包括：

1)确定项目组织机构及岗位职责

确定项目组织机构及岗位职责主要包括确定组织机构形式、确定组织管理层次、制定岗位职责、选定管理人员等。某单位工程项目组织机构如图 10-2 所示。

2)制定施工管理目标

制定施工管理目标主要包括工期、质量、安全、文明施工、消防、环境保护等管理目标。施工管理目标必须满足或高于合同目标。

3)确定施工展开程序

确定施工展开程序是指确定各分部、各专业、各施工阶段的施工先后关系。

①一般工程应遵循的程序原则：先地下后地上，先主体后围护，先结构后装饰，先土建

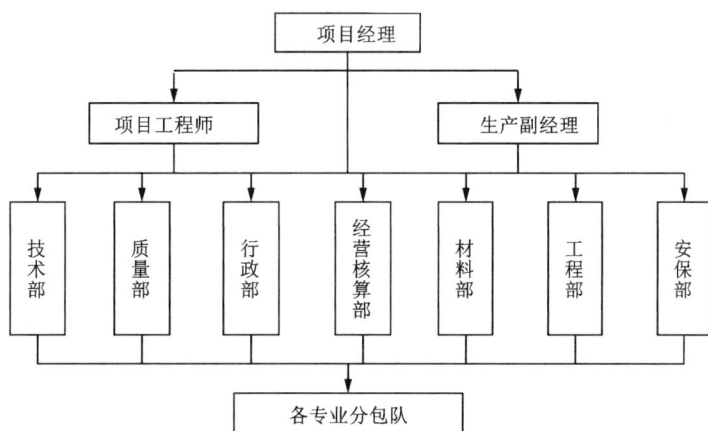

(a) 常规施工项目部架构

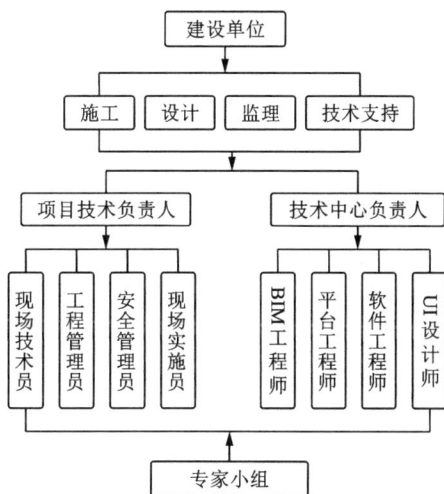

(b) 含智能建造项目组织架构

图 10-2　某单位工程项目组织机构

后设备。

②工业厂房土建与生产设备安装的施工程序：

a. 先土建后设备(封闭安装)，如一般厂房。

b. 先设备后土建(敞开安装)，如重工业(冶金、发电)厂房。

c. 设备与土建同时能互相创造条件者。

某高层住宅楼施工展开程序安排如图 10-3 所示。

4)确定时间和空间安排

确定各分部工程的开始时间、完成时间及搭接关系等。

要求：空间占满，时间连续，均衡协调，留有余地。

一般房屋建筑工程可分为基坑工程、地下结构、主体结构、二次结构、屋面工程、外装修、内装修(粗装、精装)等几大阶段。

常见的搭接有以下几种：主体结构和二次结构；主体结构和设备管线；主体结构和装饰

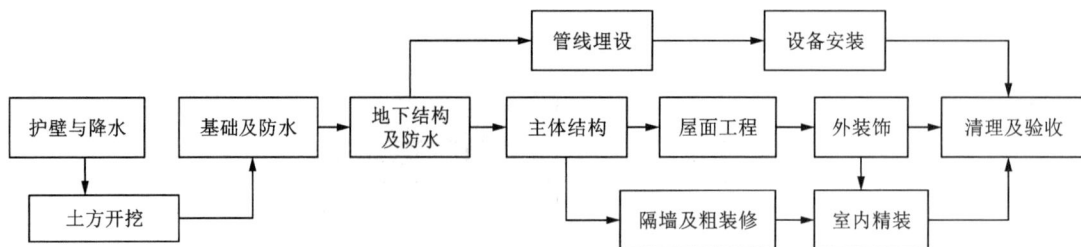

图 10-3　某高层住宅楼施工展开程序安排

装修、设备安装和装饰装修。

（2）划分施工段

划分流水段是将施工对象在空间上划分成多个施工区域，以适应流水施工的要求，使多个专业队组能在不同的流水段上平行作业，并可减少机具、设备及周转材料（如模板）的配置量。从而缩短工期，降低成本，使生产连续、均衡地进行。

分段应注意：应遵循流水施工的分段原则；不同的施工阶段，可采用不同的分段，如表 10-1 所示。

表 10-1　几种常见建筑的分段

施工类型		分段
多层砖混住宅	结构	2~3 个单元为 1 段，每层分 2~3 段
	外装饰	按脚手架步数分层，每层分 1~2 段
	内装饰	每单元为 1 段或每层分 2~3 段
单层工业厂房	基础	按模板配置量分段
	构件预制	分类、分跨，考虑模板量分段
	吊装	按吊装方法和机械数量考虑
	围护结构	按墙长对称分段，与脚手架、圈梁、雨棚等配合
	屋面	分跨或以伸缩缝分段
	装饰	自上至下或分区进行
大模板施工高层住宅	基础	不分或少分段
	主体结构	每层不宜少于 4 个施工段
路基路面	路面基层	每段长度不得少于 150 m
	水泥稳定土基层	每段长度以 200 m 为宜
	沥青混凝土路面	按摊铺设备及材料供应能力分段

2）确定施工起点流向

施工起点流向是指在平面或竖向空间开始施工的部位及其流动方向。

确定施工起点流向时应考虑的因素有：

①建设单位的要求。

②施工的难易、繁简程度。

③构造合理、施工方便。

④保证工期和质量。

高层建筑装饰装修流向示例见图10-4。

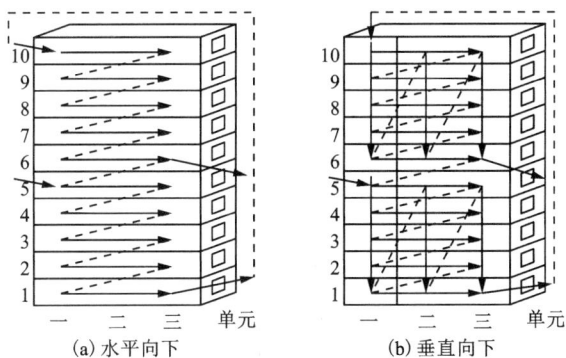

(a) 水平向下　　　　　(b) 垂直向下

图 10-4　房屋建筑室内装饰装修分区向下的流向

3) 确定施工顺序

施工顺序是指各分项工程间的先后顺序和搭接关系。确定施工顺序的原则为:

①符合施工工艺及构造要求。

②与施工方法及采用的机械协调。

③考虑施工组织的要求(工期、人员、机械)。

④保证施工质量。

⑤有利于成品保护。

⑥考虑气候条件。

⑦符合安全施工要求。

一般现浇框架结构教学楼、办公楼的施工顺序为:

①基础工程(±0.000以下)。定位放线→挖土(柱基坑、槽或大开挖)→打钎、验槽→地基处理→浇筑混凝土垫层→绑扎柱基钢筋及柱子插筋→支柱基模板→浇筑基础混凝土→养护、拆柱基模板→支地梁模板→扎地梁钢筋→浇地梁混凝土→养护、拆地梁模板→砌墙基→暖气沟施工→基槽及房心填土。

②主体结构工程。抄平、放线→扎柱筋→支柱模→浇筑柱混凝土→养护、拆柱模→支梁底模→扎梁筋→支梁侧模、板模→扎板底层筋→设备管线预埋敷设→扎板上层筋→隐检验收→浇筑梁、板混凝土→养护→拆梁、板模。

③装饰装修阶段各工序间的顺序(一般宜先室外后室内):

a. 室外装饰。先自上而下进行里层施工,再自上而下进行面层施工。采用落地脚手架时,面层施工应随脚手架逐步拆除进行,最后完成勒脚、台阶、散水的施工。

b. 室内装饰。可以采取主体封顶后自上而下进行,也可以采取自下而上进行,如图10-5所示。

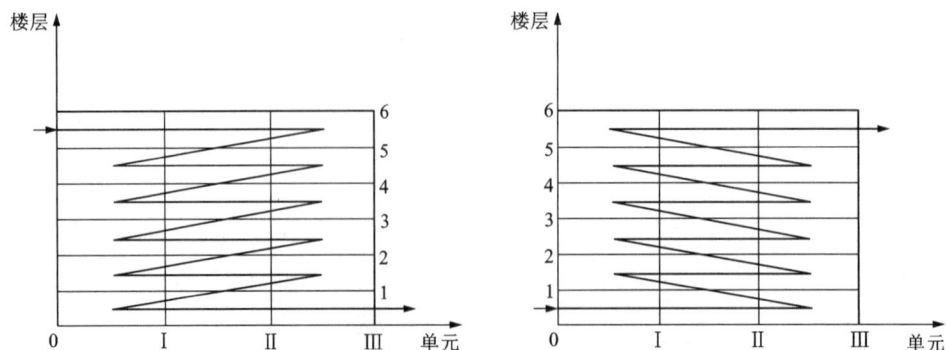

图 10-5　室内装修自上而下和自下而上的流向

例如，某办公楼装饰施工顺序为：砌围护墙及隔墙→安钢门框、窗衬框→外墙抹灰→养护、干燥→拆脚手架及外墙涂料施工→室内墙面抹灰→安室内门框或包木门洞口→铺贴楼地面砖→养护→吊顶安装→安装塑料窗→木装饰→顶、墙涂刷腻子、涂料→安门扇→木制品油漆→检查整修。

④屋面工程的顺序：铺设找坡层→铺设保温层→抹找平层→养护、干燥→涂刷基层处理剂→铺设防水层→检查验收→做保护层。

一般高速公路工程的施工顺序：

①箱涵工程：测量放线→土方开挖→垫层→底板钢筋→支设底板模板→浇筑底板混凝土→支设内模→墙、顶钢筋绑扎→支设外模→浇筑混凝土→回填土→锥坡及洞口铺砌。

②钢筋混凝土中桥工程：测量放线→钻孔灌注桩基础→墩柱→桥台、盖梁→支座安装→预制空心板吊装→湿接头钢筋绑扎→混凝土浇筑→桥面混凝土铺装层施工→桥面护栏。

③路基路面工程：测量放线→基底处理→路堑开挖及路基填筑→通信管道施工→石灰土底基层摊铺碾压→混合料基层摊铺碾压→养护 7 d→透层、封层处理→摊铺碾压底面层→摊铺碾压上面层→边坡防护及排水设施。

4) 选择施工方法的基本要求

①要以主要的分部(分项)工程为主。对主要的分部(分项)工程，其施工方法拟定应详细而具体；而对常规做法和较熟悉的一般分项工程，则只要提出应该注意的一些特殊问题即可。主要的分部(分项)工程一般是指：

a. 工程量大、施工工期长，在单位工程中占据重要地位的分部(分项)工程。例如，钢筋混凝土结构的模板、钢筋、混凝土工程。

b. 施工技术复杂的或采用新技术、新工艺、新结构及对工程质量起关键作用的分部(分项)工程。例如，现浇预应力结构构件、地下室防水等。

c. 特殊结构工程或由专业施工单位施工的特殊专业工程。如深基坑的护坡与降水、预应力张拉、钢结构的整体提升等。

c. 对工程安全影响较大的分部(分项)工程。例如，垂直运输、高大模板、脚手架工程等。

e. 对非常重要或危险性较大的分部(分项)工程，施工方法拟定应详细而具体，必要时应按有关规定编制单独的分部(分项)专项方案或作业设计。

②要符合施工组织总设计的要求。若施工项目属于建设项目中的一项，则应遵循施工组织总设计对该工程的部署和规定。

③要满足施工工艺及技术要求。选择和确定的施工方法与机械必须满足施工工艺及技术要求。例如，结构构件的安装方法、预应力结构的张拉方法及机具均应能够实施，并能满足质量、安全等诸方面要求。

④要提高工厂化、机械化程度。单位工程施工，应尽可能采用工厂化、机械化施工，以利于建筑工业化的发展，同时也是降低造价、缩短工期、节省劳动力、提高工效及保护环境的有效手段。例如，钢筋混凝土构件、钢结构构件、门窗及幕墙、预制磨石、钢筋加工、砂浆及混凝土拌制等尽量采用专业工厂加工制作，减少现场加工。各主要施工过程尽量采用机械化施工，并充分发挥各种机械设备的效率。

⑤要符合可行、合理、经济、先进的要求。选择和确定施工方法与施工机械，首先要具有可行性，即能够满足本工程施工的需要并有实施的可能性；其次要考虑其经济合理性和技术先进性。必要时应做技术经济分析。

⑥要符合质量、安全和工期要求。采用的施工方法及所用机械的性能对工程质量、安全及施工速度起着至关重要的作用。例如，土方开挖的方法、基坑支护的形式、降低水位的方法和设备、垂直运输方法和机械、地下防水层的施工方法、脚手架的形式与构造、模板的种类与构造、钢筋的连接方法、混凝土的拌制运输与浇筑等，应重点考虑。

5）施工方法的选择如表 10-2 所示。

表 10-2　施工方法选择

施工方法	选择的基本原则
测量放线	测量仪器的种类、型号与数量
	测量控制网的建立方法与要求
	平面定位、标高控制、轴线引测、沉降观测方法与精度要求
	测量管理（如交验手续、复核、归档制度等）方法与要求
土石方与地基处理工程	土方开挖的方法、机械型号及数量、开挖流向、层厚等
	放坡要求或土壁支撑方法、排降水方法及所需设备
	石方的爆破方法及所需机具、材料
	土石方的调配、存放及处理方法
	土石方填筑的方法及所需机具、质量要求
	地基处理方法及相应的材料、机具设备等
基础工程	基础的垫层、基础砌筑或混凝土基础的施工方法与技术要求
	大体积混凝土基础的浇筑方案、设备选择及防裂措施
	桩基础的施工方法及施工机械选择
	地下防水的施工方法与技术要求等

续表 10-2

施工方法	选择的基本原则
混凝土结构工程	钢筋加工、连接、运输及安装的方法与要求
	模板种类、数量及构造，安装、拆除方法，隔离剂的选用
	混凝土拌制和运输方法、施工缝设置、浇筑顺序和方法、分层高度、工作班次、振捣方法和养护制度等
结构安装工程	吊装方法，安排吊装顺序、机械布置及行驶路线
	构件的制作、拼装、运输、装卸、堆放方法及场地要求
	机具、设备型号及数量，提出对道路的要求等
现场垂直、水平运输	计算垂直运输量（总量、标准层量）
	确定不同施工阶段垂直运输及水平运输方式、设备的型号及数量、配套使用的专用工具设备（如砖车、砖笼、吊斗、混凝土布料杆、卸料平台等）
	确定地面和楼层上水平运输的行驶路线，布置垂直运输设施的位置
	综合安排各种垂直运输设施的任务和服务范围
脚手架及安全防护	确定各阶段脚手架的类型，搭设方式，构造要求，搭设、使用要求
	确定安全网及防护棚等设置
屋面及装饰装修工程	屋面材料的运输方式，屋面各分项工程的施工操作及质量要求
	装饰装修材料的运输及储存方式
	装饰装修工艺流程和劳动组织、流水方法
	主要装饰装修分项工程的操作方法及质量要求等
特殊项目	采用新结构、新材料、新技术、新工艺
	高耸或大跨结构、重型构件以及水下施工、深基础和软弱地基等项目，应按专项单独编制施工方案
	对深基坑支护、降水，以及爆破、高大或重要模板及支架、脚手架、大体积混凝土、结构吊装等，应进行相应的设计计算，以保证方案的安全性和可靠性

③机械选择。

a.选择的内容：类型、型号、数量。

b.选择的原则：可行、经济、合理。

c.主要考虑：适用性（以适应主导工程为主，兼顾其他）；协调性（相互配套，与人员的生产能力协调）；通用性（类型和型号应尽可能少，适当利用多功能机械）；经济性（首选本单位现有机械，租赁或购买应进行技术经济分析）。

5）施工方案的技术经济评价

施工方案的技术经济评价可分为定性分析和定量分析两大类。

①定性分析评价。

主要基于经验判断，包括以下因素：

a.实施的难易程度及可靠性、可行性。

b.机械获得的可能性，能否充分发挥作用。

c.劳动力(尤其是特殊专业工种)能否满足需要。

d.对冬雨期施工的适应性。

e.实现文明施工的可能性。

f.为后续工程创造有利条件的可能性。

g.质量保证措施的可靠性。

②定量分析评价。

通过数据计算进行客观比较。常用方法包括多指标分析法和综合指标分析法。

3.施工计划的编制

(1)施工进度计划

1)概述

施工进度计划的作用：指导现场施工的安排；确保施工进度和工期；是编制资源配置、施工准备计划及布置现场的依据。

施工进度计划分类：

①控制性计划：控制分部工程的施工时间、配合与搭接关系。适用于大型、复杂、工期长、资源供应不落实、设计可能变化等情况。

②指导性计划：确定分项工程的施工时间、配合与搭接关系。适用于任务明确、施工条件及资源供应基本满足、工期不太长等情况。

③实施性计划：确定施工过程的施工时间、配合与搭接关系。适用于具体指导施工作业(如：旬、周滚动计划)等情况。

施工进度计划形式：

①图表(横道图、垂直图表)：形象直观地表示各工序的工程量，劳动量，施工班组的工种、人数，施工的延续时间、起止时间。

②网络图：表示各工序间相互制约、相互依赖的逻辑关系，以及关键线路等。

施工进度计划编制依据：各种有关图纸；总设计；开竣工日期；气象资料、施工条件；施工方案；预算文件；施工定额；施工合同；等等。

2)施工进度计划的编制步骤

①划分项目。要求：

a.划分项目的粗细程度取决于进度计划的类型(控制性计划粗放，指导性计划细致)。

b.适当合并，简明清晰。工程量过小者不列(如指导性计划中关系防潮层的施工)；量较小的同一构件的几个项目合并(如圈梁含扎筋、支模、浇混凝土)；同一工种同时或连续施工的合并(如支梁侧模及板模)。

c.依据施工方案。

d.不占工期的间接施工过程不列(如构件运输)。

e.设备安装单独列项。

f.按施工的先后顺序列项。

②计算工程量。要求：

a. 工程量的计量单位要与所用定额一致。

b. 要按照方案中确定的施工方法计算。例如，挖土是否放坡、坡度大小、是否留工作面，是挖单坑、还是挖槽或大开挖，不同方案其工程量相差甚大。

c. 分层分段流水者，若各层段工程量相等或差异很小时，可只计算出一层或一段的工程量，再乘以其层段数而得出该项总的工程量。

d. 利用预算文件时，要适当摘抄和汇总，对计量单位、计算规则和包含内容与施工定额不符者，应加以调整、更改、补充或重新计算。

e. 合并项中的各项应分别计算，以便套用定额，待计算出劳动量后再予以合并。

f. "水电暖卫燃设备安装"等可不计算，或由其专业承包单位计算并安排详细计划。

③计算劳动量及机械台班量(P)。

计算出各施工过程的工程量，并查找、确定出该项目定额后，可按下式计算出其劳动量或机械台班量。

$$P_i = \frac{Q_i}{S_i} = Q_i H_i \qquad (10-1)$$

式中：P_i 为某施工过程所需的劳动量(工日)或机械台班量(台班)，一名工人工作 8 h，称为一个"工日"；一台机械工作 8 h，称为一个"台班"。Q_i 为该施工过程的工程量(实物量单位)；S_i 为该施工过程的产量定额(单位工日或台班完成的实物量)；H_i 为该施工过程的时间定额(单位实物量所需工日或台班数)。

④确定持续时间 T_i。

方法 1：先定人员或机械数量及班制。

根据可供使用的人员或机械数量和正常施工的班次安排，按下式计算出施工过程的持续时间。

$$T_i = \frac{P_i}{R_i N_i} \qquad (10-2)$$

式中：T_i 为某施工过程的持续时间(d)；P_i 为该施工过程的劳动量(工日)或机械台班量(台班)；R_i 为该施工过程每天提供或安排的班组人数(人)或机械台数(台)；N_i 为该施工过程每天采用的工作班制数(1~3 班工作制)。

方法 2：先确定延续时间，再计算人数或机械台数：

根据工期要求或流水节拍要求，确定出某个施工过程的施工持续时间，再按照采用的班制，用下式计算施工人数或机械台数。

$$R_i = \frac{P_i}{T_i N_i} \qquad (10-3)$$

式中：符号意义同前。所配备的人数或机械数应符合现有情况或供应情况，并符合现场条件、工作面条件、最小劳动组合及机械效率等诸方面要求，否则应进行调整或采取必要措施。

方法 3：无定额可查或受施工条件影响较大者，可采用三时估计法。

⑤编制施工进度计划表、网络图等。

a. 编制横道图计划。初排施工进度时，按分部分项工程的顺序进行，一般采用分别流水，最好在某一分部或某些分项工程中组织节奏流水；分层分段画进度线；各工序间连接施工或搭接施工(根据工艺、技术、组织上的关系)；尽量使主要工种连续作业，避免出现冲突现象；注意技术间歇及劳动力的均衡性。

b. 检查与调整。检查内容包括：总工期；工艺、技术、组织上是否合理；延续时间、起止时间是否合理；立体交叉或平行搭接在工艺、质量、安全上是否；技术与组织上的停歇时间是否考虑；有无劳动力、材料、机械使用过于集中或冲突现象。

调整时需注意：调整某一项可能影响若干项；调整后工期要合理，且要符合方案或工艺要求；流水施工各参数应符合要求；进度计划应积极可靠、留有余地，以便执行中能进行调整。

c. 编制网络计划。

· 编制项目表：内容包括名称、工程量、劳动量、工种、人数、延续时间及节拍。

· 绘制网络图：确定采用单代号、双代号还是时标网络图。

· 计算时间参数。

· 进行优化调整。

（2）资源配置计划

1）劳动力配置计划

根据进度计划统计每天所需工种及人数，按天（或旬、月）编制计划。

2）主要材料配置计划

①编制依据：按进度计划或施工预算中的工程量。

②内容：列出名称、规格、数量、所需时间。

3）构件配置计划

①种类：钢筋混凝土、木构件、钢构件、混凝土制品等。

②编制依据：施工图纸、进度计划、储备要求、现场条件。

③内容：品种、规格、图号、需要量、使用部位、加工单位、供应日期。

4）施工机具、设备配置计划

①编制依据：施工方案和进度计划。

②内容：确定机具、设备的名称、规格、型号、数量、使用的起止时间。

4. 施工准备与平面布置

（1）施工准备

施工准备工作是确保工程顺利实施的基础，主要包括技术准备、现场准备和资金准备3 个方面。施工准备的主要作用是为施工前的各项准备工作及现场布置提供依据，确保施工过程高效、有序。施工准备工作须依据施工部署、施工进度计划及资源配置计划进行编制，以确保各项准备工作有序开展。

1）技术准备

①图纸准备：包括图纸学习与会审、深化设计等，确保施工图纸的准确性和可行性。

②施工计量与测量器具配置：制定测量器具配置计划，确保施工精度。

③技术工作计划：包括施工方案编制、试验检验计划、样板制作及技术培训等。

④新技术推广计划：针对新技术、新工艺、新材料、新设备（"四新"项目）制定推广应用计划。

⑤测量方案：涵盖高程测量、建筑物定位、变形观测等内容。

2）现场准备

包括生产及生活临时设施的搭建，确保施工现场具备基本的生产和生活条件。

3)资金准备

编制资金使用计划,确保施工过程中资金合理调配。

(2)施工现场平面布置

施工现场平面布置是施工组织设计的重要组成部分,其意义在于:为现场布置提供依据;确保施工有计划、有组织地进行;为安全、文明施工及现场管理奠定基础;提高施工效率,加快进度,实现经济效益。

1)施工现场平面布置的要求

①分阶段绘图(如基础、结构、装饰阶段,施工现场平面布置的内容不同)。

②要考虑各施工阶段的变化和发展需要(水电管线、道路、房屋、仓库不要轻易变动)。

③土建与设备安装应协商,防止相互干扰。

④比例:一般为1:(200~500)。

2)施工现场平面布置的内容

①已建、拟建的建筑物、构筑物及管线。

②测量放线标桩、地形等高线。

③垂直运输机械的位置、开行路线、控制范围。

④构件、材料、加工半成品及施工机具的堆场。

⑤生产、生活临时设施(如搅拌站、输送泵站、加工棚、仓库、办公室、道路、水电管线、宿舍、食堂、消防及安全设施等)。

⑥必要的图例、比例尺、方向及风向标记。

3)施工现场平面布置的依据

①原始资料:自然条件、技术经济条件。

②建筑设计资料:总平面图、管道位置图等。

③施工资料:施工方案、进度计划、资源需要量计划、业主能提供的设施。

④技术资料:定额、规范、规程、规定等。

4)施工现场平面布置的原则

①布置紧凑,少占地。

②缩短运距,减少二次搬运。

③尽量少建临时设施,节约费用。

④所建临时设施要方便生产和生活使用。

⑤符合安全、防火、文明施工等要求。

⑥经过多个方案比较,找出最合理、安全、经济、可行的布置方案。

5)施工现场平面布置的步骤与具体要求

①场地基本情况。

a.场地的形状尺寸。

b.已建和拟建建筑物或构筑物。

c.已有的水源、电源、管线、排水设施。

d.已有的场内、场外道路,围墙。

e.施工中须予以保护的树木、房屋及其他设施等。

②起重及垂直运输机械的布置。

a.起重机。布置位置、开行路线或塔道、控制范围、有关数据。

b.固定式垂直运输设备。井架、门架、外用电梯位置要求：使地面及楼面上的水平运距最小或运输方便；减少砌墙时留槎和以后的修补工作；应避开塔吊搭设，保证施工安全。

c.卷扬机。位置要求：应尽量使钢丝绳不穿越道路；司机视线好；距井架或门架的距离不宜小于 15 m，且不小于吊盘上升的最大高度；距拟建工程不宜过近；距前一个导向滑轮不得小于卷筒长度的 20 倍。

d.混凝土输送泵及管道。输送泵：应设置在供料方便、配管短、水电供应方便处。管道：应尽量减少管道长度，少用弯管和软管；垂直向上的运输高度较大时，应使地面水平管的长度不小于垂直管长度的 1/4，且≥15 m，否则应设截止阀；倾斜向下输送时，应设弯管、环形管等，防止停泵时混凝土坠流而使泵管进气。

③运输道路布置。

a.形状：以环形、"U"形为好，"一"字形端部要设回车场。

b.路面宽度：单车道 3~4 m；双车道 5.5~6 m；消防车道≥4 m。

c.转弯半径：单车道 9~12 m；双车道≥7 m。

d.路面高度：高于场地 100~150 mm。雨季起脊，两侧设排水沟。

④搅拌站、加工棚及构件、材料的布置时应考虑运距、面积尺寸、间距、位置、数量。

a.需用塔吊运输者，应在塔吊控制范围内。

b.原材料位置应在路边，以便进场、卸车。

c.各种棚、房尽量躲开塔吊，否则搭设防护棚。

d.原材料堆场与其加工棚、成品堆场宜相邻，以减少搬运距离。

e.面积、尺寸、存放数量应满足使用要求。

⑤临时房屋布置。

a.根据进度计划中高峰期人数及面积定额确定总面积；

b.生产性、生活性适当分开；

c.使用方便，不妨碍施工；

d.尺寸适当（如宿舍每间≤30 m²，其他≤100 m²）；

e.符合安全防火要求。

⑥水电管网布置。

施工水网管线的布置：宜枝状布置，长度最短，通到各主要用水点；宜暗埋，在使用点引出，并设置龙头及阀门；管线不得妨碍在建或拟建工程，转弯宜为直角。

⑦消火栓布置。

a.一般现场：消火栓应与主管相连，管径≥DN100；消火栓间距≤120 m，距房屋或其他使用点 5~25 m，距路边≤2 m，宜设转弯处；消火栓周围 3 m 之内不能有任何堆积物，并设置明显标识。

b.高层建筑施工现场：需设蓄水池、消防水泵及 2 根以上消防竖管（≥DN100）；消防水泵应不少于两台；每个楼层均应设消火栓，其间距≤30 m。

⑧施工供电布置。

a.线路宜布置在围墙边或路边。架空设置时电杆间距 25~35 m，距路面高度≥4 m，距建筑物或脚手架≥4 m,距塔吊所吊物体的边缘≥1.5 m。

不能满足上述要求或在塔吊控制范围内,宜埋设电缆,深度≥0.7 m,电缆上下均需铺50 mm厚细砂,并覆盖砖等硬质保护层后再覆土,穿越道路或引出处须加防护套管。

b.各用电器应单独设置开关箱。开关箱距用电器≤3 m,距分配电箱≤30 m。

c.变压器布置在现场边缘高压线接入处,远离交通要道口,四周设置围栏。

5.施工管理计划与技术经济指标

(1)施工管理计划

施工管理计划是通过系统化的管理措施确保工程高效推进的综合性方案,其核心包括5个方面:进度管理计划采用目标分解和动态监控机制,通过组织、技术、合同三重措施保障工期;质量管理计划实施样板引路和三级检查制度;安全管理计划运用危险源分级管控,构建"双控"预防机制;环境管理计划通过智能监测和绿色工艺控制污染;成本管理计划依托建筑信息模型(BIM)技术实现全过程精细化管控。各计划均包含目标设定、组织架构、资源配置、过程控制和应急处理等完整的管理闭环,最终通过工期、质量、成本等量化指标进行效果评估,形成科学规范的工程管理体系。

进度管理计划主要包括:

①对进度计划逐级分解,以实现阶段目标,保证最终目标的实现。

②建立进度管理的组织机构,制定管理制度。

③制定进度管理措施(包括组织、技术、合同等措施等)。

④建立动态管理机制,及时纠正进度偏差,并制定特殊情况下的赶工措施。

⑤根据项目周边环境特点,制定相应的协调措施,减少外部因素对施工进度的影响。

质量管理计划主要包括:

①按项目要求,确定质量目标并进行目标分解。

②建立质量管理组织机构并明确职责。

③制定技术和资源保障措施、防控措施。

④建立质量过程检查制度,并对质量事故的处理做出相应规定。

安全管理计划针对项目具体情况,建立安全管理组织,制定相应的管理目标、管理制度、管理控制措施和应急预案等。主要包括:

①确定重要危险源,制定项目职业健康安全管理目标。

②建立项目安全管理组织机构并明确其职责。

③进行职业健康安全方面的资源配置。

④建立安全生产管理制度和安全教育培训制度。

⑤针对重要危险源,制定相应的安全技术措施。

⑥制定相应的季节性安全施工措施。

⑦建立现场安全检查制度,并对安全事故的处理做出相应规定。

环境管理计划针对常见的大气污染、垃圾污染、施工机械的噪声和振动、光污染、放射性污染、生产及生活污水排放等编制环境管理计划。主要包括:

①确定项目重要环境因素,制定项目环境管理目标。

②建立项目环境管理的组织机构并明确职责。

③根据项目特点,进行环境保护方面的资源配置。

④制定现场环境保护的控制措施。

⑤建立现场环境检查制度，并对环境事故的处理做出相应规定。

成本管理计划以项目施工预算和施工进度计划为依据编制。主要包括：

①根据项目施工预算，制定项目施工成本目标。

②根据施工进度计划，对成本目标进行阶段分解。

③建立成本管理的组织机构并明确职责，制定相应的管理制度。

④采取合理的组织、技术、合同等措施，控制成本。

⑤确定科学的成本分析方法，制定必要的纠偏措施和风险控制措施。

（2）技术经济指标

技术经济指标是通过总工期、单方用工效率、质量优良品率、材料节约率、机械台班费用及成本降低率等量化参数，综合评估施工项目的组织效能、资源利用水平和经济效益的核心指标体系。

①总工期：反映组织能力与生产力水平，与定额规定工期、同类工程工期比较。

②单方用工效率：反映企业的生产效率及管理水平。公式为：单方用工效率＝总用工数/建筑面积（工日/m^2）。

③质量优良品率：是施工组织设计中确定的控制目标。

④材料节约率：是施工组织设计中确定的材料控制目标。公式为：主要材料节约量＝预算用量－施工组织设计计划用量；主要材料节约率＝主要材料计划节约额/主要材料预算金额。

⑤机械台班费用：反映机械化程度和机械利用率。公式为：单方大型机械耗用台班数＝耗用台班数/建筑面积（台班/m^2）；单方大型机械费用＝计划大型机械费用/建筑面积（元/m^2）。

（6）成本降低率：施工组织设计中确定的成本控制目标。公式为：成本降低额＝预算成本－施工组织设计计划成本；成本降低率＝成本降低额/预算成本（％）。

10.1.3　施工组织总设计

>>>

1. 概述

施工组织总设计的内容：编制依据；工程概况；施工部署及主要项目施工方案；施工总进度计划；总体施工准备；主要资源配置计划；施工总平面布置；目标管理计划及技术经济指标。

施工组织总设计的作用：确定设计方案施工的可能性和经济合理性；为建设单位编制基本建设计划提供依据；为施工单位编制年、季计划提供依据；为组织物资、技术供应提供依据；保证及时、有效地进行全场性施工准备工作；规划建筑生产和生活基地的建设。

施工组织总设计的编制程序如图 10-6 所示。

施工组织总设计编制的主要依据：计划文件及有关合同；设计文件及有关资料；施工组织纲要；现行规范、规程和有关规定；工程勘察和技术经济资料；类似项目的施组总设计和总结资料。

施工组织总设计的编制内容：工程项目的基本情况及特征、承包的范围、建设地区特征、

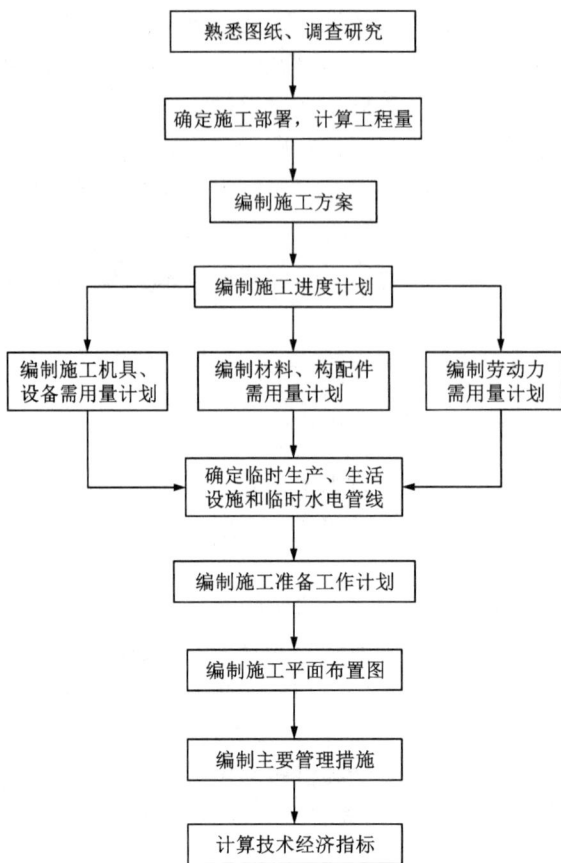

图 10-6 施工组织总设计的编制程序

施工条件和其他内容(有关本建设项目的决议、合同或协议;土地征用范围、数量和居民搬迁时间;需拆迁与平整场地的要求等)。

2. 施工部署与施工方案

施工部署与施工方案是通过建立项目组织体系,划分施工区域,设定工期、成本、质量、安全、环境等总目标,并规划实施程序与准备工作,进而确定施工流向、程序、方法及机械配置的系统性实施规划。

施工部署的主要内容包括:

①项目组织体系。

②施工区域(或任务)的划分与组织安排。

③施工控制总目标(单项工程的工期、成本、质量、安全、环境等)。

④确定项目展开程序。

⑤主要施工准备工作的规划。

主要项目施工方案是通过科学确定施工流向、系统规划施工程序、合理选择施工方法与机械设备,形成具有可操作性的技术实施路径。主要内容包括:

①施工起点流向。

②施工程序。

③主要施工方法和施工机械等。

3.施工总进度计划

施工总进度计划是通过编制工程量清单、确定工期节点、协调工序搭接，综合考虑重点控制、连续施工、工艺要求等关键因素，经多轮优化后形成具有指导性的系统性进度规划文件。

①列出工程项目一览表并计算工程量。

②确定各单位工程的施工期限。

③确定各单位工程的竣工时间和相互搭接关系：保证重点，兼顾一般；满足连续、均衡施工的要求；满足生产工艺要求；认真考虑施工总平面图的空间关系；全面考虑各种条件限制。

④编制可行的施工总进度计划，用进度表或网络图表示。

⑤调整与修正，编制正式施工总进度计划。

4.资源配置计划与总体施工准备

资源配置计划与总体施工准备是通过科学规划人力、材料、机械设备及临时设施等关键要素，建立系统化的资源保障体系，为工程实施提供全面支撑的前期统筹工作。

其中，物资配置计划包括：材料、预制品计划；主要施工机具和设备计划；大型临时设施计划。

5.全场性暂设工程

全场性暂设工程主要包括：

①临时加工厂及作业棚(种类、结构、面积)。

②临时仓库与堆场(类型、储量、面积)。

③运输道路(种类、形式)。

④办公及福利设施(类型、面积)。

⑤工地供水组织。

工地供水组织包括生产、生活、消防用水组织。

a.确定用水量。施工用水量 q_1 以施工高峰期用水量最大的一天计算。

$$q_1 = K_0 \sum (Q_1 \times N_1) \times K_1 / (n \times 8 \times 3600) \ (\text{L/s}) \tag{10-4}$$

式中：K_0 为未预计的施工用水系数(1.05~1.15)；Q_1 为工种最大工程量(通过进度表查出)；N_1 为工种工程用水定额(参考其他教材或施工手册)；K_1 为施工用水不均衡系数(1.5)；n 为每天工作班制。

施工机械用水量 q_2 按下式计算：

$$q_2 = K_0 \times \sum (Q_2 \times N_2) \times K_2 / (8 \times 3600) \ (\text{L/s}) \tag{10-5}$$

式中：Q_2 为同种机械的台数；N_2 为施工机械台班用水定额(参考其他教材或施工手册)；K_2 为施工机械用水不均衡系数(2.0)。

施工现场生活用水量 q_3 按下式计算：

$$q_3 = P_1 \times N_3 \times K_3 / (n \times 8 \times 3600) \ (\text{L/s}) \tag{10-6}$$

式中：P_1 为施工现场高峰昼夜人数(人)；N_3 为施工现场生活用水定额[20~60 L/(人·班)，视工种、气候而定]；K_3 为施工现场生活用水不均衡系数(1.3~1.5)。

生活区生活用水量 q_4 按下式计算：

$$q_4 = P_2 \times N_4 \times K_4 / (24 \times 3600) \quad (\text{L/s}) \tag{10-7}$$

式中：P_2 为生活区居民人数(人)；N_4 为生活区用水定额(参考其他教材或施工手册)；K_4 为生活区用水不均衡系数(2~2.5)。

消防用水量 q_5 可参照规范取值(参考其他教材或施工手册)。

总用水量 Q 按下式计算：

$$\text{当} (q_1+q_2+q_3+q_4) \leqslant q_5 \text{ 时, 取 } Q=q_5+(q_1+q_2+q_3+q_4)/2$$
$$\text{当} (q_1+q_2+q_3+q_4) > q_5 \text{ 时, 取 } Q=q_1+q_2+q_3+q_4$$
$$\text{当工地面积小于 5 hm}^2\text{, 且} (q_1+q_2+q_3+q_4) < q_5 \text{ 时, 取 } Q=q_5 \tag{10-8}$$

总用水量取值：$Q_2=1.1Q$，以补偿不可避免的水管漏水损失。

b. 优先选择市政供水管网；次选天然水源。

c. 确定供水系统包括：取水设施(进水装置、进水管、水泵)；储水构筑物(水池、水塔、水箱)；供水管径。

供水管径由下式计算：

$$D = \left[4Q_2 \times 1000 / (\pi V) \right]^{1/2} \tag{10-9}$$

式中：D 为给水管的内径(mm)；V 为管网中水的流速(1.2~1.5 m/s)。

d. 选择管材。

第一，干管：钢管或铸铁管；

第二，支管：钢管。

⑥工地供电组织。

a. 用电量计算。总用电量为：

$$P = 1.05 \sim 1.1 \left[K_1 \left(\sum P_1 / \cos\varphi \right) + K_2 \sum P_2 + K_3 \sum P_3 + K_4 \sum P_4 \right] \quad (\text{kVA}) \tag{10-10}$$

式中：P_1 为电动机额定功率，kW；P_2 为电焊机额定容量，kVA；P_3 为室内照明容量，kW；P_4 为室外照明容量，kW；$\cos\varphi$ 为电动机平均功率因数(0.65~0.75)；K_1 为电动机同时使用系数(3~10 台：0.7；11~30 台：0.6；30 台以上：0.5)；K_2 为电焊机同时使用系数(3~10 台：0.6)；K_3、K_4 为室内、室外照明需要系数(0.8、1.0)。

室内、室外照明也可按动力用电量的 10% 估算。各种机械及照明用电量可根据所选机械及设备参考其他教材或施工手册所给的功率和定额选用。

b. 确定变压器。

计算变压器的最小输出功率

$$P = K \left(\sum P_{\max} / \cos\varphi \right) \quad (\text{kVA}) \tag{10-11}$$

式中：K 为功率损失系数(1.05~1.1)；$\sum P_{\max}$ 为变压器服务范围内最大用电量的总和(kW)；$\cos\varphi$ 为功率因数(0.75)。

选择变压器：所选变压器的额定容量应大于或等于 $1.1P$。

c. 场内干线的选择(三相五线制)。按电流强度选择导线：

$$I = KP / (1.732 V \cos\varphi) \quad (\text{A}) \tag{10-12}$$

式中：I、V 为线路上的电流强度(A)、电压(V)；K、P 为需要系数、负载功率(取值同前用电量计算公式)；$\cos\varphi$ 为功率因数(临时电路取 0.7~0.75)。

6.施工总平面布置

施工总平面布置是工程建设的重要环节。其设计内容包括明确地上地下已有及拟建构筑物的位置尺寸、合理布置施工临时设施、标定永久测量标桩位置。

设计应遵循 7 项原则:

①布置科学合理,施工场地占用面积小。

②合理组织运输,减少二次搬运。

③施工区域划分和场地临时占用符合总体部署与流程,减少干扰。

④充分利用既有建(构)筑物和设施,降本增效。

⑤临时设施布置满足生产、生活、安全防火和环保要求。

⑥符合节能、环保、安全和消防等规范标准。

⑦遵守当地主管部门和建设单位的相关规定。

设计包括 5 类资料:

①设计资料:涵盖建筑总平面图、竖向设计图、地貌图、区域规划图,以及建设项目相关的已有和拟建地下管网位置图等,为场地布置提供基础空间信息。

②地区调查资料:包括地方建筑企业、材料设备、交通运输、水电气供应、社会劳动力、生活设施及参建企业力量等情况,辅助规划资源调配与设施布局。

③施工部署与主要工程施工方案:明确施工先后顺序、关键工程施工方法等,让平面布置适配施工流程,如大型机械摆放配合主体施工方案。

④施工总进度计划:依据各阶段施工任务与时间安排,布置临时设施、材料堆场等,保障不同施工阶段场地需求,比如装修阶段和基础阶段布置有别。

⑤资源需用量一览表:包括材料、构件、施工机械、运输工具等的需要量,用于规划存储场地、运输路线,合理安排资源存放与调配。

设计步骤为:

①绘出整个施工场地范围及基本条件。

②布置新的临时设施及堆场:引入场外交通;布置仓库与材料堆场;布置加工厂;布置内部运输道路;布置行政与生活临时设施;临时水电管网及其他动力设施。

10.2　智慧工地与管理

>>>

随着我国科技和经济水平的发展,传统的粗放式工地管理模式正在逐渐向精细化、智能化的管理模式转型、发展。以工业化、信息化和智能化等为特征的新的施工技术和施工组织方式正在被逐步应用到建设项目中,数智化的现场管理方式成为未来行业发展的需要,智慧工地系统应运而生。

10.2.1　智慧工地概念

>>>

1.智慧工地的定义

利用 BIM、大数据、云计算、移动端、物联网等先进技术,以工程大数据为切入口,应用智慧工地管理理念,对工程建设进度、质量、投资、安全信息进行全面管控。通过智慧工地的建设、管理、创新、研究、实践,实现工程的可视化、扁平化、智慧化管理,切实提升工程质量,发挥经济效益和社会效益;通过实施智慧工地建设规划,搭建统一平台,实现数据共享;通过数字化手段保存并优化业务流程,促进高效沟通;通过开发移动应用,管控重心前移,提升精细化管理水平。

围绕施工现场"人机料法环测"等各个环节,智慧工地将传统的建筑施工技术与大数据、物联网等新的技术手段相结合(图10-7),集成多个智慧应用子系统,施工数据云端整合分析,从而打造专业、先进、安全的智慧工地解决方案。

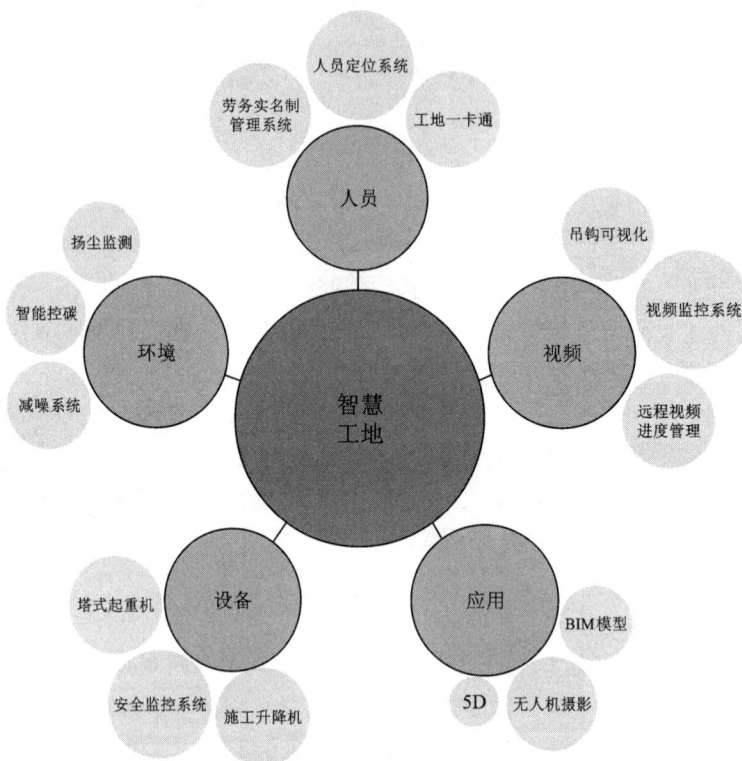

图 10-7 智慧工地系统组成

2. 智慧工地管理系统架构

智慧工地建设主要遵循可维护性、层级化、安全性、可靠性、可扩展性与交互性,通过物联网(IoT)、人工智能(AI)、大数据等信息化技术,实现智能化管理。其整体架构分为交互层、业务应用层、平台服务层、数据层与设备层,共5个层次(图10-8),每一层负责不同的功能与任务,各层间相互协调与配合,支撑起项目整体智慧工地的运作,打造更加高效、和谐、安全的工作环境。

3. 智慧工地管理现状

智慧工地管理主要分为两个部分,即人员管理和现场管理。前者主要涉及工地现场所有工作人员的信息登记、身份验证、考勤管理、安全培训与教育、人员定位与轨迹追踪等。后者则涵盖了安全、质量、进度、设备、环境、物料等多个方面。

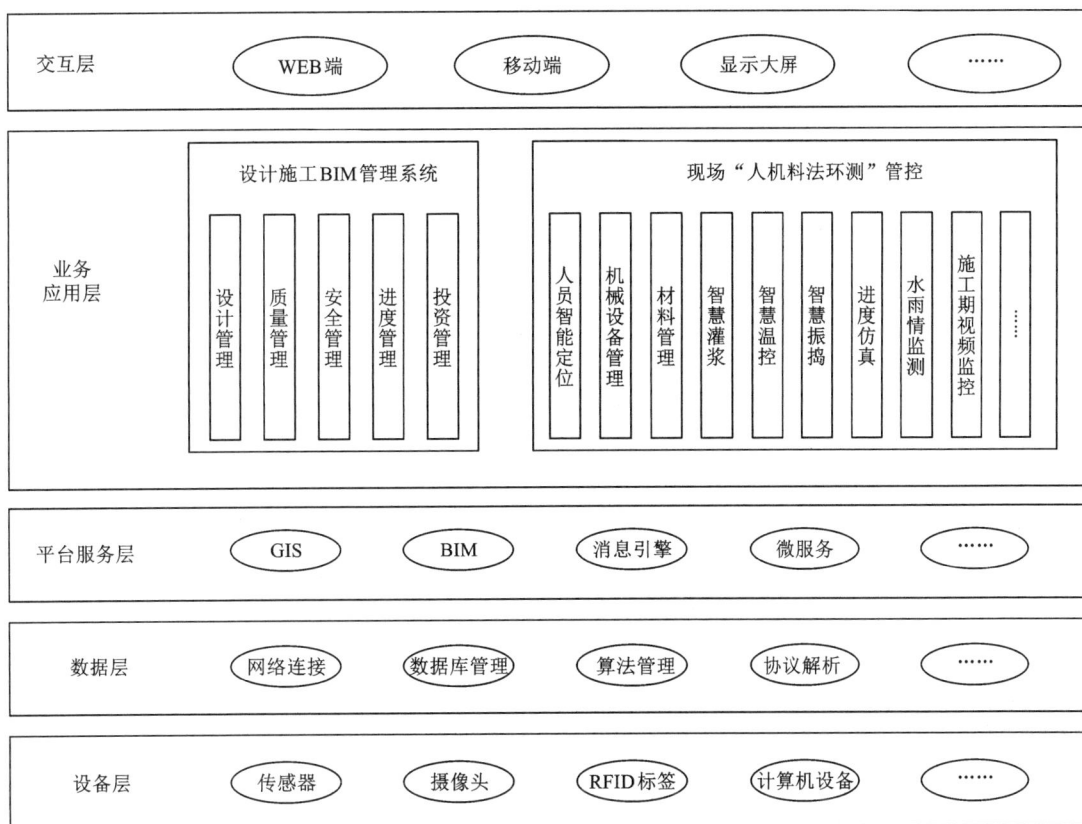

图 10-8　智慧工地管理平台组织架构图

在人员管理方面，它通过生物识别技术，借助智能卡等媒介，实行劳务实名制等管理方式，对人员进出考勤、教育培训、现场作业等全流程把控，使得人员管理更加安全、有序、高效。这已经成为行业新趋势。但高技能高素质的人才团队缺乏，在很大程度上减缓了智慧工地推进的速度；配套软硬件不够成熟、基础设施不够完善也制约了智慧工地人员管理的应用和发展。因此，加强人才培养和引进、完善配套软硬件和基础设施是智慧工地人员管理未来发展的重要方向。

在现场管理领域，我国已形成了一批具有代表性的智慧工地解决方案，如基于 BIM 技术的施工管理平台、施工现场智能监控系统、环境监测与预警系统等。这些解决方案在提高施工精度、优化施工流程、提升施工质量等方面发挥了重要作用，同时也极大促进了相关产业链的快速发展。然而，智慧工地建设标准不统一，不同企业、不同地区的技术水平参差不齐；此外，智慧工地项目的投资回报周期较长，部分企业对智慧工地的投入意愿不足。因此，未来智慧工地行业需要进一步加强技术研发，完善行业标准，提高施工企业对智慧工地的认识和应用能力，以推动行业的健康可持续发展。

4. 智慧工地管理意义

首先，使用智慧工地系统有助于企业管理，从而有效提高工作效率，降低管理成本。智慧工地可以使施工企业实时、全面了解现场施工状况，同时显著改善不同部门与员工之间的交流和沟通速度，方便解决问题，从而提高管理者的管理效率，并极大地提升在不同部门之间传递信息、反馈信息等的灵活性。

其次，智慧工地系统的使用降低了建筑项目中的潜在安全风险。对建筑人员本身来说，他们中的大多数知识水平有限，缺乏教育和培训，缺乏安全意识。在智慧工地系统，的所有建筑人员都可以进行注册，智慧工地系统会记录建筑工地上所有建筑工人的活动轨迹，并及时解决出现的问题。当发现安全风险或安全问题时，智慧工地系统可提供及时的检查和解决方案，并提供实时报告功能，有效保护项目的施工进程。

10.2.2 智慧工地管理系统

智慧工地管理系统主要涵盖技术应用和组织管理两大核心方面，其中组织管理又可细致划分为空间管理和时间管理，它们相互配合、相辅相成，共同构建起一个高效、智能的工地管理体系。下面介绍目前较新的、主流的一些技术应用和智慧工地管理方式，值得一提的是本小节所提及的这些新技术应用和管理方式随着科技的发展和工程创新实践还在不停地更新迭代与改进，不同专业方向应用场景不尽相同，此处只能以点带面，难免挂一漏万。

1.技术应用

(1)人员定位系统

人员定位系统是将传统工人安全帽与无线传感技术相结合的新型应用(图10-9)。有GPS和蓝牙两种模式可供选择，GPS适用于非封闭式的施工地点，蓝牙适合封闭式的施工地点。

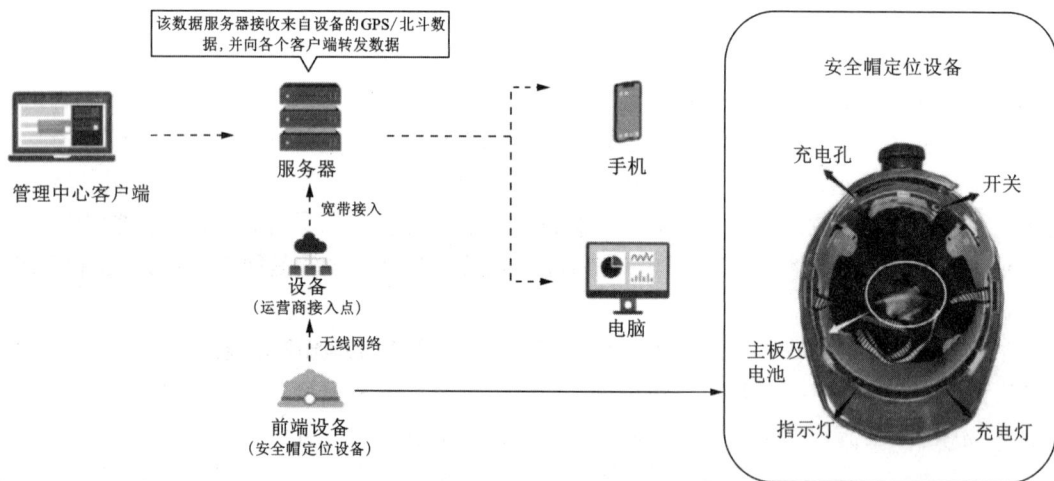

图10-9 人员定位系统

通过在工人出入通道及各施工区域部署的识读器对在工人安全帽上安装的电子标签进行射频识别，并将读取到的人员身份信息和位置信息发送至工地现场管理终端和云平台后台处理数据，实现工人的考勤记录和区域定位，对进入危险区域的人员进行预警；同时，还可以对人员的工作状态进行监测，如疲劳检测等，预防因人员疲劳所导致的安全事故。

（2）塔机安全监控

塔机安全监控（图 10-10）是针对大型起重机械安全监控系统而设计的，其功能完善，可实时监控机械运行状态和操作行为，对设备可能出现的异常状态、非正常操作等进行声、光报警，并全过程记录，保证机械设备的安全、稳定运行，减少安全事故发生，便于事故追溯，提高安全管理水平。

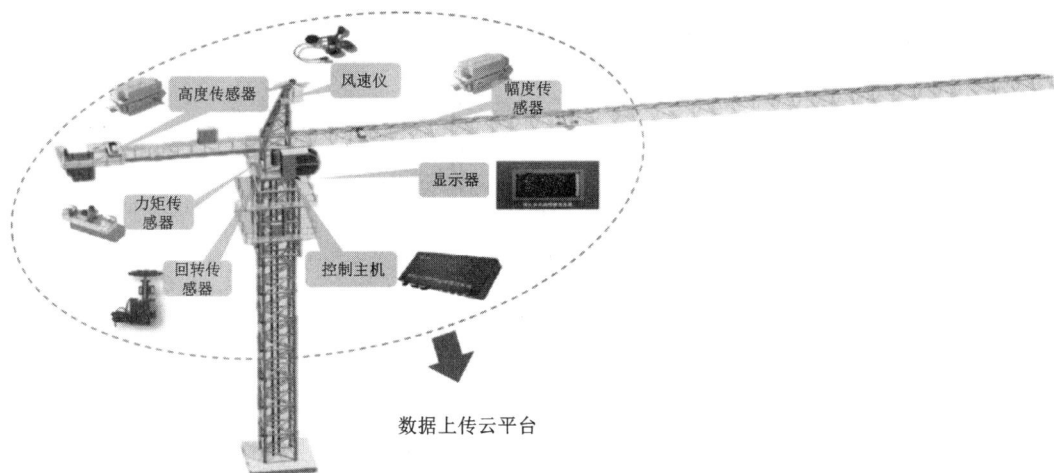

图 10-10　塔机安全监控

（3）塔机吊钩可视化系统

塔机吊钩可视化系统有助于减少塔吊操作安全事故（图 10-11）。

图 10-11　塔机吊钩可视化系统

（4）劳务实名制管理系统

劳务实名制管理系统有采集图像、图像处理、建模入库、特征提取等功能，能 0.1s 快速通过信息验证，无须配备电脑(图 10-12)。

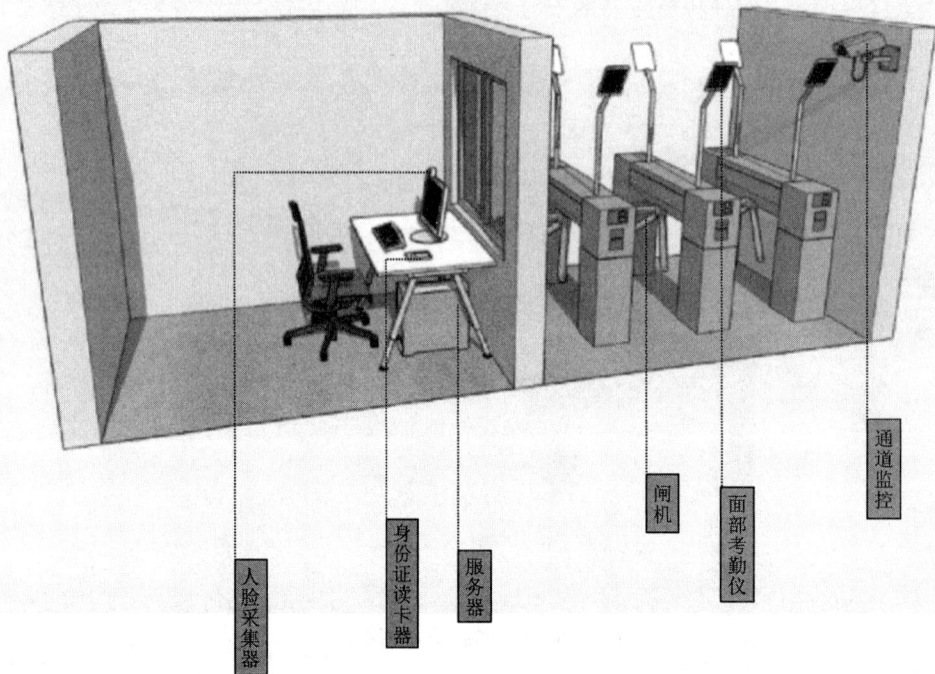

图 10-12　劳务实名制管理系统

（5）无线烟感智能报警系统

智慧工地管理系统引进无线烟感智能报警系统，在施工现场加工区、材料堆放区、易发生火灾隐患区域安装烟感探测器，监测现场烟雾浓度。探测器内置芯片可实时上传监测数据至智慧工地管理系统，当现场发生火灾事故时，系统自动发出警报并短信提醒负责人，项目部人员便能迅速响应，及时组织人员疏散和采取后续应急措施(图 10-13)。

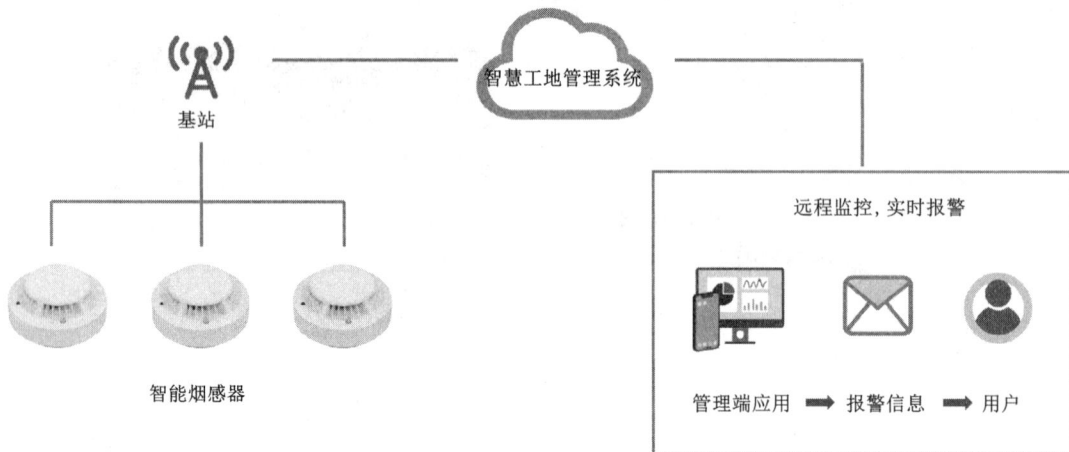

图 10-13　无线烟感智能报警系统

(6)视频监控系统

通过在施工作业现场安装的各类智能装置,构建智能管理体系,有效弥补传统方法和技术在管理上的不足和缺陷,实现对人、机、料、环等的全方位实时监控,并且所有数据可在本地存储并作为追溯依据,变被动监督为主动监控(图 10-14)。

同时为安全生产、高效管理引入新理念,真正体现"安全第一、预防为主、防治结合"的安全生产方针。

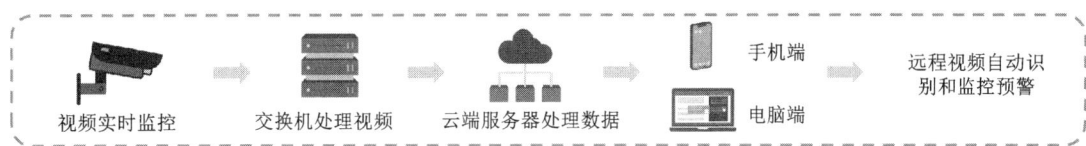

图 10-14　视频监控系统架构

(7)便携式临边防护系统

便携式临边防护系统可记录员工违规行为,其架构简单、系统稳定、安装灵活、实时响应、功能联动,可保障项目的安全性。

"五临边":楼面临边、屋面临边、阳台临边、升降口临边、基坑临边。

"四口":洞口、电梯井口、通道口、楼梯口(图 10-15)。

在防护边损坏的时候,可以通过扇形电子光幕和红外线搭建临时的防护边,及时预警危险的发生。

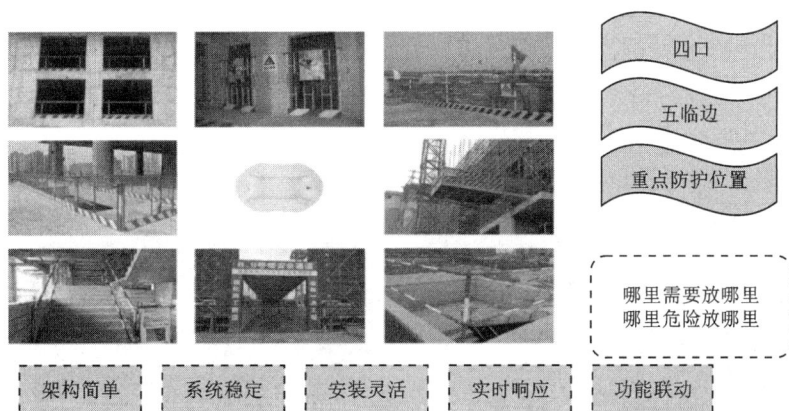

图 10-15　某施工现场便携式临边防护系统

(8)工地一卡通管理系统

工地一卡通管理系统(图 10-16)分为三个系统层次,即前端设备层、传输网络层、管理控制层,同时层与层之间采用标准的通信协议进行通信,不受网络平台的限制。

2.组织管理

(1)空间管理

依据施工图纸、项目进度计划及各类施工规范,基于 BIM 的智慧工地空间管理系统,通

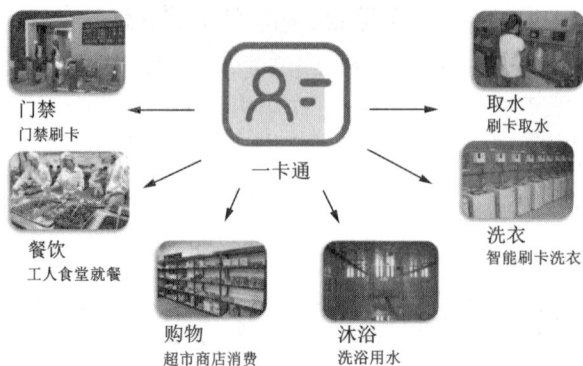

图 10-16　工地一卡通管理系统

过三维的方式对施工现场的材料堆放区、设备停放区、临时办公室、临时道路、生活区、施工围墙及大门等进行合理规划、科学布置。与传统的 CAD 二维图纸布局和手工沙盘模拟相比，该技术具有可视化效果更好、精准度更高、模拟分析能力更强、灵活性和可修改性更佳的特点。

　　如图 10-17 所示，某建设项目应用基于 BIM 的智慧工地空间管理系统，将施工现场划分为材料设备堆场、主体建设区、临时加工区、临时道路、临时办公楼、生活区、塔吊和人货梯安置区等区域。给出的模型综合考虑施工流程的先后顺序、不同作业区域之间的相互关联性，以及材料和设备的运输便利性等因素，例如，将材料堆放区设置在靠近施工地点且运输通道宽敞的位置，以便于材料的装卸和搬运，减少二次运输的成本和时间消耗；把办公区和生活区安排在相对安静、远离施工噪声和粉尘的区域，为工作人员提供一个舒适的工作和生活环境。

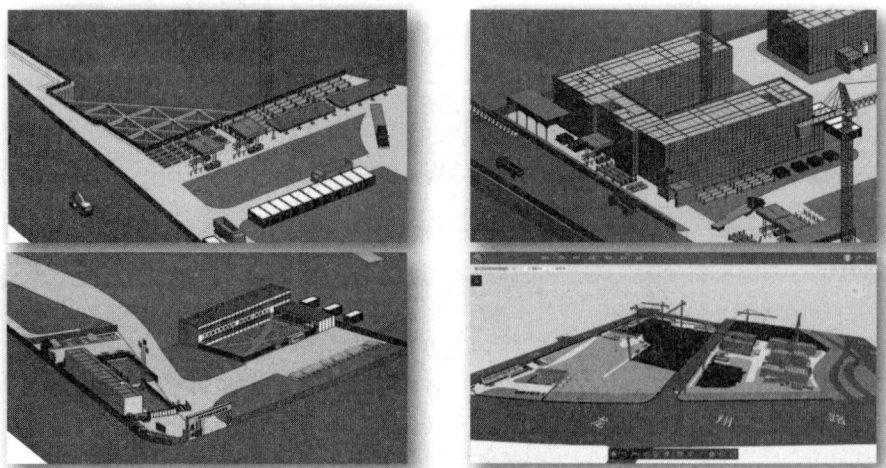

图 10-17　场地布置模型

在该施工场地布置模型中，高亮或突出显示为大型机械设备及材料堆放区、主体建设区等重点管控对象的位置、形状。除了整体显示功能，模型中还包含了各个施工现场场地设施的形状、尺寸等重要信息，可作为施工场地模拟、分析、优化、管理的重要依据。依据施工进度计划表，基于 BIM 的智慧工地空间管理系统可以模拟不同施工阶段的现场场地布置。

（2）进度管理

应用各类传感器和摄像头等设备，实时采集工地现场的数据信息，将工程信息录入 BIM 模型，通过智慧工地管理平台系统，项目管理团队可以实时了解工程的实际进度。系统可以将工程进度以横道图、网络图等形式展示出来，使项目管理团队能够直观地了解工程的进展情况。图 10-18 和图 10-19 分别为某建设单位施工项目周计划流程图和横道图。

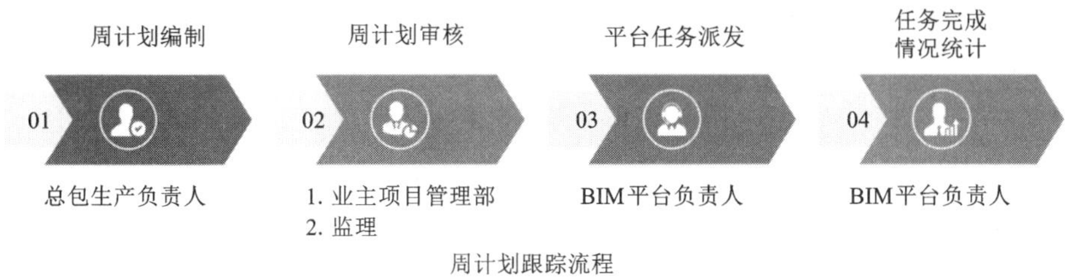

图 10-18　××项目周计划跟踪流程图

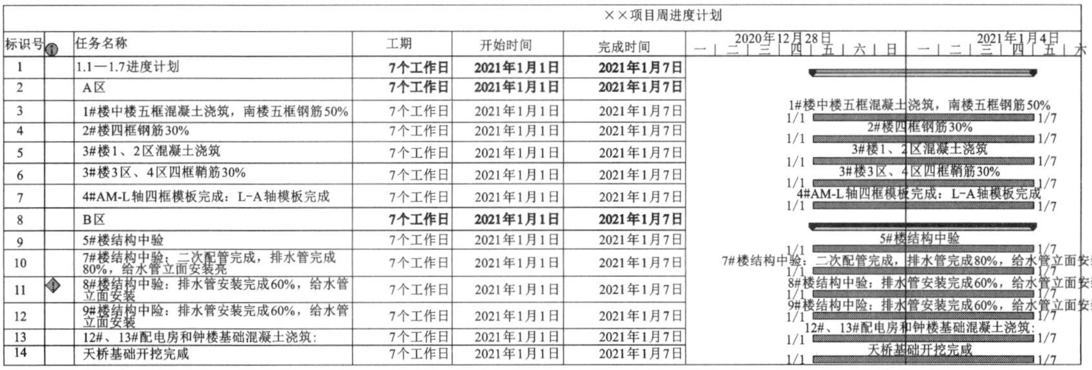

图 10-19　××项目周进度计划横道图

此外，智慧工地管理平台还可以依据现场人员的填报自动计算周进度整体完成情况及与计划的偏差，为项目的进度目标动态控制和调整提供数据支撑。

（3）资源调配

智慧工地系统通过 BIM 模型与实时数据叠加的 3D 工地全景，显示机械、人员、材料的动态分布，利用可视化图表展示资源利用率、预警提示（图 10-20），借助 AI 算法预测工期延误风险，自动生成资源调配建议（如机械调度优先级等），优化资源配置，以提高效率、降低成本并保障安全。

主要包含以下三个方面：

①资源需求预测：根据施工进度计划、施工工艺和历史数据，预测不同施工阶段对各类资源的需求数量和时间。例如，根据楼层的施工进度计划，预测下一阶段对钢材、混凝土等

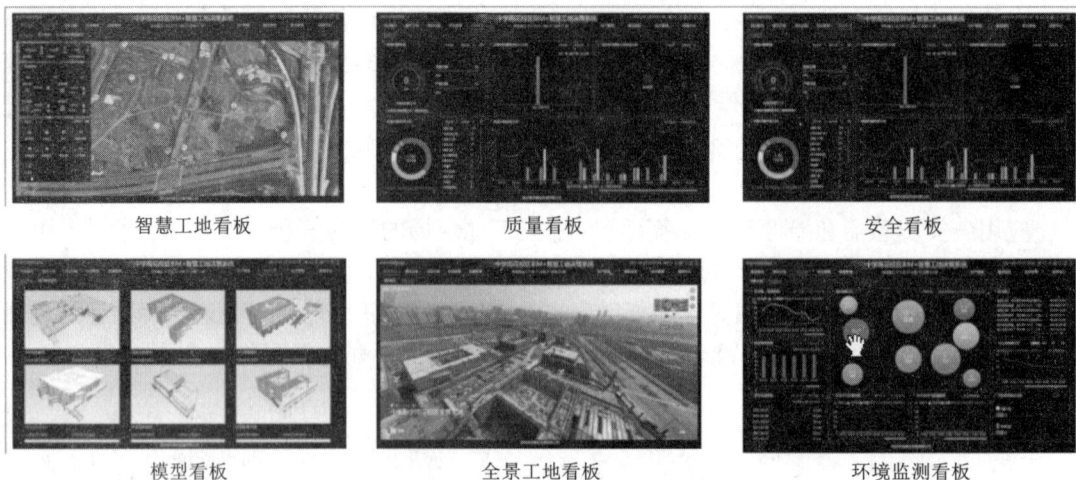

<table>
<tr><td>智慧工地看板</td><td>质量看板</td><td>安全看板</td></tr>
<tr><td>模型看板</td><td>全景工地看板</td><td>环境监测看板</td></tr>
</table>

图 10-20　智慧工地 AI 调度看板

建筑材料的需求量，以及塔吊、起重机等设备的使用时间。

②资源优化配置：基于资源需求预测结果，结合资源的实际供应情况和成本因素，制定最优的资源调配方案。例如，在满足施工质量和进度要求的前提下，选择价格合理、质量可靠的材料供应商；合理安排设备的租赁或购置计划，避免设备闲置浪费。

③动态调整与监控：在施工过程中，实时监控资源的使用情况和施工进度，根据实际情况及时调整资源调配方案。如当施工进度提前或滞后时，相应地增加或减少资源的投入；当设备出现故障时，及时调配备用设备或安排维修，确保施工的连续性。

10.2.3　智慧工地管理典型案例

1. 案例一

以江苏某中学建设项目为例，项目占地 182.6 亩，总建筑面积 10.2 万 m^2，采用数字化智慧工地管理系统协助施工，该系统由资料管理平台和施工(项目)管理平台共同构成(图 10-21)。

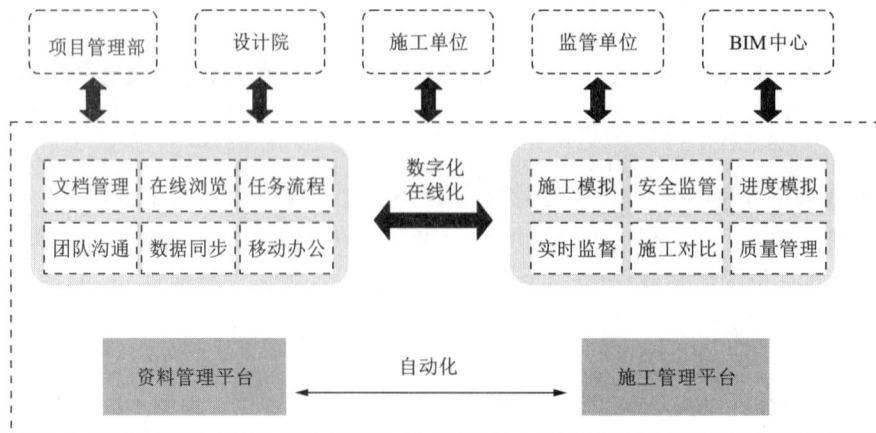

图 10-21　某项目智慧工地管理系统结构

施工管理平台主要功能主要由安全管理、质量管理、生产管理、预制构件跟踪和决策系统等 5 个模块构成。各个模块由现场一线管理人员使用移动端 App 进行日常巡查、记录、整改,施工管理平台进行数据统计和分析。

(1)质量、安全管理

项目施工管理应以工程的质量安全监督为核心。首先,利用该系统对项目进行质量安全问题排查,筛选安全隐患信息,及时对安全隐患及质量缺口进行修正,记录项目整改率及复查率,以确保项目施工规范、安全。其次,智慧工地的安全管理系统在安装时可以与其他设备结合使用,例如,在大型车辆经常进出的地方、塔吊起重机工作的地方和脚手架等易发生安全事故的地方安装智能拍摄系统,对事故频发地进行有效监控,保证施工的安全。最后,智慧工地系统的质量监控功能对工程项目具有重要意义,施工中的质量问题会直接影响整个工程,使用系统进行质量监管可以监测出整个施工中出现的问题,提高施工过程中的质量。

(2)进度管理

施工管理平台通过导入项目的轻量化 BIM 模型,依据现场人员的填报,可自动计算周进度整体完成情况及与计划的偏差,并将施工进度完美呈现。将其与现场视频以及 3D 可视化场景相结合,可以全面掌握施工进度,为项目推进决策提供数据支撑。

(3)预制构件跟踪

依靠 BIM 模型,施工管理平台对预制构件进行跟踪,通过三维模型及颜色区分对预制构件出厂验收、进场验收、安装施工等程序进行全过程跟踪,在实现可视化把控现场完成进度的同时,留存施工过程质量资料(图 10-22)。

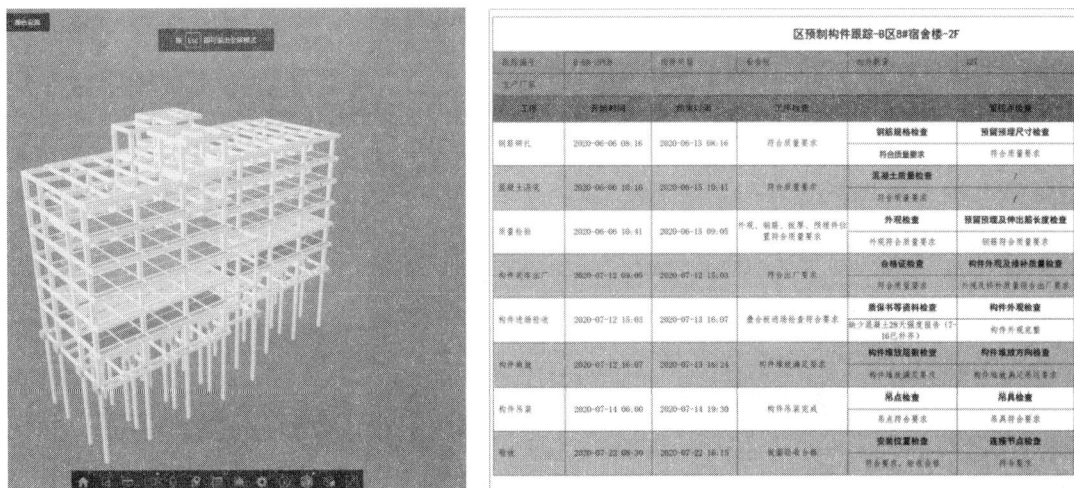

图 10-22　预制构件跟踪

针对项目的特点,BIM 中心同总包、构件厂家、监理等单位协商确定项目跟踪工序、工序管控点、跟踪负责人和信息填报细则。管控点负责人通过移动端扫描构件二维码进行信息填报。每个工序必须上传相应的工序照片和工序管控点的检查记录,此外,出厂验收和进场验收的填报工序需要上传相应的质量合格文件、出厂合格证和进场报审表等文件。

（4）BIM 智慧工地决策系统

决策系统将 IoT 设备数据、BIM 模型和各个模块产生的数据进行整合，并对数据进行可视化分析，为管理决策提供数据支撑。现场管理人员通过移动端进行日常质量、安全和进度的巡检记录，施工管理平台会依据上传的信息与 BIM 模型进行集成关联，将项目信息进行可视化展示。通过周任务与 BIM 模型关联，施工管理平台依据生产管理人员填报的信息自动生成进度模型（图 10-23～图 10-27）。通过预制构件的跟踪计划与 BIM 预制构件拼装模型关联，依据管理人员填报的信息，自动生成预制构件跟踪模型。

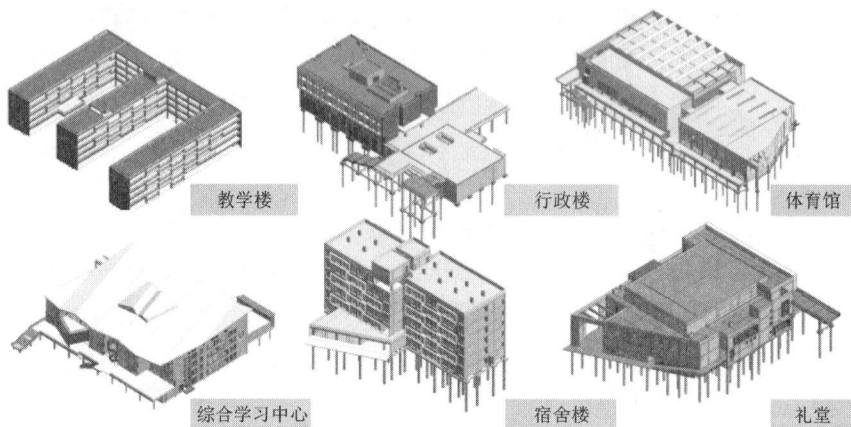

图 10-23　整体模型搭建

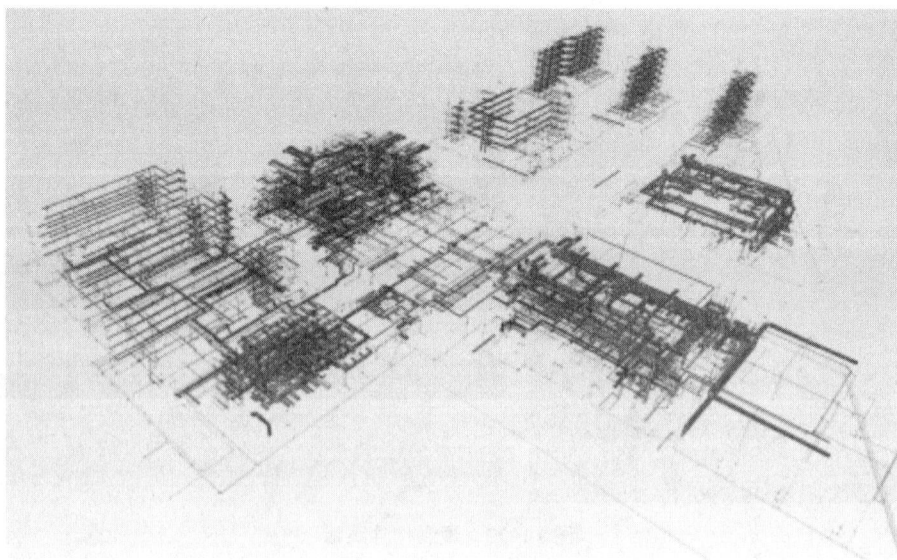

图 10-24　机电整合模型

图 10-25　装修深化模型

图 10-36　场地布置模型与施工现场对比

图 10-27　施工阶段模型深化应用

（5）资料管理系统

利用资料管理平台，项目成员无须安装任何软件，通过浏览器即可对文档、图纸、模型等几十种格式文件在线浏览，各类文档支持在线评论、批注、发起流程，并可实现文件的版本控制，保证成员获取最新版本（图 10-28）。

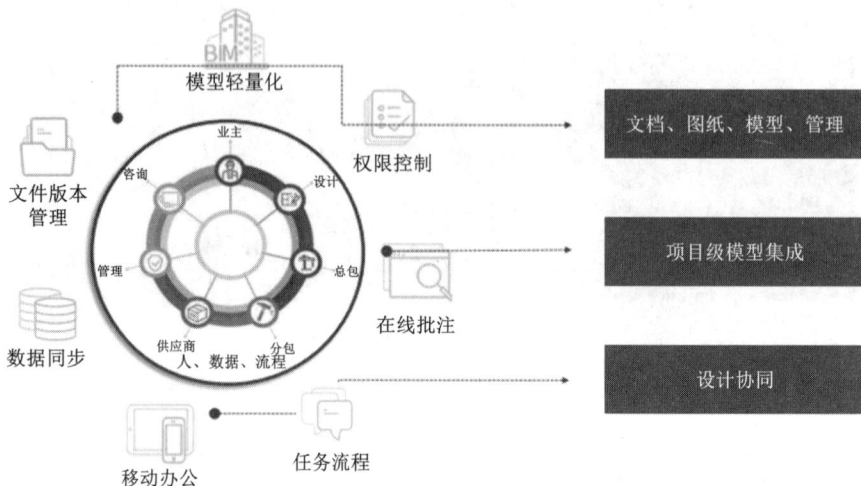

图 10-28　资料管理系统组成

项目特色总结：

①施工阶段的 BIM 协同应用，依托模型轻量化、云计算及互联网技术，实现施工档案云端管理、BIM 成果共享、移动办公，降低 BIM 成果应用门槛，规范工作流程，保证技术文档时效性，提高信息传递效率。

②施工阶段的 BIM 集成应用的主要任务是协助业主实现对项目的数字化管理。通过施工管理平台的应用，将"三管控一协调"的工作数字化、项目数据信息可视化，实现项目管理的精细化，提升项目质量。

③施工阶段的 BIM 应用落地是 BIM 价值的直接体现。将 BIM 深化成果输出为"3D 模型+2D 图纸"的形式，不仅可直观体现设计意图，提升交底效果，还可避免施工中的拆改，降低项目成本。

2. 案例二

某智能通信项目总建筑高度 180 m，建筑总面积 14.5 万 m^2，以"核心筒+框架结构"为主体。该项目采用智慧工地管理系统，对施工现场进行全方位管理（图 10-29），同时应用多项创新技术辅助施工（表 10-3），极大地提高了施工效率，保障了施工安全。

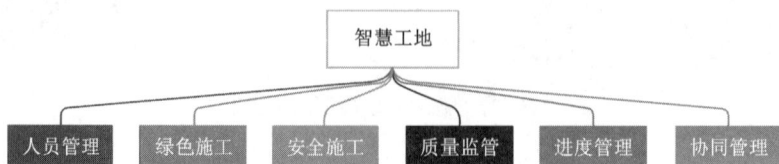

图 10-29　某项目智慧工地的组成

表 10-3 某项目创新技术应用

序号	创新技术	亮点
1	实景三维扫描技术	现场运用先进的三维激光扫描技术,针对安装精度较高的角柱进行实体扫描,通过过程复核,调整钢结构安装误差,确保安装精度
2	实测实量机器人	使用全方位扫描技术以及智能测头,实现无人自主建筑测量及报告输出,整机体积小、机动灵活、操作简单、测量精度高
3	无人机倾斜摄影测量技术	进行能耗数据整合分析,指导绿色文明施工
4	超高层建筑精密施工测量关键技术	进行计划分级管控、模型展示、计划自动报警、信息化推送
5	混凝土振捣机器人	沿预设路径进行振捣,高感知、低时延及无线控制方式解决了人工控制精度低、剪力墙表观质量差、振捣效率低、劳动强度高等问题
6	楼板振捣整平机器人	沿预设路径进行振捣,高感知、低时延及无线控制方式解决了人工控制精度低、剪力墙表观质量差、振捣效率低、劳动强度高等问题
7	钢筋绑扎机器人	自动规划绑扎路径进行绑扎作业,记录绑扎作业现场各项数据并发送至服务器作为数据分析源

(1) 人员管理

智慧工地人员管理包含劳务实名制和人员定位。将参建单位人员及建设项目进行信息化管理,将感知端生物识别硬件与后台数据联通,实现对建筑工地人员的有效管理。同时,依托物联网技术,将 GPS 定位与智能硬件技术(安全帽、智能手环)相结合,实现人员实时位置数据采集并进行语音播报提示,数据上传至系统后台,可以清楚显示现场人员分布情况,实现工地现场动态监管(图 10-30)。

(a) 通道外侧

(b) 通道内侧

图 10-30 人员管理

（2）绿色施工

智慧工地采用数字化量准控碳系统实现对施工过程碳排放的控制。系统直接对接互联网，推送主要材料进场数据，同步填报碳排放管控数据，实现材料、碳排放双管控；通过材料用量自动采集，实时反馈碳排放情况，及时采取相应措施减少对周围环境的影响，保护生态环境，提升绿色施工水平（图10-31）。

图10-31　数字化量准控碳系统

（3）安全管理

智慧工地融合多系统的监测数据，可相互验证现场安全状态变化情况，提高监测准确度，同时可实现多监控系统的联动应用，提高对现场安全管理的自动化控制程度（图10-32）。通过施工现场智慧建造手段，借助智慧施工平台的可视化管理，将安全管理数据接入在线管理平台，实现安全流程的在线化管理与存档，确保数据实时、准确。

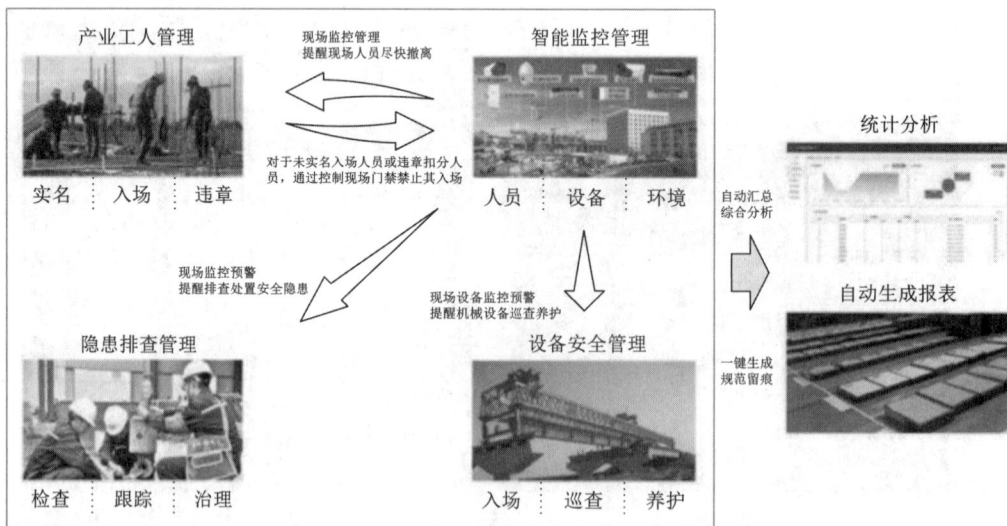

图10-32　全方位安全管理系统

（4）质量管理

质量管理主要通过安全巡查系统进行。它利用传感器技术、物联网和人工智能技术，支持随时随地上传问题或故障，实现巡检、上报问题、解决问题的闭环管理，提高工地安全管理和巡检效率（图 10-33）。

(a) 轻量化模型现场巡检　　　　(b) 管道检查

图 10-33　质量管理

（5）进度管理

智慧工地进度管理系统一般用于整体进度管理，通常需要与 BIM 模型匹配，并通过 BIM 模型与不同层级的进度计划对接，实现各层级的进度数据管控（图 10-34）。使用进度管理系统时，需要将进度计划输入该系统，并根据项目实际情况及时调整系统，以获得清晰的进度偏差报告，帮助管理人员及时纠正偏差，确保进度的有效进行。

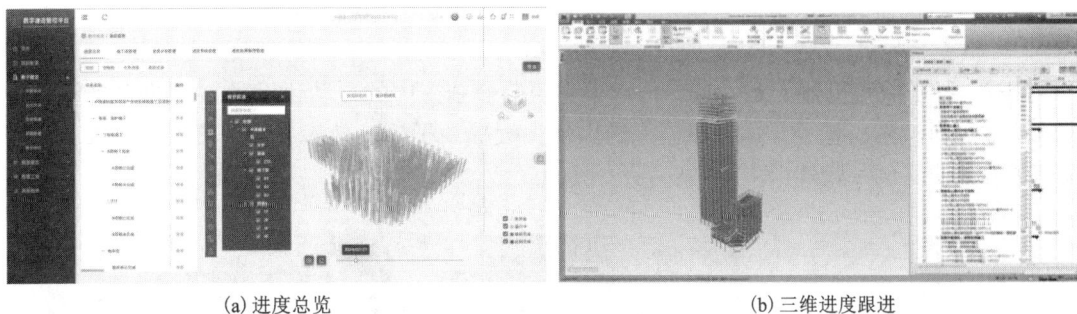

(a) 进度总览　　　　(b) 三维进度跟进

图 10-34　进度管理

（6）协同管理

智慧工地协同管理旨在实现工地各要素之间的协同和优化，以提高整体施工效率和质量（图 10-35）。其包括资源调度与优化、工序协同与优化、供应链管理与协同优化以及风险管理与预警系统等方面。其中，资源调度与优化是智慧工地协同管理的核心内容。

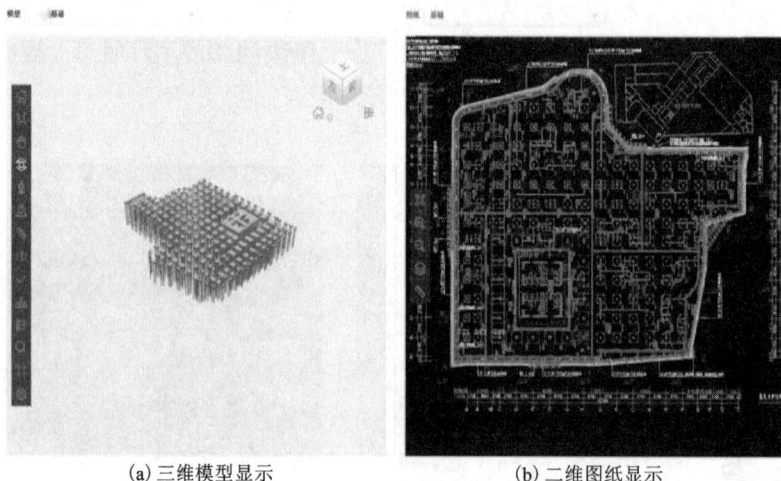

(a) 三维模型显示   (b) 二维图纸显示

图 10-35 可视化协同管理

3. 智能化技术应用示例

某产业研发基地总建筑面积 43200 m²。其中地上 11 层,地下 2 层,主要有办公室、会议室、多功能厅、食堂、地下室机动车库、非机动车库、人防地下室、设备用房等。该项目在施工过程中应用多种信息化技术和智能化设备协助操作,如各种施工机器人等,使得施工进度显著加快,建设安全得到保障。具体应用如下。

(1)四轮激光整平机器人

用途:应用于混凝土摊铺后对混凝土振捣和整平。该机器人通过红外线发射器精准控制板面标高,混凝土浇筑后以最小压强对地面进行无痕施工,可利用激光自动调整刮平和振捣机构,确保地面平整度达到最佳状态(图 10-36)。

(2)砌块搬运机器人

砌块搬运机器人可水平面运输物料,以降低人工搬运的消耗及安全风险(图 10-37)。

(3)腻子涂敷机器人

用途:腻子涂敷机器人是一种专门用于建筑装修施工中的自动化设备。它的主要任务是平整墙体表面涂敷的腻子。这种机器人的出现大大提高了施工效率,减少了人力成本,并且保证了施工质量的一致性(图 10-38)。

图 10-36 四轮激光整平机器人   图 10-37 砌块搬运机器人   图 10-38 腻子涂敷机器人

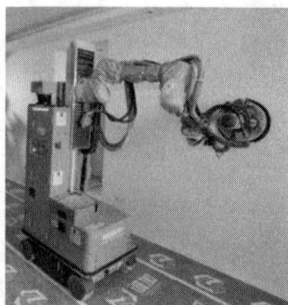

（4）施工升降机监控系统

用途：实时监测升降电梯的载重、轿厢倾斜度、起升高度、运行速度等参数，并上传到智慧工地系统，一旦出现运行风险，现场就会出现真人语音报警提示，便于远程监管以及积累项目生产数据；通过人数识别控制器实时监测升降机内部人员情况，实时上传至智慧工地管理平台（图 10-39）。

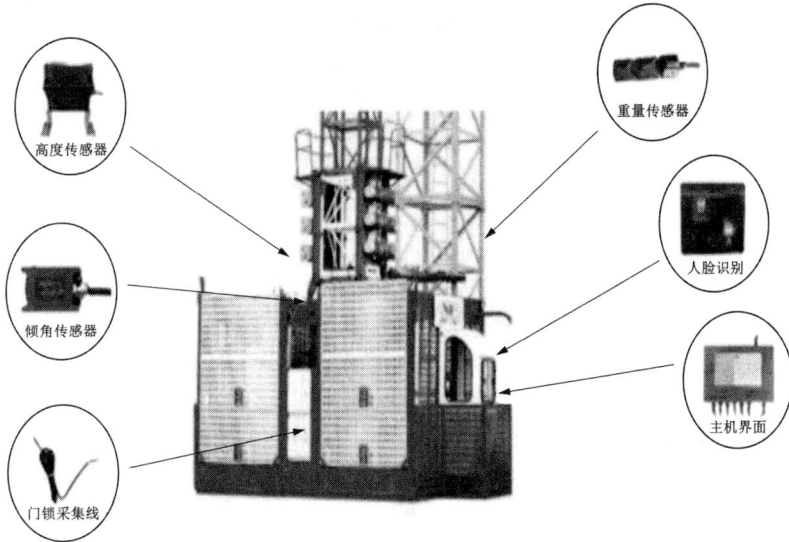

图 10-39　施工升降机监控系统

（5）云端建造工厂

用途：基于智能顶升模架系统，结合建筑机器人等智能设备等，实现智能管控（图 10-40）。

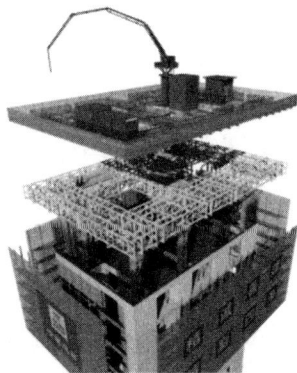

图 10-40　云端建造工厂

智慧启思

数智化施工组织与管理——高质量发展的工程实践

认知拓展

实践创新

思考题

1. 施工组织设计的编制依据有哪些？在实际编制过程中，如何确保依据的充分性和准确性？

2. 试述施工部署的主要内容和原则。在进行施工部署时，应如何考虑项目的特点、施工条件和工期要求？

3. 如何进行施工资源的优化配置？在资源配置过程中，应考虑哪些因素以实现资源的合理利用和成本控制？

参考答案

4. 成本控制贯穿施工组织全过程，从施工前期准备到项目竣工交付，分别有哪些有效的成本控制手段？

5. 举例说明物联网技术在智慧工地中的具体应用场景，以及这些应用如何实现对工地设备和人员的实时监控与管理。

6. 结合具体工程实例，分析智慧工地中采用的智能监测设备(如无人机、传感器等)在场地监测、进度把控方面的应用效果及存在的问题。

7. 简述云计算技术在智慧工地管理平台搭建和运行中起到了哪些关键作用。

8. 从项目全生命周期角度，思考智慧工地管理如何促进建筑项目的可持续发展，在节能、环保等方面有哪些具体举措。

9. 从技术创新和行业发展的角度，预测未来智慧工地可能出现的新的技术应用和管理模式，并说明理由。

参考文献

[1] 中华人民共和国住房和城乡建设部.智能建筑工程施工规范：GB 50606—2010[S].北京：中国计划出版社，2011.

[2] 中华人民共和国住房和城乡建设部.智能建造技术导则(试行)[Z].2025.

[3] 陈珂，丁烈云.我国智能建造关键领域技术发展的战略思考[J].中国工程科学，2021，23(4)：64-70.

[4] 钱七虎.关于绿色发展与智能建造的若干思考[J].建筑技术，2022，53(7)：951-952.

[5] 周绪红.智能建造关键技术研究[J].建筑，2023(6)：26-28.

[6] 亓立刚，阴光华，马昕煦，等.智能建造研究进展与发展对策[J].土木工程与管理学报，2024，41(5)：93-107.

[7] 朱合华，凌加鑫，朱梦琦，等.钻爆法隧道智能建造：最新技术与未来展望[J].现代隧道技术，2024，61(2)：18-27.

[8] 陈湘生，洪成雨，苏栋.智能岩土工程初探[J].岩土工程学报，2022，44(12)：2151-2159.

[9] 鲍跃全，李惠.人工智能时代的土木工程[J].土木工程学报，2019，52(5)：1-11.

[10] KAPOOR N, KUMAR A, KUMAR A, et al. Artificial Intelligence in Civil Engineering：An Immersive View[J]. Artificial Intelligence Applications for Sustainable Construction. 2024, 1-74.

[11] 王晓琴，周楚兵，韩阳.土木工程施工[M].武汉：华中科技大学出版社，2023.

[12] 中华人民共和国住房和城乡建设部，国家市场监督管理总局.土工试验方法标准：GB/T 50123—2019[S].北京：中国计划出版社，2019.

[13] 徐光辉.高速铁路路基连续与智能压实控制技术[M].北京：中国铁道出版社，2019.

[14] 叶雯，沙玲，胡永骁.智能建造施工技术[M].北京：中国建筑工业出版社，2023.

[15] 木林隆，赵程.基坑工程[M].北京：机械工业出版社，2021.

[16] 刘建航，侯学渊.基坑工程手册[M].2版.北京：中国建筑工业出版社，2009.

[17] 龚晓南.深基坑支护设计与施工[M].北京：中国建筑工业出版社，2017.

[18] 汪旭光，于亚伦.智能爆破技术[M].北京：冶金工业出版社，2018.

[19] 中华人民共和国住房和城乡建设部.建筑地基基础设计规范：GB 50007—2011[S].北京：中国建筑工业出版社，2012.

[20] 中华人民共和国住房和城乡建设部.静压桩施工技术规程：JGJ/T 394—2017[S].北京：中国建筑工业出版社，2017.

[21] 中华人民共和国住房和城乡建设部.建筑地基基础工程施工规范：GB 51004—2015[S].北京：中国计划出版社，2015.

[22] 中华人民共和国住房和城乡建设部.长螺旋钻孔压灌桩技术标准：JGJ/T 419—2018[S].北京：中国建筑工业出版社，2019.

[23] 邓林，黄敏.智能建造施工技术[M].重庆：重庆大学出版社，2024.

[24] 张鸣，纪颖波.装配式钢结构建筑与智能建造技术[M].北京：中国建材工业出版社，2022.

[25] 吴红涛，姜龙华.装配式混凝土结构高效施工指南[M].北京：中国建筑工业出版社，2020.

[26] 王伟, 钱彪. 装配式建筑施工技术[M]. 杭州: 浙江大学出版社, 2022.

[27] 舒兴平. 钢结构设计[M]. 长沙: 湖南大学出版社, 2024.

[28] 舒兴平. 钢结构基本原理[M]. 长沙: 湖南大学出版社, 2022.

[29] 黄晓明. 路基路面工程[M]. 5版. 北京: 人民交通出版社, 2017.

[30] 李炎, 刘军辉. 路面智能压实监控系统在高速公路沥青路面施工中的应用[J]. 智能建筑与城市信息, 2021(4): 148-149, 152.

[31] 廖波. 沥青路面3D智能摊铺施工技术探讨[J]. 交通科技与管理, 2023, 4(1): 102-104.

[32] 中华人民共和国交通运输部. 公路工程技术标准: JTG B01—2014[S]. 北京: 人民交通出版社, 2015.

[33] 中华人民共和国交通运输部. 公路沥青路面设计规范: JTG D50—2017[S]. 北京: 人民交通出版社, 2017.

[34] 交通运输部公路科学研究院. 公路水泥混凝土路面施工技术细则: JTG/T F30—2014[S]. 北京: 人民交通出版社, 2014.

[35] 李利平, 邹浩, 刘洪亮, 等. 钻爆法隧道智能建造研究现状与发展趋势[J]. 中国公路学报, 2024, 37(7): 1-21.

[36] 王志坚, 童建军. 钻爆法隧道智能建造技术研究综述与展望[J]. 隧道建设(中英文), 2023, 43(4): 529-548.

[37] 闫戈. 基于矿山法的地铁隧道开挖及支护施工技术[J]. 工程建设与设计, 2024(14): 128-130.

[38] 易国良. 盾构法隧道施工技术发展和管理重点探讨[J]. 隧道建设(中英文), 2024, 44(5): 927-942.

[39] 杨国华. 软弱地层盾构渣土制备同步注浆浆液及工程应用[J]. 岩土工程技术, 2024, 38(6): 718-724.

[40] 黄正荣, 朱伟, 梁精华, 等. 盾构法隧道开挖面极限支护压力研究[J]. 土木工程学报, 2006(10): 112-116.

[41] 陈馈, 杨延栋. 中国盾构制造新技术与发展趋势[J]. 隧道建设, 2017, 37(3): 276-284.

[42] 赵红斌. 矿山法隧道施工关键技术探析[J]. 交通科技与管理, 2024, 5(14): 170-172.

[43] 岳丰田. 地下工程施工技术[M]. 北京: 中国建筑工业出版社, 2021.

[44] 崔光耀. 地下工程施工技术[M]. 北京: 中国建材工业出版社, 2020.

[45] 《建筑施工手册》编写组. 建筑施工手册[M]. 5版. 北京: 中国建筑工业出版社, 2012.

[46] 郭正兴. 土木工程施工[M]. 2版. 南京: 东南大学出版社, 2012.

[47] 应惠清. 建筑施工技术[M]. 2版. 上海: 同济大学出版社, 2011.

[48] 穆静波. 土木工程施工[M]. 2版. 北京: 机械工业出版社, 2023.

[49] 梁培新, 王利文. 土木工程施工组织[M]. 北京: 中国建筑工业出版社, 2017.

[50] 张厚先, 郁海军, 贾铁梅, 等. 房屋建筑施工组织[M]. 北京: 清华大学出版社, 2020.

[51] 龚剑, 房霆宸. 数字化施工[M]. 北京: 中国建筑工业出版社, 2019.

[52] 丁烈云. BIM应用·施工[M]. 上海: 同济大学出版社, 2015.

[53] 中华人民共和国住房和城乡建设部. 混凝土结构工程施工规范: GB 50666—2011[S]. 北京: 中国建筑工业出版社, 2012.

[54] 中华人民共和国住房和城乡建设部. 建筑施工模板安全技术规范: JGJ 162—2008[S]. 北京: 中国建筑工业出版社, 2008.

[55] 中华人民共和国住房和城乡建设部. 混凝土结构设计标准(2024年版): GB/T 50010—2010[S]. 北京: 中国建筑工业出版社, 2024.

[56] 中华人民共和国住房和城乡建设部.混凝土结构工程施工质量验收规范：GB 50204—2015[S].北京：中国建筑工业出版社，2015.

[57] 中华人民共和国住房和城乡建设部.建筑信息模型存储标准：GB/T 51447—2021[S].北京：中国建筑工业出版社，2021.

[58] 卢禹，韩磊，袁鹏，等.钢筋数据从 IFC 向数控加工设备的传递[J].土木建筑工程信息技术，2023，15(3)：81-85.

[59] 王军，杨怀勇，赵军，等.预制混凝土梁智能喷淋养护系统设计及应用[J].世界桥梁，2024，52(5)：55-60.

[60] 吴利利，鲁贤睿，刘焱茹.基于 BIM 的钢筋设计数据和智能设备间信息传递研究[J].铁道建筑技术，2024(12)：120-124.

[61] 中华人民共和国交通运输部.公路桥涵施工技术规范：JTG/T 3650—2020[S].北京：人民交通出版社，2020.

[62] 中华人民共和国交通运输部.公路装配式混凝土桥梁施工技术规范：JTG/T 3654—2022[S].北京：人民交通出版社，2022.

[63] 中华人民共和国交通运输部.公路桥梁施工监控技术规程：JTG/T 3650-01—2022[S].北京：人民交通出版社，2022.

[64] 李自光.桥梁施工成套机械设备[M].北京：人民交通出版社，2003.

[65] 王丽荣.土木工程施工[M].北京：人民交通出版社，2014.

[66] 向中富，邹毅松，杨寿忠.新编桥梁施工工程师手册[M].北京：人民交通出版社，2011.

[67] 魏红一.桥梁施工及组织管理(第二版)上册[M].北京：人民交通出版社，2008.

[68] 林上顺，张建帅，夏樟华，等.装配式 RC 桥墩研究现状及展望[J].土木与环境工程学报(中英文)，2024，46(6)：135-147.

[69] 陈志勇，杜志华，周华.基于微粒群算法的工程项目资源均衡优化[J].土木工程学报，2007(2)：93-96.

[70] 郭云涛，白思俊，徐济超，等.基于粒子群算法的资源均衡[J].系统工程，2008(4)：99-103.